I0031943

[signature]

2 Avril 1905

Cornelio Justa

ÉLÉMENTS

DE BOTANIQUE

DU MÊME AUTEUR

Traité de Botanique. *Deuxième édition, entièrement refondue et corrigée.* 2 vol. grand in-8° avec 1213 gravures dans le texte... 30 fr.

Coulommiers. — Imp. P. BRODARD. — 884-97.

ÉLÉMENTS

DE

BOTANIQUE

I

BOTANIQUE GÉNÉRALE

PAR

PH. VAN TIEGHEM

MEMBRE DE L'INSTITUT
PROFESSEUR AU MUSEUM D'HISTOIRE NATURELLE

———

TROISIÈME ÉDITION REVUE ET AUGMENTÉE
Avec 235 gravures dans le texte

———

PARIS

MASSON ET Cie, ÉDITEURS
LIBRAIRES DE L'ACADÉMIE DE MÉDECINE
120, BOULEVARD SAINT-GERMAIN

—

1898

Tous droits réservés.

TABLE MÉTHODIQUE
DES MATIÈRES

PREMIÈRE PARTIE
BOTANIQUE GÉNÉRALE

CHAPITRE PREMIER
LE CORPS DE LA PLANTE

CHAPITRE DEUXIÈME

LA RACINE

CHAPITRE TROISIÈME

LA TIGE

CHAPITRE QUATRIÈME

LA FEUILLE

CHAPITRE CINQUIÈME

LA FLEUR

CHAPITRE SIXIÈME

DÉVELOPPEMENT DES PHANÉROGAMES

CHAPITRE SEPTIÈME

FORMATION DE L'ŒUF ET DÉVELOPPEMENT DES CRYPTOGAMES VASCULAIRES

CHAPITRE HUITIÈME

FORMATION DE L'ŒUF ET DÉVELOPPEMENT DES MUSCINÉES

ÉLÉMENTS

DE

BOTANIQUE

L'étude des êtres vivants, la *Biologie*, se divise en deux branches, suivant qu'elle a pour objet spécial les animaux ou les plantes. La Biologie des animaux est la *Zoologie*; la Biologie des plantes est la *Botanique*.

Botanique générale. Botanique spéciale. — L'étude des plantes peut et doit être faite à deux points de vue différents, qui se complètent.

Ou bien, sans faire acception d'aucun groupe de végétaux en particulier, prenant indifféremment les exemples et les preuves partout où il est nécessaire, on se propose de connaître la plante en général, sa forme et sa structure, son origine, son développement et sa fin, les phénomènes dont elle est le siège et ceux qui s'accomplissent entre elle et le milieu extérieur, ses ressemblances et ses différences par rapport aux végétaux dont elle procède et par rapport à ceux qui dérivent d'elle, enfin les modifications qu'elle subit par suite des changements du milieu extérieur. On cherche, en un mot, à comprendre la vie végétale, telle qu'on la voit se manifester sur la Terre à l'époque actuelle et, autant que possible, telle qu'elle s'y est déroulée depuis que l'état de notre planète lui a permis de s'y développer. C'est la *Botanique générale*.

Ou bien, considérant l'ensemble des plantes qui peuplent ou qui ont peuplé la Terre, on les compare entre elles sous tous les rapports accessibles à l'observation et à l'expérience, on cherche par où elles se ressemblent et par où elles diffèrent, ce qui conduit à les classer en une série de groupes de plus en plus étendus. On étudie ensuite les caractères spéciaux de tous ces groupes, leurs affinités, le rôle qu'ils jouent dans la nature et en particulier leur utilité pour l'homme, la manière dont ils sont répartis aujourd'hui à la surface du globe terrestre et dont ils s'y sont trouvés distribués aux diverses époques anciennes. C'est la *Botanique spéciale.*

Ces *Éléments* se divisent donc en deux parties :

PREMIÈRE PARTIE : **BOTANIQUE GÉNÉRALE.**

DEUXIÈME PARTIE : **BOTANIQUE SPÉCIALE.**

PREMIÈRE PARTIE

BOTANIQUE GÉNÉRALE

_____

Morphologie et Physiologie. — La Botanique générale doit envisager la plante tour à tour sous deux aspects différents.

Considérant d'abord le végétal en lui-même, à l'état passif, on doit se proposer d'en connaître la forme, au sens le plus général de ce mot : la forme intérieure aussi bien que la forme extérieure. Comme toutes deux sont changeantes avec l'âge, il ne suffira pas de les étudier à l'un des états qu'elles traversent, par exemple au plus parfait et au plus stable de tous, celui qu'on est convenu d'appeler l'état adulte. Il faudra les suivre l'une et l'autre dans leur accroissement successif depuis le point de départ, c'est-à-dire le germe, jusqu'à cet état adulte, et dans leur dépérissement progressif depuis cet état adulte jusqu'à la mort. Puis, ce germe, il faudra chercher d'où il vient et comment il se constitue, ce qui conduit à rattacher la plante qu'il produit à une autre plante dont il procède. Enfin, considérant non plus la plante isolée, mais la série des plantes qui dérivent ainsi l'une de l'autre, on devra déterminer, par la comparaison des divers termes de la série au même âge, dans quelle proportion la forme peut se modifier à chaque génération et par le fait même de cette génération, en d'autres termes, comment la forme de la plante varie avec l'âge de la série à laquelle elle appartient. Tout cela, c'est la science de la forme ou la *Morphologie*, qui est, pour ainsi dire, la Botanique statique.

Cela fait, il faut considérer la plante dans ses rapports avec le monde extérieur, à l'état actif, se demander comment à ses divers âges, et aux divers âges de la série à laquelle elle appartient, elle agit sur le milieu ambiant, quelle action à son tour celui-ci exerce sur elle, enfin ce qui se passe à l'intérieur même de son corps entre les divers éléments qui le constituent. Cette étude des forces en jeu dans la forme et des phénomènes qu'elles y provoquent, c'est la *Physiologie*, qui est, pour ainsi dire, la Botanique dynamique.

Morphologie et Physiologie sont également indispensables pour l'intelligence de la vie de la plante ; elles s'éclairent et s'expliquent mutuellement. Aussi, tout en distinguant avec soin ces deux côtés des choses, devrons-nous toujours, dans notre exposition, les maintenir aussi rapprochés que possible. La Morphologie sera notre guide, mais à chaque étape un peu importante franchie dans cette voie, nous ferons appel à la Physiologie, qui vivifiera nos connaissances morphologiques, nous en montrera non seulement l'intérêt, mais la nécessité, et justifiera ainsi la peine que nous aurons prise pour les acquérir.

Appliquons tout de suite cette méthode en traçant, dans le premier Chapitre de cette première Partie, les caractères généraux du corps de la plante.

CHAPITRE PREMIER

LE CORPS DE LA PLANTE

Considéré dans sa totalité, le corps de la plante offre à l'étude un ensemble de caractères morphologiques, qui feront l'objet de la première section de ce chapitre, et une série de propriétés physiologiques, qui seront le sujet de la seconde section.

SECTION I

MORPHOLOGIE DU CORPS

Pour faire l'étude morphologique du corps, il faut le considérer successivement dans sa forme extérieure à l'état adulte, dans sa forme intérieure, ou structure, au même état, dans la série des phases qu'il traverse depuis le germe jusqu'à l'état adulte et depuis l'état adulte jusqu'à la mort, c'est-à-dire dans son origine et son développement propre, enfin dans le développement général de la série des générations à laquelle il appartient. Cette étude comprend donc quatre paragraphes.

§ 1

FORME EXTÉRIEURE DU CORPS

Forme simple. Forme ramifiée : membres. — La forme du corps adulte est très diverse. Réduite à sa plus grande simplicité lorsqu'il est sphérique, elle se complique déjà quand il s'allonge en ellipsoïde, en cylindre ou en cône, quand il s'aplatit en disque circulaire, et surtout quand il s'allonge et s'aplatit à la fois en ruban. Mais, dans tous ces cas, le contour n'ayant pas d'angles rentrants, la forme demeure *simple*.

Une complication nouvelle intervient quand le contour prend des angles rentrants plus ou moins profonds, qui divisent et découpent le corps en un certain nombre de parties ou segments, qu'on appelle des *membres*. Ces segments peuvent se découper à leur tour en membres de second ordre, ceux-ci en membres de troisième ordre, et ainsi de suite. La forme est alors *ramifiée*.

Forme homogène. Forme différenciée. — Si le corps est simple ou si, étant ramifié, tous ses membres sont et demeurent de tout point semblables, il présente les mêmes caractères morphologiques dans toute son étendue, il est *homogène*. Mais le plus souvent, à mesure qu'il se ramifie, ses divers membres prennent les uns par rapport aux autres des différences d'abord légères, puis de plus en plus accusées ; en un mot, il s'établit entre eux, comme on dit, une *différenciation* de plus en plus profonde. Par là, la forme va se compliquant de plus en plus. La complication atteint son plus haut degré quand le corps, composé du plus grand nombre de membres, présente en même temps entre ses membres les différences les plus nombreuses et les plus profondes, quand il est à la fois le plus ramifié et le plus *différencié*.

Différenciation primaire. Différenciations secondaires. — Les plantes dont la forme est ainsi très ramifiée et très différenciée possèdent trois sortes principales de membres, qui vont se répétant ordinairement en grand nombre aux divers points de la surface du corps et auxquels on a donné des noms différents. Ce sont les *racines*, les *tiges* et les *feuilles*, résultat d'une différenciation *primaire*.

Les membres de même nom ainsi séparés peuvent à leur tour, sans perdre jamais leurs caractères fondamentaux, présenter entre eux des différences de moindre importance, qui en varient l'aspect de mille manières et que l'on traduit, toutes les fois qu'il est utile, par des dénominations spéciales. Les feuilles sont tout particulièrement sujettes à cette différenciation *secondaire*, et les tiges y sont plus exposées que les racines.

D'un autre côté, un même membre peut se diviser par des angles rentrants en un certain nombre de parties. Ces segments peuvent être et demeurer tous semblables, mais souvent il s'établit entre eux des différences plus ou moins profondes que l'on exprime, quand il est nécessaire, par des noms différents. C'est encore là une différenciation *secondaire*.

Ainsi, une fois que la différenciation primaire a séparé le corps de la plante en ses trois sortes de membres, il peut s'y produire une différenciation secondaire, qui agit de deux manières distinctes : entre membres de même nom, entre parties d'un même membre. La plante la plus différenciée sera donc celle qui présentera réunis, chacun à son plus haut degré, ces trois ordres de différenciations.

Application. Les quatre grands groupes des plantes. — Servons-nous tout de suite de cette notion pour diviser l'ensemble des plantes en quatre groupes principaux, que nous aurons à citer à tout instant. Il suffit pour cela d'invoquer les trois degrés de la différenciation primaire et d'ajouter au dernier la plus importante des différenciations secondaires des feuilles.

Il y a, en effet, un très grand nombre de plantes chez lesquelles la différenciation primaire est complète, le corps y étant partagé en racines, tiges et feuilles, chez lesquelles aussi la différenciation secondaire, tant entre membres de même nom qu'entre parties d'un même membre, atteint le plus haut degré de variété et de profondeur.

Dans les autres végétaux, la différenciation primaire est, au contraire, incomplète, le corps ne s'y divisant, au plus, qu'en deux sortes de membres, les tiges et les feuilles; on n'y trouve jamais de racines. Sur les deux membres qui existent, la différenciation secondaire est d'ailleurs peu variée et peu profonde. La distinction fondamentale entre tiges et feuilles va même s'effaçant peu à peu, par d'insensibles transitions, vers le milieu de ce groupe; de sorte qu'on y trouve un grand nombre de plantes dont le corps est homogène, ou du moins ne présente entre ses diverses régions que des différences secondaires, du même ordre que celles qu'on rencontre dans le premier groupe entre les membres de même nom ou entre les parties d'un même membre.

L'ensemble des végétaux se trouve donc, de la sorte, partagé tout d'abord en deux grandes divisions : les plantes à racines et les plantes sans racines.

Parmi les plantes à racines, il en est beaucoup qui, au moins une fois dans leur vie, offrent en divers points de leur corps, entre les feuilles qui s'y trouvent rapprochées, une série de différenciations secondaires de plus en plus profondes, réglées par une loi commune et tendant à un but commun qui est, d'abord, la production des œufs et, en définitive, la formation d'un *fruit* renfermant autant de petites plantes nouvelles qu'il s'y est développé d'œufs. Un ensemble de feuilles, différenciées de cette façon et dans ce but, est ce qu'on appelle une *fleur*. Les autres plantes à racines ne présentent jamais entre leurs feuilles ce genre de différenciations secondaires : elles n'ont ni fleurs, ni fruits; elles forment et développent leurs œufs autrement.

Parmi les plantes sans racines, il en faut également distinguer de deux sortes. Les unes possèdent, au moins en grande majorité, des feuilles nettement distinctes de la tige. Les autres, à part quelques exceptions, ne présentent pas cette séparation, et le corps, sauf des différenciations secondaires, y est constitué de la même manière dans toutes ses régions.

On obtient ainsi, par deux coupes successives, une division des plantes en quatre grands groupes, fondée sur l'inégale différenciation de la forme extérieure du corps :

$$\text{Plantes}\begin{cases} \text{à racines,} & \begin{cases} \text{à fleurs.} \\ \text{sans fleurs.} \end{cases} \\ \text{sans racines,} & \begin{cases} \text{à feuilles.} \\ \text{sans feuilles.} \end{cases} \end{cases}$$

Dénomination de ces quatre grands groupes. — Il est nécessaire maintenant de dénommer chacun de ces quatre grands groupes. A cet effet, remarquons d'abord que la racine ayant pour fonction principale d'absorber dans le sol des liquides destinés à nourrir la plante, son existence implique l'existence, à l'intérieur du végétal, de tubes capables de conduire les liquides absorbés dans toutes les régions du corps, tubes qu'on appelle des *vaisseaux*. Toute plante à racines est donc une plante à vaisseaux, une plante vasculaire; toute plante sans racines est aussi une plante sans vaisseaux, une plante non vasculaire. Observons encore que la présence des fleurs, qui tranchent le plus souvent par de vives couleurs sur le corps de la plante, rend la reproduction par œufs très visible, très apparente, tandis qu'en l'absence de fleurs la reproduction par œufs est plus cachée, plus difficile à apercevoir. C'est cette différence qu'expriment le nom de *Phanérogames*, donné aux végétaux à fleurs, et celui de *Cryptogames*, assigné collectivement à tous ceux qui n'ont pas de fleurs. De ces deux considérations jointes ensemble dérive immédiatement le nom du second groupe : *Cryptogames à racines* ou, comme on dit plus fréquemment, *Cryptogames vasculaires*.

La dénomination du troisième groupe se tire du nom des Mousses (en latin *Musci*), qui en sont les représentants les plus importants : *Muscinées*. Le quatrième groupe enfin, où le corps est simplement constitué par une expansion de forme variée appelée *thalle*, a reçu le nom de *Thallophytes*.

On a donc le tableau suivant :

Plantes	à racines ou vasculaires,	à fleurs.	*Phanérogames* (Chrysanthème, Morelle, Persil, Rosier, Renoncule, Lis Asperge. Pin).
		sans fleurs.	*Cryptogames vasculaires* (Lycopode, Prêle, Fougères).
	sans racines ou non vasculaires,	ordinairement à feuilles.	*Muscinées* (Mousses, Hépatiques).
		ordinairement sans feuilles.	*Thallophytes* (Algues, Champignons).

Par la manière même dont on les a obtenus, il est clair que ces quatre groupes ne sont pas équidistants, mais bien rapprochés deux par deux. En d'autres termes, les Cryptogames vasculaires ressemblent beaucoup plus aux Phanérogames qu'aux Muscinées, et les Muscinées beaucoup plus aux Thallophytes qu'aux Cryptogames vasculaires. En réalité, la distinction fondamentale, il ne faut pas l'oublier, est entre plantes à racines ou vasculaires et plantes sans racines ou non vasculaires ; l'autre est relativement secondaire.

Divisions principales des Phanérogames. — Les Phanérogames, qui forment le groupe le plus important, se divisent à leur tour, et, comme nous aurons souvent par la suite à citer ces divisions, il est nécessaire de les caractériser ici brièvement.

Les petites plantes issues du développement des œufs dans

le fruit y sont d'ordinaire renfermées dans autant de parties distinctes et séparables qu'on nomme des *graines*. Chez la plupart, chaque fruit enveloppe ses graines dans une cavité close; on les dit *Angiospermes*. Chez les autres, chaque fruit n'enveloppe pas ses graines dans une cavité close; on les dit *Gymnospermes* (Pin, Cyprès, If).

Chez certaines Angiospermes, la petite plante renfermée dans la graine porte au premier nœud de sa tige deux feuilles opposées, nommées *cotylédons*; ce sont les *Dicotylédones* (Chrysanthème, Morelle, Persil, Rosier, Renoncule); chez les autres, la jeune plante ne porte au premier nœud de sa tige qu'une seule feuille, un seul cotylédon; ce sont les *Monocotylédones* (Lis, Asperge, Orchide).

Les Gymnospermes ne se prêtent pas à une division semblable. Chez elles, la petite plante porte au premier nœud de sa tige tantôt une seule feuille, tantôt deux, tantôt un plus grand nombre. Le nombre des cotylédons n'y étant pas constant, ce principe de division n'y est pas applicable.

En résumé, le groupe des Phanérogames se trouve partagé de la sorte, par deux coupes successives, en trois divisions : les Gymnospermes, les Monocotylédones et les Dicotylédones. Mais on voit, par la manière même dont on les a tracées, que ces trois divisions ne sont pas équivalentes; les Gymnospermes diffèrent beaucoup plus des Monocotylédones et des Dicotylédones que celles-ci ne diffèrent entre elles.

Critère externe de perfection. — Si, maintenant, anticipant sur ce qui sera dit un peu plus loin, nous admettons, d'abord qu'une plante est d'autant plus parfaite que son travail total externe est mieux accompli, et ensuite, que ce travail total externe est d'autant mieux accompli qu'il est plus divisé et que les diverses parties en sont plus spécialisées, il en résulte aussitôt qu'une plante est d'autant plus parfaite que sa forme extérieure est plus différenciée. Nous voilà donc munis d'un critère morphologique, à l'aide duquel nous déciderons aisément, dans chaque cas particulier, si une plante donnée est plus ou moins parfaite qu'une autre plante également donnée. C'est ainsi que les quatre grands groupes que nous venons de distinguer dans les plantes s'échelonnent comme il suit, dans la voie ascendante du perfectionnement : Thallophytes, Muscinées, Cryptogames vasculaires, Phanérogames.

Ce critère de perfection est trop extérieur cependant pour qu'on puisse compter qu'il suffira seul, et dans tous les cas, sans jamais se trouver en défaut. Mais nous saurons bientôt lui en adjoindre un autre, tiré de la profondeur même du corps, d'une valeur plus haute par conséquent et d'une application plus sûre.

§ 2

FORME INTÉRIEURE OU STRUCTURE DU CORPS

Pénétrons maintenant au dedans du corps de la plante, pour en étudier la forme intérieure ou, comme on dit, la *structure*.

Structure continue. — Le cas le plus simple est celui où, dans toute l'étendue du corps adulte, la substance qui le constitue est indivise et continue avec elle-même, de telle façon qu'un fil rigide enfoncé dans la masse peut y être poussé d'une extrémité à l'autre sans rencontrer de résistance. Il en est ainsi, par exemple, chez bon nombre d'Algues, non seulement parmi celles qui ont une forme simple (Valonie, fig. 1, *A*, etc.) ou bien une forme ramifiée mais homogène (Udotée, fig. 1, *B*, Vauchérie, etc.), mais même parmi celles dont la forme ramifiée a subi une différenciation très profonde (Caulerpe, fig. 1, *C*, etc.); cette continuité interne a valu à toutes ces Algues le nom de *Siphonées*. Il en est de même encore chez bon nombre de Champignons, précisément chez ceux que la différenciation des organes reproducteurs place au premier rang du groupe et qui, possédant seuls des œufs, sont nommés *Oomycètes* (Mucor, Saprolègne, Péronospore, Monoblépharide, etc.). La structure de toutes ces plantes est *continue*.

Éléments constitutifs du corps dans la structure continue. — Voyons quels sont, dans ce cas, les éléments constitutifs du corps.

Considérons d'abord une partie jeune quelconque, encore en voie de croissance (fig. 2, *A*). Nous y distinguerons aussitôt quatre choses : 1° à l'extérieur, une couche mince, homogène et continue de substance solide, incolore, ordinairement transparente, qui est protectrice : c'est la *membrane*; 2° à l'intérieur, intimement appliquée contre la membrane et continue avec elle-même dans toute l'épaisseur de la partie considérée, une matière molle, semi-liquide, non élastique, ordinairement incolore et granuleuse : c'est le *protoplasme*; 3° au sein même du protoplasme et équidistants entre eux, un plus ou moins grand nombre de corpuscules sphériques ou ovoïdes, séparés du protoplasme ambiant par un contour très net : ce sont les *noyaux* ; 4° enfin, dans la masse du protoplasme, parmi les noyaux, des grains plus petits, de forme déterminée, ordinairement sphériques ou ovoïdes, doués d'une activité propre et diverse suivant les cas : ce sont les *leucites*.

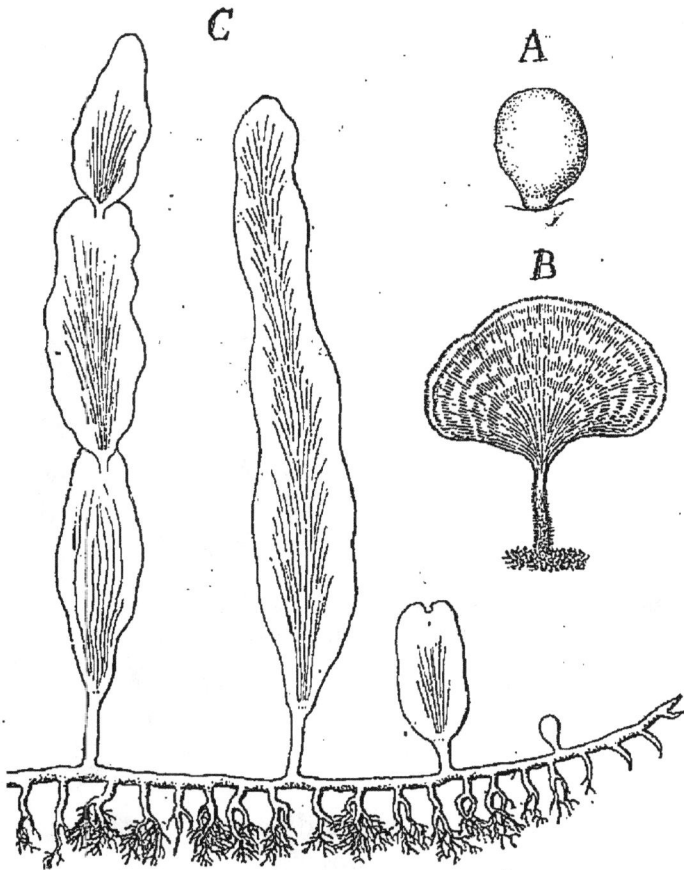

Fig. 1. — Trois Siphonées, Algues à structure continue.

A, Valonie utriculaire, forme simple. — *B*, Udotée flabellée, forme ramifiée peu différenciée; les ramifications se serrent en éventail. — *C*, Caulerpe prolifère, forme ramifiée très différenciée.

Membrane, protoplasme, noyaux et leucites ont une composition chimique analogue, étant tous essentiellement formés par divers principes azotés semblables à l'albumine, associés dans des proportions variées. Aussi offrent-ils en commun les réactions générales des composés albuminoïdes : coagulation et durcissement par la chaleur, l'alcool absolu, les acides picrique,.chromique, etc., coloration en jaune par l'iode, en rose par l'acide sulfurique en présence du sucre, en rouge par le nitrate acide de mercure, etc. C'est donc surtout par leurs qualités physiques, notamment par leur solidité et leur réfringence diverses, qu'ils se distinguent nettement sur leurs lignes de contact. Pourtant, les noyaux, les leucites et la membrane ont aussi des caractères propres, par où ils diffèrent du protoplasme.

Les noyaux sont composés en majeure partie d'une matière albuminoïde phosphorée, la *nucléine*, qui a la propriété de

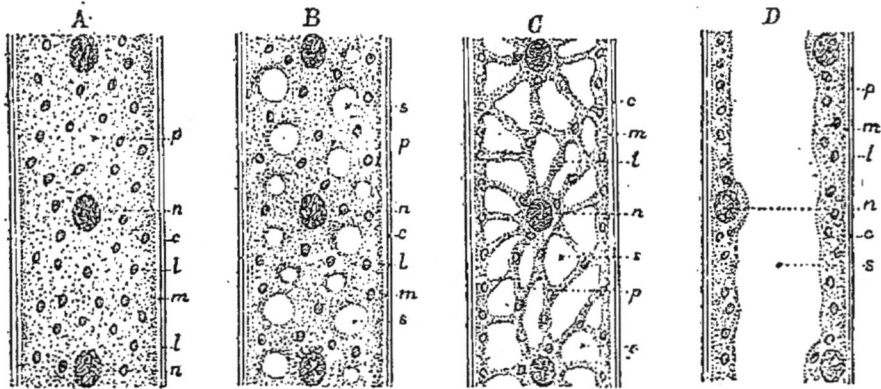

Fig. 2. — Section longitudinale d'une portion du corps d'une plante à structure continue. — *A*, premier âge : *m*, membrane ; *c*, sa couche cellulosique ; *p*, protoplasme ; *n*, noyaux ; *l*, leucites. — *B*, après la croissance des hydroleucites creusés de vacuoles *s*. — *C*, phase des bandelettes ; fusion progressive des hydroleucites. — *D*, après la disparition des bandelettes ; tous les hydroleucites sont fusionnés en un seul.

fixer avec une grande énergie diverses matières colorantes. Celles-ci, par conséquent, colorent fortement les noyaux au sein du protoplasme incolore : en rouge (fuchsine, carmin), en vert (vert de méthyle), en violet (violet de Paris, hématoxyline), en bleu (bleu d'aniline), en noir (nigrosine) ; les noyaux se colorent aussi en noir par l'acide osmique. La nucléine forme dans le noyau un certain nombre de bâtonnets courbés en U ; en se posant bout à bout, ces bâtonnets prennent l'aspect d'un filament enroulé et pelotonné sur lui-même (fig. 2, *n*) ; les interstices sont occupés et le peloton tout entier est revêtu par une matière albuminoïde qui diffère peu du protoplasme.

Les leucites ont la faculté de former dans leur masse diverses substances spéciales, qui permettent de caractériser autant de catégories de ces corpuscules. Bornons-nous à signaler ici les trois plus importantes de ces catégories.

Les uns demeurent incolores et produisent de petits grains d'une substance ternaire de formule $(C^6H^{10}O^5)^5$, très réfringente, bleuissant par l'iode, qu'on nomme l'*amidon* : ce sont les *amyloleucites*. Chaque grain d'amidon est formé de couches alternativement plus dures et plus molles, plus brillantes et plus ternes, plus sèches et plus aqueuses, disposées autour d'un globule central ou excentique qui est la partie la plus molle, la plus terne et la plus aqueuse du grain. D'abord très petit, il s'accroît progressivement, de dedans en dehors, par addition de nouvelle matière à sa périphérie; sa forme est le plus souvent sphérique ou ovoïde. Si plusieurs grains prennent naissance dans le même leucite, ils se soudent en grandissant et constituent ce qu'on appelle des grains d'amidon *composés*.

D'autres leucites produisent, sous l'influence de la lumière, un principe colorant vert, la *chlorophylle*, qui les imprègne uniformément dans toute leur épaisseur : ce sont les *chloroleucites*; dans le langage vulgaire, on les appelle communément des *grains de chlorophylle*. Insoluble dans l'eau, soluble dans l'alcool, se combinant avec les bases à la manière d'un acide, la chlorophylle a une composition quaternaire exprimée par la formule $C^{18}H^{30}AzO^2$. On rencontre des chloroleucites dans toutes les Algues à structure continue, tandis que tous les Champignons en sont dépourvus. Comme les amyloleucites, ils produisent souvent des grains d'amidon dans leur masse, mais ils peuvent aussi n'en pas former.

Les leucites de la troisième sorte ne sont pas pleins comme les précédents, mais creusés au centre d'une cavité contenant de l'eau et diverses matières dissoutes, cavité souvent désignée sous le nom de *vacuole*; ce sont les *hydroleucites*. Petits dans la région jeune du corps, ils grossissent en absorbant de l'eau à mesure que cette région va croissant (fig. 2, *B*, *s*). Bientôt ils se touchent et se confondent de proche en proche en hydroleucites plus grands. A ce moment, le protoplasme forme une couche externe continue qui tapisse la membrane et des bandelettes rameuses traversant toute l'épaisseur du corps en y dessinant un réseau dont les mailles sont occupées par les hydroleucites (fig. 2, *C*). Les noyaux et les leucites pleins se trouvent alors répartis tout aussi bien dans l'épaisseur des bandelettes qu'au sein de la couche pariétale; chaque noyau est un centre autour duquel les bandelettes rayonnent en tous sens. Plus tard la croissance des hydroleucites continuant, les bandelettes s'amincissent, se rompent, leurs portions se rétractent dans la couche périphérique, et finalement tous les hydroleucites sont fusionnés en un seul. Désormais, le protoplasme ne forme plus qu'une couche pariétale, dans l'épaisseur de laquelle sont nichés les noyaux et les leucites pleins : toute la région centrale du corps est occupée par le grand hydroleucite (fig. 2, *D*).

Les hydroleucites sont la source où le protoplasme, avec ses noyaux et ses leucites pleins, puise l'eau et les substances solubles dont il a besoin pour s'accroître et pour entretenir son activité ; ils sont aussi le réservoir où le protoplasme déverse les matières solubles qui sont les produits de son activité. Aussi le liquide des vacuoles, dont l'ensemble est nommé souvent le *suc* du corps, tient-il en dissolution un grand nombre de substances des plus diverses : sels minéraux et organiques, acides et bases organiques libres, principes colorants, corps neutres azotés comme des diastases, des peptones, des amides, corps neutres ternaires comme les dextrines, les sucres, les saccharides, etc. ; sa réaction est ordinairement acide. En outre, les hydroleucites jouent un rôle mécanique important. En absorbant de l'eau et se dilatant, ils exercent, en effet, de dedans en dehors sur le protoplasme une pression croissante, qui peut atteindre dans certains cas plusieurs atmosphères. Cette pression distend le protoplasme et la membrane, jusqu'à ce que la résistance élastique de celle-ci lui fasse équilibre. La tension ainsi établie entre la membrane et les hydroleucites, d'où résulte une certaine raideur, est ce qu'on nomme la *turgescence* du corps ; tout ce qui augmente le volume des hydroleucites accroît la turgescence, tout ce qui le diminue l'affaiblit. On verra plus tard que la turgescence joue un rôle important dans la croissance.

Enfin la membrane, par un mécanisme analogue à celui par lequel les amyloleucites produisent les grains d'amidon, transforme de bonne heure sa couche externe en une substance ternaire de formule $(C^6H^{10}O^5)^6$, isomère par conséquent de l'amidon, mais plus condensée et ne bleuissant pas directement par l'iode : c'est la *cellulose*, matière très résistante, insoluble dans tous les réactifs, à l'exception du liquide cuproammoniacal, se colorant en bleu par l'iode après l'action de l'acide sulfurique ou du chlorure de zinc, qui la ramènent à l'état d'amidon. La membrane propre du corps se trouve ainsi enveloppée d'une couche continue et plus ou moins épaisse de cellulose, qui lui assure à la fois une protection et un soutien (fig. 2, c). Cette couche cellulosique de la membrane existe tout aussi bien chez les Algues que chez les Champignons à structure continue. Comme elle est plus épaisse et plus résistante, elle est aussi plus visible que la couche albuminoïde qui la double à l'intérieur et qui peut, au premier abord, passer inaperçue. C'est elle qui, par sa résistance élastique à la pression des hydroleucites, provoque la turgescence du corps.

Mouvements du protoplasme. — A partir du moment où les hydroleucites ont grandi et où le suc y est abondant, le protoplasme se montre animé de mouvements divers, accusant ainsi au dehors le jeu des forces qui agissent en lui. Tant qu'il y a des bandelettes réticulées tendues d'une face à l'autre de la couche pariétale (fig. 2, C), on voit ces bandelettes changer incessamment de forme et de position ; ici, elles s'amincissent, se brisent, rétractent leurs deux moitiés et disparaissent ; ou bien deux ou plusieurs bandelettes se rapprochent et s'unissent en une seule. Là, au contraire, il pousse un bras nouveau qui se ramifie et se soude avec les autres ; ou bien c'est un bras ancien qui émet un prolongement pour s'unir à ses voisins. En même temps, les granules protoplasmiques, souvent aussi les noyaux et les leucites pleins, se meuvent en courant le long des bandelettes et le long de la couche pariétale ; ordinairement dans une bandelette il y a deux courants de granules de sens inverse sur les deux bords, avec une ligne de repos au milieu. Plus tard, quand les hydroleucites se sont fusionnés en un large hydroleucite central (fig. 2, D), les mouvements de courants continuent dans la couche pariétale. Il y a d'ordinaire dans cette couche plusieurs courants de granules parallèles à la plus grande longueur de la partie considérée et dirigés soit tous ceux d'une moitié dans un sens, tous ceux de l'autre moitié en sens contraire, soit alternativement dans un sens et dans l'autre. Grâce à ces mouvements, les diverses particules du protoplasme se transportent sans cesse d'un bout du corps à l'autre, avec une vitesse qui peut atteindre et dépasser 1 millimètre à la minute.

Le protoplasme est l'élément fondamental du corps. — Les leucites peuvent manquer. Le corps ne se compose donc que de trois éléments essentiels : la membrane, le protoplasme et les noyaux.

La membrane albuminoïde n'est, au fond, que la couche périphérique du protoplasme, exempte de granules et modifiée dans ses propriétés physiques, devenue notamment plus dure et plus résistante. S'il vient à en être dépouillé, le protoplasme en régénère une autre aussitôt. Que dans une Vauchérie ou un Mucor, par exemple, l'on perce ou l'on déchire la membrane du corps en un point et que, par l'ouverture, on fasse sortir dans l'eau une portion du protoplasme (fig. 3), on la verra d'abord se contracter en boule, et bientôt après former à sa périphérie une membrane nouvelle, qui la sépare du milieu ambiant et la protège ; la membrane dérive donc du protoplasme. Quant à la couche de cellulose, résultant comme on sait de la transformation ultérieure de la zone externe de la membrane albuminoïde, elle n'est qu'un dérivé de second ordre du protoplasme.

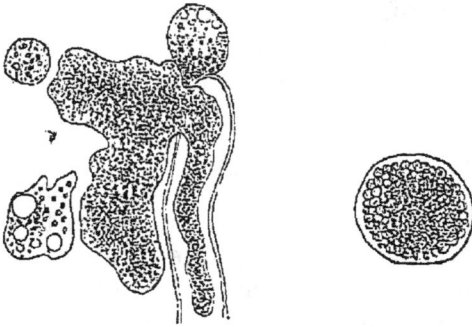

Fig. 3. — A gauche, protoplasme s'échappant, avec ses noyaux et ses leucites, d'un tube percé de Vauchérie terrestre ; il se sépare en petites masses arrondies. A droite, une de ces masses a condensé vers le centre ses noyaux et ses leucites, et s'est formé une membrane nouvelle.

Les noyaux diffèrent davantage du protoplasme et ont vis-à-vis de lui une indépendance beaucoup plus grande ; ils n'en dérivent pas. A mesure que le protoplasme augmente de volume, toujours revêtu par la membrane qui s'accroît à mesure, les noyaux grossissent aussi et, en même temps, s'espacent davantage. Quand ils ont acquis une certaine dimension, ils se divisent en deux moitiés égales, et les nouveaux noyaux s'écartent l'un de l'autre, jusqu'à redevenir équidistants ; ils grandissent ensuite, pour subir plus tard une nouvelle bipartition, et ainsi de suite. Tout noyau procède donc d'un noyau antérieur par voie de dédoublement. Au moment où un noyau, ayant acquis sa dimension maximum, se prépare à se diviser, son contour s'efface et la portion de sa masse qui n'est pas de la nucléine se confond avec le protoplasme. Le peloton de nucléine se déroule et isole ses bâtonnets ; puis chacun de ceux-ci se divise suivant la longueur en deux moitiés qui s'écartent. De part et d'autre, toutes les moitiés correspondantes se rapprochent et constituent deux nouveaux pelotons qui se revêtent et comblent leurs interstices avec du protoplasme ordinaire et enfin s'isolent par un contour tranché d'avec le protoplasme général, pour constituer les deux noyaux nouveaux. On voit que chaque noyau nouveau possède exactement la moitié de la nucléine du noyau ancien, disposée dans le même nombre de bâtonnets moitié moins gros. On voit aussi que, pendant chacune de ses divisions, le noyau perd, en partie du moins, son autonomie vis-à-vis du protoplasme, dans lequel ses bâtonnets de nucléine se retrempent, pour ainsi dire, chaque fois.

C'est donc, après tout, le protoplasme qui est l'élément constitutif fondamental du corps de la plante.

Structure cloisonnée : cellules. — Déjà chez la plupart des Thallophytes autres que les Siphonées, parmi les Algues, et les Oomycètes, parmi les Champignons, puis chez tous les végétaux des trois autres groupes, dans la très grande majorité des plantes par conséquent, la structure que nous venons d'esquisser subit une modification importante.

Elle n'est plus continue; un fil rigide, enfoncé à travers la membrane en un point du corps et poussé en divers sens, se heurte bientôt à une forte résistance, et s'il en triomphe à l'aide d'une pression suffisante, après un court trajet dans une partie molle, il rencontre une résistance nouvelle, et ainsi de suite. Rien n'est changé pourtant au fond des choses. Le corps est toujours formé d'une membrane et d'un protoplasme avec des noyaux équidistants, des leucites pleins et des hydroleucites. Il y a seulement quelque chose de plus. De bonne heure, il s'est formé au sein du protoplasme, perpendiculairement à la ligne des centres de deux noyaux consécutifs et au milieu de cette ligne, autant de minces cloisons de même nature que la membrane du corps, c'est-à-dire d'abord tout entières albuminoïdes, bientôt transformées, dans leur plan médian, en une lame de cellulose doublée de chaque côté d'un feuillet albuminoïde (fig. 4, *m' c'*). Toutes ces cloisons s'ajustent entre elles et les plus externes se raccordent avec la membrane générale, de manière à diviser le corps en autant de petits compartiments polyédriques qu'il renferme de noyaux: chacun de ces petits compartiments est ce qu'on appelle une *cellule*, et la structure du corps est dite dans ce cas *cellulaire*.

Chaque cellule se compose donc d'une membrane, d'un protoplasme, d'un noyau et des divers leucites, pleins ou creusés de vacuoles, qui se trouvaient renfermés dans la portion du protoplasme général comprise entre deux cloisons consécutives. En un mot, chaque cellule possède en petit la même structure que le corps tout entier.

Si les noyaux se dédoublent toujours dans la même direction, de manière à être tous disposés en une seule série linéaire, toutes les cloisons sont parallèles et le corps est formé d'une file de cellules superposées (fig. 4) (Conferve, Spirogyre, etc.). Si les noyaux se divisent dans deux directions rectangulaires, il y a aussi deux directions de cloison-

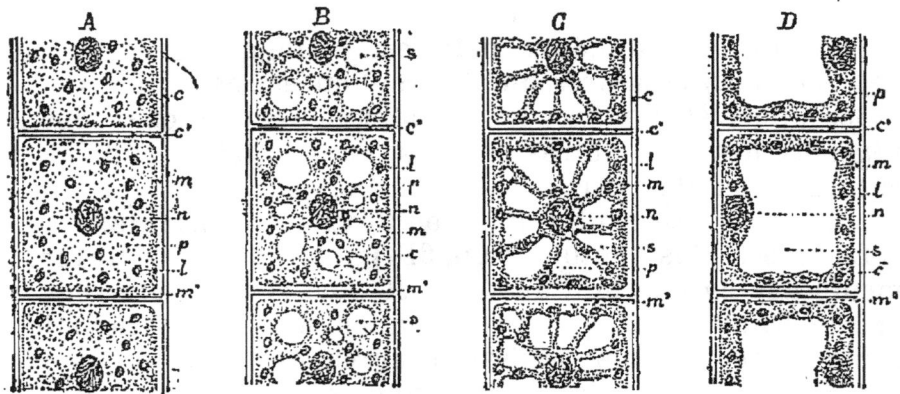

Fig. 4. — Section longitudinale du corps d'une plante à structure cloisonnée en cellules dans une seule direction. — A, premier âge : m, membrane ; c, sa couche cellulosique ; m', les deux feuillets albuminoïdes de la cloison ; c', sa lame cellulosique mitoyenne ; p, protoplasme plein ; n, noyaux ; l, leucites. — B, après le grossissement des hydroleucites avec leurs vacuoles pleines de suc s. — C, phase des bandelettes. — D, après la disparition des bandelettes et la fusion de tous les hydroleucites de la cellule en un seul. Comparez cette figure à la figure 2.

nement et le corps est formé d'un plan de cellules (Monostrome, etc.). Enfin, si les noyaux se dédoublent dans les trois directions, le cloisonnement s'opère aussi dans les trois sens et le corps est composé d'un massif de cellules (fig. 5) (toutes les plantes vasculaires). Dans les deux premiers cas, chaque cellule emprunte une portion plus ou moins grande de sa membrane à la membrane du corps, le reste aux cloisons séparatrices des cellules voisines ; il en est de même dans le troisième cas pour les cellules périphériques (fig. 5, ép), tandis que dans les cellules profondes la membrane est uniquement formée par l'ensemble de ces cloisons mitoyennes.

Une fois la couche externe de la membrane générale et les lames moyennes de toutes les cloisons tranformées en cellulose, le corps se trouve donc traversé dans toute son étendue par un réseau rigide, solidement raccordé avec la cuirasse périphérique et qui emprisonne dans ses mailles toutes les parties molles. Toutes les lames de ce réseau étant mitoyennes, les cellules n'ont pas, du moins au début, de membrane propre de cellulose. Elles possèdent, au contraire, chacune une membrane albuminoïde spéciale, directement appliquée sur son protoplasme et séparée des membranes albuminoïdes voisines par toute l'épaisseur des lames mitoyennes cellulosiques. Ces dernières, d'abord minces, s'épaississent ensuite plus ou moins de chaque côté, vers l'intérieur des deux cellules voisines, aux dépens du feuillet albuminoïde correspondant.

Plus tard, elles peuvent être continues et d'égale épaisseur dans toute leur étendue ; les protoplasmes voisins ne communiquent alors que par

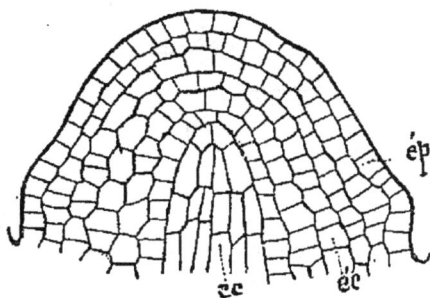

Fig. 5. — Section longitudinale du sommet de la tige de l'Hippure commune, montrant la structure cloisonnée dans les trois directions ; *ép*, cellules périphériques.

voie d'osmose et cette osmose s'opère uniformément dans toute la largeur de la cloison de cellulose. Mais le plus souvent il n'en est pas ainsi. En de certaines places, la cloison albuminoïde demeure mince et ne produit aussi qu'une lame mince de cellulose, tandis que dans les régions intermédiaires elle s'épaissit de chaque côté vers l'intérieur et produit aussi une couche cellulosique de plus en plus épaisse ; les places minces qui, par le mode même de formation, se correspondent toujours exactement d'une cellule à l'autre, dessinent alors une sculpture en creux sur le fond épaissi de la membrane ; quand elles sont circulaires, ou ovales, on les nomme des *ponctuations*. C'est par elles que s'opèrent alors presque exclusivement les échanges osmotiques entre les protoplasmes voisins. Dans chaque place mince, il existe ordinairement une série de petits points formant les mailles d'un très fin réseau, dans lesquels la membrane albuminoïde n'a pas du tout formé de cellulose, qui se colorent en jaune par conséquent par le chlorure de zinc iodé. En ces points réservés, les protoplasmes voisins ne sont séparés que par la membrane azotée mitoyenne qui bouche chaque maille du réseau cellulosique; ils communiquent plus librement entre eux que partout ailleurs, sans être pour cela en continuité directe (fig. 6).

A mesure qu'une cellule grandit, ses hydroleucites, d'abord petits et isolés, grossissent et confluent (fig. 4, B); puis, le protoplasme forme entre eux un réseau de bandelettes (fig. 4, C); enfin, il se réduit ordinairement à une couche pariétale englobant le noyau et les leucites pleins, et enveloppant un grand hydroleucite central (fig. 4, D). D'une cellule à l'autre, les hydroleucites ainsi fusionnés sont donc toujours séparés, si l'on fait abstraction des points réservés des places minces, par deux couches pariétales de protoplasme, deux membranes albuminoïdes et une lame mitoyenne de cellulose. Les hydroleucites, avec le liquide qu'ils renferment, et qui est souvent nommé *suc cellulaire*, jouent dans la cellule le même rôle que dans le corps tout entier quand la structure est continue. Ils provoquent notamment, en distendant la membrane de cellulose, qui résiste, un état de raideur qu'on appelle la *turgescence* de la cellule; la pression de turgescence peut y atteindre dans certains cas sept (Haricot) et jusqu'à treize atmosphères (Hélianthe).

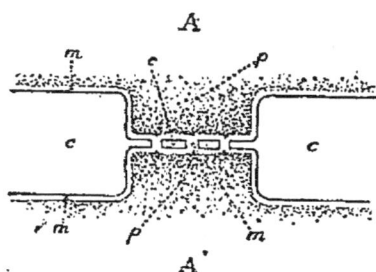

Fig. 6. — Section de la cloison séparatrice des cellules A et A', passant par une ponctuation : p, protoplasmes voisins; m, membrane; c, lame cellulosique mitoyenne (gross. très fort).

Quand les hydroleucites y ont acquis une certaine dimension, le protoplasme se montre animé dans chaque cellule de mouvements divers, localisés dans la cellule et sans lien nécessaire avec ceux des cellules voisines (fig. 7). Ces mouvements sont les mêmes que ceux qui affectent le protoplasme général dans la structure continue, et nous n'y reviendrons pas. Ajoutons seulement qu'ici, une fois toutes les bandelettes disparues, c'est-à-dire une fois tous les hydroleucites fusionnés en un seul, il arrive souvent qu'il n'y ait dans la couche pariétale qu'un seul courant fermé, doué dans chaque cellule d'une direction constante, déterminée par la place de cette cel-

lule dans le corps. Dans la tige des Charagnes, par exemple,
le courant est parallèle au grand axe de la cellule, montant
toujours du côté correspondant à la première feuille du nœud
suivant, descendant du côté opposé et
laissant entre ses deux bords une bande
mince en repos ; sa vitesse, à la température de 15 degrés, est de $1^{mm},63$ à la
minute. Ce courant unique entraîne souvent le noyau et les chloroleucites (Vallisnérie, Elodée, etc.), quelquefois le noyau
seulement, les chloroleucites demeurant
immobiles dans la zone externe de la
couche pariétale (Charagne).

Que la structure soit cellulaire ou continue, on voit donc que le protoplasme est
une substance essentiellement mobile. La
prétendue immobilité de la plante n'est
qu'une apparence, due à ce que la couche
cellulosique de la membrane du corps et
des cloisons qui le divisent, par sa rigi-
dité, interdit en général au protoplasme
toute déformation du contour externe et
tout déplacement d'ensemble. Quelquefois
pourtant il arrive que cette couche cellulosique soit assez mince et assez flexible
pour se déformer légèrement sous l'influence des mouvements internes; le corps
tout entier se déplace alors plus ou moins
rapidement dans le milieu ambiant, comme
on le voit chez beaucoup d'Algues (Desmidiées, Diatomacées, Nostocacées, Bactériacées, etc.).

En somme, on peut se représenter la
structure cellulaire comme dérivant de la
structure continue par un simple développement de la membrane générale dans la
profondeur du corps, entre tous les
noyaux, avec raccordement de tous les
prolongements; ce développement et ce raccordement ont
pour but de soutenir l'ensemble et de protéger les parties,
tout en permettant, par les places minces des cloisons et surtout par les points où la cellulose y fait défaut, les échanges

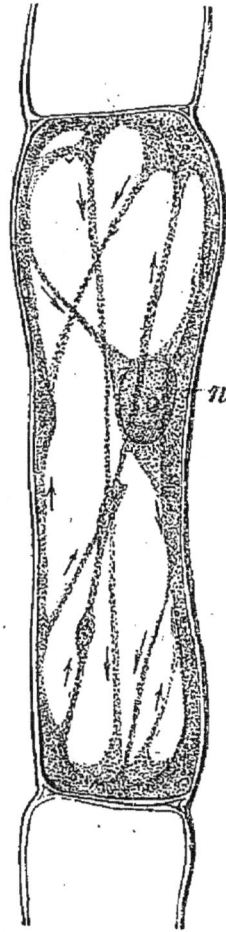

Fig. 7. — Cellule d'un
poil de Chélidoine.

n, noyau. Les flèches
indiquent le sens du
mouvement du pro-
toplasme dans les
bandelettes et dans
la couche pariétale.

entre les protoplasmes voisins. Cette manière de voir se trouve confirmée d'ailleurs par de nombreuses formes de transition. Tout en gardant leur structure continue, les Caulerpes, par exemple (fig. 1, C), prolongent leur membrane avec sa couche cellulosique dans la profondeur du protoplasme sous forme de bandelettes solides, ramifiées et soudées çà et là bout à bout en réseau, qui se raccordent avec la face opposée et con·stituent de la sorte un système de contreforts et d'arcs-boutants (fig. 8). Chez d'autres plantes, qui prennent la structure cellulaire, comme les Spirogyres, le cloisonnement, au lieu de s'opérer comme d'ordinaire simultanément dans toute l'épaisseur du corps, part de la membrane externe sous forme d'un bourrelet annulaire, qui s'avance peu à peu en forme de diaphragme dans la profondeur du protoplasme et finit par se fermer au centre en complétant la cloison.

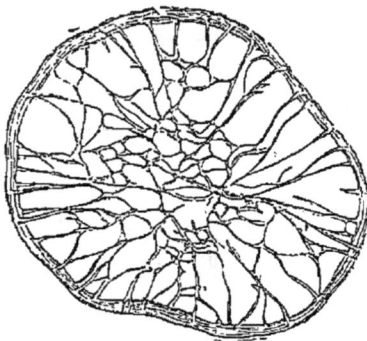

Fig. 8. — Section transversale du corps à structure continue du Caulerpe prolifère, montrant le lacis des cordons cellulosiques.

La structure cellulaire n'est donc qu'une simple modification de la structure continue, modification extrêmement répandue, il est vrai, mais dont la fréquence ne doit pas nous faire illusion. Elle ne change rien, on l'a vu, au fond des choses; une plante cellulaire n'est point, par cela seul, plus compliquée qu'une plante continue; et dans une plante cellulaire, chaque cellule, avec sa double membrane, son protoplasme, son noyau, ses leucites pleins et ses hydroleucites, n'est pas plus simple que le corps tout entier.

États intermédiaires entre la structure continue et la structure cellulaire : articles, symplastes. — Nous avons supposé jusqu'ici que des cloisons se formaient partout entre deux noyaux consécutifs, de manière que chaque compartiment ne renfermât qu'un seul noyau; c'est à un pareil compartiment que nous avons donné le nom de cellule. Le cloisonnement s'opère alors à son maximum : c'est le cas de beaucoup le plus fréquent. Entre la structure cellulaire ainsi définie et la structure continue, il existe pourtant des intermédiaires, dont l'étude est très instructive.

Il arrive, en effet, que le corps ne se cloisonne que de loin en loin, sans aucune relation avec la disposition des noyaux, de manière que chaque portion de protoplasme comprise entre deux cloisons consécutives renferme un plus ou moins grand nombre de noyaux, des centaines et jusqu'à des millions. On en voit des exemples chez bon nombre d'Algues filamenteuses, notamment les Cladophores. Les compartiments ainsi découpés dans le corps n'ont évidemment pas la même valeur que dans le cas précédent et ne peuvent pas porter le même nom. En les appelant aussi des cellules, on ferait la faute de désigner par le même nom des choses différentes. Nous les nommerons des *articles* et nous dirons que dans ce cas la structure est *articulaire*. La structure articulaire comporte bien des degrés, suivant le nombre et le rapprochement des cloisons, en d'autres termes suivant le nombre des noyaux renfermés dans chaque article. Il en résulte autant de transitions entre la structure continue, sans cloisons, et la structure cellulaire, où le cloisonnement atteint son maximum.

L'existence d'intermédiaires entre les deux structures extrêmes se manifeste encore par la présence locale d'articles, aussi bien dans des plantes à structure continue que dans des végétaux à structure cellulaire. Ainsi, dans le thalle des Mucors, il est fréquent de voir certains rameaux latéraux, plus grêles et plus rameux que les autres, se séparer régulièrement des branches principales par des cloisons basilaires, qui en font autant d'articles isolés dans une structure d'ailleurs continue. D'un autre côté, le corps d'un Figuier ou d'un Mûrier, d'ailleurs cellulaire, renferme dans sa masse un certain nombre d'articles en forme de filaments rameux, qui s'étendent sans discontinuité de l'extrémité des racines les plus profondes au sommet des feuilles les plus hautes, en serpentant entre les cellules, et qui renferment des millions de noyaux.

Enfin, ces états intermédiaires se présentent à nous d'une autre manière encore. Dans une structure complètement cellulaire, il arrive que çà et là les cloisons cellulosiques et albuminoïdes se résorbent et que les protoplasmes des cellules voisines se fusionnent en un seul, tandis que les noyaux restent à leurs places respectives; en ces points, la structure cellulaire primitive fait retour à une structure continue. On appelle *symplaste* un ensemble de cellules ainsi fusionnées : le Pavot, la Campanule, la Chicorée en offrent de beaux exemples (fig. 12). Dans un très grand nombre de Champignons aussi, les filaments cloisonnés et ramifiés qui composent le corps, partout où ils viennent à se rencontrer, résorbent les membranes aux points de contact, unissent les protoplasmes, et de chacun de ces abouchements résulte aussi un symplaste local. Dans les Myxomycètes de la famille des Endomyxées, toutes les cellules du corps, dont la membrane est ici dépourvue de couche cellulosique, se fusionnent de la sorte à un moment donné, de sorte que pendant un certain temps le corps tout entier n'est qu'un vaste symplaste réticulé et mobile (fig. 9).

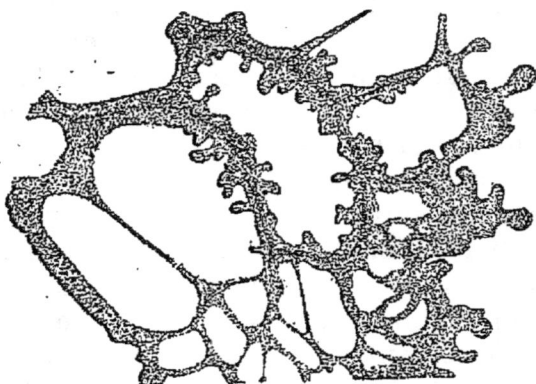

Fig. 9. — Portion du symplaste réticulé et mobile vers la droite du Physare leucope; les noyaux ne sont pas figurés.

Structure cellulaire associée. Structure cellulaire dissociée. — Dans ce qui précède, on a supposé qu'après le cloisonnement du corps, les diverses cellules demeurent unies entre elles, leurs membranes albuminoïdes propres étant comme cimentées par les lames cellulosiques mitoyennes : le corps est alors tout d'une pièce, comme lorsqu'il n'est pas cloisonné. A vrai dire, il suffit, pour que ce résultat soit atteint, que les cellules périphériques demeurent solidement unies. On voit souvent, en effet, les cellules profondes se séparer çà et là les unes des autres par un dédoublement local des lames cellulosiques mitoyennes en deux feuillets, qui s'écartent plus ou moins; il en résulte des *espaces intercellulaires* plus ou moins grands, qui se remplissent ordinairement de gaz, quelquefois de liquides spéciaux, et le long desquels les cellules ont une membrane cellulosique propre. Si ces espaces sont très petits, ou du moins plus petits que les cellules qui les bordent, ce sont des *méats* (voir fig. 10, B); s'ils sont plus grands que les cellules de bordure, de manière qu'il paraît manquer en ce point une ou plusieurs cellules, ce sont des *lacunes* (voir fig. 10, F); s'ils deviennent énormes, ce sont des *chambres*; quand ces lacunes ou ces chambres s'étendent dans toute la longueur du corps, ce sont des *canaux*. Certaines cellules de la périphérie peuvent aussi se séparer localement de la même manière, en produisant des *porcs*, qui font communiquer l'ensemble des espaces intercellulaires avec le milieu extérieur. Tant que cette dissociation des cellules demeure localisée en certains points de la profondeur du végétal ou de sa périphérie, de manière que le corps n'en forme pas moins un tout lié, la structure est dite *associée*. C'est le cas de beaucoup le plus fréquent.

Il arrive pourtant assez souvent qu'après chaque cloisonnement la lamelle moyenne de la cloison cellulosique mitoyenne se transforme en une substance soluble et se dissolve en séparant la cloison cellulosique en deux feuillets et isolant complètement les deux cellules, avant qu'un nouveau cloisonnement se produise en elles. Le corps se trouve alors *dissocié*, émietté, pour ainsi dire, dans le milieu extérieur et, pour l'observer dans son ensemble, il faut par la pensée en rassembler toutes les cellules éparses, les rapprocher au contact et les disposer comme elles l'eussent été si la dissociation n'avait pas eu lieu. Il en est souvent ainsi parmi les Algues chez les Desmidiées, les Palmellées, les Bactériacées et les Diatomacées, etc., parmi les Champignons chez les Levures, etc. Dans les Myxomycètes, la cloison, sans produire de lame cellulosique, se dédouble aussitôt en deux feuillets et les cellules s'isolent sans être revêtues d'une couche de cellulose. Aussi, grâce aux mouvements du protoplasme, déforment-elles sans cesse leur contour et se déplacent-elles en rampant. Ce sont ces cellules éparses et mobiles qui, chez les Endomyxées, se fusionnent plus tard de proche en proche pour former le symplaste réticulé et également mobile dont il a été question plus haut (fig. 9). Les plantes dont le corps va s'émiettant ainsi, à mesure qu'il croît, sont souvent dites à tort *unicellulaires*, parce qu'on regarde chacune des cellules isolées comme en étant le corps tout entier.

Ailleurs, la dissociation n'a lieu que çà et là suivant certaines cloisons, qui se dédoublent pendant que les autres demeurent entières. Le corps se sépare alors en fragments pluricellulaires, qu'il n'est pas davantage permis de considérer comme étant chacun une plante tout entière.

Structure dissociée libre. Structure dissociée agrégée. — Enfin la dissociation peut avoir lieu d'une autre manière encore. La lamelle moyenne de la cloison cellulosique, au lieu de se dissoudre immédiatement, comme il a été dit plus haut, peut se transformer en une couche plus ou moins épaisse de gelée ou de mucilage. Les cellules se séparent alors dans cette gelée interstitielle ; mais si cette gelée a une consistance assez ferme, elle maintient en une masse compacte toutes les cellules dissociées en donnant au corps un contour défini. Il en est ainsi, par exemple, chez bon nombre d'Algues gélatineuses, notamment dans le Leuconostoc, Bactériacée qui se nourrit de sucre de Canne et que sa consistance a fait nommer *gomme de sucrerie*. Pour distinguer cette dissociation avec agglomération persistante, de la dissociation avec séparation complète, on peut dire que la structure dissociée est *agrégée* dans ce cas, *libre* dans l'autre.

Dans les plantes qui dissocient ainsi leurs cellules, le phénomène paraît dépendre des conditions de milieu. Dans certaines conditions, la dissociation ne se produit pas ; dans d'autres, elle a lieu à l'intérieur d'une masse gélatineuse avec agrégation des cellules ; dans d'autres encore, elle se produit avec mise en liberté complète des cellules. Ces modifications, qui changent pourtant si profondément l'aspect de la plante, sont donc tout à fait accessoires[1] ; il fallait cependant les mentionner ici.

Différenciation dans la structure continue. — Quand la structure est continue, nous avons vu que le corps adulte est différencié en plusieurs parties : la membrane, le protoplasme, les noyaux, les leucites pleins et les hydroleucites. A son tour, la membrane se différencie en une couche externe cellulosique et une couche interne albuminoïde ; le protoplasme peut renfermer des granules de composition diverse, des corps gras, des matières colorantes, etc. ; les leucites pleins peuvent produire des substances différentes, de l'amidon, de la chlorophylle, etc. ; les hydroleucites peuvent former et tenir en dissolution des matières très diverses, notamment des principes colorants, etc.

Toutes ces différenciations internes, qu'on peut appeler primaires, peuvent aussi n'être pas les mêmes dans les diverses

---

1. Aussi le mot *microbes*, par lequel il est de mode aujourd'hui de désigner les plantes qui se présentent d'ordinaire à l'état dissocié libre, n'a-t-il aucune valeur scientifique. Il s'applique, en effet, non pas à une certaine catégorie de plantes nettement définie, mais seulement à un certain état sous lequel se présentent, dans les circonstances ordinaires, certains végétaux d'ailleurs les plus différents, végétaux qui, dans d'autres conditions de milieu, gardent, au contraire, leurs cellules unies, atteignent alors de grandes dimensions, en un mot, sont des *macrobes*.

régions du corps, surtout si la forme extérieure est très différenciée, comme on le voit par exemple dans les Caulerpes (fig. 1, *C*). Il en résulte une différence dans la différenciation primaire, en un mot une différenciation secondaire. Mais on comprend aussi que, dans ce cas, toutes les parties du corps se trouvant en continuité parfaite, et le protoplasme en mouvement incessant d'une région à l'autre, cette différenciation secondaire ne puisse pas dépasser un assez faible degré.

Différenciation dans la structure cellulaire. — Il en est tout autrement lorsque la structure est cloisonnée, surtout quand, le cloisonnement s'opérant au maximum, elle est cellulaire. Tout d'abord il y a, ici aussi, une différenciation primaire du corps en une membrane, elle-même séparée en une couche cellulosique et une couche albuminoïde, un protoplasme avec des granules de diverses sortes, des noyaux, des leucites pleins et des hydroleucites. Seulement, cette différenciation s'arrête quelquefois à un degré moindre. La membrane peut ne pas produire de couche cellulosique externe et se différencier même assez peu par rapport au protoplasme, dont elle conserve la mollesse et la fluidité (Myxomycètes); ou bien, la membrane étant nettement différenciée, c'est le noyau qui ne l'est pas et dont la substance constitutive, la nucléine, demeure confondue dans le protoplasme, qui ne contient alors non plus ni leucites pleins, ni hydroleucites (Cyanophycées, notamment Bactériacées, etc.).

Toutes les fois que la structure cellulaire est dissociée, soit libre, soit avec agrégation dans la gélatine, et parfois aussi quand elle demeure associée (Spirogyre, Ulve, etc.), cette différenciation primaire, qui peut être très profonde, comme on le voit notamment chez les Desmidiées, se retrouve avec les mêmes caractères dans toutes les cellules du corps, qui sont identiques; il n'y a pas de différenciation secondaire. Mais, le plus souvent, la structure cellulaire associée présente, dans le mode de différenciation primaire de ses cellules, des différences plus ou moins marquées, en un mot, une différenciation secondaire plus ou moins profonde. C'est tantôt la membrane, tantôt le protoplasme, tantôt le noyau, tantôt l'une ou l'autre sorte de leucites pleins, tantôt enfin l'ensemble des hydroleucites, qui se développe d'une manière prépondérante et dans une direction déterminée, de sorte que les cellules, douées, grâce aux cloisons qui les séparent, d'une certaine indépendance, deviennent de plus en plus dissemblables, aussi bien dans leur forme que dans leur structure. La différenciation secondaire du corps s'exprime ici par une différenciation entre cellules. Outre sa fonction mécanique, le rôle

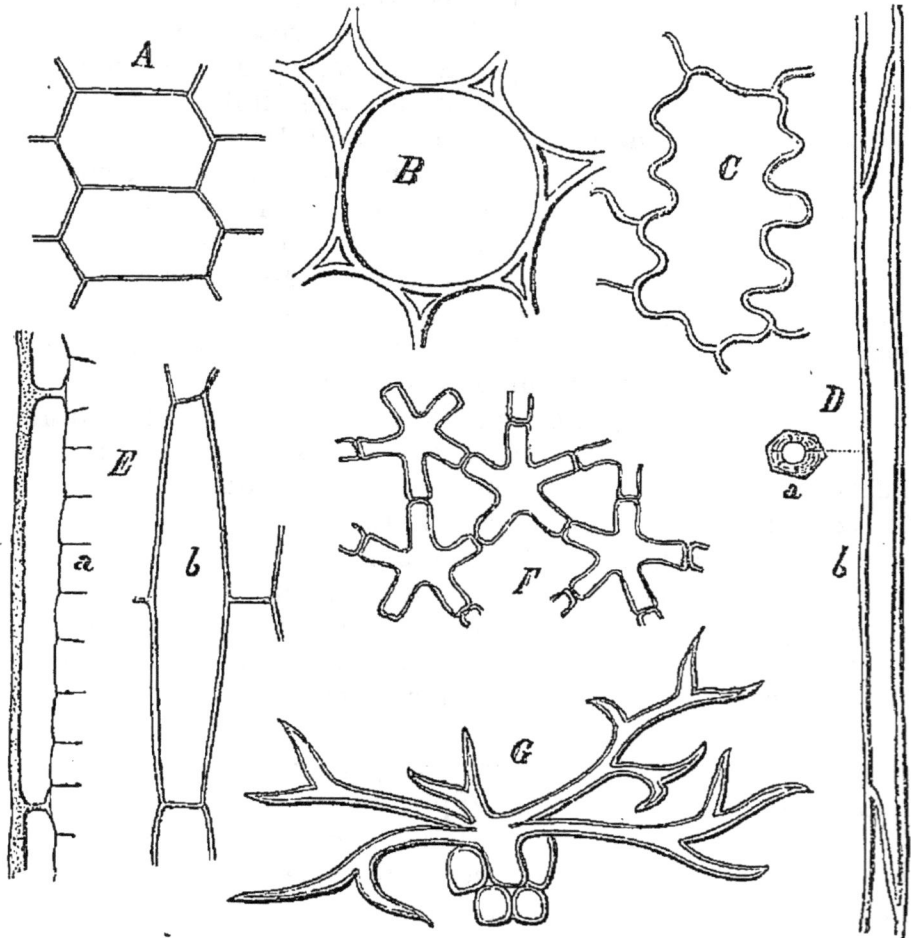

Fig. 10. — Diverses formes de cellules : *A*, polyédrique ; *B*, sphérique avec méats aérifères ; *C*, aplatie et sinueuse ; *D*, allongée et pointue aux deux bouts (fibre) avec membrane épaissie et ponctuée (*a*); *E*, aplatie en table, à membrane épaissie en dehors (*a*, en section ; *b*, de face); *F*, étoilée, à cinq branches, avec lacunes aérifères ; *G*, rameuse. On n'a figuré que la couche cellulosique de la membrane.

principal du cloisonnement paraît être précisément de donner aux diverses portions du corps une certaine indépendance relative et de favoriser ainsi leur différenciation secondaire.

C'est chez les Cryptogames vasculaires, et surtout chez les

Phanérogames, que cette spécialisation des cellules atteint, en variété et en profondeur, son plus haut degré. Là, en effet, le corps adulte renferme le plus souvent des millions de cellules associées et, suivant le point qu'on y considère, ces cellules offrent un grand nombre de formes et de structures différentes, un grand nombre de spécialisations (fig. 10).

Régions et tissus. — La marche progressive de la différenciation des cellules offre chez les plantes vasculaires deux phases bien distinctes. Tout d'abord, chacun des membres constitutifs du corps s'y partage en un certain nombre de massifs de cellules, séparés par des limites très nettes; ces massifs sont ce qu'on nomme des *régions*. Puis, dans chacune de ces régions, les cellules qui la composent se différencient à leur tour plus ou moins profondément et chacune de ces différenciations frappe à la fois un groupe de cellules; l'ensemble des cellules différenciées ainsi de la même manière, c'est-à-dire douées de la même forme et des mêmes propriétés, qu'elles soient d'ailleurs isolées au milieu de cellules différentes ou intimement associées en massifs arrondis, en files ou cordons longitudinaux, en assises ou couches concentriques, constitue ce qu'on appelle un *tissu*. Dans un membre donné, la même région peut d'ailleurs renfermer les tissus les plus différents, et le même tissu peut se retrouver dans les régions les plus diverses. Il est donc nécessaire de maintenir toujours bien distinctes ces deux notions : la notion de région et la notion de tissu.

Il s'agit maintenant de caractériser brièvement les principales régions et les principaux tissus.

Caractères des principales régions. — Le corps des plantes vasculaires, quel que soit le membre, racine, tige ou feuille, que l'on y considère, est formé de trois régions principales, emboîtées l'une dans l'autre : une externe, une moyenne et une interne. La région externe, limitant le corps vis-à-vis du milieu extérieur, est ce qu'on nomme l'*épiderme*. La région moyenne est ce qu'on nomme l'*écorce*. La région interne, qui est aussi la plus importante, car elle renferme les éléments conducteurs des liquides nutritifs, est la région *stélique*; elle a reçu le nom de *stèle* dans la racine et dans la tige, celui de *méristèle* dans la feuille. La région stélique est aussi la plus compliquée des trois et il est nécessaire, comme on le verra plus loin en étudiant chaque membre en particulier, d'y distinguer des sous-régions.

Caractères des principaux tissus. Méristème. — Parmi tous les tissus, il en est un qui doit être signalé le premier parce qu'il est, dans le corps tout entier ou tout au moins dans chacune de ses régions, l'origine de tous les autres. Il se compose de cellules polyédriques et intimement unies entre elles sans laisser de méats, riches en protoplasme finement granuleux, entourées de membranes minces et lisses, toutes en voie de croissance, de division nucléaire et de cloisonnement. C'est ce dernier caractère qui a fait donner à ce tissu homogène et indifférent le nom de *méristème* (voir fig. 5). Quand il a cessé de se cloisonner, le méristème différencie progressivement ses cellules et engendre ainsi les divers tissus définitifs du corps ou de la région considérée : c'est le tissu générateur.

Tantôt, en se différenciant de la sorte, les cellules du méristème se conservent vivantes, avec un protoplasme actif et un noyau, capables de reprendre, dans de certaines conditions, leur faculté de division nucléaire et de cloisonnement en repassant à l'état de méristème ; tantôt, au contraire, au cours de leur différenciation, les cellules perdent leur protoplasme, leur noyau et en même temps la faculté de se cloisonner désormais, en un mot, elles meurent. Il y a donc à distinguer deux catégories de tissus définitifs : les tissus de cellules vivantes, appelés à jouer dans le corps un rôle actif ou chimique, et les tissus de cellules mortes, qui n'ont qu'un rôle passif ou mécanique.

Tissus définitifs vivants. — D'une façon générale, les tissus définitifs de cellules vivantes portent le nom de *parenchyme*, mais il y a bien des sortes de parenchyme. Tantôt les membranes cellulosiques demeurent minces et sans transformation, c'est sur le protoplasme et les leucites que porte la différenciation ; le parenchyme est alors de consistance charnue et molle. Tantôt, au contraire, c'est la membrane cellulosique qui se développe beaucoup, qui se transforme, et c'est sur elle que s'établit la spécialisation ; le parenchyme prend alors une consistance sèche et résistante.

Dans le premier cas, si ce sont les chloroleucites qui dominent dans le protoplasme, le parenchyme est dit *vert* ou *chlorophyllien*. Si ce sont des matériaux de réserve qui s'y accumulent, il prend différents noms suivant la nature de ces matériaux : il est *amylacé*, si ce sont des grains d'amidon, formés dans les amyloleucites (voir fig. 16, *e*) ; *oléagineux*, si c'est de l'huile grasse, produite directement dans le proto-plasme ; *sucré*, si c'est du sucre de Canne tenu en dissolution dans le suc cellulaire, c'est-à-dire dans les hydroleucites ; *inulifère*, si c'est de l'inuline également en dissolution dans le suc ; *aqueux*, toutes les fois que le suc cellulaire est très déve-loppé sans qu'on sache ou veuille préciser la nature des substances qu'il tient en dissolution (voir fig. 16, *m, a, k*). Dans ces divers parenchymes à réserves, les hydroleucites renferment toujours à un certain moment une substance azotée neutre, destinée à agir sur les matériaux de réserve pour les transformer par voie d'hydratation et de dédouble-ment, les rendre solubles s'ils ne l'étaient pas et leur per-mettre d'entrer dans la constitution du protoplasme, d'être, comme on dit, *assimilés* au protoplasme. Ces substances azotées neutres ont reçu le nom général de *diastases* ; la diastase spéciale qui hydrate et dédouble à plusieurs reprises l'amidon pour le transformer finalement et totalement en glucose est l'*amylase* ; celle qui hydrate et dédouble l'inuline pour la transformer finalement en lévulose est l'*inulase* ; celle qui hydrate et dédouble le sucre de Canne en glucose et lévu-lose, qui l'*invertit*, comme on dit souvent, est l'*invertine* ; celle qui hydrate et dédouble les corps gras en glycérine et acide gras correspondant, qui les *saponifie*, suivant l'expression con-sacrée, est la *saponase* ; celle qui hydrate et dédouble les matières albuminoïdes, en formant des peptones, est la *pepsine* dans un milieu acide, la *trypsine* dans un milieu neutre ou alcalin, etc.

Si ce sont, au contraire, des produits désormais sans emploi, des produits de *sécrétion*, comme on dit, qui s'accu-mulent dans les cellules, le parenchyme est dit en général *sécréteur* et prend différents noms suivant la nature particu-lière des produits de sécrétion. Il est *oxalifère*, si c'est de l'acide oxalique, combiné à la chaux sous forme de cristaux d'oxalate de calcium. Extrêmement répandus dans les plantes, ces cristaux, qui se forment toujours dans les hydroleucites, appartiennent au système du prisme droit à base carrée, si le sel prend six équivalents d'eau ; ce sont alors des octaèdres, simples ou mâclés en boule, des prismes ou des combinaisons du prisme et de l'octaèdre (fig. 11, *a, b, c, d*). Ils se rattachent au système du prisme rhomboïdal oblique, si le sel ne prend que deux équivalents d'eau, ce qui arrive toutes les fois que le suc cellulaire est épaissi par de la gomme ; ce sont alors de gros prismes isolés, ou de fines aiguilles associées en grand nombre parallèlement côte à côte en forme de paquets et nommées des *raphides* (fig. 11, *e* à *i*). Le parenchyme sécréteur est *laticifère*, s'il renferme des produits insolubles, des carbures d'hydrogène solides, par exemple, comme le caoutchouc $C^{10}H^8$, tenus en suspension sous forme de fins globules dans le suc cellulaire, lequel prend alors l'aspect du lait et porte le nom de *latex*. Il est *oléifère*, si c'est de l'huile essentielle; *résinifère*, si c'est de la résine; *gommifère*, si c'est de la

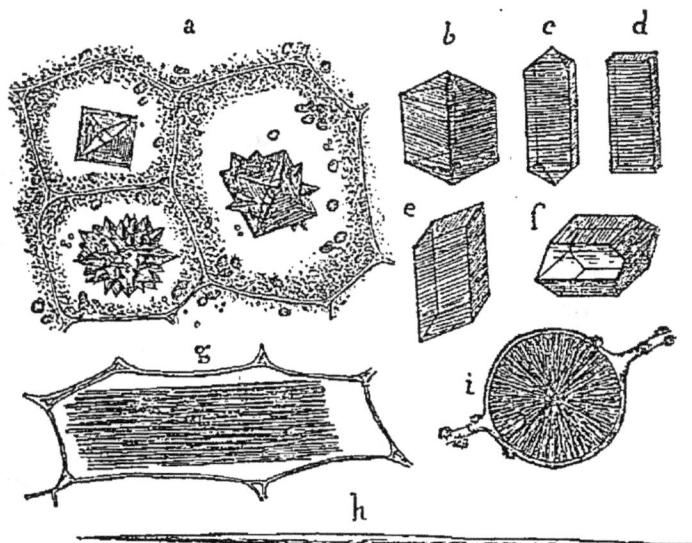

Fig. 11. — Principales formes des cristaux d'oxalate de calcium des cellules.
a à *d*, avec six éq. d'eau; *e* à *i*, avec deux éq. d'eau; *a, g, i*, sont en place, les autres sont extraits de la cellule; *g*, paquet de raphides; *h*, raphide isolée, plus fortement grossie.

gomme, etc. D'un autre côté, la forme et l'ajustement des cellules sécrétrices varient beaucoup. Elles sont souvent isolées, tantôt arrondies ou polyédriques (cellules oxalifères des Aracées, oléifères des Lauracées, gommifères des Malvacées, etc.), tantôt très allongées (cellules tannifères du Sureau, résinifères du Chardon, etc.). Mais très souvent aussi elles sont juxtaposées, soit en simples files longitudinales avec cloisons transverses persistantes (cellules gommifères et oxalifères des Liliacées, etc.) ou résorbées (cellules laticifères de la Chélidoine, tannifères du Bananier, etc.), soit en réseaux à cloisons permanentes (cellules tannifères du Rosier, etc.)

ou résorbées de manière à former un symplaste réticulé
(fig. 12) (cellules laticifères des Composées Liguliflores, des
Campanulacées, du Pavot, etc.), soit enfin en une assise
continue (cellules oléi-
fères de la Valériane,
de l'Acore, etc.). Quand
une pareille assise sé-
crétrice tapisse un
espace intercellulaire
tubuleux dans lequel
elle déverse ses pro-
duits, l'ensemble ainsi
constitué forme ce
qu'on appelle un *canal
sécréteur* (fig. 13), canal
qui peut être oléifère
(Ombellifères, etc.), ré-
sinifère (Conifères, etc.), gommifère (Cycadacées) ou laticifère
(certaines Clusiacées, etc.) ; si l'espace intercellulaire est

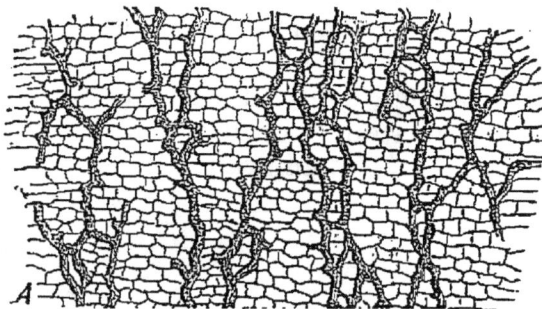

Fig. 12. — Cellules laticifères fusionnées en un
symplaste réticulé dans la Scorsonère (section
longitudinale tangentielle de la racine).

sphérique ou ovoïde,
l'ensemble est une *poche
sécrétrice* (Rutacées,
Myrtacées, etc.). Enfin,
dans les Euphorbiacées,
les Urticacées, les Apo-
cynacées et les Asclé-
piadacées, le tissu
sécréteur, qui est lati-
cifère, n'est plus con-
stitué par des cellules,
mais par un petit nom-
bre d'articles indéfini-
ment allongés et ra-
meux, courant sans
discontinuité d'un bout
du corps à l'autre et
contenant chacun des

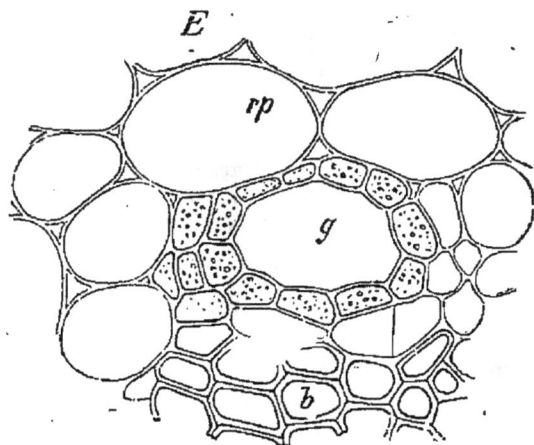

Fig. 13. — Canal sécréteur oléifère de la tige
du Lierre, en coupe transversale ; *g*, canal ;
rp et *b*, tissus adjacents.

millions de noyaux; il faut se garder de les confondre avec
les symplastes signalés plus haut. Par les exemples cités, on
voit clairement que la forme et la disposition des cellules
sécrétrices sont indépendantes de la nature des substances
sécrétées par elles.

Quand le parenchyme épaissit et transforme ses membranes, la chose peut avoir lieu de plusieurs manières. Tantôt la membrane en s'épaississant demeure à l'état de cellulose pure, prend un état particulier et des propriétés physiques spéciales qui concilient une grande flexibilité avec une grande solidité ; il en résulte que le tissu ainsi constitué, qui a reçu le nom *collenchyme*, soutient très efficacement le corps sans pourtan gêner en rien sa croissance.

Tantôt la membrane en s'épaississant s'imprègne d'une

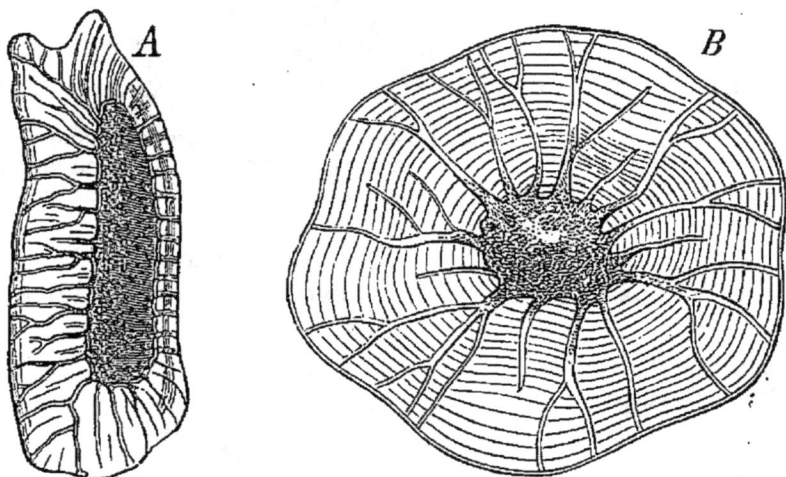

Fig. 14. — *A*, cellule de parenchyme scléreux, avec canalicules isolés à droite, confluents à gauche (du rhizome de la Ptéride aquiline). — *B*, cellule de sclérenchyme, avec canalicules confluents (du péricarpe du Coudrier aveline).

substance ternaire, nommée *lignine*, renfermant plus de carbone et plus d'hydrogène que la cellulose, comme l'indique la formule approchée $C^{10}H^{12}O^5$; ainsi *lignifiée*, la membrane est insoluble dans le liquide cupro-ammoniacal, se colore en jaune par l'iode et le chlorure de zinc iodé, en rose par la fuchsine, en jaune par le sulfate d'aniline, en rouge par la phloroglucine additionnée d'acide chlorhydrique. En même temps elle acquiert beaucoup de dureté, devient cassante et souvent se colore en jaune ou en brun. Mais il suffit de la traiter par l'acide nitrique bouillant pour lui faire perdre la lignine qui l'incruste et lui faire reprendre tous les caractères de la cellulose : solubilité dans le liquide cupro-ammoniacal, coloration en bleu par le chlorure de zinc iodé, etc. Quand la membrane lignifiée s'épaissit beaucoup, ses ponctuations prennent l'aspect de canalicules, isolés ou confluant plusieurs ensemble vers l'intérieur, de manière à paraître rameux (fig. 14). A cause de sa dureté, qui lui permet de soutenir le corps quand il a achevé sa croissance, ce tissu a reçu le nom de parenchyme *scléreux* (fig. 14, *A*).

Ailleurs, la membrane cellulosique, sans s'épaissir beaucoup d'ordinaire, transforme sa couche externe en une substance ternaire nommée *cutine* ou *subérine*, beaucoup plus pauvre en oxygène que la cellulose, puisque sa composition s'exprime par la formule $C^6H^{10}O$.

Ainsi *cutinisée* ou *subérisée*, la membrane se colore en jaune par l'iode et le chlorure de zinc iodé, en rose par la fuchsine ; elle est insoluble dans le liquide cupro-ammoniacal et dans l'acide sulfurique concentré ; l'acide nitrique bouillant l'attaque en produisant de l'acide subérique ; elle se dissout aussi dans la potasse concentrée et bouillante. En même temps, elle devient fortement

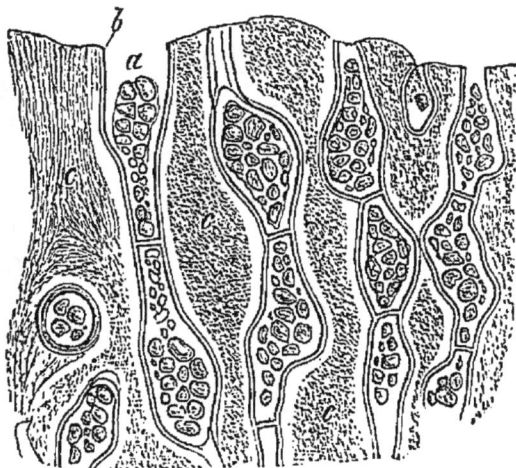

Fig. 15. — Parenchyme gélatineux de l'albumen du Caroubier ; *a*, protoplasmes avec grains d'amidon ; *b*, couches cellulosiques des membranes ; *c*, lames moyennes gélifiées.

élastique, imperméable aux liquides et aux gaz, et prend toutes les propriétés bien connues du liège. Cette variété de parenchyme, qui se développe principalement à la périphérie du corps et qui a pour rôle de protéger les parties internes vis-à-vis du milieu extérieur, a reçu le nom de parenchyme *cutineux* ou *subéreux*.

Enfin, il arrive aussi que la membrane en s'épaississant transforme sa couche externe en une substance isomère de la cellulose, de consistance cornée à l'état sec, mais qui, sous l'influence de l'eau, se gonfle et forme une sorte de gelée ou de mucilage. Ainsi *gélifiée*, la membrane ne se colore ni par l'iode, ni par le chlorure de zinc iodé ; elle est insoluble dans le liquide cupro-ammoniacal, dans les acides et dans la potasse. Ce parenchyme, où les cellules semblent plongées dans une gelée amorphe (fig. 15), est dit *gélatineux* à l'état humide, *corné* à l'état sec.

Tissus définitifs morts. — Les tissus de cellules mortes jouent tantôt le rôle de soutien, tantôt celui de transport. Dans le premier cas, les cellules épaississent et lignifient fortement leur membrane ; en même temps, le protoplasme, les leucites et le noyau disparaissent, ne laissant à leur place qu'un liquide clair, souvent remplacé en partie par de l'air. Quand la membrane lignifiée s'épaissit beaucoup, elle prend ordinairement des couches concentriques et ses ponctuations deviennent des canalicules qui confluent vers l'intérieur en paraissant rameux (fig. 14, *B*). Ce tissu, dont les cellules sont tantôt courtes (fig. 14, *B*), tantôt très allongées suivant la longueur du membre qui les renferme, pointues aux deux bouts et formant ce qu'on appelle des *fibres* (fig. 10, *D*), tantôt allongées dans toutes les directions, souvent ramifiées en étoile et formant ce qu'on nomme des *sclérites* (fig. 10, *G*), a reçu le nom de *sclérenchyme* (fig. 16, *f* et *n*). Son rôle est purement mécanique ; mieux encore que le parenchyme scléreux, il soutient le corps quand sa croissance a pris fin ; on trouve d'ailleurs bien des intermédiaires entre le parenchyme scléreux et le sclérenchyme.

Les tissus conducteurs sont de deux sortes. Tantôt les cellules, superposées en séries longitudinales, épaississent et lignifient localement leurs membranes, de manière à produire sur la face latérale des ornements saillants vers l'intérieur, en un mot, une sculpture en relief, dont la forme varie : spire continue, anneaux ou bandes parallèles, réseau dont les mailles, quand elles se rétrécissent beaucoup, prennent, comme on l'a vu plus haut, le nom de ponctuations, etc. ; les cloisons transverses persistent et sont également sculptées (16, *d*), ou bien se résorbent à l'exception d'un bourrelet (fig. 16, *g*). En même temps, le protoplasme, les leucites et le noyau disparaissent, ne laissant à leur place qu'un liquide clair parfois entrecoupé de bulles d'air. Une file longitudinale de cellules différenciées de cette façon est ce qu'on appelle un *vaisseau*, et l'ensemble des vaisseaux constitue le tissu *vasculaire* (fig. 16, *b*, *c*, *d*, *g*). Ce tissu existe chez toutes les plantes à racines, qu'il sert à caractériser comme plantes *vasculaires* (voir p 8) ; son rôle est de transporter des racines aux feuilles l'eau et les matières dissoutes que la racine a absorbées dans le sol.

Tantôt les cellules, superposées aussi en séries longitudinales, ne lignifient pas leur membrane, qui reste à l'état de
cellulose pure ; les cloisons transverses, qui persistent toujours, portent une ou plusieurs places arrondies, sur lesquelles la membrane, d'abord mince, s'est épaissie en réseau,
puis s'est percée d'un trou dans chaque maille du réseau ;

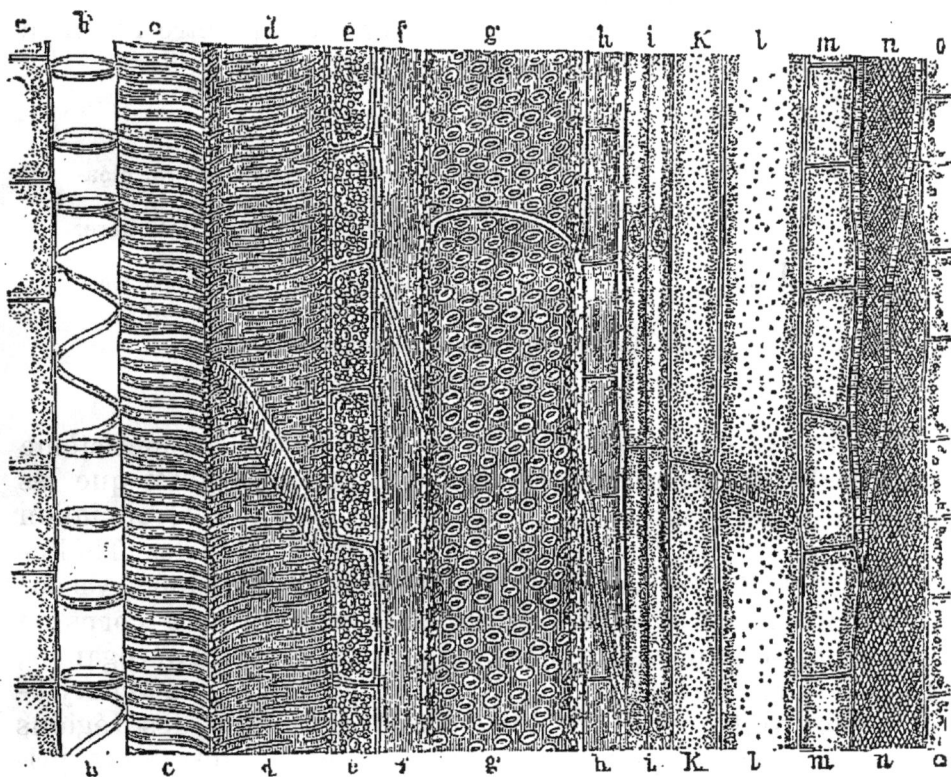

Fig. 16. — Portion de la section longitudinale d'une tige de Dicotylédone,
montrant divers tissus : o, parenchyme chlorophyllien externe ; m et a,
parenchyme de réserve à cellules courtes ; k, parenchyme de réserve à
cellules longues ; e, parenchyme amylacé ; h, parenchyme scléreux ; i, méristème secondaire en voie de cloisonnement ; f et n, sclérenchyme (fibres) ; b,
vaisseau annelé ; c, vaisseau spiralé ; d, vaisseau rayé ; g, vaisseau ponctué ;
l, tube criblé dont les cloisons transverses ne portent qu'un seul large crible.

chacune de ces places arrondies forme donc un crible, par
les pores duquel les contenus des cellules superposées communiquent librement ; en même temps, le protoplasme, les
leucites, la membrane albuminoïde et le noyau ont disparu,
laissant à leur place un liquide granuleux de consistance
gélatineuse et de réaction alcaline. Chaque file de cellules

ainsi différenciée est ce qu'on appelle un *tube criblé*, et l'ensemble des tubes criblés constitue le tissu *criblé* (fig. 16, *l*). On le trouve, comme le tissu vasculaire, chez toutes les plantes à racines; il sert à transporter des feuilles aux racines le liquide nourricier que les feuilles fabriquent en transformant par leur activité propre le liquide clair qui leur parvient par la voie des vaisseaux.

La distinction des principaux tissus peut donc être résumée comme il suit :

Tissus
- vivants.
  - Méristème.
  - Parenchyme chlorophyllien.
  - Parenchymes de réserve : amylacé, sucré, oléagineux, etc.
  - Parenchymes sécréteurs : oxalifère, laticifère, oléifère, etc.
  - Parenchymes mécaniques : collenchyme, parenchyme scléreux, subéreux et gélatineux.
- morts,
  - de soutien : sclérenchyme.
  - conducteurs : vaisseaux, tubes criblés.

Régions secondaires et tissus secondaires. — Le méristème qui résulte du premier cloisonnement du corps, ainsi que les régions et les tissus définitifs qui dérivent de la différenciation de ce méristème, sont nommés *primaires*. Dans les Thallophytes, les Muscinées et la plupart des Cryptogames vasculaires, il ne s'en fait pas d'autres et la structure du corps en reste à cet état primaire. Chez la plupart des Phanérogames, au contraire, surtout chez les Gymnospermes et les Dicotylédones, on voit apparaître, tôt ou tard, au milieu des régions primaires, des régions *secondaires*, et parmi les tissus primaires, des tissus *secondaires*, qui s'y surajoutent ou s'y substituent. A cet effet, une série de cellules, disposées le plus souvent en une assise circulaire, différenciées en l'une des formes du parenchyme, mais demeurées bien vivantes, se modifient, perdent leurs caractères propres, repassent à l'état de cellules mères, divisent leur noyau, se cloisonnent et forment un méristème *secondaire* (fig. 16, *i*), dont la différenciation ultérieure engendre une région secondaire, composée d'un plus ou moins grand nombre de tissus secondaires. Le cloisonnement et la différenciation peuvent ne s'opérer que d'un seul côté, vers l'intérieur ou vers l'extérieur; le méristème secondaire est alors simple, unilatéral, enveloppant la région secondaire qu'il engendre ou enveloppé par elle. Mais le plus souvent, le cloisonnement et la différencia-tion se produisent des deux côtés à la fois, en dehors et en dedans; le méristème secondaire est double, bilatéral et demeure compris entre les deux régions secondaires qui dérivent de lui.

Dans tous les cas, les régions secondaires et tous les tissus secondaires qui les composent sont semblables aux régions et aux tissus primaires. Les tissus secondaires notamment viennent se ranger dans les mêmes catégories que les tissus primaires; on observe donc des parenchymes secondaires de toutes les sortes caractérisées plus haut : chlorophyllien, amylacé, sécréteur, scléreux, subéreux, etc., du sclérenchyme secondaire, du tissu criblé secondaire, du tissu vasculaire secondaire, etc.

A leur tour, les régions secondaires, dans ceux de leurs tissus secondaires demeurés vivants, c'est-à-dire dans les diverses formes du parenchyme secondaire, peuvent plus tard repasser à l'état de méristème, qui est *tertiaire*, et par la différenciation de ce méristème donner naissance à des régions et à des tissus *tertiaires*, qui viennent encore se ranger tous dans les mêmes catégories que les tissus secondaires et primaires.

Appareils. — A quelque région qu'ils appartiennent, qu'ils soient primaires, secondaires ou tertiaires, tous les tissus qui dans le corps concourent en définitive au même but physio-logique, à la même fonction, constituent ce qu'on appelle un *appareil*, l'appareil de cette fonction. Ainsi, tous les paren-chymes chlorophylliens composent, comme on le verra plus tard, l'appareil de l'assimilation du carbone. Les parenchymes amylacé, oléagineux, sucré, etc., composent tous ensemble l'appareil de réserve. Les parenchymes oxalifère, laticifère, oléifère, etc., avec les diverses dispositions que les cellules peuvent y affecter, comme on l'a vu plus haut, constituent l'appareil sécréteur. Ces trois appareils ont un rôle chimique. Le sclérenchyme, le parenchyme scléreux, les sclérites et le collenchyme forment l'appareil de soutien. Le parenchyme cutineux ou subéreux, avec les portions périphériques du collenchyme, du parenchyme scléreux et du sclérenchyme, constitue l'appareil protecteur. Le tissu vasculaire et le tissu criblé forment ensemble l'appareil conducteur. Ces trois derniers appareils ont un rôle mécanique. Enfin, il y faut ajouter l'appareil aérifère, constitué par l'ensemble des méats, lacunes, chambres et canaux aérifères qui traversent le corps, et dont le rôle est à la fois mécanique et chimique.

Critère interne de perfection. — En se différenciant, comme il vient d'être dit, pour former les régions, les tissus et les appareils, les diverses cellules du corps s'adaptent à autant de fonctions différentes, en d'autres termes, la différenciation progressive de la structure correspond à la division progressive du travail interne. Pour le dedans comme pour le dehors, on admettra sans peine, en anticipant un peu sur ce qui sera dit plus loin, que la division progressive du travail mesure le perfectionnement progressif de la plante. La différenciation de sa structure nous livre donc un moyen de juger de sa perfection interne. Ce critère de perfection interne s'applique d'ailleurs de diverses manières. Si les deux plantes que l'on compare ont une structure continue ou une structure cellulaire avec cellules toutes semblables, la plus parfaite est celle dans laquelle la structure du corps ou la structure d'une cellule quelconque du corps est le plus compliquée et le plus différenciée. Si les deux végétaux ont une structure cellulaire avec cellules au même degré de différenciation primaire, mais inégalement différenciées entre elles, le plus parfait est celui qui offre entre ces cellules les différences les plus nombreuses et les plus profondes. Enfin si les deux plantes, cellulaires toutes deux, diffèrent à la fois par la différenciation primaire et par la différenciation secondaire, c'est à celle qui présente ces deux différenciations au degré le plus élevé qu'appartient la perfection la plus haute.

S'il arrive que l'une des deux plantes données offre une différenciation primaire très profonde avec une différenciation secondaire nulle ou très légère, tandis que l'autre présente, au contraire, une faible différenciation primaire avec une très forte différenciation secondaire, comment jugera-t-on de leur perfection relative? Leur état n'étant pas comparable, on pourra se trouver embarrassé. Toute hésitation cessera cependant si, dans le second cas, les différences entre les cellules constitutives sont si nombreuses et si grandes qu'elles ne puissent être obtenues en pareil nombre et avec une pareille intensité entre les diverses parties toujours assez limitées d'un corps continu ou d'une seule et même cellule. Quand les deux modes primaire et secondaire de la différenciation interne et de la division du travail interne se trouvent en discordance, le doute n'est donc permis qu'entre certaines limites.

Indépendance et valeur relative des deux critères. — La différenciation de la forme extérieure et la division du travail externe nous ont donné déjà un critère de perfection externe (p. 9). La différenciation de la structure et la division du travail interne viennent d'y ajouter un critère de perfection interne. Ces deux critères sont indépendants et, pour estimer la perfection relative de deux plantes données, il faudra toujours puiser en même temps à ces deux sources de caractères, s'adresser à la fois au dehors et au dedans. On ne pourra juger par le dehors que toutes choses égales au dedans, et par le dedans que toutes choses égales au dehors.

En général, ces deux critères s'accordent. La différenciation interne marche ordinairement de pair avec la différenciation externe, la division du travail intérieur avec la division du travail extérieur. Mais cette correspondance n'est pas nécessaire, et il peut fort bien y avoir contradiction. S'il arrive, par exemple, qu'une plante dont la forme est très différenciée et très compliquée offre une structure continue ou une structure cellulaire à cellules toutes semblables, pendant qu'une autre plante dont la forme est homogène et très simple, sphérique par exemple, possède une structure cellulaire à cellules très différenciées, comment jugera-t-on de la perfection relative de ces deux végétaux? Il faudra, ce semble, attacher alors plus d'importance à l'intérieur qu'à l'extérieur et déclarer, malgré l'apparence, le second plus perfectionné que le premier.

§ 3

ORIGINE ET DÉVELOPPEMENT DU CORPS

Étudions maintenant le corps de la plante, non plus à l'état adulte, comme nous l'avons fait jusqu'ici, mais aux diverses phases qu'il traverse depuis le germe jusqu'à l'état adulte et depuis l'état adulte jusqu'à la mort, en un mot, dans son origine et son développement. Considérons d'abord la forme, puis la structure.

Origine et reproduction de la forme. Hérédité. — Quels que soient sa forme et le groupe auquel cette forme le rattache, le corps de la plante dérive toujours d'un corps antérieurement constitué, dont il n'est qu'une partie détachée. A son tour, il sépare de sa masse, à un moment donné, certaines parties qui sont les points de départ, les germes, d'autant de corps nouveaux, et ainsi de suite. En un mot, il se reproduit comme il est né, par dissociation. Il y a donc continuité corporelle entre les générations successives : en d'autres termes, la plante ne naît pas, elle ne fait que se continuer. Cette continuité exige et par conséquent explique le maintien des caractères acquis, ce qu'on appelle l'*hérédité*.

Si le corps est ramifié, la partie qui s'en détache pour former un corps nouveau peut comprendre déjà tout un système de membres insérés les uns sur les autres, système tantôt homogène, tantôt plus ou moins différencié. Mais elle peut aussi ne comprendre qu'un membre isolé, ou seulement un fragment quelconque d'un membre. Ce fragment peut même être très petit. Il suffit souvent d'une parcelle ayant moins de un millième de millimètre pour servir d'origine à un corps de très grande dimension et y assurer la transmission héréditaire de tous les caractères du corps dont il provient.

Origine et reproduction de la structure. — Quand la structure est continue, au moment où la plante se dispose à mettre en liberté certaines parties de sa masse pour servir d'origines à autant de plantes nouvelles, nécessairement il s'opère au point considéré un cloisonnement avec dissociation. Ce cloisonnement sépare du protoplasme général la portion de protoplasme qui doit abandonner le corps, et souvent aussi fractionne ensuite cette portion en parties plus petites de même forme et de même valeur. La structure continue fait place, à cet endroit et pour un instant, à une structure cloisonnée dissociée : chaque portion détachée est quelquefois un article (Vauchérie, etc.), le plus souvent une cellule (fig. 17, *A*).

Lorsque la structure est cellulaire associée, la portion qui se détache peut comprendre un plus ou moins grand nombre de cellules associées, encore toutes semblables ou déjà différenciées ; mais le plus souvent, elle ne comprend qu'une seule cellule ou se compose de cellules toutes pareilles qui se dissocient aussitôt après leur formation, de manière à se séparer les unes des autres en même temps qu'elles quittent le corps primitif. Dans les deux derniers cas, la plante nouvelle a pour point de départ une cellule détachée de la plante ancienne. Toujours est-il que la structure cellulaire associée fait place, à cet endroit et pour un instant, à une structure cellulaire dissociée (fig. 17, *B*). Quand la structure cellulaire est déjà dissociée, on comprend que le phénomène de croissance de la plante ancienne et le phénomène de production des plantes nouvelles sont absolument confondus.

Puisque la structure continue passe à une structure articulaire ou cellulaire dissociée, et la structure cellulaire associée à une structure cellulaire dissociée, on voit que, dans tous les cas, le germe est un article ou une cellule détachée d'un végétal antérieur. Dans le premier cas, pour devenir la plante nouvelle, l'article ou la cellule grandit simplement sans se cloisonner ; dans le second cas, elle se cloisonne à mesure qu'elle s'accroît.

En résumé, toute structure continue finit par se cloisonner à un certain moment (fig. 17, A, a), toute structure cloisonnée commence par être continue (fig. 17, B, c). Il en résulte que toute plante, dans le cours de son développement, passe tour à tour par la structure continue et par la structure cloisonnée. La différence n'est que dans la durée des deux états : c'est tantôt la structure cloisonnée qui dure peu, tantôt la structure continue.

Considérée par rapport à la plante ancienne qu'elle perpétue, la cellule détachée en est la cellule reproductrice ;

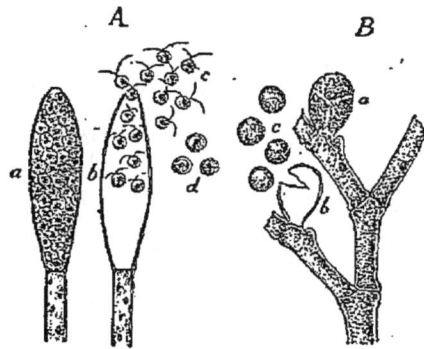

Fig. 17. — Formation et émission des spores. — A, dans un Saprolègne, Champignon à structure continue : a, cloisonnement local autour de chaque noyau ; b, dissociation et sortie des cellules, qui sont des zoospores à deux cils, c ; d, zoospores revêtues de cellulose et immobiles. — B, dans un Callithamne, Algue à structure cloisonnée : a, cloisonnement local ; b, dissociation et sortie des cellules, qui sont des spores munies de cellulose et immobiles, c.

considérée par rapport au végétal nouveau qu'elle va produire, elle en est la cellule primordiale ; on lui donne habituellement le nom de *spore*. De l'une à l'autre elle transmet, comme il a été dit plus haut, à travers les générations successives, les caractères et les propriétés acquises; elle est le mécanisme de l'hérédité.

Origine et reproduction monomère. — Toutes les fois que le végétal nouveau provient, comme il vient d'être dit, d'un simple fragment détaché d'un corps antérieur, fragment qui peut comprendre tout un système différencié de membres, mais qui peut aussi se réduire à une seule cellule, à une spore, son origine est simple, ou *monomère*, et son hérédité complète. Souvent la membrane de la spore, au moment de sa mise en liberté, est déjà recouverte d'une couche cellulosique : la spore est alors immobile (fig. 17, *B*). Ailleurs, notamment chez un grand nombre d'Algues, elle est encore tout entière albuminoïde et porte des cils vibratiles ; la spore se meut alors pendant un certain temps dans le liquide ambiant et reçoit le nom de *zoospore* (fig. 17, *A*, *c*) ; plus tard la membrane perd ses cils, produit sa couche cellulosique et la spore redevient immobile (*d*).

Origine et reproduction dimère : œuf, sexualité. — Mais dans la plupart des végétaux, à côté de ce premier mode d'origine, qui n'est à vrai dire qu'une continuation directe, il en existe un autre, qui établit une barrière entre la plante ancienne et la plante nouvelle. C'est encore, au début, une dissociation de cellules spéciales, de cellules reproductrices, dont la membrane ne produit pas de couche cellulosique et qui peuvent être mobiles (fig. 18, *a*). Mais ces cellules n'ont dans leur noyau que la moitié du nombre de bâtonnets de nucléine qui est propre aux noyaux du corps de la plante considérée. Aussi, tant qu'on les maintient isolées, demeurent-elles stériles, ne se revêtent-elles pas d'une couche cellulosique et ne tardent-elles pas à se détruire. Elles ne sont donc pas des spores ; on les nomme des *gamètes*. Il faut, en effet, qu'elles s'associent deux par deux, qu'elles se

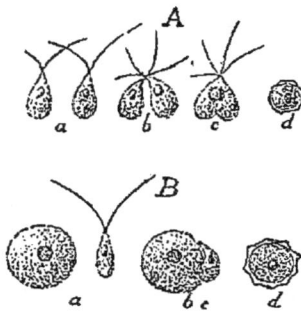

Fig. 18. — Formation des œufs. *A*, par isogamie, dans le Botryde : *a*, les deux gamètes, ciliés et mobiles ; *b*, rapprochement ; *c*, fusion des gamètes ; *d*, œuf enveloppé de cellulose. — *B*, par hétérogamie, dans la Sphéroplée : mêmes lettres.

pénètrent, qu'elles se combinent protoplasme à protoplasme et noyau à noyau (fig. 18, *b*, *c*). Le produit de cette combinaison est une cellule nouvelle, dont la membrane ne tarde pas à se couvrir d'une couche de cellulose, dont le noyau a repris le nombre normal des bâtonnets de nucléine, qui est capable de développement ultérieur et qu'on appelle un *œuf* (*d*). L'œuf, dont l'origine est *dimère*, diffère donc profondément de la spore, dont l'origine est monomère. Qu'il y ait réellement dans l'œuf combinaison et non simple mélange des gamètes, c'est ce que démontre suffisamment la contraction progressive qui s'opère toujours pendant la fusion, d'où résulte que le volume de l'œuf est toujours moindre que la somme des volumes de ses composants (fig. 18, d).

L'association dimère qui donne naissance à l'œuf peut être homogène, en apparence au moins, si les deux gamètes sont semblables et si, pour s'unir, ils font chacun la moitié du chemin ; c'est ce qui a lieu, par exemple, chez les Mucoracées parmi les Champignons, chez les Conjuguées parmi les Algues. La formation de l'œuf est dite alors *isogame* (fig. 18, A). Mais le plus souvent l'association dimère est hétérogène, les deux gamètes étant de formes et de propriétés différentes. L'un, plus gros, parce qu'à côté de son protoplasme fondamental et de son noyau il accumule en lui tous les matériaux de réserve nécessaires aux premiers développements de l'œuf, demeure en place ; l'autre, plus petit, parce qu'il est réduit à son protoplasme fondamental et à son noyau, fait tout le chemin pour s'unir au premier. La formation de l'œuf est alors *hétérogame* (fig. 18, B). Dans ce dernier cas, on dit souvent *femelle* le gamète qui demeure en place, *mâle* celui qui fait tout le chemin ; l'union hétérogame est une union *sexuelle*, l'hétérogamie une *sexualité*. Mais ce qu'il faut bien comprendre, c'est que la formation de l'œuf n'exige nullement la différence sexuelle externe des gamètes, la sexualité, puisqu'elle peut tout aussi bien être isogame.

Distinction entre la plante et l'individu. — Pour exprimer cette différence fondamentale d'origine, suivant qu'elle réside dans une simple dissociation monomère, ou dans une dissociation double suivie d'une réassociation dimère, nous appellerons par la suite une *plante* tout ce qui provient d'un œuf, en appliquant le nom d'*individu* à tout corps végétal indivis, tel qu'il se présente à nous à un moment donné. D'un individu à l'autre, le lien est une pure continuité avec dissociation ; la dissociation étant un phénomène tout à fait variable et secondaire, la ressemblance entre les divers individus d'une plante demeure absolument la même qu'entre les diverses parties d'un seul et même individu ; en un mot, l'hérédité des individus est complète et il est permis de prendre l'un pour l'autre. D'une plante à l'autre, au contraire, il y a encore continuité, sans doute, puisque les protoplasmes, les leucites et les noyaux des deux gamètes passent tout entiers dans l'œuf ; mais cette continuité est frappée d'un accident remarquable. Du fait de l'association, de la combinaison dans l'œuf, peuvent et doivent naître, en effet, bien des propriétés nouvelles, peuvent et doivent disparaître aussi par neutralisation bien des propriétés anciennes ; en sorte que, d'une plante à l'autre, l'hérédité est incomplète. La somme de ces gains et de ces pertes est précisément ce qui constitue le caractère propre, la personnalité de la plante considérée, ce qui la distingue à la fois de celle dont elle provient et de celles qu'à son tour elle produira par le même procédé, ce qui fait d'elle, en un mot, dans la série des générations, une unité spéciale, qu'on n'a jamais le droit d'identifier avec les autres unités semblables.

Croissance. — C'est en formant et en ajoutant sans cesse des parties nouvelles à son corps, c'est-à-dire à sa membrane, à son protoplasme, à ses noyaux, à ses leucites, à ses hydroleucites, en un mot, en *croissant*, que la plante transforme peu à peu l'œuf dont elle dérive en un individu adulte. Cette croissance a lieu sous l'influence de la pression de turgescence, provoquée elle-même par les hydroleucites ; on s'est assuré, en effet, que tout ce qui diminue ou supprime la turgescence, diminue dans la même mesure ou supprime la croissance.

Quand la structure est continue, le protoplasme et la membrane du corps croissent en interposant continuellement des particules nouvelles entre les anciennes, et demeurent continus. Il n'en est pas ainsi, on l'a vu (p. 16), pour les noyaux, qui, dès qu'ils ont acquis une certaine dimension maximum, se divisent en deux nouveaux noyaux ; la croissance s'y accompagne d'une multiplication progressive. Les leucites pleins et les hydroleucites se comportent de même ; chacun de ces corps grandit et, parvenu à une certaine taille, se fend en deux moitiés qui se séparent. Comme tout noyau, tout leucite ou hydroleucite dérive donc d'un leucite ou hydroleucite préexistant.

Quand la structure est cellulaire, les divers éléments de la cellule croissent comme il vient d'être dit. Seulement, aussitôt après la bipartition du noyau, le protoplasme constitue, perpendiculairement à la ligne des centres des deux nouveaux noyaux, une cloison qui se raccorde avec la membrane primitive, et qui sépare la cellule mère en deux cellules filles. La croissance du corps y est accompagnée de la multiplication progressive de ses cellules.

Parvenu à l'état adulte, tantôt le corps produit directement des œufs nouveaux et la plante ne se compose que d'un seul individu. Tantôt, au contraire, il ne forme que des corps reproducteurs monomères, par exemple des spores, et c'est par le même phénomène de croissance que ces spores se développent peu à peu en autant d'individus adultes. La plante comprend alors toute une succession d'individus issus progressivement les uns des autres, et dont la série est close par l'arrivée d'individus produisant des œufs. La croissance de la plante est continue dans le premier cas, discontinue dans le second.

Dans tous les cas, l'augmentation de volume acquise pendant un temps donné, sans tenir compte des parties qui peuvent avoir disparu pendant le même temps, est l'*accroissement* du corps, son accroisement *absolu* pendant ce temps; rapporté à l'unité de temps, il mesure la *vitesse de croissance* du corps. En retranchant de l'accroissement absolu le volume des parties qui ont disparu pendant le même temps, on obtient l'accroissement *relatif*. Égal ou presque égal au début à l'accroissement absolu, l'accroissement relatif décroît à mesure qu'on se rapproche de l'état adulte, et il peut devenir nul à ce moment, parce que, dans un temps donné, le gain est précisément égal à la perte.

Dépérissement. Mort. — Plus tard, le gain devenant inférieur à la perte, l'accroissement relatif est négatif; le corps vivant de la plante diminue de volume, tout en continuant de croître; il dépérit. Enfin, si, par une cause quelconque, la croissance vient à cesser, lorsque toutes les parties anciennement formées se seront épuisées à tour de rôle, le corps aura cessé d'exister. La cause prochaine de la mort est donc la cessation de la croissance.

§ 4

DÉVELOPPEMENT DE LA RACE

Nous avons considéré jusqu'ici la plante dans l'individu unique ou dans la succession des individus qui la composent, depuis l'œuf d'où elle provient jusqu'aux œufs qu'elle produit. Il faut la rattacher maintenant aux plantes dont elle procède et à celles qu'elle engendre.

Définition de la race. — La suite indéfinie des générations passées d'où procède dans le présent une plante donnée et des génératious à venir qui dérivent d'elle, la chaîne dont elle est un des anneaux, est ce qu'on appelle en général la *race* de

65

cette plante. A chaque passage d'une génération à la suivante, si l'œuf résulte d'une union directe des gamètes de la même plante, en un mot si sa formation est *autonome*, la descendance est *directe* et la race est et se maintient *pure*. Mais il peut arriver qu'il y ait dans la formation de l'œuf intervention d'une plante étrangère, qui fournit l'un ou l'autre des gamètes constitutifs, que la formation de l'œuf soit, comme on dit, *croisée*; la descendance est alors *indirecte* et la race *mélangée*. Suivant la nature diverse de la plante étrangère et la fréquence de ses interventions, le mélange comporte bien des degrés, comme il sera dit plus tard.

Variations. — Si dans la chaîne tous les anneaux se succédaient indéfiniment et rigoureusement identiques à eux-mêmes, la race n'aurait pas de développement propre, partant pas d'histoire, et il suffirait, une fois pour toutes, de constater cette permanente identité. Mais il n'en est pas ainsi.

Comme on l'a dit plus haut, la combinaison dont l'œuf est le produit est une source toujours vive de caractères nouveaux, qui, latents dans l'œuf, apparaissent peu à peu pendant la croissance et parviennent dans l'état adulte à leur pleine et entière expression. Toute plante adulte diffère donc, par quelque côté, à la fois de la plante qui la précède, de celle qui la suit et des autres plantes de la même génération qu'elle.

Il y a lieu, par conséquent, d'étudier ces différences, ou, comme on dit, ces *variations*, de chercher comment elles sont influencées par le mode même de formation de l'œuf, suivant qu'il est autonome ou croisé à divers degrés, par le temps, c'est-à-dire par l'âge de la race ou par le numéro d'ordre de la génération considérée, et par le lieu, c'est-à-dire par l'ensemble des conditions de milieu auxquelles cette génération est soumise. En un mot, il y a lieu d'étudier le développement de la race. Il suffit ici d'avoir posé la question.

SECTION II

PHYSIOLOGIE DU CORPS

Pour faire l'étude physiologique du corps, il faut le considérer d'abord dans son mode d'action sur le milieu extérieur, dans ses fonctions externes, puis dans les phénomènes qui s'accomplissent dans sa structure, dans ses fonctions internes.

§ 5

FONCTIONS EXTERNES DU CORPS

Influence de la pesanteur, de la lumière et de la température sur la croissance du corps. — La pesanteur modifie d'ordinaire la croissance du corps de manière à en placer l'axe dans sa propre direction, c'est-à-dire suivant la verticale du lieu, et à le rétablir dans cette direction aussitôt qu'une cause quelconque est venue l'en écarter. Une fois cette direction obtenue et fixée, les ramifications du corps, s'il en a, échappent à l'action directrice de la pesanteur d'autant plus qu'elles ont un rang plus élevé par rapport au tronc primitif. On appelle *géotropisme* cette action dirigeante de la pesanteur. Suivant la région du corps, la pesanteur tantôt retarde la croissance sur la face inférieure, qui devient concave, tantôt accélère la croissance sur cette face, qui devient convexe. Dans le premier cas, la région considérée se dirige verticalement vers le bas, dans le même sens que la force, on dit que son géotropisme est *positif*; dans le second, elle se dirige verticalement vers le haut, en sens contraire de la force, on dit que son géotropisme est *négatif*.

La lumière aussi modifie ordinairement la croissance du corps, de manière à en placer l'axe dans la direction des rayons incidents. Plus générale que celle de la pesanteur, puisqu'elle s'étend également à toutes les ramifications du corps, plus constante aussi, puisque dans toutes les régions elle est retardatrice et courbe, par conséquent, le corps vers la source lumineuse, cette action dirigeante de la lumière a reçu le nom de *phototropisme*. Elle varie avec l'intensité lumineuse. Nulle au-dessous d'une certaine intensité faible, elle croît ensuite avec l'intensité pour acquérir son maximum à une certaine intensité moyenne, à partir de laquelle elle décroît à mesure que l'intensité augmente, jusqu'à devenir nulle pour une certaine intensité forte. Suivant les plantes, les deux limites inférieure et supérieure, ainsi que l'optimum, prennent d'ailleurs des valeurs notablement différentes. C'est toujours à l'optimum d'intensité lumineuse qu'il faut exposer la plante pour étudier son phototropisme dans toute son énergie.

Enfin la température exerce sur la croissance du corps une influence décisive, qui varie suivant son degré. Nulle au-dessous d'une certaine limite, la croissance va s'accélérant à mesure

4

que la température s'élève, jusqu'à un certain degré où elle atteint son maximum ; elle se ralentit ensuite quand la température continue de croître, jusqu'à une certaine limite où elle cesse complètement. Les deux limites et l'optimum varient d'ailleurs beaucoup suivant les plantes ; il est nécessaire de les connaître dans chaque cas particulier, afin de placer le végétal dans les conditions de température les plus favorables à sa croissance. Si l'échauffement est inéquilatéral, le corps s'infléchit, devenant convexe du côté où la température est la plus voisine de l'optimum, concave du côté opposé ; on appelle *thermotropisme* cette propriété de se courber sous l'influence des différences de température.

Géotropisme, phototropisme et thermotropisme combinent leurs effets, et c'est suivant la résultante de ces trois forces que le corps prend dans l'espace sa direction définitive.

Respiration. — Ainsi dirigé par la pesanteur, la lumière et la température, le corps agit en tous ses points et continuellement sur les gaz du milieu extérieur, sur les gaz libres de l'atmosphère s'il est aérien, sur les gaz dissous dans l'eau s'il est aquatique. Cette action consiste en une absorption d'oxygène et en un dégagement simultané d'acide carbonique, absorption et dégagement qui s'opèrent à travers la membrane du corps conformément aux lois physiques d'osmose et de diffusion. L'oxygène absorbé est constamment consommé par le protoplasme, aux éléments duquel il se combine en les oxydant ; l'acide carbonique est constamment produit dans le protoplasme, sans doute comme l'un des termes du dédoublement des matières albuminoïdes et ternaires qui le composent. C'est la continuité de cette consommation interne d'oxygène et de cette production interne d'acide carbonique qui amène la continuité de l'absorption externe de l'oxygène et du dégagement externe de l'acide carbonique.

Entre la combinaison de l'oxygène à certains éléments du protoplasme et la mise en liberté de l'acide carbonique par certains autres éléments du protoplasme, s'étage toute une longue suite encore inconnue de réactions intermédiaires, et l'on commettrait une erreur grave en admettant que l'oxygène se fixe directement sur une partie du carbone du protoplasme pour se dégager immédiatement sous forme d'acide carbonique. Cependant, entre le commencement et la fin de cette série de réactions, qu'il faut toujours avoir présente à l'esprit pour tâcher d'en démêler les termes successifs, il existe une certaine relation fixe. Le rapport du volume de l'acide carbonique émis au volume de l'oxygène absorbé dans le même temps, rapport que l'on peut écrire $\frac{CO_2}{O}$, varie dans une même plante avec l'âge et le membre considéré; il varie aussi d'une plante à l'autre au même âge et dans le même membre; mais, pour une même plante au même âge et dans le même membre, il est constant, indépendant des conditions extérieures, notamment de la température, de la lumière, de la pression, etc. Il est souvent égal ou presque égal à l'unité, c'est-à-dire que l'oxygène dégagé à la fin de la réaction dans l'acide carbonique représente exactemeut l'oxygène libre absorbé au commencement par le protoplasme. Souvent aussi il est plus petit que l'unité et peut s'abaisser jusqu'à 0,5, ce qui veut dire qu'une partie de l'oxygène absorbé est définitivement assimilée au protoplasme.

Dans tous les cas, la fixité de ce rapport, en établissant un lien entre l'absorption de l'oxygène et le dégagement de l'acide carbonique, autorise à regarder ces deux phénomènes comme les deux parties d'une seule et même fonction, qu'il est permis de désigner d'un seul mot sous le nom de *respiration*. Le corps respire, et l'intensité de sa respiration varie, comme on le verra plus tard, non seulement avec la nature de la plante, son âge, la qualité du membre considéré, mais encore avec les conditions extérieures : température, lumière, pression, etc.

La respiration est la plus générale des fonctions externes du corps. C'est aussi la plus nécessaire. En effet, si le corps est placé en vase clos, aussitôt qu'il a absorbé la totalité de l'oxygène contenu dans l'atmosphère limitée qui l'entoure, les mouvements de son protoplasme s'arrêtent et sa croissance prend fin. Ensuite il dépérit et meurt plus ou moins rapidement, suivant sa nature propre; il est, comme on dit, *asphyxié*. La série des réactions dont son protoplasme est le siège et dont l'acide carbonique est un des produits finaux ne s'en poursuit pas moins, et par conséquent de l'acide carbonique continue à se dégager sans interruption; mais il faut distinguer avec soin cette production d'acide carbonique contemporaine de l'asphyxie de celle qui a lieu pendant la respiration. Les réactions intermédiaires, en effet, du moins certaines d'entre elles, changent tout à coup de nature dès que l'oxygène vient à manquer; par exemple, toutes les fois que le suc cellulaire contient du glucose, ce qui est très fréquent, il s'y forme aussitôt de l'alcool, qui ne se produit pas dans les circonstances ordinaires. L'acide carbonique dégagé pendant l'asphyxie n'a donc pas, du moins dans sa totalité, la même origine que pendant la respiration normale ; il ne paraît pas s'y former non plus, toutes choses égales d'ailleurs, dans les mêmes proportions.

Transpiration. — A moins d'être entièrement submergé, le corps de la plante émet incessamment de la vapeur d'eau dans le milieu extérieur ; ce dégagement a lieu par toutes les parties qui ne sont pas plongées directement dans l'eau et dont la membrane externe est demeurée perméable à la vapeur d'eau.

On donne à ce phénomène le nom de *transpiration*. Son intensité varie, comme on le verra plus tard, avec les conditions externes : température, lumière, etc., et avec la nature de la plante, son âge, la qualité de ses membres, etc. La transpiration qui s'exerce dans la région aérienne du corps provoque, en dehors de toute autre cause, l'entrée de l'eau dans la région plongée.

Absorption. — Par tous les points de son corps qui sont perméables à l'eau, s'il est entièrement submergé, par les points perméables de la région plongée dans l'eau, s'il est en partie aérien, la plante absorbe, en effet, l'eau et les substances qu'elle tient en dissolution. C'est la fonction d'*absorption*.

L'absorption de l'eau et des substances dissoutes se fait d'abord à travers la membrane externe en vertu des lois physiques d'osmose et de diffusion, jusqu'à ce que le corps ait atteint l'état de saturation à la fois pour l'eau et pour chacune des substances dissoutes prise séparément ; il y a alors équilibre osmotique et l'absorption cesse pour le moment. Ensuite, de deux choses l'une. Ou bien la plante ne consomme ni eau, ni aucune des substances dissoutes ; alors l'équilibre persiste et l'absorption demeure nulle. Ou bien la plante, parce qu'elle s'accroît, ou parce qu'elle perd de l'eau par transpiration dans les régions aériennes de son corps, ou par ces deux causes en même temps, consomme à la fois de l'eau et des substances dissoutes ; alors l'équilibre est rompu, et en conséquence, les phénomènes d'osmose et de diffusion poursuivant leur cours, le corps continue à absorber de l'eau et des substances dissoutes dans le milieu extérieur, dans la proportion même où cette eau et ces substances dissoutes sont consommées par lui. Désormais, la quantité d'eau absorbée dans un temps donné par la surface immergée mesure exactement la somme de l'eau consommée à l'intérieur du corps par la croissance et de l'eau transpirée par la surface libre ; de même, la quantité de chacune des substances dissoutes absorbée dans un temps donné mesure exactement la quantité de cette substance qui est consommée dans le même temps.

En résumé, et c'est ce qu'il faut bien comprendre, la plante n'absorbe pas tel quel le liquide extérieur ; elle tire du liquide extérieur individuellement toutes les substances qu'elle consomme, par cela même qu'elle les consomme, et dans la proportion même où elle les consomme. Le mécanisme général de l'absorption étant bien compris, nous verrons plus tard comment cette fonction varie avec les conditions extérieures, avec la nature de la plante et, dans une plante donnée, avec l'âge et la qualité de ses membres. Ajoutons seulement que c'est l'absorption qui introduit dans la plante tous les éléments chimiques nécessaires à l'édification de son corps, à l'exception de l'oxygène s'il est privé de chlorophylle, à l'exception de l'oxygène et du carbone s'il possède de la chlorophylle.

Assimilation du carbone. — Les plantes pourvues de chlorophylle prennent, en effet, le carbone nécessaire à l'édification de leur corps à l'acide carbonique du milieu extérieur, au moyen d'une fonction spéciale qui a son siège dans les chloroleucites : c'est l'*assimilation du carbone*, fonction à la fois externe et interne.

Elle consiste, en effet, dans la décomposition de l'acide carbonique à l'intérieur des chloroleucites à l'aide des rayons lumineux absorbés par la chlorophylle et qui sont consacrés à ce travail chimique : c'est un phénomène interne. Mais cette décomposition exige l'intervention incessante de la lumière, où la chlorophylle puise continuellement de nouvelles radiations, et elle provoque aussitôt, en vertu des lois d'osmose et de diffusion, d'une part une absorption d'acide carbonique, d'autre part une émission d'oxygène dans le milieu extérieur : trois phénomènes externes. Le carbone de l'acide carbonique demeure fixé dans le protoplasme ; il est *assimilé*.

Chlorovaporisation. — A l'aide d'une partie des radiations absorbées par la chlorophylle, la plante verte vaporise une portion de l'eau qu'elle renferme et émet au dehors la vapeur d'eau ainsi produite : c'est la *chlorovaporisation*.

La chlorovaporisation est beaucoup plus intense que la transpiration, à laquelle elle ajoute ses effets ; mais, comme elle est liée à la lumière et à la chlorophylle, elle ne s'opère que pendant le jour dans les plantes vertes et ne s'exerce à aucun moment dans les plantes dépourvues de chlorophylle. En un mot, c'est, comme l'assimilation du carbone, une fonction photochlorophyllienne.

Nous ne faisons ici que signaler ces deux importantes fonctions photochlorophylliennes; nous les étudierons plus tard avec tous les développements qu'elles comportent.

Exsudation et digestion. — En certains points de son corps, la plante émet quelquefois, à travers sa membrane demeurée molle et perméable, une petite quantité de liquide, qui est ordinairement de l'eau tenant diverses matières en dissolution. Cette émission de liquide constitue l'*exsudation*.

Qu'une substance solide de nature convenable arrive en un de ces points au contact de la surface, le liquide exsudé agit sur elle, l'attaque, la dissout, après quoi elle est absorbée par le corps comme si elle lui avait été présentée tout d'abord à l'état de solution. Cette transformation d'une matière insoluble en une matière soluble à l'aide d'un liquide actif exsudé par le corps lui-même, suivie aussitôt de l'absorption de la substance ainsi transformée, a reçu le nom de *digestion*. En certains points de son corps, la plante a donc la faculté de digérer des substances solides situées en dehors d'elle; nous en verrons plus tard de nombreux exemples.

Dégagement de chaleur. — La série des réactions respiratoires, notamment l'absorption d'oxygène et le dégagement d'acide carbonique qui en sont le commencement et la fin, mettent en liberté de la chaleur. Pour chaque quantité d'acide carbonique produit renfermant 1 gramme de carbone, c'est environ 8000 calories qui se trouvent ainsi dégagées. Au contraire, l'absorption, avec les phénomènes osmotiques et diffusifs qui l'accompagnent, la digestion, mais surtout la transpiration, l'assimilation du carbone et la chlorovaporisation, consomment de la chaleur.

Suivant donc que les causes de consommation, qui sont variables, se trouveront inférieures, égales ou supérieures aux causes de production, le corps de la plante dégagera ou puisera de la chaleur dans le milieu extérieur. Dans les régions où il n'assimile pas de carbone et où il ne chlorovaporise pas, faute de chlorophylle, et où il transpire peu, les causes de consommation de chaleur sont notamment inférieures aux causes de production, et il dégage de la chaleur dans le milieu extérieur. Des graines qui germent, par exemple, élèvent la température du thermomètre qu'elles entourent de 10° à 12° pour le Blé, de 17° pour le Trèfle, de 20° pour le Chou.

Nature et forme assimilable des éléments chimiques externes qui constituent le corps. — Par l'ensemble des fonctions externes qu'on vient de signaler, la plante prend en définitive au milieu extérieur tous les éléments chimiques nécessaires à la constitution de son corps. Quels sont ces éléments et sous quelle forme doivent-ils être présentés à la plante pour qu'elle puisse se les incorporer ou, comme on dit, se les *assimiler*?

Parmi les nombreux corps simples que la chimie connaît aujourd'hui, treize seulement paraissent entrer nécessairement dans la constitution du corps de la plante. Ce sont le carbone, l'oxygène, l'hydrogène, l'azote, le phosphore, le soufre, le potassium, le magnésium, le calcium, le silicium, le fer, le zinc et le manganèse. La plante doit donc trouver ces treize éléments réunis dans le milieu extérieur; mais il faut encore qu'ils s'y trouvent sous une forme assimilable.

Aux plantes dépourvues de chlorophylle le carbone peut être présenté sous plusieurs formes : le glucose et l'acide tartrique sont généralement préférables, mais la mannite, le tannin, la glycérine, les acides malique et citrique, l'alcool, l'acide acétique et même l'acide oxalique sont des composés où la plante peut aussi, du moins dans certains cas, puiser son carbone. L'acide carbonique et l'oxyde de carbone, au contraire, ne peuvent donner de carbone à une plante sans chlorophylle. Les plantes vertes prennent, comme on sait, leur carbone à l'acide carbonique de l'air, qu'elles décomposent par l'action combinée de la chlorophylle et des rayons solaires; mais elles ne décomposent pas l'oxyde de carbone.

L'oxygène est assimilé sous forme gazeuse libre dans la respiration ; il est assimilé, en outre, à l'état de combinaison soit avec l'hydrogène dans l'eau, soit à la fois avec l'hydrogène et le carbone dans les hydrates de carbone, soit avec les métaux et les métalloïdes dans les oxydes et acides minéraux. L'hydrogène n'est pas assimilé à l'état de gaz libre ; il l'est sous forme d'eau et d'ammoniaque ; il l'est encore sous forme de glucose ou d'autres composés ternaires ou quaternaires. L'azote n'est assimilé ni à l'état de gaz libre, ni en combinaison avec le carbone sous forme de cyanogène ou avec l'oxygène sous forme d'acide nitreux ; il l'est, au contraire, éminemment sous forme d'acide nitrique et d'ammoniaque ; il peut l'être

aussi sous forme de composés complexes, comme l'asparagine ou l'urée. Le phosphore est assimilé sous forme d'acide
phosphorique quel que soit le sel, le soufre sous forme d'acide
sulfurique quel que soit le sel, le silicium sous forme d'acide
silicique dans un silicate soluble. Le potassium et le magnésium
sont assimilés sous forme d'oxydes, quel que soit le sel, et
aussi sous forme de chlorures. Le fer, le zinc et le manganèse, enfin, sont assimilés également sous forme d'oxydes.

Ainsi, en dissolvant dans l'eau, en présence de l'oxygène
libre, les substances suivantes : glucose, nitrate de potassium,
phosphate de magnésium, nitrate de calcium, sulfates de fer,
de zinc et de manganèse, silicate de potassium, on obtient le
milieu où une plante privée de chlorophylle pourra se développer. Si la plante est verte, on supprimera le glucose, mais il
faudra que l'atmosphère ambiante contienne de l'acide carbonique et que la lumière ait accès.

Symbiose. Parasitisme. — Pourtant, il y a des plantes incapables de puiser ainsi directement leurs éléments constitutifs
dans le milieu extérieur ; celles-là doivent s'associer à d'autres,
qui les nourrissent. Cette association peut affecter deux formes
principales, être bilatérale, à bénéfice réciproque, ou unilatérale, au bénéfice exclusif de l'un des deux conjoints.

L'exemple le plus remarquable d'une association à bénéfice
réciproque nous est offert par les Champignons du groupe
des Lichens. Trouvant dans leur voisinage, sur les écorces ou
sur le sol, diverses Algues inférieures : Protocoque, Palmelle,
Nostoc, etc., ces Champignons entrent en contact intime avec
elles, les enlacent de leurs filaments et finalement les incor-
porent (fig. 19). L'association ainsi formée est profitable aux
deux plantes, quoique inégalement. L'Algue vit bien isolée,
mais devient plus vigoureuse unie au Champignon, qui lui
offre à la fois l'abri, la fraîcheur, l'aliment azoté et minéral.
Le Champignon ne se développe le plus souvent que très peu
quand il est isolé ; il a besoin, tout au moins pour fructifier,
de l'Algue, à laquelle il emprunte ses aliments carbonés. En
s'entr'aidant ainsi, en réglant leur croissance l'un sur l'autre,
ils forment à eux deux le corps des Lichens, plantes innombrables qui jouent, comme on le verra plus tard, un rôle très
important dans la végétation du globe. Ce phénomène par
lequel, à l'aide de deux unités morphologiques, se constitue
une seule unité physiologique, est ce qu'on appelle en général
la *symbiose.*

Il serait facile de citer d'autres exemples de cette communauté de vie. Bornons-nous à dire que tous les arbres de nos forêts qui appartiennent à la famille des Castanéacées (Chêne, Hêtre, Châtaignier, etc.) abritent et nourrissent dans la couche périphérique de leurs jeunes racines un Champignon qui, en retour, absorbe pour eux l'eau et les matières solubles du sol environnant.

La symbiose peut s'établir aussi entre une plante et un animal. C'est ainsi, par exemple, que certaines Algues vertes, comme des Palmellées, vivent à l'intérieur de certains Infusoires, comme le Stentor polymorphe, la Paramécie bursaire, etc., circonstance qui avait fait croire que ces Infusoires possèdent de la chlorophylle.

Ailleurs, le bénéfice est tout d'un côté ; l'association se compose d'un nourrisson et d'une nourrice qui souffre plus ou moins du rôle qu'elle joue. On dit alors qu'il y a *parasitisme*, que la première plante est *parasite* sur la seconde. On rencontre tous les degrés d'âpreté dans ce parasitisme. Les parasites verts, le Gui qui vit sur la tige d'un Pommier, le Mélampyre qui implante ses

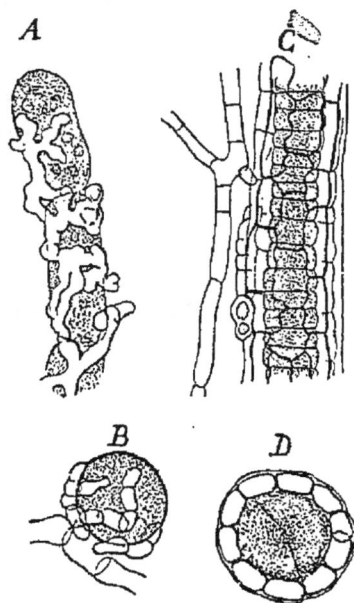

Fig. 19. — Symbiose d'une Algue (en pointillé) et d'un Champignon (en clair), pour former un Lichen. — *A* est pris dans le Byssocaule neigeux ; *B*, dans la Cladonie fourchue ; *C* et *D*, dans le Dictyonème rose. *D* est la section transversale de *C*.

racines sur celles des Graminées voisines, etc., ne demandent à la plante nourricière qu'une partie de leur aliment, et le dommage qu'ils lui causent n'est pas très grand. Il en est tout autrement des parasites dépourvus de chlorophylle, comme la Cuscute sur la tige du Chanvre, l'Orobanche sur la racine de la Luzerne, le Cystope dans les feuilles du Chou, le Phytophthore dans tout le corps de la Morelle tubéreuse, vulgairement Pomme de terre ; ceux-là prennent à leur nourrice tout leur aliment et finalement l'épuisent et la tuent.

Division du travail externe. — Direction sous l'influence de la pesanteur, de la lumière et de la température, respira-

tion, transpiration, absorption, assimilation du carbone, chlorovaporisation, exsudation, digestion : telles sont donc les
principales fonctions extérieures de la plante, dont l'ensemble
constitue son *travail externe*.

Simple ou ramifié, toutes les fois que le corps du végétal
est homogène, il agit en tous les points de sa surface de la
même manière sur le milieu extérieur; il exécute en tous ses
points le même travail externe et partout il l'exécute tout
entier. Le travail externe est *confondu* en chaque point. Pourtant, si le corps s'allonge en cylindre, une légère différence
s'accuse déjà entre le mode d'action transversal et le mode
d'action longitudinal, et s'il s'aplatit en même temps en ruban,
il y a trois directions suivant lesquelles le travail externe n'est
pas tout à fait le même.

Quand le corps est différencié, plus les trois ordres de différenciations externes distinguées plus haut (p. 5) sont variées
et profondes, mieux aussi chaque membre ou partie de
membre s'applique à une tâche déterminée et différente, et
c'est la somme de ces tâches spéciales qui représente désormais le travail externe total du corps. Le travail externe est
de plus en plus *divisé*. C'est chez les plantes où la forme extérieure est le plus différenciée, que la division du travail
externe est poussée au plus haut degré. Dans les plantes vasculaires, par exemple, la racine est l'organe spécial de l'absorption, la feuille l'organe spécial de l'assimilation du carbone et de la chlorovaporisation. Cette corrélation étroite entre
la division du travail et la différenciation de la forme a été
déjà invoquée plus haut (p. 9) et nous a permis de trouver
dans la différenciation de la forme un critère externe de perfection.

§ 6

FONCTIONS INTERNES DU CORPS

A vrai dire, toutes les fonctions signalées au paragraphe
précédent, puisqu'elles ont leur siège ou leur origine dans le
protoplasme ou les leucites, sont déjà internes par un de leurs
côtés. Celles dont il nous reste à parler n'en diffèrent que
parce qu'elles sont dépourvues d'effet externe et localisées
exclusivement à l'intérieur du corps. Elles sont de deux
sortes : les unes, chimiques, ont leur siège dans les tissus

vivants ou parenchymes; les autres, mécaniques, résident dans les tissus morts.

Assimilation, réserve et désassimilation. — On a vu (p. 35) quels sont les éléments chimiques nécessaires à l'édification du corps de la plante. On sait que ces éléments peuvent s'introduire dans le corps, c'est-à-dire dans chacune des cellules vivantes qui le composent s'il est cloisonné et différencié, sous forme de sels minéraux, et là, se combiner progressivement à l'intérieur du protoplasme pour former des composés de plus en plus complexes, puis enfin des matières albuminoïdes. Mais ils peuvent aussi être absorbés directement sous forme de combinaisons organiques plus ou moins compliquées, ce qui abrège d'autant le travail synthétique du protoplasme. C'est à ce travail synthétique, par lequel les éléments chimiques des composés minéraux du milieu extérieur deviennent finalement parties intégrantes du protoplasme, des leucites, des noyaux et de la membrane, qu'il convient de donner en général le nom d'*assimilation*.

Les matériaux ainsi incorporés au protoplasme alimentent la croissance. Plus tard, ils subissent une série de décompositions chimiques, qui les simplifient de plus en plus et leur font, pour ainsi dire, redescendre un à un tous les degrés que l'assimilation leur avait fait monter. Ce travail de décomposition chimique, qu'on appelle la *désassimilation*, doit être soigneusement distingué du travail de synthèse chimique qui constitue l'assimilation. Parvenus aux divers degrés de l'échelle descendante, certains produits de désassimilation peuvent d'ailleurs, sur place, c'est-à-dire sans sortir de la cellule où ils se sont formés, être repris par le travail assimilateur, être *réassimilés*; leur apparition n'est alors que transitoire.

Les composés minéraux que la cellule puise dans le milieu extérieur et qui constituent les matériaux premiers de l'assimilation sont, à peu d'exceptions près, fortement oxygénés. Les divers produits de l'assimilation, au contraire, sont pauvres en oxygène et quelques-uns même en sont totalement dépourvus. Il en résulte que l'assimilation est un phénomène général de désoxydation et de consommation de chaleur. La désassimilation, qui, à l'aide de produits pauvres en oxygène, donne naissance à des composés d'ordinaire fortement oxygénés, parmi lesquels l'acide carbonique ne manque jamais, est au contraire un phénomène général d'oxydation et de dégagement de chaleur. Il y aura donc, dans une cellule donnée, absorption de chaleur et élimination d'oxygène toutes les fois que dans cette cellule l'assimilation prévaudra sur la désassimilation ; il y aura émission de chaleur et absorption d'oxygène, toutes les fois que le contraire aura lieu.

Assimilation, croissance et désassimilation se suivent quelquefois de très près : consommés et décomposés peu de temps après leur formation, les produits assimilés ne font alors qu'une apparition de courte durée. Souvent, au contraire, ils s'accumulent dans le protoplasme ou dans les leucites et s'y mettent en *réserve* sous une forme déterminée, pour n'être que plus tard utilisés par la croissance, puis désassimilés. Entre l'assimilation, qui produit ces matériaux de réserve, et la croissance, qui les consomme, il peut s'écouler un temps très long, comme on le voit pour les tubercules, les graines, etc. ; la phase de réserve est alors évidente et frappe tout le monde. Ailleurs, l'intervalle est court et la réserve se trouve dépensée dans la journée même où elle s'est produite ; mais alors il se fait quelquefois, entre les heures de production et les heures de dépense, une alternance remarquable, qui met en relief la phase de réserve. Ainsi, pendant le jour, une Spirogyre assimile et amasse sa réserve, mais ne croît pas et ne se cloisonne pas ; pendant la nuit, au contraire, elle croît et se cloisonne en dépensant sa réserve, mais n'assimile pas. Ailleurs encore, l'assimilation et la croissance s'opèrent simultanément ; il semble alors qu'il n'y ait pas de phase de réserve. Pourtant, même dans ce cas, on peut se convaincre que la croissance actuelle a lieu aux dépens de matériaux de réserve produits par une assimilation antérieure, tandis que l'assimilation actuelle ne fait que reconstituer la réserve à mesure qu'elle s'épuise.

La croissance est donc toujours indirecte, toujours précédée d'une mise en réserve, pendant un temps plus ou moins long, des matériaux qu'elle utilise.

Digestion interne. — Les matériaux de réserve s'immobilisent et s'emmagasinent dans le protoplasme ou les leucites à diverses phases du travail assimilateur, mais toujours à un état tel que, pour être utilisés plus tard, ils doivent subir une transformation. Sous leur forme actuelle, ils ne sont pas assimilables : il faut qu'ils le redeviennent. Qu'ils soient insolubles comme l'amidon, les corps gras, etc., ou dissous dans le suc comme l'inuline, les saccharoses, les saccharides, etc., leur transformation consiste en un dédoublement avec fixation d'eau. Ce résultat est atteint au moyen des diastases dont il a été question page 31, agents d'hydratation et de dédoublement.

Quand les substances de réserve sont insolubles, les diastases correspondantes les rendent solubles en les dédoublant; d'après la définition rappelée plus haut (p. 54), le phénomène est alors une digestion : c'est une *digestion interne*. Telle est l'action de l'amylase sur l'amidon, de la saponase sur les corps gras, de la pepsine et de la trypsine sur les matières albuminoïdes, etc. Quand elles sont dissoutes dans le suc, les diastases correspondantes ne les hydratent et ne les dédoublent pas moins; sauf le changement d'état physique, chose après tout secondaire, le phénomène est le même et doit aussi recevoir le même nom. En réalité, le sucre de Canne est digéré par l'invertine, l'inuline par l'inulase, l'amygdaline par l'émulsine, etc., ni plus ni moins que l'amidon par l'amylase.

Toute utilisation de substance de réserve, c'est-à-dire, comme on vient de le voir, toute croissance, est donc précédée d'une digestion interne. Par suite, la digestion est une fonction interne sans cesse en jeu dans la plante.

Substances plastiques et produits éliminés. Sécrétion. — Tous les composés chimiques qui prennent naissance dans la série ascendante des phénomènes d'assimilation ne sont pas toujours et nécessairement employés à l'édification et à la croissance du protoplasme, des leucites, des noyaux et de la membrane. Par contre, tous les produits qui se trouvent formés dans le cours descendant des phénomènes de désassimilation ne sont pas toujours et nécessairement devenus inutiles à l'organisme. Quelques-uns des premiers peuvent demeurer indéfiniment sans emploi; plusieurs des seconds peuvent être repris, comme il a été dit plus haut, par le courant synthétique et réassimilés. A l'ensemble des composés susceptibles de prendre part à l'édification et à la croissance des diverses parties du corps, qu'elle qu'en soit l'origine, on donne habituellement le nom de *substances plastiques*. Quelle qu'en soit l'origine aussi, tous les composés formés dans le corps et qui ne prennent désormais aucune part directe à la croissance sont des *produits éliminés*, et la formation même de ces produits éliminés constitue la fonction de *sécrétion*. Quand cette fonction est localisée dans des cellules spéciales, qui à leur tour peuvent se différencier soit dans leur forme, soit dans leur contenu, et constituer plusieurs tissus distincts

(p. 31), l'ensemble de ces tissus compose, comme il a été dit plus haut (p. 39), l'appareil sécréteur de la plante.

Mais il faut remarquer que la même substance chimique peut être, suivant les plantes et suivant le lieu où elle se produit, une substance plastique ou un produit sécrété. Ainsi les corps gras de la graine du Pavot et du Ricin sont des matériaux de réserve, partant des substances plastiques, tandis que les corps gras du fruit de l'Olivier sont des produits éliminés; le saccharose de la tige de la Canne et de la racine de la Bette est une substance plastique, celui du fruit du Bananier est un produit éliminé, etc.

Aux fonctions internes précédentes, qui sont de nature chimique, s'en ajoutent plusieurs autres, de nature mécanique.

Protection. — En cutinisant ou subérisant ses membranes cellulosiques, le parenchyme subéreux, primaire ou secondaire, protège les parties qu'il recouvre; aussi se forme-t-il surtout à la périphérie des membres, qu'il revêt d'une cuirasse imperméable. Il est aidé dans son rôle par les portions périphériques du collenchyme, du parenchyme scléreux et du sclérenchyme.

L'ensemble de ces tissus périphériques, consacrés à la protection des parties internes, constitue l'appareil tégumentaire ou protecteur de la plante.

Soutien. — Quand les parenchymes épaississent leurs parois, soit en les gardant à l'état de cellulose pure, comme le collenchyme, soit en les lignifiant, comme le parenchyme scléreux, ils contribuent déjà à soutenir le corps; mais c'est principalement par ce tissu mort à parois épaissies et lignifiées qu'on nomme le sclérenchyme, que la fonction de soutien est remplie. L'ensemble des tissus, vivants ou morts, primaires ou secondaires, qui dans une plante donnée contribuent à soutenir le corps, constitue l'appareil de soutien.

Transport. — Dans les plantes vertes les plus différenciées, la fonction de transport est double. Le liquide du sol, une fois introduit dans le corps au lieu où s'opère l'absorption et devenu ce qu'on appelle la *sève*, est transporté jusqu'au lieu où s'opèrent à la fois l'assimilation du carbone et la chlorovaporisation. Ce transport ascendant a lieu par les vaisseaux, primaires et secondaires.

Ensuite la sève, transformée à la fois par la chlorovaparisation, qui lui a fait perdre beaucoup d'eau, et par l'assimilation du carbone bientôt suivie des autres phases synthétiques de l'assimilation, qui l'a enrichie de principes nouveaux, devenue, en un mot, ce qu'on appelle la *sève élaborée*, est transportée dans toutes les régions du corps, qui en ont besoin pour alimenter leur croissance. Ce transport de la sève élaborée s'opère par les tubes criblés, primaires et secondaires.

L'appareil de transport se compose donc des vaisseaux et des tubes criblés.

Division du travail interne. — Telles sont les principales fonctions internes, chimiques et mécaniques, dont l'ensemble constitue le *travail interne* de la plante.

En un point donné du corps, que la structure soit continue ou cloisonnée, le travail interne est en relation directe avec la différenciation primaire interne en ce point. Chaque partie distincte : la membrane avec ses deux couches, le protoplasme, les noyaux, les leucites pleins, les hydroleucites, y accomplit un travail partiel différent. Il y a donc une division primaire progressive du travail interne, comme il y a une différenciation primaire progressive de la structure.

Si la structure est continue, le travail interne s'accomplit, avec le degré de division primaire qui lui est propre, de la même manière dans tous les points du corps, ou du moins, s'il change d'une région à l'autre, la modification qu'il éprouve est très faible, en rapport avec la faible différence qu'on y remarque dans la différenciation primaire. En un mot, le travail total interne du corps ne subit pas de division secondaire, ou n'en subit qu'une très faible.

Si la structure est cellulaire, mais sans différenciation econdaire, il en est de même : chaque cellule accomplit le même travail, plus ou moins divisé entre ses parties constitutives, et le travail total du corps s'obtient simplement en multipliant le travail d'une quelconque de ses cellules par leur nombre. Mais les choses se passent autrement quand les cellules sont différenciées les unes par rapport aux autres.

Chaque cellule différente accomplit alors une tâche spéciale, en rapport avec sa forme et sa structure propres; il s'établit, en un mot, dans le travail total interne du corps, une division secondaire, en rapport avec la différenciation secondaire de sa structure, et, pour obtenir ce travail total, il faut faire la résultante de tous les travaux cellulaires. Chacun de ceux-ci, à son tour, étant la résultante des travaux élémentaires des parties qui composent les cellules, on voit que le travail total interne du corps s'obtient par une sommation à deux degrés.

En résumé, pour la structure comme pour la forme extérieure, différenciation progressive signifie division progressive du travail. Nous avons déjà signalé plus haut cette corrélation (p. 40), et c'est ce qui nous a permis de tirer de la différenciation de la structure un critère interne de perfection.

Plan de l'Ouvrage. — Dans ce premier chapitre, nous avons donné un aperçu général du corps de la plante, considéré dans sa forme et sa structure, dans ses fonctions externes et internes, dans sa reproduction, dans son développement propre et dans le développement de sa race. Ces notions préliminaires bien comprises, nous pouvons esquisser la suite des chapitres qui composent la première partie de ces *Éléments*.

Nous prendrons d'abord la plante à l'état adulte. Les végétaux les plus perfectionnés ont alors, comme on sait, leur corps partagé en trois membres : la racine, la tige et la feuille, que nous étudierons séparément dans autant de chapitres distincts, d'abord au point de vue morphologique, puis au point de vue physiologique, ce qui subdivise chacun de ces chapitres en deux sections.

Nous étudierons ensuite la reproduction dimère de la plante, c'est-à-dire la formation des œufs, et son développement depuis l'œuf jusqu'à l'état adulte, avec reproduction monomère quand il y a lieu, et depuis l'état adulte jusqu'à la mort. Comme cette reproduction et ce développement s'opèrent d'une façon différente dans les quatre grands groupes végétaux, nous aurons à considérer séparément dans cinq chapitres distincts : la reproduction dimère des Phanérogames, c'est-à-dire la fleur, le développement des Phanérogames, la reproduction dimère et le développement des Cryptogames vasculaires, des Muscinées et des Tallophytes.

Le dixième chapitre enfin tracera les traits généraux du développement de la race.

CHAPITRE DEUXIÈME

LA RACINE

La racine n'existe, on l'a vu, que chez les plantes vasculaires, c'est-à-dire chez les Cryptogames vasculaires et les Phanérogames. L'étude que nous allons en faire n'intéresse donc que deux des quatre grands groupes des végétaux, mais ce sont les plus perfectionnés. Nous devons la considérer d'abord au point de vue morphologique, dans sa forme extérieure et dans sa structure, puis au point de vue physiologique, dans ses fonctions externes et internes.

SECTION I

MORPHOLOGIE DE LA RACINE

L'étude morphologique de la racine exige que l'on considère ce membre d'abord dans sa forme extérieure et tout ce qui s'y rattache, puis dans sa structure et tout ce qui s'y rapporte.

§ 1

FORME EXTÉRIEURE DE LA RACINE

La racine jeune a ordinairement la forme d'un cylindre étroit, attaché par sa base à une tige ou à une feuille et terminé en cône au sommet; cette forme est symétrique par rapport à l'axe. Le plus souvent c'est dans le sol qu'elle se développe, quelquefois dans l'eau, comme chez les Lenticules qui flottent à la surface de nos étangs, ou dans l'air, comme chez les Orchidacées et Aracées qui vivent posées sur le tronc des arbres dans les forêts tropicales et que pour ce motif on qualifie d'*épidendres*. Dans tous les cas, elle se dirige verticalement vers le centre de la Terre, la pointe en bas, sous l'influence de la pesanteur, comme nous le verrons plus tard.

Coiffe de la racine. — Examinée de près, cette pointe offre un caractère particulier. Si l'on en suit le contour à partir du sommet, on voit qu'à une faible distance il cesse brusquement tout autour, et qu'il faut descendre pour ainsi dire d'un degré si l'on veut longer la surface désormais continue du cylindre. C'est comme si la racine avait été dénudée dans toute son étendue, excepté à son extrémité, où la couche enlevée partout ailleurs persiste sous la forme d'un bonnet ou d'un doigt de gant, qu'on appelle la *coiffe* (fig. 20). On verra plus loin que c'est bien ainsi que les choses se passent et que la surface générale de la racine jeune est une surface dénudée.

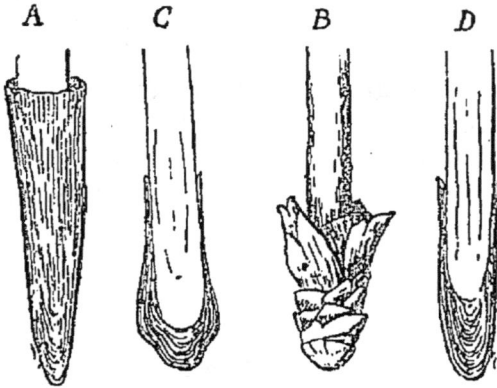

Fig. 20. — Extrémités de racines montrant la coiffe : *A* et *B*, vues de l'extérieur ; *C* et *D*, en section longitudinale. *A*, dans la Pontédérie ; *B*, dans le Vaquois ; *C*, dans le Calle ; *D*, dans le Scindapse.

La coiffe a sa plus grande épaisseur au sommet même, où elle fait corps avec la région interne du membre ; elle va s'amincissant à mesure qu'on s'éloigne du sommet, en même temps qu'elle se décolle et s'écarte plus ou moins de la masse sous-jacente ; enfin elle cesse brusquement à une distance du sommet qui n'est souvent que de quelques millimètres, mais qui peut atteindre aussi un à deux centimètres, comme dans les grosses racines des Vaquois (fig. 20, *B*).

La coiffe est toujours plus ferme et plus résistante que les parties internes qu'elle recouvre, et même que la surface de la région dénudée qui s'en échappe. Son rôle est évident. Elle protège la pointe molle et délicate de la racine contre la pression et les frottements qu'exercent sur elles les parties solides et anguleuses du sol où d'ordinaire elle se développe. Aussi sa surface s'use-t-elle rapidement en jouant ce rôle protecteur. Cette usure a lieu de différentes manières. Tantôt les cellules périphériques se dissocient complètement, en transformant en mucilage la lame moyenne de leurs cloisons cellulosiques, et se détachent une à une au milieu d'une matière visqueuse (Blé, Orge, Trèfle, Guimauve, etc.) ; tantôt c'est l'assise des cellules périphériques, demeurées adhérentes entre elles latéralement, qui se détache tout d'une pièce sous forme d'une calotte gluante (Pavot, Chou, Pourpier), ou sèche (Glycérie, Vaquois, etc.). A mesure qu'elle se désagrège ou s'exfolie ainsi au dehors, la coiffe se régénère au dedans, de manière à conserver toujours sa même épaisseur et à protéger toujours aussi efficacement les parties sous-jacentes.

Dans les racines aquatiques (Lenticulé, Hydrocharite, Azolle, etc.), c'est contre la sortie des principes solubles et aussi contre les animalcules vivant dans l'eau, que la coiffe protège la pointe délicate de la racine. Ne souffrant alors aucune usure, elle ne se désagrège ni ne s'exfolie et n'a pas à se réparer. Elle est très longue, écartée latéralement de la pointe, à laquelle elle ne tient qu'au sommet (fig. 20 et 21, A). Dans les racines aériennes (Orchidacées, Aracées, etc.), c'est contre la dessiccation, qui ferait perdre à la pointe molle l'eau dont elle est imprégnée et qui lui est nécessaire, que la coiffe exerce son rôle protecteur.

Quel que soit donc le milieu où elle se développe, tant qu'elle s'allonge, la racine a besoin de protection à son sommet, et ce besoin est partout satisfait par la coiffe. Mais si sa croissance est limitée, dès qu'elle a pris fin, l'extrémité se raffermit et la coiffe peut disparaître sans inconvénient. C'est ainsi que les racines aquatiques des Hydrocharites et des Azolles ont une coiffe très développée tant qu'elles croissent (fig. 21, A); la croissance terminée, l'extrémité durcit et la coiffe devenue inutile tombe, soit d'un seul coup (Azolle, fig. 21, B), soit en se partageant en quatre ou cinq calottes

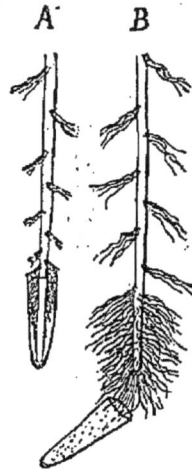

Fig. 21. — Racine d'Azolle : A, en voie d'allongement; la coiffe est très développée et les poils disposés en pinceaux distiques. B, l'allongement est terminé et la coiffe tombe, mettant à nu l'extrémité couverte de poils.

emboîtées qui tombent l'une après l'autre jusqu'à la dernière (Hydrocharite). La coiffe disparaît aussi dans les racines renflées des Orchides et de la Ficaire, quand elles ont cessé de s'allonger et que leur extrémité s'est raffermie.

Poils de la racine. — Examinons maintenant l'état de la surface dénudée dans une racine déjà un peu longue (fig. 22, C). A partir du bord de la coiffe, en remontant vers la base, on rencontre d'abord une région où la surface est parfaitement lisse; puis vient une partie plus ou moins étendue, où chaque cellule superficielle s'est prolongée perpendiculairement à la surface en un long tube ordinairement incolore, où la surface est par conséquent toute hérissée d'une sorte de velours de poils serrés côte à côte et sensiblement égaux; enfin une nouvelle région dépourvue de poils, mais où la surface est moins lisse que dans la première et parfois brunâtre, s'étend sans discontinuité jusqu'à la base de la racine.

Fixons un instant notre attention sur la partie moyenne, sur cette région des poils, dont l'importance physiologique est considérable, comme nous le verrons un peu plus tard. Du côté de la pointe, elle se termine par des tubes de plus en plus courts; il est facile de s'assurer que ce sont là des poils jeunes, qui bientôt s'allongent et prennent la taille des premiers, pendant qu'il s'en forme de nouveaux au-dessous d'eux. La partie lisse voisine de l'extrémité est donc destinée à avoir des poils, mais n'en a pas encore. De l'autre côté, la région des poils se termine brusquement par des tubes qui ont toute leur longueur, et il est aisé de voir que ces poils tombent peu à peu. La partie lisse du côté de la base a donc été, à un certain moment, tout entière couverte de poils, mais elle les a perdus. Les poils n'ont qu'une existence éphémère, ils sont caducs. Gagnant sans cesse de nouveaux éléments vers le sommet, pendant qu'elle en perd tout autant vers la base, la région des poils semble se transporter le long de la racine à mesure que celle-ci s'allonge, de manière à se maintenir toujours à égale distance de la pointe en s'éloignant de plus en plus de l'extrémité opposée.

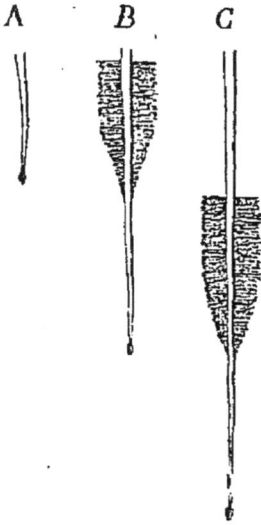

Fig. 22. — Jeune racine de Moutarde à trois états successifs : *A*, encore dépourvue de poils; *B*, munie de poils, mais n'en ayant pas encore perdu; *C*, dépourvue de poils dans la région basilaire.

Les poils radicaux sont presque toujours simples et non cloisonnés. Quand la racine se développe dans l'air humide ou dans l'eau, ils sont cylindriques, droits, d'une régularité et d'une égalité parfaites (fig. 22). Il n'en est pas de même dans le sol, où leur croissance est à tout instant gênée et

modifiée par la pression et les frottements des particules
solides (fig. 23). Ils s'appliquent alors étroitement sur ces particules, se moulent à leur surface, les enveloppent de leurs
replis et prennent en conséquence des formes très irrégulières, tortueuses, dilatées en certains points, étranglées en
d'autres. Ils portent
aussi comme de petits
cils extrêmement
minces, insérés çà et
là sur leur membrane
et qui sont de fins
prolongements de la
couche cellulosique,
facilitant encore l'adhé-
rence avec les corps
étrangers (fig. 23, a).

La formation des
poils dépend beaucoup
des circonstances exté-
rieures, comme on le
verra plus tard. Aussi
peuvent-ils manquer
dans certaines condi-
tions de milieu. Les
racines de Jacinthe,
d'Ail, de Safran, par
exemple, en sont dé-
pourvues quand elles
se développent dans
l'eau ; il ne s'en fait pas
non plus sur les racines
aériennes des Orchi-
dacées épidendres. Ces
racines aériennes dé-

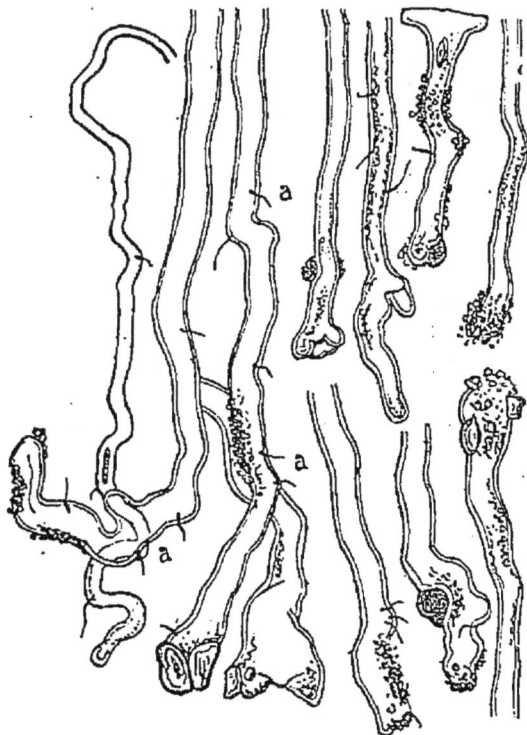

Fig. 23. — Forme contournée et irrégulière
des poils radicaux dans le sol. A droite : en
haut, dans la Sélaginelle ; en bas, dans le
Trèfle ; — à gauche, dans l'Avoine. Les granules sombres sont des particules de terre
soudées à la membrane ; a, a, fins prolongements de la couche cellulosique.

pourvues de poils ont une surface lisse, luisante, blanc d'ar-
gent ; cela tient à ce que les cellules périphériques meurent
bientôt, se remplissent d'air et forment une couche opaque
et nacrée, qu'on appelle souvent le *voile* et sur laquelle on
reviendra plus loin.

Croissance de la racine. — Douée de ces caractères extérieurs, la jeune racine croît, elle s'allonge dans la direction
verticale ; voyons où s'opère et se localise sa croissance.

Sur une jeune racine de Haricot ou de Fève, croissant dans
l'air humide à une température favorable et qui mesure, par
exemple, 5 centimètres de longueur, traçons à l'encre de
Chine cinq traits distants de 1 centimètre, et marquons-les de
1 à 5 à partir du sommet. Subdivisons, en outre, le premier
intervalle en millimètres par des petits traits au vernis rouge,
marqués de 1 à 10 à partir de la pointe. Abandonnons ensuite
la racine à elle-même, en mesurant de jour en jour les cinq
grands et les dix petits traits.

Seul le grand intervalle qui sépare la pointe du premier
trait noir s'agrandit, les quatre autres conservent indéfiniment
leur longueur primitive de 1 centimètre. D'où cette première
conséquence : la racine ne s'allonge que dans une région
assez courte comptée à partir du sommet, région qui, dans les
racines terrestres, ne dépasse pas un 1 centimètre de longueur. C'est ce qui explique pourquoi une race tronquée à
la pointe ne s'accroît plus, observation que les pépiniéristes
savent mettre à profit, comme on le verra plus loin.

Dans cette région de croissance, si l'on mesure au bout de
vingt-quatre heures les divers petits intervalles qui avaient
1 millimètre au début, on voit que l'allongement est loin d'y
avoir été uniforme. Voici, par exemple, les allongements
mesurés sur une racine de Fève, à une température de 20°,5 :

NUMÉROS D'ORDRE des disques transversaux à partir du sommet	ALLONGEMENT en 24 heures.
10.	0,1 millim.
9.	0,2 —
8.	0,3 —
7.	0,5 —
6.	1,3 —
5.	1,6 —
4.	3,5 —
3.	8,2 —
2.	5,8 —
1.	1,5 —

Les disques transversaux 8 et 9 s'allongent très peu et le
dixième presque pas; les disques 1, 6, 5 s'accroissent notablement; les intervalles 2 et 4 s'allongent davantage, mais c'est
le disque 3, situé à 2 millimètres seulement du sommet, qui
a la croissance la plus forte. La courbe (fig. 24) représente la
marche de cet allongement, qui demeure la même dans les

plantes les plus diverses. A partir de la pointe, elle s'élève rapidement pour atteindre bientôt le maximum, puis s'abaisse plus lentement au delà.

Pourvu que les conditions extérieures soient et demeurent favorables, l'allongement de la racine est souvent indéfini et le membre parvient alors à une longueur considérable. Ainsi la Bette et le Blé peuvent enfoncer en quelques mois leurs racines jusqu'à plus de 1 mètre de profondeur dans la terre, la Vigne et le Câprier jusqu'à 13 mètres. Ainsi encore les grands arbres des forêts tropicales font descendre de leurs plus hautes branches des racines qui s'allongent assez pour atteindre le sol et y pénétrer. A mesure que la racine s'allonge, la région des poils, gagnant vers le sommet et perdant vers la base, se transporte de manière à se maintenir toujours à égale distance de la pointe et à s'enfoncer toujours plus profondément dans le sol. Toute la partie terminale jeune se conserve

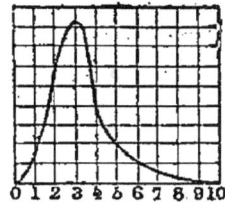

Fig. 24.

donc identique à elle-même, mais elle est portée au bout d'une partie âgée et nue de plus en plus longue.

Souvent aussi la croissance est de peu de durée et la racine demeure courte, comme on le voit par exemple dans certaines plantes aquatiques (Lenticule, Hydrocharite, Azolle). Dès que l'allongement a pris fin, la région des poils continuant à s'étendre atteint bientôt la pointe et, si la coiffe est caduque (Azolle, Hydrocharite), le sommet lui-même se couvre d'une touffe de poils (fig. 24). Puis, les poils continuant à tomber à partir de la base, la racine se dégarnit peu à peu et enfin devient totalement nue. Elle n'a plus alors que peu de temps à vivre ; bientôt elle se détruit, ou bien se détache à la base et tombe (Azolle).

L'allongement de la racine n'a pas la même intensité suivant toutes les lignes longitudinales qu'on peut tracer à la surface. A un moment donné, il y a une ligne de plus fort allongement, qui se déplace progressivement dans le même sens tout autour de l'axe. Il en résulte que la région de croissance se courbe successivement dans toutes les directions et que le sommet décrit un cercle ou une ellipse ; il y a, comme on dit, *circumnutation*. L'amplitude de cette circumnutation est assez faible ; dans le Haricot, par exemple, elle ne dépasse pas 2 millimètres. Tout en décrivant ainsi sa petite courbe

circulaire ou elliptique, la pointe s'allonge et c'est en réalité
sur une hélice descendante que le sommet se déplace. Ce mouvement de vis favorise évidemment beaucoup la pénétration
de la racine dans le sol.

Concrescence des racines. — Quand plusieurs racines
naissent côte à côte en des points rapprochés sur la même tige
ou la même feuille, il n'est pas rare qu'elles croissent en
commun en ne formant qu'une seule masse; elles sont,
comme on dit, *concrescentes.* Des racines terrestres ou aériennes
ainsi unies en faisceaux, *fasciées,* comme on dit aussi, dans
toute leur longueur, au nombre de 2, 3, 4 ou davantage, se
rencontrent çà et là dans la Fève, par exemple, ou dans certaines Aracées épidendres; leur forme aplatie ou anguleuse
et les sillons qui les parcourent en accusent la vraie nature.
Les tubercules simples ou digités des Orchides, Ophrydes, etc.,
sont de même formés par la concrescence d'un plus ou moins
grand nombre de racines à croissance limitée (voir, plus loin,
fig. 25).

Ramification de la racine. — Quand la racine a acquis une
certaine longueur, souvent elle se ramifie.

C'est vers la base de la racine, c'est-à-dire vers son point
d'attache sur une tige ou sur une feuille, que se montrent les
premiers indices de ramification; ils progressent ensuite et se
succèdent régulièrement de la base au sommet. C'est d'abord
une petite protubérance hémisphérique de la surface; puis la
protubérance crève et il s'en échappe un petit cordon blanc
qui s'allonge en se dirigeant perpendiculairement à la racine,
c'est-à-dire horizontalement. Il porte une coiffe au sommet, sa
surface se couvre de poils depuis la base jusqu'à une certaine
distance de la pointe; plus tard, les poils tombent à la base et
la région des poils commence son mouvement de translation.
En un mot, il se comporte à tous égards comme la racine.
C'est une racine de second ordre, née à l'intérieur de la première, entourée souvent à sa base d'une petite manchette ou
d'une petite boutonnière provenant de la protubérance qu'elle
a percée, dirigée presque horizontalement, avec une faible
obliquité vers le bas, et persistant dans cette direction parce
que la pesanteur a peu d'action sur elle. Toutes ces racines
secondaires sont semblables, de plus en plus jeunes seulement
et de plus en plus courtes de la base au sommet; les plus
jeunes sont longuement dépassées par le prolongement encore
simple de la racine principale. L'ensemble forme un cône

dont la racine primaire occupe l'axe, dont elle est, comme on
dit, le *pivot*.

Quand le pivot croît longtemps, il porte sur ses flancs un
grand nombre de racines de second ordre. Si en même temps
celles-ci continuent de croître également, chacune selon son
âge, le cône, s'élargissant à mesure qu'il s'allonge, conserve
une ouverture moyenne et constante ; c'est là le cas normal :
l'ensemble forme alors ce qu'on appelle un système *pivotant*
ordinaire. Si, au contraire, les racines secondaires demeurent
courtes, avec leurs pointes et leurs poils à peu de distance des
flancs du pivot très développé, le cône est très aigu et forme
un système pivotant exagéré, comme dans la Bette vulgaire
ou la Dauce carotte. Quand le pivot cesse bientôt de croître, il
ne porte qu'un petit nombre de racines secondaires. Si celles-
ci s'allongent beaucoup, projetant au loin tout autour du pivot
rudimentaire leurs sommets et leurs poils, le cône est très
obtus et forme un système de cordons rayonnants qui rampent horizontalement à peu de distance de la surface du sol,
ce qu'on appelle un système *fasciculé*. La forme générale du
système formé par la racine primaire et les racines secondaires
varie donc suivant le développement relatif des parties qui le
composent ; peu importantes au point de vue théorique, ces
variations ont, au contraire, une grande valeur au point de
vue des applications, comme on le verra plus tard.

A leur tour, les racines secondaires se ramifient souvent.
Les choses se passent sur elles absolument comme sur la
racine primaire, et il n'y a pas lieu d'y revenir. Par là, chacune d'elles devient un pivot, mais un pivot secondaire,
presque horizontal, autour duquel se développent dans toutes
les directions un plus ou moins grand nombre de racines tertiaires. Chacune de celles-ci peut produire et porter une génération de racines de quatrième ordre, et ainsi de suite. Le
système conique total va de la sorte se compliquant, se remplissant de plus en plus, tout en conservant sa forme générale.

C'est un pareil système de racines de divers ordres, nées et
implantées les unes sur les autres, attaché par la base de son
pivot vertical sur une tige ou sur une feuille, qu'on appelle
communément une *racine*. Dans cette acception vulgaire, on
dit donc une racine pivotante normale, une racine pivotante
exagérée, une racine fasciculée, pour les diverses formes qui
sont imprimées à ce système par le développement inégal des

racines de premier et de second ordre. On a aussi l'habitude
de désigner sous le nom commun de *radicelles* toutes les racines
de divers ordres, autres que le pivot.

Il est facile de s'assurer que, dans un pareil système, les
racines d'un ordre quelconque naissent toujours sur la racine
d'ordre précédent exactement les unes au-dessous des autres,
et y sont insérées par conséquent en un certain nombre
de rangées longitudinales, ordinairement équidistantes. Le
nombre de ces rangées est au moins de deux chez les Cryptogames vasculaires (Fougères, etc.). Il est au moins de trois,
espacées à 120 degrés, chez les Phanérogames. Sur le pivot, il
peut dépasser vingt, trente et au delà; cela dépend du diamètre de la racine primaire, lequel à son tour est en relation
avec l'âge de la plante. On ne peut donc rien dire de général
à cet égard. Le long d'une même racine, ce nombre peut d'ailleurs changer; il diminue par cessation d'une ou plusieurs
rangées, si la racine, d'abord assez grosse, va s'effilant tout à
coup; il augmente au cas contraire. Sur les racines secondaires, tertiaires, etc., ce nombre va, comme le diamètre lui-
même, en décroissant plus ou moins rapidement. Chez les
Cryptogames vasculaires, une fois réduit à trois, il descend à
deux et se conserve ensuite indéfiniment à ce minimum. Chez
les Phanérogames, une fois réduit à trois, il remonte à quatre
et se conserve ensuite indéfiniment à ce chiffre; seulement
ces quatre rangées sont souvent rapprochées deux par deux.

Si donc le pivot d'une Cryptogame vasculaire ne porte déjà
que deux rangées de radicelles, si le pivot d'une Phanérogame
n'en porte déjà que quatre, rapprochées deux par deux, la
disposition demeure la même, respectivement binaire ou quaternaire, dans toute l'étendue du système ramifié. Pourtant il
ne faudrait pas croire pour cela que la ramification de la
racine binaire des Cryptogames vasculaires, des Fougères, par
exemple, s'opère dans un seul et même plan. Au contraire, à
chaque degré, le plan des axes des deux séries de racines
croise à angle droit celui du degré précédent, et c'est seulement après trois ramifications successives qu'on se retrouve
dans un plan parallèle au premier.

Dans chaque série longitudinale, la distance de deux radicelles consécutives est ordinairement indéterminée; elles naissent plus rapprochées, quelquefois jusqu'au contact, ou plus
écartées, quelquefois à de grandes distances, suivant les circonstances extérieures et notamment suivant l'humidité du sol.

Racines dichotomes. — Dans les Cryptogames vasculaires qui forment la classe des Lycopodinées, la racine ne produit pas de radicelles sur ses flancs, mais se ramifie en se bifurquant au sommet, en formant ce qu'on appelle une *dichotomie*. Quand la racine d'un Lycopode, d'un Isoète ou d'une Sélaginelle a acquis une certaine longueur, sa pointe se divise en deux moitiés égales, qui prennent aussitôt chacune une coiffe spéciale sous la coiffe commune. Les deux bras s'allongent ensuite en exfoliant la coiffe commune, divergent à peu près à angle droit, se divisent de nouveau plus tard en deux moitiés égales, et ainsi de suite un grand nombre de fois. A chaque nouvelle bifurcation, le plan des axes des deux branches est perpendiculaire à celui de la bifurcation précédente. La croissance dure aussi plus longtemps et s'étend plus loin à partir des sommets dans ces racines dichotomes que dans les racines ordinaires. Les intervalles des bifurcations s'y allongent, en effet, pendant un certain temps.

Chez quelques Gymnospermes, comme les Cycades et les Pins, on voit, sous une influence encore inconnue, certaines radicelles du système normal se ramifier de la sorte en dichotomie dans des plans alternativement rectangulaires, en formant de petites masses coralloïdes. Ce même mode de ramification s'observe souvent dans les radicelles tuberculisées des Légumineuses, dont il sera question plus loin.

Origine de la racine. Racine terminale; racines latérales — Dans les conditions normales, les racines tirent leur origine de la tige.

Chez toutes les plantes vasculaires, l'œuf traverse sur la plante mère et à ses dépens les premières phases du développement qui doit l'amener à devenir une nouvelle plante. Dès cette première période, une racine apparaît sous l'extrémité inférieure de la tige, occupant toute la largeur de cette extrémité et se dirigeant dans le prolongement même de la tige : c'est la racine *terminale*. Plus tard, les flancs de la tige, jouissant de la même propriété que son extrémité inférieure, produisent à leur tour, progressivement de la base au sommet, des racines toutes pareilles à la première, dirigées comme elle verticalement vers le centre de la Terre, n'en différant que par leur âge plus jeune, leur situation latérale et leur diamètre d'autant plus grand qu'elles naissent sur une région où la tige est plus vigoureuse : ce sont toutes des racines *latérales*.

Mais il y en a de trois sortes. Les premières naissent sur la tige en des points déterminés à l'avance, en général en relation étroite et fixe avec les feuilles, une par exemple diamétralement opposée à chaque feuille (Monstère, etc.), ou deux, une à droite et une à gauche de chaque feuille (Valériane, Ortie, Renoncule, etc.), ou plusieurs en cercle soit au-dessus (Calle, etc.), soit au-dessous de chaque feuille (Nénuphar, etc.) : ce sont des racines latérales *régulières*. Les secondes se forment çà et là le long de la tige à des places indéterminées ; celles-ci méritent seules le nom de racines *adventives*, que l'on donne souvent à tort à l'ensemble des racines latérales. Enfin les troisièmes naissent de très bonne heure sur les bourgeons de la tige, une sous chaque bourgeon (Ficaire, etc.), deux à droite et à gauche du bourgeon (Sélaginelle, etc.), ou plusieurs à chaque bourgeon, libres (Prêle, Cresson, Cardamine, etc.) ou concrescentes en tubercule (Orchide, Ophryde, etc.) : ce sont des racines *gemmaires*.

Chez certains végétaux, comme dans la plupart des arbres de nos forêts, la racine terminale existe seule et dure autant que la plante : il ne s'y fait pas de racines latérales. Chez beaucoup d'autres, la racine terminale est bientôt suivie de nombreuses racines latérales, qui tout d'abord concourent avec elle à nourrir le végétal. Puis, la racine terminale disparaît et cette destruction gagne de proche en proche et de bas en haut les racines latérales, pendant qu'il s'en forme incessamment de nouvelles dans la région supérieure de la tige. Les racines, comme sur chacune d'elles les poils, sont alors éphémères et caduques, et leurs fonctions passent sans cesse de l'une à l'autre. Il en est ainsi dans les Cryptogames vasculaires, dans les Monocotylédones et chez un grand nombre de Dicotylédones. C'est le cas général quand la tige rampe dans la terre (Muguet, Chiendent, etc.), dans l'eau (Glycérie, etc.) ou à la surface du sol (Fraisier, Lierre, etc.). Mais une tige dressée peut aussi produire sur ses flancs, et jusqu'à une grande hauteur, de nombreuses racines latérales. Naissent-elles de la tige même, comme dans les Palmiers et les Fougères arborescentes, elles descendent en foule serrées côte à côte le long de sa surface, qu'elles couvrent d'un revêtement impénétrable pouvant atteindre plusieurs décimètres d'épaisseur. Partent-elles des branches, elles pendent dans l'air isolément, comme des cordes, avant d'arriver à la terre ; elles s'y enfoncent plus tard, s'y ramifient et forment autant de colonnes où les branches s'appuient solidement en même temps qu'elles en tirent leur nourriture et qui sont pour elles le point de départ d'une nouvelle croissance : tel est par exemple, au Bengale, le Figuier religieux.

Le diamètre des racines latérales est très variable dans la même plante, suivant son âge et suivant la grosseur de la tige aux points où elles s'y développent. Par suite, le nombre des séries longitudinales où sur chacune d'elles se disposent les racines du second ordre est aussi très inconstant. Le diamètre de la racine terminale, au contraire, par le fait même de l'âge et du lieu où elle se forme, demeure toujours sensiblement le même dans un végétal donné. Aussi le nombre des rangées de racines secondaires y est-il fixe, non seulement dans la même plante, mais encore dans de grandes familles. Il est le plus souvent de quatre; les quatre rangées sont tantôt équidistantes (Malvacées, Euphorbiacées, Convolvulacées, Cucurbitacées, beaucoup de Composées, de Légumineuses, etc.), tantôt rapprochées deux par deux (Urticacées, Chénopodiacées, Caryophyllées, Crucifères, Papavéracées, Ombellifères, Solanacées, Scrofulariacées, Borragacées, Labiées, etc.). On trouve trois séries de racines secondaires dans le Pois, la Gesse, la Vesce, etc., cinq séries dans la Fève, 6 dans le Chêne, le Noyer, le Marronnier, etc., 8 dans le Hêtre, 10, 12 et 14 dans le Châtaignier, rarement davantage chez les Dicotylédones. Les Monocotylédones en ont souvent un nombre plus grand, mais aussi beaucoup plus variable.

Régulières ou adventives, les racines latérales naissent de la tige comme naîtront d'elles plus tard les racines secondaires, c'est-à-dire à une profondeur plus ou moins grande au-dessous de la surface. Pour s'échapper, elles ont à percer, par conséquent, une couche de cellules plus ou moins épaisse, qui forme parfois comme une manchette ou une boutonnière autour de leur base : en un mot, elles sont *endogènes*. Il n'en est pas de même pour les racines latérales gemmaires, par exemple pour celles des Crucifères (Cardamine, Cresson, etc.); ces racines, que la tige produit à l'aisselle de ses feuilles au-dessus et sur la base du bourgeon, se constituent à la surface même et n'ont rien à percer pour se développer : elles sont *exogènes*.

Cette double manière d'être se retrouve aussi dans la racine terminale, mais les conditions de fréquence sont renversées; ce qui était la règle devient l'exception et *vice versa*. En effet, la racine terminale se forme le plus souvent à la surface

même de la base de la tige et n'a rien à percer pour se développer; elle est exogène, comme les racines gemmaires.
Pourtant, dans les Graminées, les Commélinacées, le Balisier,
la Capucine, le Nyctage et quelques autres plantes, elle prend
naissance à une certaine distance au-dessous de la surface de
base et se trouve d'abord enveloppée dans une sorte de poche,
qu'elle doit percer pour s'échapper au dehors et qui forme
gaine autour de son insertion : elle est endogène.

**Production artificielle de racines adventives. Applica-
tions : marcottes, boutures.** — En *buttant* la tige de la
Garance, en *roulant* celle du Blé, on fait développer sur sa
région inférieure, ainsi amenée au contact de la terre humide,
des racines adventives qui, sans cette pratique, ne s'y forme-
raient pas. On augmente par là, dans la première plante le
rendement en matière colorante, qui est contenue dans les
racines, dans la seconde le rendement en fruits en lui permettant de puiser dans le sol une nourriture plus abondante.

. Si l'on recourbe vers le bas les branches flexibles de l'Œillet
ou de la Vigne et qu'on en couche la région moyenne dans le
sol en l'y enfonçant et en l'y fixant avec une épingle de bois;
si l'on entoure d'une petite motte de terre humide retenue
par un cornet de plomb ou par un pot fendu une branche
élevée du Nérion oléandre, vulgairement Laurier-rose, on fait
développer en ces points de nombreuses racines adventives,
par où les branches se nourrissent directement. Aussi peut-on
ensuite couper la branche au-dessous de la région enracinée.
La portion ainsi séparée se suffit à elle-même et forme un
individu complet, qui reproduit, comme il a été dit à la page 45,
tous les caractères de la plante dont il est issu : c'est ce qu'on
nomme une *marcotte*. Une pareille séparation de branches
après enracinement, un pareil *marcottage*, s'observe souvent
dans la nature : le Fraisier en est un exemple bien connu.

Que l'on coupe une branche feuillée de Saule ou de Vigne
et qu'on en plonge la région inférieure dans l'eau ou dans la
terre humide, on verra bientôt apparaître des racines adventives, qui s'échappent à la fois de la surface latérale de l'organe et des bords de la plaie. La branche devient ainsi un
individu complet, ce qu'on appelle une *bouture*. Cette séparation de branches qui s'enracinent après coup, ce *bouturage*,
s'observe aussi fréquemment dans la nature. Quand il multiplie les plantes par marcottes ou par boutures, l'homme ne
fait donc qu'imiter les procédés naturels.

Une feuille de Citronnier ou de Ficoïde, un jeune fruit d'Oponce ou de Jussiée, détachés de la tige et enterrés à la base, forment aussi des racines adventives tout autour de la plaie. Enfin il suffit d'enterrer un petit fragment de tige (Saule, etc.), de racine (Paulonier, Aralie, etc.) ou de feuille (Gloxinie, Bégonie, Pépéromie, etc., cotylédons de Haricot, de Courge, etc.), pour voir des racines adventives se développer sur les plaies et sur les entailles, qu'on a ainsi intérêt à multiplier.

Différenciation secondaire de la racine. — Beaucoup de plantes n'ont que des racines comme celles qu'on vient d'étudier, des racines ordinaires et toutes semblables. Chez d'autres, pendant que certaines racines suivent leur développement normal, d'autres, au début toutes pareilles, s'accroissent autrement, de manière à acquérir une forme et à remplir aussi une fonction différente : en un mot, il s'opère alors entre les racines de la plante une différenciation secondaire. Pour exprimer, dans chaque cas particulier, la différence de forme et de fonction que ces racines autrement développées présentent par rapport aux racines proprement dites, on se sert d'un nom tiré de cette forme ou de cette fonction, qu'on joint au mot *racine* pour le qualifier comme tel. Citons quelques exemples de cette différenciation.

Racines-tubercules. — Dans l'Asphodèle et l'Hémérocalle, certaines des racines adventives groupées à la base de la tige se renflent beaucoup, cessent de s'allonger et deviennent autant de *tubercules*. Dans la Ficaire, chaque petit bourgeon né à l'aisselle des feuilles forme à sa base une grosse racine latérale, qui cesse bientôt de s'allonger en perdant sa coiffe et constitue une masse ovoïde, qui est encore un tubercule. Dans les Orchides, Ophrydes et les genres voisins formant la tribu des Ophrydées, les choses se passent comme dans la Ficaire, à deux différences près. D'abord, il n'y a chaque année qu'un seul bourgeon, situé à la base de la tige, qui produise un tubercule ; ensuite, ce bourgeon forme sur ses flancs, en des points rapprochés, un assez grand nombre d'origines de racines latérales. Faute de place, toutes ces racines contiguës croissent en commun et ne constituent toutes ensemble qu'un seul tubercule, tantôt arrondi au sommet de façon que rien n'en trahisse au dehors la complication intérieure (Orchide mâle, O. militaire, etc., Ophryde, Loroglosse, etc.), tantôt au contraire divisé au sommet, digité, les racines constitutives se séparant peu à peu en divergeant (fig. 25) (Orchide maculé, O. latifolié, etc., Gymnadénie, etc.). Le tubercule de l'Asphodèle et de l'Hémérocalle est donc formé par une simple racine, celui de la Ficaire par une simple racine avec le petit bourgeon qui l'a produite, celui des Orchides par des racines multiples et concrescentes avec le petit bourgeon qui est leur commune origine.

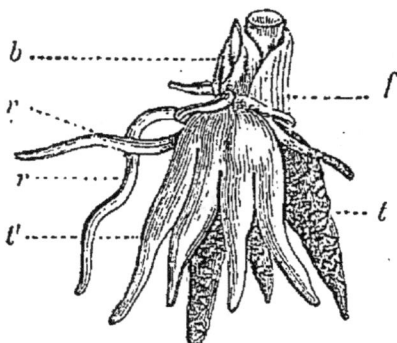

Fig. 25. — Racines-tubercules de la Gymnadénie. *t*, tubercule ancien, dont le bourgeon a produit la tige feuillée *f*; *t'* tubercule nouveau issu du bourgeon *b*; *r*, *r*, racines ordinaires.

Certaines Conifères, comme les Podocarpes, portent sur leurs racines et leurs radicelles, en quatre rangées rapprochées deux par deux, un grand nombre de petits tubercules arrondis, qui sont autant de radicelles arrêtées dans leur croissance et renflées. Toutes les Légumineuses produisent çà et là, sur leurs racines et leurs radicelles, de petits tubercules entiers, lobés ou digités ; ce sont encore autant de radicelles, de bonne heure envahies par une Bactériacée parasite, le Bacille radicicole, et qui, sous cette influence, ont cessé de croître en se renflant et souvent en se dichotomisant, comme il a été dit plus haut (p. 75). Dans ces exemples, le tubercule est donc une simple radicelle modifiée.

Dans tous les cas, les racines-tubercules servent de réserve nutritive pour le développement ultérieur de la plante.

Racines-crampons, flotteurs, vrilles, épines. — Fixé au sol par des racines ordinaires, le Lierre forme, comme on sait, le long de sa tige et de ses branches, d'innombrables racines adventives serrées en groupes compacts, qui demeurent courtes et ne servent qu'à fixer solidement la plante aux murs, aux écorces et aux rochers où elle grimpe : on les nomme des *crampons*. Leur différence par rapport au type se réduit à un arrêt de développement; aussi suffit-il d'appliquer la tige sur le sol, comme on fait lorsqu'on cultive le Lierre en bordure, pour voir les crampons poursuivre leur croissance et parvenir à l'état de racines ordinaires.

Pour aider la tige des Jussiées à se soutenir à la surface de l'eau où elle nage, certaines des racines latérales, se développant autrement que les autres, demeurent courtes, ne se ramifient pas, et se renflent en autant de corps ovoïdes, par suite de la production interne de grandes chambres pleines d'air. Ces racines deviennent ainsi de véritables *flotteurs*.

La Vanille enroule en spirale certaines de ses racines adventives autour des supports voisins, pourvu qu'ils soient assez minces, s'y accroche solidement et s'élève ainsi en grimpant à une grande hauteur. D'une façon générale, on nomme *vrilles* les organes de soutien qui s'enroulent de la sorte en spirale autour des corps voisins. Cette différenciation des racines en vrilles se rencontre aussi chez certains Lycopodes, Philodendres, Dissochètes, etc.

Dans la Derride, une Légumineuse, les branches âgées produisent de nombreuses racines adventives, qui cessent bientôt de croître en s'amincissant et se terminent en pointes dures, formant ainsi autant d'*épines* qui s'enchevêtrent et donnent de la fixité à l'ensemble. Chez certains Palmiers, comme les Acanthorhizes et les Iriartées, ce sont des radicelles, nées sur les racines aériennes, qui se différencient en épines. Dans quelques Dioscorées, comme la D. préhensile, et dans quelques Iridacées du genre Morée, ce sont les racines ordinaires qui, dans le sol même, se couvrent de radicelles différenciées en épines.

En résumé, tandis que les tubercules jouent un rôle nutritif, les crampons, les vrilles, les épines et les flotteurs ont une fonction purement mécanique.

Racines à suçoirs des plantes parasites. — Les plantes parasites qui attaquent le végétal nourricier par leurs racines, produisent sur ces racines, aux divers points de contact, des organes particuliers qui pénètrent plus ou moins profondément dans le corps de l'hôte pour y puiser la nourriture; ces organes sont désignés sous le nom de *suçoirs*.

Les Scrofulariacées de la tribu des Rhinanthées (Rhinanthe, Mélampyre, Euphraise, Pédiculaire, etc.), ainsi que les Orobanchées (Orobanche, etc.) et les Santalacées (Santal, Osyride, Thèse, etc.), sont parasites sur les plantes les plus diverses. Tout d'abord leur racine terminale et ses radicelles de divers ordres se développent dans le sol sans offrir rien de particulier; la plante n'est pas encore parasite. Plus tard, certaines de ces radicelles arrivent à toucher les radicelles des plantes voisines et, aux points de contact, produisent à leur surface de petites excroissances coniques qui s'enfoncent dans la racine de la plante hospitalière et y allongent leurs cellules super-

6

ficielles en poils absorbants. Les suçoirs ainsi formés ne sont pas des radicelles, comme on l'a cru longtemps ; ils sont, en effet, exogènes, dépourvus de coiffe et disposés sans ordre sur la racine. Ce sont de simples proéminences massives, de la nature de celles que nous rencontrerons plus tard sur la tige et sur la feuille, et que nous nommerons alors des *émergences* (p. 168) ; nous pouvons dès à présent leur donner ce nom.

Le Gui se comporte d'une façon différente. Son fruit germe sur l'arbre où les oiseaux l'ont déposé. La racine terminale ne s'y forme pas, mais la tige produit à sa base un suçoir qui s'enfonce dans la branche ; parvenu à la surface du bois, il cesse de s'allonger et forme latéralement des suçoirs secondaires, qui rayonnent en tous sens et se ramifient parallèlement à la surface de la branche nourricière. Sur leur face interne, celles-ci produisent à leur tour des rameaux coniques qui pénètrent dans la masse ligneuse et qui sont des suçoirs de troisième ordre. A défaut de racine, le suçoir primaire se ramifie donc ici à deux degrés, de manière à multiplier les points de pénétration et d'absorption.

Plantes vasculaires dépourvues de racines. — Certaines plantes vasculaires ne forment pas de racine terminale (Gui, Orchidacées, etc.), tandis que beaucoup d'autres ne produisent pas de racines latérales. Si les deux incapacités se trouvent réunies, la plante sera totalement dépourvue de racines : c'est un cas très rare. On l'observe, parmi les Phanérogames, chez deux Orchidacées humicoles : la Corallorhize et l'Épipoge, ainsi que chez certaines plantes parasites, comme le Gui et le Loranthe, ou submergées, comme le Cornifle et l'Utriculaire ; on le rencontre aussi, parmi les Cryptogames vasculaires, chez les Psilotes et beaucoup de Trichomanes, qui sont humicoles, ainsi que chez les Salvinies, qui nagent sur l'eau.

§ 2

STRUCTURE DE LA RACINE

Considérons d'abord la racine jeune, à une distance de l'extrémité en voie de croissance assez grande pour que toutes les cellules qui la composent aient achevé leur différenciation. A ce niveau, où elle est déjà dépouillée de sa coiffe, elle ne se compose que de deux régions : un manchon épais et mou, l'*écorce*, enveloppant un cylindre intérieur plus grêle et plus résistant, la *stèle*.

Écorce de la racine. — L'écorce est constituée par un parenchyme à parois minces, qui se compose d'une succession d'assises et de couches concentriques diversement conformées. Analysons ce parenchyme de dehors en dedans (fig. 26).

L'assise externe est formée de cellules à membrane mince dont la plupart se prolongent au dehors en longs doigts de gant, de manière à constituer les poils étudiés plus haut (p. 67); c'est l'*assise pilifère* (*a*). Elle est ordinairement de courte durée ; en remplissant leur rôle, comme on le dira plus loin, les poils s'usent bientôt, se flétrissent, et le plus souvent se détachent.

La seconde assise est composée de cellules polyédriques plus grandes que les précédentes, plus allongées suivant le rayon que suivant la circonférence, intimement unies par leurs larges faces radiales. A mesure que l'assise pilifère se flétrit, elles subérisent leurs membranes, de manière à protéger le corps de la racine après que l'absorption y a pris fin. C'est l'*assise subéreuse* (*b*).

Au-dessous s'étend une couche

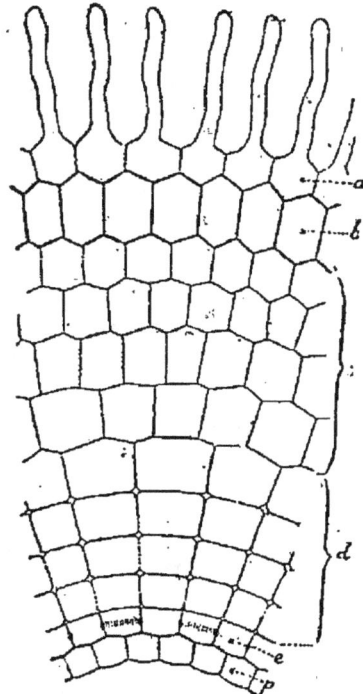

Fig. 26. — Portion d'une section transversale de l'écorce de la racine : *a*, assise pilifère ; *b*, assise subéreuse : *c*, zone corticale externe ; *d*, zone corticale interne ; *e*, endoderme ; *p*, péricycle.

plus ou moins épaisse de cellules polyédriques, disposées en assises concentriques, mais non en séries radiales, intimement unies entre elles sans laisser de méats, dont la dimension va croissant de dehors en dedans et dont le développement est centrifuge. C'est la zone externe de l'écorce proprement dite (*c*).

Elle est suivie d'une couche plus ou moins épaisse de cellules arrondies ou quadrangulaires sur la section transversale, disposées régulièrement à la fois en assises concentriques et en séries radiales, décroissant de grandeur par conséquent de dehors en dedans et laissant entre leurs angles arrondis des méats quadrangulaires qui vont diminuant de la même manière ; leur développement est centripète. C'est la zone interne de l'écorce proprement dite (*d*).

Enfin l'assise la plus interne et aussi la plus jeune de cette couche est formée de cellules exactement superposées aux précédentes, unies dans toute la largeur de leurs faces latérales et transverses, de manière à ne laisser entre elles et l'avant-dernière assise corticale que des méats triangulaires : c'est l'*endoderme* (*e*), qui entoure la stèle comme d'une ceinture. Vers le milieu des faces latérales et transverses, la membrane, sans s'épaissir, s'est subérisée le long d'une bande étroite formant autour de chaque cellule un cadre rectangulaire. En outre, surtout sur les faces latérales, cette bande offre une série de plissements transversaux, régulièrement échelonnés. Ces plissements se voient de face, comme autant de petites raies sombres, sur les coupes longitudinales radiales ; ils s'aperçoivent de champ, comme autant de petites dents alternativement saillantes et rentrantes, qui engrènent les cellules, sur les coupes longitudinales tangentielles. Enfin, dans la section transversale, ils paraissent comme autant de petits points noirs ou de petites raies sombres sur chaque cloison radiale ; ces marques noires, dont la largeur mesure celle du cadre subérisé, permettent de distinguer immédiatement l'endoderme du reste du parenchyme (fig. 26, *e*, et fig. 27).

Stèle de la racine. — La stèle (fig. 27) commence par une assise de cellules à parois minces, sans subérisation ni plissements, alternant avec celles de l'endoderme, auxquelles elles sont intimement unies : c'est le *péricycle* (*m*, *r*). Cette alternance, succédant tout à coup à la superposition radiale des cellules dans la zone interne de l'écorce, s'ajoute aux caractères particuliers de l'endoderme pour rendre très nette la ligne de séparation de l'écorce et de la stèle.

Contre le péricycle, en des points équidistants, s'appuient dans la section transversale deux sortes de bandes ou de taches, régulièrement alternes : les unes (*v*) fortement projetées vers le centre en forme de lames rayonnantes, amincies en arête vers l'extérieur, progressivement élargies vers l'intérieur, triangulaires par conséquent ou cunéiformes ; les autres (*l*) peu développées vers le centre, dilatées au contraire dans le sens de la circonférence, ovales par conséquent.

Entre ces taches et dans tout l'espace qu'elles laissent libre au centre du cylindre, s'étend un parenchyme à parois minces (c) dont les cellules prismatiques sont plus étroites en dehors où elles sont plus intimement unies, plus larges en dedans où elles laissent souvent entre elles des méats. On nomme *moelle* la région centrale libre de ce parenchyme, et

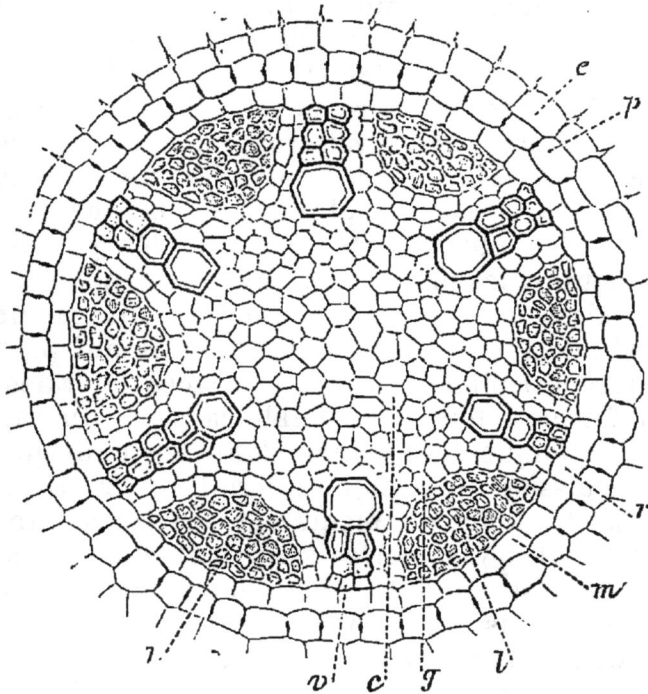

Fig. 27. — Section transversale de la stèle de la racine.

e, zone corticale interne; p, endoderme; m, r, péricycle; c, conjonctif; v, faisceaux ligneux; l, faisceaux libériens.

rayons les lames rayonnantes qui passent entre les taches pour réunir la moelle au péricycle, lames qui ne comptent ordinairement qu'une, deux ou trois épaisseurs de cellules. Péricycle, rayons et moelle ne sont, en somme, que les trois parties d'un seul et même massif, qu'on peut appeler le *conjonctif* de la stèle, parce qu'il sert surtout à 'en réunir entre elles les parties constitutives essentielles, c'est-à-dire les deux sortes de taches alternes, qu'il convient maintenant d'étudier de plus près.

Les unes et les autres sont des sections de paquets de tubes accolés; ces paquets de tubes, qu'on appelle des *faisceaux*, s'étendent parallèlement en ligne droite dans toute la longueur de la racine.

Les faisceaux à section triangulaire (*v*) sont composés exclusivement de tubes ne contenant qu'un liquide clair, sans protoplasme, ni leucites, ni noyaux, ni membrane albuminoïde, morts par conséquent ; leur membrane cellulosique, rigide et lignifiée, est toujours sculptée de diverses manières : en un mot, ce sont des *vaisseaux* (p. 37, fig. 16, *b, c, d, g*). Leur calibre, très étroit en dehors, contre le péricycle, s'élargit de plus en plus vers le centre, et leur différenciation est centripète, c'est-à-dire que le vaisseau le plus étroit et le plus externe se forme le premier, le plus large et le plus interne le dernier. La forme de la sculpture dépend aussi du calibre : les vaisseaux les plus étroits sont annelés et spiralés, les moyens réticulés, les plus larges rayés et ponctués.

Chaque vaisseau est formé, comme on sait, par une file de cellules cylindriques ou prismatiques, d'autant plus longues que le calibre est plus étroit. Sur les faces latérales des cellules, qui forment toutes ensemble la paroi du vaisseau, la membrane, quoique très mince dans les endroits réservés pendant l'épaississement et non lignifiés, est persistante ; il n'en est pas toujours de même sur les faces transversales, par où les cellules vasculaires s'ajustent entre elles, et sous ce rapport on est conduit à distinguer deux sortes de vaisseaux. Dans les uns, la membrane persiste sur les faces terminales comme sur les faces latérales, de façon que les cellules vasculaires demeurent closes (fig. 16, *d*) : le vaisseau est *discontinu* ou *fermé*. Dans les autres, la membrane se résorbe ou se perfore de bonne heure sur les faces terminales, de manière à mettre en communication directe toutes les cellules du vaisseau, qui devient un tube continu : le vaisseau est *continu* ou *ouvert* (fig. 16, *g*). Ouverts ou fermés, les vaisseaux portent d'ailleurs les mêmes sculptures et jouent, avec plus ou moins de perfection, le même rôle, comme il sera dit plus loin ; cette distinction n'est donc que secondaire. Dans les Cryptogames vasculaires et les Gymnospermes, les vaisseaux sont tous fermés ; il en est de même chez beaucoup de Monocotylédones et de Dicotylédones. Mais souvent aussi, dans ces deux derniers groupes, le faisceau se compose de vaisseaux de deux sortes : les plus étroits et les premiers nés sont fermés, les plus larges et les derniers formés sont ouverts.

Les vaisseaux étant les éléments essentiels de ce qu'on appelle le *bois* dans la tige, les faisceaux à section triangulaire sont nommés *faisceaux ligneux*, et leur ensemble constitue le bois de la racine.

Les faisceaux à section ovale (*l*) sont composés de tubes sans protoplasme, ni leucites, ni noyaux, ni membrane albuminoïde, morts par conséquent, contenant à la périphérie une substance albuminoïde épaisse, de consistance gélatineuse, parsemée de gouttelettes grasses et de fins granules qui sont habituellement de l'amidon, et renfermant au centre un liquide clair alcalin; leur membrane, molle et formée de cellulose pure, porte toujours de ces places minces épaissies en réseau et perforées dans chaque maille qu'on appelle des *cribles* : ce sont donc des *tubes criblés* (p. 37, fig. 16, *l*). Leur calibre augmente progressivement de dehors en dedans, mais moins rapidement que celui des vaisseaux dans les faisceaux ligneux, et leur développement est également centripète. Ils sont toujours accompagnés et diversement mélangés de cellules vivantes, formant un parenchyme interposé.

Chaque tube criblé est formé, comme on sait, par une file longitudinale de cellules cylindriques ou prismatiques, d'autant plus courtes que le calibre est plus large. Toujours permanentes, les cloisons transverses sont tantôt horizontales avec un seul large crible (Courge, etc.), tantôt plus ou moins fortement obliques avec plusieurs cribles superposés, séparés par des bandes de membrane ordinaire (Vigne, etc.). Les faces latérales où les tubes se touchent sont également munies de cribles; celles où elles touchent les cellules du parenchyme interposé n'en ont pas. A l'endroit où va se former un crible, la membrane mitoyenne offre d'abord une large place uniformément mince, à la surface de laquelle se dessine bientôt, de chaque côté, un fin réseau d'épaississement dont les mailles se correspondent exactement d'une cellule à l'autre. Bientôt la mince membrane cellulosique se gélifie, puis se résorbe au centre de chaque maille du réseau; comme en même temps protoplasme, leucites, membrane albuminoïde et noyau disparaissent dans chaque cellule, chaque place mince devient ainsi un véritable crible, à travers les pores duquel les contenus gélatineux des deux cellules voisines communiquent librement et se continuent directement par autant de filaments muqueux très étroits. Puis, la gélification s'étend à la périphérie des bandelettes du réseau cellulosique, qui se gonflent en s'épaississant et en rétrécissant les pores; on donne le nom de *cal* à la couche gélifiée des bandelettes. En traitant le crible successivement par le chloro-iodure de zinc et par l'acide rosolique ammoniacal, on colore en jaune les filets albuminoïdes, en bleu la partie centrale des bandelettes formée de cellulose, en rose la partie périphérique des bandelettes, c'est-à-dire le cal. La potasse dissout le cal et met à nu le réseau de cellulose; le liquide cupro-ammoniacal, au contraire, dissout le réseau de cellulose et permet d'isoler l'épaississement calleux. A l'automne, le cal se gonfle souvent jusqu'à oblitérer complètement les pores et à former, en se rejoignant, une plaque calleuse (Vigne, Érable, etc.); au printemps suivant, le revêtement calleux des bandelettes se contracte et les pores se rouvrent.

Les tubes criblés et les cellules vivantes qui les accompagnent étant les éléments essentiels de ce qu'on appelle le *liber* dans la tige, les faisceaux à section ovale sont nommés *faisceaux libériens*, et leur ensemble constitue le liber de la racine.

Symétrie de structure de la racine. — En résumé, la racine à cet âge se compose de deux régions : l'écorce, qui se subdivise en cinq sous-régions (assise pilifère, assise subéreuse, zone externe, zone interne et endoderme) et la stèle, qui se subdivise aussi en cinq sous-régions (péricycle, rayons, moelle, liber et bois). Ces régions et sous-régions ne renferment que trois sortes de tissus : une série de tissus vivants, de parenchymes, formant l'écorce et le conjonctif de la stèle et prenant part aussi à la constitution du liber, et deux tissus morts, localisés dans la stèle, le tissu vasculaire qui forme les faisceaux ligneux, et le tissu criblé qui compose en majeure partie les faisceaux libériens. Ces régions et sous-régions, ainsi que les trois catégories de tissus qui les composent sont disposées de manière que la structure totale soit parfaitement symétrique par rapport à l'axe du membre.

Qu'elle soit terminale ou latérale, régulière, adventive ou gemmaire, primaire, secondaire ou d'ordre quelconque, qu'elle appartienne à une Cryptogame vasculaire, à une Gymnosperme, à une Monocotylédone ou à une Dicotylédone, la racine possède toujours la structure que l'on vient d'esquisser, et qui est par conséquent sa structure générale et typique. Mais on y observe aussi, suivant sa nature et suivant les plantes, un certain nombre de modifications de détail dont il faut connaître les plus importantes. Ces modifications intéressent les unes l'écorce, les autres la stèle. Reprenons donc une à une, à ce point de vue, les diverses parties qui composent ces deux régions.

Principales modifications de l'écorce de la racine. — On sait (p. 69) que l'allongement en poils des cellules de l'assise pilifère varie beaucoup avec les conditions de milieu. Dans les circonstances habituelles de leur végétation, quelques plantes se montrent même dépourvues de poils radicaux, que la racine soit d'ailleurs aquatique (Élodée, Lenticule, Pistie, etc.), terrestre (Ophioglosse, etc.) ou aérienne (Épidendre, Vande, etc.). Chez d'autres, les cellules sont de deux sortes : les unes plus courtes, isolées, géminées ou groupées côte à côte en un certain nombre, se développent en poils ; les autres plus longues demeurent glabres (Lycopode, Azolle, etc.). Il en résulte que les poils radicaux y sont plus espacés, épars, rapprochés par paires ou disposés en pinceaux (fig. 21).

Dans certains cas, notamment dans les racines aériennes (nombreuses Orchidacées, diverses Aracées, etc.), l'assise pilifère est persistante et forme un *voile* (voir p. 69). Incolores ou colorées en brun plus ou moins foncé, mais toujours fortement subérisées, ses membranes tantôt demeurent minces et sans sculpture (Anthure, Hoyer, etc.), tantôt s'épaississent localement en forme de spires ou de réseau (Vanille, etc.). Il arrive souvent alors que l'assise pilifère ne demeure pas simple, mais cloisonne de bonne heure ses cellules de manière à former une couche plus ou moins épaisse où l'on peut compter jusqu'à 18 rangées cellulaires (certains Cyrthopodes), dont la plus externe se prolonge en poils dans des conditions favorables. Isodiamétriques ou allongées dans le sens de la racine et intimement unies entre elles sans laisser de méats, toutes les cellules de cette couche pilifère sont semblables, pleines d'air ou d'eau, mortes par conséquent, fortement subérisées, ordinairement incolores, quelquefois brunes. Rarement lisse (divers Crins, etc.), leur membrane est le plus souvent épaissie en spirale (nombreuses Orchidacées épidendres, etc.), quelquefois en réseau (Vande, etc.) ; entre les tours de spire, elle se montre parfois percée de trous qui font communiquer les cavités cellulaires entre elles et avec le milieu extérieur.

En même temps qu'elle les subérise, l'assise subéreuse épaissit quelquefois beaucoup ses membranes, d'abord sur les faces externe et latérales, plus tard aussi sur la face interne (Vanille et beaucoup d'autres Monocotylédones). Ailleurs elle prend, sur les faces latérales et transverses de ses cellules, des cadres subérisés plus ou moins larges avec plissements transversaux échelonnés, tout semblables à ceux de l'endoderme (fig. 28) (Asclépiade, Calophylle, Orchidacées, Restiacées, etc.). Chez les Géraniées (Géraine, Érode, Pélargone, etc.), diverses Sapindacées (Savonnier, Kœlreutérie, etc.) et Simarubées (Ailante, Brucée, etc.), la membrane s'épaissit, au milieu des faces latérales et transverses, en une bande lignifiée qui entoure chaque cellule d'un cadre saillant à l'intérieur. Ensemble, tous ces cadres lignifiés, qui se correspondent d'une cellule à l'autre, forment un réseau de soutien. Dans les séries longitudinales qui composent cette assise, on voit assez souvent de longues cellules prismatiques alterner régulièrement avec des cellules courtes et arrondies; quand les premières épaississent et durcissent leur membrane, les secondes la conservent mince et molle (racines aériennes d'Orchidacées et d'Aracées). Celles-ci sont évidemment des places

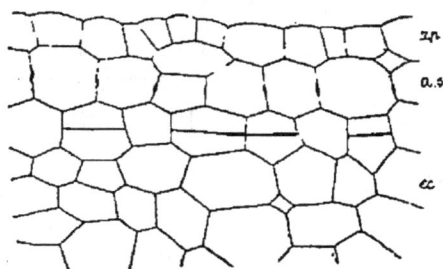

Fig. 28. — Portion d'une section transversale de l'écorce de la racine du Calophylle, montrant les cadres subérisés et plissés de l'assise subéreuse *as*; *ap*, assise pilifère; *ec*, zone corticale externe.

perméables, réservées dans la cuirasse subéreuse pour l'échange des gaz et des liquides entre le corps vivant de la racine et le milieu extérieur. Quelquefois, surtout dans les grosses racines, les cellules de l'assise subéreuse se cloisonnent de bonne heure parallèlement à la surface, de manière à former une couche subéreuse plus ou moins épaisse (Asperge, Dragonnier, Phénice, etc.). Enfin elles sont parfois toutes sécrétrices, remplies par exemple d'huile essentielle (Valériane, Acore, etc.).

La zone corticale externe à développement centrifuge (*c*, fig. 26) fait défaut dans les racines très grêles (Orge, Élodée, Lenticule, etc.); les séries radiales de la zone interne viennent alors jusqu'au contact de l'assise subéreuse et toute l'écorce proprement dite a un développement centripète. Ailleurs, au contraire, cette zone externe acquiert une très grande épaisseur aux dépens de la zone interne et forme à elle seule la presque totalité de l'écorce proprement dite (Monstère, Cycade,

Marattie, etc.); lorsque ce développement est excessif, la racine se renfle en tubercule (Ficaire, etc.). Quand la racine est aérienne ou aquatique, cette zone est souvent pourvue de chlorophylle. Ses assises externes épaississent et lignifient quelquefois leurs membranes, de manière à former une couche dure sous l'assise subéreuse (diverses Graminées et Cypéracées, Phénice, Lycopode, etc.). Ses membranes sont ordinairement incolores, mais chez bon nombre de Fougères elles se colorent progressivement en brun rougeâtre de dehors en dedans.

La zone corticale interne à développement centripète (d, fig. 26) se réduit, dans les racines les plus grêles, à deux assises superposées dont la plus intérieure est l'endoderme (Lenticule, etc.); il en est quelquefois de même dans les racines épaisses, quand la zone externe y prend, comme on vient de le dire, un développement prédominant. Ailleurs, au contraire, elle se développe beaucoup plus que la zone externe (Pontédérie, Scirpe, etc.). Dans les plantes aquatiques ou marécageuses, où elle très épaisse, les méats de sa région externe grandissent beaucoup et s'unissent pour former de larges canaux aérifères, étendus sans discontinuité dans toute la longueur de la racine, séparés latéralement par un seul plan de cellules et qui se prolongent quelquefois vers l'intérieur jusque contre l'endoderme; ces canaux sont parfois entrecoupés de diaphragmes (Ériocaule, Hydrocharite, etc.). C'est quand le développement de ces lacunes est excessif que la racine se renfle en flotteur (Jussiée), comme il a été dit à la page 80. Dans les Graminées et les Cypéracées, les grandes lacunes de cette zone ont une autre origine; elles proviennent de la mort locale des cellules externes, dont les membranes flétries se rabattent en formant dans la lacune une série de lamelles verticales, tendues radialement chez les Cypéracées, tangentiellement chez les Graminées. Ailleurs, au contraire, notamment chez un grand nombre de Fougères, la zone interne de l'écorce est tout aussi dépourvue de méats que la zone externe. Certaines cellules de cette zone épaississent quelquefois et lignifient leurs membranes en formant soit des paquets scléreux épars (Vaquois, Phénice), soit un anneau scléreux continu plus ou moins épais, à quelque distance de l'endoderme (Monstère, Tornélie, etc.), ou contre l'endoderme même (Laiche, Agave, beaucoup de Fougères, etc.). Chez beaucoup de Conifères (Cyprès, Thuier, If, etc.), de Rosacées

(Prunier, Rosier, Poirier, etc.), de Caprifoliacées (Viorne, Chèvrefeuille, etc.), l'épaississement et la lignification se localisent sur l'avant-dernière assise corticale, en contact avec l'endoderme, et s'y opèrent sur les faces latérales et transverses en doublant chaque cellule d'un cadre rectangulaire saillant à l'intérieur; tous ensemble, ces cadres se juxtaposent en un réseau, qui donne à l'assise tout entière une grande solidité. Chez beaucoup de Crucifères (Moutarde, Chou, Giroflée, etc.), il se fait aussi un réseau sus-endodermique, mais, de plus, chaque maille de ce réseau est remplie par un réticule plus ou moins fin, qui s'étend seulement sur la face interne des cellules (fig. 29, A et B) et qui est parfois remplacé par une série de demi-anneaux parallèles (fig. 29, C).

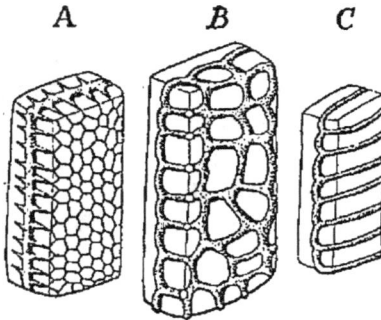

Fig. 29. — Une des cellules sus-endodermiques de la racine, vue obliquement par la face interne : A, dans la Moutarde; B, dans la Giroflée; C, dans le Passerage.

Les deux zones de l'écorce proprement dite renferment souvent des cellules sécrétrices, le plus souvent isolées, parfois groupées en files longitudinales (cellules tannifères des Marattiacées), en assise continue contre un anneau scléreux (cellules oxalifères des Monstérées, etc.), ou en canaux sécréteurs (Clusiacées, etc.); ces derniers sont quelquefois entourés chacun d'une gaine de sclérenchyme (Philodendre). Quand l'écorce est lacuneuse, les cellules oxalifères isolées et les cristaux qu'elles renferment font souvent saillie dans les lacunes (Colocase, Pontédérie, etc.).

Les cadres subérisés et plissés de l'endoderme sont plus ou moins larges et plus ou moins marqués. S'ils sont assez larges pour occuper toute la largeur des faces latérales, ils sont peu visibles (Marattie, Lycopode, etc.). Chez les Prêles, l'endoderme se divise par un cloisonnement tangentiel, en deux assises superposées, dont l'externe seule porte les cadres subérisés, ce qui revient à dire qu'ici c'est l'assise sus-endodermique qui porte les cadres plissés, tandis que l'endoderme définitif en est dépourvu. Il en est également dépourvu dans les racines aériennes des Loranthacées. Comme, d'autre part, l'assise subéreuse peut en être munie, on voit qu'il faut se garder de faire entrer les cadres subérisés dans la définition de l'endoderme. Il n'est pas rare que les cellules endodermiques épaississent plus tard et lignifient fortement leurs membranes, quelquefois également tout autour (Épidendre, Dendrobe, Auricule, etc.), le plus souvent beaucoup plus sur les faces interne et latérales, en forme de fer à cheval sur la section transversale (Iride, Lis, Salsepareille, Fragon, Vanille, etc.). Quand l'endoderme est sclérifié de la sorte, il conserve çà et là, régulièrement disposées en face des faisceaux ligneux, des places plus ou moins larges où les cellules gardent leurs parois minces, places perméables par conséquent, qui assurent le libre échange des liquides entre la stèle et l'écorce, et qui sont analogues aux places perméables signalées plus haut dans l'assise subéreuse. Dans les Composées Tubuliflores et Radiées, les cellules de l'endoderme superposées à chaque faisceau libérien sont sécrétrices et produisent de l'huile essentielle ; en même temps elles se dédoublent par une cloison tangentielle située en dehors des cadres plissés, arrondissent leurs angles et laissent entre elles des méats quadrangulaires où l'huile se déverse. Vis-à-vis des faisceaux ligneux, l'endoderme conserve ses caractères normaux.

Principales modifications de la stèle de la racine. — Le péricycle ne manque complètement que chez les Prêles, où les faisceaux libériens et ligneux s'appliquent directement contre l'endoderme, ici dépourvu de cadres subérisés. Chez beaucoup de Cypéracées (Laiche, Scirpe, etc.), chez les Joncées (Jonc, Luzule, etc.), ainsi que chez les Ériocaulées, Centrolépidées, Xyridées et Mayacées, toutes familles de Monocotylédones unies par d'assez étroites affinités, il est interrompu en ace des faisceaux ligneux, dont les arêtes touchent l'endoderme. Chez le Potamot, la Naïade, la Zostère et la Vallisnérie, l est continu en face des faisceaux ligneux, et interrompu vis-'-vis des faisceaux libériens. Ailleurs, au contraire, il se cloironne tangentiellement et produit une couche plus ou moins paisse, soit dans tout son pourtour (Noyer, Salsepareille, Pin, ycade, Capillaire, etc.), soit seulement vis-à-vis des faisceaux igneux (Haricot, Pois, etc.), soit seulement vis-à-vis des faisceaux libériens (Vande, etc.). Il conserve ordinairement ses membranes minces, même quand l'endoderme devient scléreux (Lis, Iride, Massette, etc.) ; quelquefois pourtant il se clérifie comme l'endoderme, mais plus tard (Vanille, Vande, alsepareille, etc.). Dans les racines aériennes des Loranthacées, il se différencie, en dehors de chaque faisceau libérien, en un faisceau de fibres lignifiées. Chez les Ombellifères, les Araliacées et les Pittosporacées, où il est simple, il offre une particularité remarquable. En face des faisceaux ligneux, ses cellules sont sécrétrices et produisent de l'huile essentielle ; en même temps, elles se cloisonnent obliquement, arrondissent leurs angles et laissent entre elles d'étroits méats, le médian quadrangulaire, les latéraux triangulaires, où l'huile se déverse. Dans la Pesse, le Pin et le Mélèze, où il est composé, le péricycle renferme un canal sécréteur contre chaque faisceau ligneux ; dans les Araucariées, où il est aussi composé, il contient un arc de pareils canaux sécréteurs en dehors de chaque faisceau libérien.

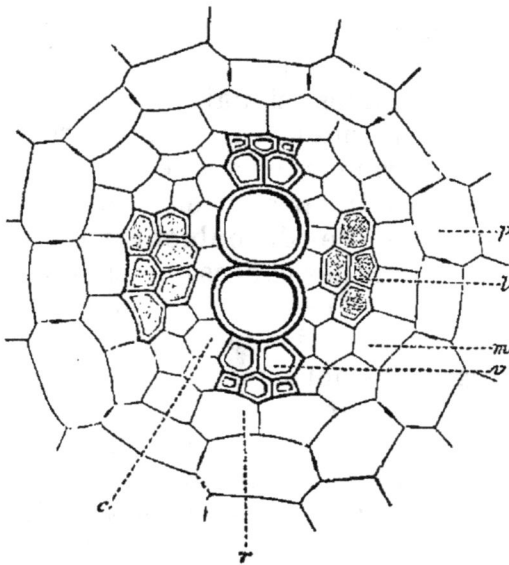

Fig. 30. — Section transversale de la stèle d'une racine binaire (racine terminale de l'Ail) ; *p*, endoderme ; *m*, *r*, péricycle ; *c*, conjonctif ; *v*, faisceaux ligneux confluant en une bande diamétrale ; *l*, faisceaux libériens.

Le nombre des faisceaux libériens ou ligneux varie beaucoup suivant les plantes et dans la même plante suivant la grosseur de la racine et le diamètre de la stèle. Il s'abaisse à deux dans les racines les plus grêles (fig. 30) et s'élève au delà de cent dans le plus épaisses (Palmiers Pandanacées, etc.). C'est seulement dans la racine terminale et surtout chez les Dicotylédones et les Gymnospermes qu'il offre de la fixité : il y est le plus souvent de deu (Crucifères, Papavéracées, Caryophyllées, Chénopodiacées Ombellifères, Solanacées, Labiées, diverses Légumineuses Lupin, Cytise, etc. ; diverses Composées : Chicorée, Char don, etc. ; diverses Conifères : Cyprès, If, etc.), quelquefoi, de trois (Pois, Gesse, Lentille, etc.), souvent de quatre (Mal vacées, Euphorbiacées, Cucurbitacées ; diverses Légumineuses Haricot, etc. ; diverses Composées : Hélianthe, etc.), raremen de cinq (Fève), six (Chêne, etc.), huit (Hêtre, etc.). Cette fixité n'est d'ailleurs pas toujours absolue : la Capucine, le Nyctage et le Tagète, par exemple, ont tantôt deux et tantôt quatre faisceaux libériens et ligneux dans leur racine terminale ; le Marronnier en a tantôt six et tantôt huit ; le Châtaignier en a de dix à quatorze ; dans le Pin, le Sapin, la Pesse, le nombre varie de trois à sept. Il est plus variable encore chez les Monocotylédones, où il est souvent très élevé.

Quel qu'en soit le nombre, il y a normalement autant de faisceaux ligneux que de faisceaux libériens. Pourtant, quelques Cryptogames vasculaires offrent sous ce rapport une curieuse anomalie. La racine y est binaire ; mais tantôt l'un des deux faisceaux libériens ne se développe pas, fait complètement défaut ; la lame diamétrale formée par la confluence centrale des deux faisceaux ligneux se courbe alors en arc de manière à remplir la place inoccupée et vient s'appliquer latéralement contre le péricycle, embrassant l'unique faisceau libérien dans sa concavité. La racine

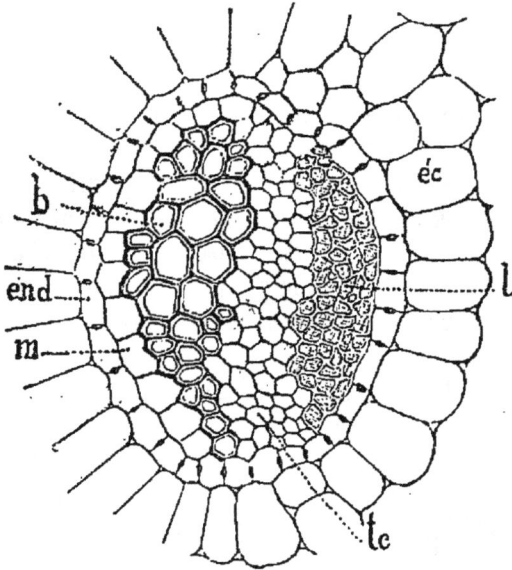

Fig. 31. — Section transversale de la racine de l'Ophioglosse vulgaire. *ec*, avant-dernière assise de l'écorce ; *end*, endoderme ; *m*, péricycle ; *l*, unique faisceau libérien ; *b*, bande vasculaire diamétrale refoulée latéralement contre le péricycle ; *tc*, conjonctif.

n'est alors symétrique que par rapport à un plan. Il en est ainsi dans certains Ophioglosses (fig. 31) (O. vulgaire, O. de Portugal, O. bulbeux, etc.) et certains Lycopodes (L. inondé, L. sélage), les autres espèces de ces deux genres ayant leurs racines normalement conformées. Tantôt, au contraire, la racine n'a dans sa stèle qu'un seul faisceau ligneux avec deux faisceaux libériens unis en forme d'arc (Sélaginelle, Isoète) ; c'est encore une structure bilatérale. Ces racines anomales ne produisent pas de radicelles ; elles restent simples (Ophioglosse), ou se ramifient en dichotomie (Lycopode, Sélaginelle, Isoète).

La dimension des faisceaux, notamment leur développement suivant le rayon, varie à la fois suivant les plantes et, dans une même plante, suivant le diamètre de la racine.

Toujours formé exclusivement de vaisseaux, le faisceau ligneux peut se réduire à un seul vaisseau (Hydrocharite, beaucoup de Cypéracées, etc.). Ailleurs il comprend deux ou trois vaisseaux superposés suivant le rayon (Paturin, Brome, Orge, Pontédérie, etc.). Ordinairement, il contient un plus grand nombre de vaisseaux, disposés soit en une seule série radiale comme les tuyaux d'un jeu d'orgue (Ombellifères, etc.), soit en plusieurs séries accolées en une lame à section cunéiforme, parfois dilatée en éventail (Cycadacées). Dans certaines plantes aquatiques, les vaisseaux résorbent leur membrane de cellulose plus ou moins vite après son épaississement et sont remplacés par autant de lacunes pleines d'eau (Fluteau, Hydroclée, Élodée, etc.); chez d'autres, ils ne l'épaississent même pas (Naïade, Vallisnérie, Lenticule, etc.).

Toujours formé à la fois de tubes criblés et de cellules vivantes interposées, le faisceau libérien offre une série de modifications parallèles à celles du faisceau ligneux, mais plus nombreuses. Il est réduit parfois à un seul tube criblé, accompagné d'une seule cellule annexe (Naïade, Potamot, Vallisnérie, etc.) ou de deux à quatre cellules annexes (Jonc, Pontédérie, Hydrocharite, etc.). Ailleurs, il a deux tubes criblés superposés avec une cellule annexe de chaque côté (Graminées, Cypéracées, etc.). Ordinairement il en renferme un assez grand nombre, diversement enveloppés et entremêlés de cellules de parenchyme. Le paquet ainsi formé s'étale alors suivant la circonférence, si les faisceaux sont peu nombreux et espacés, surtout s'il n'y en a que deux (fig. 30); il s'allonge suivant le rayon, s'ils sont nombreux et rapprochés, mais toutefois en s'avançant toujours moins loin vers le centre que les faisceaux ligneux (fig. 27). Dans ce dernier cas, les tubes criblés internes sont d'ordinaire beaucoup plus larges que les externes. Dans les plantes aquatiques, la résorption qui frappe de bonne heure la membrane des vaisseaux n'atteint en aucune façon les tubes criblés, qui conservent indéfiniment leur intégrité. Le parenchyme interposé aux tubes criblés se différencie quelquefois, soit en fibres de sclérenchyme plus ou moins lignifiées, comme chez beaucoup de

Légumineuses, de Malvacées, etc., soit en files de cellules laticifères, comme chez diverses Aracées (Colocase, etc.), soit en un réseau laticifère à cellules fusionnées, comme chez les Composées Liguliflores, soit en un ou plusieurs canaux sécréteurs, comme chez les Anacardiacées et certaines Clusiacées (Xanthochyme, etc.).

Le volume de la moelle varie beaucoup avec le diamètre de la stèle. Dans les racines grêles, il arrive fréquemment que les faisceaux ligneux, prenant toute la longueur du rayon, viennent se toucher au centre en formant soit une bande diamétrale (fig. 30 et 31), soit une étoile à trois, quatre, cinq branches, etc. La moelle centrale est alors supprimée et le conjonctif se réduit au péricycle, aux rayons et à un ou deux rangs de cellules unissant ceux-ci deux à deux en dedans de chaque faisceau libérien (fig. 30, c), cellules qui appartiennent en réalité à la périphérie de la moelle. Dans les racines les plus grêles, les rayons disparaissent à leur tour, la stèle se réduisant, sous le péricycle, à deux vaisseaux et à deux tubes criblés alternes, directement en contact. Dans les grosses racines, au contraire, la moelle est très large; quand son développement est excessif, la racine devient tuberculeuse (Asphodèle, Hémérocalle, etc.). La moelle peut conserver dans toute son étendue ses membranes minces (Valériane, Asphodèle, etc.); mais fréquemment elle les épaissit et les lignifie fortement. Tantôt cette sclérose est complète (Agave, Lierre, etc.); tantôt elle laisse subsister au centre une région plus ou moins large, formée de grandes cellules à parois minces (Asperge, diverses Orchidacées, etc.), ou bien elle ne s'opère que çà et là, par paquets (Vaquois, etc.). La moelle contient rarement du tissu sécréteur; pourtant, on y observe quelquefois un canal résinifère axile (Sapin, Cèdre, etc.) ou un cercle de pareils canaux périphériques, superposés aux faisceaux ligneux (Diptérocarpe, etc.).

Les faisceaux ligneux et libériens sont le siège normal et constant, mais nullement exclusif des vaisseaux et des tubes criblés dans la racine. Il arrive, en effet, assez fréquemment que le conjonctif, dans l'une ou l'autre de ses trois régions, différencie çà et là ses cellules en vaisseaux, ou en tubes criblés, qui sont surnuméraires. Ces vaisseaux situés hors du bois, extraligneux, ces tubes criblés situés hors du liber, extralibériens, doivent être distingués avec soin des vaisseaux ligneux et des tubes criblés libériens, dont il a été question jusqu'ici ; suivant la région du conjonctif où ils se développent, on les dira péricycliques, radiaux ou médullaires. On les rencontre dans les plantes les plus diverses ; bornons-nous ici à en citer quelques exemples.

Chez beaucoup de Graminées, le péricycle, qui est simple, différencie en vaisseaux les cellules situées en dehors des faisceaux ligneux, de manière à faire croire que ceux-ci touchent l'endoderme (fig. 32). Chez le Pin, la Pesse, le Mélèze, etc., le péricycle, qui est composé, transforme en

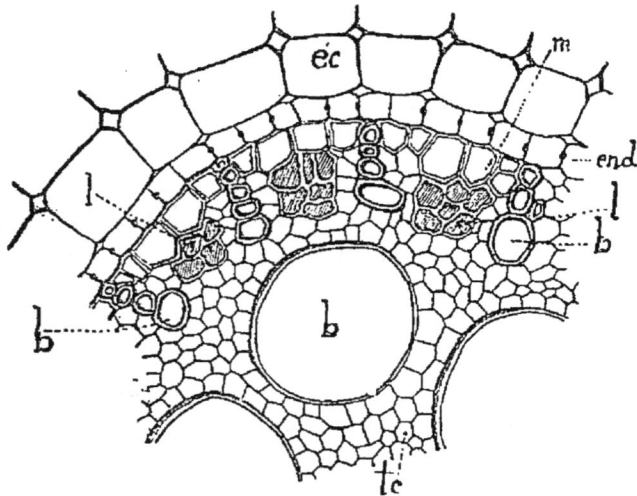

Fig. 32. — Portion d'une section transversale de la racine du Maïs. *ec*, avant-dernière assise corticale ; *end*, endoderme ; *m*, péricycle vascularisé en dehors des faisceaux ligneux *b* ; *l*, faisceaux libériens ; *tc*, moelle ; *b*, larges vaisseaux surnuméraires, disposés en cercle à la périphérie de la moelle.

vaisseaux ses cellules internes à partir du bord externe de chaque faisceau ligneux, à droite et à gauche du canal sécréteur superposé, de manière à faire attribuer au faisceau ligneux, sur la coupe transversale, la forme d'un Y ; çà et là, les deux ailes vasculaires divergentes ainsi formées se rapprochent et s'unissent en anneau en dehors du canal sécréteur. Dans l'Asperge, c'est l'assise sous-péricyclique qui différencie ses cellules en vaisseaux à droite et à gauche de chaque faisceau ligneux, de manière à donner en apparence à celui-ci la forme d'un T ; les vaisseaux surnuméraires appartiennent ici aux rayons, sont radiaux. Le plus souvent ils se forment dans la moelle, qui prend soit un seul gros vaisseau axile, comme dans les racines grêles des Graminées et de beaucoup d'autres Monocotylédones, soit un cercle de gros vaisseaux vers sa périphérie, comme dans les racines plus épaisses de ces mêmes plantes (fig. 32), soit un grand nombre de larges vaisseaux disséminés dans toute sa profondeur, comme dans les grosses racines de diverses Monocotylédones (Dragonnier, Vaquois, Monstère, etc.). Les vaisseaux médullaires les plus externes s'interposent souvent entre les faisceaux ligneux, au bord interne des faisceaux libériens ; si les faisceaux ligneux sont nombreux et rapprochés, comme chez beaucoup de Monocotylédones, les gros vaisseaux surnuméraires s'établissent de chaque côté en contact avec leurs vaisseaux les plus internes, de manière à leur donner en apparence la forme d'un V ; s'ils sont peu nombreux et écartés, comme chez la plupart des Dicotylédones, les gros vaisseaux surnuméraires se forment à droite et à gauche à partir des vaisseaux les plus internes, de manière à faire prendre à chacun d'eux la forme d'un ⊥.

C'est aussi dans la moelle que se développent le plus fréquemment les tubes criblés surnuméraires, toujours associés, ici aussi, à des cellules de parenchyme. Ils y sont, tantôt disposés régulièrement à sa périphérie et superposés au bord interne des faisceaux ligneux, comme dans la Courge, etc., tantôt disséminés dans toute son étendue, comme chez diverses Aracées (Monstère, etc.), Pandanacées (Vaquois, etc.), etc., parmi les Monocotylédones, et chez diverses Onothéracées (Onagre, etc.), Lythracées (Lythre, etc.), Apocynacées (Pervenche, etc.), Loganiacées (Strychne, etc.), etc., parmi les Dicotylédones.

Origine de la structure de la racine. — A mesure qu'on se rapproche de l'extrémité en voie de croissance de la racine, on voit les divers tissus définitifs dont on vient de tracer les caractères perdre peu à peu les différences qui les séparent et se confondre enfin dans un tissu homogène et indifférent, dépourvu de méats, dont les cellules, riches en protoplasme finement granuleux, entourées de membranes minces et sans sculpture, sont toutes en voie de cloisonnement, en un mot, dans un méristème (p. 40). Vers la base, le méristème, cessant de se cloisonner, engendre, par une différenciation progressive de ses cellules, les divers tissus définitifs de l'écorce et de la stèle ; vers le sommet, il produit de même le tissu définitif de la coiffe. Il forme donc des tissus définitifs

tout autour de lui et se trouve complètement enveloppé par
eux.

Si maintenant on remonte à l'origine du méristème, on
voit qu'il procède, par voie de cloisonnement, tantôt d'une
cellule unique, qui est sa *cellule mère* et par conséquent la
cellule mère de la racine tout entière, tantôt d'un groupe de
cellules mères.

Chez toutes les Cryptogames vasculaires, à l'exception des

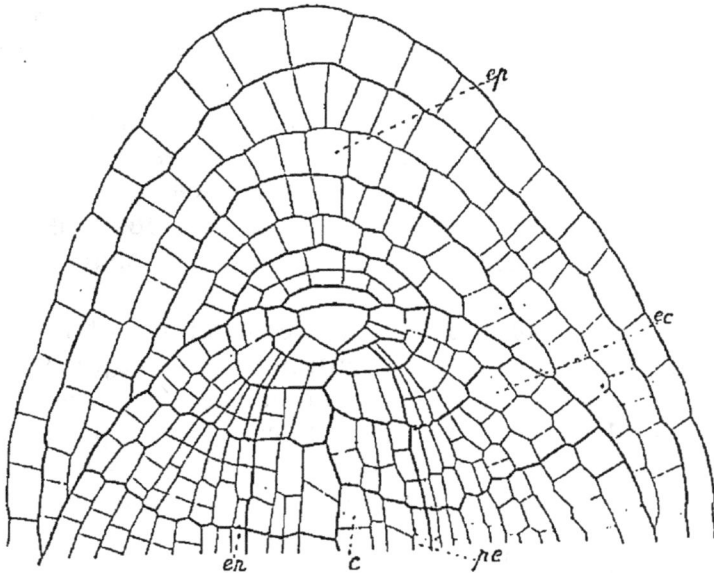

Fig. 33. — Section longitudinale axile de l'extrémité de la racine d'une Doradille ; *ep*, épiderme, dont les assises sont dédoublées au milieu ; *ec*, écorce,
dont la zone externe n'a que deux assises ; *en*, endoderme ; *pe*, péricycle ;
c, stèle.

Lycopodes et des Isoètes, en particulier chez les Fougères
(fig. 33), le méristème de la racine prend son origine dans
une cellule mère unique en forme de pyramide à trois faces,
dont la base convexe et équilatérale est tournée vers le
sommet du membre. Cette cellule se cloisonne tour à tour
parallèlement à ses quatre faces ; dans l'intervalle entre deux
cloisonnements consécuifs, elle croît de manière à avoir
repris sa grandeur primitive avant la formation de la prochaine cloison. Après trois cloisons successives parallèles aux
faces planes, qui détachent trois segments en forme de tables
triangulaires, il s'en fait une quatrième, parallèle à la face
convexe, qui découpe un segment en forme de calotte. A

mesure que les segments ainsi découpés vont s'empilant en quatre séries, ils grandissent et à leur tour se cloisonnent pour produire le méristème.

Chaque segment courbe se partage par des cloisons d'abord radiales, puis tangentielles; ensuite ses cellules médianes prennent une cloison transversale; après quoi, toutes les cellules ainsi formées passent à l'état définitif en constituant une calotte de parenchyme double au milieu, simple au bord. Toutes ces calottes de parenchyme, emboîtées l'une dans l'autre, composent l'*épiderme* de la racine. Elles s'exfolient en dehors à mesure qu'il s'en forme de nouvelles en dedans. L'épiderme n'existe donc qu'autour du sommet et ne laisse rien de lui sur les flancs en dehors de l'écorce, qui est de bonne heure mise à nu. Il est tout entier caduc et constitue tout entier la coiffe.

Les trois segments plans, d'abord dirigés obliquement sur l'axe, ne tardent pas en grandissant à se placer transversalement; puis, ils se dédoublent chacun d'abord par une cloison radiale, puis par une cloison tangentielle; après quoi, les cellules internes prennent une nouvelle cloison tangentielle. En se cloisonnant ensuite dans les trois directions, les douze cellules externes ainsi séparées en deux rangs produisent le méristème de l'écorce, avec ses deux zones, inégalement épaisses suivant les genres; les six internes engendrent le méristème de la stèle. Les deux régions du corps de la racine sont donc déjà distinctes à l'intérieur du méristème à une petite distance de la cellule mère. La première cloison tangentielle des cellules moyennes sépare vers l'intérieur l'endoderme, qui est ainsi individualisé de très bonne heure. La première cloison tangentielle des cellules internes sépare vers l'extérieur le péricycle.

Chez les Phanérogames, ainsi que chez les Lycopodes et les Isoètes, la racine procède du cloisonnement d'un groupe de cellules mères. Celui-ci se compose de trois sortes de cellules superposées, spécialisées de manière à engendrer chacune une portion déterminée de la racine, dont elles sont les *initiales* : les supérieures, c'est-à-dire celles qui sont tournées vers la base du membre, produisent la stèle, les moyennes l'écorce et les inférieures l'épiderme (fig. 34 et 35). En d'autres termes, la stèle, l'écorce et l'épiderme se continuent, à travers le groupe des cellules mères, par des initiales propres et chacune des trois régions constitutives du membre jouit au sommet d'une croissance indépendante. Il n'y a souvent qu'une initiale pour chaque région et le groupe des cellules mères se réduit alors à trois cellules superposées (fig. 34). Mais fréquemment aussi il y en a deux côte à côte dans la section longitudinale axile, c'est-à-dire quatre en réalité, équivalentes et se cloisonnant ensemble comme une cellule unique ; le groupe des cellules mères se compose alors de trois tétrades superposées (fig. 35).

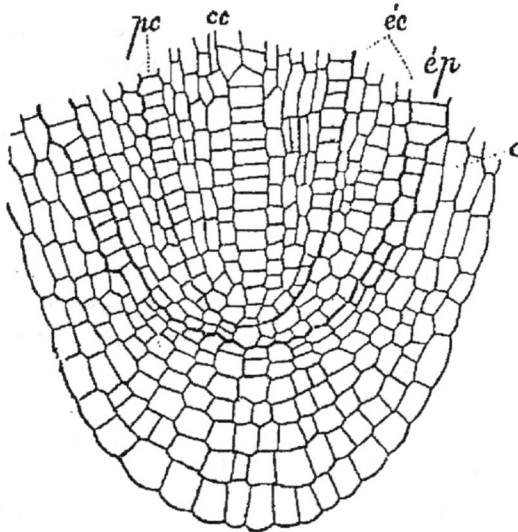

Fig. 34. — Section longitudinale axile de l'extrémité de la racine terminale développée du Sarrasin. L'initiale inférieure donne l'épiderme composé, dont l'assise interne demeure adhérente et forme l'assise pilifère *ep*, en forme d'escalier, tandis que tout le reste tombe et forme la coiffe *c*. L'initiale moyenne produit l'écorce *ec*; la supérieure donne la stèle *cc*, avec le péricycle *pc*.

L'initiale (ou les initiales) de la stèle se cloisonne parallèlement à sa base et à ses côtés et produit ainsi indéfiniment des segments qui vont s'empilant. Ces segments se divisent à leur tour dans les trois directions et l'une des premières cloisons tangentielles des segments latéraux sépare le péricycle plus ou moins près du sommet.

L'initiale (ou les initiales) de l'écorce ne se cloisonne que parallèlement à ses faces latérales, pour donner des segments qui s'empilent en autant de séries qu'il y a de côtés; elle ne prend jamais de cloison parallèle à ses bases. Ses segments se cloisonnent ensuite dans les trois directions; les cloisons tangentielles, notamment, s'y succèdent ordinairement en direction centripète et c'est la dernière de toutes qui sépare l'endoderme. Celui-ci est donc, contrairement à ce qu'on a vu chez les Cryptogames vasculaires, individualisé très tard. Les diverses assises corticales ainsi formées de dehors en dedans ne se subdivisent pas, à l'exception d'une seule. Chez les Dicotylédones, moins les Nymphéacées, et chez les Gymnospermes, c'est l'assise la plus externe de l'écorce qui subit une série de cloisonnements tangentiels ordinairement centrifuges et qui produit ainsi la zone corticale externe, dont l'assise la plus extérieure devient l'assise subéreuse, tandis que tout le reste, développé en direction centripète, forme la zone corticale interne. Chez les Monocotylédones et les Nymphéacées, l'assise corticale externe demeure indivise et devient l'assise pilifère ; c'est la seconde assise qui subit le cloisonnement tangentiel centrifuge et produit la zone corticale externe, dont l'assise la plus extérieure devient l'assise subéreuse (fig. 35). Chez quelques Monocotylédones seulement, l'assise corticale externe se divise aussi et produit, comme on sait (p. 89), une

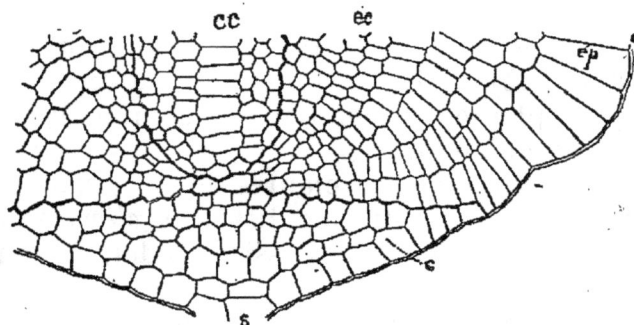

Fig. 35. — Section longitudinale axile de l'extrémité de la racine embryonnaire de la Pontédérie. Les deux initiales inférieures donnent l'épiderme composé, qui tombe tout entier et devient la coiffe c. Les moyennes produisent l'écorce ec, dont l'assise externe devient l'assise pilifère. Les supérieures engendrent la stèle cc. L'épiderme de la tige ep se continue par l'épiderme de la racine ; s, suspenseur.

couche pilifère ou *voile*. Dans les deux cas, cette subdivision ultérieure de l'une des assises corticales peut fort bien ne pas avoir lieu et alors l'écorce tout entière a un développement centripète.

L'initiale (ou les initiales) de l'épiderme se cloisonne à la fois parallèlement à sa face externe et à ses faces latérales, produisant ainsi et en même temps, en dehors et sur les flancs, des séries de segments qui s'empilent de haut en bas pour former l'épiderme, lequel est par conséquent toujours composé et de plus en plus épais vers le sommet. Les assises dont il est formé, tantôt restent simples, tantôt se dédoublent une ou plusieurs fois dans leur partie médiane par des cloisons tangentielles. Elles s'exfolient en dehors, à mesure qu'il s'en fait de nouvelles en dedans.

Chez les Dicotylédones, à part les Nymphéacées, chez les Gymnospermes, chez les Lycopodes et les Isoètes, l'assise la plus interne de l'épiderme composé demeure, après l'exfoliation des autres, indéfiniment adhérente à l'écorce de la racine. Son contour externe est entaillé en forme d'escalier, contre chaque gradin duquel s'appuyait une des assises exfoliées (fig. 34). En d'autres termes, la coiffe, c'est-à-dire l'ensemble des parties caduques, y est formée par l'épiderme, moins son assise interne (*ep*). Cette assise interne, mise à nu, devient plus tard l'assise pilifère, qui est ici, par conséquent, de nature épidermique. Chez les Monocotylédones et les Nymphéacées, au contraire, l'épiderme s'exfolie tout entier, il devient tout entier la coiffe et c'est l'assise externe de l'écorce, dont le contour est lisse, qui, une fois mise à nu, devient l'assise pilifère (fig. 35). Celle-ci est donc de nature corticale. Sous ce rapport, ces plantes se comportent comme la plupart des Cryptogames vasculaires.

Si l'on appelle *liorhizes* les plantes dont la racine perd tout son épiderme et a une surface lisse, et *climacorhizes* celles dont la racine garde adhérente l'assise épidermique interne et a une surface en escalier, le premier groupe comprend les Cryptogames vasculaires moins les Lycopodes et les Isoètes, les Monocotylédones et les Nymphéacées ; le second renferme les Dicotylédones, moins les Nymphéacées, les Gymnospermes, les Lycopodes et les Isoètes.

Épiderme et coiffe de la racine. — Quand on a étudié, comme on l'a fait plus haut (p. 82 et suiv.), la structure de la racine après sa différenciation complète, c'est-à-dire à un âge ou à un niveau où la coiffe est déjà détachée, l'épiderme échappe forcément, soit parce qu'en réalité il a totalement disparu à ce niveau, comme chez les Monocotylédones, les Nymphéacées et la plupart des Cryptogames vasculaires, soit parce que sa seule assise adhérente paraît appartenir à l'écorce sous-jacente, comme chez les Dicotylédones et les Gymnospermes. Des trois régions constitutives du membre, l'observation à cet âge n'en montre ainsi que deux : l'écorce et la stèle. Pour retrouver la troisième, c'est-à-dire l'épiderme, il est nécessaire de recourir, comme on vient de le faire, à l'étude du sommet en voie de croissance.

Ainsi constitué (fig. 33, 34 et 35), l'épiderme recouvre à un moment donné l'extrémité de la racine d'un bonnet plus ou moins allongé suivant les plantes, plus ou moins épais au

sommet, progressivement aminci vers le bord où il se réduit à
une assise, libre et bientôt interrompue chez les Cryptogames
vasculaires (fig. 33) et les Monocotylédones (fig. 35), adhérente à l'écorce et se continuant indéfiniment à sa surface chez
les Dicotylédones et les Gymnospermes (fig. 34). Quelquefois
les cellules y conservent leur disposition régulière, à la fois en
séries longitudinales et en assises concentriques progressivement confluentes du sommet à la base (fig. 34). Ailleurs elles
ne conservent que leur superposition en séries longitudinales,
les séries parallèles situées dans la région centrale constituant
une sorte de colonne axile souvent très épaisse, ou bien elles
sont seulement disposées en séries concentriques (fig. 34).
Ailleurs enfin elles sont polyédriques et irrégulièrement ajustées en tous sens (fig. 35). Dans tous les cas, elles sont unies
intimement de tous côtés, sans laisser de méats, et leur membrane est mince, sans sculpture. Jeunes, c'est-à-dire vers
l'intérieur, elles renferment un protoplasme avec un noyau et
souvent des grains d'amidon mis en réserve pour alimenter
plus tard le travail de croissance et de cloisonnement du
méristème. Agées, c'est-à-dire vers l'extérieur, elles meurent
progressivement et se vident, ou bien ne contiennent que des
globules d'huile ou des cristaux d'oxalate de calcium en mâcles
sphériques ou en raphides.

En même temps, elles se détachent d'ordinaire et cela de
deux manières différentes, comme il a été dit page 66 : tantôt
isolément par gélification des lamelles moyennes des cloisons
mitoyennes, tantôt par feuillets avec subérisation des membranes. Chez les Monocotylédones, la gélification progresse jusqu'aux membranes externes de l'assise périphérique de l'écorce,
en détachant les cellules les plus internes de la coiffe comme
les autres (fig. 35) ; chez les Dicotylédones, elle s'arrête à la ligne
de gradins qui sépare l'avant-dernière assise de la coiffe de
la dernière, de façon que celle-ci ne se détache pas (fig. 34).

Origine et insertion des radicelles. — Connaissant la
structure de la racine et comment cette structure s'édifie peu
à peu à partir du sommet, il reste à chercher où et comment
ce sommet lui-même prend naissance. S'il s'agit d'une racine
primaire, c'est, comme on l'a vu p. 75, à l'intérieur de la tige,
et la question ne pourra être étudiée que plus tard ; mais s'il
s'agit d'une racine secondaire, tertiaire, etc., en un mot d'une
radicelle quelconque, c'est à l'intérieur d'une racine mère, et
nous avons maintenant à résoudre ce problème.

Chez les Cryptogames vasculaires, notamment chez les Fougères (fig. 36), la radicelle prend naissance tout entière dans une cellule appartenant à l'endoderme de la racine mère. Cette cellule, qu'on peut appeler *rhizogène*, est située ordinairement en face d'un faisceau ligneux, quel que soit le nombre des faisceaux ligneux constitutifs; en sorte que les radicelles sont disposées sur autant de rangées longitudinales qu'il y a de faisceaux ligneux, le plus souvent en deux rangées, parce que la structure est le plus souvent binaire. La cellule rhizogène découpe d'abord, par trois cloisons obliques qui convergent au centre de sa face interne, trois cellules basilaires enveloppant une cellule tétraédrique, qui est la cellule mère de la radicelle. Cette cellule prend d'abord une cloison convexe en dehors, qui détache le premier segment épidermique, puis trois cloisons parallèles à ses faces planes, qui séparent trois segments triangulaires internes, puis une nouvelle cloison externe, et ainsi de suite. Les segments épidermiques et les segments triangulaires se cloisonnent ensuite comme au sommet de la racine mère,

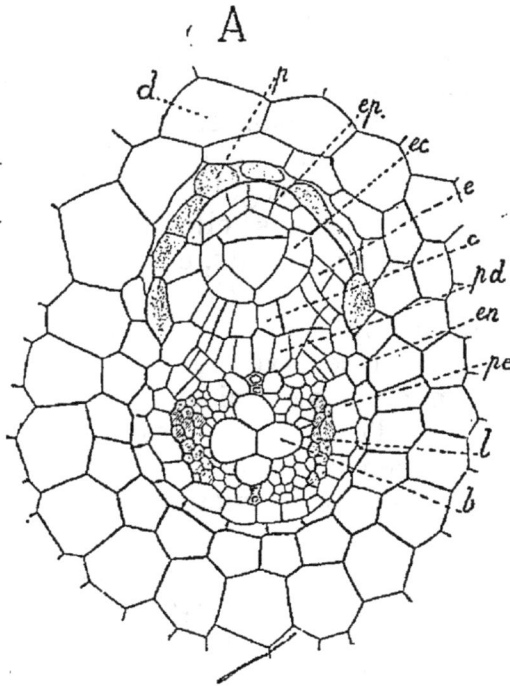

Fig. 36. — Section transversale d'une racine binaire de Ptéride, passant par l'axe d'une jeune radicelle. La cellule rhizogène, après avoir découpé ses trois cellules basilaires *c*, a formé un segment épidermique déjà dédoublé *ep*, trois segments internes qui n'ont pris encore que la cloison médio-corticale *ec* et un second segment épidermique encore simple. *d*, écorce de la racine; *en*, endoderme; *p*, poche digestive transitoire; *pe*, péricycle, formant sous la radicelle un pédicule *pd*; *l*, faisceaux libériens; *b*, faisceaux ligneux.

ainsi qu'il a été dit plus haut (p. 100). Il se constitue de la sorte un cône de méristème, qui s'avance dans l'écorce et qui s'y comporte comme il sera dit tout à l'heure.

Les cellules du péricycle sous-jacentes à la cellule rhizogène ne contribuent à la formation de la radicelle qu'en produisant un disque à travers lequel s'opèrent les raccords nécessaires à l'insertion de ses vaisseaux et de ses tubes criblés sur les vaisseaux et les tubes criblés de la racine mère ; ce disque péricyclique est ce qu'on nomme le *pédicule* de la radicelle. Chez les Prêles, où le péricycle manque, l'insertion est immédiate ; il n'y a pas de pédicule. Dans tous les cas, les faisceaux ligneux de la radicelle s'attachent directement au faisceau ligneux correspondant de la racine, tandis que ses faisceaux libériens dévient à droite et à gauche pour aller prendre insertion sur les deux faisceaux libériens voisins. Si la structure de la radicelle est binaire, comme il arrive presque toujours dans ces plantes, ses deux faisceaux ligneux sont situés dans un plan perpendiculaire au faisceau ligneux d'insertion. C'est ce que montre la figure 37, qui représente une section longitudinale tangentielle

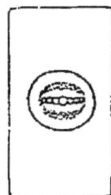

Fig. 37.

à travers l'écorce d'une racine de Fougère rencontrant une radicelle binaire.

Chez les Phanérogames, l'origine des radicelles est plus profonde : c'est en effet le péricycle qui les produit. Considérons d'abord le cas de beaucoup le plus fréquent, où le péricycle est formé d'une simple assise de cellules (fig. 38). Un certain nombre de ces cellules, disposées côte à côte en une petite plage circulaire, entrent en jeu toutes à la fois et constituent la *plage rhizogène*. Sur la section transversale de la racine mère passant par son centre, elle apparaît comme un arc, l'*arc rhizogène* ; sur la section longitudinale passant par son centre, elle se montre comme une file, la *file rhizogène*. Supposons maintenant que le nombre des cellules de l'arc ou de la file rhizogène soit impair, c'est-à-dire que le centre de la plage soit occupé par une cellule unique, ce qui est le cas le plus fréquent (fig. 38, *A*). Cette cellule s'allonge tout d'abord radialement et en même temps s'élargit progressivement vers l'extérieur en forme d'éventail. Les autres font de même, mais de moins en moins à mesure qu'elles sont plus éloignées du centre, et celles de la périphérie s'accroissent très peu. Il se forme ainsi un petit coussinet lenticulaire, fortement convexe en dehors, plan ou faiblement convexe en dedans. Ensuite, la cellule centrale se divise par une cloison tangentielle sensiblement médiane et les autres font de même de proche en proche jusqu'à la périphérie ; toutes ces cloisons se correspondent de manière à diviser la lentille tout entière, comme par une cloison unique fortement convexe en dehors, en deux assises (fig. 38, *A*, 1). L'assise interne constitue la stèle de la radicelle et sa cellule médiane en est l'initiale. Dans l'assise externe, la cellule centrale ne tarde pas à se diviser à son tour par une cloison tangentielle et ses voisines font de même de proche en proche ; mais le cloisonnement s'arrête avant d'avoir atteint le bord de la lentille et il subsiste à la périphérie un ou plusieurs rangs de cellules indivises (fig. 38,

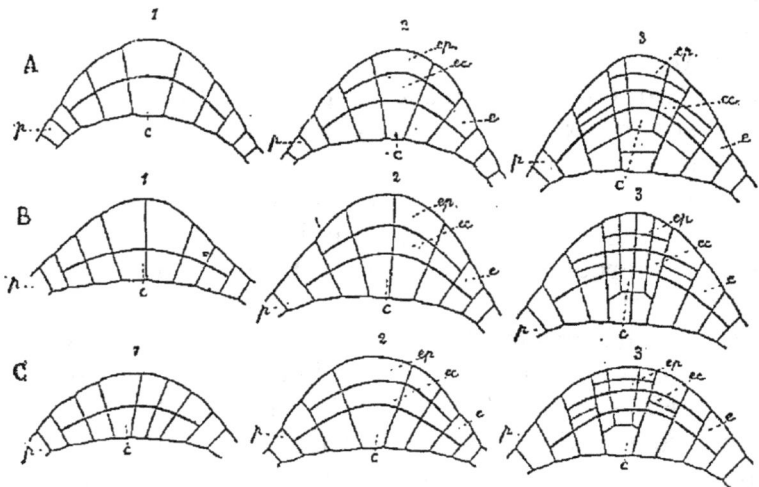

Fig. 38. — Formation de la radicelle dans une racine de Phanérogame, à péricycle unisérié *p*. — *A*, l'arc rhizogène comprend cinq cellules. 1, ces cellules se sont accrues et ont pris toutes une cloison tangentielle, séparant en dedans la stèle *c*. 2, une seconde cloison tangentielle s'est formée en dehors de la première dans les trois cellules médianes, séparant l'épiderme *ep* de l'écorce *ec*, tandis que les cellules latérales indivises constituent l'épistèle *e*. 3, les initiales des trois régions commencent à produire leurs segments et ceux-ci à se cloisonner. — *B*, l'arc rhizogène comprend six cellules, dont les deux médianes s'accroissent également, et chaque région a une paire d'initiales ; mêmes états. — *E*, l'arc rhizogène a encore six cellules, mais l'une des médianes refoule l'autre et devient centrale ; mêmes états.

A, 2). Des deux nouvelles assises ainsi formées, l'interne constitue l'écorce de la radicelle et sa cellule médiane en est l'initiale ; l'externe constitue l'épiderme de la radicelle et sa cellule centrale en est l'initiale. Quant à la bordure des cellules indivises, elle forme autour de la base de la stèle une zone neutre, qui n'appartient ni à l'épiderme ni à l'écorce, qui est la base commune de l'écorce et de l'épiderme ; nous désignerons cette zone neutre sous le nom d'*épistèle*.

C'est donc la cellule centrale de la plage rhizogène qui seule, par deux cloisonnements tangentiels successifs, produit les initiales des trois régions de la radicelle, initiales qui sont désormais et demeurent indéfiniment distinctes et superposées ; c'est elle qui est véritablement la cellule mère de la radicelle. Les autres n'ont à jouer qu'un rôle accessoire ; elles produisent toute la partie inférieure, par laquelle s'opère l'insertion de la radicelle sur la racine mère. Cette partie basilaire que, pour la distinguer de la radicelle proprement dite, on nomme la *rhizelle*, comprend deux tronçons superposés : l'inférieur où la base de la stèle n'est recouverte que par l'épistèle, et le supérieur où la stèle est recouverte par la base de l'écorce et par la base de l'épiderme, mais où cette base de l'épiderme demeure simple. Chez les Cryptogames vasculaires, la radicelle a aussi une rhizelle : c'est la portion qui provient des trois cellules basilaires découpées dans la cellule de l'endoderme en même temps que la cellule mère de la radicelle proprement dite (p. 106).

Si le nombre des cellules de l'arc ou de la file rhizogène est pair, c'est-à-dire si le centre de la plage rhizogène est occupé par quatre cellules, les choses se passent au fond de la même manière ; mais de deux choses l'une. Ou bien les quatre cellules centrales s'accroissent et se cloisonnent toutes ensemble également, comme la cellule centrale unique du cas précédent, pour donner quatre initiales à la stèle, autant à l'écorce autant à l'épiderme ; dans la coupe longitudinale axile du mamelon, chacune des trois régions possède alors une paire d'initiales équivalentes (fig. 38, *B*). Ou bien l'une des cellules médianes s'accroît radialement et en largeur plus fortement que les autres, qu'elle rejette latéralement, et c'est elle seule qui produit, comme dans le cas précédent, une initiale pour chacune des trois régions (fig. 38, *C*). Ce second mode est le plus fréquent.

Si le péricycle est formé de plusieurs assises de cellules, c'est presque toujours l'assise externe seule qui, agrandissant radialement et cloisonnant ses cellules comme il vient d'être dit, produit les trois régions de la radicelle avec leurs initiales ; les autres assises contribuent seulement à former la base d'insertion de la stèle.

Une fois les trois régions de la radicelle séparées, comme il vient d'être dit, elles s'accroissent par le cloisonnement de leurs initiales, qui s'opère comme on l'a vu plus haut au

sommet de la racine mère (p. 102). Plus tard, les faisceaux
libériens et ligneux de la radicelle se raccordent avec ceux de
la racine mère. Si la structure en est binaire, les deux faisceaux
ligneux sont situés en haut et en bas, les deux faisceaux libériens à droite et à gauche ; en d'autres termes, le
plan des deux faisceaux ligneux passe par l'axe
de la racine mère (fig. 39), tandis qu'il lui était
perpendiculaire chez les Cryptogames vasculaires.

En résumé, chez les Phanérogames, la radicelle
naît dans le péricycle et un double cloisonnement
tangentiel de la cellule mère y sépare aussitôt les
initiales des trois régions. Chez les Cryptogames
vasculaires, la radicelle naît dans l'endoderme et
sa cellule mère demeure entière.

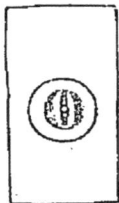

Fig. 39.

Disposition des radicelles chez les Phanérogames. –
Fonctionnant comme il vient d'être dit, la plage rhizogène
péricyclique occupe chez les Phanérogames une position
déterminée par rapport aux faisceaux ligneux et libériens de
la stèle de la racine mère, et cette position entraîne celle des
radicelles. Il y a, sous ce rapport, deux cas à distinguer
(fig. 40).

Si la stèle renferme plus de deux faisceaux ligneux et de
deux faisceaux libériens, la plage pose son centre en face d'un
faisceau ligneux et, par conséquent, les radicelles sont disposées sur la racine en autant de séries longitudinales qu'il y a
de faisceaux ; leur disposition est *isostique* (fig. 40, b).

Si la stèle n'a que deux faisceaux ligneux et deux faisceaux
libériens, la plage rhizogène pose son centre quelque part
entre un faisceau ligneux et un faisceau libérien, tantôt au
milieu de l'intervalle entre le vaisseau médian externe du
faisceau ligneux et le tube criblé médian externe du faisceau
libérien (fig. 40, a), tantôt plus près du vaisseau médian
externe (fig. 40, c), tantôt plus près du tube criblé médian
externe (fig. 40, e). Les radicelles sont alors disposées en deux
fois autant de rangées longitudinales qu'il y a de faisceaux,
c'est-à-dire en quatre rangées : leur disposition est *diplostique*.
Les quatre séries sont équidistantes dans le premier des trois
cas signalés plus haut, rapprochées deux par deux du côté des
faisceaux ligneux dans le second, du côté des faisceaux libériens dans le troisième.

De ces deux règles de position, la seconde est tout à fait
générale ; la première souffre deux exceptions, mais si l'on

montre que c'est parce que la chose y est impossible, on conviendra que ces exceptions sont de celles qui fortifient la règle.

L'une de ces exceptions est offerte, chez les Dicotylédones, par les Ombellifères, les Araliacées et les Pittosporacées. Dans ces trois familles, en effet, le péricycle unisérié est, comme on l'a vu (p. 94), différencié en face des faisceaux ligneux en autant d'arcs sécréteurs oléifères creusés de méats, de sorte que la plage rhizogène pose son centre dans l'intervalle entre un faisceau ligneux et un faisceau libérien. Il en résulte que la disposition des radicelles y est diplostique, tout aussi bien si le nombre des faisceaux ligneux et libériens est supérieur à deux que s'il est égal à deux.

La seconde exception est offerte, chez les Monocotylédones, par ces nombreuses Cypéracées, Ériocaulées, Centrolépidées, Joncées, Xyridées et Mayacées, où le péricycle manque en face des faisceaux ligneux, comme il a été dit (p. 93), et par ces nombreuses Graminées où il est vascularisé dans ces mêmes points, comme on l'a vu (p. 98). Les radicelles n'y peuvent naître à leur place normale. Elles s'y développent là où le péricycle existe avec ses caractères normaux et où ses cellules possèdent leur plus grande dimension, c'est-à-dire en dehors des faisceaux libériens (fig. 32). Le nombre de leurs rangées n'en est

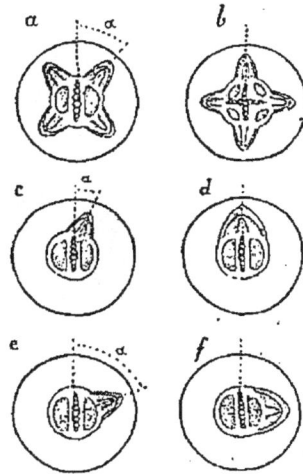

Fig. 40. — Disposition des radicelles dans la racine mère chez les Phanérogames. b, disposition isostique dans la structure quaternaire; a, disposition diplostique dans la structure binaire, avec déviation $\alpha = 45°$; c la même avec $\alpha < 45°$; e, la même avec $\alpha > 45°$. d, radicelle double en face d'un faisceau ligneux; f, radicelle double en face d'un faisceau libérien.

pas changé, la disposition est encore isostique; sous ce rapport, cette seconde exception est moins forte que la première.

Croissance interne et sortie des radicelles. — Nées dans l'endoderme en disposition essentiellement isostique chez les Cryptogames vasculaires, dans le péricycle en disposition tantôt isostique, tantôt diplostique, chez les Phanérogames, les radicelles ont, pour sortir de la racine mère, à traverser l'écorce tout entière dans le second cas, l'écorce moins l'endoderme dans le premier. Cette traversée se fait toujours par digestion. En effet, la jeune radicelle attaque et dissout de proche en proche, à l'aide d'un liquide diastasique, toutes les cellules corticales qu'elle vient à toucher, d'abord leur contenu : protoplasme, noyau, amidon, etc., puis leur membrane cellulosique ; elle en absorbe à mesure toute la substance liquide ou liquéfiée et croît en même temps, de manière à remplir l'espace devenu libre. C'est donc par le fait même de sa nutrition et de sa croissance interne que la radicelle se fraie un chemin vers l'extérieur.

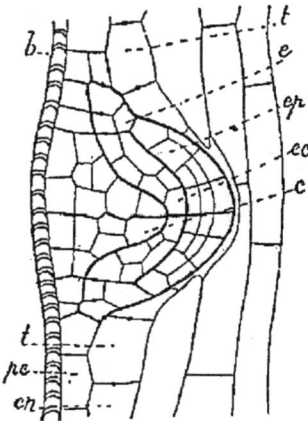

Fig. 41. — Section longitudinale d'une racine d'Amarante, passant par l'axe d'une jeune radicelle. La file rhizogène comprend quatre cellules, dont les deux médianes également développées séparent l'écorce *ec* et l'épiderme *ep*, les deux latérales formant l'épistèle *e*. La radicelle digère d'abord l'endoderme de la racine *en*, puis les autres assises corticales.

Au point de vue du lieu de production du liquide diastasique, ce phénomène de digestion se manifeste, suivant les plantes, de deux manières différentes. Quelquefois (fig. 41), c'est l'épiderme même de la radicelle, qui sécrète par son assise externe le liquide chargé de diastases et qui, par conséquent, attaque directement et sans aucun intermédiaire toute l'écorce située en dehors de lui, la digère et en absorbe la substance liquéfiée. La radicelle est alors nue ; sa digestion est directe et totale. S'il s'agit d'une Cryptogame vasculaire, l'assise sus-endodermique est attaquée tout d'abord, puis successivement toutes les autres assises corticales (fig. 36) (Marsiliacées, la plupart des Polypodiacées, etc.). S'il s'agit d'une Phanérogame, l'endoderme, avec ses plissements subérisés, est dissous tout d'abord, puis progressivement toute l'écorce (fig. 41) (Crucifères, Portulacacées, Crassulacées, beaucoup de Caryophyllées, de Chénopodiacées, de Cactacées, Pandanacées, If, Séquoier, Podocarpe, etc.).

Le plus souvent (fig. 42), la radicelle, à mesure qu'elle grandit, pousse devant elle une couche plus ou moins épaisse de l'écorce qui l'entoure, couche qui demeure vivante, pleine de protoplasme et qui s'étend progressivement en cloisonnant ses cellules de manière à recouvrir le cône radicellaire, à la surface duquel elle demeure intimement unie, mais dont elle diffère par son aspect, son contenu et ses propriétés. C'est alors cette couche surajoutée qui sécrète le liquide diastasique, digère toute l'écorce extérieure à elle, en absorbe les produits solubles et les transmet à la radicelle sous-jacente, ne gardant pour elle que ce qui est nécessaire à sa propre croissance. Aussi mérite-t-elle un nom spécial; nous l'appellerons la *poche diastasique*, la *poche digestive* ou simplement la *poche*. Dans ce cas, la radicelle est enveloppée; sa digestion est indirecte, puisqu'elle ne s'exerce que par l'intermé-diaire de la poche, et partielle, puisqu'elle ne porte que sur la portion de l'écorce extérieure à la poche. Chez les Crypto-games vasculaires, la poche est formée par l'assise sus-endodermique, qui demeure simple (fig. 36) (Aneimie, Lygode, etc.), ou qui se dédouble une ou plusieurs fois par des cloisons tangentielles (Prêle, etc.); il s'y adjoint parfois une ou plusieurs assises corticales et la poche est plus épaisse (Hyménophylle, Cyathée, Marattie, etc.). Chez les Phanérogames, la poche est formée par l'endoderme, qui demeure le plus souvent simple, mais parfois aussi se dédouble une ou plusieurs fois au sommet par des cloisons tangentielles (fig. 42) (Morelle, Euphorbe, Géraine, Hélianthe, Pontédérie, Graminées, etc.); il s'y ajoute quelquefois une ou plusieurs assises corticales et la poche est plus épaisse (Haricot, Courge, Sterculie, Ri-chardie, Hydrocharite, etc.).

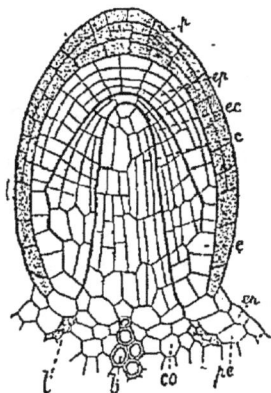

Fig. 42. — Section transversale d'une racine à cinq faisceaux de Morelle, passant par l'axe d'une radicelle. La poche digestive *p*, simple à la base, est quadruple au sommet. *c* stèle ; *ec*, écorce ; *ep*, épiderme ; *e*, épistèle. *en*, endoderme de la racine mère ; *pe*, péricycle ; *l*, liber ; *b*, bois ; *co*, conjonctif.

Au moment de la sortie, la poche est détachée à la base et la radicelle en emporte avec elle le bonnet supérieur, qui s'exfolie plus tard pour mettre à nu la surface propre, c'est-à-dire l'épiderme de la radicelle. Toutes les fois qu'il y a une poche, la radicelle, au moment où elle paraît et se développe au dehors, a donc son extrémité recouverte par une couche de tissu caduc, qui est la coiffe, dans laquelle on distingue deux parties d'origine très différente, savoir : le bonnet plus ou moins épais de la poche digestive et l'ensemble des assises caduques produites par l'épiderme composé. Cette coiffe à la sortie n'est donc comparable ni à la coiffe de la racine développée en voie de croissance dans le milieu extérieur, ni à la coiffe à la sortie d'une radicelle dépourvue de poche, ces deux dernières étant tout entières épidermiques; elle ne leur devient comparable qu'après l'exfoliation du bonnet de la poche. Il y a là une erreur à éviter.

Structure secondaire de la racine. — Chez un grand nombre de plantes, la racine conserve indéfiniment la structure que nous venons d'étudier; une subérisation de plus en plus forte à la périphérie, une sclérose de plus en plus intense à l'intérieur : c'est tout le changement qu'y amènent les progrès de l'âge. Il en est ainsi dans la plupart des Cryptogames vasculaires, dans beaucoup de Monocotylédones et quelques Dicotylédones (Nénuphar, Myriophylle, Ficaire, Renoncule, etc.). Mais ailleurs, surtout chez la plupart des Dicotylédones et chez les Gymnospermes, la structure de la racine

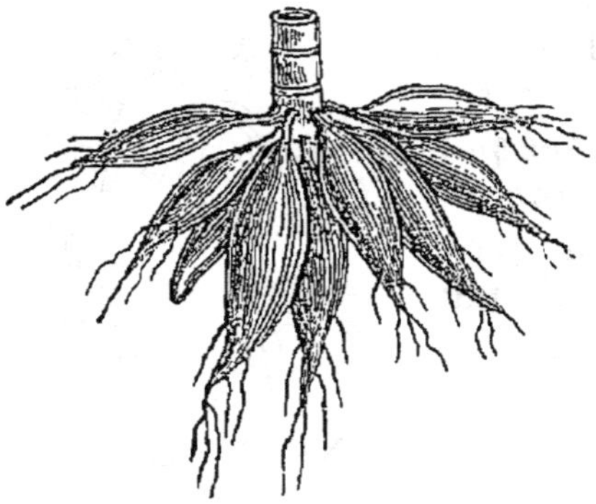

Fig. 43. — Racines tuberculeuses de la Dahlie variable.

se complique bientôt, parce que certaines cellules, différenciées d'abord en parenchyme et disposées en une assise circulaire, recommencent à se cloisonner et produisent un anneau de méristème secondaire, dont la différenciation ultérieure engendre diverses régions et divers tissus secondaires (p. 38).

En s'adjoignant aux régions et aux tissus primaires, ceux-ci provoquent en définitive l'épaississement de la racine et en même temps lui impriment une structure nouvelle, qui est sa *structure secondaire*. Bornons-nous pour le moment à en signaler l'existence. Le problème se représentera bientôt dans les mêmes termes pour la tige et c'est alors que nous l'étudierons. Quand nous aurons démêlé la structure secondaire de la tige, nous connaîtrons du même coup celle de la racine et il suffira de quelques mots pour marquer les caractères spéciaux à ce membre. Disons seulement qu'à la suite d'une formation exubérante de tissus secondaires, certaines racines, filiformes à l'état primaire, deviennent plus tard tuberculeuses (fig. 43); ce renflement peut avoir lieu tout aussi bien sur la racine terminale (Chou navet, Radis cultivé, Panais cultivé, Dauce carotte, Bette vulgaire, etc.), que sur des racines adventives (Dahlie variable, fig. 43, etc.). Il faut bien se garder de confondre cette tuberculisation secondaire avec la tuberculisation primaire dont il a été question plus haut (p. 79, fig. 25).

SECTION II

PHYSIOLOGIE DE LA RACINE

Pour faire l'étude physiologique de la racine, il faut considérer ce membre d'abord dans ses relations avec le milieu extérieur, dans ses fonctions externes, puis dans les phénomènes qui s'accomplissent en lui, dans ses fonctions internes. De là, comme pour l'étude morphologique, deux paragraphes distincts.

§ 3

FONCTIONS EXTERNES DE LA RACINE

La racine fixe la plante au sol; elle agit ensuite sur les gaz que renferme la terre, sur les liquides qu'elle contient et sur les solides qui la composent. Examinons tour à tour ces quatre points.

Fixation de la plante. Géotropisme positif de la racine. — La racine fixe la plante au sol; ce résultat est produit par une force extérieure, qui agit sur l'extrémité en voie de croissance pour lui imprimer sa propre direction. Cette force dirigeante est la pesanteur.

Plaçons une racine primaire horizontalement sur un sol meuble; nous la verrons bientôt se courber vers le bas et à angle droit dans sa région de croissance, de manière à enfoncer sa pointe verticalement dans la terre, où elle s'allonge ensuite indéfiniment dans la même direction; c'est vers le premier tiers de la région de croissance, là où (voir p. 70) l'allongement est le plus rapide, que la courbure atteint son maximum, comme on le voit pour la Fève (fig. 44). La flexion est due à la pesanteur. Fixons, en effet, la racine au bord d'un disque ou d'une roue tournant dans un plan vertical; la pesanteur agit alors successivement et également sur tous les côtés de la racine et son action fléchissante s'annule pour un tour; en d'autres termes, la racine se trouve soustraite à l'influence fléchissante de la pesanteur. En même temps, donnons au disque une vitesse de rotation assez faible pour que la force centrifuge développée soit insensible, résultat qui est atteint par exemple avec une roue de 10 centimètres de diamètre qui met 20 minutes à faire un tour. Dans ces conditions, la racine croît indéfiniment en ligne droite dans la position, d'ailleurs quelconque, où on l'a fixée au disque.

Dans les circonstances ordinaires, la flexion provient de ce que, sous l'influence de la pesanteur, la face supérieure de la racine placée horizontalement s'allonge plus et la face inférieure moins que ne s'allonge dans le même temps et au même point la racine placée verticalement. On le démontre par des mesures directes. Ainsi, pour la Fève, si l'allongement de la racine verticale est de 24 millimètres, celui de la racine horizontale est, dans le même temps : sur le côté supérieur de 28 millimètres, sur le côté inférieur de 15 millimètres; pour le Marronnier, si l'allongement de la racine verticale est de 20 millimètres, celui de la racine horizontale est : sur la face supérieure de 28 millimètres, sur la face inférieure de 9 millimètres. On remarquera que la croissance de la face supérieure est moins accélérée que celle de l'autre n'est ralentie; la croissance totale n'est donc pas seulement répartie différemment autour de l'axe, quand il est horizontal; l'allongement suivant l'axe est lui-même notablement retardé. La flexion ainsi produite par la

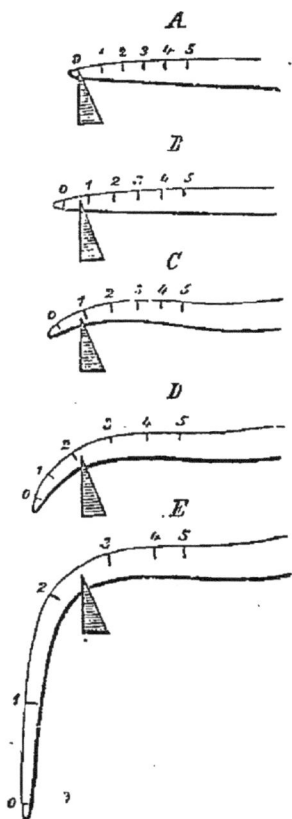

Fig. 44. — Diverses phases de la courbure géotropique d'une racine de Fève, placée horizontalement dans un sol très meuble. En A, la région de croissance est divisée en cinq tranches de 2 millimètres; un index de papier permet d'apprécier l'allongement; B, après une heure; C, après 2 heures; D, après 7 heures.

pesanteur est dite, comme on sait (p. 40), *géotropique* et, puisque la racine se dirige dans le sens même de la force, son *géotropisme* est *positif*.

On peut de diverses manières se rendre compte de l'énergie du géotropisme positif de la racine. Plaçons une racine horizontalement sur un sol très dur ou sur une lame de verre, en la fixant par sa base. En se courbant vers le bas à son extrémité, elle appuie sa pointe sur le verre et c'est en soulevant avec effort toute sa portion ancienne qu'elle parvient à placer verticalement son extrémité. Si l'on met sur la racine un poids assez lourd pour empêcher ce soulèvement et obliger la pointe à continuer de s'accroître horizontalement, on aura une idée de la puissance de flexion. Remplaçons la lame de verre par un bain de mercure ; la pointe de la racine s'enfonce dans le mercure jusqu'à 2 ou 3 centimètres de profondeur, en surmontant la résistance que celui-ci lui oppose en raison de sa très grande densité. Ces deux expériences montrent que la force de flexion est considérable ; essayons de la mesurer. Sur une poulie très mobile, posons un fil de cocon ayant à chaque bout un morceau de cire molle d'environ un gramme. L'un de ces morceaux, creusé en cuiller, reçoit une goutte d'eau et l'on y pose la pointe d'une racine primaire fixée horizontalement ; à l'autre morceau on fixe un cavalier d'étain préalablement pesé. On place le tout sous une cloche dans une atmosphère humide. La racine courbe bientôt sa pointe, presse la cuiller de cire et la fait descendre en soulevant le poids de l'autre côté. Une racine terminale de Fève, par exemple, peut, sans se déformer, soulever ainsi un poids d'un gramme. Ce n'est là qu'une mesure approchée, mais elle suffit à donner une idée du travail minimum accompli par la pesanteur sur la racine.

Dans tout ce qui précède, il n'a été question que des racines primaires : terminale, latérales régulières ou latérales adventives ; toujours le géotropisme y est *absolu*, c'est-à-dire que l'égalité de croissance et la direction rectiligne qui en résulte ne s'obtiennent chez elles que suivant la verticale. Tout écart de la verticale, soit accidentel, soit provoqué par la circumnutation, y est donc aussitôt compensé. Il n'en est pas de même des racines secondaires. Nous savons, en effet, qu'elles s'allongent dans le sol, tout autour du pivot, en suivant une direction légèrement inclinée vers le bas (p. 72). Mais ces racines ne sont-elles à aucun degré géotropiques ? Retournons le pot de terre où le développement des racines s'est opéré. Après un certain temps, nous verrons toutes les racines secondaires courbées dans la région de croissance et dirigées obliquement vers le bas, en faisant avec la verticale un certain angle. Un nouveau retournement produit une seconde flexion et dirige de nouveau les pointes obliquement vers le bas sous le même angle. Les racines de second ordre sont donc géotropiques, mais seulement jusqu'à un certain angle limite, à partir duquel leur géotropisme s'annule ; elles jouissent d'un géotropisme *limité*. L'angle limite est assez variable le long d'un même pivot : de 80° par exemple pour les racines secondaires les plus hautes, il s'abaisse à 65° dans les plus basses ; ou encore, de 60° pour les premières, il descend à 40° chez les dernières. Il y a pourtant un cas où le géotropisme limité de la racine secondaire se transforme dans le géotropisme absolu de la racine primaire. C'est quand on coupe l'extrémité de celle-ci. Toute la nourriture qui était destinée à la région enlevée se rend alors dans la racine secondaire la plus proche ; en même temps, celle-ci acquiert le géotropisme absolu, se courbe et vient se placer verticalement dans le prolongement du pivot. Elle *usurpe*, comme on dit, la direction du pivot, qu'elle répare et remplace en quelque sorte.

Les racines de troisième ordre et les suivantes ne sont géotropiques à aucun degré ; elles se dirigent indifféremment dans tous les sens, sans se courber jamais, quelque position que l'on donne au vase de culture.

Les diverses propriétés qu'on vient d'étudier : le géotropisme absolu des racines primaires joint à leur circumnutation, le géotropisme limité des racines secondaires, l'absence de géotropisme de toutes les radicelles à partir du troisième ordre, sont les causes déterminantes de la pénétration et de l'expansion du système radical dans les profondeurs du sol, et par suite de la fixation de la plante.

Dans les divers cas particuliers, l'énergie de la fixation dépend encore du nombre des rangées où se disposent sur le pivot les racines secondaires ; on a vu que ce nombre n'est jamais inférieur à deux chez les Cryptogames vasculaires, à trois chez les Phanérogames (p. 74) ; plus il est grand, plus la fixation est solide. Elle dépend surtout du développement relatif des racines secondaires et du pivot. Une plante à racine pivotante normale, comme la Luzerne cultivée, ou exagérée, comme la Bette vulgaire, le Panais cultivé, la Dauce carotte, etc., est évidemment mieux fixée, toutes choses égales d'ailleurs, qu'une plante à racine fasciculée, comme le Blé cultivé ou la Courge pépon; un Chêne est plus solide qu'un Peuplier.

Enfin la fixation de la plante est encore facilitée par la remarquable propriété que possède la racine de se raccourcir à partir du point où sa croissance a pris fin. Ce raccourcissement, qui se poursuit assez longtemps dans la région âgée, peut atteindre 10 et jusqu'à 25 pour 100 de la longueur primitive. Il est dû à la contraction progressive de l'écorce interne. L'écorce externe et la stèle demeurent passives dans ce phénomène; la première se marque de plis transversaux visibles au dehors, tandis que les faisceaux de la seconde se replient et deviennent flexueux. La partie jeune de la racine étant solidement fixée au sol par ses poils, le raccourcissement de la partie âgée a pour effet d'enterrer de plus en plus la partie inférieure de la tige et par suite de lui faire développer des racines latérales. Les radicelles de divers ordres qui naissent de la racine terminale étant douées de la même propriété, ainsi que les racines latérales issues de la tige, on voit que le corps de la plante est tiré de tous les côtés vers le bas, comme un mât par des cordages de plus en plus tendus. Il en résulte une fixation de plus en plus solide dans la direction verticale.

En même temps que la racine fixe la plante au sol, elle fixe le sol à lui-même et d'autant plus qu'elle s'y ramifie plus abondamment. Pour fixer le sable mouvant des dunes et en arrêter la marche envahissante, il a suffi d'y planter des végétaux capables d'y vivre et d'y développer rapidement des racines fasciculées, tels que la Laiche des sables, l'Élyme des sables, les Genêts, le Pin maritime, etc.

Influence de la lumière et de la température sur la croissance de la racine. — La lumière retarde la croissance de la racine (p. 49). Ainsi, dans la Moutarde, si l'allongement est 100 à la lumière, il devient dans le même temps 164 à l'obscurité.

Si l'on mesure à diverses températures l'accroissement de la racine après des intervalles de temps égaux, on voit qu'à partir d'une certaine limite inférieure, au-dessous de laquelle elle est nulle, la vitesse de croissance augmente avec la température jusqu'à un certain maximum; puis elle diminue et enfin s'annule à une certaine limite supérieure (p. 49). Avec les températures comme abscisses et les accroissements de la racine comme ordonnées, on a construit les courbes (fig. 45),

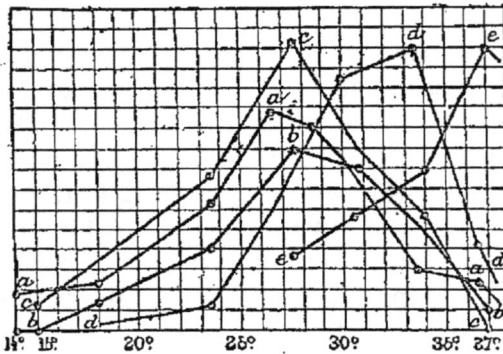

Fig. 45. — Courbes de croissance de la racine en fonction de la température, entre 14° et 57° : a, dans le Lupin et le Pois ; b, dans le Lin et la Moutarde ; c, dans le Passerage ; d, dans le Maïs ; e, dans la Courge.

qui représentent pour quelques plantes communes la marche de la croissance de la racine en fonction de la température entre 14° et 37°. Pour le Lupin, le Pois, le Lin, la Moutarde et le Passerage, l'optimum est d'environ 27° ; il s'élève à 33°,5 dans le Maïs et atteint 37° dans la Courge.

Action de la racine sur les gaz du sol. Respiration. — Entre ses particules, le sol renferme une atmosphère confinée, composée d'oxygène, d'azote et d'acide carbonique ; en outre, le liquide qui le baigne tient en dissolution de l'oxygène, de l'azote et de l'acide carbonique. Sur ces gaz, libres ou dissous, la racine agit et réagit : elle en absorbe et elle en dégage.

Incessamment et par tous ses points, la racine absorbe de l'oxygène dans le sol et y dégage de l'acide carbonique, en un mot respire (p. 50). Pour mettre ce double fait en évidence, il suffit de disposer la racine d'une plante dans un récipient plein d'air et d'analyser le gaz après un certain temps. Le volume de l'acide carbonique émis dans un temps donné est toujours moindre que celui de l'oxygène absorbé dans le même temps ; en un mot, le rapport $\frac{CO_2}{O}$ de ces deux volumes est toujours plus petit que l'unité. Pour une plante donnée, et pour des racines de même âge de cette plante, ce rapport est constant, indépendant à la fois de la température, de la lumière et de la pression ; il varie, au contraire, avec la nature de la plante et avec l'âge de ses racines.

La respiration est plus active dans les parties jeunes, c'est-à-dire dans la région de croissance et dans la zone des poils, que dans la portion de plus en plus âgée qui s'étend entre la zone des poils et la base. Comme la croissance elle-même, elle est retardée par la lumière. Déjà sensible entre 0° et 5°, elle augmente continuellement avec la température, presque proportionnellement à celle-ci, jusqu'à une certaine limite, située au delà de 40°, où elle cesse tout à coup. Sa marche en fonction de la température est donc très différente de celle de la croissance.

Applications à la culture. — Il résulte de ce qui précède que, pour être et demeurer propre à la croissance des racines et par suite à la végétation, il faut que le sol soit et demeure aéré. Ainsi s'explique l'avantage des terres légères et meubles, bien plus perméables à l'air, sur les terres lourdes et compactes, où l'air pénètre difficilement. Ainsi se comprend la nécessité des labours, qui retournent, divisent, ameublissent la terre et lui permettent de reprendre tout l'oxygène qu'elle a perdu par la végétation antérieure, en même temps qu'elle se débarrasse de l'acide carbonique qui s'y est accumulé. C'est aussi l'un des effets les plus utiles du drainage de produire dans le sol un courant d'air, qui entraîne l'acide carbonique formé et y ramène incessamment de l'oxygène. Il faut encore tenir compte de cette nécessité lorsqu'on plante des arbres, l'expérience ayant montré que, toutes choses égales d'ailleurs, un arbre végète avec d'autant moins de vigueur qu'il est planté plus profondément. Quand la racine d'un arbre, après avoir traversé en prospérant une couche meuble et perméable à l'air, arrive à pénétrer dans une couche argileuse et impénétrable aux gaz, elle ne tarde pas à périr et l'arbre avec elle. Il en est de même si le sol subit à un moment donné une submersion prolongée; l'air n'arrive plus aux racines qui sont asphyxiées, et l'arbre meurt. Dans ces conditions, le glucose contenu dans la racine se décompose en alcool, qui reste dans les cellules, et en acide carbonique, qui se dégage (p. 51). C'est pour conserver sur une certaine surface cette perméabilité du sol, si nécessaire aux racines, que sur les trottoirs des grandes villes on pose des grilles à plat tout autour des arbres.

Action de la racine sur les liquides du sol. Absorption. — La racine absorbe l'eau et les matières dissoutes qui viennent à sa portée dans le sol. C'est là un fait d'expérience journalière; tout le monde sait bien qu'une plante fanée reprend son aspect normal quand on l'arrose.

Où est tout d'abord sur la racine le siège de l'absorption? Prenons quatre plantes à racines déjà longues, mais non encore ramifiées, et disposons ces racines dans autant de vases cylindriques. Versons de l'eau, dans le premier de manière que la pointe plonge seule, dans le second jusqu'au niveau des premiers poils, dans le troisième jusqu'à la limite supérieure de la région des poils, dans le quatrième enfin de manière que la racine soit tout entière immergée. Garantissons, dans les trois premiers cas, la portion émergée de la racine contre l'accès de la vapeur d'eau, en versant une mince couche d'huile à la surface du liquide. Après un certain temps, observons les quantités d'eau absorbée et l'état des plantes. Dans le premier vase, l'absorption est nulle et la plante se flétrit. Dans le second, l'absorption est presque nulle et la plante se flétrit aussi. Dans le troisième, l'absorption est considérable et la plante végète avec vigueur. Dans le quatrième enfin, l'absorption n'est pas plus active que dans le précédent et la plante est aussi dans le même état.

D'autre part, si l'on recourbe la racine de manière à faire plonger dans l'eau à la fois la portion supérieure et la portion inférieure aux poils, en laissant hors du liquide la région des poils, l'absorption est sensiblement nulle et la plante se flétrit. Si c'est, au contraire, la région des poils qui plonge, pendant que tout le reste est dehors, l'absorption est considérable et la plante végète vigoureusement.

On conclut de ces expériences que l'absorption n'a lieu ni par la pointe extrême, ni par la région de croissance, ni par la région âgée où les poils sont tombés, qu'elle est tout entière localisée sur la région des poils. Et ce résultat se comprend bien. Protégée par la coiffe, la pointe extrême ne peut pas absorber. Immédiatement au-dessus de la coiffe, dans la région trop jeune pour avoir déjà des poils, les cellules en voie de croissance longitudinale et de cloisonnement, à l'état de méristème, n'absorbent que la quantité d'eau qu'elles consomment directement pour s'allonger. Enfin quand les poils sont tombés, l'assise subéreuse a subérisé ses membranes en devenant imperméable. Les poils radicaux sont donc les organes de l'absorption.

Voyons maintenant comment l'absorption s'opère le long de ces poils. L'eau du sol et chacune des substances qu'elle tient en dissolution pénètrent d'abord à travers la membrane continue des poils, conformément aux lois physiques d'osmose e de diffusion, jusqu'à ce qu'il y ait équilibre entre le conten des poils et le milieu extérieur. Puis, de deux choses l'une.

Ou bien la plante ne consomme ni l'eau qu'elle vient d'absorber, ni aucune des substances solubles contenues dans cette eau; alors l'équilibre n'est pas rompu et aucune absorption nouvelle ne se produit. Ou bien, ce qui est le cas ordinaire dans une plante en voie de croissance, le végétal consomme l'eau absorbée et certaines au moins des matières dissoutes qu'elle renferme; alors l'équilibre est à tout instant rompu, et les phénomènes d'osmose et de diffusion poursuivant leur cours, les poils continuent à absorber dans le sol l'eau et celles des matières dissoutes sur lesquelles porte la consommation. A partir du moment où l'équilibre osmotique est atteint, c'est donc la consommation de l'eau et des substances dissoutes dans le corps de la plante pendant un temps donné qui provoque et qui règle l'absorption de l'eau et des matières dissoutes par les poils radicaux pendant le même temps.

L'eau étant, dans les conditions ordinaires de la végétation, beaucoup plus abondamment consommée, est aussi beaucoup plus fortement absorbée que toutes les substances dissoutes prises ensemble. Aussi la dissolution se concentre-t-elle au dehors. Pendant que la Renouée persicaire, par exemple, absorbe la moitié du volume de l'eau qui est offerte à ses racines, elle ne prend de chacune des substances dissoutes dans cette eau que la proportion suivante pour 100 :

Chlorure de potassium	14,7	Acétate de calcium	8
Sulfate de sodium	14,4	Gomme	9
Chlorure de sodium	13	Sucre	29
Chlorhydrate d'ammonium	12	Extrait de terreau	5
Nitrate de calcium	4		

Ces nombres attestent aussi que les diverses matières dissoutes sont très inégalement absorbées. Chacune d'elles, en effet, pénètre à un moment donné indépendamment dans la racine, dans la proportion même où elle est consommée à ce moment dans le corps de la plante. Son absorption varie, par conséquent, dans le même végétal suivant son âge et à égalité d'âge suivant la nature particulière du végétal. Il en résulte qu'une substance qui existe dans le sol en quantité assez faible pour échapper à l'analyse peut s'accumuler en grande quantité dans le corps de la plante, si elle y est à tout instant combinée et solidifiée. Inversement, une substance qui existe en grande quantité dans le liquide du sol peut se trouver dans le végétal en proportion assez minime pour échapper à l'analyse, si elle n'y est en aucune façon consommée. Toutes les substances dissoutes ne sont d'ailleurs pas absorbables. Les albuminoïdes se montrent incapables de traverser la membrane des poils et de pénétrer dans la racine : telles sont notamment l'albumine, la caséine, la plupart des matières colorantes d'origine animale (cochenille, etc.) ou végétale (suc des baies de Phytolaque, etc.).

Le protoplasme et surtout les hydroleucites que contient chaque jeune poil étant doués d'un pouvoir osmotique considérable, le liquide du sol y pénètre jusqu'à ce qu'il ait atteint à l'intérieur une assez forte pression. Comme cette pression est sans cesse diminuée sur la face interne de la cellule périphérique par le passage du liquide dans les couches profondes, du nouveau liquide est sans cesse aspiré du sol dans le poil. Sous l'influence du courant d'eau qui traverse ainsi la cellule, le protoplasme et ses leucites se dissolvent peu à peu, s'usent et disparaissent. En même temps, le pouvoir osmotique du contenu cellulaire diminue progressivement et enfin s'annule. Désormais toute nouvelle absorption est impossible en ce point, puisque les conditions nécessaires à l'osmose ont disparu. C'est alors que le poil, devenu inutile, se flétrit et tombe. La fonction use l'organe et le poil absorbant est nécessairement éphémère.

Applications à la culture. — A mesure que la racine se ramifie et s'allonge dans la terre, les lieux d'absorption se multiplient rapidement à sa surface et s'y déplacent en s'éloignant de la base. A chaque instant de nouveaux points du sol se trouvent ainsi atteints par elle et amenés dans sa sphère d'action, en même temps qu'elle abandonne les anciens points épuisés. La disposition de la partie du sol qu'un végétal exploite directement dépend donc de la forme de son système de racines, et, par conséquent, cette forme doit être prise en sérieuse considération dans la pratique agricole. Lorsque la plante n'a qu'une racine terminale ou quand, munie en outre de racines adventives nées à la base de sa tige dressée, elle les enfonce aussitôt dans le sol, il faudra distinguer avec soin si la racine se ramifie en un système pivotant ou en un système fasciculé.

Si la racine est pivotante, la plante épuise la terre jusqu'à une grande profondeur, mais seulement jusqu'à une petite distance de chaque côté, surtout si le pivot est exagéré, comme dans la Dauce carotte ou la Bette vulgaire. C'est donc très près de la base de la tige qu'il faudra accumuler en grande quantité les éléments réparateurs : eau d'arrosage, fumure, etc. Si la racine est fasciculée, le végétal n'épuise le sol que dans sa couche superficielle, mais son action s'étend souvent à une très grande distance tout autour de la tige. C'est alors dans un cercle de grande étendue qu'il faut répandre l'eau d'arrosage et les engrais, surtout au voisinage de la circonférence, où se trouvent les éléments absorbants.

Veut-on cultiver côte à côte deux plantes dans le même champ ; il faudra choisir l'une à racine fasciculée, comme l'Avoine, l'autre à racine pivotante, comme la Luzerne ; la première épuisera la surface, la seconde la profondeur, et chacune ayant son étage, elles ne se nuiront pas. Veut-on déterminer l'ordre de succession des cultures dans un champ, ce qu'on appelle l'*assolement* de ce champ ? après une plante à racine fasciculée, qui a épuisé le sol à la surface, il conviendra de choisir un végétal à racine pivotante, qui ira se nourrir dans les couches profondes ; on fera alterner, par exemple, la Bette avec le Blé.

Veut-on savoir si un terrain est propice à la culture d'un végétal donné ? Il faudra étudier la qualité du sol à une certaine profondeur, si la plante a une racine pivotante, au voisinage même de la surface, si elle a une racine fasciculée, donner des labours profonds dans le premier cas, superficiels dans le second. Veut-on planter d'arbres le bord d'un chemin ? Il faudra choisir de préférence des arbres à racine pivotante, des Ormes, par exemple, qui ne nuisent pas aux cultures du champ voisin, comme font des arbres à racine fasciculée, des Peupliers, par exemple, dont les racines s'y étendent au bout d'un certain temps.

Comme la transplantation est plus facile et la reprise plus assurée si la racine est fasciculée que si elle est pivotante, on transforme dans les pépinières les racines de la seconde sorte en racines de la première, en tronquant le pivot à une certaine distance au-dessous de la surface. Les racines secondaires attachées au tronçon, ainsi que leurs diverses ramifications, acquièrent alors un développement beaucoup plus considérable, et le système prend tous les caractères d'une racine fasciculée.

Enfin, comme chaque radicelle porte une zone de poils absorbants, plus les radicelles sont nombreuses et serrées, plus l'absorption est énergique. Aussi cherche-t-on à favoriser le plus possible la multiplication des radicelles, et le moyen le plus sûr est de tronquer de temps en temps les extrémités des racines. Il se produit alors tout autour de la plaie un grand nombre de racines adventives, en même temps que les racines voisines déjà formées acquièrent plus de vigueur et se ramifient plus abondamment. C'est ce que font les jardiniers quand ils *serfouissent* ou quand ils *rafraîchissent* les racines des plantes.

Action de la racine sur les solides. Digestion. — L'acide carbonique émis par la respiration des racines reste dans le sol à l'état gazeux, se dissout dans l'eau, ou se combine avec les carbonates alcalins et terreux pour former des bicarbonates; les derniers passent ainsi de l'état insoluble à l'état soluble. On sait aussi que les phosphates sont plus solubles dans une eau chargée d'acide carbonique que dans l'eau pure. Par l'effet seul de sa respiration, la racine agit donc déjà sur certaines parties constitutives du sol, pour les rendre solubles et absorbables. Mais son action est loin de se borner à ce résultat indirect.

En se développant dans le sol, les poils radicaux ont leur croissance à chaque instant gênée par la pression et les frottements des particules solides; ils s'appliquent en conséquence étroitement sur elles, se moulent, se soudent à leur surface et les enveloppent de leurs replis (voir p. 69, fig. 23). Aussi, quand on retire avec précaution une racine développée dans du sable fin et qu'on la secoue doucement, voit-on une gaine de grains de sable persister autour d'elle dans la région des poils, pendant que sur les extrémités jeunes et sur les parties âgées le sable n'adhère pas (fig. 46). Si l'on agite plus fortement, ou si l'on essuie la surface, les grains se détachent, mais en entraînant avec eux les poils brisés. Que se passe-t-il dans ce contact intime des poils avec les particules solides?

Une racine qui se développe dans l'air humide sur du papier bleu de tournesol rougit le papier sur son passage et chaque poil y marque sa trace colorée. La couche cellulosique de la membrane des poils est donc imbibée par un liquide acide. Au contact, ce liquide agit énergiquement sur les particules solides de la terre. Que l'on fasse croître, en effet, des racines de Haricot ou de Maïs sur une plaque bien polie de marbre, de dolomie, de magnésite, d'ostéolithe, etc.; après quelques jours, on voit que, sur tout leur parcours, les racines et radicelles ont gravé dans la pierre leur empreinte et celle de leurs poils. Les carbonates de calcium et de magnésium, le phosphate de calcium, etc., sont donc attaqués et dissous

ig. 46. — Deux plantules de Blé, déterrées et secouées. Dans la plus jeune, A, les racines sont entièrement enveloppées d'une gaine terreuse adhérente aux poils, excepté dans la région de croissance. Dans l'autre, B, plus âgée d'un mois, les parties anciennes, où les poils sont morts, ne retiennent plus la terre; les parties jeunes, où les poils sont vivants, sont seules enveloppées de granules.

u contact des poils par le liquide acide qui en imprègne la membrane; après quoi, ils sont absorbés comme les matières olubles ordinaires. C'est de la même manière que les racines es plantes qui vivent dans les feuilles mortes et dans l'humus, omme la Néottie nid-d'oiseau, par exemple, attaquent les substances ligneuses, les rendent solubles et ensuite les absorbent. En un mot, la racine digère les particules solides du sol (p. 54), sa fonction digestive ne s'exerçant d'ailleurs que dans la région des poils et au contact direct de leur membrane imprégnée de sucs acides.

Résumé des fonctions externes de la racine. — En résumé, la racine fixe la plante au sol et exerce sur le sol une triple action : sur les gaz, en respirant; sur l'eau et les matières dissoutes, en les absorbant; sur les solides, en les digérant. Ces trois phénomènes se manifestent à la fois sur chaque racine ou radicelle dans la région des poils; bien plus, ils peuvent s'accomplir tous ensemble le long d'un même poil. Il suffit pour cela que cette radicelle ou ce poil trouve sur son parcours à la fois des particules solides et des interstices occupés les uns par du gaz, les autres par du liquide.

Des quatre fonctions externes que la racine remplit ainsi quand elle possède sa forme ordinaire, il en est trois qui lui sont spéciales, qui ne se retrouvent pas normalement dans les autres membres de la plante : ce sont la fixation, l'absorption et la digestion. La racine est donc essentiellement l'organe fixateur, absorbant et digestif de la plante. La respiration, au contraire, n'appartient à la racine que comme partie constitu tive du corps ; nous verrons, en effet, que les autres membre la possèdent au même titre qu'elle : c'est une fonction géné rale.

C'est encore le triple rôle fixateur, absorbant et digestif, qu la racine remplit quand elle produit des suçoirs, soit à so1 sommet même, qui ne se développe pas, comme dans le Gui soit seulement sur quelques-unes de ses radicelles, comm dans le Mélampyre et le Rhinanthe, dans le Thèse, dans l'Oro banche, etc.

Les différenciations secondaires de la racine, en tant qu'elle correspondent à des fonctions externes, c'est-à-dire en met tant à part les tubercules, qui sont des réservoirs nutritifs, on un rôle purement mécanique et servent à soutenir la plante comme le Lierre avec ses crampons, la Vanille avec ses vrilles la Jussiée avec ses flotteurs, la Derride avec ses épines, etc (voir p. 80) : ce sont des fonctions accessoires.

§ 4

FONCTIONS INTERNES DE LA RACINE

Conduire le liquide qu'elle a absorbé dans le sol, depuis la région des poils où il a pénétré dans son corps, jusqu'à la tige où elle est insérée ; ramener de la tige jusqu'à son extrémité en voie de croissance les substances plastiques élaborées, comme on le verra plus tard, par les feuilles : telles sont les deux fonctions internes principales de la racine. Il s'y ajoute diverses fonctions accessoires, mécaniques comme le soutien et la protection, ou chimiques comme la sécrétion et, surtout lorsqu'elle se différencie en tubercule, la constitution d'une réserve nutritive pour les développements ultérieurs de la plante. Considérons tour à tour ces trois points.

Transport vers la tige du liquide absorbé dans le sol par la racine. — Une fois introduit dans les cellules de l'assise pilifère, le liquide du sol traverse horizontalement, conformément aux lois de l'osmose et de la diffusion, d'abord l'assise subéreuse encore perméable à ce niveau, puis l'écorce externe, puis l'écorce interne avec l'endoderme non encore subérisé à cette hauteur, enfin le péricycle, et arrive au contact des faisceaux. Il pénètre dans les faisceaux ligneux dont les vaisseaux, bouchés vers l'extrémité par le méristème où ils se terminent, le conduisent du sommet de la racine vers sa base, jusqu'à l'insertion sur la tige. Les faisceaux ligneux sont les voies, et les voies exclusives, du courant ascendant. Pour le prouver, on coupe à une certaine distance de sa pointe une racine assez grosse. A partir de la section, on enlève l'écorce, on évide la stèle et l'on entaille le manchon qui reste à l'endroit de chaque faisceau libérien de manière à isoler les faisceaux ligneux. Cela fait, si l'on plonge dans l'eau la région réduite à ces filets, la tige feuillée attenante à la racine se conserve fraîche. Elle se fane au contraire si, dans la base émergée d'une racine entière plongée dans l'eau, on pratique à travers l'écorce, avec une aiguille coupante, la section de tous les faisceaux ligneux ; l'écorce, le conjonctif et les faisceaux libériens demeurés intacts ne servent donc pas au transport.

n peut encore couper vers son extrémité une racine attenant à une tige feuillée et plonger la section dans une dissolution colorée, dans la fuchsine, par exemple. Après quelques heures, si l'on pratique des coupes transversales à diverses hauteurs dans cette racine, on voit que le liquide coloré remplit les vaisseaux, dont il colore fortement les membranes lignifiées. Il y est tout d'abord exclusivement localisé ; l'écorce, le conjonctif et les faisceaux libériens demeurent incolores.

Chemin faisant, les cellules voisines des faisceaux ligneux soutirent des vaisseaux par osmose l'eau et les matières dissoutes dont elles ont besoin. Sur le grand courant vertical s'insèrent donc un grand nombre de petits courants horizontaux dérivés, qui se dirigent aussi bien vers l'extérieur dans l'écorce, à travers le péricycle et l'endoderme, que vers l'intérieur jusqu'au centre de la moelle. C'est la raison d'être de la sculpture des vaisseaux, d'assurer par les places minces le passage latéral des liquides, en même temps que leur soutien et le maintien de leur calibre malgré la turgescence des cellules voisines sont obtenus par les places épaissies et lignifiées. C'est aussi en vue de permettre le passage latéral des liquides des vaisseaux dans l'écorce que l'endoderme, quand il est fortement épaissi et lignifié, garde des places minces en face des faisceaux ligneux, comme il a été dit page 93.

Sous quelle impulsion le liquide, une fois introduit dans les vaisseaux et devenu ce qu'on appelle la *sève*, les parcourt-il dans toute leur longueur jusqu'à la tige ? Il faut se rappeler que les phénomènes osmotiques dont l'assise pilifère d'abord, et ensuite les autres assises de l'écorce sont le siège pendant l'absorption, joints à la forte turgescence des cellules qui en résulte, développent une pression qui foule le liquide dans les vaisseaux. Impossible vers la pointe, où les vaisseaux viennent se fermer dans le méristème, le mouvement du liquide, sous l'influence de cette poussée, ne peut se produire que vers la base du membre.

Il est facile de mettre en évidence l'existence de cette poussée de bas en haut à partir de la région des poils, et d'en mesurer la force. Après le coucher du soleil, on tranche au ras du sol la tige de la plante ; on déterre le pivot de la racine sur une étendue de quelques centimètres et l'on y ajuste un tube de verre avec un manchon de caoutchouc. Bientôt l sève sort par la section, monte dans le tube où elle continue de s'élever pendant six à huit jours, atteignant finalemen plusieurs fois le volume de la racine. Si, avant de fixer l tube, on observe la section du pivot à la loupe, après l'avoi essuyée avec du papier buvard, on s'assure que le liquide ne perle que sur les faisceaux ligneux, où il s'échappe surtou par l'ouverture des vaisseaux les plus larges : ce qui vient confirmer encore le résultat établi plus haut. Si maintenant on ajuste à la racine un manomètre approprié, on voit que, même dans des végétaux de petite taille, le liquide continue de s'échapper sous une pression de plusieurs centimètres de mercure. Ainsi la pression s'élève : dans le Haricot, à 159 millimètres; dans l'Ortie, à 354 millimètres; dans la Digitale, à 461 millimètres. Dans les plantes ligneuses, cette pression est plus considérable; dans la Vigne, par exemple, elle atteint et dépasse une atmosphère. Encore ne mesure-t-on pas ainsi la poussée initiale, née du jeu des phénomènes osmotiques dans la région des poils, mais seulement la pression que le liquide peut vaincre encore quand il est arrivé à la base de la tige; il est évident qu'en parcourant la racine dans toute sa longueur, il a déjà surmonté d'innombrables obstacles, dont la grandeur totale est inconnue.

Transport vers le sommet de la racine des substances plastiques venues de la tige. — Les substances plastiques produites par le travail d'assimilation dont les feuilles sont, comme nous le verrons plus tard, les organes essentiels, sont amenées de la tige dans la racine et cheminent ensuite dans toute la longueur de ce membre et de ses ramifications, jusqu'à la pointe extrême. Ce transport descendant s'opère par les tubes criblés, qui composent les faisceaux libériens. On a vu, en effet, que ces tubes sont remplis de substances albuminoïdes, de consistance épaisse et granuleuse, renfermant souvent des grains d'amidon. Ces matières, dépassant la région des poils, parviennent jusque dans le méristème et jusqu'aux cellules mères de ce méristème, dont elles alimentent la croissance et le cloisonnement. L'impulsion qui les déplace lentement dans les tubes criblés n'est autre que l'appel déterminé par la lente consommation au lieu d'emploi. Il n'y a pas ici de poussée, comme pour le liquide clair des vaisseaux.

Résumé des fonctions de transport. — En résumé, le transport des liquides et des substances nécessaires à la nutrition, qui est la fonction interne principale de la racine, s'y opère par deux séries de courants parfaitement rectilignes, de sens inverse et régulièrement alternes. Les uns, ascenants, dirigés du sommet à la base, ont leur siège dans les aisceaux ligneux, où se déplace rapidement un liquide clair hargé surtout de matières minérales. Les autres, descen-

dants, dirigés de la base au sommet, passent dans les faisceaux
libériens, où glisse lentement une substance pâteuse. Les premiers partent de la région des poils, les seconds dépassent
ce niveau et parviennent jusque dans les profondeurs du
méristème.

Fonctions internes accessoires. — La racine se protège à
l'aide de son assise subéreuse, surtout lorsqu'elle est cloisonnée et forme une couche subéreuse plus ou moins massive,
quelquefois aussi à l'aide de son assise pilifère subérisée et
persistante, surtout lorsqu'elle se cloisonne et forme un voile
plus ou moins épais. L'endoderme, de son côté, surtout lorsqu'il sclérifie ses membranes, protège directement la stèle.
La racine se soutient à l'aide des divers tissus lignifiés qui
peuvent se rencontrer, comme on l'a vu plus haut, tout aussi
bien dans l'écorce que dans la stèle; l'endoderme notamment,
quand il est fortement scléreux, soutient en même temps qu'il
protège. Protection et soutien sont deux fonctions internes
mécaniques.

La sécrétion s'opère dans la racine à l'aide de divers tissus
dont l'ensemble compose l'appareil sécréteur de ce membre et
qui peuvent se rencontrer, comme ou l'a vu plus haut, dans
toutes ses régions, depuis l'assise subéreuse jusqu'au centre
de la moelle. Enfin la mise en réserve a lieu dans toutes les
portions du parenchyme, cortical ou conjonctif, non affectées
aux trois fonctions précédentes. Quand la racine se tuberculise dès le début, en exagérant le développement soit de son
écorce comme dans la Ficaire ou l'Orchide, soit de sa
moelle comme dans l'Asphodèle ou l'Hémérocalle, elle
devient un dépôt spécial de substances nutritives mises en
réserve pour les développements ultérieurs de la plante, ce
qu'on peut appeler un *réservoir nutritif* primaire. La nature
des substances ainsi accumulées dans les cellules du parenchyme et la forme qu'elles y prennent sont très diverses.
Dans la Ficaire, l'écorce a ses cellules bourrées de grain
d'amidon. Dans l'Asphodèle, la moelle a ses cellules pleine
d'un suc tenant en dissolution du sucre de Canne. Dan
l'Orchide, le parenchyme qui résulte de la confluence de
écorces des racines constitutives contient de l'amidon dan
certaines de ses cellules, de la gomme dans les autres.

Quand la racine s'épaissit par la formation de tissus secon
daires (p. 114), surtout quand cette formation est assez exu
bérante pour provoquer la tuberculisation du membr

(fig. 43), le parenchyme secondaire se charge de substances de réserve, sucre de Canne (Bette vulgaire, Radis cultivé, Dauce carotte, etc.), amidon (Batate comestible etc.), inuline (Dahlie variable, etc.), et il se constitue de la sorte un réservoir nutritif secondaire.

Qu'ils soient renfermés dans un parenchyme primaire ou dans un parenchyme secondaire, les matériaux de réserve sont plus tard transformés et digérés sur place, le sucre de Canne par l'invertine, l'amidon par l'amylase, etc.; devenus ainsi assimilables, ils sont utilisés pour les développements ultérieurs. Accumuler des réserves et les digérer est donc une fonction interne accessoire de la racine.

CHAPITRE TROISIÈME

LA TIGE

La tige existe, on l'a vu, chez les Phanérogames, les Cryptogames vasculaires et les Muscinées ; c'est à la base de ce troisième groupe qu'elle apparaît et l'on y peut suivre pas à pas, chez les Hépatiques, la différenciation progressive du corps, depuis le thalle le plus simple jusqu'à la tige feuillée la mieux caractérisée. Cette même différenciation commence à se manifester aussi çà et là au sommet du groupe des Thallophytes, notamment, parmi les Algues, chez les Characées et certaines Floridées. Nous allons étudier ce membre, comme nous l'avons fait pour la racine, d'abord au point de vue morphologique, puis au point de vue physiologique.

SECTION I

MORPHOLOGIE DE LA TIGE

L'étude morphologique de la tige exige que l'on considère ce membre d'abord dans sa forme extérieure et tout ce qui s'y attache, puis dans sa structure et tout ce qui en dérive.

§ 1

FORME EXTÉRIEURE DE LA TIGE

Conformation générale de la tige. — La tige jeune a ordirement la forme d'un cylindre grêle, dressé verticalement sous l'influence de la pesanteur, comme on le verra plus tard, terminé au sommet en un cône obtus, attaché par sa base à la base de la racine terminale, qui la fixe au sol. Cette forme est symétrique par rapport à son axe, lequel est dans le prolongement de l'axe de symétrie de la racine terminale. La ligne circulaire de jonction de la tige avec la racine terminale, située d'ordinaire au niveau de la surface du sol, est le *collet*.

Sur les flancs de la tige sont insérés de distance en distance ces membres aplatis qu'on appelle des feuilles. Le disque transversal où s'attache une feuille, souvent un peu renflé, est un *nœud*, et l'intervalle qui sépare deux feuilles consécutives est un *entre-nœud*. La tige se compose donc d'une série alternative de nœuds et d'entre-nœuds. Il faut remarquer seulement que l'entre-nœud inférieur s'étend de la base de la tige, du collet, à la première feuille, et l'entre-nœud supérieur, de la dernière feuille au sommet.

A mesure qu'on s'approche du sommet, les entre-nœuds deviennent de plus en plus courts, et les feuilles, toujours étalées, se rapprochent de plus en plus. Au voisinage même du sommet, les feuilles, plus petites et serrées les unes contre les autres, ne sont plus étalées, mais relevées et recourbées autour du sommet de la tige, qu'elles enveloppent en se recouvrant les unes les autres. Cet ensemble conique formé par l'extrémité courte de la tige et par les petites feuilles serrées et recourbées qui l'enveloppent est un *bourgeon*, c'est le bourgeon *terminal*. Il faut l'ouvrir, en écarter les feuilles une à une, depuis les plus grandes et aux plus basses qui sont en dehors, jusqu'aux plus petites et les plus hautes qui sont en dedans, pour mettre à nu le sommet même de la tige. On arrive encore à ce résultat en pratiquant dans le bourgeon terminal une section longitudinale axile, ou une section transversale au-dessus des dernières feuilles (fig. 47).

A mesure que la tige grandit, les feuilles externes du bourgeon s'accroissent, se séparent des autres en s'incurvant vers le bas et se disposent enfin horizontalement; elles *s'épanouis-*

sent, comme on dit. Mais, en même temps, il s'en forme de nouvelles à l'intérieur et plus près du sommet, de sorte que le bourgeon conserve sa composition première. Au centre du bourgeon, le sommet de la tige se montre, suivant les plantes, arrondi en hémisphère, allongé en cône ou aplati en forme de plateau ; mais dans tous les cas son contour est la continuation directe de la surface latérale ; il n'y a donc ici rien qui ressemble à la coiffe de la racine. Non pas que la tige n'ait, tout autant que la racine, besoin de protéger sa pointe, notamment contre la pluie, le vent, le soleil, les insectes, etc. ; mais cette protection, les feuilles recourbées du bourgeon, qui la recouvrent comme d'un toit, la lui assurent

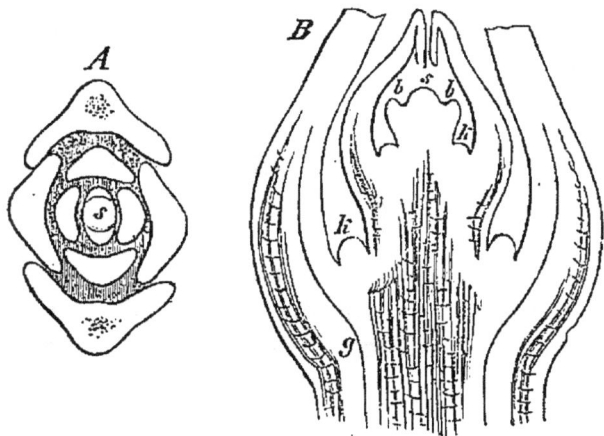

Fig. 47. — Bourgeon terminal de la Coriaire. *A*, en coupe transversale ; *B*, en coupe longitudinale axile ; *s*, sommet de la tige ; *b*, feuilles ; *k*, leurs bourgeons axillaires.

déjà de la manière la plus efficace : une coiffe lui serait inutile. Contrairement à ce qui a lieu pour la racine, la surface de la jeune tige est donc dans toute son étendue une surface primitive. Cette surface est d'ailleurs tantôt parfaitement lisse et la tige est *glabre*, tantôt hérissée de poils de forme, de structure et de rôle différents, comme il sera dit plus loin, et la tige est *velue*.

Ordinairement cylindrique, la tige prend quelquefois des protubérances aplaties et acérées qu'on nomme des *aiguillons*, comme dans les Rosiers et les Ronces ; ou bien elle forme des arêtes longitudinales qui lui donnent une forme prismatique, triangulaire comme dans les Laiches, quadrangulaire comme dans les Labiées et la Scrofulaire, ou à côtes multiples comme dans les Cierges. Si ces arêtes se prononcent davantage, elles deviennent des *ailes* et la tige est *ailée*, comme dans les Gesses ; s'il n'y a que deux ailes opposées, elle est aplatie en ruban, comme dans les Epiphylles.

Si sa consistance est et demeure molle et charnue, la tige est *herbacée* et la plante une *herbe* ; quand elle devient bientôt dure et sèche, la tige est *ligneuse* et la plante est, suivant son mode de ramification, un *arbuste* ou un *arbre*.

Croissance de la tige. — Conformée comme il vient d'être dit, la tige croît dans la direction verticale. Il s'opère d'abord un allongement à l'intérieur du bourgeon. Le cône terminal de la tige s'accroît peu à peu, lentement, et à mesure il forme sur ses flancs de petites feuilles nouvelles au-dessus des anciennes. En d'autres termes, il se fait continuellement, dans le beourgeon et de bas en haut, de nouveaux nœuds et de nouveaux entre-nœuds. En même temps, les feuilles externes s'épanouissent et les entre-nœuds qui les séparent sortent peu à peu du bourgeon. Cette entrée incessante de nouveaux nœuds et entre-nœuds au sommet du bourgeon et cette sortie simultanée d'autant de nœuds et d'entre-nœuds à sa base, constitue la *croissance terminale* de la tige, croissance formatrice et nécessaire.

Une fois sortis du bourgeon par le mouvement de glissement qu'on vient de décrire, les entre-nœuds et les nœuds se comportent de deux manières différentes. Quelquefois ils ne s'allongent ni les uns ni les autres, les feuilles épanouies demeurent aussi serrées sur les flancs de la tige qu'elles l'étaient dans le bourgeon et en masquent la surface, qu'on ne voit nulle part à nu (Fougères arborescentes, beaucoup de Palmiers, Aloès, Cycadacées, Plantain, Pissenlit, Joubarbe, etc.) ; la tige n'a pas alors d'autre allongement que sa croissance terminale. Mais, le plus souvent, les entre-nœuds ou les nœuds s'allongent plus ou moins fortement après leur sortie du bourgeon ; cet allongement ultérieur constitue la *croissance intercalaire* de la tige. Ordinairement ce sont les entre-nœuds seuls qui s'allongent ainsi, parfois jusqu'à atteindre plusieurs milliers de fois leur dimension première ; les feuilles s'écartent de plus en plus, et entre elles la tige se trouve largement mise à nu. La croissance intercalaire est alors *internodale*. La même tige peut d'ailleurs tour à tour, aux diverses époques de son développement, allonger ou non ses entre-nœuds, ajouter ou non à sa croissance terminale une croissance internodale. Les premiers entre-nœuds, par exemple, restent très courts et les feuilles sont rapprochées en rosette ; les suivants s'allongent beaucoup et du centre de la rosette part une tige élancée ; les derniers demeurent courts de nouveau et il se fait une rosette terminale, qui est ordinairement une fleur ou un groupe de fleurs (Agave, Plantain, Pissenlit, Joubarbe, etc.). Quelquefois ce sont, au contraire, les nœuds qui s'allongent seuls, écartant de plus en plus les parties libres des feuilles dont les bases ainsi accrues demeurent en contact et recouvrent toute la tige dans les intervalles (Pesse, Mélèze, Pin, Thuier, Cyprès, Sarothamne, Casuarine, etc.). La croissance intercalaire est alors *nodale*. Enfin, il arrive parfois que les entre-nœuds et les nœuds s'allongent en même temps dans diverses proportions; la croissance intercalaire est alors à la fois internodale et nodale (Cèdre, etc.).

Quand elle a lieu, la croissance intercalaire, qu'elle soit nodale ou internodale, ou les deux à la fois, suit toujours la même marche. Si elle est internodale, comme c'est le cas de beaucoup le plus fréquent, dans un entre-nœud donné, elle est lente au début, puis de plus en plus rapide, jusqu'à un certain maximum; elle se ralentit ensuite de nouveau, jusqu'à s'annuler tout à fait. De sorte que si, sur les jours pris comme abcisses, on élève des ordonnées proportionnelles aux allongements quotidiens, on obtient une courbe dont la figure 48 donne un exemple pour la Fritillaire impériale. La croissance d'un entre-nœud de la tige de Fritillaire dure vingt jours, comme on voit, et c'est le sixième jour qu'elle

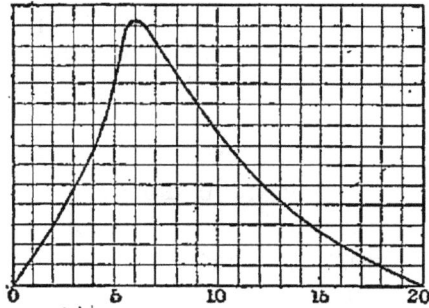

Fig. 48.

atteint son maximum. Ailleurs, dans le Houblon, par exemple, elle est plus rapide et plus vite épuisée.

Pendant que l'entre-nœud considéré passe par ces diverses bases, d'autres sortent successivement du bourgeon au-dessus de lui, qui le repoussent de plus en plus loin du sommet. Au oment où sa croissance prend fin, la distance qui sépare sa imite supérieure de la base du bourgeon terminal mesure la ongueur de tige actuellement en voie de croissance intercaaire. Suivant les plantes, cette longueur est assez variable et 1e renferme pas toujours le même nombre d'entre-nœuds. insi, par exemple, dans l'Asperge elle mesure 20 centimètres vec un grand nombre d'entre-nœuds, dans la Renouée 5 centimètres avec 5 entre-nœuds, dans la Valériane 25 centimètres et dans la Cardère 40 centimètres avec 4 entre-nœuds, dans la Céphalaire 35 centimètres avec 3 entre-nœuds. Dans la région florifère, la région de croissance peut même se réduire à un seul entre-nœud et être cependant très longue, mesurer par exemple 30 centimètres dans l'Ail oignon et 40 centimètres dans l'Ail poireau.

Quand la région de croissance internodale comprend plusieurs entre-nœuds, chacun d'eux se trouve, à un moment donné, dans une phase différente de sa croissance propre et, si l'on en considère à ce moment toute la série du sommet à la base, on doit trouver, en passant de l'un à l'autre le long de la tige, la même succession de phases que l'on a constatée en passant d'un jour à l'autre dans l'un quelconque d'entre eux, ce que l'observation directe vérifie pleinement. En mesurant une première fois chacun des entre-nœuds de la région de croissance, puis de nouveau le jour suivant, on voit, en effet, que l'allongement, faible sur ceux d'en haut, augmente rapidement et atteint son maximum quelque part sur un entrenœud moyen, puis diminue progressivement et s'annule sur le dernier d'en bas. La courbe des allongements simultanés des divers entre-nœuds, construite sur la tige elle-même, a donc la même forme que celle des allongements successifs d'un même entre-nœud, construite sur la ligne des temps (fig. 48). Cette forme varie d'ailleurs suivant les plantes, car la vitesse de croissance a son maximum tour à tour dans le second, le troisième, le quatrième ou le cinquième entre-nœud à partir du bourgeon.

Capacité de croissance intercalaire de la tige. — Si l'on appelle *capacité de croissance* d'un entre-nœud ou d'un nœud la faculté qu'il a d'acquérir en définitive une certaine longueur, on verra que cette capacité varie le long de la même tige suivant une certaine loi. Dans une tige qui a achevé sa croissance internodale, mesurons tous les entre-nœuds, de la base au sommet. Les premiers sont courts, parfois nuls, les suivants de plus en plus longs et il en est un quelque part dans la région moyenne qui est le plus long de tous; après quoi, ils deviennent de moins en moins longs et les derniers sont de nouveau très courts et parfois nuls. En élevant sur la tige, perpendiculairement au milieu de chaque entre-nœud, un ordonnée proportionnelle à la longueur définitive de cet entre nœud, on obtient la courbe des capacités de croissance inter nodale de la tige. Le numéro d'ordre du plus long entre-nœud c'est-à-dire l'âge où la tige acquiert sa plus grande capacité de croissance internodale, varie suivant les plantes, et avec lui la forme particulière de la courbe, qui conserve partout son caractère général.

La largeur définitive des entre-nœuds et des nœuds varie le long de la tige comme leur longueur et suivant la même loi. Les premiers nœuds et entre-nœuds sont grêles, les suivants de plus en plus larges, jusqu'à un certain diamètre, qui se conserve ensuite plus ou moins longtemps; après quoi, les entre-nœuds deviennent de plus en plus grêles. Dans son ensemble, la tige prend ainsi la forme d'un fuseau; cette forme est souvent très frappante (Fougères arborescentes, Palmiers, Pandanacées, Aracées, Maïs, etc.). Quelquefois elle s'exagère, le renflement se localise, la tige se dilate tout à coup fortement pour reprendre un peu plus haut et brusquement son diamètre primitif; la région renflée est alors un *tubercule* (Morelle tubéreuse, Safran, Cyclame, certains Palmiers, etc.). Chez plusieurs Cactacées, la tige tout entière n'est ainsi qu'un tubercule arrondi (Mamillaire, Échinocacte, etc.) ou aplati (Oponce).

Circumnutation de la tige. Tiges volubiles. — Si la croissance intercalaire de la tige avait la même vitesse sur toutes les lignes longitudinales qu'on peut tracer à sa surface, l'allongement aurait lieu en ligne droite. Il n'en est pas ainsi. A un moment donné, la vitesse de croissance est plus grande suivant l'une de ces lignes que suivant toutes les autres et par conséquent la tige se courbe en devenant convexe de ce côté. La ligne de plus fort allongement se déplaçant progressivement et régulièrement autour de l'axe, il en résulte que la tige imprime à son sommet un mouvement circulaire ou elliptique le long d'une hélice ascendante. En un mot, elle est douée d'une circumnutation, beaucoup plus ample et plus rapide que celle de la racine, puisque la région de croissance y est beaucoup plus longue.

Le sens du mouvement révolutif est constant dans une plante donnée, mais varie d'un végétal à l'autre; il s'opère le plus souvent de gauche à droite en montant, quand on a la tige devant soi (Haricot, Liseron, Ipomée, etc.), parfois de droite à gauche (Houblon, Chèvrefeuille, etc.). Le nombre des tours, cercles ou ellipses, décrits en un temps donné par le sommet de la tige, varie beaucoup suivant les plantes. Ainsi en douze heures, la tige du Chou et de la Courge fait quatre tours, pendant que celle de la Morelle et de l'Oponce n'en fait qu'un seul. La tige de l'Ibéride et de l'Azalée ne décrit en vingt-quatre heures qu'une seule large ellipse; celle de la Deutzie trace quatre ou cinq ellipses étroites en onze heures et demie; celle du Trèfle fait trois tours en sept heures. Parfois les ellipses sont extrêmement étroites; la tige, après s'être courbée dans un sens, se redresse alors et se penche en sens contraire, exécutant ainsi une série de flexions alternatives, une série d'oscillations dans le même plan (tige florifère de l'Ail poireau).

Le plus souvent les courbures de circumnutation sont éphémères, comme la cause qui les produit; en cessant de croître, les entre-nœuds reprennent la direction verticale. Il y a pourtant des plantes dont la tige, quand elle vient toucher un support dressé dont la largeur ne dépasse pas l'ampleur de ses révolutions, s'enroule en hélice autour de ce support et conserve ensuite indéfiniment cette courbure, se bornant, à la fin de la croissance, à resserrer et à écarter les tours de l'hélice, qui sont au début lâches et rapprochés. Une pareille tige est dite *volubile*. Comme celui de la circumnutation qui le produit, le sens de l'enroulement est en général constant dans la même espèce. La plupart des tiges volubiles s'enroulent à droite, comme le Liseron, la Calystégie, l'Ipomée, le Haricot, l'Aristoloche, le Jasmin, l'Asclépiade, le Ménisperme, etc.; un petit nombre seulement s'enroulent à gauche, comme le Houblon, le Chèvrefeuille, le Tamier, la Renouée grimpante, etc. Les diverses espèces d'un même genre enroulent ordinairement leur tige dans le même sens; cependant la Dioscorée batate est volubile à gauche, tandis que les Dioscorées villeuse, cultivée, discolore, etc., sont volubiles à droite. Enfin, dans la Morelle douce-amère, le sens de l'enroulement, constant dans toute l'étendue de la tige, varie d'une plante à l'autre de la même espèce. Dans les tiges volubiles, le mouvement révolutif s'accomplit avec une grande uniformité; dans les conditions favorables, la Calystégie des haies, par exemple, met une heure quarante-deux pour faire un tour, le Haricot vulgaire une heure cinquante-sept.

Torsion de la tige. — Quand la tige est douée d'une forte croissance internodale, il arrive souvent que cette croissance dure plus longtemps dans la couche externe des entre-nœuds que dans leur région centrale. Il en résulte que les lignes superficielles deviennent plus longues que l'axe et, en conséquence, s'enroulent autour de lui en forme d'hélices plus ou moins raides, absolument comme si, fixant la tige par une extrémité, on la tordait par l'autre bout; en un mot, il s'opère une *torsion* de la tige. Le sens de la torsion est ordinairement constant pour une espèce donnée et il est le même que celui de la circumnutation. La tige du Liseron et du Haricot, par exemple, qui tourne vers la droite, est tordue vers la droite; celle du Houblon et du Chèvrefeuille, qui tourne vers la gauche, se tord aussi vers la gauche.

Ramification de la tige. — A mesure qu'elle s'allonge, la tige se ramifie. C'est en rapport avec les feuilles et généralement au-dessus du milieu de chaque feuille, que le phénomène se produit. Là, le corps de la tige forme une protubérance arrondie, dont la surface est et demeure continue avec la sienne. Cette protubérance s'allonge par son sommet et en même temps forme sur ses flancs, de bas en haut, de petites excroissances qui s'appliquent contre elle en se recouvrant les unes les autres et qui sont autant de jeunes feuilles. Le tout devient, en un mot, un bourgeon, constitué comme le bourgeon terminal de la tige : c'est un bourgeon latéral. Si l'on appelle *aisselle* de la feuille l'angle qu'elle fait avec la partie supérieure de la tige et où naît le bourgeon latéral, on appellera celui-ci *bourgeon axillaire*. La formation de ce bourgeon axillaire a lieu quand la feuille est encore très jeune, au sein même du bourgeon terminal (fig. 47, *k*). Entre le bourgeon latéral le plus jeune et le sommet de la tige, on rencontre cependant un certain nombre de feuilles dépourvues de protubérance axillaire. Le plus jeune bourgeon naît donc plus tard que la plus jeune feuille.

Pour chaque bourgeon axillaire, les choses se passent ensuite comme pour le bourgeon terminal. Il s'y forme sans cesse de nouveaux nœuds et de nouveaux entre-nœuds; les premiers épanouissent progressivement leurs feuilles; les seconds, une fois sortis du bourgeon, subissent leur croissance intercalaire en passant par toutes les phases indiquées plus haut. Il en résulte bientôt une tige nouvelle, une tige de second ordre, portant sur ses flancs des feuilles épanouies, terminée par le bourgeon qui lui a donné naissance et qui continue à l'accroître, et attachée par sa base sur la tige primaire.

Il se fait ainsi peu à peu sur la tige, à l'aisselle de ses feuilles et de la base au sommet, toute une génération de tiges secondaires, d'autant plus jeunes et plus courtes qu'on se rapproche de l'extrémité de la tige primaire, laquelle dépasse plus ou moins longuement ses dernières ramifications. Il en résulte un ensemble en forme de cône. Si la tige primaire continue de croître indéfiniment en formant de nouvelles tiges secondaires au-dessus des anciennes et en maintenant toujours sur elles sa prééminence originelle, si en même temps les tiges secondaires poursuivent leur croissance en gardant leur proportion relative, le cône, à mesure qu'il grandit, conserve son ouverture moyenne (Sapin, Pesse, la plupart des arbres jeunes, etc.). Si la tige primaire continue de croître pendant que les tiges secondaires cessent bientôt de s'allonger, le cône devient très aigu (Thuier, Peuplier pyramidal, etc.). Si, au contraire, la tige principale se développe peu, tandis que les tiges secondaires attachées vers sa base grandissent beaucoup, le cône devient de plus en plus obtus, ce qui est le caractère général des arbustes et des buissons. On voit que le développement relatif de la tige primaire et des tiges secondaires influe sur la forme générale du système aérien, sur ce qu'on nomme le *port* de la plante. Toutes ces différences d'aspect ont été déjà rencontrées dans la racine (p. 73), où elles sont dues à la même cause.

A leur tour, les tiges secondaires produisent, à l'aisselle de leurs feuilles et de bas en haut, des bourgeons axillaires qui s'allongent en tiges tertiaires. Ces dernières forment de même des tiges de quatrième ordre, et ainsi de suite indéfiniment. On désigne habituellement sous le nom commun de *branches* toutes ces tiges de générations successives, implantées obliquement les unes sur les autres et toutes ensemble sur la tige primaire verticale, en réservant pour celle-ci seule le nom de tige ou de *tronc*; les branches du dernier ordre reçoivent alors le nom de *rameaux*.

Il n'est pas rare que le bourgeon terminal avorte quand la tige a acquis une certaine longueur. C'est alors la branche formée à l'aisselle de la dernière feuille qui vient se placer dans la direction de la tige pour la continuer. A son tour, cette branche, comme toutes ses congénères, perd bientôt son bourgeon terminal et c'est la branche de second ordre la plus proche qui en prend la direction, et ainsi de suite. Le tronc, en apparence simple, qui se trouve constitué par cette superposition de segments de génération successive, s'appelle un *sympode* et l'on dit que la ramification est *sympodique*

(Tilleul, Orme, Charme, Coudrier, Saule, Bouleau, Prunier, Robinier, Gainier, etc.). Si la même atrophie du bourgeon terminal se produit avec des feuilles opposées deux par deux, les deux branches supérieures, en se développant également, forment une fourche ou, comme on dit, une *fausse dichotomie* (Gui, Lilas, etc.).

Il ne se fait pas toujours un bourgeon à chaque feuille (beaucoup de Mousses, de Conifères, etc.) et tous les bourgeons latéraux ne se développent pas toujours en branches (beaucoup de Palmiers, de Liliacées, de Graminées, etc.). Aussi la ramification de la tige est-elle souvent beaucoup moins compliquée qu'elle ne pourrait l'être. Il y a pourtant un moyen de forcer les bourgeons inactifs à s'allonger en branches : c'est de couper la région supérieure de la tige. Non seulement les bourgeons inférieurs se développent alors, mais la branche la plus proche de la section, se plaçant dans le prolongement de la tige, la continue et en répare en quelque sorte l'extrémité supprimée, comme cela se produit dans la formation naturelle des sympodes.

Inversement, il naît assez souvent plus d'un bourgeon à l'aisselle de chaque feuille, de sorte que la ramification est plus touffue que d'ordinaire. Tantôt ces bourgeons multiples sont disposés côte à côte en une série parallèle à l'attache de la feuille : ils sont alors *collatéraux* (Prunier, beaucoup de Graminées, certaines Liliacées, etc.). Tantôt ils sont placés l'un au-dessus de l'autre en une série verticale, au-dessus du milieu de l'attache foliaire : ils sont *superposés* (Aristoloche, Noyer, Charme, Robinier, Chèvrefeuille, etc.). Le Noyer possède cinq à huit bourgeons superposés à l'aisselle de ses cotylédons ; le Chicot du Canada en a jusqu'à onze.

Les bourgeons latéraux ne sont pas toujours disposés exactement à l'aisselle des feuilles. Ils sont quelquefois situés au-dessus des feuilles, mais de côté, alternativement à droite et à gauche, si les feuilles sont isolées (Monstérées, Marsiliacées, Salviniacées, etc.), ou en alternance avec les feuilles, si elles sont verticillées (Prêle). Ailleurs ils naissent au-dessous des feuilles (Mousses, certaines Hépatiques, etc.). Enfin ils se développent parfois sur la tige sans aucun rapport avec les feuilles, quoique avec une parfaite régularité ; c'est ce qu'on observe notamment chez les Lycopodinées. Dans les Sélaginelles, par exemple, il se forme de temps en temps sous le sommet de la tige et sans relation avec les feuilles, un bourgeon situé alternativement à droite et à gauche, mais toujours dans le même plan ; ce bourgeon se développe en une branche quelquefois aussi vigoureuse que la portion supérieure de la tige, qu'elle rejette latéralement, de manière à simuler une dichotomie. Dans les Psilotes, les fausses dichotomies se répètent dans des plans alternativement rectangulaires.

Diversité d'origine de la tige. Bourgeons adventifs. — Ordinairement la tige tire son origine des premiers développements de l'œuf. Dès que l'œuf, en se cloisonnant, est devenu un massif de cellules, la tige se différencie dans ce massif et ne tarde pas à former autour de son sommet libre une ou plusieurs feuilles, c'est-à-dire son bourgeon terminal. L'autre extrémité est bientôt occupée par la racine. Plus tard, cette tige, qu'on peut appeler *normale*, pour la distinguer de celles qui ont une autre origine, s'allonge et se ramifie comme il vient d'être dit.

Certaines plantes, d'ailleurs pourvues de tiges, n'ont jamais de pareille tige normale, soit parce que l'œuf n'en produit pas, comme dans les Mousses et aussi dans les Orchidacées, soit parce que la tige issue de l'œuf s'atrophie aussitôt avec son bourgeon terminal, comme dans quelques Phanérogames (Streptocarpe, etc.); il faut bien alors que la tige prenne son origine ailleurs. Mais même chez les plantes qui ont une tige normale, il arrive qu'il se produit, dans certaines circonstances, des tiges de cette seconde sorte, qui s'ajoutent à la première. Dans les conditions naturelles, ces tiges peuvent naître sur un corps non différencié, filamenteux (Mousses) ou lamelliforme (Orchidacées), sur une jeune feuille (diverses Doradilles et Cératopérides, Bryophylle, Cardamine, etc.), ou sur une jeune racine (Cresson, Chou, Anémone, Géraine, Euphorbe, Liseron, Linaire, Cirse, Laiteron, Peuplier, Poirier, Ronce, etc.); dans ce dernier cas, on les nomme habituellement *drageons*. Elles y commencent toujours par la formation d'autant de bourgeons, qui s'allongent ensuite et se ramifient à la manière ordinaire. Comme ces bourgeons viennent sur ces diverses parties en des points quelconques et sans régularité, on les dit *adventifs*. On les distingue par là des bourgeons normaux, qui se forment sur la tige en des places fixes en rapport avec les feuilles, qui produisent la ramification de la tige et par conséquent l'architecture de la plante. Toute tige issue d'un pareil bourgeon est dite de même *adventive*.

Sur un corps non différencié ou sur une feuille, les bourgeons adventifs sont exogènes, comme le sont toujours les bourgeons normaux; dans la Bégonie, ils naissent même chacun d'une seule cellule périphérique de la feuille. Sur la racine et sur l'entre-nœud inférieur de la tige normale, ils sont, au contraire, endogènes, excepté chez les Linaires, où ils sont exogènes. Ces bourgeons radicaux endogènes se disposent sur la racine mère dans les mêmes rangées longitudinales que les radicelles, auxquelles ils sont diversement entremêlés (fig. 49). Comme les radicelles, mais un peu plus tard, ils naissent dans le péricycle de la racine; comme elles, ils attaquent et digèrent progressivement l'écorce de la racine pour paraître au dehors, et la digestion semble ici toujours directe, sans poche (fig. 50). Comme les radicel-

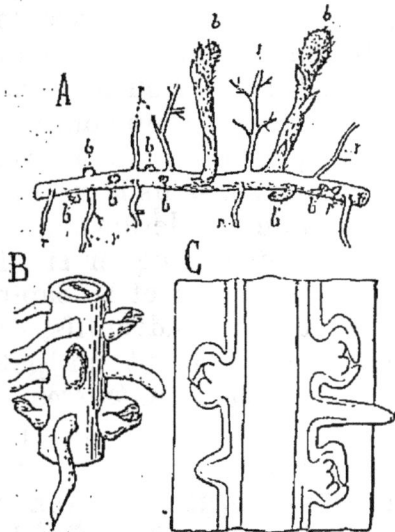

Fig. 49. — Formation de bourgeons sur la racine. A, dans la Ronce; les bourgeons b, à divers degrés de développement, sont disposés en quatre séries équidistantes, entremêlés aux radicelles. r. B, dans l'Alliaire; les bourgeons et les radicelles sont en quatre rangées rapprochées deux par deux. C, coupe longitudinale axile de la racine d'Alliaire, montrant les bourgeons et les radicelles encore inclus et nés à la même profondeur.

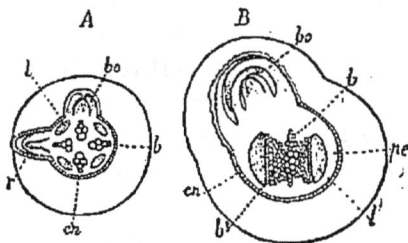

Fig. 50. — Section transversale d'une racine passant par l'axe d'un bourgeon. A, racine terminale quaternaire de Liseron; le bourgeon bo, comme la radicelle r, naît dans le péricycle en face d'un faisceau ligneux b, mais sans poche. B, racine terminale binaire d'Anémone; le bourgeon bo naît dans le péricycle p latéralement par rapport au faisceau ligneux b et sans poche.

les aussi, ils sont situés en face des faisceaux ligneux, en disposition isostique, si la racine mère en a plus de deux (Liseron, Géraine, Euphorbe, etc.) (fig. 50, A), de part et d'autre des faisceaux ligneux, en disposition diplostique, si la racine mère est binaire (fig. 50, B) (Crucifères, Anémone, etc.).

Production artificielle de tiges adventives. Applications. — Il est facile de provoquer artificiellement sur une feuille, sur une racine ou sur une tige, cette formation de bourgeons adventifs, bientôt développés en autant de tiges. Il suffit d'enterrer des feuilles ou de petits fragments de feuille de Bégonie, Gloxinie, Maclure, Pépéromie, Achimène, Marattie, etc., pour voir s'y développer, d'abord à la face inférieure des racines adventives, comme il a été dit p. 78, plus tard à la face supérieure des tiges adventives, et chaque fragment de feuille devenir ainsi l'origine d'une plante nouvelle. Le même résultat s'obtient souvent en enterrant des fragments de racine (Paulonier, Aralie, etc.). Enfin, si l'on vient à blesser ou à couper une tige ligneuse, il se forme bientôt sur la plaie un bourrelet qui se couvre de bourgeons adventifs, comme on le voit notamment sur les Saules cultivés en têtards. Dans la nature, une piqûre d'insecte, ou l'érosion produite par le développement d'un Champignon parasite, suffit pour provoquer sur le Bouleau, le Charme, le Robinier, le Pin, la Pesse et le Sapin, la production d'un grand nombre de rameaux adventifs, nés côte à côte en des points très voisins et formant un petit buisson serré, qu'on appelle *balai de sorcière*, ou *buisson de tonnerre*. Sur le Saule, des touffes adventives analogues, mais plus petites, portent le nom de *roses de Saules*.

C'est par cette double formation de bourgeons adventifs sur les racines déterrées et de racines adventives sur les branches enterrées, que s'explique l'expérience bien connue du retournement d'un arbre. Les Saules en particulier s'y prêtent aisément. Cette production plus ou moins facile de racines et de bourgeons adventifs, c'est-à-dire de tiges adventives enracinées, sur des parties très diverses encore attachées au corps de la plante et qu'on peut en détacher sans lui nuire, ou qu'on en a séparées à l'avance, la culture l'utilise très fréquemment pour multiplier les végétaux utiles. Un morceau de feuille suffit ainsi à refaire une Bégonie nouvelle, un morceau de racine un Paulonier, un morceau de tige un Saule nouveau. C'est la facile formation sur les plaies de nombreux bourgeons adventifs, bientôt développés en branches, que l'on met à profit quand on *recèpe* les arbres, c'est-à-dire quand on en sectionne la tige soit au ras du sol pour en faire un *taillis*, soit à une certaine hauteur pour en faire des *têtards*, ou quand on les *émonde*, c'est-à-dire quand on en coupe toutes les branches latérales. Ces deux pratiques, le *recépage* et l'émon-

dage, ont pour objet d'obtenir de l'arbre en peu d'années un grand nombre de branches toutes de même âge et de même force.

Définition de la tige par rapport à la racine. — L'étude de sa conformation générale, jointe à celle de sa croissance et de sa ramification, nous permet maintenant de définir la tige par rapport à la racine.

La racine a une coiffe, c'est-à-dire qu'à partir d'une petite distance du sommet sa surface a subi une dénudation précoce par l'arrachement de la couche périphérique, qui ne subsiste qu'autour de la pointe. Il en résulte pour elle l'impossibilité d'avoir des feuilles et des ramifications exogènes ; ses ramifications sont endogènes. La tige n'a pas de coiffe, c'est-à-dire que sa surface est continue et primitive. Elle produit des feuilles et ses ramifications sont exogènes. Dans la pratique, la présence des feuilles et des bourgeons axillaires, toujours facile à constater, caractérise la tige, leur absence la racine.

Quand la tige est douée de croissance intercalaire, une nouvelle différence vient s'ajouter aux précédentes, tirée de la longueur de la région de croissance, qui dans la racine ne dépasse ordinairement pas 1 centimètre (p. 70).

Différenciation secondaire de la tige. — Il arrive parfois que toutes les parties du système ramifié qui forme la tige sont et demeurent de tout point semblables, ou du moins ne présentent entre elles que des différences d'âge et de position. C'est alors, dans toutes ses parties, une tige proprement dite, une tige ordinaire. Mais le plus souvent on voit s'établir çà et là, sur certaines branches ou sur les diverses portions de la même branche, des différences de grandeur, de forme et de constitution qui font remarquer immédiatement ces parties parmi les branches ordinaires. Cette différenciation est due tantôt au passage d'un milieu dans un autre, tantôt dans le même milieu à une adaptation à des fonctions spéciales.

Rhizomes. — Si la tige étend ses ramifications dans deux milieux différents, dans la terre et dans l'air, par exemple, il y a dans ce fait seul une source abondante de caractères différentiels. Les branches souterraines, par leur aspect, leur forme, leur dimension, leur durée et leur structure, diffèrent notablement des branches aériennes de la même tige. C'est cet ensemble de caractères propres qu'on traduit par un nom spécial en les appelant des *rhizomes.* Ces différences atteignent leur maximum quand, en l'absence de racines, c'est le rhizome qui doit absorber les liquides du sol pour lui et pour la tige aérienne (Psilote, Trichomane, Corallorhize, Épipoge); il se couvre alors de poils absorbants, analogues aux poils radicaux, et les feuilles y avortent en ne laissant que de faibles traces de leur présence. De même, les branches submergées ont des caractères propres et une structure spéciale, qu'on ne retrouve pas dans les branches aériennes de la même tige (Utriculaire, Hottonie, etc.).

Les rhizomes s'allongent d'ordinaire horizontalement dans la terre, en se ramifiant et se couvrant de racines adventives. Chaque année, ils envoient verticalement dans l'air des tiges feuillées et florifères, qui meurent à l'automne. Tantôt ces tiges sont des branches axillaires du rhizome, qui s'allonge indéfiniment sans sortir de terre (Chiendent, Butome, Primevère, Adoxe, etc.). Tantôt, et bien plus souvent, c'est l'extrémité même du rhizome qui tout à coup se relève verticalement et vient étaler à l'air ses feuilles et ses fleurs. Cette portion verticale périt à la fin de l'année et le rhizome se trouve tronqué. Mais le bourgeon axillaire le plus proche de la cicatrice se développe alors en une branche horizontale, qui prolonge la tige et, au printemps suivant, redresse à son tour son extrémité dans l'air; et ainsi de suite. En un mot, il se forme un sympode souterrain, non pas, comme on l'a vu dans le Tilleul, par exemple (p. 142), parce que le bourgeon terminal avorte, mais parce que toute la partie supérieure de la tige se détruit chaque année. Si les cicatrices sont bien apparentes, on pourra compter l'âge d'un pareil rhizome : la chose est des plus faciles dans le Polygonate, qui doit à la netteté de ses empreintes le nom vulgaire de Sceau de Salomon.

Si maintenant on considère l'ensemble des branches qui s'étendent dans le même milieu, ensemble qui peut embrasser la tige tout entière si ce milieu est l'air, on y remarque des différences qui se produisent dans diverses directions et qui correspondent à une adaptation à tout autant de fonctions spéciales. Bornons-nous à signaler les principales, en insistant surtout sur celles que présente le système aérien.

Rameaux courts. — C'est déjà une différenciation quand, dans quantité d'herbes (Lysimaque nummulaire, Gléchome hédéracé, Véronique officinale, etc.), la tige a des branches qui rampent à la surface du sol, en y enfonçant de nombreuses racines adventives, et d'autres branches dressées dans l'air; quand, dans beaucoup d'arbres (Hêtre, Bouleau, Mélèze,

Cèdre, etc.), certains rameaux, tout en continuant de croître chaque année, n'allongent pas leurs entre-nœuds et ne se ramifient pas, pendant que la branche ordinaire qui les porte allonge beaucoup les siens et se ramifie abondamment. Cette dernière disposition, en permettant aux arbres d'avoir longtemps leurs longues branches garnies de feuilles, influe beaucoup sur leur aspect général, sur leur port.

La différence est plus grande si, comme dans certaines plantes à tige rampante (Fraisier, Égopode, etc.), les branches à longs entre-nœuds qui courent à la surface du sol ne forment que des feuilles rudimentaires, laissant les rameaux ourts et dressés porter seuls les feuilles normales; dans le angage vulgaire, on appelle les premiers *coulants* ou *stolons*. lle est encore plus marquée dans le Taxode distique, vulgairement Cyprès-chauve, où les rameaux courts tombent à :haque automne avec les feuilles qu'ils portent, et dans les ²ins, où les rameaux courts cessent promptement de croître, ombent après plusieurs années et portent seuls des feuilles ²arfaites, tandis que les branches longues ont une croissance ndéfinie et ne produisent que des feuilles rudimentaires. ¹nfin, elle atteint son plus haut degré dans les Fragons, où ²s branches longues ne portent aussi que des feuilles avor-'es, mais où les rameaux courts ne produisent qu'une seule ²uille, qui est parfaite, et avortent aussitôt au-dessus d'elle.

Rameaux foliacés. — Dans les Asperges, toutes les feuilles ortées par les longues branches sont encore imparfaites, mme dans les Pins et les Fragons, mais les rameaux courts 'en portent pas du tout; ils ne forment, en effet, que leur remier entre-nœud et cessent aussitôt de s'allonger, en pre-nt la forme d'aiguilles. A l'aisselle de chaque feuille rudi-entaire, il naît un bouquet de ces rameaux sans feuilles; ches en chlorophylle, ils jouent le rôle des feuilles ordinaires)sentes; aussi les appelle-t-on souvent *rameaux foliacés*. C'est ¹ phénomène de substitution.

Rameaux-vrilles, épines, crochets. — Quand la tige, trop êle pour se soutenir seule, s'attache à des corps étrangers, ¹and elle est *grimpante*, comme on dit, c'est souvent à l'aide ; certains rameaux autrement conformés que les autres 'elle se fixe aux supports. Tantôt ces rameaux demeurent oits et se terminent en pointe : ce sont des *épines*, simples mme dans le Prunier épineux, vulgairement Prunellier, et ubépine aiguë, ou rameuses comme dans les Féviers; tantôt ils se courbent en arc et forment des *crochets* (Ancistroclade, Uncaire); tantôt ils s'enroulent en spirale autour des supports, pourvu que ceux-ci ne soient pas trop minces, en devenant des *vrilles*, comme dans la Passiflore et la Vigne. Dans ce dernier cas, la vrille est constituée, soit par un rameau axillaire réduit à son premier entre-nœud très allongé, dépourvu de feuilles par conséquent et non ramifié (Passiflore, Serjanie, Cardiosperme, Paullinie, Modèce, Brunnichie, etc.), soit par un rameau portant des feuilles et ramifié à leur aisselle (Vigne, Cisse, Ampélopse, etc.).

Les rameaux différenciés en vrilles sont doués de circumnutation, comme les branches ordinaires, mais pourtant leur enroulement est dû à une tout autre cause que celui des tige volubiles. Quand la vrille encore droite est amenée, par s. propre circumnutation et par celle de la branche qui la porte en contact avec un support, sous l'influence de la pression exercée au point de contact, sa croissance est ralentie en c point; elle y devient concave et par conséquent s'appliqu autour du support. Par là, de nouveaux points sont incessamment soumis à la pression et, l'effet se propageant, l'extrémit libre de la vrille s'enroule tout entière et solidement autou du support, en y formant un nombre de tours d'autant plu grand que le premier point de contact se trouve plus éloign du sommet. Dès lors, la tige grimpante est solidement attachée; mais ce n'est pas tout. Dans la région de la vrille situé entre sa base et le premier point de contact, l'influence de l pression se propage de haut en bas et par conséquent cett portion libre s'enroule en tire-bouchon, moitié dans un sen moitié en sens opposé. Ce second effet s'accomplit douze vingt-quatre heures après la fixation; il a pour résult' de tirer en haut la tige grimpante, de la soulever et de l tendre sur son support. Il complète ainsi utilement le pr mier.

Certaines vrilles, notamment celles de l'Ampélopse héd racé, vulgairement Vigne-vierge, ont une propriété singulièr Une fois que, grâce à leur circumnutation, les extrémit courbées de la vrille rameuse sont venues se poser et presser contre le support, elles se gonflent, deviennent d' rouge brillant et produisent chacune un disque aplati qui soude intimement avec le support, en pénétrant dans tous s creux et se moulant sur toutes ses saillies. Ce sont des vrill *adhésives*. Une fois la fixation opérée, la vrille se contrac comme d'ordinaire, en spirale, ce qui attire contre le mur ou le rocher la portion de tige où elle est insérée.

Rameaux-tubercules. — Sur les parties souterraines ou submergées de la tige, aussi bien que sur ses parties aériennes, on voit souvent certaines branches se renfler en *tubercules*. Le renflement tantôt se limite à un entre-nœud (Cyclame, Dioscorée, Bégonies tubéreuses, Prêles, etc.), tantôt envahit plusieurs entre-nœuds successifs, soit au sommet de la tige (Morelle tubéreuse, Épiaire tubérifère, Surelle crénelée, Sagittaire, Souchet comestible, etc.), soit à sa base (Maxillaire et autres Orchidacées épidendres, Safran, Glaïeul, Colchique, etc.), tantôt s'étend à toute la longueur d'une branche (Échinocacte, Gouet, Nymphée, etc.), ou d'un bourgeon axillaire (Saxifrage grenue, Dioscorée bulbifère, etc.).

Ces tubercules sont des réservoirs nutritifs. Ils se détachent ordinairement du corps de la plante et, plus tard, en formant des racines adventives et en allongeant leurs bourgeons normaux, ils régénèrent autant d'individus nouveaux. Ils conservent donc et multiplient le végétal.

Durée de la tige. — Chez un grand nombre de plantes, la tige meurt tout entière à la fin de sa première année d'existence ; ces plantes sont *annuelles*, comme le Blé et les autres céréales, le Pavot, le Ricin, l'Hélianthe annuel, vulgairement Grand-Soleil, l'Atrope belladone, etc. Chez d'autres, la tige vit deux ans ; elle ne fleurit alors que la seconde année, puis meurt complètement ; ce sont les plantes *bisannuelles*, comme la Dauce carotte et la Bette vulgaire. Chez d'autres encore, la tige végète un certain nombre d'années, au bout desquelles elle fleurit et meurt aussitôt après avoir mûri ses graines : tels sont l'Agave et le Bambou. Toutes ensemble ces plantes peuvent être dites *monocarpiques*, ne fructifiant qu'une seule fois.

Toutes celles qui, au contraire, ne périssent pas après leur première fructification sont *vivaces* ou *polycarpiques*. La durée de la tige y est indéfinie ; elle se détruit, il est vrai, continuellement, mais elle se répare sans cesse. Toutefois on y observe une différence.

Si, comme dans les arbres ou dans les plantes grimpantes, la tige vivace est ou se soutient dressée, les jeunes branches et les jeunes racines vont sans cesse s'éloignant ; leur communication, indispensable à la vie, devient de plus en plus difficile. Au delà d'une certaine limite, leur croissance languit donc et peu à peu s'éteint. Aussi la vie des arbres, souvent très longue, a-t-elle un terme fatal.

Il n'en est pas de même pour les plantes rampantes ou à rhizome. Ici la tige meurt sans cesse en arrière, avec les racines latérales qu'elle porte, pendant qu'elle s'allonge sans cesse et produit de nouvelles racines en avant. Elle progresse de la sorte à la surface ou à l'intérieur du sol, en s'éloignant de plus en plus de son point de départ. En même temps, elle se ramifie et ses branches rampantes ou souterraines de divers ordres se comportent comme elle. A mesure qu'elle se détruit en arrière, les branches qu'elle portait se trouvent mises en liberté ; la destruction progresse ensuite sur chaque branche dont elle isole les rameaux, et ainsi de suite. La tige primitive va donc se fragmentant, se dissociant peu à peu. A un moment donné, elle n'est représentée que par ses multiples sommets, épars à la surface ou dans la profondeur du sol. Chaque fragment, véritable marcotte naturelle, se suffit à lui-même et forme un individu complet. La plante se multiplie par conséquent, en ne faisant après tout que croître et se ramifier. Dans ce mode de végétation, les rapports entre les branches et les racines demeurent indéfiniment ce qu'ils étaient au début. D'autre part, le sol ne saurait être épuisé par la plante, puisqu'elle s'y déplace sans cesse. Il n'y a ici, semble-t-il, aucune raison de croire que la vie de la tige puisse avoir un terme quelconque.

Dimension de la tige. — Haute à peine de quelques millimètres dans certaines Mousses, comme les Phasques, la tige acquiert plus de 110 mètres de hauteur dans les Eucalyptes d'Australie et le Wellingtonier géant de Californie, plus de 300 mètres de longueur dans certaines plantes grimpantes des forêts tropicales, le Calame rotang, par exemple. Son diamètre varie depuis moins d'un millimètre dans certaines Mousses et dans la Cuscute, jusqu'à 10 et 13 mètres dans l'Adansonier digité ou Baobab de la Sénégambie et dans le Taxode distique ou Cyprès-chauve du Mexique.

§ 2

STRUCTURE DE LA TIGE

Considérons d'abord la tige jeune d'une plante vasculaire, à une distance du bourgeon terminal assez grande pour que

toutes les cellules qui la composent aient achevé leur différenciation ; nous verrons ensuite comment la structure se
simplifie chez les Muscinées. A ce niveau et vers le milieu
d'un entre-nœud quelconque, la tige se montre composée de
trois régions : une assise périphérique de cellules spéciales
qu'on nomme l'*épiderme*, un manchon mince et mou qui est
l'*écorce*, un cylindre intérieur plus large et plus résistant qui
est la *stèle*.

Épiderme de la tige. — L'épiderme est formé par une
seule assise de cellules fortement unies entre elles latéralement et faiblement adhérentes à l'écorce, de façon qu'on en
détache facilement de larges lambeaux. Ces cellules sont prismatiques, beaucoup plus longues que larges, parfois aplaties
parallèlement à la surface. Elles renferment un protoplasme
sans chloroleucites, étendu en une couche pariétale englobant
le noyau, et un suc cellulaire incolore ; elles sont donc hya-
lines et laissent voir par transparence la couleur verte de
l'écorce. Leur membrane cellulosique est plus épaisse en
dehors que sur les faces latérales et internes ; ces dernières
sont munies de ponctuations dont la première est dépourvue ;
par contre, celle-ci, souvent lisse, porte quelquefois diverses
proéminences dessinant une sculpture en relief : verrues
isolées, bandelettes ou crêtes courant longitudinalement
d'une cellule à l'autre, etc.

Sur la face externe, la couche la plus extérieure de la
membrane cellulosique est de bonne heure transformée complètement en cutine (p. 35). Il se forme de la sorte, courant
sans discontinuité d'une cellule à l'autre sur toute la surface
de l'épiderme, une pellicule hyaline résistante, élastique,
imperméable, douée en un mot de toutes les propriétés du
liège, qu'on nomme la *cuticule*. Une macération dans la
potasse, dans les acides ou simplement dans l'eau où pullule
le Bacille amylobacter, Bactériacée qui a la propriété de dissoudre la cellulose, permet d'isoler la cuticule sur de grandes
étendues. Quand la membrane est mince, la cuticule recouvre
directement la couche interne restée à l'état de cellulose
pure. Quand elle est épaisse, sa couche moyenne est imprégnée de cutine dont on la débarrasse par l'acide nitrique ou la
potasse ; elle bleuit ensuite de nouveau par le chlorure de
zinc iodé. La membrane est alors subdivisée en trois couches :
une couche cutinisée, une couche cutinifère et une couche
cellulosique (fig. 51).

En somme, l'épiderme est essentiellement constitué par une forme spéciale du parenchyme subéreux, qu'on peut nommer parenchyme cutineux.

Dans les tiges aériennes, la membrane des cellules épidermiques est imprégnée de cire dans la cuticule et dans la couche cutinifère. Quand cette imprégnation est abondante, une partie de la cire exsude de la cuticule et vient former à la surface un revêtement qui empêche la tige d'être mouillée par l'eau et lui donne en même temps la couleur glauque bien connue dans le Chou, le Ricin, l'Avoine et tant d'autres

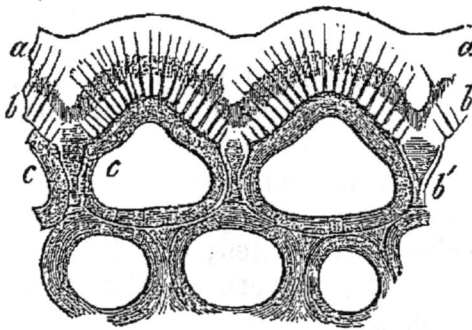

Fig. 51. — Section transversale de l'épiderme de la tige du Houx : *a*, cuticule ; *b*, couche cutinifère ; toutes deux sont striées ; *c*, couche cellulosique.

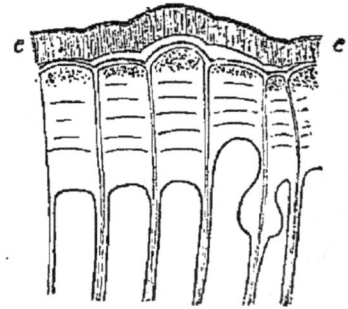

Fig. 52. — Section transversale de l'épiderme de la Klopstockie cérifère : *c*, revêtement cireux, çà et là détaché de la cuticule.

plantes. Ce revêtement se compose de petits granules isolés ou en contact (Tulipe, Ail, Capucine, etc.), de bâtonnets courts (Eucalypte, Ricin, Seigle, etc.), de baguettes arquées, dressées perpendiculairement à la surface (Balisier, Graminées, etc.), ou d'une couche continue plus ou moins épaisse (fig. 52) (Cierge, Euphorbes cactiformes, etc.).

La membrane des cellules épidermiques est, en outre, fortement incrustée de matières minérales, notamment de silice, d'oxalate et de carbonate de calcium. Aussi laisse-t-elle un squelette après l'incinération. C'est surtout dans la cuticule et la couche cutinifère que s'accumule la silice, à l'état d'imprégnation homogène (Prêle, Calame rotang, Graminées, etc.). L'oxalate de calcium se montre sous forme de granules ou de cristaux très nets, surtout dans la couche cutinifère (Cyprès, If, Dragonnier, etc.) ; l'épiderme en reçoit souvent une coloration blanc mat (Joubarbe, Ficoïde, etc.). Le carbonate de calcium incruste fréquemment la membrane sous forme de fins granules, mais c'est dans certaines cellules spéciales qu'il atteint, comme on verra plus loin, son plus grand développement.

Avec ses membranes cellulosiques épaissies en dehors, durcies par la minéralisation, rendues immouillables par la cérification et imperméables par la cutinisation, l'épiderme joue évidemment le rôle d'une cuirasse protectrice. Mais cette cuirasse n'est pas pareille en tous ses points : elle a ses renforcements, qui sont les *poils*, et ses défauts, qui sont les *stomates*.

Poils épidermiques. — Çà et là, en effet, une cellule épidermique se développe perpendiculairement à la surface et forme ce qu'on appelle un *poil*, dont le pied demeure encastré dans les cellules voisines et parfois même s'allonge vers le bas de manière à plonger profondément dans l'écorce. La forme des poils épidermiques est infiniment variée et la même tige peut en porter de plusieurs sortes.

On les rattache à quatre types. Si la cellule, en s'allongeant perpendiculairement à la surface, ne se cloisonne pas, le poil est et demeure *unicellulaire* (fig. 53 et 54); si elle se cloisonne transversalement, le poil se trouve finalement composé d'une file de cellules superposées, il est *unisérié*; si elle se cloisonne dans les

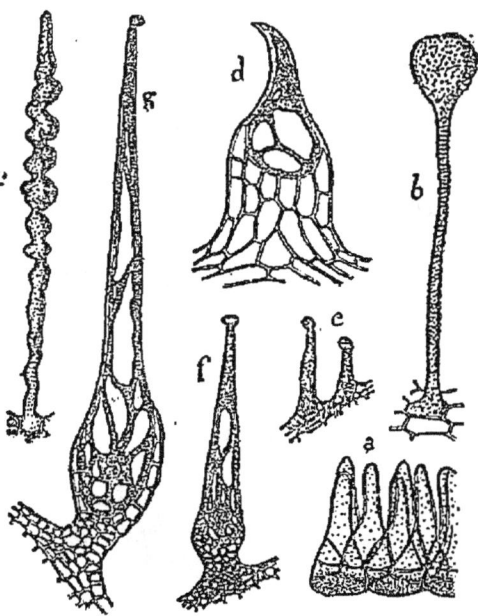

Fig. 53. — Diverses formes de poils unicellulaires simples : *a*, papilles de la corolle d'une Primevère; *b*, poil en tête de la corolle d'un Mûflier; *c*, poil variqueux de la corolle d'une Violette; *d*, poil en crochet de la tige d'une Garance; *e*, *f*, *g*, divers états du développement d'un poil urticant d'une Ortie, montrant le protoplasme, le noyau et le suc cellulaire.

deux directions du plan en formant une lame ordinairement appliquée contre l'épiderme, le poil est *écailleux*; si le cloisonnement s'opère dans les trois sens en formant une masse solide, le poil est *massif*. Dans chacun de ces types, il peut d'ailleurs demeurer simple (fig. 53) ou se ramifier diversement (fig. 54) : de là huit modifications principales, entre lesquelles on trouve d'ailleurs tous les intermédiaires.

Les poils sont parfois éphémères; velus dans le bourgeon, les entre-nœuds se dénudent plus tard, parce que la croissance écarte les poils et parce que ceux-ci s'atrophient. Quand ils persistent, ils se comportent de deux manières. Les uns demeurent vivants, transparents, affectés d'ordinaire à la sécrétion : tels sont, par exemple, les poils dits *urticants* des Orties (fig. 53, *e, f, g*), des Loasacées, etc., qui sont unicellulaires simples et dont la pointe rigide et cassante se brise au contact de la peau en laissant dans la blessure une gouttelette de suc acide et irritant; tels sont encore les poils des Labiées, unisériés (Pogostème patchouli, etc.) ou écailleux (Thym, etc.), dont les cellules terminales produisent une huile essentielle qui filtre à travers la couche de cellulose en décollant, soulevant et enfin rompant la cuticule. Les autres meurent, se dessèchent, se remplissent d'air (fig. 54), devien-

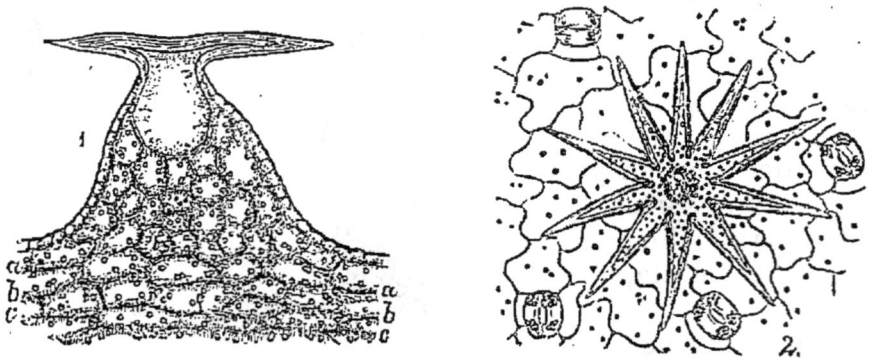

Fig. 54. — Poils unicellulaires, rameux. 1, poil en navette sur une émergence de la tige du Houblon. 2, poil étoilé de la Deutzie.

nent opaques et couvrent la tige soit d'un duvet laineux (Épiaire, Sauge, Molène, Gnaphale, etc.) ou soyeux (Armoise, etc.), soit d'une couche de fines écailles argentées ou brunâtres (Éléagnacées, Oléacées, beaucoup de Broméliacées, etc.), doublant ainsi la cuirasse protectrice formée par l'épiderme. Toujours recouverte sans discontinuité par la cuticule, la membrane du poil s'épaissit souvent, dans ce second cas, en dehors sous forme de verrues ou de crêtes, en dedans jusqu'à faire disparaître parfois la cavité; en même temps, elle se lignifie fortement; le poil devient alors rigide et piquant (Borragacées,

Cucurbitacées, Malpighiacées, etc.). Ces poils rigides et scléreux sont parfois couchés sur l'épiderme en forme de navette fixée par le milieu (Malpighiacées, Houblon, fig. 54, 1, etc.), ou recourbés en crochet vers le bas : ils aident alors la tige à grimper (Gaillet gratteron, Houblon, etc.).

Stomates. — Çà et là une jeune cellule épidermique plus courte que les autres, sensiblement carrée, se divise en deux par une cloison longitudinale ; la lame cellulosique mitoyenne se dédouble dans sa région moyenne en deux lamelles, qui s'écartent de manière à laisser entre elles une ouverture en forme de boutonnière ; en même temps les deux cellules arrondissent leur contour et deviennent réniformes : le tout forme enfin une petite bouche, dont les cellules réniformes sont les deux lèvres et qu'on appelle un *stomate* (fig. 55). Sous le stomate, les cellules de l'écorce laissent entre elles un espace plus ou moins grand, qui est la *chambre sous-stomatique* (*f*) ; tous les méats voisins de l'écorce communiquent avec cette chambre qui, à son tour, s'ouvre librement au dehors par le pore stomatique. Les stomates sont donc des ouvertures ménagées dans la cuirasse épidermique pour faire communiquer l'atmosphère interne de la tige avec l'air extérieur.

Ce n'est pas seulement par leur forme, mais aussi par leur structure que les cellules stomatiques diffèrent des cellules épidermiques ordinaires. Leur protoplasme plus abondant produit des chloroleucites et des grains d'amidon (*d*) ; aussi les stomates tranchent-ils en vert sur l'épiderme incolore. Leur membrane, sur laquelle la cuticule s'étend à travers la fente jusque dans la chambre sous-stomatique, demeure plus mince et plus molle ; toutefois, le long de la face concave, elle s'épaissit localement vers l'extérieur et produit sur chaque cellule deux arêtes, l'une en dehors, l'autre en dedans ; aux extrémités de la fente, les deux arêtes externes se rapprochent et courent parallèlement côte à côte, sans s'unir ; les deux internes font de même. Sur la coupe transversale, ces quatre arêtes ont l'aspect de petites dents ou de petites cornes (fig. 55, *f*). Entre chaque arête et la fente, la cellule stomatique offre une rainure plus ou moins profonde ; l'espace compris entre les arêtes externes et la fente forme, à l'entrée du stomate, une sorte d'antichambre ; entre la fente et les arêtes internes, à la sortie du stomate, se trouve de même une arrière-chambre. Grâce à cette structure, les stomates peuvent facilement s'ouvrir ou se fermer suivant les besoins de la plante.

En effet, quand les cellules stomatiques sont flasques, peü
ou point turgescentes, elles se touchent par leur face interne :
le stomate est fermé. A mesure que la turgescence augmente,
la membrane se trouve distendue par la pression interne et le
volume s'accroît. Maintenue par ses deux arêtes d'épaississement, la'face interne résiste à l'extension, tandis que la face

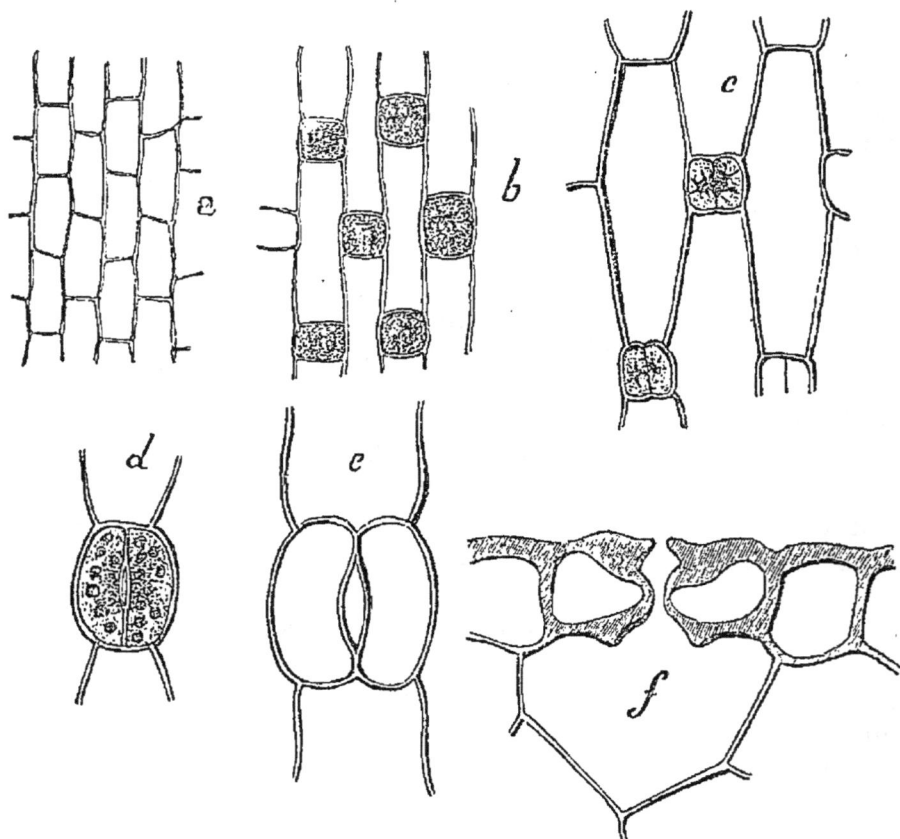

Fig. 55. — Stomates de la Jacinthe : *a-d*, états successifs de la formation ;
e, stomate achevé vu de face ; *f*, le même en section transversale.

externe, qui est mince, y obéit et s'allonge. Il en résulte, dans
chacune des cellules stomatiques, une courbure de plus en
plus forte et, entre elles, une fente de plus en plus large.
Chaque cellule stomatique se comporte comme un morceau de
tube de caoutchouc plus épais d'un côté que de l'autre, dans
lequel on vient à fouler de l'eau ; ce tube se courbe et devient
concave du côté le plus épais. Quelle est maintenant la cause
extérieure qui agit sur la turgescence des cellules stomatiques;

pour ouvrir et fermer ainsi les stomates? Cette cause est la lumière. Au soleil, en effet, les stomates sont largement ouverts; à l'obscurité, ils sont fermés. Il suffit même, pour fermer les stomates, de diminuer brusquement par un écran l'intensité lumineuse. Une tige exposée au soleil ferme ses stomates après une demi-heure de séjour à la lumière diffuse.

Ainsi constitués, les stomates sont disposés sur la tige en séries longitudinales et orientés de manière à diriger leurs fentes parallèlement à l'axe ; quelquefois cependant la fente est transversale (Gui, Casuarine, Salicorne, etc.). Ils sont souvent nombreux et rapprochés ; on voit alors des bandes longitudinales riches en stomates alterner régulièrement avec des bandes sans stomates ; les premières sont ordinairement en creux et forment des sillons, les secondes sont en relief et forment des côtes (Ombellifères, Graminées, Prêle, Casuarine, etc.). Ailleurs, au contraire, ils sont rares, séparés à plusieurs millimètres de distance, comme dans beaucoup de tiges ligneuses (Érable, Sureau, etc.).

L'épaisseur des cellules stomatiques est quelquefois

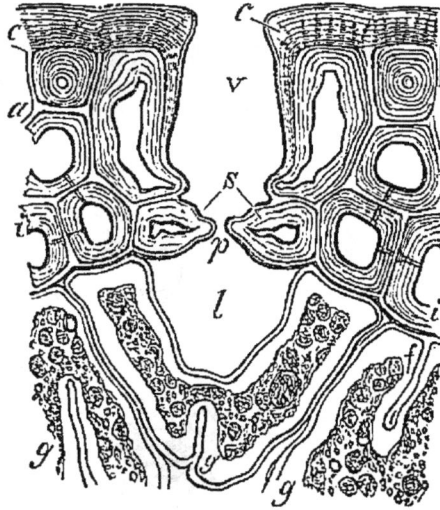

Fig. 56. — Section transversale d'un stomate de Pin. *s*, cellules stomatiques situées au-dessous du plan de l'épiderme ; *p*, pore ; *v*, puits ; *l*, chambre sous-stomatique ; *a*, cellules épidermiques épaissies ; *c*, cuticule ; *i*, fibres sous-épidermiques ; *g*, parenchyme vert.

égale à celle des cellules épidermiques ordinaires (Lis, Jacinthe, fig. 55, Hellébore, etc.), mais elle est ordinairement beaucoup plus petite ; la situation des stomates en profondeur est alors très variable et se rattache à trois types. 1° Les cellules stomatiques affleurent à la surface externe de l'épiderme ou même sont soulevées au-dessus de cette surface, sur laquelle les stomates paraissent comme posés ; la chambre sous-stomatique se prolonge alors dans l'épaisseur de l'épiderme ou même la traverse complètement (diverses Primulacées, Labiées, etc.). 2° Les cellules stomatiques affleurent à la surface interne de l'épiderme ou même sont enfoncées au-dessous de cette surface (fig. 56); le stomate est situé au fond d'un puits creusé entre les cellules épidermiques voisines, qui surplombent de manière à en rétrécir beaucoup l'ouverture externe; pour entrer dans la tige, l'air doit franchir quatre pertuis successifs; ce cas est très fréquent. 3º Les cellules stomatiques sont situées sensiblement dans le plan moyen de l'épiderme; le stomate offre à la fois au-dessus de lui un petit puits et au-dessous de lui un prolongement de la chambre sous-stomatique dans l'épiderme.

Écorce de la tige. — L'écorce de la tige est un parenchyme formé de larges cellules à parois minces, de forme polyédrique, irrégulièrement disposées, laissant entre elles de petits méats, contenant ordinairement des chloroleucites pourvus de grains d'amidon (fig. 57, pc). Ce tissu présente les mêmes caractères dans toute son épaisseur; on n'y observe pas d'ordinaire cette zone interne formée de cellules disposées à la fois en séries rayonnantes et en cercles concentriques qui est si fréquente dans la racine.

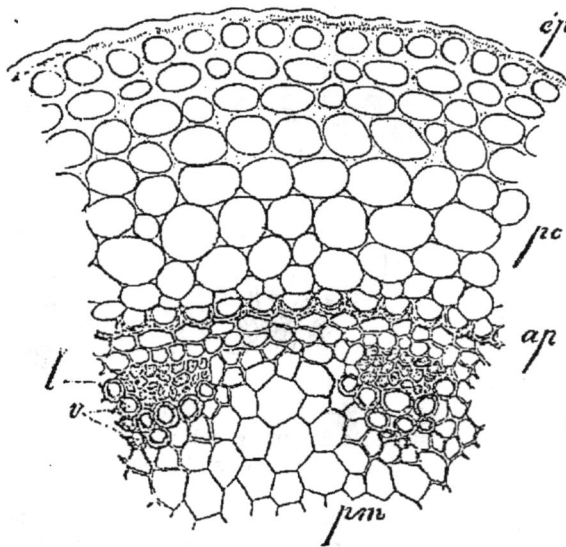

Fig. 57. — Portion de la section transversale du rhizome du Maïanthème. ep, épiderme; pc, écorce dont la zone externe est collenchymateuse sans méats; ap, endoderme à cellules épaissies en fer à cheval. Sous l'endoderme, un péricycle à deux assises; lv, faisceaux libéroligneux; pm, moelle.

L'assise la plus interne n'en offre pas moins les caractères assignés à l'endoderme dans la racine: forme particulière des cellules, cadres subérisés sur les faces latérales et transverses, plissés en même temps sur les faces latérales, etc. En outre, les cellules endodermiques contiennent souvent une grande quantité de grains d'amidon, alors même que le reste de l'écorce n'en renferme pas.

Stèle de la tige. — La stèle commence par une assise d

cellules alternes avec celles de l'endoderme, dont la membrane mince est toujours dépourvue de cadres subérisés : c'est le *péricycle* (fig. 57). Contre le péricycle, sont adossés en cercle un certain nombre de faisceaux équidistants, tous pareils, à section ovale élargie en dehors et rétrécie en dedans (*lv*). Ils sont séparés latéralement l'un de l'autre par un parenchyme

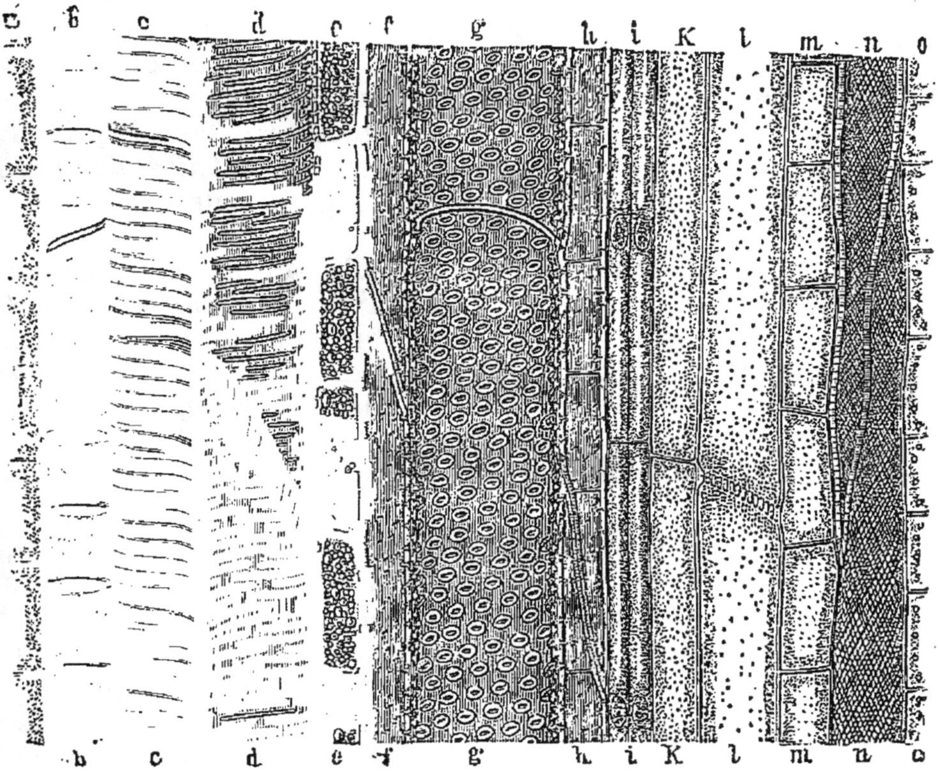

Fig. 58. — Section longitudinale radiale d'un faisceau libéroligneux d'une tige de Dicotylédone. *o*, endoderme ; *n*, péricycle formé de fibres ; *mi*, liber ; *ib*, bois ; *a*, moelle. Le liber comprend : *m*, parenchyme court ; *l*, tube criblé ; *k*, parenchyme long. Le bois comprend : *h*, fibres ligneuses ; *g*, vaisseau ponctué aréolé ouvert ; *f*, fibres ligneuses ; *e*, parenchyme ligneux ; *d*, vaisseau rayé fermé ; *c*, vaisseau spiralé ; *b*, vaisseau annelé et spiralé.

parois minces qui remplit aussi toute la région interne du cylindre et dont le péricycle n'est en somme que la rangée la plus extérieure. La région centrale de ce parenchyme, imitée en dehors par la circonférence inscrite aux bords internes des faisceaux, où les cellules sont plus larges et laissent entre elles de plus grands méats, est la *moelle* (*pm*) ; les prolongements rayonnants qui séparent latéralement les faisceaux sont les *rayons*, que le péricycle unit ensemble en dehors des faisceaux. Moelle, rayons et péricycle ne sont que les diverses parties d'un seul et même massif, dont le rôle principal est de réunir les faisceaux entre eux et à l'écorce, qui est par conséquent le *conjonctif* de la stèle.

Chaque faisceau se compose de deux parties très différentes, mais intimement unies. La moitié externe, plus large et moins épaisse suivant le rayon, composée essentiellement de tubes criblés, est un faisceau libérien (*l*); la moitié interne, plus étroite et plus étendue suivant le rayon, composée essentiellement de vaisseaux, est un faisceau ligneux (*v*). Pour exprimer cette double nature, on dit que le faisceau est *libéroligneux*. La figure 58 représente la coupe longitudinale d'un pareil faisceau.

Le liber du faisceau est formé de tubes criblés diversement mélangés à des cellules de parenchyme (*m* à *k*). Les tubes externes, adossés au péricycle (*n*), sont plus étroits; ceux qui suivent sont plus larges, bordés de petites cellules et séparés çà et là par des cellules plus grandes (*k*). Enfin le liber se termine en dedans par une rangée de ces dernières cellules (*i*). Le développement de ces divers éléments libériens est centripète.

Le bois du faisceau (*b* à *h*) commence au bord interne, contre la moelle (*a*), par des vaisseaux fort étroits, toujours fermés, annelés ou spiralés (*b*), entourés et entremêlés de cellules de parenchyme. Puis viennent des vaisseaux de plus en plus larges, à mesure qu'on progresse vers l'extérieur (*c*, *d*, *g*), le plus souvent rayés, scalariformes, réticulés et ponctués; le plus larges sont souvent ouverts (*g*). Ils sont d'habitude entouré par une bordure de cellules plates (*f*, *h*), et diversement entre mêlés de parenchyme (*e*). Le développement de ces divers élé ments ligneux est centrifuge.

Course des faisceaux libéroligneux dans la stèle. — A l périphérie de la stèle, sous le péricycle, les faisceaux libéroli gneux courent tantôt parallèlement, tantôt plus ou moin obliquement à l'axe; aux nœuds, ils s'unissent d'ordinaire tou ensemble par de petites branches horizontales. Abstractio faite de ces anastomoses transverses, quand on suit les faiscea de bas en haut sur une assez grande longueur, on voit ' chaque nœud certains d'entre eux émettre une branche laté rale, puis après passer dans une feuille; plus haut, la branch latérale produit de même une branche latérale, puis entre a son tour dans une feuille, et ainsi de suite. Il en résulte la formation d'autant de sympodes, sur les flancs desquels les terminaisons des branches successives paraissent comme autant de rameaux latéraux.

Quelquefois l'extrémité du faisceau s'incurve en dehors, traverse l'écorce horizontalement et entre dans la feuille au nœud même où elle a produit sa branche latérale. Le plus souvent, au contraire, elle poursuit sa course ascendante, demeure tout d'abord dans la stèle à côté de la branche qu'elle a produite et c'est seulement après un parcours d'un ou de plusieurs entre-nœuds qu'elle s'incurve en dehors pour entrer dans une feuille; le nombre des entre-nœuds ainsi traversés varie d'une plante à l'autre et dans une même tige suivant la région considérée, mais demeure constant dans une même région. Dans le premier cas, la tige ne renferme dans sa stèle qu'une seule sorte de faisceaux, tous sympodiques, qui lui appartiennent en propre, qui sont *caulinaires*. Dans le second, elle contient dans sa stèle, interposés aux précédents, un certain nombre de faisceaux, directement destinés aux feuilles et qui s'y rendent plus ou moins tard sans se ramifier désormais dans la stèle, qui sont déjà *foliaires*. Les faisceaux caulinaires, qui, en se ramifiant en sympode, semblent réparer les foliaires à mesure qu'ils sortent de la stèle, sont dits aussi *réparateurs*; vers le sommet, soit que la tige continue ou qu'elle ait épuisé sa croissance, ils envoient toutes leurs extrémités dans les dernières feuilles.

Si, à partir d'une de ces dernières feuilles, on suit en descendant la marche d'un faisceau libéroligneux, on le voit traverser l'écorce, entrer dans la stèle, longer sa périphérie sous le péricycle et venir, après un certain nombre d'entre-nœuds, s'unir latéralement à un faisceau provenant d'une feuille plus âgée. Si ce dernier a déjà, avant cette union, traversé dans le cylindre un ou plusieurs entre-nœuds, on y distingue désormais deux parties : l'une, située au-dessous du point d'attache, constitue un article du sympode caulinaire; l'autre, située au-dessus de ce point, n'est autre chose que le faisceau foliaire. Si, au contraire, la réunion a lieu au point même où le faisceau de la feuille plus âgée pénètre dans la stèle, ce dernier constitue dans toute sa longueur un article du sympode caulinaire; il n'y a pas de faisceau foliaire.

Suivant que l'on décrit la course des faisceaux libéroligneux de bas en haut ou de haut en bas, on est donc amené à se

servir d'un langage différent, à parler par exemple de ramification progressive dans le premier cas, de réunion progressive dans le second. Il est nécessaire que l'élève se familiarise
tour à tour avec ces deux modes d'exposition.

Chaque feuille reçoit quelquefois de la tige un seul faisceau ;
souvent elle en prend plusieurs, trois, cinq ou davantage. Ce
nombre varie d'une plante à l'autre et dans une même tige
suivant la région considérée ; mais il se maintient assez cons-

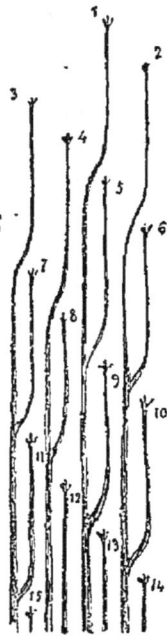

Fig. 59. — Course des faisceaux
dans la tige du Samole.

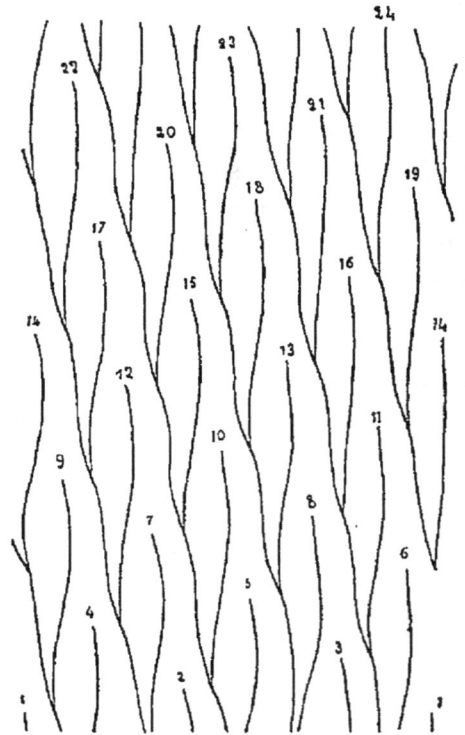

Fig. 60. — Course des faisceaux dans la tig
de l'Ibéride.

tant dans une même région. Quand les faisceaux foliaire
séjournent dans la stèle, l'ensemble de ceux qui sont destiné
à la même feuille constitue à l'intérieur de la stèle ce qu'o
peut appeler la *trace* de cette feuille ; il y a donc des trace
foliaires simples, unifasciculées, et des traces foliaires com
plexes, plurifasciculées. Quand, au contraire, les faisceau
foliaires s'échappent immédiatement de la stèle, les feuille.
n'ont naturellement pas de traces dans la tige.

Pour faire comprendre à la fois la course longitudinale de.

faisceaux et sa relation avec l'arrangement des feuilles, on la représente sur la surface de la stèle développée, comme on le voit dans les figures 59, 60 et 61. Dans la figure 59, où les feuilles, numérotées de haut en bas à partir du sommet de la tige, sont isolées suivant $\frac{1}{4}$, les sympodes, au nombre de quatre, sont verticaux et les faisceaux foliaires parcourent librement quatre entre-nœuds; il en résulte que la section transversale contient huit faisceaux, quatre caulinaires et quatre foliaires alternes (Samole, etc.). Dans la figure 60, où les feuilles sont isolées suivant $\frac{5}{13}$ et numérotées de bas en haut, les sympodes, au nombre de cinq, montent obliquement vers la gauche en une hélice ondulée et les faisceaux foliaires parcourent librement huit entre-nœuds; la section transversale contient donc 13 faisceaux : 5 caulinaires et 8 foliaires (Ibéride, Arabette, Jasmin, Sarothamne, etc.). Dans la figure 61, où les feuilles sont opposées et numérotées de bas en haut, les sympodes sont verticaux, au nombre de quatre, et les

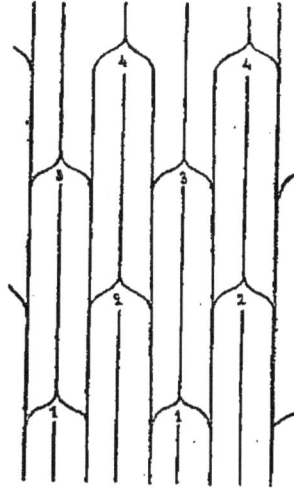

Fig. 61. — Course des faisceaux dans la tige du Céraiste.

faisceaux foliaires, issus par deux branches géminées des deux sympodes voisins, courent librement dans deux entre-nœuds; il y a donc 8 faisceaux dans la section : 4 caulinaires et 4 foliaires alternes (Caryophyllées, Frêne, Pervenche, Véronique, Fusain, etc.).

Symétrie de structure de la tige. — En résumé, la tige, bien que composée de trois régions, ne renferme que trois sortes de tissus différents : une série de tissus vivants, de parenchymes, et deux tissus morts : le tissu criblé et le tissu vasculaire. Le tissu criblé est localisé dans le liber et le tissu vasculaire dans le bois des faisceaux libéroligneux; tout le reste est occupé par du parenchyme, qui forme l'épiderme, l'écorce et le conjonctif de la stèle; de plus, il entre aussi du parenchyme dans la composition du liber et du bois des faisceaux libéroligneux.

Le nombre des faisceaux libéroligneux n'étant pas inférieur à deux, on voit que ces trois sortes de tissus sont disposés dans la tige de manière que la structure totale de ce membre soit

symétrique par rapport à son axe. Quand les feuilles sont verticillées, cette symétrie de structure se retrouve à toute hauteur, aussi bien au voisinage des nœuds, et aux nœuds mêmes,
qu'au milieu des entre-nœuds. Il n'en est pas de même quand
les feuilles sont isolées, parce que, à chaque nœud, la tige
s'appauvrit du côté de la feuille et met ensuite quelque temps
à réparer sa perte. Mais la symétrie se retrouve toujours si
l'on s'affranchit de la perturbation apportée par les feuilles en
considérant la tige dans une région où elle possède soit de
entre-nœuds très longs, soit des feuilles assez petites pour qu
leur influence perturbatrice puisse être négligée.

Distinction de la tige et de la racine. — On voit qu'entr
la structure de la racine et celle de la tige, il y a de grande
ressemblances; on retrouve, en effet, dans la seconde, le
diverses régions et les divers tissus de la première, avec l
même symétrie. Mais il y a des différences aussi, parmi les
quelles deux surtout sont importantes : l'une superficielle
dans l'épiderme; l'autre profonde, dans la stèle. La tige a un
épiderme simple et permanent; la racine a un épiderm
composé et caduc, en totalité ou en très grande partie. L
tige a ses faisceaux libériens et ligneux intimement super
posés suivant le rayon en faisceaux doubles, libéroligneux
et le bois y est centrifuge. La racine a ses faisceaux simple
libériens et ligneux, séparés et alternes côte à côte, et le boi
y est centripète.

Qu'elle soit primaire, secondaire ou d'ordre quelconqu
normale ou adventive, ordinaire ou diversement différencié
qu'elle appartienne à une Cryptogame vasculaire, à un
Gymnosperme, à une Monocotylédone ou à une Dicotylédon
la tige possède toujours la structure que l'on vient d'esquiss
et qui est, par conséquent, sa structure générale et typiqu
Mais on y observe aussi, suivant sa nature et suivant l
plantes, un certain nombre de modifications de détail dont
faut connaître les plus importantes. Ces modifications intére
sent les unes l'épiderme, d'autres l'écorce, d'autres encoi
la stèle. Reprenons donc une à une, à ce point de vue, l
diverses parties qui composent ces trois régions.

Principales modifications de l'épiderme de la tige. — L
cellules épidermiques se cloisonnent quelquefois de tr
bonne heure parallèlement à la surface, de manière à form
un épiderme composé de plusieurs rangs de cellules supe
posées (Bégonie, Pépéromie, Figuier, fig. 62, etc.). Il n'

pas rare, surtout chez les Dicotylédones, que le protoplasme des cellules épidermiques contienne des chloroleucites et des grains d'amidon ; dans les plantes submergées, la chlorophylle et l'amidon se développent même d'ordinaire avec plus d'abondance dans l'épiderme que dans l'écorce (Cornifle, Élodée, Potamot, etc.), quelquefois même exclusivement (Zostère, Cymodocée, etc.). Autour des stomates, qui sont rares sur les rhizomes et manquent sur les tiges submergées, on voit quelquefois les cellules épidermiques voisines, au nombre de deux ou davantage, se différencier et prendre une forme analogue à celle des cellules stomatiques ; ce sont les *cellules annexes* du stomate. Vu de face, celui-ci paraît alors formé de deux paires de cellules stomatiques emboîtées (Graminées, Cypéracées, etc.), ou entouré d'un cadre de cellules spéciales (Tradescantie, etc.). Une différenciation analogue s'opère souvent autour des poils et donne naissance aux *cellules annexes* du poil, disposées ordinairement en rosette autour du pied.

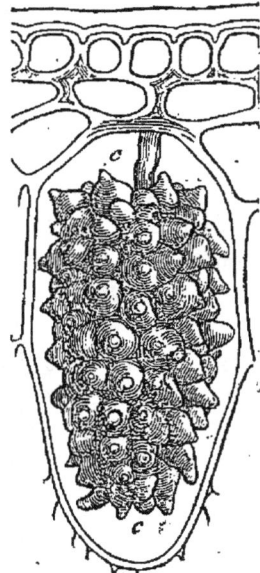

Fig. 62. — Un cystolithe *cc* dans une grande cellule épidermique du Figuier élastique.

Chez les Urticacées (Figuier, Mûrier, Ortie, Houblon, Chanvre, Micocoulier, etc.) et les Acanthacées, certaines cellules épidermiques, bases d'autant de poils atrophiés, plus grandes que les autres et plongeant profondément dans l'écorce, sont le siège d'un phénomène singulier. Sur sa face externe la membrane cellulosique s'épaissit énormément en un point et projette vers l'intérieur de la cellule une protubérance, dilatée au sommet en forme de poire ou étalée transversalement en forme de T ; dans l'épaisseur de ce renflement terminal, hérissé de verrues coniques et dont le pied est silicifié, se déposent ensuite et s'accumulent d'innombrables petits granules cristallins de carbonate de calcium (fig. 62). L'ensemble ainsi constitué, dont la forme varie d'un genre à l'autre, porte le nom de *cystolithe*. Dans la Momordique, une Cucurbitacée, de pareils cystolithes se forment sur les faces latérales des cellules épidermiques et proéminent également dans les deux cellules voisines ; ils sont géminés et antipodes.

Les cellules à cystolithes sont déjà des cellules sécrétrices ; l'épiderme en renferme souvent de bien des sortes, soit dans ses poils, comme il a été dit plus haut (p. 155, fig. 53, *b*, *g*), soit en certaines places de sa surface plane. Dans ce dernier cas, ses cellules expulsent parfois au dehors, en soulevant la cuticule, un suc gommeux ou résineux (bourgeons de l'Aulne, du Peuplier, du Rumice, etc. ; jeunes pousses visqueuses du Bouleau blanc, de diverses Silénées, etc.) ; la région sécrétante est parfois localisée sur des émergences (Rosier, Robinier visqueux, etc.).

Principales modifications de l'écorce de la tige. — L'écorce peut se réduire à un, deux ou trois rangs de cellules entre l'épiderme et l'endoderme (Capucine, etc.). Elle peut s'épaissir, au contraire, énormément, soit seulement sur certaines places isolées en formant des mamelons ou des pointes revêtues par l'épiderme et qu'on nomme en général des *émergences* (aiguillons du Rosier, de la Ronce, etc.), soit sur certaines lignes longitudinales en produisant autant d'ailes latérales (Épiphylle, Gesse, etc.), soit sur tout le pourtour en rendant la tige tuberculeuse (diverses Cactacées, Euphorbes cactiformes, etc.). Les émergences sont parfois assez étroites pour simuler un poil massif ; il n'est pas rare qu'elle sportent alors un poil à leur sommet (Ortie, Houblon, fig. 54, 1, etc.).

Dans les plantes aquatiques ou marécageuses, les méats de l'écorce grandissent beaucoup et se fusionnent en formant de larges canaux aérifères (fig. 63). Toujours interrompus aux nœuds par un disque de parenchyme, ces canaux aérifères sont tantôt continus dans toute la longueur d'un entre-nœud (Cornifle, Myriophylle, Hippure, etc.), tantôt fréquemment entrecoupés par des assises transversales de cellules séparées par des méats, en un mot par des *diaphragmes* percés à jour (Potamot, Massette, Butome, etc.). Ailleurs, c'est par destruction des cellules qu'il se fait dans l'écorce des chambres aérifères (Prêles, beaucoup de Graminées et de Cypéracées, etc.). Dans tous les cas, cette écorce lacuneuse allège la tige.

Chez un grand nombre de plantes aériennes, l'écorce acquiert, au contraire, une plus grande solidité. A cet effet, certaines de ses cellules, associées en une couche continue ou en faisceaux épars, ou même complètement isolées, se différencient en épaississant fortement leurs membranes et produisent soit du collenchyme (fig. 57), soit du parenchyme scléreux, soit du sclérenchyme. Sous l'une ou l'autre de ces trois formes, le tissu de soutien peut être localisé dans la région externe, sous l'épiderme, où il se dispose soit en une couche continue (fig. 57) (Lierre, Palmiers, etc.), soit en faisceaux parallèles séparés par des bandes de parenchyme vert auxquelles correspondent les stomates (Ombellifères, Graminées, etc.). Ailleurs il se différencie dans la profondeur de l'écorce, en faisceaux plus ou moins épais (Aracées, Palmiers, etc.), ou en éléments isolés. Dans ce dernier cas, ses éléments prennent les formes les plus diverses : fibres (beaucoup de Gymnospermes), sclérites (p. 36) à membrane spiralée, étendues longitudinalement (Népenthe) ou transversalement (Salicorne), ou à membrane épaissie et ponctuée se développant dans les méats et les lacunes en forme de navette (Monstérées, Rhizophore manglier, etc.) ou d'étoile (Nymphéacées, Marcgraviées, Limnanthème, etc.).

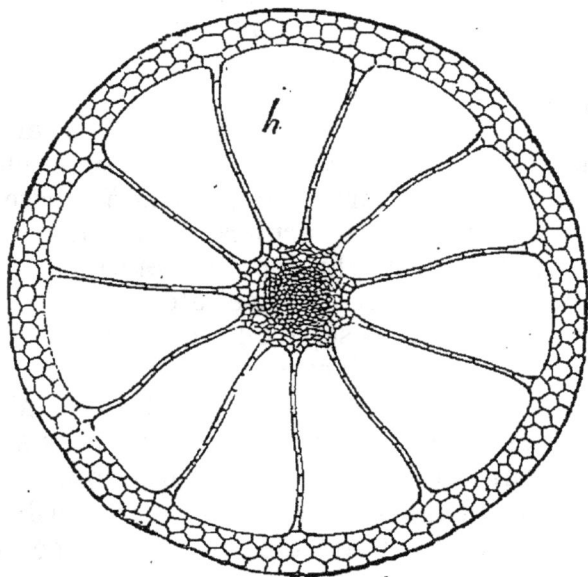

Fig. 63. — Section transversale d'une tige d'Élatine. *h*, canaux aérifères corticaux.

L'écorce peut renfermer aussi des faisceaux libéroligneux, qui y cheminent dans la longueur (Diptérocarpacées, Casuarine, Buis, Aspidistre, diverses Aracées, etc.). Cela vient le plus souvent de ce que les faisceaux libéroligneux de la stèle, au lieu de traverser horizontalement l'écorce au nœud pour entrer dans la feuille, comme c'est le cas ordinaire étudié p. 162, s'y relèvent verticalement et y séjournent l'espace d'un ou de plusieurs entre-nœuds avant de se rendre définitivement aux feuilles (fig. 64), quelquefois aussi de ce que le faisceau libéroligneux de la stèle, en se rendant à la feuille au nœud, émet latéralement des branches qui descendent dans l'écorce et s'y terminent à la base de l'entre-nœud sous-jacent (Buis, etc.). On reviendra plus loin, en étudiant la feuille, sur ce point important.

L'écorce renferme fréquemment des cellules sécrétrices de diverses sortes, souvent isolées (cellules oxalifères, etc.), parfois superposées en file (Liliacées, Convolvulacées, Chélidoine, etc.) ou groupées soit en poches sécrétrices (Myrtacées, Rutacées, etc.), soit en canaux sécréteurs (Conifères, Cycadacées, Alismacées, Ombellifères, Araliacées, etc.). Dans les Composées Tubuliflores et Radiées, les canaux sécréteurs oléifères sont disposés dans la zone interne de l'écorce, contre l'endoderme dont ils dérivent. Enfin c'est encore dans l'écorce que les articles laticifères indéfiniment rameux des Euphorbiacées, Urticacées, Apocynacées et Asclépiadacées (p. 33) étendent leurs troncs principaux.

L'endoderme se dédouble parfois en divisant ses cellules par une cloison tangentielle située en dedans des cadres subérisés, de sorte que l'assise à plissements se trouve être désormais l'avant-dernière de l'écorce totale (Salvinie, Azolle, stolons des Néphrolépides, etc.). Chez les Sélaginelles, il allonge fortement ses cellules dans le sens du rayon et en même temps les sépare l'une de l'autre latéralement, laissant entre elles des lacunes aérifères; puis il les divise par une ou plusieurs cloisons tangentielles, situées en dehors des cadres subérisés, de sorte que l'assise plissée et dissociée demeure la dernière de l'écorce totale. Il épaissit quelquefois et durcit beaucoup ses membranes, ordinairement plus sur les faces interne et latérales que sur la face externe (fig. 57, *ap*) (rhizome des Cypéracées, du Maïanthème, tige du Potamot, etc.). Le plus souvent il les conserve minces. Lorsque la tige subit, après la différenciation de l'endoderme, une forte croissance intercalaire, les cadres subérisés des cellules endodermiques ne se différencient que très peu ou pas du tout et ne portent pas non plus de plissements bien marqués sur les faces latérales. Il est alors plus difficile de mettre ces cellules en évidence, surtout si l'on se borne à des sections transversales. Leur forme différente et surtout la présence abondante et parfois exclusive de l'amidon dans leur contenu permettent cependant encore de distinguer facilement l'endoderme. Quand tous ces caractères font défaut à la fois, la distinction de l'endoderme devient plus difficile.

Principales modifications de la stèle de la tige. — Les modifications de structure de la stèle sont naturellement plus nombreuses que celles de l'épiderme et de l'écorce. Elles portent, les unes sur le conjonctif : péricycle, rayons et moelle, les autres sur les faisceaux libéroligneux.

1° Modifications du péricycle, des rayons et de la moelle. — Le péricycle manque très rarement ; les tubes criblés externes s'appuient alors directement contre l'endoderme (Salvinie, Azolle, etc.). Souvent, au contraire, il multiplie ses cellules de manière à interposer entre l'endoderme et le liber des faisceaux libéroligneux une couche plus ou moins épaisse, qui se comporte ensuite de diverses manières. Elle peut demeurer tout entière parenchymateuse et semble alors n'être que la continuation de l'écorce (fig. 57) ; il y a là une erreur grave à éviter. Elle peut se différencier en deux zones, l'externe scléreuse adossée à l'endoderme, l'interne parenchymateuse contre les faisceaux (Cucurbitacées, Caryophyllées, Aristoloche, Chèvrefeuille, Berbéride, etc.). Souvent, elle se convertit tout entière en un anneau de sclérenchyme, contre lequel les faisceaux sont adossés, dans lequel ils enfoncent même plus ou moins leur liber (beaucoup de Monocotylédones, etc.). Ailleurs, elle se partage en petits faisceaux scléreux séparés par des bandes de parenchyme et sans rapport avec les faisceaux libéroligneux. Fréquemment enfin, sa différenciation en sclérenchyme se limite exactement au dos de chaque faisceau libéroligneux (fig. 58, *n*), tandis que, vis-à-vis des rayons, elle demeure à l'état de parenchyme (beaucoup de Dicotylédones ligneuses). Dans les deux derniers cas, quand les fibres péricycliques, disposées en faisceaux, sont peu ou point lignifiées, quoique très fortement épaissies, elles joignent à beaucoup de solidité une grande souplesse et fournissent à l'homme de précieux textiles (Lin, Chanvre, Ortie, Corrète, etc.). C'est ce sclérenchyme péricyclique que l'on désigne quelquefois improprement sous le nom de *fibres corticales* ou de *fibres libériennes* ; elles confinent bien, en dehors à l'écorce, en dedans au liber, mais elles n'appartiennent ni à l'écorce, ni au liber.

Le péricycle peut renfermer aussi des cellules sécrétrices de diverses sortes, notamment des réseaux laticifères fusionnés (Composées Liguliflores), et des canaux sécréteurs (Ombellifères, Araliacées, Pittosporacées, Millepertuis, etc.). Ces derniers sont situés tantôt en dehors de tous les faisceaux libéroligneux (Ombellifères, etc.), tantôt seulement en dehors des faisceaux réparateurs (Sapin, Pesse, Pin, etc.), tantôt seulement en dehors des faisceaux foliaires (Podocarpe, etc.)

La largeur des rayons varie beaucoup. Quand ils sont très étroits, il arrive parfois que de bonne heure ils disparaissent par la confluence latérale des faisceaux libéroligneux, qui forment tous ensemble un tube séparant le péricycle de la moelle (Solanacées, Apocynacées, etc.). On peut dire alors que la stèle est *gamodesme*, tandis qu'elle est *dialydesme* dans le cas ordinaire, où les faisceaux restent séparés.

Le diamètre de la moelle varie beaucoup suivant les plantes et dans une même plante suivant le milieu où végète la tige considérée. Dans certaines tiges tuberculeuses (Morelle tubéreuse, Dioscorée batate, etc.), la moelle est énorme et c'est elle qui fait la masse du tubercule. Au contraire, dans les tiges aquatiques et dans certains rhizomes, la stèle est fort étroite, les faisceaux libéroligneux très rapprochés, parfois même confluents (Hippure, Mâcre, etc.) et la moelle très réduite; l'écorce prenant en même temps une grande épaisseur, la proportion relative des deux régions de la tige ressemble à ce qu'elle est dans la racine (fig. 63). La moelle disparaît même alors fréquemment et la stèle est formée, sous le péricycle, par une colonne libéroligneuse pleine, ayant le bois au centre et le liber à la périphérie (fig. 63) (Myriophylle, Élatine, Cornifle, Utriculaire, Corallorhize, Adoxe, Salvinie, Azolle, etc.).

Quand elle est normalement développée, la moelle se creuse parfois, notamment dans les plantes des lieux humides, de grandes lacunes ou de chambres aérifères qui allègent la tige. Ces lacunes naissent tantôt par dissociation (Pontédérie, etc.), tantôt par destruction des cellules (tiges creuses d'Ombellifères, Labiées, Composées, Graminées, Cypéracées, Prêle, etc.); comme celles de l'écorce, elles sont tantôt continues dans tout l'entre-nœud, tantôt entrecoupées de diaphragmes.

Ailleurs, au contraire, la moelle et les rayons acquièrent plus de solidité par une différenciation locale de leurs cellules en sclérenchyme, analogue à celle qui se rencontre dans le péricycle. Ce sclérenchyme forme tantôt des faisceaux épars dans la moelle (divers Palmiers, etc.), tantôt une couche continue à la périphérie de la moelle, reliant entre elles les pointes internes des faisceaux libéroligneux (diverses Pipéracées, etc.), tantôt une série d'arcs en face de ces pointes internes (Berbéride, Massette, Renoncule, Balisier, etc.). Ces arcs internes peuvent s'étendre le long des rayons sur les flancs des faisceaux et rejoindre les arcs scléreux péricycliques, en enveloppant chaque faisceau libéroligneux d'une gaine complète (beaucoup de Graminées, de Cypéracées, etc.). Ailleurs, enfin, la sclérose envahit toute la largeur des rayons, noyant pour ainsi dire les faisceaux libéroligneux dans une épaisse couche fibreuse (beaucoup de Monocotylédones). On voit que le péricycle, la moelle et les rayons peuvent contribuer séparément ou simultanément au soutien de la stèle.

La moelle renferme souvent des cellules sécrétrices, soit isolées, soit diversement groupées, constituant notamment des canaux sécréteurs. Il y a quelquefois un seul canal sécréteur axile (Céphalotaxe), ou un cercle de canaux sécréteurs périphériques (Diptérocarpacées, Simarubacées, etc.), ou à la fois un canal axile et des canaux périphériques (Nuytsie). Le plus souvent les canaux sont disséminés dans toute l'étendue de la moelle (Clusie, beaucoup de Composées, d'Ombellifères, etc.). Ailleurs ce sont des poches sécrétrices (Myoporacées, Myrsinacées, Samydacées, etc.).

Comme il a été dit plus haut (p. 97) pour la racine, le conjonctif de la tige, dans l'une ou l'autre de ses trois régions, mais surtout dans la moelle, différencie parfois çà et là ses cellules en tubes criblés ou en vaisseaux, qui sont surnuméraires et qu'il faut, ici aussi, se garder de confondre avec les tubes criblés libériens et les vaisseaux ligneux. La formation de tubes criblés médullaires, associés à des cellules de parenchyme et formant des faisceaux plus ou moins gros, est un phénomène assez fréquent chez les Dicotylédones et qui caractérise bon nombre de familles, tant de Gamopétales (Cucurbitacées, Solanacées, Convolvulacées, Loganiacées, Apocynacées, Asclépiadacées, Gentianacées, etc.), que de Dialypétales (Onothéracées, Lythracées, Myrtacées, Combrétacées, etc.) et d'Apétales (Thyméléacées, Basellacées, etc.). Ils occupent ordinairement la périphérie de la moelle, le plus souvent sur tout son pourtour, parfois en se localisant étroitement à la pointe interne des faisceaux libéroligneux (Cucurbitacées, Basellacées, etc.). A ces tubes criblés se surajoutent quelquefois des vaisseaux et il se forme ainsi des faisceaux cribrovasculaires médullaires, qu'il faut distinguer avec soin des faisceaux libéroligneux (certaines Bégonies, Aralies et Mamillaires, quelques Ombellifères, diverses Mélastomacées, etc.).

2° **Modifications des faisceaux libéroligneux.** — Le nombre des faisceaux libéroligneux varie beaucoup avec le diamètre de la stèle, non seulement d'une plante à l'autre, mais dans une même plante suivant la région de la tige que l'on considère. Il va généralement en croissant avec l'âge de la plante jusqu'à un certain maximum et plus tard diminue progressivement. Il en résulte, comme il a été dit p. 139, que si l'on considère la tige dans sa totalité, on la trouve fusiforme, renflée au milieu, amincie aux extrémités. La stèle peut n'avoir que deux faisceaux à l'extrémité inférieure, au-dessus de l'insertion de la racine terminale, c'est-à-dire dans la région qui correspond à la première jeunesse de la plante; elle peut n'en contenir que quelques-uns et même se réduire à deux à l'extrémité supérieure, dans le pédicelle floral, c'est-à-dire dans la région qui correspond à la vieillesse; tandis qu'elle en renferme un grand nombre, jusqu'à des centaines et des milliers, dans la région moyenne, qui répond à l'âge mûr. Le nombre des faisceaux de la tige est d'ailleurs toujours en rapport avec celui que les feuilles de la région considérée exigent pour leur formation, et avec la disposition de ces feuilles. Plus les feuilles prennent de faisceaux et plus elles sont rapprochées, plus la tige contient de faisceaux à un niveau donné. C'est dans les feuilles engainantes de la plupart des Monocotylédones que ces deux conditions sont remplies à la fois; c'est aussi dans la tige de ces plantes qu'on rencontre le plus grand nombre de faisceaux.

Ces variations dans le nombre en entraînent d'autres dans la disposition. Quand le nombre des faisceaux dépasse une certaine limite, qui dépend du diamètre de la stèle, il ne suffit plus d'un seul cercle pour les renfermer tous. Ils se disposent alors sur deux ou plusieurs cercles concentriques, autour d'une moelle libre; souvent même ils envahissent aussi toute la région centrale et la moelle disparaît comme telle. Ce phénomène s'observe çà et là chez les Dicotylédones, qui n'ont d'ordinaire qu'un seul cercle de faisceaux; on y trouve deux cercles (Cucurbitacées, Pipéracées, Phytolaque, etc.), deux ou trois cercles (Pavot, Actée, Pigamon, etc.), trois ou quatre cercles (Artanthe, etc.), ou même une dissémination complète (Podophylle, Léontice, Pigamon, etc.). Chez les Monocotylédones, cette dernière manière d'être est tellement fréquente, qu'on la donne souvent comme l'un des caractères de cette classe; il ne faut pas oublier cependant que bon nombre de Monocotylédones disposent leurs faisceaux libéroligneux en un cercle unique (Dioscoréacées, etc.)

et que, chez toutes, cette disposition reparaît dès que les feuilles cessent d'exiger un grand nombre de faisceaux, par exemple dans les pédicelles floraux.

Cette disposition des faisceaux en plusieurs cercles ou en dissémination complète sur la section transversale est due, suivant les plantes, à des causes différentes. Tantôt il n'y a réellement qu'un seul cercle de faisceaux sympodiques, mais les faisceaux foliaires qui en émanent, au lieu de demeurer dans ce même cercle à côté des premiers, s'incurvent soit en dehors, dans le péricycle, qui est alors très épais (Cucurbitacées et Pipéracées parmi les Dicotylédones, Commélinacées parmi les Monocotylédones), soit en dedans, dans la moelle (Phytolaque parmi les Dicotylédones, Palmiers, Aspidistre, fig. 64, etc., parmi les Monocotylédones); puis ils s'élèvent verticalement dans leur nouvelle région pendant un ou plusieurs entre-nœuds, avant de s'échapper horizontalement dans les feuilles. La section transversale de la stèle comprend alors un cercle de faisceaux sympodiques, profonds dans le premier cas, périphériques dans le second (fig. 64), et un ou plusieurs cercles de faisceaux foliaires, extérieurs au premier dans le premier cas, intérieurs dans le second (fig. 64). Tantôt il y a réellement plusieurs cercles de faisceaux sympodiques s'élevant verticalement côte à côte et envoyant indépendamment des faisceaux à chaque feuille: les foliaires latéraux proviennent alors des faisceaux périphériques, tandis que le foliaire médian est fourni par les faisceaux les plus profonds (Amarante, Actée, Pigamon, Podophylle, Léontice, etc., parmi les Dicotylédones; Lis,

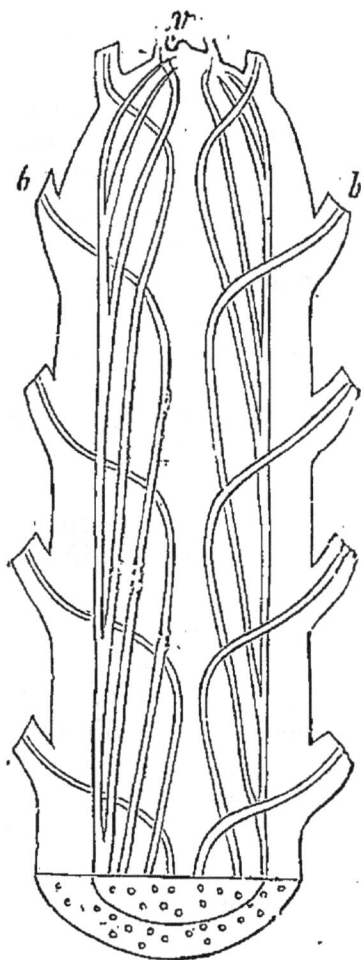

Fig. 64. — Section longitudinale de la tige de l'Aspidistre, montrant la marche des faisceaux; *b*, feuilles.

Tulipe, Fritillaire, Épipacte, Hédyche, etc., parmi les Monocotylédones).

Non seulement les faisceaux libéroligneux subissent des modifications dans leur nombre et leur disposition, comme il vient d'être dit, mais encore dans leur structure.

Le liber y est composé tantôt de larges tubes criblés, séparés par des cellules très étroites de parenchyme (Monocotylédones, Prêle, certaines Dicotylédones : Renonculacées, Ombellifères, Cucurbitacées, Vigne, Aristoloche, etc.), tantôt au contraire de tubes criblés très étroits, séparés par de larges cellules de parenchyme (Crassulacées, Cactacées, Euphorbe, etc.). Il est très rare que le parenchyme libérien se sclérifie localement ; quand elle a lieu, cette sclérose s'opère suivant une bande médiane, dirigée tantôt suivant le rayon, de manière à diviser le liber en deux moitiés, symétriquement disposées à droite et à gauche (certains Palmiers : Calame rotang, Livistone, etc.), tantôt suivant la tangente, en séparant le liber en deux groupes superposés (diverses Dioscorées, Tamier, Testudinaire), tantôt de ces deux façons à la fois (grosses branches de Dioscorée batate). Le parenchyme libérien peut se différencier çà et là en cellules sécrétrices, isolées ou diversement groupées (files de cellules laticifères des Aracées, canaux sécréteurs des Anacardiacées, etc.).

Le bois peut être exclusivement formé de vaisseaux, sans interposition de parenchyme ; il peut se réduire à un seul gros vaisseau bordé d'un rang de cellules de parenchyme (nombreuses Aracées, etc.). Quand la tige est douée d'une forte croissance intercalaire, les vaisseaux les plus internes et les premiers nés, qui sont annelés et spiralés, sont fortement étirés ; leurs spires se déroulent, leurs anneaux s'écartent, leur membrane primitive s'amincit, et si les cellules voisines se dilatent, ils sont comprimés latéralement et disparaissent par endroits. Ni cet écartement des spires et des anneaux, ni l'écrasement qui en résulte n'ont lieu sur les vaisseaux plus externes, qui s'épaississent après la fin de la croissance intercalaire. Ailleurs, notamment dans les plantes aquatiques, le bord interne du bois est occupé par une lacune ; cette lacune s'y produit tantôt par dissociation des cellules qui séparent les premiers vaisseaux, et alors elle est pleine d'air (Prêle, Joncées, Cypéracées, Fluteau, Butome, Nymphéacées, etc.), tantôt par résorption de la membrane même des vaisseaux, et alors elle est remplie d'eau (Nélombe, Colocase, Rubanier,

Potamot, Zannichellie, Zostère, Élodée, etc.); cette résorption peut frapper la membrane des vaisseaux avant son épaississement local (Cornifle, Naïade, etc.). Quand le bois se dégrade ainsi, le liber demeure sans changement; la vie aquatique, qui rend les vaisseaux inutiles, ne diminue donc en rien la nécessité des tubes criblés. Cette remarque a déjà été faite pour la racine (p. 96). Dans le rhizome de diverses Monocotylédones, les faisceaux sympodiques voisins de la périphérie de la stèle ont leur liber complètement entouré par un bois annulaire, tandis que les faisceaux foliaires possèdent la structure normale (Iride, Acore, Jonc, Souchet, Laiche, etc.). Enfin le bois renferme quelquefois, mais bien rarement, des cellules sécrétrices; dans les Pins, par exemple, chacun des faisceaux réparateurs a dans son bois un canal sécréteur résinifère, dont les faisceaux foliaires sont dépourvus.

Autres types de structure de la tige. — Telle qu'on vient e l'étudier d'abord dans ses caractères généraux, puis dans es principales modifications de ces caractères, la tige offre e type de structure de beaucoup le plus répandu dans les lantes vasculaires, type caractérisé par l'unité de la stèle, insi que par le développement centrifuge des faisceaux igneux et leur superposition aux faisceaux libériens, que l'on eut nommer, par conséquent, *monostélique centroxyle*. Mais e type n'est pas le seul. A côté de lui, on en observe jusqu'à 'inq autres qui, pour être moins répandus, doivent cependant tre caractérisés ici en peu de mots, avec exemples à l'appui.

1° **Type monostélique périxyle.** — Dans les Lycopoliacées (Lycopode, Psilote, etc.), diverses Fougères (tige les Lygode, Hyménophylle, Trichomane, etc., stolons des 'éphrolépides, etc.), et certaines Sélaginelles (S. denticulée, 'upestre, etc.), la tige, toujours composée d'un épiderme, l'une écorce et d'une stèle plus ou moins large, a dans sa tèle, sous le péricycle, un certain nombre de faisceaux libé- iens centripètes et tout autant de faisceaux ligneux qui lternent côte à côte avec les faisceaux libériens et dévelop- ent leurs vaisseaux de la périphérie au centre, où, en l'absence le moelle, ils confluent en étoile. La tige de ces quelques Cryp- ogames vasculaires offre donc, quant à la composition de la tèle, la même structure que la racine. Elle est monostélique, omme dans le type normal, mais le bois y étant centripète t en alternance avec le liber, on peut la dire *monostélique érixyle*.

12

2° **Type mésostélique.** — Chez les Légumineuses de la sous-tribu des Viciées (Gesse, Pois, Vesce, Fève, etc.), les Mélastomacées de la tribu des Dermodesmes (Microlicie, Axinandre, etc.) et de celle des Dermomyélodesmes (Centradénie, Tibouchine, Osbeckie, Mélastome, etc.), les Calycanthacées, les Lécythidacées, etc., la tige est monostélique normale à sa base, jusqu'à l'insertion des cotylédons. Mais, immédiatement au-dessus des cotylédons, il s'échappe de la stèle un plus ou moins grand nombre de faisceaux libéroligneux, entraînant chacun la portion de péricycle, de rayons et de moelle qui l'entoure, formant par conséquent autant de secteurs de la stèle enveloppés chacun d'un repli détaché de l'endoderme et constituant ainsi ce qu'on appelle des *méristèles*. La portion de péricycle, de rayons et de moelle qui entoure le faisceau libéroligneux dans la méristèle est ce qu'on nomme le *péridesme*. Une fois dans l'écorce, ces méristèles s'y relèvent verticalement et y demeurent désormais en place dans toute la longueur de la tige et de ses ramifications, contribuant seulement, à chaque nœud, comme la stèle elle-même, à la formation de la feuille, ainsi qu'il sera dit plus loin. Ce type de structure, où la tige se compose d'un certain nombre de méristèles corticales et d'une stèle médiane, est dit *mésostélique*.

Chez les Viciées, il n'y a que deux méristèles corticales, situées dans le plan perpendiculaire à celui des feuilles distiques et ayant leur faisceau normalement orienté, c'est-à-dir tournant le liber en dehors et le bois en dedans. Il y en a quatre chez les Mélastomacées dermodesmes et dermomyélodesmes, alternes avec les quatre rangs des feuilles opposées. Il y en a quatre aussi, semblablement disposées, chez le Calycanthacées, mais le faisceau y est orienté à rebours, tournant son liber en dedans et son bois en dehors; de plus, l péridesme s'y différencie en un arc scléreux sur le bor externe, en dehors du bois. Chez les Lécythidacées, il y en tantôt deux ou quatre seulement, à orientation directe (trib des Napoléonées), tantôt un grand nombre, orientées direc tement dans la tribu des Lécythidées, inversement dans cell des Barringtoniées.

3° **Type schizostélique.** — Ailleurs la stèle de la tige éme au dehors, à sa base même, immédiatement au-dessus de cotylédons, tout autant de méristèles qu'elle contient de fais ceaux libéroligneux et, du même coup, disparaît entièremen comme telle. La tige n'est donc plus formée désormais que d'un épiderme, d'une écorce qui va jusqu'au centre et d'un certain nombre de méristèles, disposées ordinairement en cercle dans cette écorce. La stèle se rompt ici totalement en méristèles, tandis que dans le type précédent elle se bornait à détacher tout autour des méristèles, au centre desquelles elle demeurait, amoindrie mais persistante. C'est pourquoi ce type est dit *schizostélique*. Il en est ainsi, parmi les Dicotylédones, chez les Nymphéacées et diverses Renonculacées, comme la Renoncule d'eau, etc., parmi les Monocotylédones chez la Limnocharite et l'Hydroclée, de la famille des Alismacées, parmi les Cryptogames vasculaires chez les Ophioglossacées et les Équisétacées.

Les méristèles corticales, qui renferment ici tous les faisceaux libéroligneux de la tige, demeurent parfois isolées, entourées chacune d'un endoderme particulier (Nymphéacées, Renoncule d'eau, Hydroclée, Ophioglosse, Prêle des bourbiers, rhizome de la Prêle d'hiver, etc.). Ailleurs, elles confluent latéralement par les portions radiales de leurs péridesmes, de manière à former un tube à faisceaux libéroligneux séparés, bordé en dehors et en dedans par un endoderme général, et enveloppant la région centrale de l'écorce, qui simule une moelle (Prêle des champs, P. Telmatée, etc., tige aérienne de la Prêle d'hiver, etc.). Dans les Botryches, elles confluent plus intimement encore, supprimant les rayons et unissant latéralement les libers et les bois de leurs faisceaux en un tube libéroligneux continu, bordé en dehors par une couche péricyclique et un endoderme général, en dedans par une couche médullaire et un endoderme général ; ici aussi, la région centrale est une écorce incluse, non une moelle. Le type schizostélique se présente donc sous trois modifications : il est *dialyméristèle* dans les Ophioglosses, etc., *gamoméristèle* à faisceaux distincts dans les Prêles, etc., *gamoméristèle* à faisceaux réunis dans les Botryches, etc.

4° **Type polystélique.** — La stèle étroite et ordinairement sans moelle de la région inférieure de la tige, au lieu de se dilater, comme dans les deux types monostéliques, au lieu de se rompre partiellement ou totalement en méristèles distinctes, comme dans les types mésostélique et schizostélique, s'élargit quelquefois en un ruban, qui bientôt se divise en deux par un étranglement médian. Chaque moitié s'aplatit plus haut à son tour et se divise en deux, et ainsi de suite. Dans un parenchyme, qui, depuis l'épiderme jusqu'au centre, est toujours l'écorce, la tige possède donc un nombre de plus en plus grand de stèles étroites et ordinairement sans moelle, toutes pareilles à la stèle unique de la région inférieure. De *monostélique* qu'elle était à la base, elle est devenue ainsi *polystélique*.

La polystélie est un phénomène très rare chez les Phanérogames, où, dans chaque stèle, le bois est superposé au liber et centrifuge. On ne l'a observé jusqu'ici que chez les Auricules, qui diffèrent par là des Primevères, et chez les Gunnères. Elle est, au contraire, très fréquente chez les Cryptogames vasculaires, où elle se complique ordinairement, dans chaque stèle, du développement centripète du bois et de son alternance au liber. Ainsi la plupart des Fougères, les Marsiliacées, la plupart des Sélaginelles, etc., ont leur tige polystélique, à stèles ordinairement binaires. Quand elles sont très grêles, les stèles sont quelquefois dépourvues de péricycle, tout aussi bien que de moelle et de rayons; on y observe alors ce dédoublement de l'endoderme en dedans des plissements, déjà signalé plus haut (p. 170) dans certaines tiges à structure monostélique (Polypode vulgaire, etc.).

D'ordinaire les stèles demeurent séparées et se bornent à s'anastomoser çà et là en un réseau à mailles plus ou moins larges. Quelquefois elles se fusionnent latéralement dans le cercle où elles sont disposées et constituent de la sorte, autour de la région centrale de l'écorce, un manchon continu; celui-ci possède, en dedans comme en dehors de son anneau ligneux, une zone libérienne, un péricycle et un endoderme (Marsilie, diverses Fougères, etc.). La structure polystélique se présente donc sous deux aspects : avec stèles libres, ou seulement réticulées, et avec stèles confluentes; on peut la dire *dialystèle* dans le premier cas, *gamostèle* dans le second. La structure polystélique gamostèle ressemble à la structure schizostélique gamoméristèle à faisceaux confluents; elle en diffère notamment par son liber interne. L'une et l'autre ressemblent à la structure monostélique gamodesme, avec laquelle il faut éviter de les confondre; elles en diffèrent notamment par leur endoderme interne.

Si l'on réfléchit que, dans une tige polystélique, la stèle a son bois tantôt centrifuge et superposé au liber, tantôt centripète et alterne au liber, on voit que la polystélie, comme la monostélie, comprend en réalité deux types distincts : le type polystélique centroxyle (Auricule, etc.) et le type polystélique périxyle (Fougères, etc.). Ce qui porte, en définitive, à six le nombre des types qu'il est nécessaire d'y distinguer, si l'on veut se faire une idée complète de la structure de la tige.

Structure de la tige des Muscinées. — La tige des Mousses se compose souvent d'une assise périphérique correspondant à l'épiderme des plantes vasculaires, d'un épais manchon de parenchyme à larges cellules, correspondant à l'écorce des plantes vasculaires, et d'un cylindre axile, formé de cellules très étroites et à parois très minces, correspondant à la stèle des plantes vasculaires (fig. 65) (Funaire, Brye, Bartramie, Mnie, Grimmie, etc.). Mais la stèle y demeure complètement homogène, ou se borne à différencier ses assises externes en une sorte de péricycle et à épaissir fortement les membranes de quelques-unes de ses cellules internes (Polytric, Atric, Dausonie, etc.). Elle ne se différencie point en faisceaux et en conjonctif; à plus forte raison ne s'y produit-il ni vaisseaux, ni tubes criblés. L'écorce se différencie en deux zones; l'interne se compose de

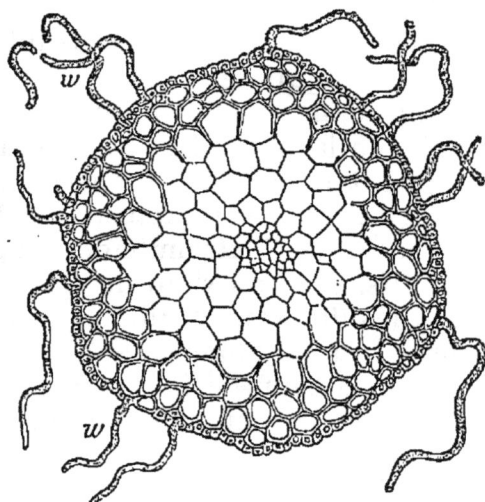

Fig. 65. — Section transversale de la tige de la Brye rose : *w*, poils absorbants.

cellules larges, à membranes minces et peu colorées, ou même incolores, dont l'assise la plus interne, bien que dépourvue de cadres subérisés, constitue l'endoderme; la zone externe, au contraire, est formée de cellules de plus en plus étroites vers l'extérieur, à membranes fortement épaissies et colorées en jaune rougeâtre ou en rouge vif. L'épiderme, toujours dépourvu de stomates, a ses cellules plus étroites que les autres et souvent prolongées en poils absorbants (*w*, fig. 65). De la stèle partent quelquefois des faisceaux très grêles, composés de cellules pareilles à celles du cylindre, qui traversent obliquement l'écorce pour entrer dans autant de feuilles, dont ils constituent les nervures médianes (Splachne, Voitie, etc.). On voit donc que la structure la plus perfectionnée de la tige des Mousses se rattache d'assez près à la structure la plus dégradée de la tige des plantes vasculaires et qu'elle appartient au type monostélique.

Chez d'autres Mousses, la structure se simplifie davantage. On n'y observe pas de stèle : le centre est occupé par un parenchyme homogène à larges cellules, continuation directe de la zone corticale interne (Sphaigne, Leucobrye, Barbule, Gymnostome, etc.). Dans les Sphaignes, la zone externe colorée de l'écorce est enveloppée d'une ou plusieurs assises de larges cellules vides, qui s'ouvrent au dehors et les unes dans les autres par de grands trous ronds et dont la membrane mince et incolore est parfois renforcée par des rubans d'épaississement spiralés ; l'ensemble de ces cellules constitue autour de la tige une gaine aquifère.

Enfin, dans les Hépatiques qui en sont pourvues, la tige se réduit, de la phériphérie au centre, à un parenchyme complètement homogène (Jongermanne, etc.).

Origine de la structure de la tige. — A mesure qu'on s'approche de l'extrémité de la tige, on voit les divers tissus définitifs, dont on vient de tracer les caractères, perdre peu à peu les différences qui les séparent et se confondre enfin dans un tissu homogène et indifférent, dans un méristème analogue à celui de la racine ; mais, contrairement à ce qui a lieu dans la racine, le méristème de la tige ne produit de tissus définitifs que vers le bas, et par conséquent occupe le sommet même du membre. A son tour, ce méristème provient du cloisonnement répété soit d'une cellule unique, qui est sa cellule mère et par conséquent la cellule mère de la tige tout entière, soit d'un groupe de cellules mères. Mais, dans tous les cas, le cloisonnement n'a lieu que sur les côtés et vers la base, jamais vers le sommet ; les cellules en voie de division demeurent toujours extérieures aux segments qu'elles engendrent. Il en résulte que la cellule mère unique ou les cellules mères les plus extérieures du groupe ont leur face supérieure libre au sommet de la tige.

Les Muscinées (fig. 66), les Cryptogames vasculaires et les Gymnospermes (fig. 67) édifient leur tige par le cloisonnement répété d'une cellule mère unique, qui en occupe le sommet. Cette cellule mère a quelquefois la forme d'un coin et produit deux séries rectilignes de segments semi-circulaires alternes (Fissident, Schistotège, Ptéride aquiline, Salvinie, Azolle, etc.). Le plus souvent elle a la forme d'un pyramide à trois faces planes, dont la base bombée est tournée vers le haut, et découpe trois séries de segments triangulaires de 120° d'ouverture, qui se surperposent tantôt

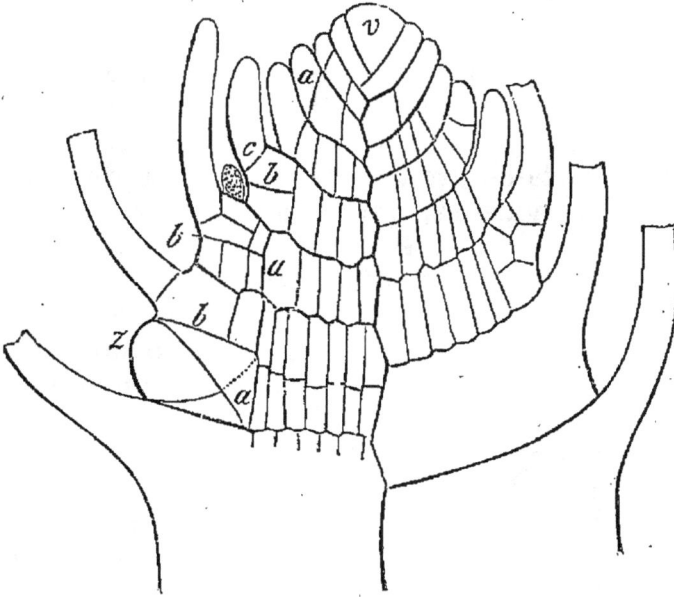

Fig. 66. — Section longitudinale axile de l'extrémité de la tige de la Fontinale. *v*, cellule mère pyramidale produisant trois séries de segments; *b*, feuilles; *z*, cellule mère d'une branche.

en trois séries verticales (Fontinale, fig. 66, Aspide, Marattie,

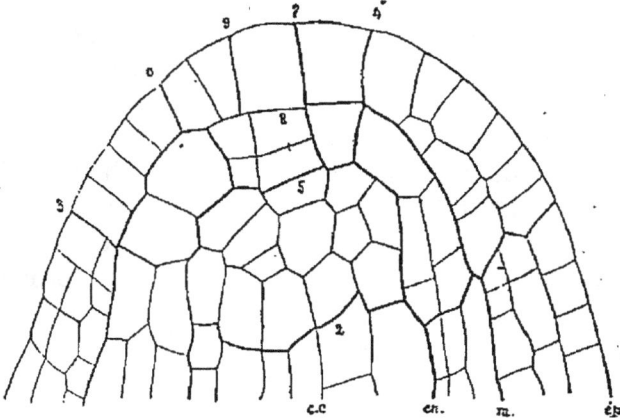

Fig. 67. — Section longitudinale axile du sommet de la tige du Cèdre. La cellule mère est en tronc de pyramide et donne des segments à la fois vers la base et sur les flancs; 1-9, cloisons successives. *cc*, stèle; *m*, cloison médio-corticale; *en*, endoderme; *ep*, épiderme.

Prêle, etc.), tantôt suivant trois hélices parallèles (Polytric, Sphaigne, Andrée, etc.). Parfois aussi elle a la forme d'un tronc de pyramide (fig. 67) et découpe des segments à la fois vers la base et sur les flancs (diverses Gymnospermes).

A leur tour, ces segments se découpent en divers sens pour produire un méristème dans lequel, chez les Cryptogames vasculaires et les Gymnospermes, on distingue bientôt trois régions : l'épiderme, l'écorce et la stèle. Vers la périphérie de cette dernière ou de chacune de ces dernières, si la tige est polystélique, certains groupes de cellules produisent des cordons d'abord homogènes, qui ne tardent pas à se différencier progressivement de la base au sommet en liber et en bois, pour devenir autant de faisceaux libéroligneux.

Chez les Angiospermes, la tige procède du cloisonnement répété d'un groupe de cellules mères. Ce groupe se compose d'ordinaire (fig. 68), notamment dans la très grande majorité des Dicotylédones et beaucoup de Monocotylédones (Cypéracées, Joncées, Commélinacées, Liliacées, Scitaminées, etc.), de trois rangs d'initiales superposées, dont les inférieures produisent la stèle, les moyennes l'écorce, les supérieures l'épiderme. En d'autres termes, la stèle, l'écorce et l'épiderme se continuent au sommet, à travers le groupe des

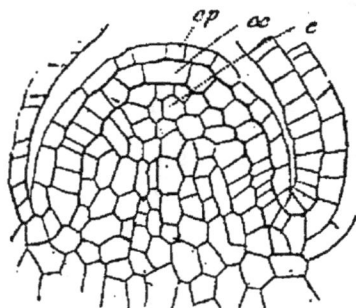

Fig. 68. — Section longitudinale axile du sommet de la tige du Fusain, montrant les trois initiales superposées pour l'épiderme *ep*, l'écorce *ec* et la stèle *c*.

cellules mères, par des initiales propres, dont le nombre peut se réduire à l'unité (Cornifle, etc.). L'initiale (ou les initiales) de la stèle se cloisonne parallèlement à sa base et à ses côtés ; l'initiale (ou les initiales) de l'écorce et celle de l'épiderme ne se cloisonnent que latéralement. Les segments épidermiques ne prennent pas de cloisons tangentielles, et par conséquent l'épiderme demeure simple. Les segments corticaux ne prennent de cloisons tangentielles qu'assez tard, au niveau de la première feuille ; l'écorce reste donc simple dans tout l'entrenœud supérieur.

Quelquefois l'écorce a plusieurs rangs d'initiales surperposées ; en d'autres termes, elle se continue au sommet, sous l'épiderme, par plusieurs assises ayant chacune à son point culminant une initiale particulière. Dans le Troène, par exemple, on compte deux, dans la Pimprenelle trois, dans l'Hippure jusqu'à cinq initiales superposées pour l'écorce (fig. 69).

Quelquefois aussi le groupe de cellules mères ne comprend que deux rangs d'initiales superposées, dont les supérieures donnent l'épiderme, tandis que les inférieures engendrent à la fois l'écorce et la stèle (fig. 70). C'est ce qu'on observe chez beaucoup de Monocotylédones (Graminées, Alismacées, Naïadacées, Hydrocharitacées, etc.) et chez quelques Dicotylédones (Charme, Houblon, fig. 70, Renouée, Cisse, etc.).

On voit que le remplacement de la cellule mère unique par

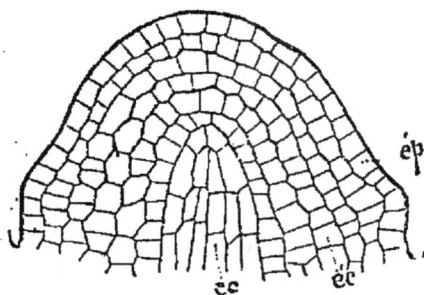

Fig. 69. — Section longitudinale axile du sommet de la tige de l'Hippure. *cc*, stèle avec son initiale; *ec*, écorce avec ses cinq initiales superposées; *ep*, épiderme avec son initiale.

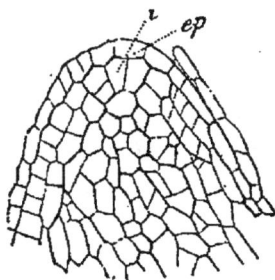

Fig. 70. — Section longitudinale axile du sommet de la tige du Houblon. Il n'y a que deux initiales, une pour l'épiderme *ep*, l'autre *i* commune à l'écorce et à la stèle.

un groupe de trois cellules mères superposées s'opère pour la tige beaucoup plus tard que pour la racine. Pour celle-ci, il a lieu déjà à l'intérieur des Cryptogames vasculaires, puisque les Lycopodes et les Isoètes ont trois initiales distinctes à leur racine; pour celle-là, il ne commence qu'à l'intérieur des Phanérogames, puisque les Gymnospermes ont encore une seule initiale à leur tige.

Origine et insertion des branches. — Connaissant la structure de la tige et comment cette structure s'édifie peu à peu à partir du sommet, il reste à savoir où et comment ce sommet lui-même prend naissance. Pour la tige primaire, cette origine est à chercher dans les premiers développements de l'œuf et ne pourra être étudiée que plus tard; mais s'il s'agit d'une tige secondaire, tertiaire, etc., en un mot d'une branche d'ordre quelconque, elle réside dans la branche d'ordre précédent et il faut la préciser.

D'une façon générale, la branche naît au flanc de la tige comme la tige elle-même croît à son sommet, c'est-à-dire par une cellule mère périphérique chez les Muscinées, les Cryptogames vasculaires et les Gymnospermes, par un groupe périphérique de cellules mères chez les Angiospermes.

Dans le premier cas, la cellule périphérique se divise par trois cloisons obliques, de manière à produire une cellule ayant la forme d'une pyramide triangulaire à base bombée tournée en dehors : c'est la cellule mère de la branche (fig. 66, z); se cloisonnant ensuite indéfiniment parallèlement à ses trois faces planes, celle-ci produit trois séries de segments superposés, aux dépens desquels la branche s'édifie, comme il a été dit plus haut.

Dans le second cas, si la tige a au sommet trois sortes d'initiales distinctes, comme c'est le cas de beaucoup le plus général, le groupe de cellules mères du bourgeon, placé à l'aisselle d'une feuille, a aussi trois sortes d'initiales. Le plus souvent, il comprend une ou plusieurs cellules épidermiques, une ou plusieurs cellules de l'écorce, encore réduite à une assise à ce niveau, et une ou plusieurs cellules de la stèle sous-jacente. La cellule épidermique ne prend que des cloisons perpendiculaires au plan de l'épiderme, et ne produit par conséquent que l'épiderme de la branche; en d'autres termes, l'épiderme de la tige se continue purement et simplement sur l'épiderme de la branche. La cellule corticale ne se cloisonne que latéralement et produit l'écorce de la branche. La cellule stélique se cloisonne à la fois parallèlement à ses côtés et à sa base et produit la stèle de la branche. Les trois régions constitutives de la branche dérivent donc d'ordinaire respectivement de celles de la tige. Quelquefois, notamment lorsque l'écorce compte plusieurs assises au niveau du bourgeon, les choses se passent autrement. La première assise corticale produit l'écorce de la branche et c'est la seconde assise corticale qui fournit les initiales de sa stèle. Celle-ci a donc une origine indépendante de celle de la tige (Hippure, etc.). Enfin lorsque la tige n'a au sommet que deux initiales distinctes, c'est encore l'épiderme qui produit l'épiderme de la branche, tandis que l'écorce, ou son assise externe si elle en a déjà plusieurs, produit l'initiale commune de l'écorce et de la stèle de la branche. Ici encore, la stèle de la branche naît indépendamment de celle de la tige.

Comment, à mesure qu'ils se différencient, les faisceaux

libéroligneux de la branche se raccordent-ils avec ceux de la tige, de manière à assurer la continuité des deux membres? Bornons-nous à considérer la disposition la plus simple et la plus fréquente, celle où les faisceaux de la tige sont disposés en un cercle, comme dans les Gymnospermes et la plupart des Dicotylédones. Le raccordement a lieu d'ordinaire sur la stèle au nœud même, quelquefois dans la stèle un ou plusieurs entre-nœuds plus bas, quelquefois au contraire sur les faisceaux de la feuille après leur sortie de la stèle.

Dans le premier cas, les faisceaux de la branche se réunissent à sa base en un petit nombre, en deux par exemple; ces deux faisceaux traversent l'écorce de la tige, pénètrent dans la stèle et viennent, au nœud, s'unir avec les deux faisceaux qui bordent à droite et à gauche le vide laissé par le départ du faisceau foliaire médian de la feuille mère (Pin, Genévrier, Ibéride, Ortie, Muflier, Mouron, Clématite, etc.). Dans le second cas, les deux faisceaux de la branche, parvenus comme il vient d'être dit dans la stèle, y descendent parmi les faisceaux foliaires voisins l'espace d'un (Aristoloche, etc.), de deux (Céraiste, etc.) et même de trois entre-nœuds (Violette, etc.); la section transversale de la tige contient alors, outre les faisceaux caulinaires et les foliaires, deux, quatre ou six faisceaux destinés à une, deux ou trois branches supérieures. Enfin, dans le troisième cas, les faisceaux de la branche s'attachent directement aux faisceaux de la feuille mère, après que ceux-ci sont déjà sortis de la stèle et pendant qu'ils traversent l'écorce; le raccordement de la branche avec la tige s'opère alors indirectement, par l'intermédiaire de la base de la feuille (Hippure, Ombellifères, Araliacées, etc.).

Origine et insertion des racines sur la tige. — La tige produit normalement des racines. Elle en forme une de très bonne heure à sa base et dans son prolongement : c'est la racine terminale. Plus tard, et à mesure qu'elle s'allonge, elle en produit d'autres dans ses flancs : ce sont les racines latérales

1° Mode d'insertion de la racine terminale sur la tige. Passage de la racine à la tige. Collet. — En ce qui concerne la racine terminale, on n'a pas à chercher ici son origine; elle apparaît, en effet, comme la tige elle-même, au cours du développement de l'œuf en embryon, sujet qui sera traité plus tard. Mais il faut savoir comment elle s'attache à la tige, comment se raccordent les divers tissus des deux mem-

bres, comment on passe de la structure de l'un à celle de
l'autre.

La racine se forme le plus souvent, à la base de la tige, de
telle manière que dans le premier âge les deux surfaces se
continuent directement; elle est extérieure, au même titre
que la tige. Quelquefois cependant elle naît à l'intérieur de
la tige, plus ou moins profondément au-dessous de son extrémité; elle est recouverte alors dans le premier âge par l'épiderme de la tige et par un plus ou moins grand nombre
d'assises de l'écorce; plus tard elle perce cette poche pour se
développer au dehors et sa base demeure entourée d'une collerette (Graminées, Commélinacées, Balisier, Capucine, Nyctage, etc.).

Considérons d'abord le cas le plus fréquent, où la racine est
exogène, et supposons qu'il s'agisse des Dicotylédones et des
Gymnospermes. Si l'on suit, en descendant, l'épiderme de la
tige, on arrive à un point où, à une cellule simple, dernière
cellule de l'épiderme de la tige, succède une cellule dédoublée par une cloison tangentielle, première cellule de l'épiderme de la racine. Entre les deux, par la cloison qui les
sépare, passe le plan de séparation des deux membres. Dès
que la racine entre en croissance, la moitié externe de sa
première cellule épidermique dédoublée se détache comme
première assise de la coiffe, et il en résulte un gradin à descendre pour passer de la surface primitive de la tige à la surface dénudée de la racine. Peu après, la moitié interne mise
à nu se prolonge en un poil absorbant. Cette dénudation se
poursuit ensuite de plus en plus profondément, à mesure que
la racine s'allonge et que la coiffe s'exfolie. Il en résulte, à la
limite même, un contraste frappant dans l'aspect des deux
surfaces, contraste qui rend cette limite très nette au premier
coup d'œil. La surface de la tige, occupée par son épiderme
entier et simple, est lisse, blanche, dure; la surface de la
racine, occupée par son assise pilifère, c'est-à-dire par l'assise
interne de son épiderme composé, est hérissée de poils, gri-
sâtre, molle. Le collet, dont on a déjà signalé l'existence
(p. 134), reçoit ici une définition plus précise : c'est la ligne
circulaire qui sépare les deux surfaces, ou le plan qui passe
par cette ligne.

Chez les Monocotylédones et les Cryptogames vasculaires,
l'épiderme de la racine, d'abord en continuité avec celui de
la tige, s'en sépare circulairement à la base au début de la

croissance, et son bord libre s'exfolie bientôt complètement avec la première assise de la coiffe, laissant à nu l'assise corticale externe qui devient l'assise pilifère. La ligne de séparation, jointe à la dépression superficielle correspondante, marque ici aussi la limite des deux membres, c'est-à-dire le collet.

Enfin dans les quelques plantes où la racine terminale est endogène, c'est la ligne circulaire suivant laquelle son épiderme se raccorde plus ou moins profondément avec l'écorce de la tige qui marque le collet.

Ceci bien compris, si nous suivons en montant l'écorce de la racine, nous la voyons se continuer directement avec l'écorce de la tige, avec toute l'écorce dans le premier cas, avec sa région interne seulement dans le second. L'endoderme de la racine se prolonge par l'endoderme de la tige. Il en résulte que la stèle de la racine se continue directement, en se dilatant ordinairement beaucoup, dans la stèle de la tige. Le péricycle, les rayons et la moelle de la première se prolongent respectivement dans le péricycle, les rayons et la moelle de la seconde. Reste à savoir comment se fait, au collet défini par le dehors comme il vient d'être dit, la transformation des faisceaux simples, libériens et ligneux, de la racine, dans les faisceaux doubles, libéroligneux, de la tige. La chose peut avoir lieu de trois manières différentes.

1° Les faisceaux libériens de la racine s'élèvent en ligne droite dans la tige. Les faisceaux ligneux, arrivés près du collet, multiplient leurs vaisseaux et se dédoublent suivant le rayon ; les deux moitiés se séparent et, s'inclinant à droite et à gauche, vont s'unir deux par deux en dedans des faisceaux libériens alternes, de manière à former le bois des faisceaux libéroligneux. En se déplaçant ainsi, chaque moitié du faisceau ligneux tourne sur elle-même, se tord de 180°, de façon à diriger en dedans la pointe qu'elle présentait en dehors ; il en résulte que le bois du faisceau libéroligneux est centrifuge, tandis que le faisceau ligneux était centripète. Pendant ce temps, on a franchi la limite, et l'on est désormais dans la tige. La tige a, dans ce cas, tout autant de faisceaux doubles que la racine avait de faisceaux libériens, et ces faisceaux sont séparés par de larges rayons, qui correspondent chacun à deux des étroits rayons de la racine et au faisceau ligneux qui les séparait (Fumeterre, Nyctage, Cardère, etc.).

2° Les faisceaux libériens se dédoublent latéralement comme

les faisceaux ligneux et leurs deux moitiés vont, pour ainsi
dire, au-devant des deux 'moitiés ligneuses, pour former avec
elles deux fois autant de faisceaux libéroligneux, séparés par
des rayons plus étroits (Capucine, Érable, Haricot, Courge, etc.).

3° Quelquefois, enfin, les faisceaux ligneux restent en place
en se tordant de 180° et ce sont les faisceaux libériens dédoublés qui font tout le chemin pour venir s'unir, en dehors de
chacun d'eux, en autant de faisceaux libéroligneux, séparés
par de larges rayons qui correspondent chacun à deux des
étroits rayons de la racine et au faisceau libérien qui les
sépare (Luzerne, Vesce, Lentille, Phénice, etc.).

Comme il a été dit plus haut pour les radicelles (p. 109) et
comme on le verra bientôt pour les racines latérales, la racine
terminale des Phanérogames a, elle aussi, une portion basilaire où l'épiderme est simple, en un mot une rhizelle. E
attribuant donc à la tige, ainsi qu'on vient de le faire chez le
Dicotylédones et les Gymnospermes, tout ce qui a l'épiderm
simple et persistant, à la racine tout ce qui a l'épiderme com
posé et caduc, on a rattaché indûment la rhizelle à la tige e
par suite commis une erreur dans la fixation de la limit
externe des deux membres. Toutes les fois qu'il ne s'opèr
dans la rhizelle aucune croissance intercalaire, cette erreur
est très petite et tout à fait négligeable; la limite externe ains
fixée coïncide, en effet, à très peu près avec la limite intern
(Ricin, Courge, Haricot, etc.). Il n'en est plus de même quan
la rhizelle s'accroît ultérieurement, de manière à acquéri
plusieurs centimètres de longueur; il faut renoncer alors à l
limite externe, placée beaucoup trop bas, et s'en tenir à l
limite interne seule pour fixer la ligne de séparation des deu
membres (Crucifères, Ombellifères, Caryophyllées, Coni
fères, etc.). On reviendra plus tard sur cette question.

2° **Origine et formation des racines latérales.** — Si l'on me
à part les racines latérales gemmaires, sur lesquelles on revien
dra plus loin, on sait que les racines latérales, qu'elles soien
régulières ou adventives (p. 76), naissent toutes à l'intérieu
de la tige, sont toujours endogènes (p. 77). D'une façon gén'
rale, elles naissent dans la tige comme les radicelles dans l
racine mère.

Chez les Cryptogames vasculaires, en particulier chez le
Fougères (fig. 74), les racines latérales naissent de très bonn
heure, très près du sommet, alors que l'écorce et la stèl
récemment séparées, n'ont pas encore terminé la série de

cloisonnements qui doivent leur donner toute leur épaisseur. Pour se former, la racine prend une cellule appartenant à l'assise la plus interne de l'écorce dans son état actuel, à ce qu'on peut appeler l'endoderme actuel (*A, r*). Par trois cloisons obliques convergeant vers l'intérieur, cette cellule rhizogène sépare d'abord trois cellules basilaires qui produiront la rhizelle, et une cellule pyramidale, qui est l'initiale de la racine (*B, r*). Celle-ci se cloisonne ensuite, d'abord parallèlement à sa face externe pour détacher un segment épidermique, puis parallèlement à ses trois faces obliques pour découper trois segments destinés à l'écorce et à la stèle, puis de nouveau parallèlement à sa face externe, et ainsi de suite (*C*). En un mot, les segments se forment et plus tard se divisent dans les trois directions, notamment suivant la tangente, exactement comme il a été dit pour l'initiale d'une radicelle (p. 106, fig. 36). Les cellules péricycliques sous-jacentes se cloisonnent aussi, mais se bornent à former à la racine un pédicule plus ou moins long (*pd*, fig. 71).

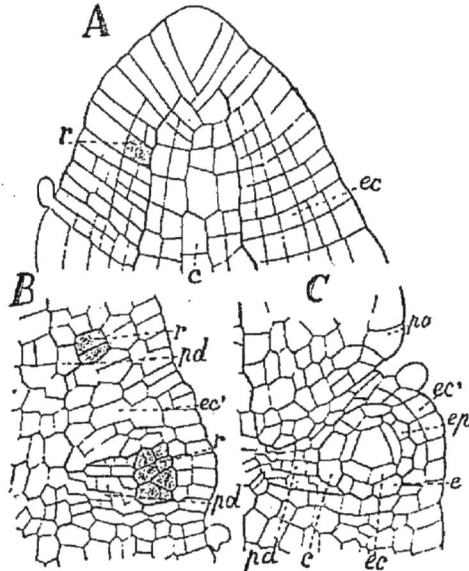

Fig. 71. — Section longitudinale axile de la tige (stolon) du Néphrolépide. *A*, au sommet, montrant la cellule terminale et ses segments, la séparation de la stèle *c* et de l'écorce *ec*, la division de l'écorce en deux zones et le cloisonnement tangentiel de ces deux zones; *r*, cellule rhizogène (pointillée) appartenant à la zone interne encore indivise. *B*, un peu plus bas, montrant deux états de division de la cellule rhizogène *r* et de formation du pédicule péricyclique sous-jacent *pd*. *C*, plus bas encore, montrant un état plus avancé de la racine, recouverte par deux assises corticales.

Chez les Phanérogames, les racines latérales naissent plus ou moins tôt, c'est-à-dire plus ou moins près du sommet de la tige, aux dépens d'une plage circulaire de cellules appartenant au péricycle. Si le péricycle est simple, les cellules de la plage rhizogène s'accroissent radialement et se dédoublent toutes par une cloison tangentielle, qui sépare en dedans la stèle; puis l'assise externe prend une nouvelle cloison tan-

gentielle, qui ne porte que sur les cellules médianes et sépare
en dedans l'écorce, en dehors l'épiderme, tandis que les cellules marginales indivises constituent l'épistèle. Ici aussi, les
cellules qui bordent la cellule centrale gardent leur épiderme simple et composent avec les cellules marginales cette
portion basilaire de la racine qu'on a nommée la rhizelle.
(p. 109). Le mamelon ainsi formé, avec ses trois initiales ou ses
trois tétrades d'initiales superposées, s'accroît ensuite et cloisonne ses cellules, comme il a été dit pour la radicelle
(p. 108, fig. 38). Si le péricycle est composé, c'est son assise
externe qui fournit la plage rhizogène, laquelle se comporte
comme dans le cas précédent. En un mot, la racine latérale
naît et se constitue dans le péricycle de la tige mère comme
la radicelle dans le péricycle de la racine mère.

Dans les tiges polystéliques (p. 179), les racines latérales
naissent, sur la face externe de chacune des stèles, de la
même manière que sur toute la périphérie de la stèle quand
elle est unique, c'est-à-dire dans l'endoderme chez les
Cryptogames vasculaires (Fougères, Hydroptérides, etc.);
dans le péricycle chez les Phanérogames (Auricule, Gun-
nère, etc.).

Dans les tiges schizostéliques (p. 178), les racines latérales
naissent aussi de l'endoderme particulier de chaque méristèle,
s'il s'agit d'une Cryptogame vasculaire (Ophioglossacées, etc.),
du péridesme de chaque méristèle, s'il s'agit d'une Phanérogame. Dans ce dernier cas, un arc de cellules péridesmiques,
situées d'ordinaire sur le flanc du faisceau en face de la séparation du liber et du bois, accroît ses cellules et les cloisonne,
comme il a été dit, pour former le mamelon radical (Nymphéacées, diverses Renoncules, etc.).

Disposition et insertion des racines latérales. — Les
racines latérales des Phanérogames affectent trois dispositions
différentes par rapport aux faisceaux libéroligneux de la stèle.

Le plus souvent la plage rhizogène s'établit dans le péricycle en correspondance avec l'intervalle de deux faisceaux,
c'est-à-dire avec un rayon (fig. 72 et fig. 73). Si le rayon n'est
pas très large, la racine lui est exactement superposée et
s'attache également et symétriquement de chaque côté sur
les deux faisceaux voisins : c'est le cas ordinaire (fig. 72). Si
le rayon est très large, la plage rhizogène s'y établit latéralement au voisinage de l'un des faisceaux, sur le flanc duquel
la racine s'insère obliquement; il peut se faire alors deux

racines en correspondance avec le même rayon (Cucurbitacées, etc.).

Ailleurs la plage rhizogène se différencie dans le péricycle
en superposition avec le liber d'un faisceau libéroligneux.
Cette disposition en dehors du liber a lieu nécessairement
toutes les fois que la stèle a tous ses faisceaux fusionnés en
un anneau autour d'une moelle, ou en un massif plein sans
moelle, en un mot toutes les fois qu'elle est gamodesme
(p. 172).

Dans les deux cas précédents, l'insertion de la racine sur

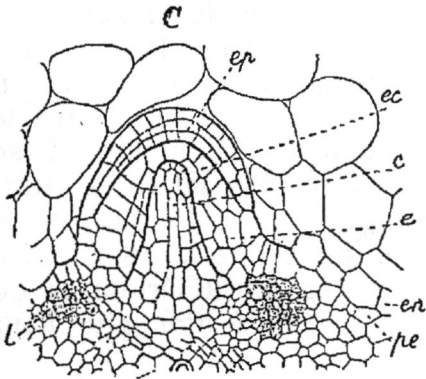

Fig. 72. — Section transversale de la tige de la Montie, passant par l'axe d'une racine, née dans le péricyle *pe* entre deux faisceaux libéroligneux *l*; *ep*, épiderme triple au sommet; *ec*, écorce triple à la base; *c*, stèle; *e*, épistèle; *en*, endoderme de la tige, digéré ainsi que les deux assises corticales suivantes.

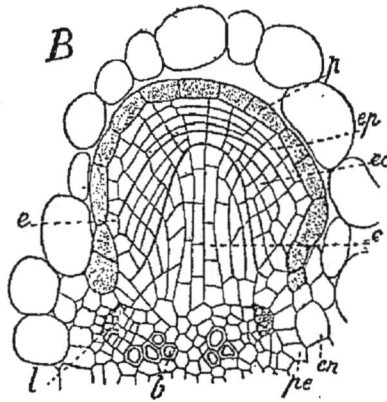

Fig. 73. — Section transversale de la tige du Spilanthe, passant par l'axe d'une racine née dans le péricycle *pe*; *ep*, épiderme; *ec*, écorce; *c*, stèle; *e*, épistèle; *p*, poche endodermique simple digérant l'écorce.

es faisceaux libéroligneux de la tige est directe. Dans le troisième, la racine naît dans le péricycle sans aucun rapport fixe
avec les faisceaux libéroligneux et son insertion sur eux est
indirecte. Il se différencie alors dans la profondeur du péricycle, qui est composé, un plus ou moins grand nombre de
fascicules cribro-vasculaires, dirigés et anastomosés en tout
sens, qui forment un réseau couvrant toute la périphérie de la
stèle ou seulement une partie de son pourtour, par exemple
la face inférieure, si la tige est rampante. Vers l'intérieur, ce
réseau se relie aux faisceaux libéroligneux de la tige; vers
l'extérieur, il donne insertion aux racines, qui prennent naissance dans l'assise périphérique du péricycle. C'est donc par

son intermédiaire que s'établissent les rapports libéroligneux des racines avec la tige. Ce réseau radicifère est rare chez les Dicotylédones; on l'y observe dans les Pipéracées de la tribu des Saururées, et surtout chez certaines Primevères (P. officinale, P. grandiflore, etc.). Il est, au contraire, très fréquent chez les Monocotylédones, notamment dans les rhizomes et à la base des branches aériennes. Tantôt il s'étend sur toute la longueur et sur tout le pourtour de la stèle; les racines peuvent naître alors en un point quelconque de la tige (Acore, Fragon, Bananier, Sagittaire, etc.). Tantôt il s'étend bien encore sur toute la longueur, mais n'occupe qu'une fraction plus ou moins grande de la circonférence de la stèle; les racines latérales se trouvent alors localisées sur la face inférieure de la tige (Monstérées, Echmée, etc.). Tantôt enfin il s'étend sur tout le pourtour, mais est interrompu dans la longueur et ne se forme qu'au voisinage des nœuds, où se trouvent également concentrées les racines latérales (Graminées, Philodendre, Calle, Vanille, Salsepareille, etc.). Dans tous les cas, ce réseau radicifère péricyclique nous offre un nouvel exemple de ces tubes criblés extralibériens et de ces vaisseaux extraligneux dont il a été question plus haut (p. 173).

Croissance interne et sortie des racines latérales. — Qu'il s'agisse des Cryptogames vasculaires ou des Phanérogames, une fois ébauchées comme il vient d'être dit à l'état de mamelons coniques, les racines latérales peuvent cesser de croître et demeurer, pendant un temps plus ou moins long, cachées dans la profondeur de l'écorce, sans que rien ne les trahisse au dehors, *latentes*, en un mot, pour reprendre plus tard, quand les conditions sont favorables, le cours interrompu de leur développement. Elles peuvent également continuer aussi tôt de croître sans subir d'arrêt. Dans tous les cas, elles ont, pour paraître au dehors, à traverser l'écorce de la tige, toute l'écorce si elles sont un peu tardives, seulement la zon d'écorce qui se trouvait constituée au moment de leur appari tion, si elles sont très précoces.

Cette traversée de l'écorce se fait, ici comme pour la radi celle, par voie de digestion. La racine se nourrit aux dépen de l'écorce de la tige, comme la radicelle aux dépens d' l'écorce de la racine, et en se nourrissant elle se fraye ui chemin vers l'extérieur. Pourtant, l'épiderme de la tige es quelquefois assez fortement cutinisé pour résister à la diges

tion; il se distend alors et finalement se déchire pour laisser
sortir la racine. Cette digestion est quelquefois directe, c'est-
à-dire opérée par l'épiderme même de la racine; elle porte
alors sur la totalité de l'écorce actuelle chez les Phanérogames
(fig. 72), sur toute l'écorce actuelle à l'exception de l'endoderme actuel chez les Cryptogames vasculaires (fig. 71); en un
mot, il n'y a pas de poche digestive (Crucifères, Caryophyllées,
Crassulacées, Portulacacées, etc., parmi les Dicotylédones;
Polypodiacées, Hydroptérides, parmi les Cryptogames vasculaires). Le plus souvent, la digestion est indirecte, c'est-à-dire
que l'assise corticale qui borde la racine s'accroît avec elle en
cloisonnant ses cellules et l'enveloppe d'une poche (fig. 73).
C'est cette poche qui sécrète les liquides diastasiques et qui
digère le reste de l'écorce; en un mot, la racine est munie
d'une poche digestive. Cette poche est d'origine sus-endodermique chez les Cryptogames vasculaires; elle est d'origine
endodermique chez les Phanérogames, où elle est tantôt
simple (Composées, fig. 73, etc.), tantôt dédoublée une ou
plusieurs fois autour du sommet (Graminées, etc.). Il s'y
ajoute quelquefois une ou plusieurs des assises corticales
internes, ce qui rend la poche plus épaisse (diverses Légumineuses et Cucurbitacées, Hydrocharite, Hyménophylle, etc.).
Quand il y a une poche, la coiffe de la racine à la sortie n'est
comparable ni à la coiffe de la racine à la sortie des racines
sans poche, ni à la coiffe de la racine développée : elle ne le
devient que si l'on fait abstraction de la poche; il y a là une
erreur à éviter.

En résumé, la croissance interne et la sortie des racines
latérales s'opèrent par le même mécanisme que la croissance
interne et la sortie des radicelles et, dans la mise en jeu de
ce mécanisme, on observe, de part et d'autre, les mêmes
modifications secondaires suivant les plantes.

Origine des racines latérales gemmaires. — On sait que
chez les Cryptogames vasculaires, les racines latérales peuvent
être très précoces et n'en naître pas moins dans l'endoderme
actuel; de même, chez les Monocotylédones, elles se forment
souvent très près du sommet et pourtant naissent dans le
péricycle actuel. Cependant, si elles sont encore plus précoces, elles naissent à la surface même du membre, elles sont
exogènes. Tel est précisément le cas pour les racines qui se
constituent de très bonne heure à la base même des bourgeons, avant les premières feuilles et au-dessous d'elles, et

que nous avons nommées racines gemmaires (p. 76). Parmi les Cryptogames vasculaires, les Sélaginelles, où elles naissent par deux, une de chaque côté du bourgeon, et les Prêles, où il s'en fait ordinairement plusieurs à la face inférieure du bourgeon, n'ont pas d'autres racines latérales et la cellule périphérique du bourgeon y passe directement à l'état de cellule initiale de la racine. Parmi les Phanérogames, il s'en fait tantôt plusieurs à chaque bourgeon, libres dans les Crucifères (Cresson, Cardamine, etc.), concrescentes en tubercule dans les Ophrydées (Orchide, Ophryde, etc), tantôt une seule (Ficaire). Chez les Crucifères, par exemple, l'épiderme du bourgeon donne directement l'épiderme de la racine, l'assise corticale externe fournit l'initiale de l'écorce de la racine, et la seconde assise corticale produit l'initiale de la stèle; celle-ci naît donc indépendamment de celle de la tige.

Structure secondaire de la tige. — Chez les Muscinées, la plupart des Cryptogames vasculaires, beaucoup de Monocotylédones et certaines Dicotylédones (Nymphéacées, Nélombe, Myriophylle, Utriculaire, Mâcre, Adoxe, Ficaire, Renoncule, etc.), la tige conserve indéfiniment la structure que nous venons d'étudier; une subérisation de plus en plus forte à la périphérie, une sclérose de plus en plus intense à l'intérieur, c'est tout le changement qu'y apporte le progrès de l'âge. Ailleurs, au contraire, surtout chez la plupart des Dicotylédones et chez les Gymnospermes, la structure de la tige se complique bientôt, parce que certaines cellules, différenciées d'abord en parenchyme et disposées autour de l'axe en une ou plusieurs assises circulaires, redeviennent génératrices, c'est-à-dire recommencent à croître, à diviser leur noyau, à se cloisonner et produisent ainsi un ou plusieurs anneaux de méristème secondaire, dont la différenciation ultérieure engendre tout autant de régions secondaires (p. 38). En s'adjoignant aux régions primaires, celles-ci épaississent progressivement la tige et en même temps lui impriment une structure nouvelle, une structure *secondaire*, qu'il convient maintenant d'étudier.

Mode de formation des régions secondaires. — Il se fait ordinairement dans la tige deux assises génératrices concentriques, une externe et une interne; on en fixera plus loin la position. Elles produisent l'une et l'autre un anneau de méristème par le même mécanisme (fig. 74). Chaque cellule *c* s'accroît suivant le rayon, divise son noyau dans la même direc-

tion et se partage en deux par une cloison tangentielle (1) ; puis
l'une des moitiés, l'interne par exemple, s'accroît suivant le
rayon, divise son noyau et se dédouble à son tour par une
cloison parallèle à la première (2). Des trois cellules ainsi formées a, b, c, la médiane c demeure seule génératrice (3) ;
comme la cellule primitive, elle croît suivant le rayon et
découpe d'abord vers l'extérieur un segment a', puis vers l'intérieur un segment b', en demeurant génératrice entre les
deux (4) ; et ainsi de suite indéfiniment (5, 6). Il se constitue
de la sorte, aux dépens de l'assise génératrice primitive, un
anneau de méristème de
plus en plus épais, formé
de cellules disposées à la
fois en séries radiales et
en cercles concentriques,
divisé en deux feuillets par
l'assise génératrice qui en
occupe toujours le milieu
(6) ; dans le feuillet externe
a, a,' a", etc., les cellules
sont de plus en plus jeunes
vers l'intérieur ; dans le
feuillet interne , b , b' ,
b", etc., elles sont de plus
en plus jeunes vers l'extérieur : le premier est centripète, le second centri-

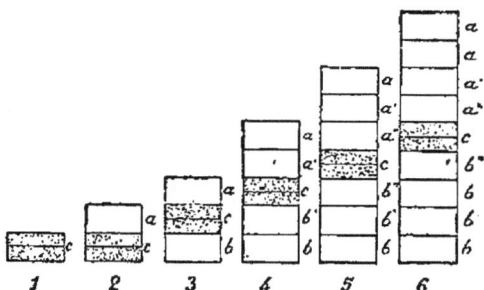

Fig. 74. — Figure montrant, en coupe transversale, la marche du cloisonnement alternatif d'une des cellules c de l'assise
génératrice : a, a', a", a''', segments
externes formant le feuillet centripète
du méristème secondaire ; b, b', b", b''',
segments internes formant le feuillet
centrifuge.

fuge. A mesure qu'il s'épaissit, l'anneau de méristème,
dont le bord interne est fixe, refoule de plus en plus tous
les tissus primaires situés en dehors de lui et accroît
progressivement le diamètre de la tige. En même temps,
l'assise génératrice est repoussée vers l'extérieur par les
segments internes ; pour suivre ce mouvement et se dilater
ans se rompre, elle dédouble de temps en temps quelqu'une
de ses cellules par une cloison radiale, augmentant ainsi d'une
nité le nombre de ses éléments, et plus tard le nombre des
iles radiales de l'anneau de méristème.

Ainsi formés, et à mesure qu'ils s'épaississent, les anneaux
e méristème ne tardent pas à différencier leurs cellules et
produire deux régions secondaires doubles, composées de
issus secondaires définitifs. Dans chacune d'elles, la diffé-
enciation suit les progrès de l'âge : centripète dans le feuillet

externe, elle est centrifuge dans le feuillet interne. Mais
autant elles se ressemblent par leur mode de formation et
d'épaississement, autant les deux régions secondaires diffèrent par les tissus définitifs qui les composent; il est donc
nécessaire maintenant de les étudier séparément.

**Région secondaire externe. Périderme : liège et phello-
derme.** — Dans l'anneau de méristème qui a été formé et qui
continue de s'épaissir par l'assise génératrice externe, le
feuillet extérieur subérise d'ordinaire les membranes de ses
cellules, qui demeurent fortement unies entre elles sans
laisser de méats, et se différencie progressivement de dehors
en dedans en un parenchyme subéreux secondaire; c'est
pourquoi on a donné à cette zone externe le nom de *liège*
(fig. 75, *k*). Le feuillet interne conserve à l'état de cellulose
les membranes de ses cellules, qui s'arrondissent et laissent
entre elles des méats, mais produit dans leurs leucites de la
chlorophylle, de l'amidon, etc., en un mot se différencie progressivement, de dedans en dehors, en un parenchyme secondaire chlorophyllien ou amylacé, semblable au parenchyme
de l'écorce ; c'est pourquoi on a donné à cette zone interne le
nom de *phelloderme* (fig. 75, *pd*). L'assise génératrice externe,
le double anneau de méristème secondaire qu'elle produit par
ses cloisonnements, enfin les deux couches de tissus définitifs que ce dernier engendre par sa différenciation, formen
tous ensemble une région secondaire double de plus en plu
épaisse, à laquelle on a donné le nom de *périderme* (fig. 75, *K*).

Les cellules du liège demeurent disposées régulièrement à l
fois en séries radiales et en assises concentriques, et intime
ment unies entre elles sans laisser de méats (fig. 75, *k*). Elle
sont parfois cubiques (Chêne liège, Érable, Orme, Aristoloche
Seringat, etc.), le plus souvent aplaties parallèlement à le
surface, quelquefois même très fortement (Hêtre, Bouleau
Tilleul, Prunier, etc.), rarement étendues en longueur (Mélas
tomacées). Leur membrane est tantôt mince et continu
(fig. 75) (Érable, Aristoloche, etc.), tantôt plus ou moin.
épaissie et marquée de ponctuations (fig. 78) (Hêtre, Saule
Néflier, Viorne, etc.); le liège est mou dans le premier cas
dur dans le second. Il est homogène quand il est tout entie
mou ou tout entier dur, hétérogène quand il est formé alter
nativement de couches dures et de couches molles (Boulea
Chêne liège, Seringat, etc.). Dans tous les cas, les cellule
demeurent d'abord vivantes, avec un protoplasme, un noya

des hydroleucites, rarement des chloroleucites (Sureau, etc.) ; le jeune liège est donc transparent et laisse voir la couleur verte de l'écorce (Tilleul, etc.). Par la suite, au plus tard après une année, les cellules meurent, se dessèchent et se remplissent d'air qui les rend opaques ; au début de leur altération, elles renferment quelquefois une substance brune plus ou moins foncée (Hêtre, Châtaignier, Tilleul, Poirier, etc.). Dès qu'il est constitué, le liège, par son imperméabilité, intercepte l'arrivée des liquides dans les tissus primaires au-dessous desquels il se forme ; ceux-ci se dessèchent par conséquent et meurent, puis se déchirent sous l'influence de la pression exercée sur eux par l'ensemble des tissus secondaires internes (fig. 75). C'est alors le liège, devenu ainsi extérieur, qui protège la tige. Plus tard, quand ses assises externes meurent progressivement de dehors en dedans,

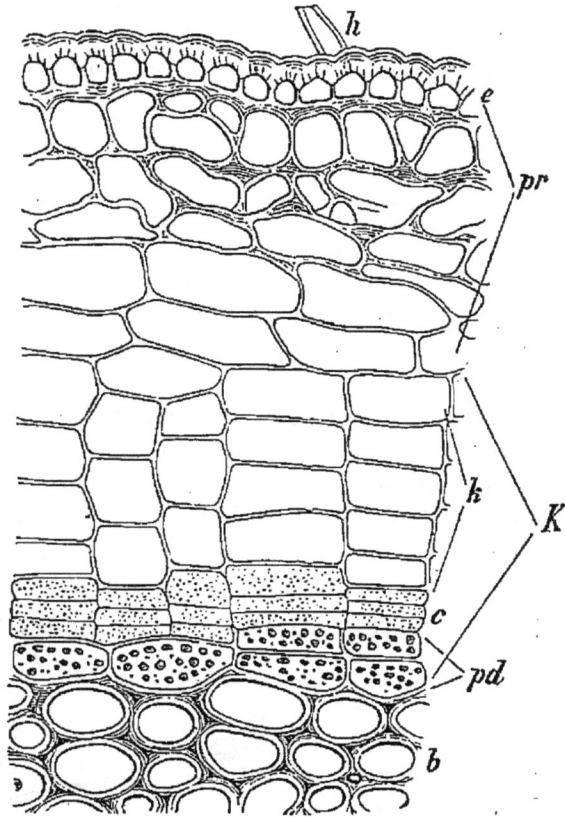

Fig. 75. — Formation du périderme dans la tige du Groseillier. Portion d'une coupe transversale : *K*, périderme, d'origine péricyclique ; *k*, liège ; *pd*, phelloderme ; *c*, assise génératrice ; *pr*, écorce écrasée et morte ; *b*, liber primaire.

elles se déchirent à leur tour sous l'influence de la poussée interne, et c'est à un liège de plus en plus jeune que passe le rôle protecteur. On reviendra plus loin sur ce sujet.

Les cellules du phelloderme demeurent aussi d'ordinaire disposées en assises concentriques et en séries radiales, qui continuent celles du liège à travers le méristème et l'assise génératrice (fig. 75, *pd*) ; c'est même surtout à cet arrangement régulier qu'on les distingue nettement de celles des tissus primaires sous-jacents. Elles gardent habituellement leur membrane mince et cellulosique, mais aussi l'épaississent quelquefois, tantôt sans la transformer en formant du collenchyme, tantôt en la lignifiant et produisant du parenchyme scléreux ; elles renferment des chloroleucites, des grains d'amidon, des cristaux d'oxalate de calcium, etc.

Dans son cloisonnement alternatif, l'assise génératrice péridermique produit quelquefois exactement autant de cellules de méristème vers l'intérieur que vers l'extérieur ; les deux feuillets du périderme comptent alors le même nombre d'assises (Saule, etc.). Mais le plus souvent le cloisonnement externe prédomine sur le cloisonnement interne ; après une cellule interne, il se fait successivement plusieurs cellules externes, avant qu'il se fasse de nouveau une cellule interne ; le liège compte alors beaucoup plus d'assises que le phelloderme (fig. 75) (Hêtre, Chêne, Staphylier, etc.). Quelquefois même le cloisonnement commence par être exclusivement externe et centripète : il ne se fait d'abord que du liège ; c'est plus tard seulement que s'opère le cloisonnement interne et centrifuge qui donne naissance au phelloderme (Platane, Érable, Morelle, la plupart des Pirées, etc.). Enfin il peut arriver que ce dernier ne se forme pas du tout et que le périderme se réduise au liège (Nérion, etc.).

Lenticelles. — Dans tous les cas, le périderme se montre interrompu à de certains endroits par de petits corps arrondis d'environ un millimètre de diamètre, qui proéminent à la fois en dedans et en dehors en forme de lentilles biconvexes ; on les nomme des *lenticelles* (fig. 76). A l'endroit d'une lenticelle, l'assise génératrice

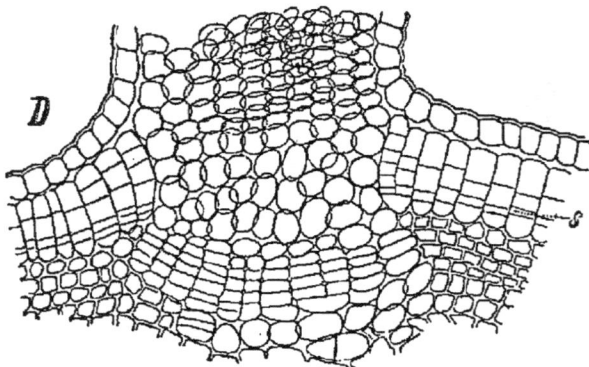

Fig. 76. — Lenticelle de la tige du Sureau, ayant déchiré l'épiderme ; *s* périderme sous-épidermique voisin.

péridermique se cloisonne avec plus d'activité sur ses deux faces et produit un méristème plus épais, d'où résulte une double saillie. En outre, le liège et le phelloderme qui résultent de la différenciation de ce méristème exubérant offrent un caractère particulier. Leurs cellules, sensiblement isodiamétriques et disposées comme toujours en séries radiales, s'arrondissent plus ou moins et laissent entre elles des méats pleins d'air (fig. 76); les cellules du liège s'arrondissent parfois au point de se dissocier complètement et de former une masse pulvérulente (Prunier, Pommier, Bouleau, etc.); leur subérisation est aussi plus tardive. Il résulte de cette disposition que les lenticelles établissent une communication directe entre les méats aérifères de l'écorce et l'atmosphère extérieure, ce qu'il est facile de vérifier directement par l'expérience; en un mot, les lenticelles sont les pores du périderme.

Lieu de formation du périderme. — Rien n'est plus variable que le lieu où prend naissance l'assise génératrice du périderme; en effet, toutes les assises cellulaires qui s'étendent depuis l'épiderme jusqu'au bord externe des faisceaux libéroligneux peuvent, suivant les plantes, devenir génératrices du périderme.

C'est quelquefois l'épiderme lui-même (fig. 77), dont la

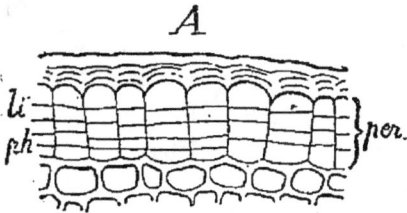

Fig. 77. — Périderme épidermique *per* d'une jeune branche de Saule, *li*, liège; *ph*, phelloderme.

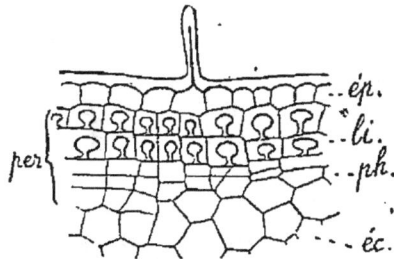

Fig. 78. — Périderme sous-épidermique *per* d'une jeune branche d'Antiar; *li*, liège à membranes fortement épaissies; *ph*, phelloderme.

moitié externe avec la cuticule est seule déchirée et exfoliée par le liège (Poirier, Saule, Nérion, Asclépiade, Morelle, Staphylier, etc.). Souvent c'est la première assise de l'écorce (fig. 78) et l'épiderme est exfolié tout entier (Quercées, Corylées, Bétulées, Peuplier, Orme, Noyer, Platane, Mûrier, Sumac, Tilleul, fig. 81, Frêne, Sureau, Prunier, Sapin, etc.); quelquefois c'est la seconde ou la troisième assise corticale Cytise, Robinier, Glycine, etc.), ou une assise plus profonde,

ou même l'endoderme (Caféier, Lotier, Chiche, Trèfle, etc.);
une portion de plus en plus grande de l'écorce est alors, en
même temps que l'épiderme, tuée et exfoliée par le périderme. Ailleurs encore, c'est dans le péricycle que le périderme prend naissance et l'écorce est rejetée tout entière
avec l'épiderme (fig. 75 et fig. 79). Si le péricycle est formé
d'une simple assise (Mélastome, Groseillier, Cobée, Cardère,
Calcéolaire, etc.) ou si, étant constitué par une couche plus
ou moins épaisse de parenchyme, il produit le périderme à
l'aide de son assise externe (Millepertuis, etc.), l'écorce seule
est exfoliée. Mais lorsque le péricycle, formé d'une couche
épaisse, différencie sa région externe en un anneau de sclérenchyme ou en faisceaux de sclérenchyme adossés aux
faisceaux libéroligneux, le périderme est produit dans son
assise la plus interne, contre le liber, et exfolie non seulement l'écorce, mais encore toute la région scléreuse du
péricycle, faisceaux distincts (Vigne, Spirée, Seringat, Punice
grenadier, etc.), ou anneau continu (Chèvrefeuille, Berbéride,
Saponaire, Œillet et autres Caryophyllées, etc.).

Quand le périderme est ainsi d'origine péricyclique, son
liège renferme quelquefois une ou plusieurs assises portant,
sur les faces latérales et transverses des cellules, des cadres
subérisés ou lignifiés, munis de plissements sur les faces
latérales, semblables à ceux de l'endoderme. Ces assises plissées alternent avec des couches de liège ordinaire (fig. 79).
Elles s'épaississent souvent plus tard et se transforment en
liège dur (Rosacées autres que les Pirées, Myrtacées, Onothéracées, fig. 78, Hypéricacées, Hydrangée, etc.).

Toutes les fois que le périderme est d'origine endodermique ou péricyclique, c'est le phelloderme qui remplace
dans ses fonctions l'écorce exfoliée.

Quand la tige est munie de côtes saillantes, ordinairement
soutenues chacune par un faisceau de collenchyme ou de
sclérenchyme sous-épidermique, l'assise génératrice du périderme s'établit à une profondeur différente vis-à-vis des côtes
et vis-à-vis des sillons qui les séparent. Dans les sillons, c'est
par exemple l'épiderme (Sarothamne, etc.), ou la première
assise corticale (Casuarine, Genévrier, Mélèze, etc.), tandis
que dans les côtes c'est une assise profonde, passant en
dedans du faisceau de sclérenchyme; les côtes sont de la
sorte rejetées et la tige redevient cylindrique.

Quand le périderme est superficiel, épidermique (fig. 77) ou sous-épidermique (fig. 76, 78 et 81), ses pores, c'est-à-dire les lenticelles, correspondent exactement aux pores de l'épiderme, c'est-à-dire aux stomates. Si les stomates sont peu nombreux et uniformément répartis, il se fait sous chacun d'eux une lenticelle (Sureau, fig. 76, Prunier, Lilas, Troène, Saule, Frêne, Robinier, etc.); s'ils sont nombreux et rapprochés par groupes, il se produit une lenticelle au-dessous de chacun de ces groupes (Peuplier, Noyer, Lierre, etc.). Dans tous les cas, le périderme débute alors par la formation de ces lenticelles sous-stomatiques et se rejoint ensuite progressivement en une couche continue à partir de ces points de départ. Cette jonction est ordinairement rapide; pourtant, dans les plantes à épiderme persistant (Sophore, Rosier, Négonde, Érable strié, etc.), les lenticelles apparaissent dès la première année, tandis que le périderme ne se complète que beaucoup plus

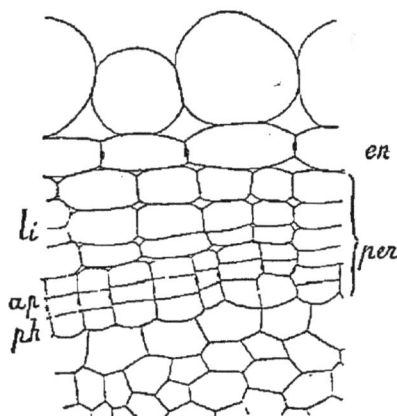

Fig. 79. — Périderme péricyclique *per* de la tige de l'Epilobe; *li*, liège dont l'assise la plus interne *ap* est plissée comme l'endoderme *en*; *ph*, phelloderme.

tard. Quand le périderme est profond, endodermique ou péricyclique, les lenticelles naissent sans aucun rapport avec les stomates et leur apparition est postérieure à l'achèvement du périderme, au sein duquel elles se différencient.

Région secondaire interne. Pachyte : liber secondaire et bois secondaire. — Contrairement à ce qui a lieu pour le périderme, l'assise génératrice de la région secondaire interne affecte dans la tige une situation constante (fig. 80, A). Toujours renfermée dans la stèle, elle s'y établit aux dépens de l'assise du parenchyme qui sépare, comme on l'a vu (p. 162), les tubes criblés les plus internes du liber des vaisseaux les plus externes des bois des faisceaux libéroligneux, assise qui est continue presque dès le début quand la stèle est gamodesme, qui se continue et se rejoint à travers les rayons quand elle est dialydesme (fig. 80, A). Toutes les cellules de cette assise se cloisonnent à la fois vers l'extérieur et vers l'intérieur, comme il a été expliqué plus haut (p. 197), et produisent ainsi un anneau continu de méristème double, qui se différencie ensuite de dehors en dedans dans le feuillet externe, de dedans en dehors dans le feuillet interne.

Dans le feuillet externe, certaines séries radiales différencient leurs cellules en tubes criblés, de même structure et de même calibre que les plus internes du liber primaire, diversement entremêlés de cellules de parenchyme et parfois de fibres de sclérenchyme, et forment ainsi autant de compartiments criblés plus ou moins larges. D'autres séries radiales se

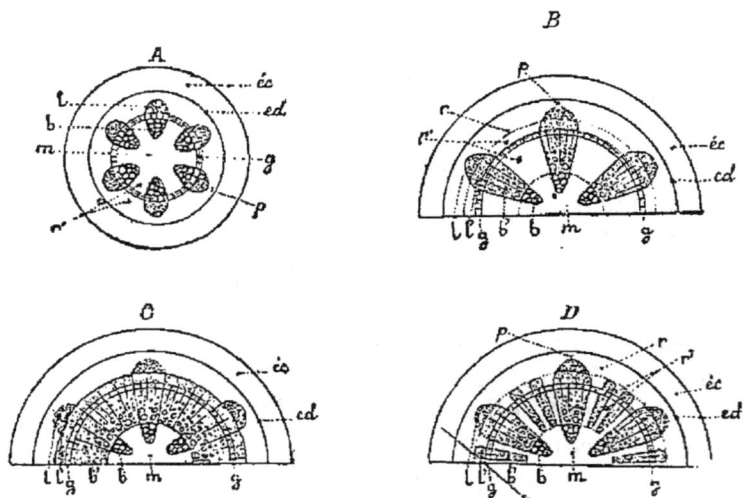

Fig. 80. — Figure montrant, en coupe transversale, la formation du pachyte de la tige dans les deux cas extrêmes B, C, et dans un cas intermédiaire D. A, début de l'assise génératrice pachytique. éc, écorce; ed, endoderme; p, péricycle; l, liber primaire; b, bois primaire; r, rayons primaires; m, moelle; l', liber secondaire; b', bois secondaire; r', grands rayons du pachyte.

différencient exclusivement en cellules de parenchyme, ordinairement allongées dans le sens radial, et forment ainsi des rayons plus ou moins larges, qui séparent les compartiments. La couche hétérogène ainsi constituée a reçu le nom de *liber secondaire* (fig. 80, C, l').

Dans le feuillet interne, certaines séries radiales différencient leurs cellules en vaisseaux, de même structure et de même calibre que les plus externes du bois primaire, diversement entremêlés de parenchyme et parfois de fibres de sclérenchyme, et forment ainsi autant de compartiments vasculaires plus ou moins larges, exactement superposés aux compartiments criblés du feuillet externe. D'autres séries radiales se différencient exclusivement en cellules de parenchyme, ordinairement allongées dans le sens radial, et forment ainsi des rayons qui séparent les compartiments et qui continuent exactement ceux du feuillet externe. La couche hétérogène ainsi constituée a reçu le nom de *bois secondaire* (fig. 80, *C*, *b'*).

Ensemble, le liber secondaire et son méristème, le bois secondaire et son méristème, ainsi que leur assise génératrice commune, forment une région secondaire double, analogue au périderme et méritant tout aussi bien que lui de recevoir un nom particulier; comme c'est elle qui contribue le plus puissamment à épaissir la tige, on la nommera le *pachyte*.

Souvent le pachyte offre sur tout son pourtour la structure qui vient d'être décrite; il est *continu* (fig. 80, *C*). Il en est toujours ainsi, naturellement, quand la stèle est gamodesme (Solanacées, Rubiacées, Campanulacées, etc.), mais fréquemment aussi quand elle est dialydesme, les compartiments cribro-vasculaires s'établissant alors tout aussi bien dans les rayons primaires que dans les faisceaux libéroligneux (fig. 80, *C*) (Apocynacées, Asclépiadacées, Caryophyllées, Fusain, Frêne, Ricin, etc.). Ainsi reliés entre eux par un achyte de plus en plus épais, les faisceaux libéroligneux primaires ne se distinguent plus désormais que par les protubérances externes de leur liber (*l*) et par les saillies internes de leur bois (*b*) (fig. 80, *C*).

Ailleurs, le pachyte ne forme de compartiments criblés dans e feuillet externe, vasculaires dans le feuillet interne, qu'à l'intérieur des faisceaux libéroligneux primaires. Entre ces aisceaux, c'est-à-dire dans toute l'épaisseur des rayons primaires, le méristème se différencie exclusivement, aussi bien ans son feuillet interne que dans son feuillet externe, en cellules de parenchyme semblables à celles des rayons primaires et qui semblent les continuer (fig. 80, *B*). Le pachyte est alors *iscontinu*. A mesure qu'il s'épaissit, les faisceaux primaires emeurent alors tout aussi nettement séparés qu'ils l'étaient l'origine (Malvacées, Tiliacées, Cucurbitacées, Ménisperacées, Pipéracées, Berbéridacées, Aristolochiacées, Casuarinacées, Bégoniacées, etc.). Le pachyte renferme alors des rayons secondaires de deux sortes : les uns étroits séparant es compartiments cribro-vasculaires, ce sont les *petits rayons*; es autres larges, continuant les rayons primaires, ce sont les *rands rayons*. Mais ces derniers n'en appartiennent pas moins, comme les premiers, au liber secondaire dans leur moitié externe, au bois secondaire dans leur moitié interne. On dira seulement que, dans ces endroits, le liber secondaire et le bois secondaire sont l'un et l'autre exclusivement parenchymateux. La nécessité de distinguer toujours la région des tissus divers qui la composent apparaît ici clairement.

Les petits rayons du pachyte ne sont pas continus dans la longueur; aussi, en coupe tangentielle, leur section a-t-elle la forme d'un fuseau. Ils sont, suivant les plantes, plus ou moins larges et plus ou moins hauts. Ils peuvent être assez étroits pour n'avoir qu'une seule cellule en largeur et assez courts pour ne compter qu'une ou deux cellules en hauteur, comme dans la plupart des Conifères; ils sont d'autant plus nombreux qu'ils sont plus étroits et plus courts. Ils se prolongent toujours, à partir d'une certaine profondeur dans le liber secondaire, à travers l'assise génératrice, jusqu'à la profondeur correspondante dans le bois secondaire, partageant de la même manière les deux couches contemporaines.

Quand le pachyte est continu, il arrive quelquefois que les compartiments cribo-vasculaires qui se forment dans les rayons primaires sont séparés par des rayons secondaires plus larges que ceux qui se forment dans les faisceaux libéroligneux (fig. 80, *D*); c'est ce qu'on observe, par exemple, dans la Clématite. Par là, la continuité du pachyte se trouve altérée; c'est une transition vers les cas où il est tout à fait discontinu.

État de la structure secondaire de la tige à la fin de la première année. — En résumé, c'est par le jeu simultané de deux assises génératrices, l'une externe péridermique, l'autre interne pachytique, que la tige des Gymnospermes et de la plupart des Dicotylédones acquiert la structure secondaire qui la caractérise à la fin de sa première année. Quand la première prend naissance dans l'épiderme, les deux assises génératrices sont séparées par toute l'épaisseur de l'écorce, du péricycle et du liber primaire; quand la première se forme au bord interne du péricycle, elles sont au contraire très rapprochées, n'ayant entre elles, aux places correspondant aux faisceaux libéroligneux, que la faible épaisseur du liber primaire, et pouvant, vis-à-vis des rayons, se trouver en contact immédiat de manière à adosser directement leurs produits, c'est-à-dire le phelloderme et le liber secondaire.

L'apparition de l'assise génératrice pachytique est souvent très précoce et suit de près l'achèvement de la différenciation primaire; dans tous les cas, elle fonctionne toujours abondamment dès la première année; il y a donc toujours un liber et un bois secondaires de première année, qui s'ajoutent au liber et au bois primaires pour constituer la totalité du liber et du bois dans la tige d'un an. Il n'en est pas de même pour l'assise génératrice péridermique. Elle entre, il est vrai, ordinairement en jeu dès la première année, parfois de très bonne heure, vers le milieu de mai (Marronnier, etc.), parfois très tard, vers la fin de juillet (Tilleul, etc.), dans la plupart des arbres, au mois de juin. Il n'est pas rare cependant qu'elle n'apparaisse ni la première année, ni les années suivantes, mais seulement après un plus ou moins grand nombre d'années (Gui, Houx, Jasmin, Ménisperme, Aristoloche, Sophore, Négonde, Érable strié, etc.); dans cette dernière plante, c'est seulement vers l'âge de cinquante ans que le liège commence à se former. Dans tous les cas, tout ce qui est en dehors d'elle dépérit et meurt, comme il a été dit plus haut, et c'est elle désormais qui, par son liège, constitue le nouvel appareil tégumentaire de la tige et le répare sans cesse en dedans à mesure qu'il se détruit en dehors. Outre cette faculté de réparation, celui-ci présente encore un autre avantage sur l'appareil protecteur primaire, formé par l'épiderme et les portions périphériques du collenchyme ou du sclérenchyme cortical, c'est d'être extensible. Pour suivre sans se déchirer la dilatation provoquée par le jeu de l'assise génératrice pachytique et par son propre phelloderme, il suffit en effet à l'assise génératrice péridermique de prendre de temps en temps une cloison radiale et d'augmenter ainsi chaque fois d'une unité le nombre des séries radiales du périderme. Quand le périderme n'apparaît qu'après plusieurs années, comme dans les exemples cités plus haut, l'épiderme, l'écorce et le péricycle jouissent de la faculté de dilater leurs cellules et de les diviser çà et là par des cloisons radiales, de manière à suivre l'épaississement provoqué dès la première année dans la stèle par le pachyte.

Développement de la structure secondaire de la tige pendant les années suivantes. — Si la tige est vivace, ses deux assises génératrices cessent de se cloisonner à la fin de l'automne, demeurent inactives pendant l'hiver et recommencent à se segmenter au printemps suivant (fig. 81). L'externe se reprend à former du liège en dehors et du phelloderme en dedans; le liège nouveau double en dedans le liège ancien et le répare à mesure qu'il se déchire et s'exfolie; le phelloderme nouveau épaissit le phelloderme ancien en s'y ajoutant. L'interne se reprend de même à produire du liber secondaire en dehors et du bois secondaire en dedans; le liber de seconde

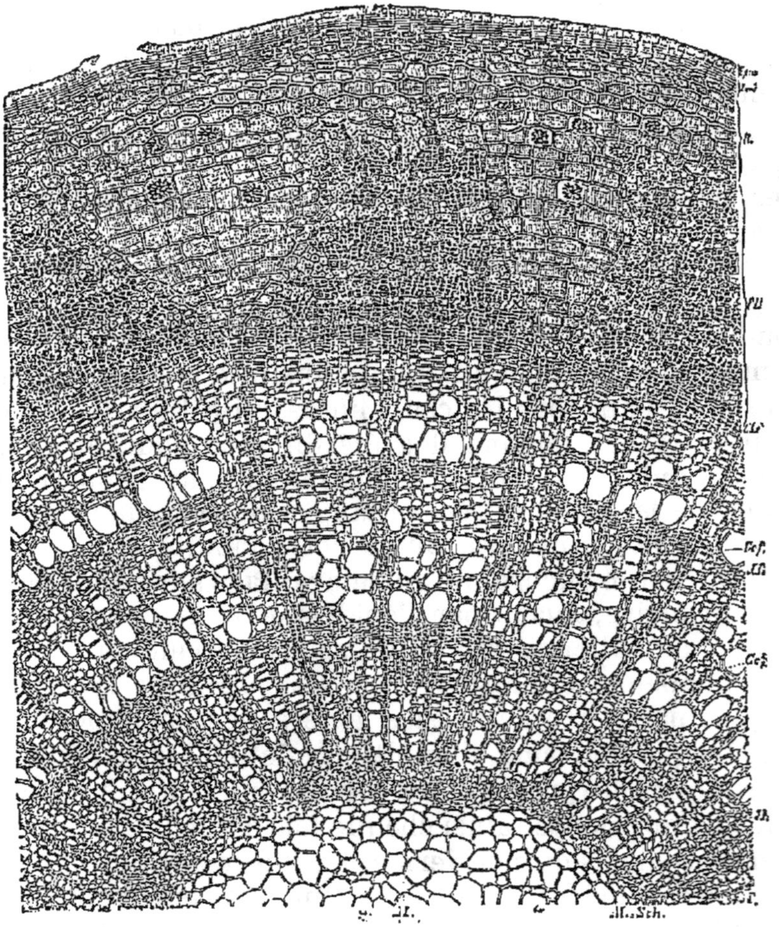

Fig. 81. — Portion d'une section transversale d'une tige de trois ans de Tilleul. L'épiderme est exfolié par un périderme sous-épidermique. Le pachyte est discontinu, ne formant dans les rayons primaires que du parenchyme et produisant ainsi de grands rayons secondaires, étroits dans le bois secondaire, larges et dilatés en éventail dans le liber secondaire. Le péricycle est scléreux en dehors des faisceaux, parenchymateux en dehors des rayons. Le liber secondaire forme chaque année deux arcs scléreux plus ou moins épais; le bois secondaire comprend trois couches très nettes; l'un et l'autre sont entrecoupés de petits rayons.

année double en dedans le liber secondaire de première année, tandis que le bois de seconde année se superpose en dehors au bois secondaire de première année. Cette double

ormation se poursuit jusqu'à l'automne, où s'opère un second
rrêt, suivi d'une troisième reprise au printemps suivant, et
insi de suite. Les petits rayons formés la première année se
ontinuent à travers le bois et le liber de seconde année et
es années suivantes; mais, en outre, il se fait dans chaque
ʼouche nouvelle, entre les premiers, de nouveaux petits
ʼayons qui partagent la couche plus large en compartiments
lus nombreux, de manière à maintenir un rapport sensible-
ent constant entre la place qu'ils occupent et celle des
ʼompartiments.

La tige va de la sorte s'épaississant chaque année davan-
age. Dans cet épaississement, la part des deux sous-régions
ʼentripètes est faible, celle du liège parce qu'il se perd en
ehors à mesure qu'il se produit en dedans, celle du liber
ʼecondaire parce que ses couches anciennes, molles et forte-
ent refoulées vers l'extérieur, sont progressivement écrasées,
éduites à l'état de minces feuillets de consistance cornée,
lans lesquels les cavités des tubes criblés et souvent aussi
ʼelle des cellules du parenchyme qui les séparent sont com-
lètement oblitérées. La part des deux sous-régions centri-
uges est plus considérable, parce que leurs tissus ni ne se
ʼerdent, ni ne s'écrasent. Le phelloderme ancien, tant qu'il
emeure vivant, suit en effet, en dilatant et cloisonnant ses
ellules, l'expansion de la stèle. Mais c'est surtout le bois
econdaire qui joue le principal rôle dans l'épaississement,
uisque chaque année une couche nouvelle s'ajoute à l'exté-
ieur des couches anciennes, dont la dimension et l'aspect ne
hangent pas.

Sur la section transversale, ces couches ligneuses annuelles
e distinguent nettement, de sorte que, pour estimer l'âge
ʼune tige, il suffit de compter le nombre des couches con-
entriques de son bois secondaire (fig. 81). Cette distinction
ette des couches provient de ce que chacune d'elles est
onstituée d'une manière différente sur son bord interne,
ʼrmé au printemps, et sur son bord externe, formé à l'au-
ʼmne. Au printemps, où la chlorovaporisation est très active
la surface des feuilles fraîchement épanouies, les vaisseaux,
ui sont comme on sait les tubes conducteurs de l'eau, sont
lus nombreux, plus larges et à paroi plus mince, tandis que
, sclérenchyme est peu développé : le bois est lâche et mou.
ʼautomne, où la consommation d'eau est très amoindrie et
ù la tige a à supporter la charge des rameaux et des feuilles

14

développés dans la dernière période végétative, les vaisseaux
sont plus rares, plus étroits et à parois plus épaisses, tandis
que le sclérenchyme est prédominant : le bois est serré et
dur. Quand le bois secondaire est composé uniquement de
vaisseaux sans sclérenchyme, comme dans les Conifères, l
différence, pour ne porter que sur la largeur des calibres e
l'épaisseur des parois, n'en demeure pas moins très nette
dans le Pin silvestre, par exemple, les vaisseaux d'automn
n'ont que le quart du diamètre radial des vaisseaux d
printemps, avec une membrane deux fois plus épaisse
C'est le brusque contraste entre le bois le plus dur d'un
année et le bois le plus mou de l'année suivante, qui ren
si frappante la démarcation des deux couches successive
(fig. 81).

Principales modifications de la structure secondaire d
la tige. — La marche générale de la formation des région
et des tissus secondaires, et par suite de l'épaississement d
la tige, étant bien comprise, il est nécessaire d'étudier le
principales modifications qu'elle subit suivant les plantes
Ces modifications intéressent les unes le périderme, le
autres le pachyte. Reprenons donc à ce point de vue chacun
de ces deux régions.

Modifications du périderme. — Les modifications du péri
derme portent les unes sur la structure du liège, d'autres su
la structure du phelloderme, d'autres encore sur le péridercm
considéré dans sa totalité. Examinons successivement c
trois sources de variations.

1° Dans le liège. — Le liège est formé ordinairement p
un parenchyme subéreux à parois minces et sans méats; c'é
même cette sorte de tissu qui a fait donner son nom à cette sou
région. Mais on a vu déjà qu'il peut différencier certaines
ses cellules en parenchyme scléreux à membranes lignifiée
ou même se différencier tout entier en tissu scléreux (p. 19
fig. 78). On sait aussi qu'il renferme parfois des assises
cadres lignifiés alternant avec des couches de parenchym
subéreux ordinaire (p. 202, fig. 79). Dans ce dernier cas,
arrive quelquefois que les couches qui alternent avec l
assises à cadres conservent leurs membranes à l'état de cell
lose pure, en arrondissant leurs angles et prenant des méa
aérifères (Épilobe, Rosacées de la tribu des Potériées, etc.
Enfin, il peut arriver que le liège soit tout entier formé d'
parenchyme à membranes minces et cellulosiques, sans tra

de subérisation ou de lignification dans aucune de ses cellules (Desmanthe, etc.).

On voit donc que la sous-région que l'on appelle le liège peut être formée des tissus les plus différents, parmi lesquels peut fort bien ne pas figurer le tissu subéreux, nouvelle application de la remarque générale faite plus haut (p. 29).

2º **Dans le phelloderme.** — Constitué habituellement par un parenchyme à parois minces et cellulosiques, renfermant des méats aérifères et demeurant longtemps vivant, le phelloderme peut aussi se différencier çà et là en tissus différents, en tissu scléreux par exemple, ou en tissu sécréteur, notamment en cellules oxalifères ou en canaux sécréteurs (diverses Ombellifères, etc.). Il peut aussi se différencier dans toute son étendue en tissus à parois épaisses, en collenchyme, par exemple, ou en sclérenchyme.

Comme le liège, le phelloderme est donc une sous-région, pouvant renfermer des tissus très différents, et non pas seulement un tissu.

3º **Dans le périderme tout entier.** — On a vu plus haut que le périderme prend naissance, suivant les plantes, dans les assises les plus différentes de la structure primaire, depuis l'épiderme jusqu'à l'assise la plus interne du péricycle (p. 201). Il y a déjà là une première série de modifications.

Quand l'assise génératrice péridermique se forme aux dépens de l'épiderme ou de l'assise périphérique de l'écorce, elle demeure quelquefois indéfiniment, ou du moins très longtemps, active au même endroit, comme on l'a supposé plus haut ; il ne se fait alors qu'un seul périderme (Hêtre, Charme, Sapin pectiné, Chêne liège, etc.). Mais le plus souvent elle cesse de se cloisonner au bout d'un certain temps ; c'est alors une assise corticale plus profonde, qui à son tour devient génératrice et forme, à quelque distance du premier, un second périderme à croissance également limitée ; il s'en fait plus tard un troisième en dedans du second, puis un quatrième, etc., et l'assise génératrice, reculant toujours, arrive de la sorte à s'établir au bord interne du péricycle, contre le liber primaire.

Chaque fois, une portion nouvelle de l'écorce se trouve frappée de mort, en même temps que le périderme précédent. Finalement, l'écorce périt tout entière et le péricycle avec elle, comme lorsque le périderme s'établit du premier coup au bord interne de celui-ci ; seulement le tissu mort est alors beaucoup plus épais et plus compliqué. A partir de ce moment, que le périderme ait commencé par être profond ou qu'il le soit devenu, les péridermes suivants se forment d'abord à travers le liber primaire, puis à travers le liber secondaire et de plus en plus profondément, aux dépens des cellules du parenchyme libérien, tant de celles des compartiments que de celles des rayons. Il faut remarquer seulement qu'une fois entré dans le liber secondaire, le périderme est désormais d'origine tertiaire. Comme le premier, chacun de ces péridermes successifs est pourvu de pores, c'est-à-dire de lenticelles. Celles-ci s'y forment, comme dans le premier périderme lorsqu'il est profond, sans aucun rapport avec les stomates et après l'achèvement de la couche de liège à laquelle elles appartiennent.

A cet ensemble hétérogène de tissus morts, comprenant les péridermes successifs, avec les couches d'écorce, de péricycle, de liber primaire et de liber secondaire qui les séparent, on donne, pour abréger, le nom de *rhytidome*. Quand le premier périderme est superficiel, le second forme non pas un anneau continu, mais une série d'arcs concaves en dehors, coupant çà et là le premier à l'aide duquel ils se raccordent entre eux ; il en est de même du troisième, dont les arcs coupent ceux du second, et ainsi de suite. Il en résulte que les péridermes successifs séparent dans l'écorce une série d'écailles plus ou moins larges ; le rhytidome est dit *écailleux* (Pommier, Platane, etc.). Lorsque le premier périderme est profond, endodermique ou péricyclique, les autres sont concentriques et le rhytidome est dit *annulaire* (Vigne, Clématite, etc.). Dans la plupart des arbres dicotylédonés et gymnospermes, le rhytidome est persistant et recouvre la tige d'une croûte de plus en plus épaisse, qui se crevasse de plus en plus profondément pour suivre l'extension de la stèle (Chêne, Orme, Robinier, Pesse, Pin, etc.); on le désigne alors vulgairement sous le nom d'*écorce crevassée*. Parfois il est caduc et chaque année se détache, par plaques s'il est écailleux (Platane, If, Arbousier, Pommier, etc.), par feuillets s'il est annulaire (Vigne, Clématite, Chèvrefeuille, Mélaleuce, etc.), laissant à nu la couche de liège vivant récemment produite par l'assise génératrice dans sa situation actuelle.

Le second périderme, et avec lui la formation du rhytidome, commence plus ou moins tard suivant les plantes : dès la première année dans le Robinier, après 3-4 ans dans l'Orme,

5-6 ans dans le Bouleau, 8-10 ans dans le Pin silvestre, 10-12 ans dans le Tilleul, 15-20 ans dans l'Aulne, seulement après 25-35 ans dans le Chêne. Les arbres qui ont un périderme épidermique ou sous-épidermique, et qui le conservent toute leur vie ou du moins durant de longues années en pleine activité, n'ont pas de rhytidome, ou mieux le rhytidome s'y réduit à l'épiderme et aux assises extérieures du liège ; aussi leur surface demeure-t-elle lisse (Hêtre, Charme, Sapin pectiné, etc.).

Dans le premier périderme, l'épaisseur de la couche de liège produite chaque année varie beaucoup suivant les plantes ; très mince dans le Saule, où elle se réduit à une seule assise, dans le Hêtre, le Charme, etc., où elle n'en comprend qu'un petit nombre, elle atteint quelquefois plusieurs millimètres d'épaisseur ; la couche totale de liège mesure alors plusieurs centimètres d'épaisseur et se montre creusée de sillons profonds, parce que la production du liège a été plus abondante le long de certaines lignes longitudinales (Chêne liège, Aristoloche cymbifère, Erable champêtre, Fusain d'Europe, etc.). Dans les pédermes successifs, la couche de liège est ordinairement mince, réduite à une dizaine d'assises (Platane, Pin, etc.) ; mais elle atteint aussi quelquefois une grande épaisseur (branches âgées d'Erable champêtre, troncs âgés et intacts de Chêne liège, etc.).

A la faculté de produire à sa périphérie une couche épaisse de liège mou, la tige du Chêne liège joint donc celle de renouveler cette couche dans sa profondeur à un âge avancé. C'est cette double propriété que l'industrie utilise en l'activant. A cet effet, quand l'arbre a atteint sa quinzième année environ, on arrache par larges plaques la couche superficielle du liège, laquelle est de mauvaise qualité et fort peu élastique. A une etite profondeur de l'écorce ainsi dénudée, il se fait bientôt ne seconde couche de liège, de bonne qualité et fort élastique ; elle s'accroît plus vite que la première ; après dix à douze ns, quand elle se trouve avoir acquis environ 3 centimètres 'épaisseur, on l'arrache. Il s'en fait une troisième, qu'on irrache de même après le même espace de temps, et l'on coninue ainsi jusqu'à ce que l'arbre compte environ 150 ans. uand on la laisse adhérente, la seconde couche de liège peut itteindre jusqu'à 17 et 20 centimètres d'épaisseur.

Modifications du pachyte. — Les modifications du pachyte ortent les unes sur la structure du liber secondaire, d'autres ur la structure du bois secondaire, d'autres encore sur le pachyte considéré dans sa totalité. Passons en revue successivement ces trois sortes de variations.

1° Dans le liber secondaire. — Le liber secondaire est essentiellement formé de tubes criblés et de parenchyme. Celui-ci, qui contient tantôt de la chlorophylle, tantôt des substances de réserve, notamment des grains d'amidon, non seulement constitue toute la moitié libérienne des rayons secondaires, mais encore se rencontre dans les compartiments, diversement associé aux tubes criblés; souvent des assises ou des couches de tubes criblés alternent régulièrement avec des assises ou des couches de parenchyme (Tilleul, Vigne, Poirier, Sureau, Marronnier, Figuier, Peuplier, Hêtre, Conifères, etc.); ailleurs, il n'y a aucune régularité et les tubes criblés sont disséminés par petits groupes au milieu d'un parenchyme à larges cellules (Apocynacées, Asclépiadacées, Convolvulacées, Campanulacées, Composées, etc.).

Le liber secondaire se réduit souvent à ces deux formes de tissus et demeure tout entier mou (Hêtre, Bouleau, Aulne, Platane, Gui, Groseillier, Berbéride, Cornouillier, Nérion, Abiétées, etc.); à partir d'un certain âge, pourtant, certaines cellules du parenchyme y épaississent beaucoup leurs membranes, les lignifient et forment du parenchyme scléreux (Hêtre, Marronnier, Platane, Sapin, etc.). Mais fréquemment aussi il renferme, en outre, des fibres de sclérenchyme, plus ou moins abondantes et diversement distribuées : en assises ou couches concentriques, interrompues seulement par les rayons secondaires (Cupressées, Taxées, Vigne, Saule, Tilleul, fig. 81, et autres Malvacées, etc.); en paquets dont l'ensemble forme des zones concentriques plus ou moins régulières (Chêne, Coudrier, Charme, Noyer, Peuplier, Orme, Poirier, Sureau, Olivier, etc.); disséminées isolément ou par petits groupes (Figuier, Mûrier, Quinquina, etc.). Quand les fibres libériennes secondaires sont disposées par couches, il se fait parfois chaque année un nombre déterminé de ces couches fibreuses : une (Poirier, Vigne, Chèvrefeuille, etc.), deux (Tilleul, Clématite, etc.); au nombre total de ces couches on pourra donc estimer l'âge de l'arbre, aussi longtemps du moins que le liber secondaire n'aura pas été atteint par le périderme et annexé au rhytidome. Ainsi, l'âge de la branche de Tilleul (fig. 81) peut être déterminé tout aussi bien par les six couches des fibres libériennes secondaires que possède chaque faisceau libéroligneux en dedans de son arc fibreux péricyclique, que par ses trois couches de bois secondaire. Dans ces conditions aussi, le liber secondaire d'une tige âgée se laisse partager en une série de lamelles résistantes, superposées comme les feuillets d'un *livre* : d'où le nom donné à cette région de la tige par les anciens anatomistes.

Assez souvent le liber secondaire renferme, en outre, des cellules sécrétrices. Ce sont fréquemment des cellules oxalifères isolées ou superposées en files longitudinales, renfermant ordinairement des cristaux isolés quand elles accompagnent des fibres (Poirier, Orme, Chêne, Erable, Saule, etc.), des mâcles arrondies quand les fibres manquent (Groseillier, Punice grenadier, etc.). Ce sont parfois des cellules laticifères anastomosées en réseau (Composées Liguliflores, fig. 12, p. 33, Campanulacées, Pavot, etc.) ou des articles laticifères indéfiniment rameux (Figuier, Mûrier, etc.), ou des canaux sécréteurs (Ombellifères, Araliacées, Pittosporacées, Anacardiacées, diverses Clusiacées et Composées, etc.).

Inversement, le liber secondaire peut se réduire sur tout son pourtour et dans toute son épaisseur à du parenchyme à parois minces, comme il fait toujours à l'endroit des grands rayons quand il est discontinu. Cette extrême simplification est rare (Dragonnier, Yuque, Aloès, etc.).

Comme le liège et le phelloderme, le liber secondaire, qui est aussi une région, peut donc renfermer les tissus les plus différents, parmi lesquels peut même ne pas figurer du tout le tissu criblé.

Ainsi constitué, le liber secondaire subit de dedans en dehors, par suite du fonctionnement continu de l'assise génératrice du pachyte, une pression de plus en plus forte qui écrase ses parties molles, notamment ses tubes criblés, les oblitère et les réduit, suivant qu'ils sont disposés par couches ou par paquets isolés, à de minces feuillets ou à des filets étroits de consistance cornée. Grâce à cet écrasement, lorsqu'il est persistant, le liber secondaire ne forme, même après de longues années, qu'une couche mince, très faible par rapport à la couche de bois secondaire produite dans le même espace de temps ; dans un Hêtre de cent ans, par exemple, elle ne dépasse guère un millimètre d'épaisseur. Cette minceur est encore bien plus grande lorsque, comme il a été dit plus haut, les couches anciennes écrasées sont progressivement entamées par le périderme et annexées au rhytidome.

2° **Dans le bois secondaire.** — Le bois secondaire est subdivisé, comme on sait, en couches annuelles bien distinctes, dont l'épaisseur varie avec les conditions de végétation, avec l'âge et avec la nature de la plante. Elle est plus grande si l'année est humide que si elle est sèche, si la nutrition est abondante que si elle est pauvre ; elle est la même en tous les points, si la tige croît également de tous les côtés, mais il suffit que la croissance se trouve, pour une cause quelconque, accélérée ou ralentie d'un côté, pour qu'elle augmente plus ou moins de ce côté. D'autre part, toutes choses égales d'ailleurs, elle croît d'abord avec les années, atteint son maximum à un certain âge, puis diminue de nouveau. D'une façon générale, les diverses couches annuelles d'une tige donnée sont des documents certains et précis, où l'on peut lire, non seulement dans les grands traits, mais jusque dans les moindres détails, toute l'histoire de sa croissance et de sa nutrition. Enfin, dans des conditions identiques d'âge et de nutrition, l'épaisseur de la couche ligneuse varie beaucoup suivant les plantes, comme on peut s'en assurer en comparant, par exemple, les larges zones annuelles du Paulonier, de l'Ailante, du Pin et du Sapin, aux étroites couches concentriques du Citronnier, du Cornouiller et de l'If.

Dans chaque couche annuelle, le bois secondaire est toujours formé de vaisseaux et de parenchyme. Les vaisseaux sont quelquefois tous fermés (Conifères, Cycadacées) ; le plus souvent ils sont de deux sortes : les uns fermés, les autres ouverts. Ordinairement leur membrane lignifiée demeure mince ; parfois cependant elle s'épaissit beaucoup (Conifères, Frêne, Nérion, Pipéracées, etc.) ; la sculpture qu'elle porte consiste le plus souvent en ponctuations, quelquefois en un réseau (Crassulacées, Caryophyllées, etc.). Dans les Conifères, chaque place mince appartenant aux faces latérales du vaisseau est surplombée tout autour par l'épaississement de la paroi (fig. 82, C et B) ; vue de face, sur les sections longitudinales radiales, elle se montre alors comme un point clair entouré d'une aréole plus sombre (fig. 82, A) : elle est dite *aréolée*. Les faces externe et interne du vaisseau ne portent que des ponctuations simples, excepté dans l'assise externe de chaque couche annuelle et dans l'assise interne de la couche annuelle suivante.

Le parenchyme, parfois chlorophyllien, souvent amylacé, constitue la moitié ligneuse des rayons secondaires ; presque toujours aussi, il entre avec les vaisseaux dans la composition des compartiments. Ses membranes, habituellement lignifiées, sont ordinairement minces et pourvues de ponctuations ordinaires; quelquefois elles portent des anneaux ou des spires fortement saillantes vers l'intérieur (Échinocacte, Mamillaire, Mélocacte, etc.), ou s'épaississent uniformément en formant du parenchyme scléreux (Vigne, Lierre, Lilas, etc.). Le parenchyme à parois minces constitue quelquefois la grande masse du bois secondaire, les vaisseaux y étant disséminés çà et là par petits grou-

pes (Papayer, Fromager, Échinocacte, tubercules d'Hélianthe tubéreux, etc.).

Outre ces deux tissus, le bois secondaire renferme très souvent du sclérenchyme, sous forme de fibres à parois épaisses et ponctuées, dont la longueur varie de $0^{mm}, 43$ (Marronnier) à $1^{mm}, 26$ (Prunier). Ce sont ces fibres qui donnent au bois sa solidité (fig. 81).

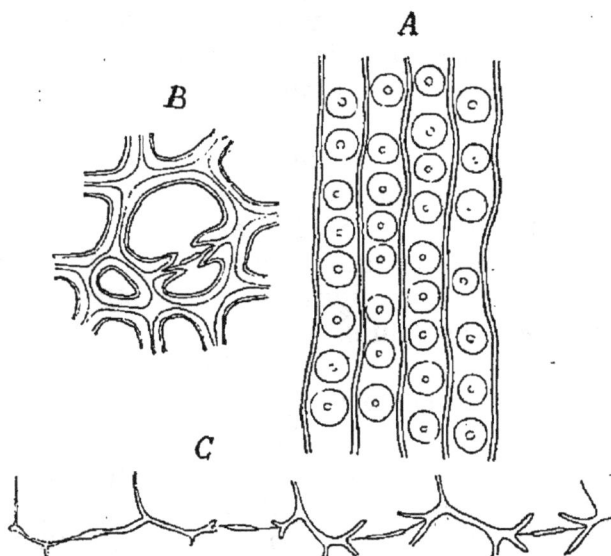

Fig. 82. — Ponctuations aréolées des vaisseaux du bois secondaire de la tige du Pin. A, de face, dans une section longitudinale radiale; B, en section transversale; C, développement.

Le bois secondaire ne renferme que rarement des cellules sécrétrices. Ce sont des cellules oxalifères (Vigne, diverses Légumineuses, etc.), des cellules laticifères anastomosées en réseau (Papayer, etc.) ou des canaux sécréteurs (Pesse, Pin, Mélèze, Diptérocarpe, etc.).

Chez quelques Dicotylédones, le bois secondaire différencie certaines cellules du parenchyme de ses compartiments en tubes criblés, qui forment çà et là, entremêlés de cellules vivantes, de petits paquets disséminés (Hexacentre, Thunbergie, etc., parmi les Acanthacées, Dicelle parmi les Malpighiacées, etc.). Chez les quelques Monocotylédones qui épaississent leur tige à l'aide d'un pachyte (Dragonnier, Yuque,

Aloès, etc.), le bois secondaire de ce pachyte est formé en majeure partie de parenchyme scléreux, au milieu duquel les vaisseaux sont groupés çà et là en paquets séparés. En contact avec chacun de ces paquets de vaisseaux se différencie un paquet de tubes criblés, qui forme avec le premier un faisceau cribro-vasculaire. Le liber secondaire du pachyte de ces mêmes plantes étant précisément dépourvu de tubes criblés (p. 215), on voit combien il faut se garder de faire entrer, si fréquente qu'elle y soit, la présence du tissu criblé dans la définition du liber secondaire.

A mesure que de nouvelles couches de bois secondaire ainsi constitué se déposent à l'extérieur des anciennes, celles-ci se modifient et, à partir d'un certain âge, la masse tout entière du bois secondaire se trouve souvent partagée en deux régions d'aspect différent, que tout le monde distingue sous les noms d'*aubier* et de *cœur*. L'aubier, c'est le bois jeune, périphérique, avec la structure qu'on vient de faire connaître ; sa couleur est blanchâtre ou jaunâtre. Chez quelques arbres (Buis, Bouleau, Érable, etc.), le bois conserve toujours ce caractère primitif, au moins dans son aspect extérieur et ses principales propriétés physiques ; il demeure indéfiniment à l'état d'aubier. Mais le plus souvent ses couches prennent, en vieillissant, des propriétés chimiques et physiques différentes. Sa couleur devient plus foncée et diverse suivant les plantes, parfois rouge ou violette (Hématoxyle, Ptérocarpe, Brésillet, etc.), vert foncé (Gaïac) ou noir (Ébénier). En même temps sa densité, sa dureté augmentent, il perd de l'eau ; ses vaisseaux ont cessé de conduire la sève ; son seul tissu vivant, le parenchyme, cesse de contenir du protoplasme et des matériaux de réserve, notamment de l'amidon ; en un mot, il meurt. Toutes les membranes s'incrustent de substances nouvelles, très riches en carbone et en hydrogène, dont certaines sont des matières colorantes ; parfois aussi, elles s'imprègnent de silice (Teck, Pétrée, etc.). C'est alors seulement, définitivement et tout entier mort, n'ayant plus d'autre rôle à jouer que de soutenir la tige, devenu *cœur*, que le bois acquiert toute sa valeur industrielle. L'âge auquel une couche de bois secondaire passe de l'état d'aubier à celui de cœur varie beaucoup suivant les plantes. Après quarante ans, le bois de Frêne est encore à l'état d'aubier ; celui du Hêtre se transforme en cœur vers trente-cinq ans ; celui du Chêne après quinze à vingt ans, celui du Châtaignier et du

Robinier déjà après quatre ou cinq ans. Dès que le bois de première année a passé à l'état de cœur, phénomène toujours précédé par la mort de la moelle, on voit que la tige meurt progressivement du centre à la périphérie. Comme, en même temps, elle meurt graduellement de la périphérie au centre, on voit que, dans un arbre âgé, la vie se concentre dans un étui compris entre le bord interne du rhytidome et le bord externe du cœur.

3° **Dans le pachyte tout entier.** — Le pachyte s'établit presque toujours, comme il a été dit (p. 203), dans la stèle entre le liber et le bois des faisceaux libéroligneux primaires. Pourtant, chez les rares Monocotylédones qui épaississent leur tige, c'est en dehors des faisceaux libéroligneux les plus externes, dans le péricycle, qu'il prend naissance (Dragonnier, Cordyline, Aloès, Yuque, Alètre, etc.). Cette origine péricyclique s'ajoute à l'absence de tubes criblés dans le liber secondaire, qui est très mince, et à leur présence dans le bois secondaire, qui est très épais, pour donner au pachyte de ces plantes un caractère tout particulier. Ce même caractère se retrouve chez quelques autres Monocotylédones, mais localisé, soit dans l'entre-nœud inférieur, hypocotylé, de la tige qui s'épaissit seul (Tamier, Testudinaire, diverses Dioscorées, etc.), soit dans certains rameaux souterrains, réduits à leur premier entre-nœud, qui se tuberculisent (Dioscorée batate et espèces voisines).

Chez les Dicotylédones qui ont dans leur stèle deux ou plusieurs cercles de faisceaux libéroligneux, comme les Pipéracées, par exemple (p. 174), l'assise génératrice du pachyte s'établit entre le liber et le bois des faisceaux externes seulement; les faisceaux du cercle interne demeurent en dedans d'elle, ne s'épaississent pas et paraissent plus tard appartenir à la moelle. Chez d'autres, où les faisceaux libéroligneux, bien que disposés en un seul rang, sont très inégalement éloignés du centre, ce qui rend la stèle fortement cannelée, comme chez diverses Sapindacées grimpantes (Serjanie, Urvillée, Paullinie, etc.), l'assise génératrice ne peut pas, sans se morceler, traverser tous les faisceaux. Les faisceaux des sillons s'unissent alors tous ensemble par une assise génératrice enveloppant la région centrale de la moelle et laissant en dehors ceux des cannelures. Ces derniers, de leur côté, s'unissent en cercle dans chaque cannelure par une assise génératrice propre, qui n'est qu'un lobe détaché de l'assise génératrice totale. Il en résulte la formation, autour d'un grand pachyte central, d'autant de petits pachytes périphériques que la stèle primitive avait de cannelures : trois, cinq, ou davantage (fig. 83). Ainsi constituée, la tige simule une tige polystélique.

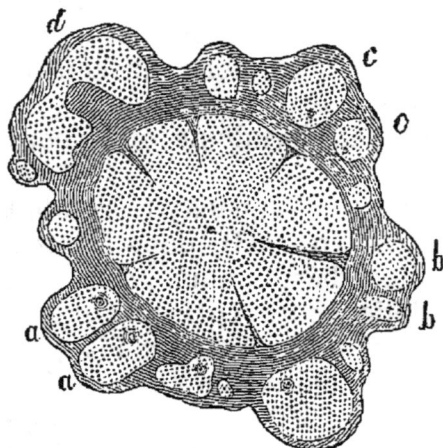

Fig. 83. — Section transversale d'une tige de Sapindacée : *a, b, c,* pachytes externes.

Chez un certain nombre de Dicotylédones ligneuses appartenant aux groupes les plus divers, principalement parmi celles auxquelles leur tige grimpante ou volubile a fait donner le nom de *lianes,* la marche ordinaire du développement du pachyte intercalé au liber et au bois primaires subit, à partir d'un certain âge, une suite de déviations plus ou moins profondes, dont on doit se borner ici à signaler les principales.

La modification se réduit quelquefois à une différence d'intensité dans la formation du liber et du bois secondaires aux divers points de leur assise génératrice commune. Le long de certaines lignes longitudinales, le bois secondaire se développe beaucoup plus que dans les intervalles; il en résulte à sa surface autant de côtes plus ou moins saillantes. Alors, de deux choses l'une. Ou bien la production du liber secondaire se poursuit avec la même intensité faible sur tout le pourtour de l'assise génératrice anguleuse, et la tige accuse au dehors la forme rubanée (divers Héritières, Cisses et Poivres)

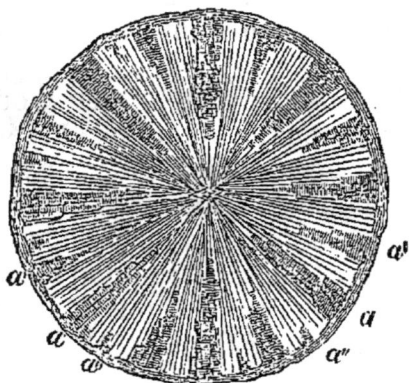

Fig. 84. — Section transversale d'une tige âgée de Bignone; *a, a', a'',* entailles successives du bois secondaire, élargies en gradins.

ou cannelée de son bois (certains Lantanes, Casses, etc.). Ou bien, au contraire, la production du liber secondaire s'accélère dans les points où celle du bois secondaire se ralentit, et précisément dans la même mesure, de manière à combler toujours exactement les sillons du bois et à conserver à la tige sa forme cylindrique. Sur la section transversale, le bois présente alors un certain nombre d'entailles où s'enfoncent des lames de liber (fig. 84). Il en est ainsi dans bon nombre de lianes, appartenant notamment à la famille des Bignoniacées. Tantôt il n'y a que quatre entailles en croix (Arabidée, etc.), le plus souvent élargies vers l'extérieur en formant des gradins (Pétastome, etc.). Tantôt, entre les quatre premières entailles, il s'en forme plus tard quatre nouvelles ; plus tard encore les huit lobes se dédoublent à leur tour par huit nouvelles entailles moins profondes, et ainsi de suite (fig. 84) (Bignone, Mellée, etc.). La même disposition se rencontre dans certaines Malpighiacées (Banistérie, Tétraptère, etc.), Apocynacées (Echite, etc.), Asclépiadacées (Gymnème, etc.), etc. Elle se retrouve aussi chez les Phytocrénacées, avec cette différence que le nombre des entailles du bois est de huit ou de treize et que le liber secondaire qui les remplit offre une structure plus compliquée que sur le reste du pourtour.

Ailleurs, après avoir fonctionné normalement pendant un certain temps, l'assise génératrice cesse de se cloisonner en certaines places, tout en demeurant active sur le reste du pourtour. Il en résulte d'abord, dans le bois secondaire, autant de sillons remplis par le liber secondaire, comme chez les Bignoniacées. Mais bientôt les arcs générateurs demeurés actifs se rejoignent en dehors des sillons à travers le parenchyme libérien en une assise continue, produisant désormais du liber et du bois secondaires sur tout son pourtour. Par là, les paquets de liber secondaire compris dans les sillons se trouvent inclus dans le bois secondaire. Plus tard, à des intervalles plus ou moins réguliers, le même phénomène recommence en d'autres places, et les faisceaux libériens intraligneux vont de la sorte se multipliant. Il en est ainsi dans les Strychnées, parmi les Loganiacées, dans les Mémécylées, parmi les Mélastomacées, dans la Nuytsie, etc. Il faut bien se garder de confondre cette inclusion progressive du liber dans le bois secondaire, par suite de la mort locale de l'assise génératrice et de sa réparation locale de dedans en dehors, avec la formation directe de tubes criblés dans le bois secondaire dont il a été question plus haut (p. 217). Étant donnée, dans chaque cas particulier, la présence de tissu criblé dans le bois, il y a lieu d'en rechercher la cause, afin de savoir, ce qui est très différent, s'il s'agit de tubes criblés intraligneux, ou de liber inclus.

Ailleurs, la cessation d'activité du pachyte et sa réparation répétée de dedans en dehors s'opèrent à la fois sur tout le pourtour et l'on assiste alors à un phénomène analogue à cette répétition du périderme décrite plus haut, qui donne naissance au rhytidome. Chez les Chénopodiacées, en effet, et dans les familles voisines des Nyctagacées, des Aizoacées, etc., l'assise génératrice du pachyte, après avoir fonctionné quelque temps à sa place ordinaire, cesse de se cloisonner sur tout son pourtour. Aussitôt une nouvelle assise génératrice s'établit dans l'assise interne du péricycle, demeuré parenchymateux. Elle produit un anneau de méristème double, bientôt différencié en un cercle de faisceaux cribro-vasculaires séparés par du parenchyme, c'est-à-dire en un second pachyte, puis cesse d'agir. L'avant-dernière assise du péricycle devient alors à son tour génératrice et produit un troisième pachyte en dehors du second. Puis il s'en fait de même un quatrième en dehors du troisième, et ainsi de suite. Dès la fin de la première année, on observe ainsi, en dehors du cercle des faisceaux libéroligneux primaires, plusieurs cercles de faisceaux cribro-vasculaires, appartenant à autant de pachytes développés successivement de dedans en dehors dans le péricycle de la tige. L'abondant parenchyme secondaire interposé aux faisceaux soit dans le même cercle, soit d'un cercle à l'autre, conserve parfois ses parois minces ; mais le plus souvent il les épaissit et les lignifie fortement, passant ainsi à l'état de parenchyme scléreux. L'ensemble des pachytes péricycliques forme alors un épais anneau d'une grande dureté. Il en est ainsi dans toutes les tiges ligneuses des familles en question. Il arrive souvent que les pachytes successifs ne forment pas des cercles complets et concentriques, mais seulement des séries d'arcs se raccordant vers l'intérieur avec les arcs du pachyte précédent, de manière à former une sorte de réseau, phénomène analogue à celui qu'on a observé dans la formation des péridermes successifs dans le cas où le rhytidome est écailleux (p. 212).

Certaines Gymnospermes (Gnète, Cycade, Encéphalarte, etc. produisent aussi, mais beaucoup plus tardivement, des pachytes successifs dans le péricycle (fig. 85). Dans les Cycades, notamment, le second pachyte n'apparaît qu'après plusieurs années et demeure aussi plusieurs années en voie d'épaississement avant l'apparition du troisième.

Cette répétition du pachyte vers l'extérieur se retrouve encore chez certaines Ménispermacées (Coque laurifoliée, etc.). Mais ici, comme le péricycle est différencié dans toute son épaisseur en arcs fibreux en dehors des faisceaux libéroligneux primaires, c'est dans la première assise vivante, c'est-à-dire dans l'endoderme,

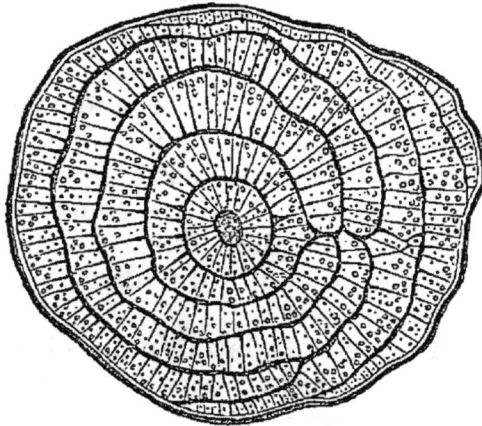

Fig. 85. — Section transversale d'une tige âgée de Gnète, pourvue de sept pachytes successifs, les deux derniers incomplets.

que se développe, au bout de trois ou quatre ans, le second pachyte. Quand celui-ci, après plusieurs années, cesse de s'épaissir, c'est l'assise sus-endodermique qui devient génératrice et qui en produit un troisième, et ainsi de suite. Ici, c'est donc dans l'écorce et non dans le péricycle que se développent de dedans en dehors les pachytes successifs.

Plusieurs des modifications du pachyte que l'on vient de signaler peuvent coexister dans la même tige. Ainsi, dans les Ménispermacées (fig. 86), on voit souvent les pachytes corticaux successifs ne se continuer, après un certain

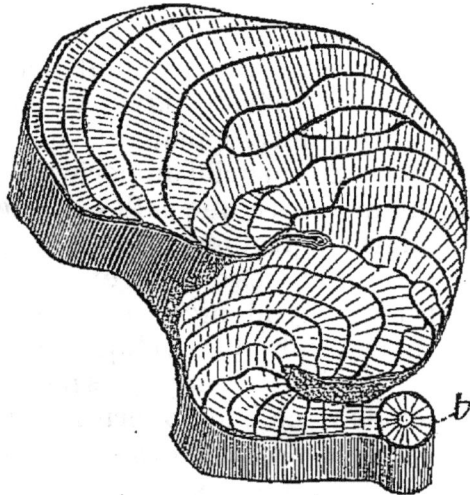

Fig. 86. — Section transversale d'une tige de Ménisperme. D'abord cylindrique, elle s'est épaissie par la formation, dans la région interne de l'écorce, d'arcs pachytiques successifs sur une portion de sa circonférence, et a pris la forme d'un ruban ondulé.

nombre d'années, que d'un seul côté (fig. 86) ou de deux côtés opposés, en donnant à la tige la forme d'un ruban de plus en plus large, combinant de la sorte l'une des premières modifications étudiées plus haut (p. 220) avec la dernière, dont il vient d'être question.

Comparaison de la structure secondaire de la racine avec celle de la tige. — Les plantes qui forment, comme il vient d'être dit, des régions secondaires dans leur tige, en produisent de semblables et par le même mécanisme dans leur racine (p. 114). Celle-ci s'épaissit donc aussi, en général, à l'aide de deux assises génératrices concentriques, dont l'externe donne du liège et du phelloderme, c'est-à-dire un périderme, tandis que l'interne donne du liber et du bois secondaires, c'est-à-dire un pachyte.

Périderme de la racine. — Dans la racine, comme dans la tige, l'assise génératrice péridermique varie de position suivant les plantes. Elle s'établit rarement dans l'assise pilifère (Solidage), quelquefois dans l'assise subéreuse (Monstère, Jasmin, Cycade, etc.) ou dans la première assise de la zone externe de l'écorce proprement dite (Tornélie, Philodendre, Asphodèle, Iride, Clivie, etc.); le plus souvent elle prend naissance dans le péricycle en exfoliant toute l'écorce, y compris l'endoderme. Quand le périderme est superficiel, le phelloderme y est ordinairement peu développé ou même absent; quand il est péricyclique, au contraire, le phelloderme prend un grand développement, de manière à remplacer l'écorce exfoliée. Superficiel ou péricyclique, il est percé de lenticelles, du même ordre que celles qui se forment dans la tige sur les péridermes profonds. Après ce premier périderme, il s'en fait souvent d'autres de plus en plus internes, d'où résulte la formation d'un rhytidome tout semblable à celui de la tige. A partir du périderme péricyclique, dont le phelloderme est, comme on sait, très développé, les péridermes suivants prennent naissance dans ce phelloderme et par conséquent sont tertiaires.

Pachyte de la racine. — L'assise génératrice pachytique est formée de deux séries d'arcs ajustés bout à bout; les premiers, concaves en dehors, occupent le bord interne de chaque faisceau libérien et sont empruntés à l'assise externe du conjonctif de la stèle; les seconds, concaves en dedans, occupent le bord externe de chaque faisceau ligneux et sont empruntés à l'assise interne du péricycle, dédoublé d'abord à cet effet quand il est formé au début d'une seule assise. Tous ensemble, ils constituent une assise génératrice sinueuse, passant, comme dans la tige, en dedans du liber et en dehors du bois (fig. 87, *A*).

Les arcs infralibériens entrent en jeu les premiers et produisent autant de faisceaux libéroligneux secondaires, dont le liber, formé de compartiments criblés séparés par de petits rayons, continue le liber primaire, tandis que le bois, formé de compartiments vasculaires séparés par de petits rayons, appuie ses premiers vaisseaux contre les cellules de la seconde rangée du conjonctif. Aussi, lorsque, dans ces places, le conjonctif se trouve n'avoir qu'une seule rangée, les premiers vaisseaux du

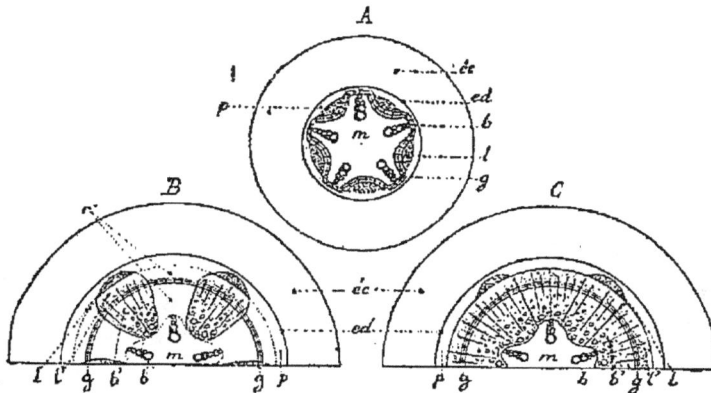

Fig. 87. — Figure montrant, en coupe transversale, la formation du liber, du bois et des rayons secondaires de la racine, dans les deux cas extrêmes *B* et *C. A*, début de l'assise génératrice du pachyte. *éc*, écorce ; *ed*, endoderme ; *p*, péricycle ; *l*, liber primaire ; *b*, bois primaire ; *m*, moelle ; *g*, assise génératrice du pachyte ; *l'*, liber secondaire criblé ; *b'*, bois secondaire vasculaire ; *r'*, larges rayons secondaires. Comparer avec la figure 80, p. 204.

bois secondaire s'appliquent-ils latéralement contre les vaisseaux du bois primaire. En se développant, chaque faisceau libéroligneux secondaire, solidement appuyé en dedans contre le conjonctif, refoule en dehors le faisceau libérien primaire auquel il est superposé. De concave vers l'extérieur, l'arc générateur devient donc plan, puis convexe, et en même temps il arrive à faire partie de la circonférence qui passe en dehors des faisceaux ligneux primaires. Désormais l'assise génératrice est circulaire. A partir de ce moment, les arcs générateurs supraligneux, jusque-là inactifs, se cloisonnent à leur tour et forment autant d'arcs de méristème, qui rejoignent en un anneau continu les arcs de méristème produits en même temps par les arcs infralibériens. Mais tandis que ces derniers continuent indéfiniment à produire du liber secondaire criblé et du bois secondaire vasculaire, les autres se différencient, suivant les plantes, de deux manières différentes.

Tantôt ils donnent simplement, aussi bien en dehors qu'en dedans, un parenchyme secondaire à parois minces (fig. 87, *B*); les faisceaux cribro-vasculaires secondaires, établis tout d'abord, demeurent alors indéfiniment séparés l'un de l'autre par de larges rayons de parenchyme, comme ils l'étaient au début par les faisceaux ligneux primaires qui occupent maintenant le fond de chacun de ces rayons (fig. 87, *B*, et fig. 88)

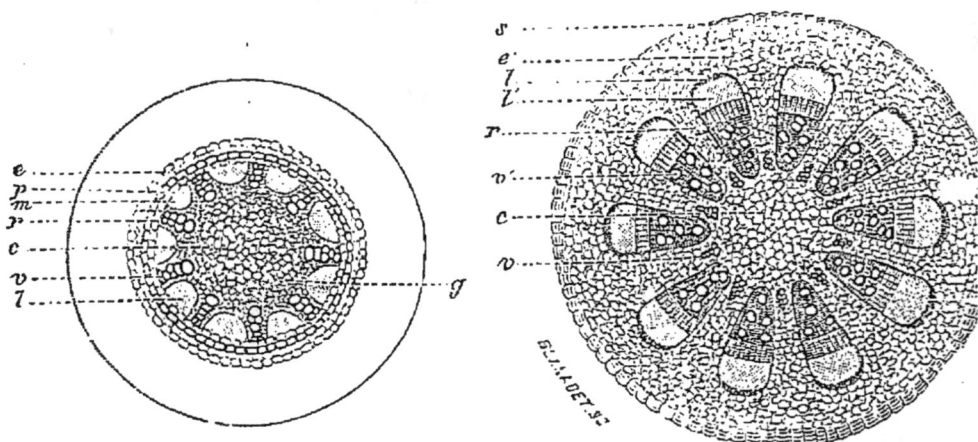

Fig. 88. — Section transversale d'une racine latérale de Courge : *A*, avant le début des régions secondaires ; *B*, après la formation du péridorme péricyclique *sé*, qui a exfolié l'écorce, et le développement du pachyte discontinu formé par des faisceaux cribrovasculaires secondaires, *l' v'*, séparés par les larges rayons secondaires *r'* ; *p*, endoderme ; *mr*, péricycle ; *l*, liber primaire ; *v*, bois primaire ; *c*, conjonctif (moelle).

(racine terminale de Capucine, d'Ortie, etc., avec deux faisceaux; de Courge, de Haricot, de Liseron, etc., avec quatre faisceaux ; racines latérales de Courge, de Cierge, de Clusie, d'Artanthe, etc., avec un plus ou moins grand nombre de faisceaux). Le pachyte est alors discontinu. Tantôt ils se différencient, à l'extérieur, en compartiments criblés séparés par de petits rayons, à l'intérieur, en compartiments vasculaires séparés par de petits rayons, absolument comme les arcs infralibériens ; il en résulte un anneau cribro-vasculaire secondaire extérieur aux faisceaux ligneux primaires et aux premiers faisceaux ligneux secondaires, intérieur aux faisceaux libériens primaires et aux premiers faisceaux libériens secondaires (fig. 87, *C*). Le pachyte est alors continu. Dans ce pachyte continu, le nombre des faisceaux primaires se reconnaît facilement au nombre des proéminences que forment, sur le bord externe, le liber primaire et le premier liber secondaire, sur le bord interne, le premier bois secondaire (Pissenlit, Garance, If, Thuier, etc.). Dans la tige, le pachyte nous a offert, on s'en souvient, la même différence dans son mode de différenciation (p. 205).

Que le pachyte y soit continu ou discontinu, le liber secondaire et le bois secondaire de la racine offrent la même structure essentielle que dans la tige de la même plante. Dans les racines vivaces, le bois secondaire présente les mêmes couches annuelles et meurt aussi progressivement à partir du centre; les couches y sont seulement plus minces, les vaisseaux plus larges et le sclérenchyme moins développé : d'où la plus grande mollesse du bois. Les racines tuberculeuses (p. 114, fig. 43) doivent également leur forme à un excessif développement du parenchyme libérien (Pissenlit, Garance, Panais, Dauce carotte, etc.) ou ligneux (Radis, Chou navet, Chou rave, etc.), etc.

Enfin les diverses modifications signalées plus haut dans la structure secondaire de la tige, suivant la nature des plantes, peuvent se retrouver dans la racine. L'une des plus importantes, par exemple, savoir la formation de pachytes successifs dans le péricycle, s'observe tout aussi bien dans la racine des plantes qui la présentent dans leur tige (Chénopodiacées, Nyctagacées, Aizoacées, etc.). Il y a pourtant une différence. Le péricycle de la racine produit ici de bonne heure un périderme qui exfolie l'écorce, et c'est dans le feuillet interne très développé de ce périderme, c'est-à-dire dans le phelloderme, que se forment progressivement de dedans en dehors les assises génératrices des pachytes successifs. Ceux-ci sont donc ici d'origine tertiaire. Il en est de même pour la région inférieure, hypocotylée, ordinairement attribuée à la tige de ces plantes, et qui appartient en réalité à leur racine, dont elle est la rhizelle accrue. Le pivot de la Bette vulgaire, notamment, doit son volume au grand développement de ce phelloderme péricyclique, renfermant à la fin de la première année environ six cercles de faisceaux cribro-vasculaires, c'est-à-dire six pachytes tertiaires, dont le parenchyme tient, comme on sait, du sucre de Canne en dissolution dans le suc cellulaire.

En résumé, la structure secondaire de la racine ressemble, ans tous les points essentiels, à celle de la tige. Aussi, à mesure que les régions secondaires se forment et vont s'épaississant avec les années, voit-on s'effacer peu à peu la différence si nette qui existe à l'origine entre la structure primaire de ces deux membres. Après l'exfoliation de l'écorce et du liber primaire par le périderme, il ne reste plus, pour caractériser la racine, que les lames rayonnantes du bois primaire centripète, situées vers le centre, et pour distinguer la tige, que les pointes ligneuses centrifuges des faisceaux libéroligneux primaires, faisant saillie dans la moelle : deux caractères que la sclérose du conjonctif peut rendre difficiles à reconnaître. Aussi n'est-il pas étonnant que, jusqu'au moment où l'on a su analyser la structure primaire de la racine, on ait cru que ce membre possédait, chez les Dicotylédones et les Gymnospermes, une structure identique à celle de la tige.

SECTION II

PHYSIOLOGIE DE LA TIGE

La tige produit, porte et unit les racines et les feuilles; c'est par elle que ces deux sortes de membres échangent sans cesse les produits de leur activité propre. Si, comme dans les Mousses et quelques autres plantes, la tige ne forme pas de racines, elle porte du moins, à sa base ou à sa surface, des poils absorbants; c'est alors entre ces poils et les feuilles qu'elle sert de lien. Ce triple rôle de nourrice, de soutien et de transport est rempli par la structure de la tige et constitue sa physiologie interne. Mais en même temps la tige subit l'influence des forces directrices du milieu extérieur et à son tour agit sur ce milieu, ce qui constitue sa physiologie externe. L'étude physiologique de la tige comporte donc, comme son étude morphologique, deux paragraphes distincts.

§ 3

FONCTIONS EXTERNES DE LA TIGE

Deux causes externes, la pesanteur et la lumière, concourent à diriger la tige dans l'air ambiant, où elle étale se feuilles et sur lequel elle exerce aussi une action propre.

Géotropisme négatif de la tige. — Plaçons horizontalemen une tige primaire d'origine quelconque, normale ou adventive nous la verrons bientôt se courber vers le haut dans sa régio terminale en voie de croissance intercalaire, jusqu'à place sa pointe suivant la verticale. Elle continue ensuite de s'allon ger dans cette direction, et si une cause quelconque vient à l'en écarter, elle y revient aussitôt par une courbure nouvelle. Beaucoup plus ouverte que dans la racine, parce que la région de croissance intercalaire y est beaucoup plus longue, la courbure atteint son maximum dans l'entre-nœud où, au moment considéré, la croissance est à son maximum ; de là, elle va diminuant vers le haut et vers le bas.

Cette flexion est due à la pesanteur. On le démontre en fixant la tige à un disque tournant lentement dans un plan vertical, comme il a été dit pour la racine à la page 115 ; soustraite ainsi à l'action fléchissante de la pesanteur, sans être soumise à aucune autre force dirigeante, elle croît indéfiniment en ligne droite dans la direction d'ailleurs quelconque où on l'a fixée au disque. Dans les circonstances ordinaires, la flexion vers le haut provient de ce que la pesanteur accélère sur la face inférieure la croissance intercalaire de la tige placée horizontalement et la ralentit sur la face supérieure. On le démontre par des mesures directes. Ainsi dans l'Épilobe, l'accroissement étant de 4 millimètres sur la tige verticale, il est de 1 millimètre sur la face supérieure, et de 11 millimètres sur la face inférieure de la tige horizontale ; dans l'Ailante, étant de 10 millimètres sur la tige verticale, il est de 5 millimètres sur la face supérieure, et de 19 millimètres sur la face inférieure de la tige horizontale ; dans la Clématite, étant de ' millimètres sur la tige verticale, il est de 1^{mm} 5 sur la face supérieure, et de 5^{mm} 7 sur la face inférieure de la tige horizontale.

La pesanteur modifie donc la croissance intercalaire de la tige primaire, comme elle modifie l'allongement de la racine primaire, mais en sens inverse. En un mot, la tige est géotropique comme la racine, mais le géotropisme de la racine étant positif, celui de la tige est *négatif* (p. 90).

Quand la tige a été exposée quelque temps dans la position horizontale, si on la redresse au moment où elle commence à donner les premiers signes de courbure, ou même avant toute trace de courbure, on voit la flexion se continuer ou se prononcer dans le sens primitif, et le phénomène peut se poursuivre ainsi trois heures durant. L'action de la pesanteur sur la croissance intercalaire de la tige est donc lente et progressive ; l'effet mécanique qui en résulte ne se manifeste qu'au bout d'un certain temps, mais cette manifestation a lieu tout aussi bien si la cause a cessé d'agir au moment considéré

que si elle continue son action. Toutes les causes qui modifient la croissance intercalaire de la tige agissent d'ailleurs
de la même manière, et ont ainsi un effet ultérieur. Il n'en
est pas de même dans la racine; on n'a pas eu à y signaler
de géotropisme ultérieur; c'est sans doute à cause de
l'étroite localisation et du prompt épuisement de la croissance intercalaire dans ce membre.

Les tiges secondaires, insérées sur les flancs de la tige primaire, ne sont pas sans être aussi négativement géotropiques;
mais c'est, comme pour les racines secondaires, un géotropisme affaibli, limité. Elles se redressent jusqu'à faire avec la
tige primaire un certain angle; puis, cessant d'être influencées par la pesanteur, elles continuent de s'allonger en ligne
droite. La valeur de l'angle limite varie suivant les plantes et
c'est un des éléments qui interviennent pour donner aux
branches de premier ordre l'inclinaison, également variable
d'un végétal à l'autre, qu'elles prennent sur la tige principale
et à la plante tout entière son port caractéristique. Les
branches de second, de troisième ordre, etc., paraissent souvent dépourvues de géotropisme.

Il y a pourtant, comme on l'a vu déjà pour la racine, une
circonstance où une tige secondaire prend un géotropisme
absolu, où une tige de troisième, de quatrième ordre, etc.,
acquiert un géotropisme d'abord limité, puis absolu. C'est
quand la tige primaire se continue indéfiniment en un sym
pode dressé, comme dans le Tilleul, par exemple. De même,
une branche d'ordre quelconque séparée de la tige, comm
dans les marcottes et les boutures, une fois enracinée et direc
tement nourrie, se montre douée d'un géotropisme négati
absolu, tout aussi bien qu'une tige primaire. Le géotropism
peut aussi apparaître tout à coup sur certaines branches d'u
système ramifié, quand les branches plus âgées qui les porten
en sont totalement dépourvues; il en est ainsi, par exemple
lorsque, sur une tige rampante ou un rhizome à allongemen
continu, certaines branches se dressent tout entières vertica
lement dans l'air (p. 148). Enfin il peut se manifester subite
ment, à une certaine phase de l'allongement, dans une branch
qui en était jusque-là dépourvue; c'est ce qui a lieu dan
les tiges rampantes ou les rhizomes sympodiques, dont l
région terminale se relève tout à coup verticalement dan
l'atmosphère (p. 148). Dans toutes ces circonstances, un
nutrition plus abondante, en provoquant une croissance plu

énergique, fait naître et développer de plus en plus le géotropisme.

Phototropisme de la tige. — La lumière agit sur la croissance intercalaire de la tige primaire et des branches de divers ordres, et son influence est retardatrice. Quand on mesure la quantité dont s'allongent dans le même temps deux tiges de même espèce et de même âge, placées dans les mêmes conditions de température et d'humidité, l'une à l'obscurité, l'autre en pleine lumière, on trouve que la première a une croissance plus rapide et forme des entre-nœuds plus longs que la seconde. Il suffit d'une simple flamme de gaz, placée à 35 centimètres, pour réduire l'accroissement intercalaire de la tige de moitié dans la Fève, d'un tiers dans le Passerage. C'est quand la lumière possède une certaine intensité moyenne qu'elle exerce sa plus grande action; plus faible ou plus forte, elle agit moins (p. 49); l'optimum varie d'ailleurs suivant les plantes.

Tous les rayons qui composent la lumière blanche, y compris les infra-rouges et les ultra-violets, retardent la croissance intercalaire, mais leur action est très inégale. Ce sont les rayons jaunes (autour de la raie *D*) qui agissent le moins. A partir du jaune, l'action va augmentant faiblement vers le rouge et l'infra-rouge, où elle atteint un premier et faible maximum. Elle augmente plus rapidement vers le bleu, le violet et l'ultra-violet, où elle atteint un second maximum beaucoup plus élevé. Si, sur les divers rayons du spectre pris comme abscisses, on élève des ordonnées proportionnelles à l'effet retardateur de ces rayons, on obtient une courbe à deux branches inégales (fig. 89). En somme, c'est dans la moitié la plus réfrangible du spectre que l'action retardatrice est le plus intense; isolée, par filtration du faisceau de lumière blanche à travers le liquide cupro-ammoniacal, cette moitié agit presque autant que la radiation totale.

Ceci bien compris, supposons que la tige reçoive la lumière, non plus à la fois et également de tous les côtés, comme nous l'avons admis dans ce qui précède, mais suivant une seule direction latérale. Si, pour la tige considérée, l'éclairage unilatéral possède une intensité inférieure ou tout au plus égale à l'optimum, condition le plus habituellement réalisée, le côté tourné vers la source s'allongera moins que le côté opposé et la tige se courbera vers la source. La flexion est localisée naturellement dans la région de croissance intercalaire; elle a son maximum vers le point où, à l'instant considéré, la vitesse de croissance atteint elle-même son maximum; en deçà et au delà, elle va diminuant peu à peu. Si, au contraire, l'intensité de l'éclairage unilatéral est supérieure à l'optimum, toutes les fois que l'intensité lumineuse amoindrie qui frappe la face opposée se trouvera plus rapprochée qu'elle de l'optimum, c'est cette face qui s'allongera moins et la tige se courbera en sens contraire de la source.

D'une façon générale, comme on l'a vu p. 49, on appelle *phototropisme* la faculté que possède un corps en voie de

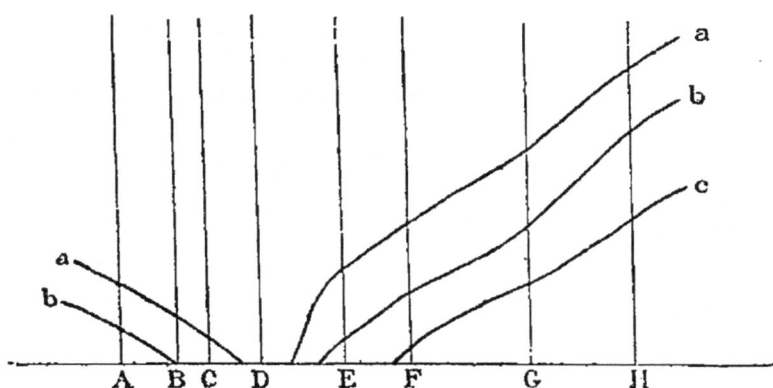

Fig. 89. — Courbes montrant comment varie dans le spectre l'effet retardateur de la lumière sur la croissance intercalaire de la tige : *aa*, pour la Vesce; *bb*, pour le Passerage; *c*, pour le Saule. — A-H, raies du spectre.

croissance intercalaire de se courber sous l'influence d'une radiation inéquilatérale. La tige est donc phototropique, et son phototropisme qui, dans les conditions ordinaires de l'éclairage naturel, est positif, résulte comme un effet immédiat et nécessaire de l'action retardatrice que la lumière exerce sur sa croissance intercalaire. Aussi la flexion phototropique varie-t-elle, avec l'intensité de la lumière incidente et avec la réfrangibilité des rayons, suivant la même loi que le retard de croissance. Il est d'ailleurs facile de soumettre une tige à un éclairage unilatéral en empêchant toute flexion phototropique de se produire. Il suffit de poser la plante dan son vase de culture sur un plateau horizontal, qui tourne lentement autour d'un axe vertical au moyen d'un mouvement d'horlogerie. Pendant la durée d'une rotation, l'action unilatérale de la source s'exerce successivement sur tous les côtés de la tige et par conséquent s'égalise. Aucune flexion ne peut donc s'y produire et sa croissance intercalaire est simplement retardée, comme si elle était éclairée également de tous les côtés à la fois.

Comme celle de la pesanteur, l'influence de la lumière sur la croissance intercalaire de la tige est lente et progressive. Ainsi dans la Vesce, dont la tige compte pourtant parmi les plus sensibles, c'est seulement après une heure dix minutes d'éclairement que le retard de croissance, accusé par la flexion phototropique, commence à s'apercevoir. Par contre, si l'on supprime la lumière quand la courbure commence à peine, ou même avant qu'elle ait commencé, après une heure d'éclairage unilatéral par exemple dans la Vesce, la flexion se développe dans la direction primitive de la source, comme si celle-ci était toujours présente. Si l'on appelle phénomènes d'*induction* tous ceux qui suivent cette marche progressive et qui sont doués d'un effet ultérieur, on dira que le géotropisme étudié plus haut est un phénomène d'induction géomécanique, que le phototropisme est un phénomène d'induction photomécanique.

Effet combiné du géotropisme et du phototropisme. Direction résultante de la tige. — Dans les conditions naturelles, la pesanteur et la lumière agissent en même temps sur la croissance intercalaire de la tige, comme il vient d'être dit, et combinent leurs effets. La première force est constante, la seconde varie sans cesse en grandeur et en direction. Sur une tige dressée et complètement isolée, elles agissent, chacune avec son intensité propre, pour la rendre, la maintenir ou la ramener verticale. Mais si la tige est située au pied d'un mur, à la lisière d'un bois, au penchant d'une colline, la pesanteur continue d'agir dans le même sens, mais la lumière frappe inégalement les divers côtés; la tige se dirige alors plus ou moins obliquement, suivant la résultante. Cette résultante est variable, puisque la lumière varie tout le long du jour; la direction de la tige change avec elle. Aussi voit-on des tiges, fortement inclinées le soir par leur phototropisme positif combiné avec leur géotropisme négatif, se trouver verticalement redressées le matin parce que la pesanteur a agi seule pendant la nuit.

L'intensité du géotropisme et celle du phototropisme varient d'ailleurs suivant les plantes et indépendamment. Dans la Fève, par exemple, ces deux propriétés ont une énergie moyenne et sensiblement égale, de façon que, si l'on éclaire la tige horizontalement, elle se dirige à 45°. Dans la Vesce, au contraire, le géotropisme est très faible et le phototropisme très fort ; aussi la tige éclairée latéralement se dirige-t-elle horizontalement vers la source, comme si elle n'était pas géotropique du tout. C'est l'inverse dans l'Hélianthe et dans les tiges volubiles ; le géotropisme y est très fort et le phototropisme très faible. Il résulte de ce qui précède que, pour mettre en évidence un géotropisme faible dans une tige fortement phototropique, ou un phototropisme faible dans une tige fortement géotropique, il est nécessaire d'annuler la force antagoniste. On élimine, comme on sait, le phototropisme seul en mettant la plante à l'obscurité ou en la faisant tourner vis-à-vis de la source lumineuse autour d'un axe vertical. On élimine le géotropisme seul en faisant tourner la tige autour d'un axe horizontal disposé dans la direction des rayons incidents. On élimine enfin ces deux causes fléchissantes à la fois en faisant tourner la tige autour d'un axe horizontal soit à l'obscurité, soit vis-à-vis d'une source lumineuse en disposant l'axe de rotation perpendiculairement aux rayons incidents.

Action de la tige sur l'atmosphère. Respiration. Transpiration. Assimilation du carbone. Chlorovaporisation. — Dirigée comme il vient d'être dit, la tige agit sur l'atmosphère ambiante, et son action est quadruple.

En premier lieu, elle absorbe de l'oxygène, continuellement et par toute sa surface ; continuellement et par toute sa surface aussi, elle dégage de l'acide carbonique. La membrane des cellules épidermiques, même très fortement cutinisée, demeure, en effet, très perméable à l'oxygène et à l'acide carbonique. Le rapport $\frac{CO^2}{O}$ entre le volume de l'acide carbonique émis et celui de l'oxygène absorbé pendant le même temps est constant pour une même tige au même âge et indépendant de la température, ainsi que de la pression ; il est d'ordinaire un peu plus petit que l'unité. En un mot, la tige respire (p. 50), et cette respiration est nécessaire à sa vie ; les rhizomes respirent dans le sol, à la manière des racines, et les tiges submergées respirent à l'aide des gaz dissous, comme font les racines aquatiques.

En second lieu, la tige dégage sans cesse de la vapeur d'eau dans l'air ambiant, elle transpire (p. 52). Cette transpiration est très faible, les membranes cutinisées des cellules épidermiques étant peu perméables à la vapeur d'eau.

En troisième lieu, quand la tige a une écorce verte et plus tard un phelloderme pourvu de chlorophylle, si elle est exposée à la lumière, elle absorbe par toute sa surface l'acide carbonique de l'atmosphère, le décompose au moyen de ses chloroleucites, fixe le carbone dans le protoplasme, et dégage par toute sa surface l'oxygène au dehors. En un mot, elle assimile du carbone (p. 53). Si les branches vertes sont nombreuses et forment toutes ensemble une grande surface, la quantité de carbone ainsi assimilé peut être considérable. C'est même uniquement par cette voie que s'opère toute l'assimilation du carbone nécessaire à la plante, lorsque la tige ne porte pas de feuilles parfaites (Cactacées, Euphorbes cactiformes, Casuarine, Asperge, Prêle, Psilote, etc.). Mais en général ce sont les feuilles qui sont éminemment chargées d'assimiler le carbone et c'est quand nous traiterons de la physiologie de la feuille que nous étudierons cette importante fonction avec tous les détails nécessaires.

Enfin, quand elle est verte et éclairée, la tige vaporise une grande quantité de l'eau qu'elle renferme (p. 53). A la lumière, les stomates sont ouverts, comme on sait (p. 159); la vapeur d'eau se forme dans les espaces intercellulaires de l'écorce et se trouve rejetée au dehors par les pores stomatiques, et plus tard par les lenticelles. Cette chlorovaporisation est considérable dans les tiges très rameuses. Dans les végétaux dépourvus de feuilles parfaites (Cactacées, Euphorbes cactiformes, Casuarine, Asperge, Prêle, Psilote, etc.), c'est par la tige que s'exécute toute la chlorovaporisation de la plante. Mais d'ordinaire, c'est essentiellement aux feuilles que cette fonction est dévolue ; c'est pourquoi nous en remettons l'étude détaillée au moment où nous étudierons la physiologie externe de la feuille.

Résumé des fonctions externes de la tige. — La fonction externe principale de la tige est donc de se diriger vers le ciel et vers le soleil, de manière à épanouir dans l'air et dans la lumière les feuilles qu'elle porte sur ses flancs. Quand elle subit une différenciation secondaire, les rameaux différenciés concourent encore au même but, toutes les fois qu'ils sont des vrilles, des crochets ou des épines (p. 149), disposés de manière à soutenir la tige dans la direction que lui ont imprimée la pesanteur et la lumière ; c'est aussi le rôle des émergences acérées et des poils en hameçon (p. 135 et p. 157).

La tige respire et transpire. De plus, quand les feuilles avortent, la tige tout entière (Cactacées, etc.), ou seulement certains de ses rameaux différenciés dans ce but (Asperge), développent davantage leur écorce verte, multiplient leurs stomates et se chargent seuls d'assimiler le carbone et de chlorovaporiser : deux fonctions que la tige remplit toujours à un faible degré, mais qui appartiennent essentiellement aux feuilles. C'est une substitution physiologique.

§ 4

FONCTIONS INTERNES DE LA TIGE

Produire les racines et les feuilles aux dépens des réserves emmagasinées dans ses parenchymes; fixée au sol par les racines, supporter dans l'air la charge des feuilles; conduire enfin aux feuilles le liquide absorbé dans le sol par les racines et aux racines le liquide élaboré dans l'air et dans la lumière par les feuilles : telles sont les quatre fonctions internes principales de la tige. Il y faut ajouter la sécrétion, fonction qu'elle partage avec la racine.

Emmagasinement des réserves. — La tige, surtout quand elle est vivace, accumule toujours des substances nutritives, qui s'y mettent en réserve pour les développements ultérieurs. Ces réserves, parmi lesquelles figurent surtout l'amidon, l'inuline, le sucre de Canne, etc., se constituent dans les divers parenchymes à parois minces, notamment dans l'écorce, le péricycle, la moelle et les rayons, dans le parenchyme libérien et le parenchyme ligneux primaires, plus tard dans le phelloderme, le parenchyme libérien et le parenchyme ligneux secondaires.

Quelquefois la production de ces parenchymes s'exagère localement et la tige se trouve différenciée dans la région considérée en un réservoir nutritif tuberculeux (voir p. 151), constitué tantôt par l'écorce (Cactacées), tantôt par la moelle (Morelle tubéreuse, Épiaire tubérifère), le plus souvent par le liber et le bois secondaires presque exclusivement parenchymateux (Dauce carotte, Panais cultivé, Chou navet, etc.), quelquefois par du parenchyme secondaire avec (Bette vulgaire, etc.) ou sans (Isoète) faisceaux libéroligneux tertiaires. Mais ce n'est là qu'une manifestation exagérée et particulièrement intéressante d'une fonction générale de la tige.

Support des feuilles. — Quand la tige est grimpante, volubile ou rampante, elle trouve en dehors d'elle son soutien et le support de ses feuilles. Quand elle est dressée, elle se soutient par elle-même et supporte directement le poids de son feuillage. C'est par le sclérenchyme, le collenchyme et le parenchyme scléreux primaires, que cette fonction mécanique est tout d'abord remplie. On a vu plus haut (p. 168 et suiv.) que l'ensemble des tissus de soutien primaires peut affecter des dispositions très différentes, de manière à suffire dans chaque cas particulier à l'effort qu'il doit supporter.

Plus tard, quand la tige se ramifie de plus en plus et produit des feuilles de plus en plus nombreuses, la charge augmente; mais grâce aux régions secondaires, dont une partie, soit dans le liber, soit dans le bois, se différencie en sclérenchyme, le soutien croît dans la même proportion et l'équilibre se maintient. C'est l'une des raisons d'être des régions secondaires, que d'ajouter sans cesse de nouveaux éléments de soutien aux anciens, à mesure que la tige a besoin d'une plus grande solidité.

Transport vers les feuilles du liquide apporté par les racines. — On sait (p. 129) que c'est par les faisceaux ligneux que chaque racine primaire conduit et apporte à la tige le liquide puisé dans le sol par elle et par ses diverses ramifications. On sait aussi comment les faisceaux ligneux de la racine se raccordent avec le bois des faisceaux libéroligneux de la tige (p. 189), lesquels à leur tour se prolongent directement dans la feuille (p. 162). On comprend donc que le liquide du sol, une fois parvenu à la limite de la racine et de la tige, n'a qu'à poursuivre la voie des vaisseaux, où il se trouve déjà engagé, pour arriver aux feuilles.

Et en effet, tout prouve que c'est par les vaisseaux que monte à travers la tige le courant d'eau qui se rend des racines aux feuilles. Si l'on coupe la tige dans sa région inférieure, après avoir placé quelque temps la plante à l'obscurité pour supprimer sa cholorovaporisation, l'eau s'écoule par la section et il est facile, en essuyant la tranche avec du papier buvard, de s'assurer que le liquide ne perle qu'aux orifices des vaisseaux. D'autre part, si l'on coupe une branche feuillée et qu'on en plonge l'extrémité inférieure dans un liquide coloré, en l'exposant à la lumière de manière à activer la chlorovaporisation de ses feuilles, on s'assure après un certain temps, par des sections transversales à diverses hauteurs, que le liquide coloré est monté tout d'abord et essentiellement par les vaisseaux. Pour mesurer la vitesse d'ascension, on substitue au liquide coloré une dissolution de citrate de lithine, dont on cherche ensuite la présence dans les entre-nœuds successifs à l'aide du spectroscope. On trouve ainsi que le liquide monte par heure d'une quantité qui varie, suivant la nature des plantes, entre 19 (Podocarpe) et 206 centimètres (Albizzie).

Quelle est la force qui fait monter ainsi le liquide dans les vaisseaux avec cette vitesse, depuis la base de la tige jusqu'aux feuilles les plus hautes? Pour répondre à cette question, il faut anticiper un peu sur la physiologie des feuilles et distinguer deux cas, suivant que la chlorovaporisation des feuilles est nulle ou qu'elle est, au contraire, à son maximum d'intensité.

Dans le premier cas, il y a pression de bas en haut. Le liquide du sol est poussé de bas en haut par la pression osmotique des poils radicaux, pression qui est loin d'être tout entière détruite, on l'a vu (p. 131), par les résistances que le liquide éprouve dans les vaisseaux mêmes de la racine. C'est cette force qui, au printemps, avant l'ouverture des bourgeons, fait écouler le liquide goutte à goutte par tous les orifices accidentels de la tige et provoque le phénomène bien connu des *pleurs* (Vigne, etc.). C'est elle aussi qui, après l'épanouissement des feuilles, détermine la nuit l'expulsion de gouttelettes d'eau en divers points de leur surface, comme il sera dit plus loin.

Dans le second cas, au contraire, il y a aspiration de haut en bas. A mesure qu'ils se vident par en haut dans les feuilles, les vaisseaux se remplissent par en bas; l'aspiration gagne de proche en proche, d'abord jusqu'à la base de la tige, puis de plus en plus profondément à l'intérieur de la racine, jusqu'aux extrémités dans la région des poils. Enfin, à mesure que ceux-ci tendent à se dessécher, ils aspirent le liquide du sol. Chaque goutte d'eau vaporisée sur les feuilles est donc remplacée par une goutte d'eau absorbée par les poils radicaux. Seulement, comme l'absorption est moins rapide que la chlorovaporisation, le vide tend à se faire dans les vaisseaux; la colonne d'eau se disjoint, il s'y introduit de l'air à une pression moindre que la pression atmosphérique. Aussi, quand on coupe sous le mercure une branche dont les feuilles chlorovaporisent activement, le mercure s'introduit-il dans les vaisseaux en les injectant sur une longueur variable, qui peut aller jusqu'à 12 centimètres dans le Robinier. De même, si l'on adapte un manomètre à un orifice pratiqué au bas d'une tige en voie de chlorovaporisation active, ce manomètre accuse aussitôt une pression négative. Enfin si l'on ajuste à l'orifice un tube contenant de l'eau, le liquide est aspiré dans la tige.

Entre ces deux cas extrêmes, celui où la pression des racines existe seule, et celui où l'aspiration des feuilles est assez active pour annuler complètement et au delà cette pression des racines, il y a tous les intermédiaires, et une même plante feuillée peut passer par tous les états dans le cours d'une même journée. Quand les deux forces de poussée et d'aspiration agissent de la sorte simultanément, ce qui est le cas ordinaire, il est difficile de préciser la part de chacune d'elles à un moment donné. Tout ce qu'on peut dire, c'est que la première pousse le liquide jusqu'à un certain niveau dans la tige et que la seconde aspire le liquide à partir de ce niveau.

Transport du liquide ramené dans la tige par les feuilles. — Quant au liquide que les feuilles ramènent à la tige après l'avoir épaissi en lui faisant perdre beaucoup d'eau et en l'enrichissant des produits de l'assimilation, il est transporté dans la tige par le liber des faisceaux libéroligneux et principalement par les tubes criblés. Du liber des faisceaux libéroligneux de la tige, il passe ensuite dans les faisceaux libériens de la racine, où il se meut comme il a été dit p. 131. La force qui le déplace lentement dans les tubes criblés est simplement la lente consommation au lieu d'emploi ou de mise en réserve. C'est aussi la situation du lieu d'emploi ou de mise en réserve par rapport aux feuilles, qui règle la direction du courant. Pour la portion de ce liquide destinée à la croissance et à la ramification des racines, le courant est descendant; pour celle qui est consommée par la croissance terminale de la tige, ainsi que par la formation et la croissance des jeunes feuilles dans le bourgeon, il est ascendant.

Les deux moitiés du faisceau libéroligneux sont donc le siège de deux courants de nature différente, qui peuvent être de même sens ou de sens contraire. Cette analogie dans le rôle conducteur explique le parallélisme de structure du liber et du bois, comme la diversité des liquides transportés donne la raison de leurs différences. Dans presque toutes les Cryptogames vasculaires actuellement vivantes, la plupart des Monocotylédones et quelques Dicotylédones, les faisceaux libéroligneux primaires suffisent indéfiniment à ce double transport. Il n'en est pas de même chez les Gymnospermes, la plupart des Dicotylédones, quelques Monocotylédones et un petit nombre de Cryptogames vasculaires; à mesure que la tige se ramifie davantage et porte des feuilles plus nombreuses, pour alimenter une chlorovaporisation de plus en plus abondante et emmener les produits d'une assimilation de plus en plus active, il y faut des vaisseaux et des tubes criblés de plus en plus nombreux. C'est la principale raison d'être de la formation continue chez ces plantes d'un pachyte produisant du liber et du bois secondaires.

Sécrétion. — Comme la racine, la tige, à mesure qu'elle croît, élimine divers produits désormais inutiles et les amasse dans certaines de ces cellules, en un mot, sécrète. La sécrétion est très précoce et s'opère déjà dans le méristème, avant la différenciation des autres tissus. Suivant les plantes, les produits sécrétés sont de nature différente; les cellules qui les contiennent sont aussi différemment ajustées et situées, comme on l'a vu plus haut; aussi l'appareil sécréteur est-il une source abondante de caractères distinctifs.

Il peut se faire que cet appareil affecte dans la tige la même forme et la même situation que dans la racine. Par exemple, dans les Anacardiacées les canaux résinifères du liber primaire de la racine, dans les Diptérocarpes ceux du pourtour de la moelle de la racine, se continuent directement dans les régions correspondantes de la tige. Dans les Ombellifères, les Araliacées et les Pittosporacées, les canaux oléifères du péricycle de la racine, dans les Composées Tubuliflores et Radiées, ceux de l'endoderme de la racine, se continuent au sein de la même région dans la tige, en se bordant seulement de cellules spéciales.

Mais cette unité de lieu n'est pas nécessaire. Ainsi dans les Composées Liguliflores, les réseaux laticifères, qui occupent le péricycle dans la racine, passent au bord interne des faisceaux libériens dans la tige; chez les Liquidambars, les canaux oléifères sont libériens dans la racine, circummédullaires dans la tige; dans les Sapins, ils sont centrimédullaires dans la racine, péricycliques dans la tige. D'autre part, l'appareil sécréteur peut affecter dans la tige une forme différente de celle de la racine. Ainsi les Philodendres ont dans la racine des canaux sécréteurs entourés d'une gaine de sclérenchyme tandis que ceux de la tige sont dépourvus de gaine ; la tige des Simarubacées, des Alismacées, de beaucoup de Conifères, etc., à des canaux sécréteurs, celle des Rutacées, des Myrtacées, etc., des poches oléifères, qui n'existent pas dans la racine.

Le lieu où s'exerce et la façon dont s'opère la fonction de sécrétion dans la tige ne peuvent donc pas être déduits de ce qui se passe sous ce rapport dans la racine. L'appareil sécréteur doit être étudié pour chaque membre séparément.

CHAPITRE QUATRIÈME

LA FEUILLE

Toutes les plantes qui ont une tige ont aussi sur cette tige es feuilles plus ou moins développées. Cette corrélation ·ésulte de la nature même des choses. La tige et la feuille ·ont, en effet, deux membres du corps rameux de la plante lifférenciés l'un par rapport à l'autre, et les noms qu'on leur lonne n'indiquent pas autre chose que cette différenciation. ·'étude de la feuille s'applique donc, comme celle de la tige, certaines Algues, notamment aux Characées et à diverses ·loridées, à beaucoup d'Hépatiques, à la totalité des Mousses, nfin et surtout à toutes les plantes vasculaires. Nous allons, omme pour la racine et la tige, considérer ce membre d'abord u point de vue morphologique, puis au point de vue physio ·gique.

SECTION I

MORPHOLOGIE DE LA FEUILLE

L'étude morphologique de la feuille exige que l'on considère e membre d'abord dans sa forme extérieure et tout ce qui 'y rattache, puis dans sa structure et tout ce qui en dépend.

§ 1

FORME EXTÉRIEURE DE LA FEUILLE

Conformation générale de la feuille. — La feuille est un nembre porté par la tige au nœud et ordinairement aplati perpendiculairement à l'axe de la tige. Elle n'est divisible en deux moitiés symétriques, ou du moins similaires, que par un seul plan passant par l'axe de la tige; elle est *bilatérale*. Son côté inférieur, externe ou dorsal, diffère plus ou moins de sa face supérieure, interne ou ventrale; elle est donc aussi *dorsiventrale*. Comme celle de la tige, la surface de la feuille est primitive et continue avec elle-même dans toute son étendue; elle est également en continuité directe avec la surface de la tige qui la porte. Parfois lisse, *glabre*, cette surface est souvent hérissée de poils de forme très variée, *velue*.

Une feuille de moyenne complication comprend trois parties : la *gaine*, base dilatée par où elle s'attache au pourtour du nœud, en enveloppant plus ou moins la tige à la façon d'un étui; le *pétiole*, prolongement grêle plus ou moins long; et le *limbe*, lame verte aplatie, qui est la partie essentielle d la feuille. Une telle feuille est dite pétiolée engainante (Gouet Balisier, Bananier, Ficaire, Ombellifères, etc.). Souvent l feuille est plus simple. Tantôt la gaine manque et c'est l pétiole qui s'attache directement à la tige par une insertio étroite : la feuille est simplement pétiolée (Hêtre, Chêne Courge, etc.). Tantôt le pétiole manque et de la gaine on pass directement au limbe : la feuille est simplement engainant (Graminées, etc.). Tantôt enfin la gaine et le pétiole manquen à la fois et le limbe s'attache directement à la tige : la feuill est dite alors *sessile* (Nicotiane, Lis, etc.). C'est à cet état, l plus simple de tous, qu'on la rencontre toujours dans le Hépatiques feuillées, les Mousses, les Prêles, les Lycopodia cées et un grand nombre de Phanérogames.

La gaine attache le pétiole et le limbe, ou le limbe seul, la tige; aussi est-elle d'autant plus large et plus haute que l limbe est plus grand (Ombellifères, Palmiers, Graminées, etc.) Le pétiole porte le limbe et l'écarte de la tige d'autant plus qu'i est plus long; aussi sa grosseur et sa fermeté sont-elles e rapport avec la grandeur et le poids du limbe qu'il a à souteni Il est toujours arrondi sur sa face inférieure, ordinairemen plan ou excavé, creusé en gouttière, sur sa face supérieure d'où l'on voit immédiatement qu'il n'a, comme le limbe et l gaine, qu'un seul plan de symétrie. Quelquefois pourtant est arrondi aussi sur sa face supérieure et sensiblement cylin drique (Lierre, Pivoine, etc.); ou bien il s'aplatit soit dans l plan du limbe, comme dans le Citronnier oranger, soit laté ralement, comme dans le Peuplier tremble et d'autres Peu

pliers, circonstance qui explique l'agitation des feuilles de ces
arbres au moindre souffle du vent; ou bien encore il se renfle à
sa base en une masse ovoïde renfermant de grandes cavités pleines d'air, comme dans les feuilles de certaines plantes aquatiques, auxquelles il sert de flotteur (Mâcre, diverses Pontédéries).

En résumé, la gaine et le pétiole peuvent manquer, ensemble
ou séparément; quand ils existent, ils n'ont de rôle que vis-
à-vis du limbe. Il est très rare que ce dernier fasse défaut et
la chose n'arrive alors que par suite d'un avortement sur certaines feuilles de la plante; le pétiole au sommet duquel le
limbe a ainsi avorté s'aplatit d'ordinaire dans le plan vertical,
comme pour le remplacer dans ses fonctions, et forme une
lame à laquelle on a donné le nom de *phyllode* (diverses
Acacies et Surelles; certaines plantes aquatiques : Sagittaire,
Potamot, etc.). C'est donc le limbe qui est la partie essentielle
de la feuille et nous devons l'étudier de plus près.

Forme et nervation du limbe. — Le limbe est ordinairement aplati et le plan d'aplatissement est perpendiculaire à
l'axe de la tige. Dans ce limbe aplati, on distingue des côtes
résistantes faisant saillie surtout à la face inférieure, diversement ramifiées, partant toutes du pétiole dont elles sont
comme l'épanouissement et dont l'une d'elles prolonge la
direction : ce sont les *nervures*. Les dernières et les plus fines
de ces nervures ne font plus saillie à la surface, elles demeurent tout entières immergées dans l'épaisseur de la lame, où
elles s'anastomosent en un réseau délicat; mais il suffit pour
les voir de placer le limbe entre l'œil et la lumière. Si l'on fait
disparaître la couche molle qui le recouvre, on isole et prépare
comme une fine dentelle ce système de nervures, qui est pour
ainsi dire le squelette de la feuille. On y arrive facilement
soit en battant avec une brosse le limbe préalablement desséché, soit en soumettant la feuille à une longue macération
dans l'eau. Dans ce cas, le Bacille amylobacter, qui pullule dans
le liquide, dissout peu à peu les membranes cellulaires de la
couche molle, sans attaquer celles des nervures, qui sont
lignifiées. On observe souvent dans la nature des préparations
de nervures ainsi réalisées.

La disposition des principales nervures dans le limbe, sa
nervation, comme on dit, est très variable, mais se rattache à
quatre types principaux, et comme chaque fois c'est la nervation qui détermine la forme générale du limbe, celle-ci se
rattache aussi à quatre types.

Le cas le plus simple est celui d'une nervure unique, médiane, qui ne ramifie pas : la nervation est *simple*, la feuille est *uninerve*. Il en est ainsi dans les Mousses, les Prêles, les Lycopodes, la plupart des Conifères (Pin, Sapin, Cyprès, If, etc.) et çà et là dans les autres Phanérogames. Le limbe est alors étroit et souvent en forme d'aiguille.

Ailleurs, la nervure médiane, encore unique, se ramifie ; elle forme de chaque côté, en s'amincissant à mesure, des nervures secondaires, qui sont insérées sur elle comme les barbes sur le tuyau d'une plume : la nervation est *pennée*, la feuille est *penninerve* (Hêtre, Coudrier, Bananier, etc.). Le limbe est alors de forme ovale plus ou moins allongée.

Si le pétiole, au point où s'attache le limbe, s'épanouit en un certain nombre impair de nervures divergentes, dont la plus grande est médiane et dont les autres vont décroissant de grandeur de chaque côté comme les doigts de la main, la nervation est *palmée*, la feuille est *palminerve* (Vigne, Mauve, Lierre, etc.). Le limbe est alors de forme plus ou moins circulaire. Lorsque les nervures palmées sont assez nombreuses pour que les plus petites reviennent en avant du pétiole, le limbe forme deux oreillettes arrondies ou allongées (Sagittaire, Liseron, Mauve, Gouet, etc.) ; si ces deux oreillettes s'unissent en avant, le limbe se trouve inséré perpendiculairement sur le pétiole par un point excentrique, autour duquel rayonnent les nervures inégales ; la nervation est *peltée*, la feuille est *peltinerve* (Capucine, Nélombe, Colocase, etc.). Ce n'est pas là toutefois un type distinct, mais une simple modification du type palmé.

Enfin, si au sortir de la tige ou de la gaine, un certain nombre de nervures, dont une un peu plus forte est médiane, courent parallèlement de la base au sommet du limbe, la nervation est *parallèle* ; quand les nervures sont droites, la feuille est *rectinerve* (Graminées, Jacinthe, Narcisse, etc.) ; quand elles sont courbes, arquées en dedans, la feuille est *curvinerve* (Mélastomacées, etc.).

Dans chacun des trois derniers types, les nervures principales se ramifient à leur tour un certain nombre de fois, le plus souvent suivant le mode penné ; enfin les derniers ramuscules s'anastomosent pour fermer les mailles du réseau, ou bien ils se terminent librement dans l'épaisseur du limbe ou sur son bord. On reviendra plus loin sur cette terminaison.

Le limbe a souvent même aspect et même couleur sur les

deux faces ; il en est ainsi dans les feuilles molles des plantes herbacées. Dans les plantes ligneuses, au contraire, les deux faces du limbe diffèrent plus ou moins profondément : la face supérieure est plus dure, plus luisante et d'un vert plus foncé, la face inférieure plus molle, plus terne et d'un vert plus pâle, quelquefois même blanchâtre. Le limbe peut être assez mince pour se réduire, partout ailleurs que sur les nervures, à une seule épaisseur de cellules (Hépatiques feuillées, Mousses, la plupart des Hyménophyllacées, etc.). Il peut être, au contraire, assez épais pour noyer dans sa profondeur et masquer complètement toutes les nervures, même les plus grosses ; le limbe est alors massif, rebondi et dénué de côtes saillantes : la feuille est dite *grasse* (Crassule, Ficoïde, Agave, etc.) ; elle prend alors quelquefois une forme conique (Jonc, etc.). En général, la couche molle interposée aux nervures est continue, le limbe est plein. Quelquefois elle est discontinue, le limbe est perforé, soit dès l'origine, parce que la couche ne se développe pas dans les mailles du réseau de nervures (feuilles submergées de l'Ouvirandre), soit parce qu'il s'y fait à un certain âge des trous et des déchirures dont les bords se cicatrisent aussitôt et qui vont grandissant ensuite avec le limbe (diverses Aracées : Monstère, Scindapse, etc. ; Palmiers : Chamérope, Phénice, etc. ; Bananier, etc.).

Ramification de la feuille. — La feuille peut ne se ramifier ni dans son pétiole, ni dans son limbe ; elle est alors *simple*, et son limbe, dont le bord est convexe en tous les points, entièrement dépourvu d'angles rentrants, est dit *entier*. C'est ce qui a lieu nécessairement dans les feuilles uninerves, rectinerves ou curvinerves, et fréquemment aussi dans les deux autres modes de nervation (Buis, Lilas, Pervenche, Nénuphar, etc.). Mais souvent la feuille se ramifie soit dans son limbe, soit dans son pétiole.

1° Ramification du limbe. — La ramification du limbe a lieu d'ordinaire dans son plan, rarement perpendiculairement à sa surface. Cette ramification du limbe dans son plan se manifeste, après qu'il est complètement développé, par des découpures plus ou moins profondes du bord entre les nerfs, et il faut fixer les principaux degrés de ces découpures.

Considérons un limbe à nervation pennée. Si le contour ne rentre que faiblement entre les nervures principales, en découpant autour de leurs sommets autant de festons arrondis,

ou de dents aiguës, le limbe est *crénelé* dans le premier cas
(Gléchome, etc.), *denté* dans le second (Hêtre, Coudrier, etc.).
S'il rentre jusque vers le milieu de la distance entre le bord
et la nervure médiane, les dents profondes et plus ou moins
larges ainsi séparées sont des *lobes* et le limbe est *lobé* (Chêne,
Artichaut, etc.). S'il rentre jusqu'au voisinage de la nervure
médiane, le lobe devient une *partition* et le limbe est *partit*
(Pavot, etc.). Enfin, s'il atteint la nervure médiane, chaque
lobe devient un *segment* et le limbe est *séqué* (Cresson, Aigre-
moine, etc.). Entre ces divers degrés, qu'on adopte comme
points de repère et qu'on nomme pour faciliter les descrip
tions, il y a naturellement tous les intermédiaires. Plusieur.
de ces découpures peuvent aussi se superposer sur le mêm
limbe : ainsi les lobes peuvent être crénelés ou dentés, le.
segments peuvent être lobés, etc.

Pour exprimer d'un seul mot le mode de nervation princi
pale du limbe, d'où résulte sa forme générale, et son mode d
ramification principale, d'où résulte sa conformation particu
lière, on dira, dans les divers cas qui précèdent, que la feuill
est *pennidentée*, *pennilobée*, *pennipartite*, *penniséquée*. Avec l'
nervation palmée, les mêmes degrés de ramification donne
ront lieu respectivement à une feuille *palmidentée* (Mauve, etc.)
palmilobée (Ricin, Érable, Vigne, Figuier, Lierre, etc.), *palmi
partite* (Aconit, etc.), *palmiséquée* (Potentille rampante, vulgai
rement Quintefeuille, etc.).

Le limbe peut aussi, quoique rarement, se ramifier perpen
diculairement à sa surface. Ainsi, dans le Rossolis, il produi
sur sa face supérieure, des prolongements grêles renflés e
massue, qui reçoivent chacun une petite nervure perpendic
laire au plan de la nervation générale, et qui sont autant
segments (voir plus loin, fig. 112). Dans la variété de Hou
appelée vulgairement Houx-hérisson, des segments analogue
dressés sur la face supérieure de la feuille, sont point
comme les dents du bord. Les pointes qui hérissent les ne
vures de l'énorme limbe pelté de la Victoire sont aussi d
segments.

2⁰ **Ramification du pétiole.** — Le pétiole se ramifie so
vent en produisant de chaque côté une série de pétioles secoi
daires, terminés chacun par un limbe pareil au sien. Chacu
de ces pétioles secondaires avec son limbe est une *foliole* et
feuille tout entière est dite alors *composée*. A son tour, chaq
pétiole secondaire peut se ramifier et produire des pétiol

avec des limbes tertiaires, ceux-ci des pétioles avec des limbes de quatrième ordre, et ainsi de suite. La feuille est alors composée à deux degrés, à trois degrés, etc., les limbes partiels étant d'autant plus petits que le nombre en est plus grand. Si la ramification est très abondante, ils peuvent se réduire à un très léger aplatissement au bout des pétioles du dernier ordre, et la feuille n'est alors tout entière, pour ainsi dire, qu'un pétiole un grand nombre de fois ramifié (diverses Ombellifères : Fenouil, Férule, etc.).

Si les pétioles secondaires s'échelonnent en deux rangées le long du pétiole primaire, la ramification est pennée et la feuille *composée pennée, bipennée, tripennée*, etc. Les folioles sont alors le plus souvent opposées deux à deux, par paires (Robinier, Frêne, Ailante, etc.), quelquefois alternes (Cycade, certaines Fougères, etc.); il peut n'y avoir qu'une seule paire de folioles latérales (Haricot, Mélilot, etc.). Si les pétioles secondaires, insérés tous au même point, divergent en décroissant de taille à droite et à gauche à partir du prolongement du pétiole primaire, la ramification est palmée et la feuille *composée palmée* (Lupin, Marronnier, etc.); elle peut alors aussi n'avoir que trois folioles (Trèfle, etc.).

Le limbe avorte quelquefois au sommet du pétiole primaire, qui se termine par une petite pointe au-dessus de la dernière paire de folioles; la feuille est alors, comme on dit, *composée sans impaire* (Fève, Pois, Acacie, etc.); elle peut, dans ce cas, n'avoir que deux folioles (certaines Gesses).

Stipules. — A droite et à gauche du point où s'insère sur la tige une feuille pétiolée ou sessile, on trouve souvent deux lames plus ou moins développées, appelées *stipules*. Leur forme est dissymétrique, de sorte que chaque stipule est comme l'image de l'autre dans un miroir. Elles sont ordinairement petites, mais dans la Violette, le Pois, le Liriodendre tulipier, etc., elles atteignent d'assez grandes dimensions. D'habitude elles diffèrent profondément du limbe, mais dans nos Rubiacées indigènes (Gaillet, Aspérule, Garance, etc.), elles lui ressemblent entièrement de forme et de grandeur, et 'on dirait trois feuilles sessiles indépendantes, insérées côte à côte. Souvent les stipules se dessèchent de bonne heure et se détachent quand les feuilles s'épanouissent; le plupart des arbres de nos forêts ont de ces stipules *caduques* (Chêne, Charme, Châtaignier, etc.).

Quand la feuille est engainante, c'est au sommet de la gaine, de part et d'autre du pétiole ou du limbe, que s'attachent les stipules (Rosier, Trèfle, etc.); dans les Salsepareilles, les deux stipules qui prolongent ainsi la gaine de chaque côté du pétiole s'allongent en un filament enroulé en vrille.

Les stipules sont toujours des dépendances de la feuille et doivent être considérées, en l'absence de gaine, comme le résultat d'une ramification très précoce du pétiole ou du limbe, à sa base même et dans son plan. Il suffit, pour s'en convaincre, de remarquer que les nervures des stipules vont toujours s'attacher alors, à peu de distance au-dessous de la surface de la tige, aux nervures du pétiole ou du limbe primaire, dont elles ne sont que des ramifications. On reviendra sur ce point. Ce sont, pour ainsi dire, une première paire de folioles, différenciées le plus souvent par rapport au limbe primaire et par rapport aux autres folioles, s'il y en a, et adaptées à une fonction spéciale, qui est de protéger la feuille dans le bourgeon. Toute feuille stipulée est donc en réalité une feuille composée.

Les stipules peuvent elles-mêmes se ramifier dans leur plan, prendre des dents, des lobes et même se diviser en deux ou plusieurs segments semblables, placés côte à côte. Ainsi, dans les Rubiacées indigènes, il n'est pas rare de voir le limbe avoir de chaque côté deux stipules semblables entre elles et à lui; la feuille est alors, en réalité, une feuille composée palmée à cinq folioles sessiles et les deux feuilles opposées de chaque nœud simulent un verticille de dix feuilles.

Les feuilles composées pennées portent quelquefois, notamment chez les Légumineuses, sur le pétiole primaire, à l'insertion des folioles, de petites languettes qui paraissent être à chaque foliole ce que les stipules sont à la feuille totale : ce sont des *stipelles* (Haricot, Robinier, Sophore, etc.). La foliole terminale a deux stipelles, une de chaque côté de sa base; les folioles latérales n'en ont qu'une, insérée au-dessus d'elle sur le pétiole commun.

Ligule. — Chez les Polygonacées, dont la feuille est pétiolée engainante, la gaine est courte, mais se prolonge, au-dessus de l'insertion du pétiole, en un étui membraneux très mince qui enveloppe l'entre-nœud supérieur. Les Potamots ont également des feuilles à gaine courte, prolongée en un étui, qui entoure plus ou moins l'entre-nœud supérieur. Chez les Graminées, dont la feuille est simplement engainante, la gaine est très longue, mais se prolonge aussi, au-dessus de l'insertion du limbe, en une manchette plus ou moins développée, parfois bifurquée ou frangée. A ce prolongement de la gaine au-dessus du pétiole ou du limbe, en forme d'étui ou de manchette, on donne dans tous les cas le nom de *ligule*.

Il peut y avoir ligule en l'absence totale de gaine, comme on le voit dans le Mélianthe majeur, l'Houttuynie cordée, etc.

La ligule s'échancre parfois plus ou moins profondément en son milieu et se prolonge latéralement en deux pointes plus ou moins longues, qui sont ce qu'on vient de nommer les stipules. Celles-ci sont donc insérées, tantôt sur la tige, tantôt sur la gaine, tantôt sur la ligule.

En somme, la feuille la plus compliquée, c'est-à-dire celle où la différenciation secondaire est la plus profonde, se compose, comme on voit, de cinq parties : la gaine, la ligule, les stipules, le pétiole et le limbe.

Origine et croissance de la feuille. — C'est dans le bourgeon que s'opèrent la naissance et les premiers développements de la feuille, et c'est là qu'il faut aller les étudier (fig. 47, *b*, p. 135).

On y voit poindre d'abord, au flanc du cone terminal de la tige et non loin du sommet, un petit mamelon arrondi formé par une excroissance de la couche périphérique de l'écorce, revêtue par l'épiderme. L'origine de la feuille est donc exogène. Ce mamelon s'élargit bientôt transversalement et en même temps s'allonge plus vite sur sa face externe que sur sa face interne. La jeune feuille se courbe, par conséquent, de manière à recouvrir bientôt la terminaison de la tige et les mamelons plus jeunes qui s'y sont formés au-dessus d'elle. Quand elle se ramifie, elle forme ensuite à droite et à gauche une série de protubérances qui croissent d'abord par leur sommet, puis produisent, à leur tour, des mamelons de troisième ordre, et ainsi de suite. C'est précisément, comme on sait (p. 134), l'ensemble de toutes ces jeunes feuilles rapprochées, de plus en plus développées et se recouvrant de plus en plus du sommet à la base, qui constitue à un moment donné le bourgeon terminal d'une tige ou d'une branche.

Comme la racine et la tige, la feuille une fois née croît d'abord par son sommet, où de nouvelles cellules s'ajoutent aux anciennes. Quelquefois cette croissance terminale se poursuit longtemps, comme chez les Fougères et les Ophioglossacées; dans certaines Fougères, non seulement elle dure toute la première année, mais elle reprend au printemps suivant et se prolonge ainsi des années durant (Gleichénie, Mertensie, Lygode, etc.). Presque toujours cependant cette croissance terminale est de très courte durée, et c'est par un puissant allongement intercalaire que la feuille poursuit son développement dans le bourgeon, s'épanouit et acquiert sa dimension définitive.

La croissance intercalaire du limbe et la formation de ses diverses parties latérales de premier ordre : nervures, dents, lobes, folioles, etc., peut s'accomplir de diverses manières. Elle peut s'opérer également en tous les points; toutes les parties nouvelles sont alors de même âge : la croissance est *simultanée* (Chamérope, Chamédore et autres Palmiers). Mais le plus souvent elle se localise dans une certaine zone, où elle continue d'agir pendant qu'elle a cessé partout ailleurs; les parties nouvelles sont alors d'âge différent, d'autant plus jeunes qu'elles sont plus rapprochées de cette zone : la croissance est *successive*, ce qui peut avoir lieu de trois façons différentes. Si la zone de croissance intercalaire est à la base du limbe, les parties se succèdent par rang d'âge décroissant du sommet à la base : la croissance est *basipète*; c'est le cas le plus fréquent (Bouleau, Chêne, Érable, Vigne, Rosier, Pimprenelle, Marronnier, Lupin, etc.). Si la zone de croissance est située vers le sommet, c'est l'inverse : la croissance est *basifuge* (Tilleul, Bégonie, Robinier, Vesce, Ailante, Sumac, Ombellifères, etc.). Enfin si la zone de croissance occupe le milieu de la feuille, les parties se succèdent par rang d'âge décroissant, du sommet à la base dans la moitié supérieure, de la base au sommet dans la moitié inférieure : la croissance est *mixte*; c'est le cas le plus rare (beaucoup de Composées : Centaurée, Achillée, Anthémide, etc.).

Le pétiole ne naît que tard, après toutes les diverses parties constitutives du limbe, rarement avant la formation de ses parties latérales (Rosier, Liriodendre tulipier, etc.).

Les stipules naissent avant les premières nées des folioles latérales (Gesse, Vesce, etc.), ou pendant leur formation (Dauce carotte, Ciguë, etc.), au plus tard immédiatement après la dernière d'entre elles (Rosier, Panicaut, etc.). Leur croissance est ordinairement très rapide; aussi ont-elles dans le premier âge de la feuille une dimension très considérable et un rôle protecteur important. Dans le bourgeon, elles chevauchent par leur bord interne sur la face dorsale de la jeune feuille pour la recouvrir en tout ou en partie (Tilleul, Orme, Chêne, etc.);

où bien, au contraire, elles se glissent entre la feuille et la tige de façon à envelopper le reste du bourgeon (Liriodendre tulipier, Platane, Figuier, etc.). De l'une ou de l'autre façon, les stipules forment des sortes de chambres protectrices, où les jeunes feuilles se développent et qu'elles quittent plus tard pour s'allonger et s'épanouir.

Enfin la gaine se développe vers la même époque que les stipules; chez les Ombellifères, par exemple, c'est ordinairement après la formation de la dernière née des folioles de premier ordre.

La feuille peut n'avoir pas du tout d'allongement intercalaire. Une fois sa croissance terminale épuisée, ce qui a lieu presque toujours de très bonne heure dans le bourgeon, elle cesse alors de grandir, elle *avorte*, comme on dit. L'Asperge, beaucoup de Cactacées, les Euphorbes cactiformes, etc., n'ont que de pareilles petites feuilles avortées. Dans le Fragon, la première feuille, dans le Pin, les dernières feuilles des rameaux courts acquièrent seules leur développement normal; toutes les autres avortent. Même chez les plantes qui ont les feuilles les plus développées, il arrive souvent qu'un grand nombre d'entre elles s'atrophient ainsi par arrêt de croissance (Cycade, Fraisier, etc.).

Concrescence des feuilles. — Les deux bords de la gaine d'une feuille engainante peuvent s'unir en un étui fermé enveloppant l'entre-nœud supérieur (Cypéracées, Polygonacées, etc.). Les deux oreillettes du limbe d'une feuille sessile peuvent s'unir du côté opposé de la tige, qui a l'air de traverser la feuille (Uvulaire, Buplèvre, fig. 90). Enfin les deux stipules peuvent s'unir entre elles bord à bord en arrière, de manière à former une lame à deux nervures et souvent bilobée, diamétralement opposée à la feuille (Astragale, Ornithope, etc.), lame qui enveloppe parfois comme d'un étui toute la partie supérieure de la tige et qui tombe quand la feuille suivante s'épanouit (Figuier, Magnolier, Platane, etc.). Dans tous ces cas, il y a croissance intercalaire commune, concrescence entre les diverses parties d'une même feuille.

Une pareille concrescence peut se produire aussi entre les feuilles différentes insérées côte à côte au même nœud, entre les stipules de ces feuilles (Houblon, Gaillet croisette, etc.), entre leurs gaines (Saponaire, cotylédons du Radis, etc.), ou même entre leurs limbes sessiles (Chèvrefeuille, fig. 91, etc.).

Enfin la feuille peut s'unir de la même manière soit avec la tige qui la porte (Épiphylle, Pin, Pesse, Cyprès, etc.), soit avec la branche qu'elle produit à son aisselle (région florifère de diverses Solanacées, etc.). Les deux membres ne se séparent alors qu'à une certaine distance du nœud et la feuille semble insérée soit sur la tige au-dessus de son insertion vraie, soit sur sa branche axillaire ; elle est *déplacée* et la distance entre l'insertion apparente et l'insertion vraie, en d'autres termes, la grandeur du *déplacement*, mesure précisément la durée de la croissance commune. Quand les deux choses s'opèrent à la fois, c'est-à-dire quand les feuilles s'unissent en même temps à la branche qui les porte et à leurs rameaux axillaires, il en résulte, si elles sont disposées en

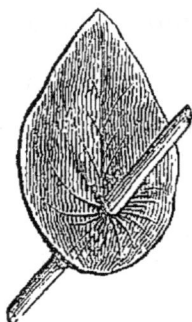

Fig. 90.

deux séries, des organes aplatis portant sur leurs bords de petites dents qui sont les extrémités libres des feuilles et, à l'aisselle de ces dents, de petits bourgeons qui sont les bourgeons terminaux des rameaux concrescents (Xylophylle, Phylloclade, etc.). Ces sortes de pousses ramifiées, concrescentes dans toutes leurs parties, ont reçu le nom de *cladodes*.

Toutes les fois qu'il y a ainsi concrescence de la

Fig. 91.

feuille avec la tige qui la porte, ce phénomène est dû à la croissance intercalaire nodale de la tige, dont il a été question (p. 137), et la longueur de la partie concrescente, la grandeur du déplacement, mesure précisément l'élongation du nœud.

Nutation de la feuille. — La face externe ou dorsale de là feuille croît d'abord plus rapidement que sa face interne ou ventrale ; le membre se courbe donc en tournant sa concavité vers la tige. Plus tard, la face interne croît à son tour plus fortement que l'autre, de sorte que la feuille se dresse perpendiculairement à la tige ou même s'infléchit en sens contraire, la face dorsale devenant concave ; c'est ainsi qu'elle sort du bourgeon, qu'elle s'épanouit. Ce mouvement d'épanouissement est déjà une nutation, qui s'opère dans le plan médian de la feuille ; il est particulièrement développé chez les Fougères, dont les feuilles sont d'abord enroulées en crosse vers la tige, puis se déroulent et enfin deviennent droites.

Une fois les feuilles épanouies et tant qu'elles s'allongent, leur croissance intercalaire change d'intensité successivement tout autour du membre, d'où résulte, comme dans la racine et la tige, un mouvement révolutif, une circumnutation, dont le siège est en général dans le pétiole, parfois dans le limbe ou dans ces deux régions à la fois. Le sommet décrit une ellipse ordinairement très étroite, de sorte que le mouvement s'accomplit presque dans le plan vertical, c'est-à-dire dans le plan de la nutation d'épanouissement; pourtant l'ellipse s'élargit quelquefois (Camélie, Eucalypte), jusqu'à devenir presque un cercle (Cisse).

Durée et chute des feuilles. — Nées au printemps, les feuilles meurent ordinairement à l'automne : elles sont caduques. Pourtant certaines plantes, dites pour ce motif *toujours vertes*, les conservent en bon état pendant un ou plusieurs hivers; leurs feuilles sont persistantes. Les Sapins et les Pesses, par exemple, conservent leurs feuilles pendant sept ou huit ans. Avant de mourir, les feuilles caduques perdent leur couleur verte, parce que les chloroleucites s'y détruisent; elles jaunissent d'abord, puis brunissent. Parfois elles deviennent d'un beau rouge, comme dans l'Ampélopse hédéracé, vulgairement Vigne-vierge, dans le Sumac, etc., parce qu'il s'y forme, à côté de la matière jaune, un principe rouge dissous dans le suc cellulaire.

Morte, la feuille se dessèche parfois sur place et se détruit petit à petit, comme on peut le voir sur les Chênes; le plus souvent elle tombe. La chute a lieu de deux manières. Tantôt la feuille se détache nettement au ras de la tige, laissant à sa place une cicatrice, et tombe tout entière, comme dans nos arbres et arbustes. Tantôt elle laisse adhérente à la tige la partie inférieure de son pétiole, comme dans les Palmiers et les Fougères arborescentes; plus tard, ces bases de feuilles vont se détruisant peu à peu et, quand elle est suffisamment âgée, la tige en est dégarnie dans sa région inférieure.

Disposition des feuilles sur la tige. — Les feuilles sont disposées avec régularité sur la tige qui les produit et les porte; cette disposition régulière entraîne celle des branches de divers ordres, qui naissent, comme on sait, en superposition avec les feuilles; elle détermine, par conséquent, toute l'architecture extérieure de la plante. Il y a donc un double intérêt à l'étudier. On a déjà vu plus haut, par quelques exemples (p. 165), qu'elle est en corrélation étroite avec le nombre et la course longitudinale des faisceaux libéroligneux dans la stèle de la tige.

Les feuilles sont disposées tantôt une à chaque nœud, *isolées* (Hêtre, Lis, Pin, etc.), tantôt plusieurs côte à côte à chaque nœud, formant toutes ensemble ce qu'on nomme un *verticille*, *verticillées* (Lilas, Nérion, Genévrier, Hippure, etc.).

La distance longitudinale qui sépare deux feuilles isolées ou deux verticilles consécutifs, c'est-à-dire la longueur de l'entre-nœud, est sujette, on l'a vu, à trop de variations dépendant les unes de l'âge de la tige au moment où elle produit ses feuilles (p. 138), les autres des causes extérieures qui, comme la lumière, la température, etc., modifient la croissance internodale (p. 232), pour qu'on puisse y constater quelque chose de constant. La distance transversale de deux feuilles consécutives, c'est-à-dire la distance des centres d'insertion des deux feuilles projetée sur la circonférence qui passe par l'une d'elles et estimée en degrés, ou encore la valeur de l'angle dièdre formé par les plans médians des deux feuilles se croisant suivant l'axe de la tige, se maintient au contraire constante dans une plante donnée, au moins pour une assez grande étendue de la tige : cette distance transversale est ce qu'on appelle la *divergence* des feuilles. Excepté quand elle est de 180°, il y a deux manières de la compter, du côté où elle est la plus courte, ou du côté où elle est la plus longue; on convient de suivre le plus court chemin, de sorte que la divergence est toujours inférieure à 180°. Ceci posé, considérons d'abord le cas des feuilles isolées, puis celui des feuilles verticillées.

1° Disposition des feuilles isolées. — Deux feuilles isolées consécutives ne sont jamais exactement superposées; en un mot, leur divergence d n'est jamais nulle. Sa valeur peut s'exprimer par une fraction rationnelle de la circonférence et se mettre sous la forme $d = \frac{p}{n}$ circ., p et n étant des nombres entiers, p pouvant être égal à 1, n étant au moins égal à 2. Il en résulte qu'à partir d'une certaine feuille prise comme origine, on en trouve toujours une, la $n + 1^e$, qui est exactemen superposée à la première, c'est-à-dire dont le plan média coïncide avec celui de la première, et, pour atteindre cett feuille superposée, on fait p fois le tour de la tige. En d'autre termes, toutes les feuilles sont disposées sur n génératrice.

de la tige considérée comme un cylindre. L'ensemble formé par ces n feuilles, qui va ensuite se répétant indéfiniment sur la tige tant que la divergence conserve sa valeur primitive, s'appelle un *cycle*.

Voyons maintenant quelles sont les valeurs particulières de la divergence $\frac{p}{n}$ qui sont habituellement réalisées par les feuilles isolées.

$p = 1$, $n = 2$, $d = \frac{1}{2}$. C'est la plus grande divergence. Les feuilles successives sont écartées transversalement d'une demi-circonférence et se superposent de 2 en 2. Elles sont donc disposées en deux séries longitudinales diamétralement opposées, le long desquelles elles alternent régulièrement. Le cycle comprend deux feuilles en un tour. C'est ce qu'on appelle souvent la disposition *distique* (Graminées, Viciées, Hêtre, Orme, Tilleul, Vigne, Aristoloche, etc.).

$p = 1$, $n = 3$, $d = \frac{1}{3}$. L'écart transversal de deux feuilles successives est de 120°; elles se superposent de 3 en 3 et sont disposées en trois séries longitudinales. C'est la disposition *tristique* (Cypéracées, Tulipe, Aulne, Bouleau, etc.).

$p = 1$, $n = 4$, $d = \frac{1}{4}$. L'écart transversal de deux feuilles successives est de 90°; elles se superposent de 4 en 4 et sont disposées en quatre séries longitudinales. C'est la disposition *tétrastique*, pour laquelle la figure 59 de la page 164 représente la course des faisceaux dans la tige; elle est beaucoup plus rare que les deux précédentes (Samole, Reste, etc.).

$p = 1$, $n = 5$, $d = \frac{1}{5}$. L'écart est de 72°; c'est la disposition *pentastique*, très rarement réalisée (Coste, etc.).

Toutes les autres divergences observées dans la nature sont comprises par séries entre les précédentes. Il y a d'abord une série de valeurs, et c'est de beaucoup la plus répandue, comprise entre $\frac{1}{2}$ et $\frac{1}{3}$; c'est la série des grandes divergences. En voici les termes :

$p = 2$, $n = 5$, $d = \frac{2}{5}$. L'écart transversal est de 144°, plus petit que $\frac{1}{2}$, plus grand que $\frac{1}{3}$; les feuilles se superposent de 5 en 5 et sont disposées en cinq rangées longitudinales. Le cycle comprend cinq feuilles en deux tours : c'est la disposition appelée souvent *quinconciale*. Elle est de toutes la plus répandue; on la rencontre notamment chez la plupart des Dicotylédones (Saule, Chêne, Poirier et la plupart des Rosacées, Borragacées, Groseillier, etc.).

$p = 3$, $n = 8$, $d = \frac{3}{8}$. L'écart transversal est de 135°, plus petit que $\frac{2}{5}$, plus grand que $\frac{1}{3}$; les feuilles s'y superposent de

8 en 8 et sont toutes disposées en huit rangées longitudinales. Le cycle comprend huit feuilles en trois tours. Cette disposition est assez fréquente (Chou, Radis, Plantain, Pariétaire, Lin, beaucoup de Mousses, etc.); on la dénomme simplement par sa divergence $\frac{3}{8}$, et l'on fait de même pour toutes les suivantes.

$p = 5$, $n = 13$, $d = \frac{5}{13}$. L'écart transversal mesure un peu plus de $138^0,27'$, plus petit que $\frac{2}{5}$, mais plus grand que $\frac{3}{8}$; les feuilles se superposent de 13 en 13 et sont disposées sur treize rangées longitudinales. Le cycle comprend treize feuilles en cinq tours. Cette disposition, pour laquelle la figure 60 de la page 164 représente la course des faisceaux dans la tige, est moins fréquente que la précédente (Molène, Sumac, Arbousier, Ibéride, Jasmin, plusieurs Pins, bon nombre de Mousses, etc.).

On trouve encore $\frac{8}{21}$, compris en $\frac{3}{8}$ et $\frac{5}{13}$ (Pastel, Dragonnier, branches grêles de Sapin et de Pesse, etc.); $\frac{13}{34}$, compris entre $\frac{5}{13}$ et $\frac{8}{21}$ (la plupart des Pins, grosses branches de Sapin et de Pesse, etc.); $\frac{21}{55}$, compris entre $\frac{8}{21}$ et $\frac{13}{34}$ (tige de Sapin et de Pesse, Mamillaire, etc.); $\frac{34}{89}$, compris entre $\frac{13}{34}$ et $\frac{21}{55}$ (bractées du capitule de l'Astre de Chine, vulgairement Reine-Marguerite); $\frac{55}{144}$, compris en $\frac{21}{55}$ et $\frac{34}{89}$ (bractées du capitule de l'Hélianthe annuel, vulgairement Grand-Soleil), divergences qui deviennent d'autant plus rares que leurs dénominateurs sont plus compliqués.

On a ainsi la série de valeurs :

$$\frac{1}{2}, \frac{1}{3}, \frac{2}{5}, \frac{3}{8}, \frac{5}{13}, \frac{8}{21}, \frac{13}{34}, \frac{21}{55}, \frac{34}{89}, \frac{55}{144}, \text{etc.,}$$

dans laquelle une divergence quelconque, à partir de la troisième, est toujours comprise entre les deux précédentes, et s'obtient en additionnant les deux précédentes numérateur à numérateur et dénominateur à dénominateur; en d'autres termes, ces valeurs sont les réduites successives de la fraction continue :

$$\frac{1}{2+\cfrac{1}{1+\cfrac{1}{1}}}$$

En suivant toutes ces divergences dans l'ordre indiqué, on oscille entre $\frac{1}{2}$ et $\frac{1}{3}$ du côté de $\frac{1}{5}$, c'est-à-dire dans l'intervalle compris entre $\frac{1}{3}$ et $\frac{2}{5}$, chaque terme étant alternativement plus petit et plus grand que le précédent. Mais les oscillations diminuent rapidement d'amplitude et les divergences diffèrent de moins en moins à mesure que les dénominateurs augmentent. Déjà $\frac{5}{13}$ et $\frac{8}{21}$ diffèrent seulement de 1°; $\frac{13}{34}$ et $\frac{21}{55}$ diffèrent seulement de 6'. Elles tendent donc, en définitive, vers une limite, qu'un calcul très simple fait connaître et qui est $\frac{3-\sqrt{5}}{2}$, correspondant, à moins d'une seconde près, à l'angle de 137°, 30', 28". Cette série, qui renferme la très grande majorité des divergences foliaires observées, est ce qu'on appelle la *série normale*.

L'espace compris entre $\frac{1}{2}$ et $\frac{1}{3}$ comprend deux parties. L'une de ces parties, voisine de $\frac{1}{3}$, entre $\frac{1}{3}$ et $\frac{2}{5}$, étant occupée par la série précédente, il est facile de prévoir que l'autre, voisine de $\frac{1}{2}$, entre $\frac{1}{2}$ et $\frac{2}{5}$, sera occupée par une série semblable et complémentaire. Ces nouvelles divergences, commençant aussi par $\frac{2}{5}$ et obtenues aussi en ajoutant les deux qui précèdent, numérateur à numérateur et dénominateur à dénominateur, ont même numérateur avec un dénominateur plus petit et sont, par conséquent, plus grandes que celles de la série normale. En voici la suite :

$$\frac{1}{3}, \frac{1}{2}, \frac{2}{5}, \frac{3}{7}, \frac{5}{12}, \frac{8}{19}, \frac{13}{31}, \frac{21}{50}, \text{etc.}$$

On trouve, par exemple, $\frac{3}{7}$ dans le Bananier, $\frac{5}{12}$ dans certains Aloès et Spathiphylles, $\frac{8}{19}$ dans l'Ananas, $\frac{13}{31}$ dans l'épi du Plantain, $\frac{21}{50}$ dans le capitule des Cardères, etc. Mais cette série complémentaire est beaucoup plus rarement réalisée que la normale.

En opérant entre $\frac{1}{3}$ et $\frac{1}{4}$ comme il vient d'être fait entre $\frac{1}{2}$ et $\frac{1}{3}$, on obtient de même deux séries complémentaires de divergences, commençant toutes deux par $\frac{2}{7}$, l'une oscillant du côté de la plus petite, entre $\frac{1}{4}$ et $\frac{2}{7}$, l'autre du côté de la plus grande, entre $\frac{1}{3}$ et $\frac{2}{7}$. Ces deux séries sont :

$$\frac{1}{3}, \frac{1}{4}, \frac{2}{7}, \frac{3}{11}, \frac{5}{18}, \text{etc.}, \qquad \text{et } \frac{1}{4}, \frac{1}{3}, \frac{2}{7}, \frac{3}{10}, \frac{5}{17}, \text{etc.}$$

On trouve, par exemple, $\frac{2}{7}$ dans l'Euphorbe heptagone et le Mélaleuce éricifolié, $\frac{3}{11}$ et $\frac{5}{18}$ dans l'Orpin réfléchi et les feuilles avortées de l'Oponce.

En opérant de même entre $\frac{1}{4}$ et $\frac{1}{5}$, on obtient aussi deux séries complémentaires, ayant pour point de départ commun $\frac{2}{9}$, et dont quelques termes ont été observés çà et là; on trouve, par exemple, $\frac{2}{9}$ dans le Lycopode sélage.

En résumé, la très grande majorité des dispositions réalisées par les feuilles isolées est comprise dans la série normale, qui est aussi la série des plus petites parmi les plus grandes divergences. Dans cette série, les divergences à petit dénominateur se montrent avec de longs entre-nœuds, celles à grand dénominateur avec de courts entre-nœuds, ce qui prouve que la distance longitudinale des feuilles influe de quelque manière sur leur distance transversale.

2° **Disposition des feuilles verticillées.** — Quand les feuilles sont verticillées, elles sont toujours équidistantes dans chaque verticille ; la divergence à l'intérieur du verticille est donc $\frac{1}{m}$ circ., m étant le nombre des feuilles du verticille : $\frac{1}{2}$ s'il y a deux feuilles, $\frac{1}{3}$ s'il y en a trois, etc. D'un verticille au suivant, la divergence n'est presque jamais nulle dans les feuilles ordinaires ; en d'autres termes, deux verticilles successifs ne sont presque jamais superposés. Dans les feuilles florales, au contraire, comme on le verra plus loin, on trouve des exemples assez fréquents de cette superposition.

Le cas le plus ordinaire est celui où il n'y a que deux feuilles diamétralement opposées à chaque verticille ; les feuilles sont dites *opposées*. D'un verticille au suivant, la divergence est le plus souvent de $\frac{1}{4}$, c'est-à-dire que les paires se croisent (Labiées, Caryophyllées, etc.) ; les feuilles sont alors *opposées décussées* : la figure 61 de la page 165 représente la course correspondante des faisceaux dans la tige. Il est très rare que les feuilles opposées superposent toutes leurs paires en deux séries longitudinales, en d'autres termes, que la divergence des paires successives soit nulle ; on les dit alors *opposées distiques* ; on n'en connaît jusqu'ici que quatre exemples, trois Viscacées (Bifarie, Hétérixie, Distichelle) et une Zygophyllacée (Porliérie).

Quand il y a plus de deux feuilles au verticille, ce qui est le cas des feuilles verticillées proprement dites, il arrive aussi ordinairement que la divergence d'un verticille à l'autre est la moitié de la divergence à l'intérieur du verticille, c'est-à-dire $\frac{1}{2m}$ avec m feuilles. Alors les verticilles *alternent*, comme on dit, de l'un à l'autre et se superposent de deux en deux ; toutes les feuilles sont disposées sur $2m$ rangées longitudinales. Il en est ainsi, par exemple, avec 3 feuilles dans le Nérion, l'Elodée, etc. ; avec 4 feuilles dans la Lysimaque quadrifoliée, la Parisette quadrifoliée, le Myriophylle en épi, etc. ; avec un plus grand nombre de feuilles dans les Prêles, l'Hippure, la Casuarine, etc.

Mais il peut se faire aussi que la divergence $\frac{p}{n}$ des verticilles successifs ne soit pas égale à $\frac{1}{2m}$; les verticilles ne se superposent alors que de n en n. Ainsi, les verticilles binaires se superposent de 3 en 3, suivant $\frac{1}{3}$, dans la Mercuriale vivace ; de 5 en 5, suivant $\frac{2}{5}$, dans la Globulée ; de 8 en 8, suivant $\frac{3}{8}$, dans le Solidage du Canada, etc. Il en est de même, çà et là, pour les verticilles ternaires, quaternaires, etc.

En somme, et c'est ce qu'il faut bien comprendre, la disposition verticillée est soumise aux mêmes règles que la disposition isolée. Seulement, au lieu d'une seule série de feuilles se succédant avec une divergence déterminée, il y a ici autant de séries semblables que de feuilles au verticille. En outre, il arrive ordinairement que cette première différence retentit sur la valeur même de la divergence dans chaque série, de manière à l'amener chaque fois à être la moitié de la divergence d'une série à l'autre, ce qui détermine l'alternance régulière des verticilles.

Dans tous les cas, les feuilles se disposent sur la tige de manière à se recouvrir le moins possible les unes les autres, afin d'étaler le plus possible leurs surfaces à l'air et à la lumière, c'est-à-dire, comme on le verra plus tard, de façon à remplir le mieux possible les diverses fonctions qui leur sont dévolues. Aussi voit-on le dénominateur de la fraction de divergence devenir d'autant plus grand que les entre-nœuds sont plus courts.

Variations dans la disposition des feuilles sur la tige de la même plante. — La disposition des feuilles se maintient habituellement constante sur une plus ou moins grande étendue de la tige ramifiée qui les porte ; si l'on considère le corps de la plante dans sa totalité, on la voit subir des changements profonds tant le long de la même tige ou de la même branche qu'en passant d'une branche à l'autre. Verticillées à la base de la tige, par exemple, les feuilles s'isolent plus haut, pour redevenir verticillées vers l'extrémité. Là où elles sont verticillées, le nombre des feuilles peut changer d'un verticille à l'autre, de binaire devenir ternaire, par exemple (Nérion, Genévrier, etc.). Là où elles sont isolées, la divergence peut se modifier, progressivement ou brusquement (Cactacées).

De la tige aux branches, la divergence change quelquefois de valeur : de $\frac{2}{5}$ par exemple s'élevant à $\frac{1}{2}$, comme dans le Chêne et le Châtaignier. Dans le passage d'une branche à l'autre, la divergence conserve souvent, entre la feuille mère et la première feuille du rameau, sa valeur normale : avec $\frac{1}{2}$ par exemple, cette dernière est diamétralement opposée à la première (Aristoloche, Lierre, etc.); la disposition distique est alors *longitudinale*. Mais souvent aussi elle y prend une valeur différente, pour redevenir ensuite ce qu'elle était : il y a une *divergence de passage*. Avec $\frac{1}{2}$, par exemple, cette divergence de passage est ordinairement de $\frac{1}{4}$ (Tilleul, Coudrier, etc.) : la diposition distique est dite alors *transversale*. Enfin, à ce passage, tantôt les divergences des feuilles se comptent sur le rameau dans le même sens que sur la branche : les feuilles sont alors *homodromes*, il y a *homodromie*; tantôt elles se comptent en sens contraire, il y a changement à chaque passage : les feuilles sont *antidromes*, il y a *antidromie* (Liseron, etc.).

Modes de représentation de la disposition des feuilles. — Pour faciliter l'étude de la dispositon des feuilles, on la représente aux yeux par divers procédés ou constructions graphiques. Supposant la tige cylindrique, on peut fendre ce cylindre suivant une génératrice, le développer et, sur la surface plane ainsi obtenue, marquer les nœuds par des lignes horizontales et sur ces lignes les centres d'insertion des feuilles par autant de points. Ceux-ci se superposeront en autant de rangées qu'il y a d'unités dans le dénominateur de la

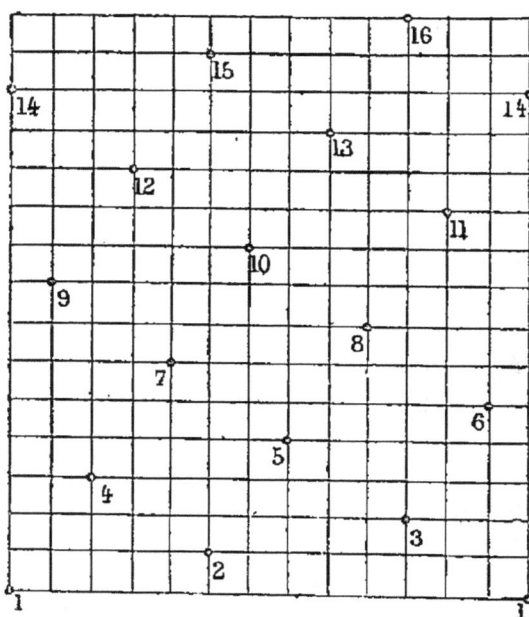

Fig. 92.

divergence; on figure ces rangées par autant de lignes verticales. On numérote ensuite les points de bas en haut à partir de 1, de gauche à droite ou de droite à gauche en montant, suivant l'ordre où les feuilles se succèdent sur la tige. Il y a un point sur chaque ligne horizontale si les feuilles sont isolées, plusieurs si elles sont verticillées, et d'une ligne horizontale à l'autre les points successifs sont séparés par autant de lignes

verticales qu'il y a d'unités au numérateur de la divergence. La disposition isolée $\frac{5}{13}$ est représentée de la sorte par la figure 92.

Au lieu de représenter la tige par un cylindre qu'on développe, on peut la supposer conique et en figurer la projection orizontale. Les nœuds sont dessinés lors par des circonérences concentriues

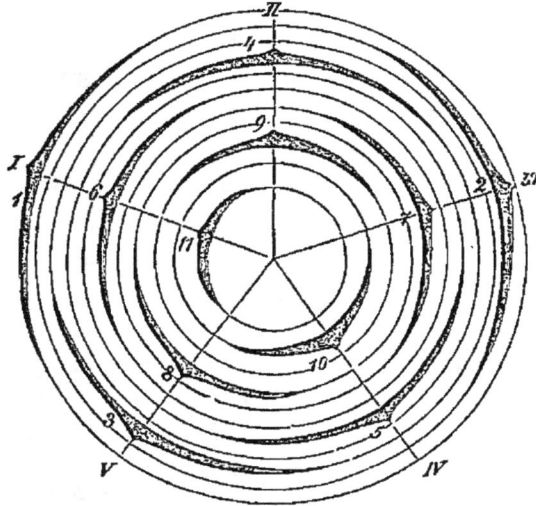

Fig. 93.

et les séries longitudinales des feuilles par autant de ayons. Une pareille projection horizontale s'appelle un *iagramme*. On y marque habituellement la place de chaque euille par un arc de cercle rapelant la forme de la section ransversale du limbe. Ainsi, la gure 93 donne le diagramme de disposition $\frac{2}{5}$.

Aussi bien dans la projection erticale que dans le diagramme, n peut faciliter l'intelligence de l disposition des feuilles par une ypothèse que nous nous somes gardés de faire intervenir 1squ'ici, parce qu'elle n'est en ucune façon nécessaire, mais qui eut être utile dans certains cas.

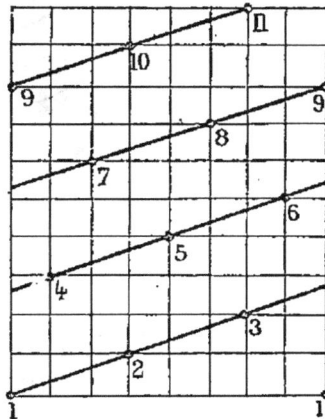

Fig. 94.

Supposons, dans la représentaon verticale de la disposition isolée, les divers points d'inseron reliés ensemble, nous aurons une série de lignes obliues parallèles. Ces lignes sont le développement d'une hélice racée sur le cylindre et qui comprend toutes les feuilles, en montant vers la droite ou vers la gauche, suivant que la feuille la plus rapprochée du point de départ est à droite ou à gauche de lui. La disposition $\frac{3}{8}$ à droite se trouve de la sorte représentée par la figure 94. En faisant de même sur le diagramme, on obtient une spirale d'Archimède, qui est la projection horizontale de l'hélice supposée tracée sur un cône. La disposition $\frac{2}{5}$ à droite est ainsi représentée par la figure 95, où les feuilles sont marquées par des points. A cette hélice, à cette spirale qui comprend toutes les feuilles dans la dis-

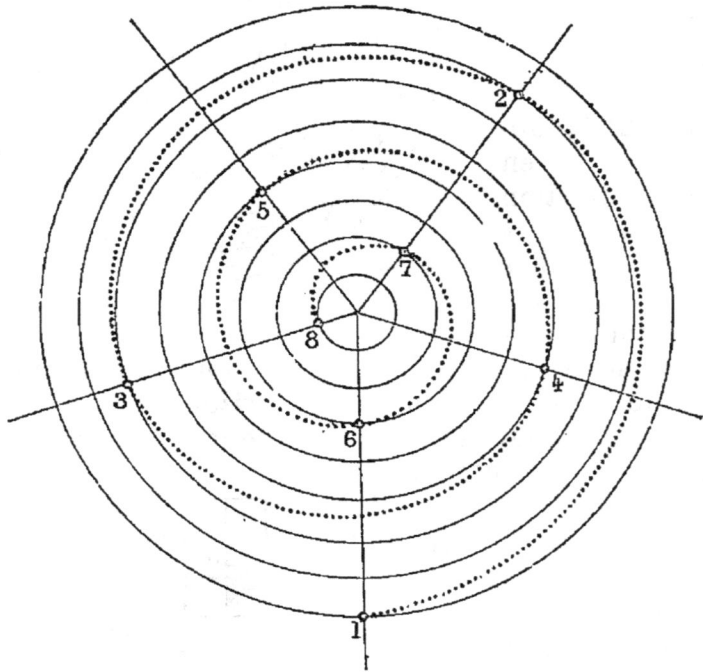

Fig. 95.

position isolée, on donne souvent le nom d'hélice ou de spirale *générale*.

Dans la disposition verticillée, chaque feuille du verticill dont on part est le point d'origine d'une pareille hélice ou spirale et, pour comprendre toutes les feuilles, il faut construir ici tout autant de spirales parallèles à pas concordants qu'il a de feuilles au verticille.

Si, dans la disposition isolée, les entre-nœuds sont trè courts, la spirale générale ne s'aperçoit pas et il est difficil d'assigner directement aux feuilles, tant elles sont serrées, 1 numéro d'ordre qui leur appartient. Mais, en revanche, o

distingue alors nettement des spirales plus relevées que la spirale générale et qui tournent les unes vers la droite, les autres
vers la gauche : ce sont des spirales *secondaires*. Elles joignent
la feuille d'origine à la feuille la plus rapprochée de la verticale d'un côté et de l'autre. Si l'on compte le nombre des spirales secondaires dans un sens et dans l'autre, en les ajoutant, on obtient le nombre des lignes verticales et par conséquent le dénominateur de la divergence; le plus petit des
deux nombres en est le numérateur. Il est facile ensuite de
donner à chaque feuille le numéro
d'ordre qui lui appartient dans la
spirale générale; c'est ainsi que,
dans la figure 96, on a numéroté
les écailles d'un cône de Pin silvestre, disposées suivant $\frac{8}{21}$ à gauche.
La spirale générale tourne alternativement dans le sens du plus petit
et dans le sens du plus grand nombre des spirales secondaires. Ainsi,
par exemple, dans $\frac{2}{5}$ à droite, il y
a 3 spirales secondaires à droite
et 2 spirales secondaires à gauche;
le sens de la spirale générale est
celui du plus grand nombre. Dans
$\frac{3}{8}$ à droite, il y a encore 3 spirales
secondaires à droite, mais il y en
a 5 à gauche; la spirale générale est
du même sens que le petit nombre
des spirales secondaires. Il en est

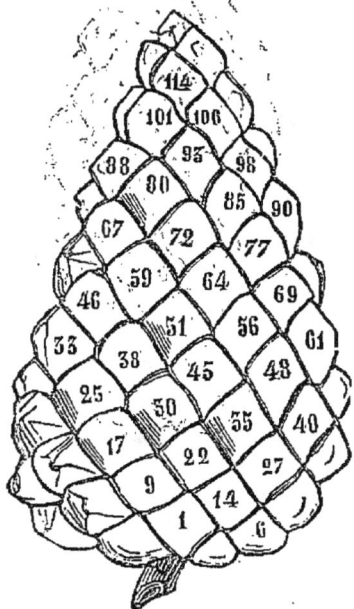

Fig. 96.

de même pour $\frac{5}{13}$, $\frac{8}{21}$, etc. Cette manière de déterminer la
divergence par le nombre des spirales secondaires des deux
sens ne s'applique d'ailleurs qu'à la série normale et à sa
conjuguée. Pour les séries accessoires comprises entre $\frac{1}{3}$ et
$\frac{1}{4}$ ou entre $\frac{1}{4}$ et $\frac{1}{5}$, elle ne donne que le dénominateur de la
divergence.

Préfoliation. — A mesure qu'elles grandissent dans le bourgeon, les feuilles s'y reploient ou s'y recouvrent de diverses
manières, afin d'y occuper le moins de place possible (fig. 97).
L'arrangement particulier qu'elles affectent ainsi est ce qu'on
appelle la *préfoliation* de la plante. Les forestiers en tirent de
bons caractères pour reconnaître les arbres en hiver.

Voyons d'abord la manière dont se dispose chaque feuille

en particulier. La préfoliation est *plane*, si la feuille ne se reploie d'aucune manière (Lilas, Frêne, etc.); *condupliquée* (fig. 97), quand elle se plie dans sa longueur de façon que l'une des moitiés s'applique exactement sur l'autre (Chêne, Hêtre, Charme, Amandier, Gainier, etc.); *réclinée*, quand elle se plie transversalement de manière que sa partie supérieure soit appliquée sur sa partie inférieure (Aconit, Liriodendre, etc.); *plissée*, quand elle se plisse un certain nombre de fois en forme d'éventail (Bouleau, Érable, Alisier, Vigne, Groseillier, Palmiers, etc.); *involutée*, quand elle roule ses deux moitiés en dedans, c'est-à-dire sur sa face supérieure (Peuplier, Poirier, Sureau, Chèvrefeuille, etc.); *révolutée*, quand elle roule ses deux moitiés en dehors, c'est-à-dire sur sa face inférieure (Nérion oléandre, Rumice oseille, Renouée, etc.); *convolutée*, quand elle s'enroule sur elle-même à la façon d'un cornet (Prunier, Berbéride, Gouet, etc.); *circinée*, enfin, quand elle s'enroule du sommet à la base en forme de crosse (Fougères, Cycadacées, etc.).

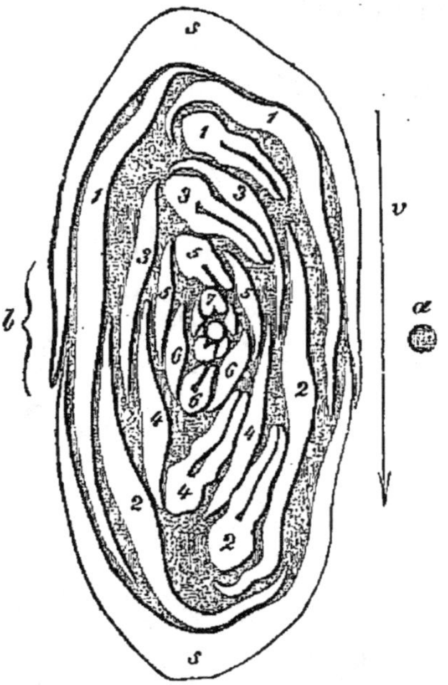

Fig. 97. — Section transversale d'un bourgeon de Gainier du Canada. 1-7, les feuilles condupliquées successives avec leurs stipules; elles sont toutes pliées du côté de la branche mère *a*. *s*, *s*, les deux écailles internes du bourgeon, toutes les autres sont enlevées. *b*, place de la feuille mère. *v*, direction de la pesanteur.

Considérons maintenant la manière dont les feuilles se recouvrent les unes les autres dans le bourgeon. La préfoliation est *valvaire*, quand les feuilles se touchent seulement par leurs bords, sans se recouvrir; *imbriquée*, quand, les feuilles étant planes, les plus extérieures recouvrent les plus intérieures (Frêne, Lilas, Laurier); *équitante*, quand chaque feuille, d'abord condupliquée, embrasse entre ses deux moitiés toutes les feuilles plus intérieures (Iride, Hémérocalle); *semi-équitante*, quand chaque feuille, d'abord condupliquée, reçoit dans son pli la moitié d'une autre feuille pliée de la même manière (OEillet, Scabieuse, Sauge).

Différenciation secondaire des feuilles. — A mesure qu'elles croissent, les feuilles prennent souvent les unes par rapport aux autres des différences variées. Cette différenciation secondaire est parfois en relation avec un changement de milieu, qui la provoque; mais souvent aussi elle se produit entre feuilles vivant dans le même milieu, en rapport avec les divers besoins qu'elles y doivent satisfaire.

Quand la tige s'étend mi-partie dans la terre et dans l'air, ou mi-partie dans l'eau et dans l'air, ses feuilles souterraines ou submergées ont souvent une forme très différente de ses feuilles aériennes. Ainsi, sur les rhizomes, les feuilles se réduisent à de petites écailles incolores, dépourvues de pétiole, parce que la croissance s'est arrêtée avant son apparition; elles proviennent tantôt du limbe, la gaine ne s'étant pas formée (Labiées, Scrofulariacées, Onothéracées, etc.), tantôt au contraire de la gaine, au sommet de laquelle le limbe a avorté (Anémone, Dentaire, Saxifrage, Adoxe moschatelline, etc.). Les feuilles submergées de la Renoncule d'eau, de la Cabombe aquatique, de la Salvinie nageante, etc., sont formées de filaments grêles, réduites pour ainsi dire à leurs nervures, entre lesquelles la lame ne se développe pas; celles du Potamot nageant, de la Sagittaire, etc., sont réduites à un pétiole dilaté en ruban, au sommet duquel le limbe avorte.

Quand la tige s'étend tout entière dans le même milieu, dans l'air par exemple, elle n'en produit pas moins sur ses flancs les formes de feuilles les plus différentes; nous devons en distinguer brièvement les principales catégories.

Les feuilles proprement dites, c'est-à-dire les feuilles vertes complètement développées, forment un premier ensemble. Suivant l'âge de la tige qui les porte, ces feuilles prennent souvent elles-mêmes des formes différentes. Ainsi les feuilles qui occupent le bas de la tige dans beaucoup de plantes herbacées ont une forme différente de celles qui en occupent le milieu (Campanule rotondifoliée, etc.); ou bien encore les feuilles portées par les tiges stériles diffèrent de celles que produisent les branches à fleurs (Lierre). De même, les plantes à feuilles composées commencent par n'avoir à la base de la tige que des feuilles simples (Haricot, Ajonc) et plus tard reviennent à des feuilles simples le long de leurs rameaux. Ailleurs, le même rameau porte à la fois des feuilles entières et d'autres profondément lobées, avec tous les intermédiaires (Symphorine, Broussonétie).

Feuilles protectrices. Pérule. — A de très rares exceptions près, comme le Nerprun et la Viorne, les plantes ligneuses et à feuilles caduques de nos climats, dont la végétation est interrompue à l'automne, ont leurs bourgeons terminaux et axillaires recouverts d'un certain nombre de feuilles rudimentaires, dépourvues de pétiole, larges et courtes, dures et brunâtres, souvent soudées ensemble par une matière résineuse (Conifères) ou gommeuse (Peuplier); elles servent évidemment à protéger les jeunes feuilles ordinaires, qui occupent le centre du bourgeon : ce sont des *écailles protectrices*, dont l'ensemble forme la *pérule*. A chaque printemps, ces écailles se détachent en laissant à la base de la branche, ou de la portion de tige qui continue la précédente, une série de cicatrices en forme d'anneau; au nombre de ces anneaux, on peut donc savoir le nombre d'années que la plante a vécu.

En observant avec soin toutes les transitions entre les écailles internes et les feuilles externes du bourgeon, on peut décider quelle est la partie de la feuille qui a formé l'écaille, le reste ayant avorté. Il y a, sous ce rapport, trois types à distinguer. L'écaille résulte, en effet : tantôt du développement du limbe, la gaine et les stipules ne se formant pas (Lilas, Troène, Chèvrefeuille, Daphné, etc.); tantôt du développement de la gaine, au sommet de laquelle le limbe avorte (Frêne, Érable, Marronnier, Sureau, Cytise, Prunier, etc.); tantôt enfin du seul développement des stipules, la gaine ne se formant pas à la base et le limbe avortant entre les stipules (la plupart des arbres de nos forêts : Chêne, Hêtre, Charme, etc.).

Feuilles nourricières. Bulbes et bulbilles. — Les renflements que l'on remarque au bas de la tige chez beaucoup de Liliacées et d'Amaryllidacées, et qu'on nomme des *bulbes*, sont formés d'un plus ou moins grand nombre de feuilles rudimentaires, courtes et larges, blanches, molles et très épaisses, où s'amassent et s'emmagasinent des substances destinées à pourvoir aux développements ultérieurs et dont l'ensemble constitue un réservoir nutritif. Ce sont encore des écailles, mais des *écailles nourricières*. Tantôt elles s'enveloppent complètement comme autant de tuniques (bulbes dits *tuniqués* : Tulipe, Ail, Jacinthe, Scille, etc.); tantôt elles s'imbriquent à la façon des tuiles d'un toit (bulbes dits *écailleux* : Lis, etc.). Dans tous les cas, elles ne sont pas autre chose que les régions inférieures d'autant de feuilles plus ou moins engainantes, arrêtées de bonne heure dans leur croissance et où le limbe a avorté. Pendant que la partie interne du bourgeon s'allonge en développant des feuilles vertes, elles s'épuisent, s'amincissent et se réduisent enfin à autant de lamelles sèches et brunes. Mais en même temps, à l'aisselle de la plus jeune écaille, il se fait un bourgeon, qui devient plus tard un bulbe de remplacement pour l'année suivante. La végétation des tiges bulbeuses se poursuit donc en sympode. Les bourgeons qui naissent çà et là à l'aisselle de ces écailles forment aussi, avec leurs premières feuilles épaissies, de petits bulbes, qu'on nomme des *caïeux*; ils se détachent souvent et multiplient la plante.

Enfin, à l'aisselle des feuilles ordinaires de la tige, le bourgeon épaissit parfois beaucoup ses écailles externes, s'arrondit et forme ce qu'on appelle un *bulbille*, qui se détache fréquemment et plus tard s'enracine en multipliant la plante (Lis bulbifère, Lis tigré, Dentaire bulbifère, etc.).

Feuilles-épines. — Les feuilles proprement dites prolongent parfois leur nervure médiane ou leurs nervures latérales en épines (Houx, Chardon, Agave, etc.). Ailleurs il y a différenciation, et c'est une feuille tout entière ou une partie de feuille qui se développe en épine. Le plus souvent ce sont les stipules qui forment deux épines à droite et à gauche du limbe (Berbéride, Paliure, Robinier, Acacie, etc.); le limbe lui-même peut alors se réduire aussi à une épine, de sorte que la feuille totale est représentée par trois épines divergentes. Quelquefois c'est le limbe seul, comme dans l'*arête* ou *barbe* des Graminées, bien connue dans l'Avoine cultivée et dans le Blé renflé; dans certains Astragales (A. tragacanthe, A. aristé), c'est le pétiole d'une feuille composée sans impaire qui se termine en pointe et, après la chute des folioles, persiste en formant une longue épine.

Feuilles-vrilles. — Quelques feuilles ordinaires ont déjà dans leur totalité (Fumeterre officinale, Corydalle claviculé) ou tout au moins dans leur pétiole (Capucine, Fumeterre grimpante, diverses Clématites, etc.), la faculté de s'enrouler autour des supports. Ailleurs la différenciation s'accuse davantage : une partie de la feuille, ou la feuille tout entière, prend la forme d'un filament simple ou rameux, s'enroule autour des supports et devient ce qu'on appelle une *vrille*.

C'est quelquefois la nervure médiane qui se prolonge au delà du limbe pour former une vrille, en quelque sorte surajoutée à la feuille (Méthonice, Flagellaire). Souvent la vrille est

formée par la dernière foliole d'une feuille composée pennée,
ou à la fois par cette foliole et par les premières paires de
folioles latérales à partir du sommet (fig. 98); simple dans le premier cas, elle est rameuse dans le second (Cobée, Gesse, Pois, Vesce, beaucoup de Bignones, etc.); quelquefois même les folioles latérales avortent toutes et la feuille se réduit à une vrille simple entre deux grandes stipules (Gesse aphace). Dans les Salsepareilles, le pétiole porte à sa base, immédiatement au-dessus de la gaine, deux longues vrilles simples, qui correspondent, comme on l'a vu plus haut (p. 248), aux deux stipules. Enfin, dans les Cucurbitacées, c'est une feuille tout entière, savoir la première feuille de chaque rameau axillaire, qui se différencie en une vrille.

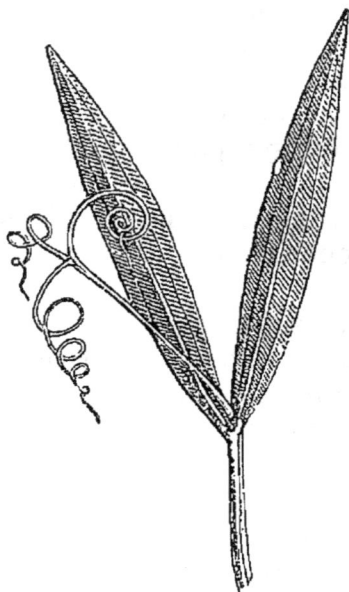

Fig. 98. — Vrille rameuse de Gesse.

Cette vrille est ordinairement rameuse et ses diverses branches sont les nervures palmées de la feuille, dont la lame ne s'est pas développée (Courge, Calebasse, etc.); elle est quelquefois simple, par avortement des nervures latérales (Bryone, Momordique).

Dans tous les cas, l'enroulement de ces vrilles foliaires s'opère comme celui des vrilles raméales et pour la même cause (voir p. 150); elles développent aussi quelquefois des pelotes adhésives (Bignone grimpant).

Feuilles à ascidies. — La différenciation de la feuille consiste quelquefois dans un développement local tout particulier, d'où résulte la formation d'une cavité profonde, ouverte au dehors par un orifice parfois muni d'un opercule.

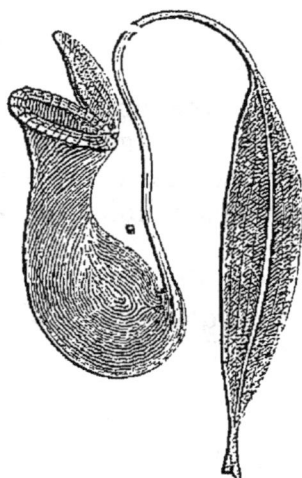

Fig. 99. — Feuille à ascidie de Népenthe.

Ces sortes de vases portent le nom d'*ascidies*.

Ils ont la forme d'un cornet dans les Sarracénies, d'une

cruche munie d'un couvercle à charnière, portée à l'extrémité d'un pétiole grêle, dans les Céphalotes et les Népenthes (fig. 99), d'ampoules aplaties pourvues d'un opercule, disposées çà et là sur les ramifications de la feuille submergée dans l'Utriculaire vulgaire, où elles servent de flotteurs.

Feuilles reproductrices. — La plus importante assurément de toutes les différenciations de la feuille est quand elle se consacre à la formation des corps reproducteurs. Il en est ainsi déjà chez les Cryptogames vasculaires, comme on le verra plus tard en étudiant la reproduction de ces plantes. Chez les Phanérogames, cette différenciation est plus profonde encore ; sur certaines branches ou portions de branches, des feuilles particulières se consacrent en plus ou moins grand nombre à la reproduction et y jouent chacune un rôle indirect ou direct ; c'est à l'ensemble des feuilles différenciées dans ce but, jointes au rameau également différencié qui les porte, que l'on applique, comme on sait, le nom de *fleur*.

Cette différenciation des feuilles florales a trop d'importance pour que nous n'en fassions pas l'objet d'une étude séparée ; aussi consacrerons-nous plus loin à la fleur un chapitre spécial.

§ 2

STRUCTURE DE LA FEUILLE

Considérons d'abord la feuille d'une plante vasculaire, après son épanouissement et quand toutes les cellules qui la composent ont achevé leur différenciation ; nous verrons ensuite comment la structure se simplifie chez les Muscinées.

Structure générale de la feuille. — L'épiderme de la tige se prolonge avec tous ses caractères sur la feuille, qu'il revêt entièrement et dont il constitue l'épiderme (fig. 100). L'écorce de la tige se continue directement dans la feuille, dont elle forme l'écorce. La stèle de la tige envoie dans la feuille un certain nombre de secteurs, composés chacun d'au moins un faisceau libéroligneux, avec la portion de péricycle, les deux moitiés de rayons et la portion de moelle qui l'entoure, le tout enveloppé par un repli détaché de l'endoderme et formant ce qu'on a déjà nommé une *méristèle* (p. 178). La portion du conjonctif de la tige qui sépare le faisceau libéroligneux de l'endoderme dans la méristèle en est, comme on sait (p. 178), le péridesme (*g*, fig. 100). D'ordinaire ces méristèles traversent horizontalement l'écorce et pénètrent directement dans la feuille, où elles se ramifient le plus souvent de diverses façons et dont elles constituent les nervures.

Les trois régions constitutives de la tige contribuent donc à former la feuille. Aussi, une section transversale, pratiquée dans la feuille à un niveau quelconque, à travers l'une quelconque des diverses parties : gaine, ligule, stipules, pétiole et limbe, qui peuvent la constituer, nous montre-t-elle toujours ces trois choses : l'épiderme, l'écorce et les méristèles, chacune avec les caractères essentiels qu'on lui connaît dans la tige.

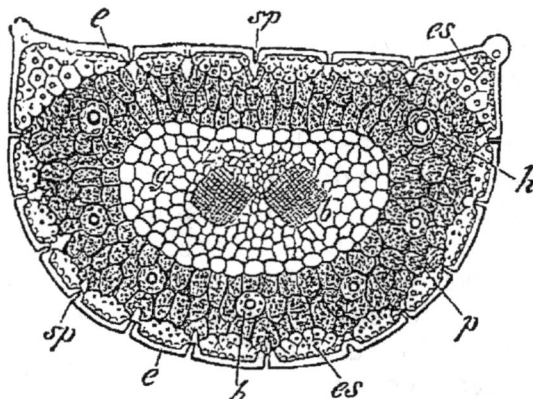

Fig. 100. — Section transversale de la feuille du Pin pignon : *e*, épiderme avec stomates *sp* sur les deux faces ; *p*, écorce, avec canaux résinifères *h* et faisceaux de sclérenchyme sous-épidermiques *es*, terminée en dedans par un endoderme incolore ; *g*, méristèle unique, dont le péridesme épais enveloppe un faisceau libéroligneux dédoublé *b*.

Si la tige est polystélique, et s'il s'agit d'une Phanérogame, plusieurs stèles, émettant chacune une méristèle, contribuent à former la région stélique de la feuille (Auricule, etc.). Si la tige est mésostélique, les méristèles corticales, produisant chacune une branche, participent au même titre que la stèle centrale à la constitution de la feuille (Viciées, Calycanthacées, etc.). Enfin, si la tige est schizostélique, ce sont ses méristèles qui, en se ramifiant, produisent les méristèles de la feuille (Nymphéacées, Cabombacées, Renoncule d'eau, Ophioglosse, etc.).

Comparaison de la structure de la feuille avec celle de la tige. — On voit par là combien la structure de la feuille ressemble à celle de la tige. La ressemblance est plus grande assurément qu'entre la tige et la racine. La tige diffère de la racine, on l'a vu (p. 166), par deux de ses trois régions : l'épiderme et la stèle ; l'écorce seule est commune à ces deux membres. La feuille ne diffère de la tige que par une seule de ses trois régions, la région stélique ; l'épiderme et l'écorce sont communes aux deux membres. Cette unique différence dans la région stélique consiste en ce que cette région est une stèle dans la tige, symétrique par conséquent par rapport à un axe, une ou plusieurs méristèles dans la feuille, symétrique par conséquent par rapport à un plan. Cette symétrie de la région stélique, par rapport à un axe dans la tige, par rapport à un plan dans la feuille, se communique au membre tout entier, dont la forme extérieure est, comme on sait, multilatérale dans la tige, bilatérale ou dorsiventrale dans la feuille. Quand la tige est schizostélique, sa région stélique se compose bien, comme celle de la feuille, uniquement de méristèles; mais ces méristèles y sont disposées symétriquement par rapport à l'axe, et la différence subsiste à ce point de vue.

La structure générale de la feuille et le caractère propre qui peut lui servir de définition étant bien établis, il faut étudier maintenant, comme on l'a fait pour la racine et la tige, les principales modifications qu'elle subit suivant les plantes, en se bornant à ses deux parties les plus importantes, le pétiole et le limbe.

Modifications principales de la structure du pétiole. — Formé d'un épiderme, d'une écorce et d'une ou plusieurs méristèles, le pétiole offre dans chacune de ces trois régions, suivant la nature des plantes, un grand nombre de modifications, dont il suffira de signaler ici les plus importantes.

1º **Dans l'épiderme.** — L'épiderme conserve sur le pétiole les mêmes caractères essentiels que sur la tige (voir p. 153) et offre aussi d'une plante à l'autre les mêmes modifications principales (voir p. 166).

2º **Dans l'écorce.** — L'écorce du pétiole est formée de cellules plus longues que larges, polyédriques ou arrondies sur la section transversale, pourvues de chlorophylle, et laissant entre elles des méats pleins d'air. Dans les plantes aquatiques ou marécageuses, ces interstices deviennent de larges canaux aérifères, parfois continus (Nymphéacées, Aracées), le plus souvent entrecoupés de diaphragmes à jour (Massette, Pontédérie, Vaquois, Bananier, etc.), çà et là traversés par les anastomoses transverses des nervures (Sagittaire, Scirpe, core, etc.). Dans ces méats et canaux, on voit parfois certaines cellules périphériques proéminer de diverses façons, en forme de poils internes. Ces poils internes ont quelquefois leur membrane mince et contiennent des cristaux isolés (Pontédérie) u groupés soit en paquets de raphides (Colocase, etc.), soit n mâcles arrondies (Mâcre, etc.). Mais le plus souvent ils

épaississent leur membrane, uniformément (Monstérées) ou
en spirale (Crin), et servent de soutien : ce sont alors des sclérites, qui s'allongent souvent en navette (Monstère, Rhizophore, etc.) ou se ramifient en étoile dans plusieurs lacunes
voisines (Nénuphar, etc.).

Quand l'écorce de la tige possède sous l'épiderme un tissu
de soutien collenchymateux ou scléreux, disposé soit en
couche continue, soit en faisceaux parallèles, ce tissu de soutien se continue dans le pétiole avec les mêmes caractères
(Ombellifères, etc.); mais le pétiole peut aussi posséder des
faisceaux corticaux sous-épidermiques de collenchyme ou de
sclérenchyme quand la tige n'en a pas (Colocase, Gouet, etc.).
En dehors de ces faisceaux de soutien, l'épiderme est toujours,
comme dans la tige, dépourvu de stomates.

L'appareil sécréteur conserve aussi en général dans l'écorce
du pétiole la même forme et la même disposition que dans
l'écorce de la tige correspondante. Pourtant, on y trouve parfois quelques différences. Ainsi, le pétiole du Balisier n'a pas
dans son écorce les canaux gommifères que possède la tige.
Inversement, le pétiole du Millepertuis a dans son écorce des
poches oléifères qui manquent à celle de la tige.

Autour de chacune des méristèles, l'assise la plus interne de
l'écorce forme un endoderme plus ou moins nettement différencié suivant les plantes, parfois muni de cadres subérisés,
plissés sur les faces latérales.

3° **Dans la région stélique.** — La région stélique du pétiole,
considérée vers sa base, offre sa structure la plus simple
lorsque la stèle de la tige n'envoie dans la feuille qu'une seule
méristèle et que celle-ci ne renferme qu'un seul faisceau
libéroligneux. Elle se réduit, en effet, à cette méristèle unique
dont le faisceau tourne son liber en bas, son bois en haut
(fig. 100). Il en est ainsi, notamment, chez toutes les Conifères à l'exception du Ginkgo, et chez beaucoup de Dicotylédones à feuilles uninerves.

Ailleurs, la stèle de la tige fournit encore à la feuille une
seule méristèle, mais celle-ci, beaucoup plus large, contient
côte à côte trois, cinq, sept, ou un nombre impair encore plus
grand de faisceaux libéroligneux, séparés comme dans la tige
par des rayons qui font communiquer la région externe, inférieure ou péricyclique du péridesme avec sa région interne,
supérieure ou médullaire. Le pétiole renferme alors une large
méristèle dans laquelle, sur la section transversale, les fais-

ceaux libéroligneux sont disposés en un arc plus ou moins
ouvert en haut. Le faisceau médian et inférieur de l'arc est
aussi, d'ordinaire, le plus développé et les autres vont diminuant de grandeur de chaque côté à mesure qu'ils s'éloignent
du premier, les plus petits occupant les bords de l'arc ; dans
l'arc même, des faisceaux plus minces alternent quelquefois
avec de plus gros. Le faisceau médian dorsal tourne son liber
en bas et son bois en haut ; les autres s'inclinent progressivement et également de chaque côté, à mesure qu'ils s'élèvent
le long de l'arc, tournant toujours leur liber en dehors et leur
bois en dedans. L'orientation des derniers dépend donc du

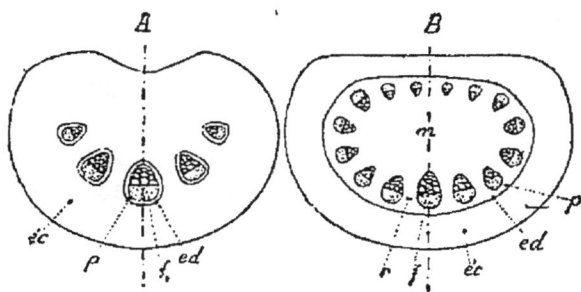

Fig. 101. — Section transversale du pétiole dans les deux cas les plus fréquents : A, il y a plusieurs (cinq) méristèles étroites, à un seul faisceau,
disposées en arc, chacune avec son endoderme ed et son péridesme p.
B, il y a une seule méristèle, large, avec de nombreux faisceaux. ed, endoderme ; p, région péricyclique du péridesme ; r, rayons ; m, région médullaire.

développement de l'arc ; s'il recourbe ses bords, en les rap-
prochant de plus en plus vers le haut, les faisceaux extrêmes
tournent leur liber en haut, leur bois en bas. Dans ce dernier
cas, si l'arc des faisceaux rejoint ses bords en une sorte
d'anneau, entouré par la région péricyclique du péridesme
et enveloppant sa région médullaire, la méristèle simule une
stèle avec son péricycle, ses rayons et sa moelle (fig. 101, B).
Mais on la distinguera toujours d'une stèle en ce qu'elle n'est
symétrique que par rapport à un plan, passant par le milieu
du faisceau dorsal le plus gros et entre les deux faisceaux
ventraux les plus petits. Si, dans la tige, les faisceaux de la
stèle sont de bonne heure fusionnés latéralement, en un
mot si la stèle de la tige est gamodesme, ils le sont aussi dans
la méristèle du pétiole, qui est également gamodesme (Solanacées, etc.).

Ailleurs encore et bien plus souvent, la stèle de la tige détache en plusieurs points de sa périphérie, séparées par des faisceaux caulinaires qui restent en place, trois, cinq, sept ou un nombre impair encore plus grand de méristèles étroites, ne possédant chacune qu'un seul faisceau libéroligneux. Le pétiole renferme alors tout autant de méristèles distinctes, disposées sur la coupe transversale en un arc plus ou moins largement ouvert en haut (Composées, etc., fig. 101, A), ou, si elles sont très nombreuses, en une série d'arcs superposés de manière à paraître disséminées dans l'écorce (beaucoup de Monocotylédones, d'Ombellifères, etc.). Dans ce dernier cas, c'est seulement par une étude attentive de la disposition et de l'orientation des diverses méristèles que l'on arrive à retrouver et à fixer le plan de symétrie du pétiole. Le nombre des méristèles fournies à la feuille par la stèle de la tige se réduit quelquefois à deux, comme on le voit, par exemple, dans le Ginkgo. Le pétiole renferme alors côte à côte deux méristèles à un seul faisceau, entre lesquelles passe son plan de symétrie.

Enfin, chez les Cryptogames vasculaires dont la tige est polystélique, notamment dans la plupart des Fougères, le pétiole reçoit non plus une ou plusieurs méristèles, mais une ou plusieurs stèles complètes, provenant de la ramification intégrale d'une ou de plusieurs des stèles de la tige. Dans ce dernier cas, le pétiole est alors polystélique, comme la tige elle-même. Néanmoins la conformation de la stèle unique ou la disposition en arc des stèles multiples, est toujours telle que le pétiole n'ait dans sa structure, comme dans les trois cas précédents, qu'un seul plan de symétrie.

Tels sont les quatre cas qu'il y a lieu de distinguer dans la constitution de la région stélique à la base du pétiole. Il faut ajouter aussitôt que, par division ou réunion soit des faisceaux libéroligneux dans chaque méristèle, soit des méristèles dans le cas de polyméristélie, soit des stèles dans les cas de polystélie, la structure de la région stélique peut se modifier beaucoup le long d'un même pétiole. Ainsi par exemple, avec trois méristèles à la base, ce qui est un cas très fréquent, il peut arriver que ces méristèles demeurent libres dans toute la longueur (Composées, etc.), ou que la médiane s'unisse bord à bord avec les deux latérales en un arc largement ouvert en haut (Rosacées, etc.), ou qu'elles se fusionnent toutes les trois bord à bord en un anneau fermé (Légumineuses, Malvacées, etc.). Dans les deux derniers cas, le pétiole, considéré vers le milieu de sa longueur, offre la même structure que s'il n'avait reçu qu'une large méristèle unique à plusieurs faisceaux (fig. 101, *B*), comme dans la seconde des deux dispositions étudiées plus haut. La fusion des méristèles en une courbe fermée est parfois incomplète, une partie restant libre, soit en dehors de la courbe, soit en dedans. Dans le premier cas, l'anneau est surmonté, dans la zone externe de l'écorce, par deux méristèles latérales symétriques (Cytise, Robinier, Noyer, etc.), ou par une seule méristèle en arc médian, ouvert en haut (Aulne, etc.). Dans le second, il enferme, dans la région centrale de l'écorce, soit deux méristèles latérales (Tilleul, etc.), soit une seule méristèle en arc médian, ouvert en haut (Érable, etc.). De tous ces changements, il résulte que, pour connaître complètement le pétiole d'une feuille donnée, il faut l'étudier aux divers points de sa longueur et que, pour comparer la structure du pétiole dans des plantes diverses, il faut le considérer chaque fois dans la même région, à sa base, par exemple, ou à son sommet, ou vers le milieu de sa longueur.

Lorsque la stèle de la tige n'envoie à la feuille qu'une seule méristèle, il arrive parfois que cette méristèle séjourne dans l'écorce sur une plus ou moins grande longueur avant d'entrer dans la feuille, dont l'insertion apparente se trouve ainsi reportée plus haut que l'insertion vraie (Casuarine, etc.); c'est un résultat de la croissance intercalaire nodale (p. 137) et aussi de la concrescence de la feuille avec la tige qui la porte (p. 252). De même, quand le pétiole reçoit de la tige plusieurs méristèles, il arrive que les méristèles latérales quittent la stèle de la tige à quelque distance au-dessous du nœud et séjournent dans l'écorce, tandis que la méristèle médiane ne s'échappe qu'au nœud même (Diptérocarpacées, diverses Monocotylédones, etc.). Ou bien encore, en traversant l'écorce de la tige au nœud, la méristèle foliaire émet latéralement deux branches qui, sans se rendre à la feuille, descendent dans l'écorce de la tige tout le long de l'entre-nœud jusqu'à sa base (Buis, etc.). Dans les trois cas, l'écorce de la tige renferme des méristèles, comme il a été dit p. 169, qu'il faut bien se garder de confondre avec les méristèles corticales du type mésostélique.

La structure particulière de chaque méristèle, dans son péridesme et dans son faisceau libéroligneux, offre dans le pétiole les mêmes modifications que la stèle de la tige de la même plante dans son conjonctif et dans ses faisceaux. Ainsi, quand le péricycle de la tige se différencie en arcs fibreux en dehors des faisceaux libéroligneux, la portion péricyclique du péridesme de la méristèle du pétiole produit de même un arc fibreux. Quand le péricycle de la tige renferme des canaux sécréteurs en dehors soit de tous les faisceaux (Ombellifères, etc.), soit tout au moins des faisceaux foliaires (Podocarpe, etc.), la portion inférieure, péricyclique du péridesme, de la méristèle contient aussi de pareils canaux sécréteurs. Mais s'il n'y a de canaux sécréteurs dans le péricycle de la tige qu'en dehors des faisceaux réparateurs, il n'y en a pas dans le péridesme de la méristèle du pétiole (Pin, Pesse, Sapin, etc.). De même, quand la moelle de la tige contient à sa périphérie des tubes criblés, en dedans soit de tous les faisceaux (Cucurbitacées, Solanacées, etc.), soit tout au moins des faisceaux foliaires, la portion supérieure, médullaire, du péridesme de la méristèle du pétiole en renferme aussi. Mais s'il n'y a de tubes criblés dans la moelle de la tige qu'en dedans des faisceaux réparateurs, il n'y en a pas dans le péridesme de la méristèle du pétiole (Daphné, etc.).

De même quand le liber soit de tous les faisceaux de la stèle de la tige (Anacardiacées, etc.), soit tout au moins des faisceaux foliaires, contient des canaux sécréteurs, il en renferme aussi dans la méristèle du pétiole. Mais si, comme dans les Pins, la stèle de la tige produit des canaux sécréteurs dans le bois, seulement dans les faisceaux réparateurs, le bois du faisceau de la méristèle foliaire n'en renferme pas.

Modifications principales de la structure du limbe. — Comme le pétiole, le limbe est formé d'un épiderme, d'une écorce et d'une ou plusieurs méristèles, constituant ses nervures. Chacune de ces trois régions offre dans sa structure, suivant la nature des plantes, une série de modifications, dont il faut étudier ici les principales.

1° **Dans l'épiderme.** — L'épiderme offre sur le limbe les mêmes caractères essentiels que sur le pétiole et sur la tige (voir p. 153 et p. 271), avec les mêmes modifications principales; mais celles-ci sont beaucoup plus nombreuses, plus variées et doivent nous arrêter aussi plus longtemps.

Au-dessus des nervures, il est formé de cellules allongées et dépourvu de stomates. Dans leurs intervalles, ses cellules sont plus longues que larges si le limbe est allongé en aiguille ou en ruban, aussi larges que longues s'il est élargi, penné ou palmé. Leurs faces latérales sont souvent planes et leur contour polyédrique ; mais tout aussi fréquemment elles sont courbes, ondulées ou plissées, de manière que les cellules s'engrènent solidement. Sur la face interne, la membrane s'épaissit parfois beaucoup et en même temps se gélifie, tandis que la cavité se rétrécit d'autant, quelquefois jusqu'à disparaître presque complètement (Daphné, Genêt, Saule, Bouleau, etc.). Ailleurs, la membrane s'épaissit et se lignifie tout autour (Pin, fig. 56, p. 159, Pesse, etc.). Quand l'épiderme est pourvu de chlorophylle (grande majorité des Dicotylédones, Gymnospermes à larges feuilles, la plupart des Fougères, etc.), les chloroleucites ne persistent ordinairement que sur la face inférieure, excepté dans les feuilles submergées où les deux faces en possèdent (Cornifle, Potamot, Élodée, etc.), parfois même à l'exclusion de l'écorce (Zostère, Cymodocée).

Quelquefois, notamment sur la face supérieure, l'épiderme cloisonne tangentiellement ses cellules et se compose, en définitive, de plusieurs rangs de cellules superposées : deux (Arbousier, etc.), quatre ou cinq (Bégonie sanguine, etc.), sept ou huit et jusqu'à quinze ou seize (certaines Pépéromies, etc.) ; dans ce dernier cas, l'épiderme peut être sept fois plus épais que le reste du limbe.

Les stomates (p. 157), accompagnés ou non de cellules annexes, sont disposés régulièrement en séries longitudinales, avec leurs fentes dirigées longitudinalement, si le limbe est étroit et long (Conifères, Graminées, etc.) ; ils sont, au contraire, disséminés sans ordre et dirigent leurs fentes dans tous les sens, si le limbe est court et large. Ils sont toujours beaucoup plus nombreux que sur la tige, mais plus ou moins rapprochés, suivant les plantes. Le maximum est offert par la face inférieure des feuilles de l'Olivier d'Europe, où l'on a compté 625 stomates par millimètre carré, et du Chou rave, où il y en a jusqu'à 716 ; sur la plupart des feuilles, ce chiffre est compris entre 40 et 300. Ils sont quelquefois rassemblés en petits groupes arrondis, séparés par de grands intervalles imperforés (Saxifrage sarmenteuse, diverses Bégonies, etc.) ; ces plages stomatifères peuvent s'enfoncer au-dessous du niveau général (Banksie, Dasylire), parfois jusqu'à former autant de poches en forme de bouteilles, qui sont des *cryptes stomatifères* (Nérion oléandre, vulgairement Laurier-rose, fig. 102, *s*). Dans les feuilles molles des plantes herbacées, les deux faces du limbe en sont pourvues; elles ont alors aussi le même aspect (p. 245). Les feuilles coriaces des plantes ligneuses n'en ont pas sur leur face supérieure, dont l'aspect est alors tout différent de celui de la face inférieure. Les feuilles submergées en sont totalement dépourvues; les feuilles nageantes n'en ont que sur la face supérieure. Quand la plante végète en même temps dans l'air et sous l'eau, ses feuilles aériennes ont des stomates, qui manquent aux feuilles submergées (Renoncule d'eau, etc.).

Outre ces stomates, qui s'ouvrent à la lumière pour faire communiquer l'atmosphère extérieure avec la chambre sous-stomatique et par elle avec tous les espaces intercellulaires du corps (p. 158), en un mot, qui sont *aérifères*, les feuilles en possèdent d'une autre sorte. Ceux-là ont leur chambre sous-stomatique et leur fente remplies d'eau, demeurent toujours ouverts, leurs cellules étant incapables de se mouvoir, et servent à expulser de la plante le trop-plein du liquide : ce sont des stomates *aquifères*. Ils occupent toujours, isolés ou par groupes, les extrémités des nervures. Leur forme se rattache à deux types : les uns ont une fente petite et courte, comprise entre deux cellules semi-circulaires (Crassule, Saxifrage, Figuier); les autres ont une longue fente, toujours largement béante, quelquefois énorme (Colocase, Pavot, Capucine). On y reviendra plus loin (fig. 104).

Les poils épidermiques présentent sur le limbe, avec plus de variété encore, les formes déjà si diverses où ils se montrent sur la tige (p. 155, fig. 53), et souvent la même feuille en porte de plusieurs sortes à la fois. On y trouve notamment des poils sécréteurs : urticants (Ortie, Loasacées, etc.), oléifères (Labiées, etc.), à cystolithes (Urticacées, fig. 62 p. 167, Acanthacées, etc.), et des poils laineux (Molène, etc.), écailleux (Éléagnacées, etc.), scléreux dressés (Borragacées, etc.), ou couchés en navette (Malpighiacées, etc.), etc. Comme les stomates, ils peuvent se localiser dans des cryptes, dont ils tapissent le fond (Nérion, fig. 102, Pleurothalle, etc.). Ils n'ont souvent qu'une existence éphémère. Dans le bourgeon, les feuilles en sont abondamment recouvertes; lorsqu'elles s'épanouissent, l'épaisseur du revêtement diminue à la fois parce que la croissance écarte les poils et parce que ceux-ci s'atrophient. Certaines feuilles entièrement glabres à l'état adulte étaient velues dans le bourgeon (Figuier élastique, etc.).

2° **Dans l'écorce.** — Entre les deux faces de l'épiderme les intervalles entre les nervures sont occupés par l'écorce, qui recouvre aussi les nervures d'une couche plus ou moins épaisse. L'écorce est essentiellement formée par un parenchyme à chlorophylle dont la structure varie suivant les plantes et peut se rattacher à deux types, entre lesquels il y a beaucoup d'intermédiaires.

Dans le premier, qu'on peut appeler homogène, l'écorce est conformée de la même manière sur les deux faces du limbe, et c'est alors que celles-ci offrent aussi le même aspect et ont leur épiderme également percé de stomates (fig. 100, p. 270). Ses cellules sont disposées, à partir de l'épiderme, en séries radiales et tangentielles et laissent entre elles des méats aérifères ordinairement étroits. Leur forme est, suivant les cas, arrondie (beaucoup de Monocotylédones, Ficoïde, etc.), aplatie (Iride, Glaïeul, etc.), ou, au contraire, allongée perpendiculairement à la surface en forme de palissade (Myrtacées, Protéacées, etc.). A mesure qu'on s'éloigne de l'épiderme, la disposition sériée devient moins régulière. Vers le milieu, les cellules sont plus grandes, plus lâchement unies et contiennent moins de chlorophylle (Yuque, Blé, Seigle, Crassule, Œillet, etc.); dans les plantes aquatiques, elles laissent entre elles de grandes lacunes pleines d'air (Littorelle, Massette, Rubanier, etc.). Cette région médiane est quelquefois complètement dépourvue de chlorophylle (Agave, Aloès et beaucoup d'autres Monocotylédones, Ficoïde, certaines Myrtacées et Protéacées, etc.). Au type homogène se rattachent les feuilles non horizontales et bon nombre de feuilles horizontales.

Dans le second type, qu'on peut appeler hétérogène, l'écorce est verte dans toute son épaisseur, mais partagée en deux couches de structure différente, ce qui donne aux deux surfaces correspondantes un aspect tout différent (fig. 102). Ce type est réalisé par la plupart des feuilles horizontales. D'une façon générale, la couche supérieure tournée vers la lumière est plus dense, pourvue d'interstices plus étroits, et, par conséquent, d'un vert plus foncé que la couche inférieure tournée vers le sol. La première est composée d'une ou de plusieurs assises de cellules allongées perpendiculairement à la surface en forme de palissade, ne laissant entre elles que des méats fort étroits (*p*); tandis que la seconde est formée de cellules irrégulièrement rameuses, ajustées par leurs bras de manière à circonscrire des lacunes aérifères (*l*). L'épiderme supérieur est alors dépourvu de stomates, qui existent d'autant plus nombreux sur la face inférieure. Pourtant, lorsque la feuille nage sur l'eau (Nymphée, Potamot nageant, etc.), c'est, comme on l'a vu plus haut, sur la face supérieure éclairée, c'est-à-dire au-dessus de la couche dense,

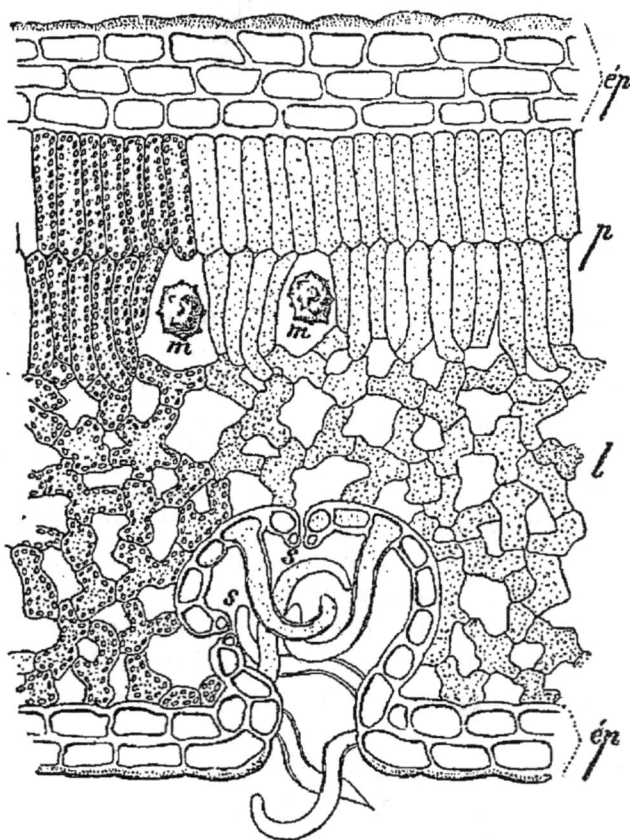

Fig. 102. — Section transversale de la feuille du Nérion oléandre, vulgairement Laurier-rose ; *p*, couche palissadique ; *l*, couche lacuneuse de l'écorce hétérogène ; *ép*, épiderme avec cryptes stomatifères et pilifères *s* sur la face inférieure ; *m*, cellules oxalifères à mâcles arrondies. Les chloroleucites ne sont marqués que dans la partie gauche.

que se trouvent les stomates ; l'épiderme de la face inférieure, en contact avec l'eau, bien qu'il confine à la couche lacuneuse, en est dépourvu.

Que l'écorce soit homogène ou hétérogène, les cellules de son assise externe, sous-épidermique, se différencient quelquefois. Tantôt elles sont incolores, larges, à parois minces, remplies d'un liquide aqueux et forment une couche continue, souvent plus épaisse sur la face supérieure que sur l'autre (fig. 102) (Scitaminées, beaucoup de Broméliacées, Tradescantie, Pleurothalle, Roseau, Nérion, Chêne yeuse, Romarin, etc.). Il faut se garder de confondre cette couche périphérique incolore de l'écorce avec un épiderme composé; elle constitue pour la feuille un réservoir d'eau et en même temps un écran qui protège la chlorophylle sous-jacente contre l'action destructrice d'une lumière trop intense.

Le plus souvent les cellules périphériques de l'écorce s'allongent beaucoup, épaississent et lignifient leurs membranes, en un mot deviennent du sclérenchyme, qui continue le sclérenchyme sous-épidermique du pétiole. Ce sclérenchyme forme tantôt une couche continue, interrompue seulement vis-à-vis des stomates (fig. 100, *es*) (Conifères, Cycadacées, Ananas, etc.), tantôt des faisceaux distincts, qui s'enfoncent plus ou moins dans l'épaisseur de l'écorce (Palmiers, Dragonnier, etc.). Au-dessus des nervures, ces faisceaux fibreux corticaux occupent parfois toute l'épaisseur de l'écorce et viennent se mettre en contact avec le sclérenchyme péridesmique. Ils entrent alors avec la méristèle correspondante dans la composition de la nervure totale. Ailleurs, de pareils faisceaux de sclérenchyme se différencient dans la profondeur même de l'écorce (Palmier, Vaquois, etc.), ou bien ce sont des fibres isolées disséminées dans toute l'épaisseur de l'écorce qui donnent au limbe le soutien nécessaire (Cycadacées, Conifères, etc.). Ailleurs encore, ce sont des sclérites, c'est-à-dire des cellules corticales à membrane épaissie et lignifiée, parfois munie de rubans spiralés (Crin, etc.), qui s'allongent fortement dans les directions les plus diverses, s'insinuant entre les cellules de la couche palissadique et remplissant les interstices de la couche lacuneuse, jusqu'à venir ramper plus ou moins loin sous l'épiderme, tantôt simples (Olivier, Crin, etc.), tantôt diversement ramifiées (Monstérées, fig. 10, *C*, Marcgraviées, Nymphéacées, etc.).

L'appareil sécréteur est conformé et disposé dans l'écorce du limbe (fig. 100, *h*) comme dans celle du pétiole et comme dans celle de la tige correspondante, sous la réserve des quelques exceptions signalées plus haut (p. 272). Ainsi, par exemple, les canaux sécréteurs de la tige et du pétiole sont remplacés dans le limbe par de petites poches sécrétrices chez les Tagètes, Mammées, etc.

L'une des modifications les plus intéressantes de l'écorce du limbe, c'est quand elle différencie çà et là ses cellules en vaisseaux. Formés de cellules larges et courtes, à épaississement d'ordinaire réticulé, et différant par là de ceux qui composent le bois des méristèles, ces vaisseaux corticaux sont groupés en fascicules, eux-mêmes anastomosés en réseau et raccordés çà et là avec le bois des méristèles, par lequel ils reçoivent l'eau qui les remplit. On les rencontre dans les plantes les plus diverses (Loranthacées, Viscacées, Opiliacées, Santalacées, Olacacées, Clusiacées, Capparidacées, etc.), et sans doute leur existence est beaucoup plus fréquente qu'on ne le croit jusqu'à présent. On les retrouve aussi chez quelques Conifères (Podocarpe, etc.) et Cycadacées (Cycade, etc.), où ils forment une lame continue vers le milieu de l'épaisseur du limbe; mais ici ils s'arrêtent contre l'endoderme, sans se raccorder directement avec les vaisseaux de la méristèle. L'ensemble de ces vaisseaux corticaux de la feuille a reçu, à cause de son rôle, le nom de *tissu d'irrigation*. Il faut y voir une nouvelle et très importante manifestation de ce développement de vaisseaux extra-ligneux que l'on a observé déjà dans la racine et dans la tige des plantes les plus diverses. Il est nécessaire de n'en plus confondre désormais les fascicules avec les dernières ramifications des méristèles, comme il a été fait trop souvent.

Enfin, l'assise la plus interne de l'écorce, c'est-à-dire l'endoderme, qui entoure tantôt la méristèle unique et indivise du limbe (Conifères, etc.), tantôt et le plus souvent chacune des nombreuses méristèles qui s'y ramifient, est plus ou moins nettement différenciée suivant les plantes. Elle l'est fortement, par exemple, chez les Conifères (fig. 100), les Composées, etc. Elle offre quelquefois, comme l'endoderme de la tige, des cadres subérisés ou lignifiés sur les faces latérales et transverses de ses cellules (Composées, etc.). Ailleurs, c'est par la forme, la dimension ou le contenu de ses cellules qu'elle se distingue.

3° **Dans la région stélique.** — La région stélique du limbe se réduit parfois à une seule méristèle médiane, prolongement direct et indivis de la méristèle unique du pétiole (Conifères, fig. 100, etc.). Mais le plus souvent la méristèle unique du pétiole ou chacune des méristèles multiples qu'il renferme se ramifient en entrant dans le limbe et en y cheminant pour en former soit les nervures tout entières, soit du moins leur partie centrale, lorsque l'écorce contribue, comme il a été dit plus haut, à la constitution de la côte saillante. Lorsque le pétiole renferme une ou plusieurs stèles, comme on l'a vu plus haut pour la majorité des Fougères, ces stèles se ramifient en méristèles dans le limbe, et l'on revient ainsi au cas ordinaire.

On sait comment les nervures se distribuent et se ramifient diversement dans le limbe (p. 243). Les plus grosses, qui dessinent des côtes sur la face inférieure, ont, au nombre près des méristèles ou des faisceaux libéroligneux dans chaque méristèle, la même structure que le pétiole. Les nervures de plus en plus fines qui procèdent des premières sont plongées dans l'épaisseur de l'écorce et formées chacune d'une méristèle à

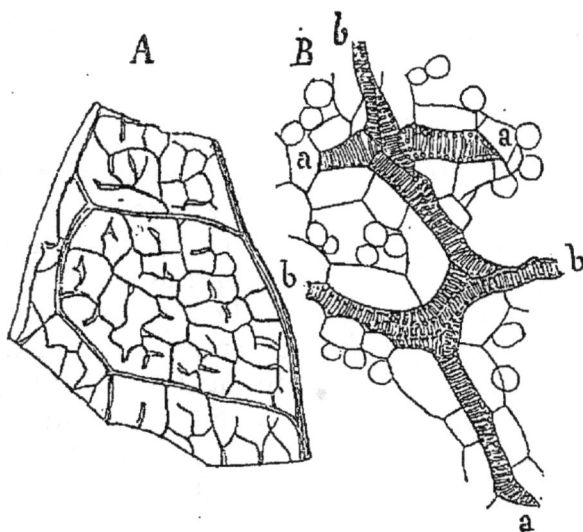

Fig. 103. — Feuille de Psoralée : *A*, fragment du limbe montrant les dernières terminaisons des méristèles dans les mailles du réseau; *B*, partie d'une coupe parallèle à la surface; les fascicules vasculaires *b*, *b* se terminent librement en *a*, *a*.

un seul faisceau, dans laquelle le péridesme, le liber tourné vers le bas et le bois tourné vers le haut, ont et conservent la même structure que dans le pétiole. Cette méristèle va s'amincissant de plus en plus à mesure qu'elle se ramifie, parce que ses éléments deviennent de moins en moins nombreux. A la fin, de deux choses l'une : ou bien, les dernières branches se raccordent toutes bout à bout en formant les dernières mailles du réseau et il n'y a pas de terminaisons libres; ou bien, tandis que certaines branches s'abouchent en réseau, d'autres se terminent librement soit dans l'épaisseur de l'écorce au milieu de chacune des dernières mailles du réseau, soit sous l'épiderme dans les dents du bord.

Dans le premier cas (fig. 103), la branche se termine en s renflant quelque peu en massue, recouverte par l'endoderme. A quelque distance de l'extrémité, le faisceau libéroligneu cesse, ses derniers tubes criblés et ses derniers vaisseaux s'ar rêtant court en même temps; la massue terminale est donc formée par le péridesme renflé qui coiffe l'extrémité du fais ceau libéroligneux. Là, ce péridesme subit une modification remarquable. A partir du dernier vaisseau du bois, qui est très étroit, annelé ou spiralé, ses cellules se différencient en vais seaux à cellules larges, courtes et réticulées, et cette différen ciation se poursuit jusque contre l'endoderme. En sorte que le dernier vaisseau du bois se trouve prolongé en forme de pinceau, de patte d'oie ou de bonnet par des vaisseaux extraligneux, péridesmiques, dans lesquels se déverse et s'accumule sous l'endo derme, pour filtrer de là dans l'écorce, le liquide qu'il renferme et qui lui vient de la tige. Nouvel exemple de vaisseaux extra-ligneux formés dans le conjonctif de la région stélique, à ajouter à ceux qu'on a rencontrés déjà dans la racine (p. 97) et dans la tige (p. 173).

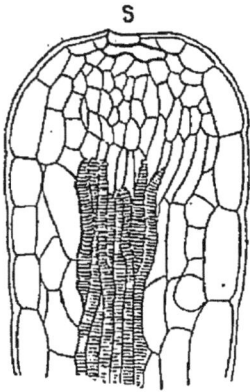

Fig. 104. — Section longitudinale d'une dent de la feuille de Primevère. Terminaison d'une méristèle sous un stomate aquifère s.

Dans le second cas (fig. 104), la mé ristèle finissante s'approche assez de l'épi derme de la dent marginale pour que l'endoderme qui en recouvre le sommet dilaté touche directement l'épiderme, en d'autres termes, pour que l'écorce se ré duise en ce point à une seule assise. A l'in térieur de la méristèle, le faisceau libéroligneux s'arrête brus quement à une certaine distance et le péridesme élargi qui en coiffe le sommet se différencie, dans toute son épaisseur et jus qu'au contact de l'unique assise corticale, en vaisseaux surnumé raires, comme dans le premier cas. La différence est qu'ici les cellules corticales superposées se recloisonnent de très bonne heure dans les trois directions et forment un massif de petites cellules incolores, polyédriques, à parois minces, massif inter calé entre l'épiderme et les extrémités des vaisseaux pérides miques, qui a reçu le nom d'*épithème*. Tantôt chaque méris tèle finissante a son épithème propre (fig. 104) (Primevère, Fuchsie, Courge, Crassule, etc.); tantôt plusieurs méristèles font converger leurs extrémités sous un épithème commun au sommet de la dent (Pavot, Capucine, Chou, etc.). En même temps, au-dessus de l'épithème, l'épiderme produit des stomates aquifères, tantôt un seul par épithème (fig. 104) (Primevère, Rochée, Capucine, etc.), tantôt plusieurs rapprochés sur le même épithème (Saxifrage, Crassule, Figuier, etc.). Le liquide amené vers le bord du limbe par le bois du faisceau libéroligneux se déverse d'abord et s'accumule dans la massue de vaisseaux péridesmiques; de là il passe dans l'épithème, où il filtre et perle enfin au dehors par le stomate aquifère superposé.

Dans la feuille de la plupart des Conifères, la méristèle unique et indivise se termine comme il vient d'être dit à l'extrémité du limbe. Mais ici, le bonnet terminal des vaisseaux péridesmiques se prolonge vers le bas tout le long de la méristèle jusqu'à la base même de la feuille, sous forme de deux lames latérales partant du bord externe du bois et traversant en se dilatant l'épais péridesme jusqu'au contact de l'endoderme. Ces deux ailes vasculaires péridesmiques sont formées de cellules tantôt réticulées, tantôt ponctuées aréolées. Chez les Sapins, Cèdres, etc., elles se reploient vers le bas et se rejoignent au-dessous du liber en forme de pont; chez les Araucaries, Agathides, etc., elles se reploient vers le haut et se rejoignent au-dessus du bois; chez les Pesses, Pins, etc., elles se reploient et se rejoignent des deux côtés à la fois en forme d'étui. Partout elles reçoivent et emmagasinent l'eau amenée dans la feuille par les vaisseaux du bois, pour la conduire et la répandre sur une large surface au contact de l'endoderme, d'où elle filtre dans l'écorce. Si celle-ci renferme en même temps deux lames vasculaires, ajustées contre l'endoderme exactement en face des deux lames péridesmiques (Podocarpe, etc.), après avoir traversé l'endoderme, le liquide pénètre dans ces vaisseaux corticaux, qui l'amènent promptement à la zone marginale du limbe.

Dans la feuille des Cycadacées, le bonnet terminal des vaisseaux péridesmiques se prolonge aussi vers le bas tout le long des méristèles et jusqu'à la base du pétiole, mais d'une façon différente. C'est une lame vasculaire unique, différenciée dans la région supérieure, médullaire, du péridesme, superposée par conséquent au bois du faisceau libéroligneux et à section transversale triangulaire; le sommet du triangle, occupé par les vaisseaux les plus étroits, est tourné vers le bas et en contact avec le bois ; sa base, formée par les vaisseaux les plus larges, est tournée vers le haut et en contact avec l'endoderme. Ici aussi, cette épaisse lame vasculaire reçoit le liquide amené par le bois, dont les vaisseaux sont relativement étroits et très peu nombreux, et le transporte jusqu'à l'endoderme, d'où il filtre dans l'écorce.

D'une façon générale, l'ensemble des vaisseaux péridesmiques a reçu, à cause de son rôle, le nom de *tissu de transfusion*. On voit, par ce qui précède, que si le tissu de transfusion se développe dans toutes les plantes autour des extrémités libres des méristèles, c'est seulement chez les Conifères et les Cycadacées qu'il se prolonge tout le long des méristèles jusqu'à la base de la feuille. C'est là, sans contredit, l'un des caractères les plus frappants de ces deux familles de Gymnospermes.

Quand le limbe est mince, ce qui est le cas ordinaire, les méristèles s'y ramifient dans un seul plan, situé à la limite des deux couches si l'écorce est hétérogène. Il n'en est plus de même quand il est épais. On trouve alors plusieurs rangées de méristèles anastomosées (Agave, etc.) ; ou bien les méristèles de la zone moyenne envoient de tous côtés des branches anastomosées en réseau (Joubarbe, Crassule, Ficoïde, etc.).

Structure de la gaine, des stipules et de la ligule. — La gaine a essentiellement la même structure que le limbe ; les méristèles y sont toujours disposées en arc largement ouver avec faisceaux tournant leur liber en dehors, leur bois en dedans.

Les stipules aussi, qu'elles soient libres ou concrescentes, partagent la structure du limbe ; les méristèles qui en constituent les nervures, et dont on déterminera plus loin le mode d'insertion, sont orientées comme celles de la gaine et du limbe, liber en dessous ou en dehors, bois en dessus ou en dedans.

Il en est de même de la ligule, qui n'est, en somme, qu'u prolongement de la gaine au-dessus du pétiole ou du limbe (p. 248) ; les méristèles y sont orientées comme celles de l gaine et du limbe.

Structure de la feuille des Muscinées. — C'est chez le Mousses et les Hépatiques feuillées que la structure de l feuille atteint sa plus grande simplicité.

Elle s'y réduit quelquefois à une simple assise de cellule vertes (la plupart des Hépatiques, Fontinale, etc.) ; mais, l plus souvent, on y voit une nervure médiane formée de plusieurs épaisseurs de cellules, tandis que les deux moitiés du limbe n'en ont qu'une seule assise. Cette nervure médiane est parfois composée de cellules allongées et toutes semblables; mais souvent elle se différencie et l'on y distingue notamment un faisceau de cellules étroites à parois minces qui descend à travers l'écorce de la tige et vient s'unir à sa stèle (p. 181) (Splachne, Voitie, etc.). Il faut y voir une ébauche de méristèle, mais encore sans différenciation de faisceau, ni de péridesme. Le parenchyme du limbe est formé ordinairement de cellules toutes semblables. Pourtant, dans les Sphaignes, il se différencie en larges cellules incolores en forme de losanges, à membrane munie de bandes spiralées et de larges ouvertures, mortes par conséquent, et en cellules étroites, tubuleuses, vertes, à membrane lisse et pleine, vivantes par conséquent, reliées ensemble en un réseau dont les mailles encadrent les premières.

Origine de la structure de la feuille. — Comme la croissance terminale illimitée de la tige, la croissance terminale limitée de la feuille s'opère, tantôt par une cellule mère unique (Muscinées, Cryptogames vasculaires, Gymnospermes), tantôt par un groupe de cellules mères (Angiospermes). Dans le premier cas, la cellule mère a la forme d'un coin, et découpe à droite et à gauche, par des cloisons perpendiculaires à la surface, deux séries de segments alternes, qui se cloisonnent ultérieurement. Dans le second cas, il y a, soit trois cellules mères superposées, produisant la supérieure l'épiderme, la moyenne l'écorce, l'inférieure la méristèle (Fusain, Menthe, Lysimaque, etc.), soit seulement deux cellules mères superposées, la supérieure donnant l'épiderme, l'inférieure produisant à la fois l'écorce et la méristèle (Potamot, Élodée, etc.).

Origine et insertion de la feuille sur la tige. — Connaissant la structure de la feuille et comment cette structure 'édifie au sommet, il reste à chercher où et comment ce ˉommet lui-même prend naissance. Au flanc de la tige et près e son extrémité, la feuille naît comme elle croît, c'est-à-dire ˉantôt par une seule cellule mère (Muscinées, Cryptogames ˉasculaires, Gymnospermes), tantôt par un groupe de cellules mères (Angiospermes).

Ainsi, dans les Mousses, les Prêles, les Fougères, etc., la porˉion externe de chacun des segments qui s'empilent, comme on sait (p. 182, fig. 66), pour former la tige, se sépare du reste par une cloison et devient la cellule mère de la feuille (*c*); celle-ci se découpe, comme il a été dit plus haut, par des cloisons latérales alternatives, pour former les deux séries de segments du limbe.

Chez les Angiospermes, au contraire, la feuille prend naissance d'ordinaire par trois cellules (ou groupes de cellules) superposées, l'externe appartenant à l'épiderme de la tige, la moyenne à l'écorce, réduite encore à ce niveau à une seule assise, la troisième à la stèle. La première ne donne que l'épiderme de la feuille, qui continue par conséquent celui de la tige ; la seconde produit l'écorce, qui continue l'écorce de la tige; la troisième engendre la méristèle, prolongement dans la feuille de la stèle de la tige (Fusain , Menthe , Lysimaque, etc.).

Quelquefois la feuille se forme à l'aide de deux initiales seulement (ou groupes d'initiales) : l'externe, appartenant à l'épiderme de la tige, donne encore l'épiderme de la feuille; l'interne, appartenant à l'assise externe de l'écorce de la tige, donne à la fois l'écorce et la méristèle de la feuille (Cornifle, Potamot, Elodée, etc.).

Les méristèles, quand elles sont multiples, traversent souvent l'écorce de la tige sans se diviser, ni se réunir, pour entrer directement et indépendamment dans la feuille; mais elles peuvent aussi en passant dans l'écorce s'y ramifier ou s'y réunir de diverses façons, de manière que la base de la feuille contienne plus ou moins de méristèles qu'il n'en est sorti de la stèle. Il n'est pas rare par exemple que les méristèles s'unissent dans l'épaisseur de l'écorce par une anastomose transverse en forme d'arc; de cet arc partent ensuite, en même nombre ou en nombre différent, les méristèles qui entrent dans la feuille (Gesse, Violette, Platane, Houblon, Scabieuse, Sureau, etc.). Quand les feuilles sont verticillées, l'anastomose transverse peut s'étendre d'une feuille à l'autre (Houblon, etc.). C'est aussi pendant ce trajet à travers l'écorce que les méristèles destinées aux stipules se détachent de la méristèle foliaire unique ou des méristèles latérales s'il y en a plusieurs; ce sont tantôt des branches directes des méristèles latérales (Prunier, Chêne, Capucine, etc.); tantôt des branches émises par l'arc transverse formé par l'anastomose des méristèles foliaires (Sureau, Gaillet, etc.).

Rappelons enfin que, si l'entrée des méristèles foliaires dans la stèle de la tige a lieu ordinairement tout entière au nœud même, elle se produit quelquefois tout entière un ou plusieurs entre-nœuds plus bas, de manière que la feuille peut être considérée comme concrescente à la tige l'espace d'un ou de plusieurs entre-nœuds (Salicorne, Casuarine, Épiphylle, etc.), ce qui est le résultat d'une croissance intercalaire nodale (p. 137). Ou bien elle s'opère en deux fois, partie au nœud même, pour la méristèle médiane, partie un ou plusieurs entre-nœuds plus bas, pour les méristèles latérales (Diptéro-capacées, Monstérées et autres Monotylédones, etc.).

Origine et insertion des racines et des tiges adventives sur la feuille. — On sait que la feuille peut produire des racines adventives (p. 79). C'est dans l'intérieur du limbe que la racine prend naissance : elle est endogène (Bryophylle, Bégonie, Pépéromie, etc.). Quelques cellules du péridesme, qui enveloppe individuellement chaque faisceau libéroligneux sous l'endoderme dans la méristèle, se cloisonnent activement, de la même manière que celles du péricycle pour produire une radicelle dans une racine (p. 107) ou une racine latérale dans une tige (p. 191), et forment un petit cône, qui est la jeune racine. Celle-ci s'allonge en refoulant et digérant d'abord l'endoderme, puis l'écorce, enfin l'épiderme, et se développe au dehors. Ses faisceaux ligneux s'attachent au bois, ses faisceaux libériens au liber du faisceau de la méristèle. Il n'y a donc pas ici de poche digestive, et cela tout aussi bien dans les plantes qui ont une telle poche dans les racines issues de la tige et dans les radicelles (Pépéromie, Achimène, etc.), que dans celles qui n'en ont pas (Bégonie, Bryophylle, etc.). Sauf cette différence, on voit que les racines adventives se forment dans la feuille de la même manière et au même lieu que les racines latérales dans la tige, c'est-à-dire tout entières aux dépens de la partie péricyclique du conjonctif de la région stélique.

On sait aussi que la feuille peut donner naissance à des tiges adventives (p. 144). Mais contrairement à ce qui a lieu pour la racine, les bourgeons adventifs d'où proviennent ces tiges procèdent directemement soit de la surface intacte de la feuille (Bégonie, Bryophylle, Cardamine, Lis, Jacinthe, etc.), soit des cellules vivantes situées immédiatement au-dessous de la plaie (Pépéromie) : ils sont exogènes. Dans le premier cas, le cône de méristème qui constitue la jeune tige et qui ne tarde pas à former des feuilles sur ses flancs dérive tantôt du cloisonnement des cellules épidermiques seules (Bégonie), tantôt du cloisonnement simultané des cellules épidermiques, qui ne produisent que l'épiderme de la tige, et des cellules de l'écorce sous-jacente, qui donnent à la fois l'écorce et la stèle (Bryophylle, Cardamine, etc.). Dans le second cas, c'est aux dépens de l'écorce foliaire seule que le bourgeon adventif prend naissance. La nouvelle tige se forme donc toujours indépendamment de la région stélique de la feuille mère et par conséquent des racines adventives que cette dernière a produites. Mais elle ne tarde à former à sa base des racines qui lui appartiennent en propre et par lesquelles elle se nourrit ensuite directement.

Structure secondaire de la feuille. — Comme celle de la racine et de la tige, la structure de la feuille, telle qu'on vient de la faire connaître, se complique quelquefois par la formation de régions secondaires. Bien que ces régions nouvelles soient trop peu abondantes pour provoquer dans le membre un notable épaississement, il est nécessaire de constater ici, d'une part la possibilité de leur production, d'autre part leur complète analogie avec celles de la tige et de la racine. Comme ces dernières, elles dérivent, en effet, de deux assises génératrices concentriques, l'extérieure produisant du liège et du phelloderme, c'est-à-dire un périderme, l'intérieure formant du liber et du bois secondaires, c'est-à-dire un pachyte.

Dans les écailles des bourgeons des Conifères, du Marronnier et de plusieurs autres arbres, il se fait sous l'épiderme un périderme plus ou moins épais, qui renforce l'épiderme de manière à assurer l'imperméabilité des écailles, et, par conséquent, la protection des jeunes feuilles du bourgeon. Un pareil périderme sous-épidermique se retrouve aussi dans les pétioles de certaines feuilles ordinaires (Hoyer, Terminalie, Cupanie, diverses Simarubacées : Simarube, Picrène, Brucée, Simabe, etc., diverses Diptérocarpacées : Vatérie, Doone, Diptérocarpe, etc.); il ne s'y prolonge pas sur le limbe.

Dans les feuilles de bon nombre de Dicotylédones ligneuses et de Gymnospermes, la méristèle unique ou les méristèles multiples du pétiole ont à la face interne du liber, contre le bois, un arc de cellules de parenchyme qui redevient bientôt générateur et se cloisonne tangentiellement vers l'extérieur et vers l'intérieur. Les cellules externes du méristème ainsi constitué se différencient en liber secondaire, notamment en tubes criblés, les internes en bois secondaire, notamment en vaisseaux : le tout forme un pachyte en forme d'arc, localisé dans chaque méristèle. Le faible accroissement d'épaisseur de la méristèle, qui résulte de cette intercalation, est racheté, en effet, par une simple dilatation des cellules de l'écorce ambiante, en d'autres termes, les arcs générateurs des diverses méristèles ne confluent pas, à travers l'écorce qui les sépare, en une assise génératrice continue.

SECTION II

PHYSIOLOGIE DE LA FEUILLE

La feuille subit l'influence des forces directrices du milieu extérieur et à son tour agit sur ce milieu, ce qui constitue sa physiologie externe. Elle soutient ses diverses parties, transporte les liquides nutritifs dans toute son étendue, emmagasine des réserves et sécrète des produits inutiles, ce qui constitue sa physiologie interne. L'étude physiologique de la feuille comporte donc, comme son étude morphologique, deux paragraphes distincts.

§ 3

FONCTIONS EXTERNES DE LA FEUILLE

Deux causes externes, la pesanteur et la lumière, agissent sur la croissance de la feuille et concourent à lui imprimer dans l'atmosphère la direction définitive la plus favorable à l'accomplissement de ses fonctions. La feuille agit ensuite sur l'air ambiant. Enfin, par suite de cette action même, elle exécute des mouvements variés. Étudions ces divers points.

Géotropisme de la feuille. — L'influence de la pesanteur sur la feuille ne commence à se faire sentir qu'après son épanouissement; elle dure tant que la croissance intercalaire se poursuit et cesse avec elle.

Quelle que soit sa direction originelle sur la branche qui la porte, la feuille en se développant dresse son pétiole et dispose son limbe de manière qu'il tourne sa face ventrale vers le ciel, sa face dorsale vers la terre. Vient-on à changer ou à intervertir cette direction, le pétiole se recourbe pour se redresser et, en même temps, il se tord de la quantité nécessaire pour ramener le limbe dans sa position primitive. Il suffit quelquefois de deux heures pour obtenir un retournement complet, et l'on a pu voir la même feuille se retourner ainsi jusqu'à quatorze fois de suite. Le phénomène a lieu la nuit comme le jour, à l'obscurité comme en pleine lumière; il ne se produit pas dans l'appareil à rotation lente qui soustrait la feuille à l'action fléchissante de la pesanteur. Il est donc bien réellement provoqué par une action directe de la pesanteur sur la croissance.

Le redressement du pétiole, qui devient souvent vertical (Fougères, Courge, etc.), est dû à ce que la croissance est augmentée sur la face tournée vers le bas, diminuée sur la face tournée vers le haut; d'où la courbure convexe vers le bas, qui s'opère dans la région où la croissance intercalaire est la plus active. En un mot, le pétiole est, comme la tige, négativement géotropique. Il en est de même du limbe, comme on s'en assure aisément dans les feuilles sessiles.

Photropisme de la feuille. — La lumière agit sur la croissance intercalaire de la feuille de la même manière que sur celle de la tige. Si l'éclairage est équilatéral, la lumière retarde la croissance de la feuille également de tous les côtés; à l'obscurité, en effet, toutes choses égales d'ailleurs, la feuille s'allonge plus qu'en pleine lumière. Il en résulte que, si l'éclairage est unilatéral et si son intensité ne dépasse pas l'optimum (p. 234), la feuille se courbe vers la source. Les feuilles rubanées dépourvues de pétiole (Graminées, Liliacées, etc.) s'infléchissent tout entières vers la lumière. Dans les feuilles pétiolées, le pétiole se courbe et tend à se placer dans la direction des rayons incidents, tandis que le limbe tend à se disposer perpendiculairement, la face ventrale tournée vers la source, la face dorsale en sens contraire : en un mot, le limbe cherche à prendre par rapport au rayon incident la position qu'il a par rapport à la verticale quand l'éclairage est équilatéral.

L'intensité du phototropisme de la feuille varie beaucoup avec les plantes et n'est nullement en rapport avec l'énergie de son géotropisme. Parmi les plus sensibles, on peut citer celles du Haricot, de la Capucine, de la Vigne et de l'Ampélopse ou Vigne-vierge ; placées à 2 mètres de distance d'une flamme de gaz valant 6 bougies, ces feuilles s'infléchissent déjà fortement vers la source. Parmi les moins sensibles, on peut signaler les feuilles qui se différencient partiellement ou totalement en vrilles (Pois, Courge, etc.).

Effet combiné de la nutation, du géotropisme et du phototropisme. Direction résultante de la feuille. — Supposons que ni la pesanteur, ni la lumière n'agissent sur la feuille, condition qu'il est facile de réaliser, comme on sait (p. 234), en faisant tourner la branche où elle se forme autour d'un axe horizontal dans le plan de la source. Alors, quelle que soit la direction de la branche, la feuille en s'épanouissant s'y dispose de manière à faire avec elle un certain angle, dont la valeur dépend du rapport entre les accroissements inégaux des deux faces, c'est-à-dire de la nutation d'épanouissement. Ceci rappelé, si la pesanteur et la lumière agissent en même temps que la nutation, comme dans les conditions naturelles, la feuille, soumise à la fois à ces trois forces dirigeantes, prend une direction résultante où elle se fixe et où elle arrête sa croissance. Cette position est telle que le limbe soit dirigé perpendiculairement à la lumière diffuse la plus intense ; elle est, par conséquent, aussi favorable que possible au bon accomplissement des deux fonctions les plus importantes de la feuille, qui sont, comme on le verra bientôt, la chlorovaporisation et l'assimilation du carbone.

Dirigée comme il vient d'être dit, la feuille agit sur l'atmosphère où d'ordinaire elle se développe, et son action est quadruple : elle y respire, elle y transpire, elle y absorbe du carbone, elle y chlorovaporise. Quand la feuille est submergée, la transpiration et la chlorovaporisation sont supprimées, mais les deux autres fonctions subsistent : elles s'exercent seulement aux dépens des gaz dissous dans l'eau.

Respiration de la feuille. — Comme la racine et la tige, mais avec une énergie bien plus grande, en rapport avec leur lus grande surface, les feuilles consomment sans cesse de l'acide carbonique. Pour une raison que nous connaîtrons plus tard, c'est seulement à l'obscurité, ou à une lumière liffuse très faible, ou encore en pleine lumière en présence les vapeurs d'éther ou de chloroforme, que la feuille absorbe lans l'atmosphère ambiante tout l'oxygène qu'elle consomme t y dégage tout l'acide carbonique qu'elle produit. C'est donc oujours dans ces conditions qu'il faut se placer pour étudier :e double phénomène par l'analyse de l'air ambiant.

On constate alors que le rapport $\frac{CO^2}{O}$, entre le volume de l'acide carbonique émis et celui de l'oxygène absorbé pendant le même temps, est constant pour une même feuille au même âge et indépendant de la température ainsi que de la pression. Ce rapport varie avec les plantes; il est tantôt égal à l'unité (Fusain, Lilas, Marronnier, Lierre, Blé), tantôt plus petit que l'unité (If : 0, 9 ; Pin 0, 85; Eucalypte : 0, 7; Rue : 0, 7). Dans le premier cas, l'acide carbonique émis renfermant autant d'oxygène qu'il en a été absorbé, il n'y a pas d'oxygène fixé dans la feuille. Dans le second cas, au contraire, une plus ou moins grande quantité d'oxygène se trouve fixée, assimilée dans la feuille. Le rapport varie aussi avec l'âge de la feuille. Il n'est, par exemple, que de 0,6 dans les jeunes feuilles de Blé, tandis qu'il est de 1 dans les feuilles adultes de la même plante. Quoi qu'il en soit, la fixité du rapport, pour une plante donnée au même âge, permet, ici comme pour la racine et la tige, d'exprimer d'un seul mot ces deux phénomènes en disant que la feuille respire.

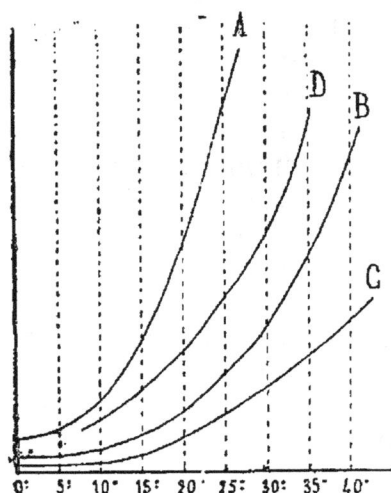

Fig. 105. — Courbes exprimant la marche de l'intensité de la respiration de la feuille suivant la température. A, dans le Lilas vulgaire ; B, dans le Fusain du Japon ; C, dans le Pin maritime.

Dans une plante donnée au même âge, l'intensité de la respiration de la feuille augmente avec la température, et de plus en plus rapidement à mesure que la température s'élève, de manière que la courbe des intensités pour les diverses températures soit représentée par une parabole (fig. 105).

Elle varie aussi beaucoup, à égalité de température et d'âge, avec la nature de la plante. Les feuilles grasses (Agave, Aloès, etc.) et celles des herbes des marais (Flûteau, etc.) sont au bas de l'échelle, n'absorbant que 0,7 à 0,8 de leur volume d'oxygène en vingt-quatre heures ; les feuilles persistantes des arbres toujours verts se tiennent au milieu ; les feuilles caduques des arbres se montrent les plus actives : celles du Prunier et du Hêtre, par exemple, consomment jusqu'à huit fois leur volume d'oxygène en vingt-quatre heures.

Enfin, dans une même plante et à la même température, l'intensité respiratoire varie avec l'âge de la feuille : c'est dans l'état de jeunesse et de croissance active qu'elle augmente rapidement, pour atteindre bientôt sa plus grande énergie ; elle décroît ensuite à mesure que la croissance se ralentit.

Transpiration de la feuille. — A moins d'être submergée, la feuille émet incessamment de la vapeur d'eau dans le milieu extérieur, en un mot, elle transpire (p. 52).

Pour étudier le phénomène sans faire intervenir la vaporisation produite par la chlorophylle sous l'influence de la lumière, il faut opérer sur des feuilles privées de chlorophylle, ou sur des feuilles vertes placées soit à l'obscurité, soit à une lumière très faible. La généralité du phénomène peut être démontrée et son intensité mesurée par trois méthodes :

1° Une plante feuillée, enracinée dans la terre humide d'un pot, est placée sous cloche sur une assiette. Le pot est vernissé et la terre est recouverte d'un disque de plomb, troué au centre pour laisser passer la tige et en un autre point pour permettre de l'arroser. Dans ces conditions, la vapeur d'eau exhalée par les tiges et les feuilles se condense sur la face interne de la cloche ; le liquide ruisselle le long des parois et se rassemble dans l'assiette. Ou bien encore, une branche feuillée est introduite dans un ballon de verre et ajustée au col avec un bouchon ; la vapeur se condense et l'eau se réunit au fond du ballon. Dans les deux cas, on recueille ainsi l'eau dégagée et on la pèse directement.

2° La plante feuillée, enracinée de même dans un pot vernissé et couvert, est abandonnée à l'air libre et la vapeur qu'elle exhale se perd dans l'atmosphère ; mais on la pèse avec son pot à des intervalles réguliers et la perte éprouvée mesure chaque fois, à peu de chose près, la quantité d'eau transpirée.

3° Une feuille est coupée à sa base et ajustée par son pétiole à l'aide d'un bouchon dans la branche large d'un tube en U dont l'autre branche est plus étroite et plus longue (fig. 106). On remplit d'eau ce tube de manière que le liquide s'élève dans la branche étroite jusqu'au point *a*, et l'on marque quelque part au-dessous un autre point *b*. Cela fait, on abandonne la feuille à elle-même dans les conditions de l'expérience. L'eau transpirée à sa surface sera aussitôt remplacée par une égale quantité d'eau puisée dans la large branche, et le liquide descendra dans la branche étroite. On estimera chaque fois le temps nécessaire pour que le liquide descende de *a* en *b*; si l'on a jaugé l'espace *ab*, on saura ainsi quel est le volume d'eau transpirée pendant ce temps. Cette méthode permet à l'œil de suivre les progrès de la transpiration : si l'on a coloré le liquide, la chose peut se voir de loin : c'est une expérience de cours.

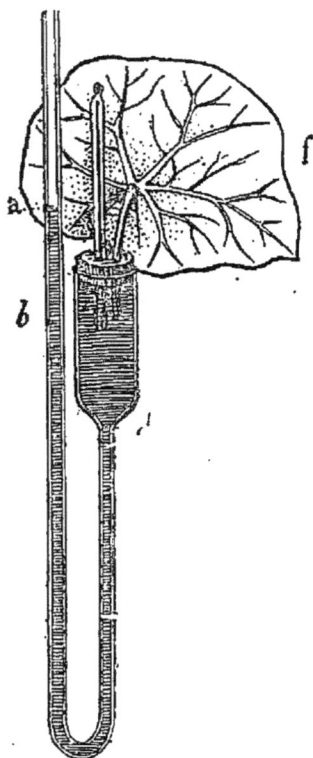

Fig. 106. — Appareil pour mesurer l'intensité de la transpiration de la feuille; *a b*, espace jaugé.

Ainsi mesurée, l'intensité de la transpiration de la feuille varie avec les conditions extérieures : température, lumière, état hygrométrique de l'air. Elle croît avec la température, jusque vers 40°. La lumière l'augmente, et d'autant plus qu'elle est plus forte. Une feuille étiolée de Maïs, par exemple, qui transpire 106 à l'obscurité, transpire 112 à la lumière diffuse et 290 au soleil. Plus l'air est sec, plus la feuille transpire. Enfin, l'agitation de l'air, le vent, active aussi la transpiration.

Dans les mêmes conditions extérieures, l'intensité de la transpiration varie avec l'âge de la feuille. Elle est plus forte quand la feuille vient de terminer sa croissance que plus tôt, pendant qu'elle s'accroît encore, et que plus tard, quand sa surface s'est durcie en devenant moins perméable. Enfin, à égalité d'âge de la feuille, l'intensité de la transpiration varie avec la nature de la plante. Elle est plus grande dans les plantes herbacées, notamment chez les Graminées, que dans les arbres à feuilles caduques; elle se réduit à son minimum dans les plantes à feuilles persistantes ou charnues.

Assimilation du carbone par la feuille. — En raison de la grande quantité de chlorophylle qu'elles renferment, de la grande surface qu'elles présentent à l'air et à la lumière, de la direction fixe qu'elles affectent par rapport aux rayons incidents, de leur pénétrabilité pour les radiations et pour les gaz, les feuilles sont le siège principal de l'assimilation du carbone. C'est du moins l'une de leurs fonctions essentielles,

Sous l'influence de la lumière, en effet, grâce à la chlorophylle contenue dans les cellules de son écorce, la feuille décompose l'acide carbonique qu'elle renferme et produit de l'oxygène résultant de cette décomposition (p. 53). A mesure qu'il est décomposé dans la feuille, l'acide carbonique est remplacé, conformément aux lois d'osmose et de diffusion, par une égale quantité d'acide carbonique venant du milieu extérieur; à mesure qu'il est produit dans la feuille, l'oxygène se dégage aussi, conformément aux mêmes lois, dans le milieu extérieur. A la lumière, la feuille absorbe donc de l'acide carbonique dans le milieu extérieur et y dégage de l'oxygène.

L'ensemble des analyses de l'air ambiant, avant et après le séjour des feuilles à la lumière, exécutées sur les plantes les plus diverses, a montré que le rapport $\frac{O}{CO^2}$, du volume de l'oxygène dégagé au volume de l'acide carbonique décomposé dans le même temps, est parfois égal à l'unité (Tilleul), ordinairement un peu plus grand que l'unité. Ainsi la Ronce, le Marronnier et le Lilas ont donné 1,06; le Lierre, le Chêne et le Fragon, 1,08; le Pélargone, l'Orme et le Fusain du Japon, 1,10; le Nicotiane tabac et le Pin silvestre, 1,12; le Sarothamne et le Houx, 1,24. Les choses se passent donc comme si la décomposition de l'acide carbonique dans la feuille était totale, comme si tout son oxygène, formant, comme on sait, un volume égal au sien propre, était dégagé et tout son carbone fixé dans la plante. Cette fixation s'opère sans doute par combinaison immédiate du carbone mis en liberté avec les éléments de l'eau, de manière à produire des hydrates de carbone $C^m H^{2n} O^n$. Toujours est-il que le carbone fait désormais partie intégrante du protoplasme: il est, comme on dit, *assimilé* à la plante. En outre, le petit excès d'oxygène émis prouve qu'il y a simultanément décomposition d'un autre corps oxygéné, dont la nature est jusqu'à présent difficile à préciser. Quoi qu'il en soit, l'assimilation du carbone est la fonction la plus importante de la feuille; c'est aussi peut-être le phénomène physiologique le plus extraordinaire, non seulement de la plante, mais de tous les êtres vivants. Nous devons donc l'étudier avec soin sous ses diverses faces.

Action de la lumière sur la chlorophylle. — Considérons en premier lieu l'action de la lumière sur la chlorophylle.

Tout d'abord, c'est un fait bien connu que la lumière est nécessaire à la production même de la chlorophylle dans

l'écorce de la feuille; à l'obscurité, la feuille demeure incolore ou jaunâtre. La différenciation interne du protoplasme
et la production des leucites destinés à porter la chlorophylle
qui en est la conséquence s'y opèrent cependant tout comme
en pleine lumière; de même, le principe colorant jaune
qui se trouve mêlé à la chlorophylle dans les chloroleucites
s'y développe parfaitement : ces deux phénomènes sont
donc indépendants de la lumière. Seul le principe colorant
vert, la chlorophylle pure, n'apparaît pas dans ces conditions;
sa synthèse exige l'intervention de la lumière. Celle-ci n'est
pas la même pour tous les rayons du spectre; ce sont les
rayons jaunes qui se montrent les plus actifs; de chaque
côté, le verdissement va décroissant vers le rouge et vers le
violet, mais se prolonge dans l'infrarouge jusqu'à une distance du bord rouge égale à celle qui sépare ce bord du jaune
moyen, et dans l'ultraviolet jusqu'à une distance du bord
violet égale à l'étendue de la région lumineuse. L'action de la
lumière dépend aussi de son intensité. Il suffit d'une intensité très faible, d'une lumière diffuse telle que l'œil puisse à
peine lire les caractères d'un livre, pour amener le verdissement des feuilles. A partir de cette limite inférieure, si l'intensité va croissant, la production de la chlorophylle s'opère de
mieux en mieux, jusqu'à une certaine intensité optimum, à
partir de laquelle elle s'opère de moins en moins bien. C'est,
en effet, un fait bien connu que les feuilles développées à
l'obscurité ne verdissent pas ou ne verdissent que très lentement à la lumière directe du soleil.

A égalité d'intensité, l'action verdissante de la lumière
blanche varie avec la température. Elle ne commence à
s'exercer que vers 4°-5° dans l'Orge et le Pois, à 10° dans le
Maïs et le Radis; elle cesse d'avoir lieu à 37° pour l'Orge, à
40° pour le Maïs et le Pois, à 45° pour le Radis; la température la plus favorable est de 30° pour l'Orge, de 35° pour le
Radis, le Maïs et le Pois. Enfin, à égalité d'intensité et de
température, l'action verdissante varie avec la nature de la
plante. Ainsi, par exemple, à 17°, une flamme de gaz valant
6,5 bougies, placée à 1ᵐ,50 de la plante, a produit un verdissement visible à l'œil : dans la Balsamine au bout de 1 heure,
dans le Radis au bout de 3 heures, dans l'Ibéride au bout
de 4,5 heures, dans le Liseron au bout de 6,5 heures, dans la
Courge au bout de 9,3 heures. On voit que la chlorophylle
n apparaît pas aussitôt après que la lumière a frappé la feuille;

sa production exige un certain temps. Elle ne cesse pas non plus brusquement quand, après avoir exposé la plante à la lumière pendant un certain temps, on la place à l'obscurité. Ainsi, après avoir éclairé une plante pendant un temps insuffisant pour que l'œil aperçoive dans ses feuilles la moindre trace de matière verte, une Balsamine, par exemple, pendant trois quarts d'heure, si on la place à l'obscurité, on la voit bientôt verdir comme en pleine lumière. Comme le géotropisme et le phototropisme, la production de la chlorophylle est donc un phénomène induit, c'est-à-dire qu'il est fonction du temps et doué d'effet ultérieur (p. 233); en un mot, c'est une induction photochimique.

Une fois produite dans les feuilles, la chlorophylle agit sur

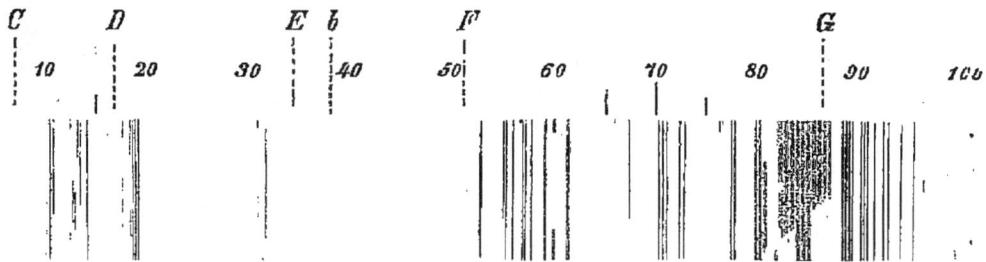

Fig. 107. — Spectre d'absorption de la chlorophylle : *B-G*, position des principales raies ; 0-100, traits divisant le spectre en 100 parties égales.

la lumière incidente; elle absorbe une partie des rayons qui la composent et laisse passer les autres sans altération. Il est nécessaire de déterminer avec précision la nature de cette absorption.

A cet effet, on fait tomber un faisceau de rayons solaires sur la chlorophylle soit dissoute dans l'alcool ou la benzine, soit vivante dans la feuille, et on l'analyse à la sortie par un prisme qui l'étale en un spectre (fig. 107). Dans ce spectre, il manque tous les groupes de rayons absorbés, qui sont remplacés par autant de bandes plus ou moins sombres, plus ou moins larges. Il y a d'abord dans le rouge, comprise entre les raies B et C, une bande d'absorption assez large, d'un noir très foncé et très nettement limitée sur les bords. Il y a ensuite dans le bleu et le violet trois bandes rapprochées, plus larges et moins sombres que la précédente, estompées sur les bords et dont la dernière occupe l'extrémité violette du spectre. Ces trois bandes ne sont distinctes que si l'on emploie une dissolution faible; avec une dissolution moyennement concentrée ou une feuille vivante, elles confluent en une seule très large bande qui commence au delà de la raie F et occupe toute la région la plus réfrangible du spectre lumineux. Ce sont là les deux principales bandes d'absorption. Il y en a trois autres beaucoup plus faibles, plus étroites et plus estompées, situées respectivement dans l'orangé, le jaune et le jaune vert; mais elles sont négligeables par rapport aux deux autres. Tous les rayons non absorbés par la chlorophylle, c'est-à-dire les rouges extrêmes, un peu d'orangés, les jaunes, les verts et un peu de bleus, se mélangent et composent pour notre œil la couleur résultante verte des feuilles vues par transmission.

Emploi des radiations absorbées pour l'assimilation du carbone. — Ce sont les radiations ainsi absorbées par la chlorophylle, qui sont transformées immédiatement par les chloroleucites en un travail chimique, qui est la décomposition de l'acide carbonique avec mise en liberté de l'oxygène, c'est-à-dire l'assimilation du carbone. On démontre, en effet, que la décomposition de l'acide carbonique est localisée dans les bandes d'absorption, notamment dans la forte bande du rouge entre les raies B et C, et dans la large bande du bleu et du violet.

Pour cela, dans les diverses régions du spectre, on dispose côte à côte en batterie un certain nombre d'étroites éprouvettes renversées sur le mercure et séparées l'une de l'autre par des écrans noircis. Chaque éprouvette est remplie d'eau contenant en dissolution une quantité connue d'acide carbonique et renferme une feuille longue et étroite, une feuille de Bambou, par exemple. Après six heures d'exposition, on mesure et on analyse avec toute la précision possible le gaz des diverses éprouvettes et l'on détermine l'acide carbonique disparu dans chacune d'elles. En exprimant les nombres ainsi obtenus par des ordonnées placées dans les positions mêmes occupées dans le spectre par les éprouvettes respectives, on obtient la ligne *aa'bcdc* de la figure 108.

On voit que le maximum de décomposition a lieu dans le rouge entre B et C. A partir de ce point, le phénomène décroît très brusquement du côté le moins réfrangible, de manière à s'annuler dans le rouge extrême; de l'autre côté, il décroît un peu moins vite et s'annule dans le vert. Ainsi, pour ce qui est de la moitié la moins réfrangible du spectre, cette méthode démontre que le maximum d'action de la lumière coïncide avec le maximum de son absorption par la chlorophylle. Mais pour la moitié la plus réfrangible, sans doute à cause de l'extrême dispersion des rayons dans cette région quand on emploie un spectre de prisme, la méthode n'accuse qu'une très faible décomposition d'acide carbonique et n'est pas assez sensible pour mettre en évidence la relation qui lie cette décomposition à la bande d'absorption correspondante. Il a fallu l'introduction récente d'une méthode nouvelle et beau-

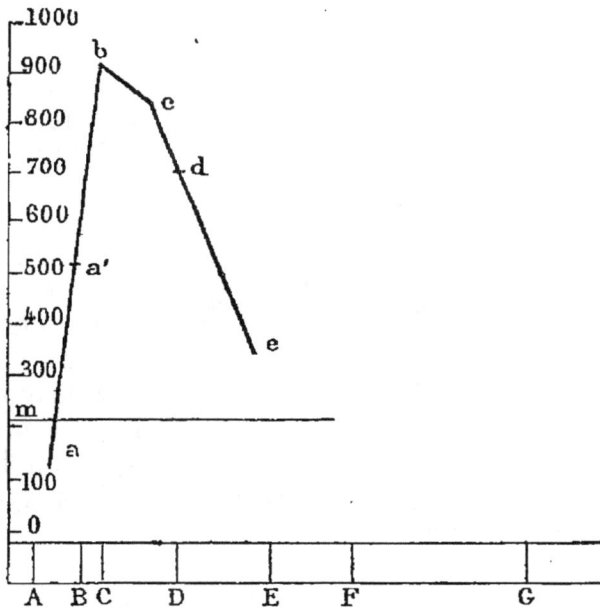

Fig. 103. — Courbe représentant la marche de la décomposition de l'acide carbonique dans la moitié la moins réfrangible du spectre; le maximum *b* correspond aux rayons compris entre B et C.

coup plus sensible, pour obtenir ce résultat et achever la solution du problème.

On sait que diverses Bactéries mobiles sont très avides d'oxygène; dans une goutte d'eau, sous une lame de verre, on les voit se rassembler toutes le long du bord, et si l'on introduit une bulle d'air dans la goutte, elles s'accumulent bientôt en forme d'anneau tout autour de cette bulle. Si donc, dans une goutte d'eau où pullulent de pareilles Bactéries, on vient à placer une feuille de Mousse, par exemple, ou une coupe transversale d'une feuille mince quelconque, on verra, dès que la lumière aura acquis une intensité suffisante, les Bacté-

ries se déplacer et venir se rassembler tout autour de la feuille
pour absorber l'oxygène à mesure qu'il se produit.

Il s'agit maintenant de savoir comment le dégagement d'oxygène, manifesté par le groupement des Bactéries, varie avec l
réfrangibilité des rayons incidents. On fait tomber sur le bor
de la feuille de Mousse, ou sur la section de la feuille mince,
parallèlement à sa longueur, un spectre microscopique obten
à l'aide d'un prisme, et l'on note la position des principale
raies, ainsi que celle des deux principales bandes d'absorptio
de la chlorophylle. Dès que l'intensité lumineuse est suffisante.
les Bactéries se loca
lisent, s'accumulan
dans tous les points o͞i
de l'oxygène se produit
se retirant au contrair
de ceux où il ne s'e͞i
forme pas. Au bout d
quelques minutes, 1
groupement, deven
stationnaire, dessine à
l'œil la courbe qui li
la production de l'o
xygène à la réfrangibi
lité des rayons (fig. 109)

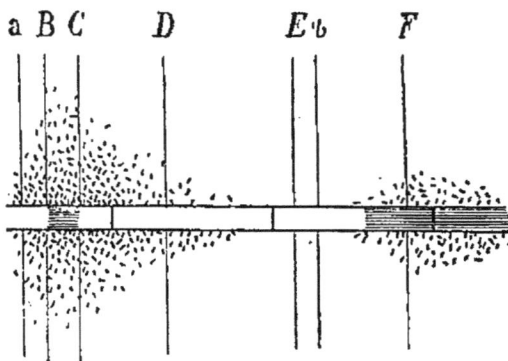

Fig. 109. — Filament de Cladophore, soumis,
dans une goutte d'eau où pullulent des Bactéries mobiles, au spectre microscopique de
la lumière solaire : A-F, principales raies.

Le maximum a encor·
lieu dans le rouge entre
les raies B et C, c'est-
à-dire à l'endroit de la plus forte absorption par la chlo
rophylle. Vers la gauche, la production d'oxygène décroî
encore brusquement et devient nulle à la limite de l'in
frarouge ; vers la droite, elle diminue plus lentement et n
s'annule que dans le vert. En un mot, cette méthode nouvell
confirme pleinement le résultat déjà obtenu par l'analyse de
gaz, pour la moitié la moins réfrangible du spectre. Mais ell
n'en reste pas là. On aperçoit, en effet, un second groupemen
de Bactéries dans la moitié la plus réfrangible, où les rayon
sont aussi, comme on sait, fortement absorbés par la chloro
phylle. Le maximum se trouve dans le violet au delà de l·
raie F ; il est beaucoup plus faible que l'autre ; mais si cett
seconde courbe des Bactéries s'élève moins haut, elle s'étenc
aussi beaucoup plus en largeur que la première, résultat dû à
la grande dispersion des rayons dans cette région du spectre

En somme, les deux groupements, c'est-à-dire les deux dégagements d'oxygène qu'ils accusent, s'équivalent, comme s'équivalent les deux absorptions de rayons qui les provoquent. Si donc l'on partage la région lumineuse du spectre, de la longueur d'onde λ = 0,765, à la longueur d'onde λ = 0,395, en deux moitiés égales par la longueur d'onde λ = 0,580, l'intensité de l'assimilation du carbone par la feuille se trouve être exactement la même dans ces deux moitiés, résultat d'une grande importance, qui avait échappé aux autres méthodes de recherche.

Cette méthode des Bactéries permet encore de démontrer que la décomposition de l'acide carbonique est exclusivement localisée dans les chloroleucites, et ne s'opère pas dans le protoplasme incolore où ils plongent. En choisissant, en effet, soit des feuilles dont les cellules ont des grains de chlorophylle gros et espacés, soit des filaments de Spirogyre où les chloroleucites ont la forme de rubans spiralés, on voit les Bactéries s'accumuler uniquement sur les chloroleucites, laissant inoccupé tout l'espace protoplasmique qui les sépare.

Influence de l'intensité de la lumière et du degré de la température sur l'assimilation du carbone. — L'assimilation du carbone ne dépend pas seulement de la réfrangibilité des rayons incidents, mais encore de leur intensité. Pour commencer la décomposition de l'acide carbonique sous l'influence de la chlorophylle, il faut une lumière beaucoup plus intense que pour produire la chlorophylle elle-même. Il y a donc une certaine intensité faible, et même un certain nombre de degrés d'intensité faible, qui suffisent pour que la chlorophylle prenne naissance, mais où elle est et demeure impuissante à décomposer l'acide carbonique. Ainsi bon nombre de plantes (Haricot, Fève, Courge, Capucine, Dahlie, etc.), exposées au fond d'une chambre à la lumière diffuse d'un jour d'été, verdissent rapidement leurs feuilles, mais sans décomposer d'acide carbonique les jours suivants. Placées contre la fenêtre, ces mêmes plantes verdissent de même, mais ensuite assimilent du carbone. La lumière émise par une lampe à gaz valant 50 bougies a déjà une intensité suffisante pour provoquer dans les feuilles de Blé, de Tulipe, de Bambou, de hamédore, etc., une forte décomposition d'acide carbonique. e phénomène va croissant ensuite avec l'intensité lumineuse, 'abord rapidement, puis de plus en plus lentement, jusqu'à ne certaine intensité où il atteint son maximum. Alors, de

deux choses l'une, suivant les plantes. Ou bien le phénomène
conserve ensuite la même valeur, à mesure que l'intensité
lumineuse va croissant, et cela jusqu'au degré où la chlorophylle est détruite : il n'y a pas d'optimum. Il en est ainsi pour
les plantes submergées (Élodée, Zannichellie, etc.), chez qui
le maximum de décomposition correspond à peu près à l'insolation directe. Ou bien le phénomène décroît ensuite à mesure
que l'intensité lumineuse augmente et il y a un optimum.
Pour certaines plantes, cet optimum correspond à la lumière
solaire directe (Calamagroste, etc.). Il paraît en être ainsi
pour la plupart de nos plantes de grande culture. Pour
d'autres, il est inférieur à la lumière solaire directe; celles-ci
décomposent mieux l'acide carbonique derrière un écran
qu'en plein soleil. Ainsi, par exemple, une feuille de Bambou,
qui décompose 9 centimètres cubes d'acide carbonique en
plein soleil, en décompose pendant le même temps 17 centimètres cubes, près du double, si on l'abrite derrière une
feuille de papier. Ces plantes peuvent donc assimiler tout
autant et même plus de carbone à l'ombre qu'au soleil; il en
est ainsi pour tous les végétaux qui prospèrent à l'ombre
(Mousses, Fougères, etc.).

Si la lumière est supprimée ou ramenée au-dessous de la
limite inférieure des intensités actives, la décomposition de
l'acide carbonique cesse aussitôt. Il n'y a donc pas ici d'effet
ultérieur. Seulement l'oxygène déjà produit, et qui s'est accumulé dans la feuille, continue à se dégager, jusqu'à ce qu'il y
ait équilibre entre l'atmosphère interne et le milieu externe;
de même, la feuille appauvrie en acide carbonique continue à
en absorber dans le milieu extérieur, jusqu'à ce qu'il y ait
équilibre. Il semble donc qu'on assiste à une continuation du
phénomène, quand il s'agit seulement d'un effet antérieur qui
s'épuise peu à peu. La chose est particulièrement nette dans
les plantes submergées, à cause du vaste système de canaux
aérifères où l'oxygène formé s'accumule sous pression.

La décomposition de l'acide carbonique varie aussi avec la
température. Il y a une limite inférieure, au-dessous de
laquelle elle ne s'opère pas, et qui varie suivant les plantes.
Elle est située, par exemple, entre $0°,5$ et $2°,5$ pour le Mélèze,
entre $1°,5$ et $3°,5$ pour les herbes des prairies ; elle est à $6°$ pour
la Vallisnérie, entre $10°$ et $15°$ pour le Potamot.

A partir de cette limite inférieure, le phénomène va croissant constamment avec la température, au moins jusqu'à $30°$

Une branche feuillée d'Orme, par exemple, soumise à un éclairage constant, dégage : à 7°, 0,71 d'oxygène ; à 10°, 0,93 ; à 28°, 2,35, à 30°, 3,45. La décomposition de l'acide carbonique paraît donc suivre, en fonction de la température, la même marche que la respiration.

Influence de la nature de la plante et de la pression de l'acide carbonique sur l'assimilation du carbone. — Vis-à-vis de l'intensité de la lumière et vis-à-vis du degré de la température, les diverses plantes ont déjà, comme on vient de le voir, des exigences et des préférences très inégales : telle décompose plus énergiquement l'acide carbonique en plein soleil, comme la plupart de nos plantes de grande culture ; telle autre le décompose mieux à l'ombre d'une épaisse forêt, comme les Mousses, les Fougères, les Surelles, etc. En outre, si l'on expose chacune d'elles à son optimum d'intensité lumineuse et à la même température, on observe que leurs feuilles décomposent, dans le même temps et à égalité de surface, des quantités d'acide carbonique très différentes. Les plantes grasses, par exemple, en décomposent beaucoup moins que les plantes herbacées. Parmi ces dernières, si l'on désigne par 100 la quantité d'acide carbonique absorbée en dix heures par un centimètre carré de feuille dans la Capucine, le Haricot en absorbe 72, le Ricin 118, l'Hélianthe 124.

Dans une plante donnée, si les deux faces de la feuille sont semblables, c'est-à-dire si l'écorce est homogène, elles décomposent aussi, toutes choses égales d'ailleurs, la même quantité d'acide carbonique. Cette égalité d'assimilation se retrouve quelquefois quand les deux faces sont différentes et que l'écorce est hétérogène (Marronnier, Pêcher, Platane, etc.). Mais, dans ce cas, il y a souvent une grande différence entre les deux surfaces ; c'est alors la surface supérieure, plus dure à cause de sa cuticule plus épaisse, d'un vert plus sombre et privée de stomates, qui absorbe et décompose plus d'acide carbonique que la face inférieure. Dans le Nérion oléandre, vulgairement Laurier-rose, par exemple, le rapport moyen au soleil est de 102 à 44 ; à l'ombre, il ne dépasse pas 2 ; pour la Ronce d'Ida, vulgairement Framboisier, il est de 2 ; pour le Peuplier blanc, il s'élève à 6.

La décomposition de l'acide carbonique par la feuille dépend encore de la pression de ce gaz dans l'atmosphère ambiante. Placées à la lumière, dans de l'acide carbonique pur, les feuilles ne décomposent pas ce gaz. Pour que sa décomposition ait lieu, il faut qu'il soit fortement dilué dans un gaz inerte ou dans le vide. Elle est encore nulle ou très faible à 75 p. 100, à 66 p. 100 et même à 50 p. 100. Elle s'opère ensuite de mieux en mieux, à mesure que la pression de l'acide carbonique diminue, jusqu'à une certaine pression où elle s'opère le mieux possible ; plus bas, elle s'opère ensuite de moins en moins bien, mais elle a lieu encore très aisément dans l'atmosphère ordinaire, qui ne contient, comme on sait, que $\frac{3}{10000}$ de son volume d'acide carbonique. L'optimum varie d'ailleurs avec la nature des plantes; il est de 8 à 10 p. 100 dans la Glycérie, de 5 à 7 p. 100 dans la Massette, de moins encore dans le Nérion. D'une façon générale, la dose de 10 p. 100 convient à la plupart des plantes.

Action simultanée de la respiration et de l'assimilation du carbone par la feuille. — La respiration de la feuille a lieu à tout instant et dans toutes les parties, aussi bien dans ses cellules incolores que dans ses cellules vertes, et dans ces dernières, aussi bien dans le protoplasme incolore que dans les chloroleucites. L'assimilation du carbone n'a lieu que lorsque la feuille est éclairée et lorsque l'intensité de la lumière incidente dépasse une certaine intensité; elle ne se produit que dans les cellules vertes, et à l'intérieur de celles-ci, seulement dans les chloroleucites. Comment ces deux phéno-mènes, l'un continu dans le temps et dans l'espace, l'autre discontinu à la fois dans le temps et dans l'espace, superpo-sent-ils leurs effets?

A l'obscurité ou à une lumière diffuse trop faible, la feuille ne fait que respirer; c'est alors dans l'air extérieur qu'elle puise tout l'oxygène qui lui est nécessaire. Mais, dès que la lumière devient assez intense pour que les deux bandes de rayons absorbés par la chlorophylle suffisent à décomposer l'acide carbonique que la feuille contient et à en mettre l'oxygène en liberté, c'est à cette source plus directe que le membre prend désormais, d'abord une partie, puis, à mesure que l'intensité lumineuse augmente, la totalité de l'oxygène nécessaire à sa respiration. La feuille absorbe donc de moins en moins d'oxygène dans le milieu extérieur, et enfin n'en absorbe plus du tout. Il y a une certaine intensité lumineuse telle que la décomposition de l'acide carbonique réalisée par la feuille dans un temps donné fournit exactement à la feuille tout l'oxygène dont elle a besoin pendant le même temps; il n'y a alors ni oxygène absorbé, ni oxygène dégagé par la feuille; au point de vue de l'oxygène, la respiration et l'assimilation du carbone se compensent exactement. Dès que l'intensité lumineuse dépasse ce point, il y a plus d'oxygène produit que d'oxygène consommé par la feuille et l'excès se dégage dans l'air extérieur; au point de vue de l'oxygène, l'assimilation excède alors et masque la respiration.

On peut raisonner de même au sujet de l'acide carbonique. A l'obscurité et à une lumière diffuse trop faible, la feuille déverse dans l'air extérieur tout l'acide carbonique qu'elle produit par sa respiration. Mais, dès que la lumière a acquis une intensité suffisante pour décomposer en un certain temps une partie de l'acide carbonique produit pendant ce temps, c'est seulement l'excès qui se dégage, et cet excès va diminuant de plus en plus. Il est nul quand l'intensité lumineuse est telle que tout l'acide carbonique produit dans la feuille en un temps donné est exactement décomposé par elle pendant le même temps. A ce moment, la feuille ne dégage ni n'absorbe d'acide carbonique dans l'air extérieur; au point de vue de l'acide carbonique, la respiration et l'assimilation du carbone se compensent exactement. A cause de la presque égalité des rapports des gaz émis et absorbés, tant dans la respiration que dans l'assimilation du carbone, ce moment correspond sensiblement à celui où la feuille n'absorbe ni ne dégage d'oxygène : de sorte qu'à tous égards la respiration et l'assimilation du carbone s'alimentent l'une l'autre et compensent leurs effets. La feuille n'altère alors en aucune façon l'atmosphère qui l'entoure. Cet état d'équilibre entre les deux fonctions inverses se trouve souvent réalisé d'une façon transitoire dans la nature. Si la lumière croît en intensité, elle décompose bientôt dans un temps donné plus d'acide carbonique que la feuille n'en produit dans le même temps; la différence est puisée par absorption dans l'atmosphère ambiante. Au point de vue de l'acide carbonique, comme tout à l'heure au point de vue de l'oxygène, l'assimilation excède alors et masque la respiration.

Quand on étudie en pleine lumière l'assimilation du carbone par la feuille, en mesurant l'acide carbonique absorbé et l'oxygène émis pendant un certain temps dans l'air ambiant, on n'étudie donc en réalité que l'excès de l'assimilation sur la respiration pendant ce temps. Pour obtenir l'assimilation vraie, à l'acide carbonique absorbé il faut ajouter celui qui a été produit, à l'oxygène émis celui qui a été absorbé par la feuille pendant le même temps. Avant d'étudier l'assimilation du carbone par les feuilles d'une plante donnée dans des conditions déterminées, il est donc toujours nécessaire d'étudier la respiration de ces feuilles dans ces mêmes conditions.

Quand la lumière est intense, la décomposition de l'acide carbonique, bien que localisée exclusivement sur les chloroleucites, est beaucoup plus énergique que sa production, bien que celle-ci s'opère à la fois dans tous les points du protoplasme. On en jugera par l'exemple suivant. Au soleil, un mètre carré de feuilles de Nérion oléandre, vulgairement Laurier-rose, absorbe par heure $1^{lit},108$ d'acide carbonique dans l'air ambiant; à l'obscurité, la même surface n'en dégage dans le même temps que $0^{lit},07$, c'est-à-dire environ 16 fois moins. Il suffit donc de trois quarts d'heure d'insolation le matin pour que les feuilles du Nérion aient réparé toute la perte de carbone qu'elles ont subie pendant la nuit précédente. A partir de ce moment, le carbone provenant de la décomposition de l'acide carbonique puisé dans le milieu extérieur s'ajoute au poids de la feuille, qui se trouve, à la fin de la journée, avoir réalisé de ce chef un gain considérable.

Chlorovaporisation de la feuille. — En même temps qu'elle décompose l'acide carbonique et en assimile le carbone, sous l'influence d'une partie des mêmes radiations absorbées par la chlorophylle, la feuille aérienne émet au dehors une grande quantité de vapeur d'eau : elle chlorovaporise (p. 53), et c'est la seconde de ses fonctions essentielles. La chlorovaporisation, qui a son siège dans les chloroleucites, ajoute son effet à ceux de la transpiration, qui a son siège dans le protoplasme, mais elle est beaucoup plus énergique. Une feuille de Blé, par exemple, qui transpire 1^{cc} d'eau à l'obscurité, et qui en transpire $2^{cc},5$ au soleil quand elle est étiolée, vaporise plus de 100^{cc} d'eau au soleil pendant le même temps quand elle est verte; 97,5 pour 100 de l'eau vaporisée au soleil sont donc, dans le Blé, la part de la chlorovaporisation; 2,5 pour 100 seulement sont la part de la transpiration.

Pour mesurer l'intensité de la chlorovaporisation, on emploie l'une des trois méthodes indiquées plus haut pour l'étude de la transpiration (p. 295), en prenant soin d'opérer avec une feuille verte et en pleine lumière. La quantité d'eau recueillie par condensation dans la première méthode, perdue dans la seconde, absorbée dans la troisième, mesure la somme des intensités de la transpiration à la lumière et de la chlorovaporisation. Pour isoler cette dernière, on détermine, toutes choses égales d'ailleurs, l'intensité de la transpiration à la lumière de la feuille considérée et l'on fait la soustraction. Cette détermination peut se faire de deux manières : 1° avec une feuille étiolée, de même nature et de même surface que la feuille considérée ; 2° avec une feuille blanche d'une variété à feuilles panachées (Négonde, Aspidistre, etc.), de même surface que la feuille étudiée. De l'une ou de l'autre façon, on s'assure que la transpiration, même exaltée par la lumière, ne prend qu'une très petite part, 2 à 3 pour 100 seulement, du phénomène total. C'est donc à la chlorovaporisation qu'est due la plus grande partie de l'eau éliminée par les feuilles aériennes à la lumière.

Ce phénomène atteint d'ailleurs une grande intensité. On en jugera par quelques exemples. Un Hélianthe annuel en pot chlorovaporise en moyenne, pendant les 12 heures du jour, 0^k,625 d'eau. Un plant d'Avoine, pendant la durée entière de sa végétation évaluée à 90 jours, dégage 6^k,278 d'eau : ce qui donne par jour, pour un hectare d'Avoine contenant un million de plants, 25 000 kilogrammes d'eau. Un champ de Maïs dégage, par hectare contenant 30 plants au mètre carré, en 16 heures de jour, 36 000 kilogrammes d'eau. Un champ de Choux, où les plants sont espacés de 0^m,50, dégage par hectare, en 12 heures de jour, 20 000 kilogrammes d'eau. Un Chêne isolé, portant environ 70 000 feuilles, a chlovaporisé, de juin à octobre, en 5 mois, une quantité totale de 111 225 kilogrammes d'eau. On peut se figurer par là quelle énorme quantité d'eau est déversée chaque jour dans l'atmosphère par les feuilles des herbes des prairies et des champs, et par celles des arbres des forêts.

Cette grande énergie du phénomène s'explique par l'énorme surface des feuilles, souvent multipliée encore par les poils qui les couvrent. Mais surtout il faut considérer que l'intérieur de l'écorce de la feuille aérienne est creusé de nombreux interstices pleins d'air, communiquant entre eux et formant dans la feuille une sorte d'atmosphère intérieure (p. 280, fig. 102, *l*). Par les nombreux stomates que porte le limbe, cette atmosphère communique directement avec l'air extérieur. La chlorovaporisation a lieu le long de ces surfaces libres internes et la vapeur d'eau tend à acquérir dans les interstices une pression de plus en plus forte, qui s'équilibre à mesure grâce à la sortie de la vapeur d'eau par les stomates, lesquels sont, comme on sait, largement ouverts à la lumière.

Ainsi, tandis que l'eau transpirée par la feuille s'exhale principalement par sa surface externe, l'eau chlorovaporisée s'exhale principalement par sa surface interne, le long des interstices, avec sortie par les stomates. Les stomates, les stomates aérifères bien entendu, sont donc les organes essentiels de la chlorovaporisation de la feuille.

Mais il va sans dire qu'il ne faut pas pour cela s'attendre à une proportionnalité de la chlorovaporisation d'une feuille avec le nombre de ses stomates ; c'est, en effet, de l'étendue des surfaces libres internes, non du nombre des orifices de sortie que le phénomène dépend réellement. Ainsi, le rapport de la chlorovaporisation de la face supérieure, quand elle est dépourvue de stomates, à celle de la face inférieure, qui en est pourvue, est de 1 à 2 dans la Verveine, de 1 à 2,5 dans le Tilleul, de 1 à 7 dans le Balisier ; en moyenne, pour une dizaine de plantes assez différentes (Houx, Lilas, Citronnier, Vigne, Poirier, Hélianthe, etc.), ce rapport est de 1 à 4,3 au soleil, de 1 à 2,4 à l'ombre. Quand les deux faces ont des stomates, l'avantage est à celle qui en possède le plus. Dans la Capucine, par exemple, le rapport des nombres de stomates étant de 4 sur la face supérieure, à 5 sur la face inférieure, celui des quantités d'eau chlorovaporisée est de 1 à 2 ; dans la Dahlie, le premier rapport est de 1 à 2, le second de 2 à 3 ; dans l'Atrope belladone, le premier est de 1 à 5, le second de 5 à 6. Il peut arriver cependant que les deux surfaces, avec des nombres très différents de stomates, chlorovaporisent des quantités égales ; ainsi, dans la Guimauve, les stomates sont dans le rapport de 2 à 11, et la chlorovaporisation est la même.

Cherchons maintenant comment l'intensité de la chlorovaporisation varie avec la réfrangibilité et l'intensité de la lumière incidente, avec la température, avec la nature et l'âge de la feuille considérée.

Influence des conditions externes et internes sur 1 chlorovaporisation de la feuille. — Dans l'action nécessair exercée par la lumière blanche sur la chlorovaporisation, quelle est la part des rayons de diverse réfrangibilité qui 1 composent? En plaçant des feuilles en voie de chlorovapori sation dans les diverses régions du spectre, on a vu que le_ rayons actifs sont, d'une part, les rayons rouges compri entre les raies B et C, de l'autre les rayons bleus et violets qui forment l'extrémité la plus réfrangible du spectre. Les rayons jaunes n'ont qu'une très faible action ; les rayons verts n'en ont pas du tout. Or les rayons rouges entre B et C, d'une part, les rayons bleus et violets, d'autre part, sont précisément ceux que la chlorophylle absorbe énergiquement, comme on l'a vu plus haut (p. 299). Ce sont donc les radiations que la chlorophylle absorbe dans le faisceau lumineux incident qui provoquent la chorovaporisation de la feuille, c'est-à-dire ceux-là mêmes qui y provoquent, comme on sait, l'assimilation de carbone. Des radiations qu'elle absorbe, la feuille fait donc deux parts : l'une consacrée au travail chimique de décomposition de l'acide carbonique, l'autre employée au travail physique de chlorovaporisation.

Il suffit déjà d'une faible intensité lumineuse, celle d'une flamme de gaz, par exemple, pour commencer la chlorovaporisation. L'intensité du phénomène croît ensuite avec celle de la lumière. La chlorovaporisation croît aussi avec la température, du moins jusqu'à un certain degré.

Dans les conditions ordinaires, l'assimilation du carbone et la chlorovaporisation s'accomplissent en même temps dans la feuille, en se partageant les radiations absorbées par les chloroleucites. Si donc, sans rien changer à l'éclairage, on vient à suspendre l'une de ces deux fonctions, il est à croire que l'autre, ayant désormais à sa disposition la totalité des radiations absorbées, s'en accroîtra d'autant. C'est ce que l'expérience a pleinement confirmé. Pour arrêter la chlorovaporisation, il suffit de plonger dans l'eau les feuilles d'abord étudiées dans l'air ; aussitôt l'assimilation du carbone est exaltée. Pour arrêter l'assimilation du carbone, il suffit soit de placer les feuilles étudiées dans une atmosphère privée d'acide carbonique, soit de les soumettre à l'action ménagée des vapeurs d'éther ou de chloroforme ; aussitôt la chlorovaporisation se trouve notablement accrue, souvent doublée ; avec le Chêne, par exemple, elle passe de 0,71 sans éther, à 1,47 en présence de l'éther.

Dans les mêmes conditions extérieures, la quantité d'eau chlorovaporisée dans le même temps, à surface égale ou à volume égal, par une feuille adulte est très différente suivant les plantes. Ainsi, en rapportant la quantité d'eau chlorovaporisée à la surface, on a obtenu les rapports décroissants : Chou $\frac{1}{80}$, Prunier $\frac{1}{109}$, Hélianthe $\frac{1}{165}$, Vigne $\frac{1}{191}$, Citronnier $\frac{1}{218}$. D'une fa on générale, la chlorovaporisation atteint sa plus grande énergie dans les feuilles des plantes herbacées, et, sous ce rapport, les Graminées tiennent le premier rang. Elle est déjà moindre sur les feuilles caduques des arbres et arbustes; elle atteint son minimum sur les feuilles persissantes ou charnues. Ainsi, en rapportant la chlorovaporisation totale annuelle au poids de la plante, on a obtenu les nombres suivants : Érable 455, Berbéride 322, Chêne pédonculé 226, Frêne 183, Mélèze 177, If 77, Sapin 52, Houx 50, Chêne yeuse, 26.

Enfin, dans les mêmes conditions extérieures et dans la même plante, si l'on considère une feuille à ses divers âges, on voit que la chlorovaporisation y est plus forte quand elle vient de terminer sa croissance que plus tôt pendant qu'elle s'accroît, et que plus tard quand sa surface s'est affermie en devenant moins perméable. Ainsi, par exemple, le long de la tige de l'Hélianthe tubéreux, vulgairement Topinambour, le maximum a lieu sur la onzième feuille à partir du sommet.

Importance de la chlorovaporisation. — La fonction de la feuille que nous venons d'étudier est un des phénomènes les plus importants de la vie de la plante. Abstraction faite de la faible quantité d'eau consommée par la croissance, et de la faible quantité d'eau transpirée par la tige et les feuilles, c'est, en effet, la chlorovaporisation des feuilles qui provoque et qui règle l'absorption du liquide du sol par les racines. Grâce à elle, un courant tenant en dissolution les matières solubles du sol pénètre continuellement dans la plante et parcourt incessamment, des racines aux feuilles, toute l'étendue de son corps. En se vaporisant dans la feuille, ce liquide laisse dans la plante toutes les substances solubles qu'il y a introduites et qui sont les éléments nécessaires pour la construction de l'organisme.

Assimilation du carbone et chlorovaporisation sont donc les deux fonctions principales de la feuille; ce sont aussi les deux clefs de voûte de la nutrition de la plante.

Émission de liquide par la feuille à la suite de la cessation de la chlorovaporisation. Nectar. — Quand la chlorovaporisation se trouve brusquement annulée, comme il arrive chaque soir au coucher du soleil, les feuilles continuant à recevoir des racines par la tige du nouveau liquide, une pression de plus en plus forte s'y établit et l'eau finit par perler à la surface sous forme de fines gouttelettes. Ces gouttelettes grossissent

peu à peu, puis se détachent et tombent ; il s'en forme de nouvelles aux mêmes points, qui tombent à leur tour, et le phénomène se poursuit durant de longues heures, pour cesser chaque
matin dès que la chlorovaporisation reprend son énergie première. C'est par les stomates aquifères que le liquide s'échappe,
rarement par une simple fente produite par déchirure entre
les cellules épidermiques à la pointe du limbe, comme dans
les Graminées (Blé, Seigle, etc.).

Toujours placés au-dessus des dernières terminaisons des
nervures qui leur amènent le liquide, comme on le verra plus
loin, les stomates aquifères sont situés d'ordinaire au bord du
limbe, quelquefois sur sa face supérieure (p. 285). Tantôt ils
en occupent l'extrémité, comme dans les Aracées (Colocase,
Gouet, Richardie, etc.), tantôt les dents latérales, comme dans
la grande majorité des plantes, soit solitaires (fig. 104) (Fuchsie,
Primevère, Saxifrage, etc.), soit groupés par deux (Sureau,
Valériane, Groseillier, etc.), trois (Cyclame), six à huit (Orme,
Platane, Coudrier, etc.), ou davantage (Potentille, Chou,
Renoncule, diverses Ombellifères, etc.). Les feuilles submergées ont aussi de ces stomates aquifères soit à la pointe du
limbe (Callitriche, Hippure, etc.), soit à l'extrémité de chacun
des segments latéraux (Renoncule d'eau, etc.).

Le liquide expulsé est de l'eau tenant en dissolution une
très petite quantité de substances diverses, notamment du
bicarbonate de calcium. Il a des qualités physiques remarquables. Ayant traversé, dans le long trajet de l'extrémité des
racines au sommet des feuilles, un nombre incalculable de
membranes cellulaires, il est d'une limpidité absolue. Son
indice de réfraction est plus grand que celui de l'eau pure.
Aussi, quand à l'aurore les rayons du soleil levant viennent
raser la prairie, il se fait, dans toutes les gouttelettes si lim-
pides et si réfringentes qui occupent le sommet des feuilles,
des jeux de lumière éblouissants, bien des fois remarqués et
chantés par les poètes, mais attribués à tort à la rosée. Dans
es grandes herbes tropicales (Bananier, Amome, Colocase,
Richardie, etc.), la quantité d'eau rejetée est très considérable.
Du sommet d'une feuille d'Amome on en a recueilli un litre
en quatre nuits. Une feuille de Colocase en a rejeté par sa
pointe 20 à 22 grammes en une nuit; les gouttes s'échappaient
brusquement au nombre de 120 par minute et déterminaient
chaque fois dans la feuille un mouvement de recul. Quatre
euilles de Richardie en ont produit 36 grammes en 10 jours.

Si la feuille, différenciée en ascidie, est enroulée en cornet
(Sarracénie) ou en urne (Népenthe, fig. 99, Utriculaire, etc.),
le liquide expulsé n'est pas rejeté au dehors; il s'accumule
peu à peu dans le petit vase et peut être réabsorbé plus tard;
il est alors acide et contient 1 pour 100 de substance solide,
proportion beaucoup plus forte que dans les cas ordinaires.

Si la région de la feuille où il se dégage renferme des sucres
(saccharose, glucose et lévulose), le liquide est sucré, c'est du
nectar, et l'on appelle *nectaire* la région de la feuille où il est
émis. Tel est le suc qui s'échappe des renflements situés à la
base des pétioles secondaires de certaines Fougères (Ptéride,
Cyathée, etc.), tout couverts de stomates aquifères qui leur
donnent une couleur blanche. Tel est encore celui qui s'écoule
à travers les membranes des cellules superficielles sur les renflements latéraux du pétiole dans le Ricin, le Prunier, l'Amandier, etc., sur les stipules de la Vesce, du Sureau, etc. Les
insectes, principalement les Bourdons et les Abeilles, sont très
friands de ce nectar des feuilles et vont le butiner, notamment
sur les stipules dans les champs de Vesce.

Mouvements de la feuille développée. — Outre les courbures de nutation, de géotropisme et de phototropisme (p. 293),
dues à une modification de la croissance et qui prennent fin
avec elle, la feuille offre divers mouvements qui ne s'y manifestent que quand les premiers sont épuisés, et qui ont pour
effet d'altérer momentanément la position fixe qui leur a été
assignée par eux. Parmi ces mouvements, les uns sont produits par la lumière, d'autres par les agents mécaniques,
d'autres enfin sont spontanés, c'est-à-dire dus à des causes
internes. Quelques mots sur chacune de ces trois catégories
de mouvements.

1º **Mouvements de sommeil.** — Chez bon nombre de végétaux, la lumière provoque dans les feuilles développées un
mouvement spécial. La plante étant mise brusquement à l'obscurité, ses feuilles tantôt s'abaissent, tantôt se relèvent, sui
vant les cas, et prennent en quelques instants ce qu'on appell
leur position nocturne ou de *sommeil*. Une fois le végéta
amené à cet état, il suffit de lui rendre la lumière pour voi
aussitôt ses feuilles se relever ou s'abaisser, de manière à
reprendre une direction étalée dans un plan, qui est leur posi
tion diurne ou de *veille*. Toute augmentation d'intensité lumi
neuse détermine un mouvement dans le sens de la positior
diurne, toute diminution d'intensité entraîne au contraire un

déplacement vers la position nocturne. Ce sont les rayons de la moitié la plus réfrangible du spectre, bleus, violets et ultra-violets, qui exercent seuls cette action ; les rayons jaunes et rouges se comportent comme l'obscurité. La localisation dans le spectre est donc sensiblement la même que pour le photo-tropisme (p. 231).

C'est dans les feuilles des Légumineuses, des Oxalidacées, des Marsilies, que ces mouvements se manifestent avec la plus grande énergie ; mais on les observe aussi chez beaucoup d'autres plantes tant Dicotylédones (Stellaire, Mauve, Ketmie, Lin, Balsamine, Onagre, Ipomée, Nicotiane, etc.), que Mono-cotylédones (Colocase, Marante, etc.) et Gymnospermes (Sapin, etc.). Les feuilles ou folioles ainsi mobiles sont quel-

Fig. 110. — Feuille de Trèfle rampant : *A*, le jour ; *B*, la nuit.

quefois pourvues à la base d'un renflement, qui est le siège du mouvement et qu'on nomme renflement moteur (Légumi-neuses, Oxalidacées, etc.) ; mais ailleurs ce renflement fait défaut, et c'est la région basilaire du pétiole, ou sa région supérieure où s'attache le limbe, qui se courbe pour exécuter les mouvements.

La position diurne est toujours caractérisée par l'épanouis-sement complet des surfaces foliaires, la position nocturne, au contraire, par le reploiement des surfaces, qui se recou-vrent de diverses manières en se tournant tantôt en haut (fig. 110), tantôt en bas (fig. 111), tantôt latéralement. Les folioles du Lotier, du Trèfle (fig. 110), de la Luzerne, de la Vesce, de la Gesse, du Baguenaudier, de la Marsilie, etc., prennent leur position nocturne en se tournant vers le haut, de manière à appliquer leurs faces supérieures l'une contre l'autre : c'est le cas le plus fréquent ; de même le Nicotiane tabac, le Strèphe fleuri, etc., relèvent leurs feuilles simples en les appliquant contre la tige. Au contraire, les folioles du Lupin (fig. 111), du Robinier, de la Réglisse, de la Glycine, de la Casse, du Haricot, de la Surelle, etc., pendent vers le bas, de manière à se toucher par leurs faces inférieures. Dans la Mimeuse, l'Acacie, le Tamarinier, etc., les folioles se tournent de côté et s'appliquent en avant, le long du pétiole qui les porte. Le mouvement peut d'ailleurs être différent dans les diverses parties d'une même feuille composée. Ainsi le pétiole commun du Haricot, de la Casse, etc., se relève le soir, tandis que les folioles s'abaissent; le pétiole primaire de la Mimeuse, au contraire, s'abaisse, pendant que les pétioles secondaires se rapprochent et que les folioles se couchent latéralement sur leurs flancs.

Qu'il s'opère vers le haut, vers le bas ou latéralement, le

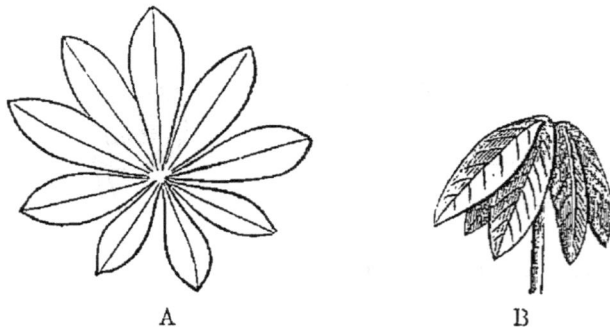

g. 111. — Feuille de Lupin poilu : *A*, le jour ; *B*, la nuit.

reployement des surfaces foliaires caractéristique du sommeil a pour résultat évident de diminuer le rayonnement nocturne et par suite le refroidissement de la feuille, et de le réduire au minimum. Aussi voit-on la rosée se déposer plus abondante sur les folioles quand on les force, en les fixant, à demeurer étalées pendant la nuit, que lorsqu'elles peuvent se redresser ou se rabattre comme à l'ordinaire. En reployant ses feuilles, la plante se protège donc contre le froid des nuits. Très utile en tout temps, cette protection devient pour elle, à de certaines époques, une question de vie ou de mort.

Quel est le mécanisme de ces mouvements, dont on comprend maintenant toute l'importance? Remarquons d'abord que, dans la position nocturne, le renflement moteur est rigide, gonflé d'eau, turgescent. La courbure à l'obscurité a donc lieu par suite d'un afflux de liquide; suivant que le gonflement de l'écorce est plus considérable en haut ou en bas, la flexion se produit vers le bas ou vers le haut. Dans la position diurne, au contraire, le renflement est mou, flasque, pauvre en eau; la lumière a donc pour effet de retirer de l'eau du renflement et d'en ramener les deux moitiés à la même tension. Ce double effet paraît dû à la variation brusque introduite dans la chlorovaporisation de la feuille par la suppression ou l'arrivée de la lumière. A l'obscurité, la chlorovaporisation se trouvant brusquement amoindrie, l'eau, qui de la tige afflue dans le pétiole, s'accumule dans le renflement moteur, qui se gonfle et détermine la position nocturne. A la lumière, la chlorovaporisation reprend son énergie première, l'eau du renflement est soutirée et la feuille s'étale de nouveau. Les mouvements de sommeil des feuilles sont donc dans la dépendance immédiate de leur chlorovaporisation.

2° **Mouvements provoqués par une irritation mécanique.**

Certaines plantes dont les feuilles sont douées des mouvements de sommeil, et d'autres qui en sont dépourvues, se montrent sensibles à l'attouchement et à l'ébranlement. Si 'on touche légèrement une certaine place déterminée de la euille, toujours située du côté qui deviendra concave, ou si on la frotte doucement avec un corps solide, aussitôt cette face e raccourcit, ce qui détermine une courbure du côté touché. Le même effet s'obtient en imprimant à toute autre partie de la feuille ou de la plante un choc un peu plus fort, qui retentit naturellement sur la région sensible. Ordinairement la région ensible est couverte de poils, par le moyen desquels tout contact léger, le passage d'un insecte par exemple, se transorme aussitôt en un ébranlement qui excite la feuille. Une ois courbée par cette excitation mécanique, la feuille se edresse plus tard, reprend sa direction normale et redevient pte à se courber de nouveau sous une nouvelle excitation.

Chez les plantes dont les feuilles sont déjà douées de mouements de sommeil (Surelle, Mimeuse, Robinier, etc.), et notamment chez la plus sensible de toutes, la Mimeuse pudique, ulgairement Sensitive, le mouvement s'accomplit toujours dans le sens de la position nocturne, et la plante ébranlée offre le même aspect que si elle était en sommeil. Le mouvenent a aussi son siège au même endroit, c'est-à-dire dans le enflement moteur du pétiole primaire et des folioles. Mais si 'on remarque que, dans l'abaissement dû à l'excitation, le enflement moteur est mou, flasque, pauvre en eau, tandis que dans l'abaissement dû à l'obscurité il est dur, gonflé, riche en eau, on voit tout de suite que l'explication mécanique du phénomène devra être toute différente.

Dans la Sensitive, par exemple, le siège de l'excitation et du mouvement est la région inférieure du renflement moteur. L'expérience montre qu'à la suite de l'excitation, les cellules de la moitié inférieure du renflement se contractent et expulsent l'eau qui se rend, partie dans les espaces intercellulaires, partie dans la moitié supérieure, partie aussi dans la tige ; en conséquence, cette moitié inférieure devient flasque, et se raccourcit, tandis que la moitié supérieure reste sans

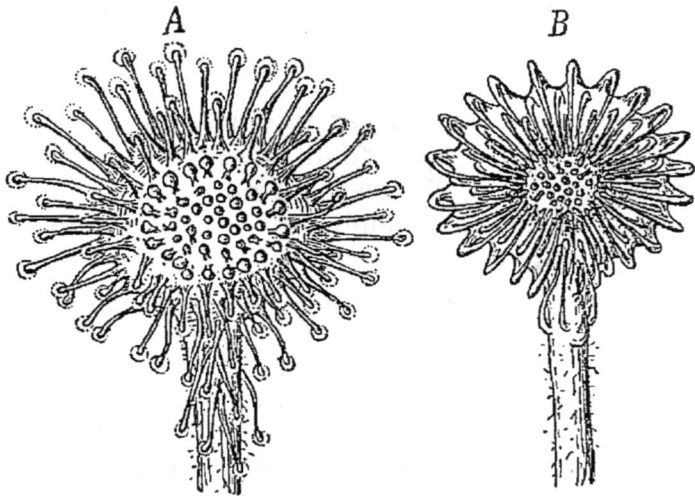

Fig. 112. — Feuille de Rossolis : A, avant, B, après l'excitation.

changement ou même s'allonge un peu : d'où résulte nécessairement la courbure du renflement vers le bas et l'abaissement du pétiole. Le raccourcissement des cellules inférieures est amené par une brusque contraction du protoplasme, entraînant avec lui la membrane mince qui l'entoure, tandis que l'eau des hydroleucites formant le suc cellulaire es expulsée et filtre au dehors. Les cellules de la moitié supérieure du renflement ayant une membrane beaucoup plus épaisse, on comprend que cette contraction ne s'y produis pas ou du moins demeure sans effet sur le volume total de l cellule. Le phénomène est ramené ainsi à une contractilit' spéciale du protoplasme, mise en jeu par un attouchemen léger ou un faible ébranlement, c'est-à-dire à une caus toute différente de celle qui provoque les mouvements d sommeil.

Les feuilles du Rossolis et de la Dionée, quoique dépourvues de mouvements de sommeil, jouissent cependant d'une irritabilité remarquable. Les premières portent, au bord et sur toute la surface supérieure, une série de segments étroits et renflés à l'extrémité, pourvus chacun d'une petite méristèle, et dont le nombre s'élève en moyenne à 200 (fig. 112, *A*). Ils sécrètent un liquide extrêmement visqueux, dont les gouttes brillent au soleil comme de la rosée : d'où le nom de Rossolis. Sous l'influence d'un léger contact exercé sur eux ou sur la

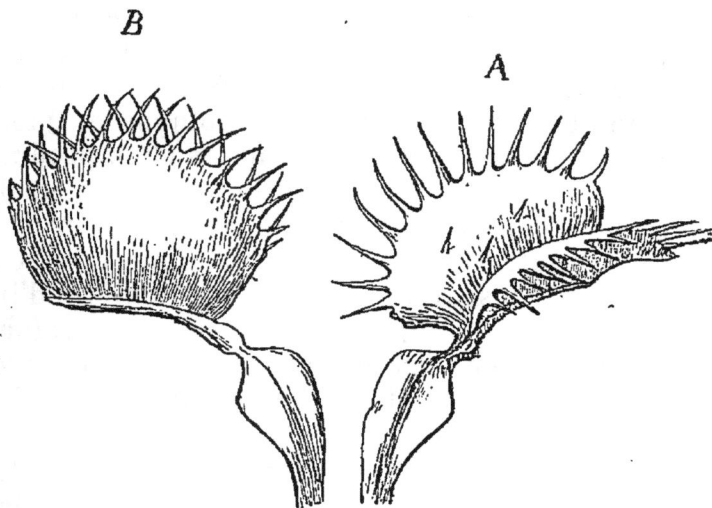

Fig. 113. — Feuille de Dionée gobe-mouche : *A*, ouverte; *B*, repliée.

urface même du limbe, ces segments s'inclinent tous et se recourbent autour du point touché (fig. 112, *B*). De son côté, e limbe se reploie du sommet à la base en devenant concave ur sa face supérieure. Si c'est un insecte qui se pose sur la 'euille, ou qui se promène à sa surface, les segments se rabattent autour de lui, le fixent en l'enveloppant du liquide visqueux qu'ils sécrètent et le limbe en s'enroulant l'enferme omplètement. Il est pris au piège.

Chacune des moitiés du limbe bilobé de la Dionée (fig. 113) 'ossède au milieu de sa face supérieure trois poils effilés qui n sont les points sensibles (fig. 113, *A*); en outre, toute la surace est hérissée de petits poils courts sécrétant un liquide iucilagineux. Le moindre attouchement de l'un des trois poils nsibles détermine aussitôt le reploiement du limbe autour e sa nervure médiane comme charnière (fig. 113, *B*); en même temps les segments fins et pointus qui prolongent le bord s'engrènent étroitement. Qu'un insecte, en passant sur la feuille, vienne à frôler l'un de ces poils, il sera pris au piège et enveloppé par le liquide mucilagineux. Ainsi capturé par le Rossolis ou la Dionée, l'insecte paraît attaqué et peu à peu dissous par le liquide acide et visqueux sécrété par la feuille.

3° **Mouvements spontanés.** — Certaines plantes pourvues de mouvements de sommeil offrent encore dans leurs feuilles, des mouvements indépendants de la lumière, dus à des causes internes, *spontanés*, comme on dit (Légumineuses, Oxalidacées, Marantées, Marsilie, etc.). Ils consistent essentiellement en un abaissement et un relèvement alternatifs de la feuille entière et de chacune de ses parties, si elle est composée. Quelquefois l'oscillation ne dure que quelques minutes et se produit constamment, le jour comme la nuit (folioles latérales du Desmode oscillant). Mais le plus souvent il faut, pour la mettre en évidence, annuler l'influence de la lumière en exposant la plante soit à l'obscurité, soit à une lumière d'intensité constante, soit aux vapeurs d'éther ou de chloroforme qui empêchent les mouvements de sommeil, sans altérer les mouvements spontanés (Haricot, Trèfle, Mimeuse, Surelle, Marsilie, etc.).

Ici encore, c'est dans le renflement basilaire du pétiole que réside la cause du mouvement. La courbure alternative de ce renflement est due à ce que tantôt sa région inférieure, tantô sa région supérieure augmente de volume, ce qui porte la feuille tantôt vers le haut, tantôt vers le bas. Ce changemen de volume ne peut avoir pour cause qu'un gonflement et dégon flement alternatifs des cellules, sous l'influence d'une absorp tion et d'une expulsion d'eau, c'est-à-dire sous l'influence d'un augmentation et d'une diminution alternatives dans le pouvoi osmotique des hydroleucites qui enferment le suc cellulaire. son tour, cette variation périodique du pouvoir osmotique es provoquée par une variation analogue dans la production pa la feuille et l'utilisation par la tige des substances soluble. contenues dans le suc cellulaire, notamment des sucres, ei un mot par une inégalité alternative dans les phénomène nutritifs.

En somme, les divers mouvements des feuilles développée sont dus à autant de causes distinctes : les mouvements d sommeil à un arrêt de la chlorovaporisation, les mouvement excités à une contractilité propre du protoplasme, les mouvements spontanés à une inégalité périodique des phénomènes nutritifs.

Résumé des fonctions externes de la feuille. — En résumé, la feuille en voie de croissance se dirige sous l'influence combinée de la pesanteur et de la lumière ; quand elle est développée, elle respire, transpire, assimile le carbone, chlorovaporise, et peut encore se mouvoir de diverses manières. La direction, la respiration et la transpiration sont des fonctions externes qu'elle partage avec la racine et la tige, dont elle jouit non comme feuille, mais comme partie intégrante du corps de la plante : ce sont des fonctions générales. Au contraire, l'assimilation du carbone, la chlorovaporisation et même la motricité, sont des fonctions spéciales, dont elle jouit comme feuille et dont la racine et la tige sont également dépourvues.

Au lieu de ces fonctions principales, qu'elle remplit toutes les fois qu'elle possède sa forme ordinaire, la feuille en prend d'autres toutes les fois qu'elle se différencie, comme il a été dit à la page 265. Différenciée en vrille, par exemple, en épine ou en réservoir d'air, elle soutient la plante, en écaille ligneuse, elle protège le bourgeon, etc. : ce sont là des fonctions externes accessoires, qu'il suffit de signaler.

§ 4

FONCTIONS INTERNES DE LA FEUILLE

Soutenir ses diverses parties, et notamment son limbe, dans la direction que lui ont imprimée les forces naturelles ; conduire, depuis l'insertion du pétiole sur la tige jusque dans les profondeurs de l'écorce du limbe, le liquide venu du sol, la sève ascendante, qui a traversé la racine et la tige ; transformer ce liquide d'abord par la chlorovaporisation, qui lui fait perdre beaucoup d'eau, puis par l'assimilation du carbone, qui y introduit divers composés ternaires, notamment des hydrates de carbone, et l'amener ainsi à un état où il prend le nom de *sève élaborée* ; ramener enfin cette sève élaborée, depuis l'écorce du limbe où elle a pris naissance, jusqu'à la tige qui la distribue ensuite aux lieux d'utilisation ou de mise en réserve : telles sont les princi-

pales fonctions internes de la feuille. De toutes, la plus
importante est sans contredit la transformation de la sève
ascendante en sève élaborée, résultat immédiat de la chlorovaporisation et de l'assimilation du carbone, qui sont ses deux
plus importantes fonctions externes (p. 312). Il y faut ajouter
les fonctions accessoires que la feuille remplit soit quand elle
est ordinaire, comme de contribuer à la sécrétion, soit quand
elle subit une différenciation secondaire, comme de servir de
réservoir nutritif pour les développements ultérieurs.

Soutien. — Dans la feuille, les tissus de soutien sont disposés, comme il a été dit à la page 272, de diverses manières
mais toujours de façon à supporter le mieux possible, dans
chaque cas particulier, la charge qui leur est appliquée.
La croissance intercalaire y étant d'assez longue durée,
on comprend que le tissu de soutien y soit souvent non du
sclérenchyme, tissu mort et incapable d'extension, mais du
parenchyme scléreux et surtout du collenchyme, tissu
vivant capable de s'allonger pour suivre la croissance du
membre.

Transport de la sève ascendante. — En affluant dans la
feuille, la sève ascendante poursuit simplement la voie qu'elle
a parcourue dans la tige. C'est donc par les vaisseaux du bois
du faisceau libéroligneux qu'elle chemine dans les méristèles
jusque dans les plus fines mailles de leur réseau et jusqu'au
voisinage de leurs extrémités libres. Arrivée là, elle pénètre
dans le bonnet de vaisseaux péridesmiques qui coiffe, comme
on l'a vu p. 284, la terminaison du faisceau libéroligneux, ell
s'y accumule, arrive à l'endoderme sous une large surface et
le traverse pour se diffuser dans l'écorce. Si les vaisseau.
péridesmiques forment, tout le long de la méristèle, deux ailes
latérales, comme chez les Conifères, ou une seule aile ventale,
comme chez les Cycadacées, c'est aussi tout le long de la
méristèle que s'opère ce passage. C'est cette transfusion de la
sève ascendante, qui a fait donner à l'ensemble des vaisseaux
péridesmiques le nom de *tissu de transfusion* (p. 286). Si l'écorc
de la feuille possède un système de vaisseaux corticaux
ordinairement anastomosés çà et là avec les vaisseaux péri
desmiques et par eux avec le bois du faisceau libéroligneux,
demeurant parfois séparés des vaisseaux péridesmiques par
l'endoderme (Podocarpe, Cycade, etc.), la sève ascendant
passe d'abord, directement dans le premier cas, indirectemen
dans le second, dans ce système de vaisseaux corticaux, qu

la distribue ensuite dans toutes les régions de l'écorce, ce qui a fait donner à l'ensemble des vaisseaux corticaux le nom de *tissu d'irrigation* (p. 282).

Si la feuille est en voie de chlorovaporisation active, l'écorce soutire constamment la sève de ces vaisseaux, ce qui permet un écoulement continu. C'est, en effet, aux dépens du liquide ainsi amené dans l'écorce, que la chlorovaporisation s'exerce sur toutes les faces libres des cellules et que la vapeur d'eau s'accumule dans les méats et lacunes, pour se dégager ensuite par les stomates aérifères.

Si la chlorovaporisation est arrêtée, le liquide s'amasse d'abord sous pression dans les vaisseaux péridesmiques, qui forment un réservoir aquifère au sommet de chaque terminaison périphérique des méristèles. Puis, l'excès s'échappe lentement à l'état liquide par les stomates aquifères, en filtrant peu à peu à travers l'épithème (p. 284, fig. 104).

Transformation de la sève ascendante en sève élaborée. — A mesure qu'elle se concentre ainsi par la chlorovaporisation, la sève ascendante reçoit en dissolution des hydrates de carbone, qui sont les produits directs de l'assimilation du carbone et de sa fixation sur les éléments de l'eau. Quel est le premier produit immédiatement observable de cette synthèse? C'est très probablement du glucose, qui, dans la plupart des plantes, se trouve produit en excès et dont une partie se met aussitôt en réserve au lieu même de sa production, c'est-à-dire dans les chloroleucites, sous forme de grains d'amidon. On s'en assure en exposant à la lumière, dans de l'air chargé d'acide carbonique, une feuille aux chloroleucites de laquelle on a, par un séjour préalable à l'obscurité, fait perdre toute trace d'amidon. Bientôt on voit apparaître de nouveaux grains d'amidon dans les chloroleucites. Au soleil, il suffit pour cela d'une heure ou deux avec une feuille d'Élodée ou de Funaire ; à la lumière diffuse, il faut quatre à six heures. L'apparition de l'amidon est d'ailleurs d'autant plus rapide que la proportion d'acide carbonique dans le milieu extérieur est plus favorable à sa décomposition (p. 306). Ainsi, dans les feuilles d'une plantule de Radis, l'amidon apparaît dans les chloroleucites après un quart d'heure d'insolation, si l'atmosphère contient 8 pour 100 d'acide carbonique, tandis qu'il y faut une heure dans l'air ordinaire. Si la feuille est placée au soleil dans une atmosphère privée d'acide carbonique, non seulement la production d'amidon n'a pas lieu, mais encore l'amidon préalablement formé disparaît dans ces conditions, comme à l'obscurité.

Dans certaines plantes, comme le Bananier, l'Ail, l'Asphodèle, l'Orchide, la Laitue, etc., le glucose produit dans les chloroleucites se répand en totalité dans le protoplasme, sans former d'amidon. Mais si l'on place les feuilles de ces plantes dans des conditions où leur assimilation est plus énergique, le glucose se trouve produit en excès, et cet excès se met en réserve sous forme de grains d'amidon dans les chloroleucites, comme dans les plantes ordinaires (Bananier, Strélitzie, etc.).

La sève ascendante a amené dans la feuille de l'azote à l'état d'acide nitrique ou d'ammoniaque, puisé dans le sol par les racines sous forme de nitrates ou de sels ammoniacaux. Le glucose, une fois formé sous l'influence de la lumière et de la chlorophylle, se combine à l'acide nitrique ou à l'ammoniaque pour former d'abord des amides, comme l'asparagine, la leucine, la tyrosine, etc., puis, par un nouveau degré de synthèse, des composés albuminoïdes. L'azote est alors définitivement assimilé. L'azote libre de l'air ne prend aucune part directe dans ce phénomène. A la formation des composés albuminoïdes, contribuent aussi le phosphore des phosphates, le soufre des sulfates, le silicium des silicates, le potassium, le calcium, le magnésium, le fer, le zinc et le manganèse des sels correspondants : en tout neuf corps simples nouveaux, trois métalloïdes et six métaux, qui, ajoutés au carbone, à l'hydrogène, à l'oxygène et à l'azote, font les treize corps simples nécessaires et suffisants à l'édification du corps de la plante (p. 55).

De ces treize éléments, douze sont absorbés dans le sol par la racine et sont amenés dans la feuille par la sève ascendante ; seul, le plus important de tous, il est vrai, celui dont l'assimilation est le point de départ nécessaire de l'assimilation de tous les autres, le carbone, est absorbé dans l'air par la feuille sous forme d'acide carbonique. Le carbone est aussi le seul élément dont l'assimilation exige l'action simultanée de la lumière et de la chlorophylle. Une fois le glucose formé, en effet, tous les degrés ultérieurs de la synthèse progressive des albuminoïdes peuvent s'opérer aussi bien à l'obscurité qu'à la lumière, dans une cellule incolore que dans une cellule verte. A partir du glucose, la synthèse a donc lieu dans le protoplasme incolore et par les seules forces qui agissent en lui.

Transport de la sève élaborée. — Des cellules de l'écorce, où ils ont pris naissance, comme il vient d'être dit, les divers produits assimilés : hydrates de carbone, amides, substances albuminoïdes, etc., dissous dans une petite quantité d'eau, sont repris par les tubes criblés qui forment la partie inférieure, libérienne, du faisceau libéroligneux de chaque méristèle; ils constituent désormais la *sève élaborée*. De proche en proche, cette sève élaborée est amenée, par la voie des tubes criblés, dans la tige, où elle est en partie consommée sur place, en partie mise en réserve pour les développements ultérieurs, tandis qu'une troisième partie descend de la tige dans la racine. Une fois que la feuille a terminé sa croissance, les deux courants dont ses méristèles sont le siège cheminent donc toujours en sens inverse, l'un montant rapidement dans les vaisseaux du bois, l'autre descendant lentement par les tubes criblés du liber. Il n'en est pas de même pendant la croissance du limbe; le courant libérien y monte alors tout aussi bien que le courant ligneux.

Sécrétion et dépôt des réserves. — La feuille contribue puissamment à la fonction de sécrétion. Le tissu sécréteur y revêt, comme on sait (p. 272 et p. 276), les formes les plus diverses et se rencontre aussi bien dans les méristèles que dans l'écorce et l'épiderme. D'une façon générale, il y offre la même forme et y affecte la même situation que dans la tige du végétal considéré.

Dans certaines plantes, les feuilles vertes, assimilatrices, sont elles-mêmes le siège d'un abondant dépôt de matières de réserve, notamment d'amidon, de sucre de Canne, etc. Ces feuilles, dites grasses (p. 245), gonflent alors beaucoup leur écorce, dont la zone médiane, où la lumière n'arrive pas, demeure incolore et se consacre à la mise en réserve (Crassulacées, Ficoïde, Agave, Aloès, etc.). Ailleurs, certaines feuilles de la plante se différencient tout entières pour jouer ce rôle, demeurent incolores et forment, comme il a été dit page 266, des écailles nourricières; réunies en plus ou moins grand nombre autour d'une courte tige, ces écailles constituent des bulbes et des bulbilles; quand il n'y en a qu'une seule, très épaisse, le bulbe est dit *solide* (Gagée, Ail moly, etc.). C'est dans leur écorce massive que s'accumulent les substances de réserve, amenées par les tubes criblés des méristèles. Ici donc, les courants des méristèles sont tous deux ascendants.

Résumé des fonctions internes de la feuille. — En résumé, parmi les fonctions internes de la feuille, une seule est spéciale à ce membre : c'est la formation de la sève élaborée. Les autres appartiennent au même titre à la tige et à la racine et sont des fonctions générales, que la feuille remplit, non comme feuille, mais comme partie constitutive du corps vivant de la plante : ce sont le soutien, le transport de la sève ascendante, le transport de la sève élaborée, la sécrétion et enfin le rôle de réservoir nutritif, les trois premières essentielles, les deux dernières accessoires.

CHAPITRE CINQUIÈME

LA FLEUR

Sachant comment une plante phanérogame adulte manifeste et entretient sa vie à l'aide des trois membres : racine, tige et feuille, qui composent son corps, il faut étudier comment elle se reproduit. Pour faire ses œufs, la plante phanérogame ne se complique pas d'un membre nouveau ; elle se borne à différencier sur sa tige un rameau, ou une portion de rameau, avec les feuilles qu'il porte ; ainsi différencié, ce rameau feuillé, ou cette portion de rameau feuillé, constitue la *fleur*. Si, comme on fait souvent, on appelle *pousse* l'ensemble formé par un rameau et ses feuilles, on dira que la fleur est une pousse ou une partie de pousse différenciée.

La fleur n'étant ainsi qu'un composé de tige et de feuilles, son étude aurait pu logiquement être faite, partie avec celle des différenciations secondaires de la tige (p. 147), partie surtout avec celle des différenciations secondaires de la feuille (p. 269). Cependant il existe ici, entre la tige et les feuilles, une si intime communauté d'action, le but poursuivi en commun est à la fois si particulier et si important, que la fleur nous apparaît comme une sorte d'organe *sui generis*, comme un tout nettement séparé du reste de la plante. Dès lors, il devient nécessaire de lui consacrer un chapitre spécial. Nous l'étudierons ici, comme nous avons fait pour les trois membres fondamentaux du corps, d'abord au point de vue morphologique, puis au point de vue physiologique.

MORPHOLOGIE DE LA FLEUR

Quand la fleur est une pousse différenciée tout entière, elle est toujours nettement limitée par rapport au reste du corps. Quand elle ne comprend qu'une partie de la pousse, ordinairement sa région terminale, de deux choses l'une : ou bien la différenciation est brusque et la limite nette (Tulipe, Pavot, etc.); ou bien elle s'opère progressivement, on observe sur le rameau tous les passages entre les feuilles ordinaires et les feuilles florales et il est impossible de dire exactement où la fleur commence (Hellébore, etc.).

Le rameau de la pousse florale est le *pédicelle*, et son sommet, élargi en cône, arrondi en sphère, aplati en assiette ou creusé en coupe, est le *réceptacle* de la fleur. Sur ses flancs, le pédicelle porte souvent des feuilles incomplètement différenciées ou rudimentaires : ce sont des *bractées*. Autour de son sommet, sur le réceptacle, il produit une rosette de feuilles profondément différenciées, qui constituent la fleur proprement dite et, avant son épanouissement, à l'état de bourgeon terminal, le *bouton*. Le rôle du pédicelle se borne à produire et à porter les diverses feuilles qui sont les éléments constitutifs essentiels de la fleur. Aussi, quand nous étudierons la fleur proprement dite, n'aurons-nous pas à nous préoccuper du réceptacle, si ce n'est d'une manière tout à fait accessoire. L'étude de la fleur est essentiellement une analyse de feuilles différenciées.

Il est une circonstance pourtant où le pédicelle joue un rôle important, c'est dans la disposition des fleurs sur le corps de la plante. Cette disposition dépend, en effet, des diverses manières d'être du pédicelle et, comme elle relie l'étude de la fleur à celle du corps végétatif, c'est le premier point que nous avons à examiner.

§ 1

DISPOSITION DES FLEURS. INFLORESCENCE

La manière dont la plante fleurit, c'est-à-dire dont les pousses florales sont distribuées sur son corps par rapport aux pousses végétatives, est ce qu'on appelle son *inflorescence*. Constante dans le même végétal et quelquefois dans de vastes groupes de plantes, l'inflorescence subit des modifications nombreuses, mais qui peuvent se rattacher à quelques types bien définis, et ce sont ces types que nous avons à caractériser.

Divers modes d'inflorescence. — Quand le pédicelle, pourvu ou non de bractées, ne se ramifie pas, la fleur tranche isolément çà et là sur la ramification végétative : l'inflorescence est *solitaire*. Quand le pédicelle se ramifie à l'aisselle des bractées qu'il porte, les fleurs, portées au bout de pédicelles secondaires, tertiaires, etc., sont rapprochées par groupes et ce sont ces groupes de fleurs qui tranchent çà et là sur la ramification végétative : l'inflorescence est *groupée*. Simple ou rameux, le pédicelle peut n'être que la terminaison différenciée soit de la tige principale, soit de quelqu'une de ses branches feuillées ordinaires : l'inflorescence est alors *terminale*. Simple ou rameux, il peut provenir aussi de la différenciation d'une branche tout entière située à l'aisselle d'une feuille : l'inflorescence est alors *axillaire*. D'où quatre modes :

Inflorescence	solitaire . .	terminale	(Tulipe, Pavot, etc.).
		axillaire	(Pervenche, Violette, etc.).
	groupée . .	terminale	(Lilas, Blé, etc.).
		axillaire	(Labiées, etc.).

Inflorescence solitaire. — Il y a peu de choses à dire au sujet de l'inflorescence solitaire. Bornons-nous à remarquer que la fleur solitaire, quand elle est terminale, arrive quelquefois, par suite d'une ramification particulière de la tige feuillée au-dessous d'elle, à occuper une situation singulière.

Si les feuilles sont isolées, la première feuille située au-dessous de la fleur peut développer son bourgeon axillaire en une branche puissante, qui rejette latéralement le pédicelle plus grêle situé au-dessus d'elle et vient se placer dans le prolongement de la tige. Après avoir porté un certain nombre de feuilles, cette branche se termine à son tour par une fleur. A l'aisselle de sa dernière feuille, elle forme une nouvelle branche qui rejette la fleur de côté, se place dans le prolongement de la première, et ainsi de suite. En un mot, il se constitue de la sorte un sympode, comme nous en avons rencontré plusieurs fois en étudiant la ramification de la tige, avec cette différence que le sympode prend naissance ici, non par avortement du bourgeon terminal, comme dans le Tilleul, ni par destruction de la région feuillée de la tige, comme dans le Polygonate, vulgairement Sceau-de-Salomon, mais par différenciation de chaque sommet en une fleur. Le long du sympode, les pédicelles floraux sont rejetés de côté, sans feuilles immédiatement au-dessous, et diamétralement opposés chacun à une feuille. A ces caractères, on distingue toujours une fleur terminale, ainsi rejetée latéralement, d'une fleur axillaire. Une pareille fleur solitaire est dite *oppositifoliée* (Némophile, Cuphée, etc.).

Si les feuilles sont opposées et si les deux dernières feuilles développent chacune une branche puissante, la fleur solitaire conserve sa position terminale, mais se trouve située dans une sorte de dichotomie de la tige (Érythrée, Mouron, etc.). C'est le phénomène déjà constaté dans le Lilas (p. 143), avec cette différence qu'au lieu d'avorter, le bourgeon terminal se développe ici en une fleur.

Inflorescence groupée. — Quand le pédicelle se ramifie à un seul degré, le groupe de fleurs est *simple* et sa forme générale dépend à la fois de la longueur i des intervalles qui séparent les pédicelles secondaires sur le pédicelle primaire et de la longueur p de ces pédicelles secondaires. Elle varie avec ces deux éléments et, sous ce rapport, on peut distinguer quatre types, reliés par beaucoup d'intermédiaires.

Avec i et p longs, on a une *grappe* (fig. 114) (Cytise, Groseillier, etc.); avec i long et p nul, on a un *épi* (fig. 116) (Plantain, Verveine, Charme, etc.); avec i nul et p long, on a une *ombelle* (fig. 117) (Cerisier, Astrance, etc.); avec i et p nuls, on a un *capitule* (fig. 118) (Composées, Panicaut, etc.). Dans le capitule, le pédicelle primaire se dilate au sommet pour porter les petites fleurs sessiles : cette extrémité élargie, c'est le *réceptacle commun* des fleurs (fig. 118, *a*), relevé en cône (Matricaire, Panicaut, etc.), aplati en assiette (Hélianthe, Dorsténie, etc.), creusé en cuvette (Ambore) ou en bouteille (Figuier). Parmi les cas intermédiaires à ces quatre types, on distingue, sous le nom de *corymbe* (fig. 115), celui où la grappe se raccourcit progressivement vers le sommet, à la fois dans ses pédicelles et dans les intervalles qui les séparent, de manière que toutes les fleurs arrivent sensiblement à la même hauteur (Poirier, Prunier, etc.).

Quand le groupe est simple, le nombre des pédicelles laté-

raux n'est pas à considérer ; il est en général grand et indéterminé. S'il est petit, réduit à deux, ou à un seul, on se borne
à dire que la grappe, le corymbe, l'épi, l'ombelle, le capitule
est pauciflore, triflore, biflore.

Quand le pédicelle se ramifie à plusieurs degrés, les pédicelles secondaires se ramifiant à leur tour, les pédicelles tertiaires faisant de même, et ainsi de suite, le groupe de fleurs
est *composé*. Il y a lieu alors de distinguer le cas général, où
le nombre des pédicelles secondaires est plus ou moins grand

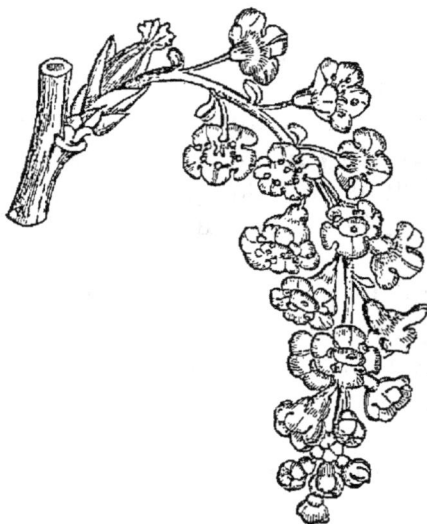

Fig. 114. — Grappe du Groseillier.　　　Fig. 115. — Corymbe du Poirier.

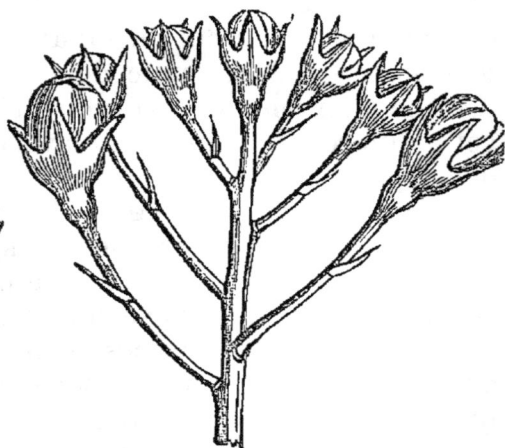

et indéterminé, du cas particulier, où il est petit, réduit à
deux ou à un seul.

Dans le cas général, de deux choses l'une. Ou bien la ramification s'opère suivant le même mode à tous les degrés
successifs et l'on a : une *grappe composée* (Lilas, Vigne, etc.),
un *corymbe composé* (Sorbier alisier, etc.), un épi composé
(Blé, Millet, etc.), une *ombelle composée* (Dauce carotte, Fenouil,
et presque toutes les Ombellifères), un *capitule composé* (Échi-
nope, Scabieuse, etc.). Ou bien elle change de mode d'un
degré à l'autre, et l'on obtient : une *grappe d'épis* (Avoine, etc.),
une *grappe d'ombelles* (Lierre, etc.), une *grappe de capitules* (Pétasite, etc.), un *corymbe composé de capitules* (Achillée, etc.), etc.

Dans le cas particulier, où le nombre des pédicelles latéraux de chaque degré est petit, réduit souvent à deux ou à un seul, mais où, par une sorte de compensation, leur puissance de ramification est très grande, l'ensemble a reçu le nom de *cyme*. Une cyme n'est donc autre chose qu'une grappe ou un épi pauciflore, composé à plusieurs degrés. Elle est *multipare*, s'il y a plus de deux pédicelles secondaires (diverses Euphorbes, Orpin, etc.); elle est *bipare*, s'il y en a deux, égaux (Bégonie, Radiole, etc.) ou inégaux (beaucoup de Caryophyllées, certaines Renonculacées, etc.); elle est *unipare*, s'il n'y en a qu'un seul. Dans ce dernier cas, chaque pédicelle tend à se placer dans le prolongement de la région inférieure du pédicelle précédent, en rejetant latéralement la région supérieure de ce pédicelle; en un mot, il se fait un sympode, des flancs duquel se détachent les extrémités florifères des pédicelles successifs; celles-ci sont diamétralement opposées aux bractées, ce qui empêche aussitôt de les prendre pour autant de rameaux latéraux. S'il y a homodromie à chaque degré de ramification (p. 260),

Fig. 116. — Épi du Charme; à droite, une fleur grossie.

c'est-à-dire à chaque passage d'un segment à l'autre sur le sympode, les fleurs sont, comme les bractées auxquelles elles sont opposées, réparties également sur une hélice continue tout autour du sympode, qui est droit : la cyme unipare est dite *hélicoïde* (Hémérocalle, Alstrémère, Sparmannie, certaines Solanacées, etc.). S'il y a, au contraire, antidromie à chaque passage d'un degré au suivant, ou d'un segment au suivant sur le sympode, toutes les fleurs sont insérées sur le même côté, et toutes les bractées sur le côté opposé du sympode, qui s'enroule en spirale : la cyme unipare est dite *scorpioïde* (Hélianthème, Borragacées, la plupart des Hydrophyllacées, Rossolis, Échévérie, Tradescantie, etc.).

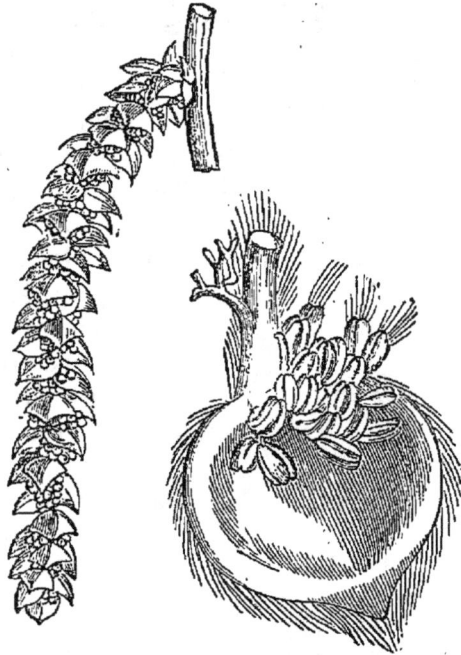

Il arrive assez fréquemment que la cyme multipare, en s'appauvrissant, se continue en cyme bipare (Périploce), ou qu'une cyme bipare dégénère en cyme unipare en ne développant désormais qu'une de ses branches (Caryophyllées, Malvacées, Linacées, Solanacées, Consoude, Bourrache, Hémérocalle, etc.). On remarquera que la cyme unipare ne diffère de l'inflorescence solitaire oppositifoliée que parce que les feuilles y sont remplacées par des bractées; la même différence se retrouve entre la cyme bipare et les fleurs solitaires dans une dichotomie.

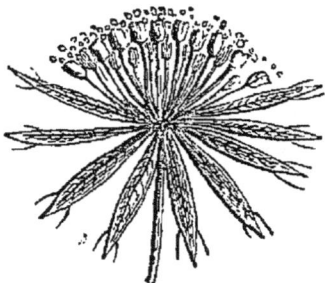

Fig. 117. — Ombelle de l'Astrance, avec son involucre.

Le cas particulier se combine d'ailleurs assez souvent avec le cas général, la cyme avec la grappe, de manière à former un groupe mixte, et cela de deux manières diverses. Tantôt c'est la grappe qui en s'appauvrissant dégénère en cyme, et l'on a une grappe de cymes bipares (Chimonanthe, etc.), une grappe de cymes unipares scorpioïdes (Marronnier, Vipérine, etc.) ou héliçoïdes (Millepertuis, etc.), une ombelle composée de cymes bipares (Viorne tin, etc.), une ombelle de cymes unipares scorpioïdes (Butome, etc.), etc. Tantôt c'est, au contraire, une cyme qui s'élève à l'état de grappe, et l'on a, par exemple, une cyme bipare de capitules (Silphe, etc.), une cyme unipare scorpioïde de capitules (Chicorée, Vernonie, etc.) ou d'ombelles (Caucalide, etc.), une cyme unipare héliçoïde de grappes (Phytolaque, etc.), etc.

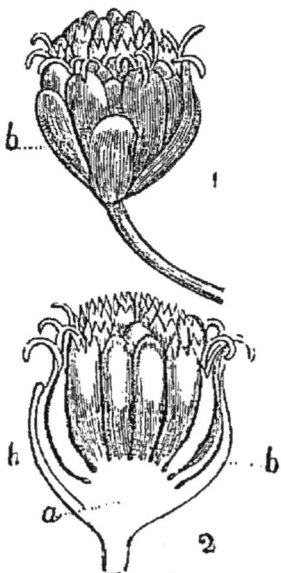

Fig. 118. — Capitule de l'Armoise. 1, entier; 2, coupé en long; a, réceptacle commun; b, involucre.

Bractées. Spathe. Involucre. — Le pédicelle de la fleur solitaire est quelquefois nu, dépourvu de bractées; on passe alors, sans aucun intermédiaire, de la dernière feuille ordinaire à la fleur proprement dite, et la différenciation florale est aussi brusque que possible (Tulipe, Pavot, Mouron, etc.). Le plus souvent cependant quand il est simple, et toujours quand il se ramifie, le pédicelle porte sur ses flancs un certain nombre de bractées. Ce sont ordinairement de très petites feuilles, rudimentaires, incolores ou verdâtres, et il faut quelque attention pour les apercevoir. Quelquefois même elles avortent de bonne heure et complètement (sur le pédicelle primaire dans l'Angélique, le Cerfeuil, le Fenouil, les Graminées, les Crucifères, etc.). Parfois, au contraire, elles prennent un grand développement, de vives couleurs et contribuent à l'éclat des fleurs (Origan, Sauge, etc.) ; c'est même à de pareilles bractées colorées que certaines fleurs, par elles-mêmes petites et peu apparentes, doivent toute leur beauté (certaines Broméliacées, Bananier, Bougainvillée, Poinsettie, etc.).

Chez un grand nombre de Monocotylédones, notamment chez les Aracées et les Palmiers, le pédicelle primaire du groupe floral porte au-dessous des fleurs une large bractée engainante, qui, sans former de pédicelle secondaire à son aisselle, prend une dimension considérable et enveloppe dans le jeune âge le groupe tout entier. Cette grande bractée protectrice, qui s'ouvre plus tard pour permettre aux fleurs de

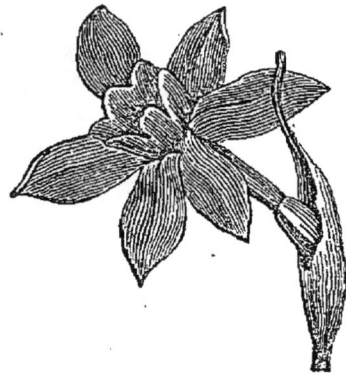

Fig. 119. — Spathe uniflore du Narcisse.

s'épanouir à l'air, est une *spathe*. La spathe peut aussi n'envelopper qu'une seule fleur : elle est alors *uniflore* (fig. 119) (Narcisse, etc.). Dans les Aracées, où elle enveloppe un épi simple (fig. 120), elle prend souvent une forme singulière (Gouet, Colocase, etc.) et une couleur éclatante, blanche (Richardie, Calle) ou rouge écarlate (certains Anthures).

Quand l'inflorescence est en ombelle, les bractées mères des divers pédicelles, rapprochées en verticille, entourent comme d'une collerette le point de départ commun des branches. Ce verticille de bractées, qui enveloppe et protège l'ombelle dans le jeune âge, est un *involucre* (fig. 117). Si l'ombelle est composée, outre l'involucre général, il y a un involucre partiel ou *involucelle* à la base de chaque ombelle simple (Dauce carotte et autres Ombellifères). Quand l'inflorescence est en capitule, les bractées mères de la rangée de fleurs la plus externe se développent plus que les autres, de manière à envelopper le capitule avant son épanouissement (fig. 118); ce cercle de bractées est encore un involucre (Séneçon, etc.).

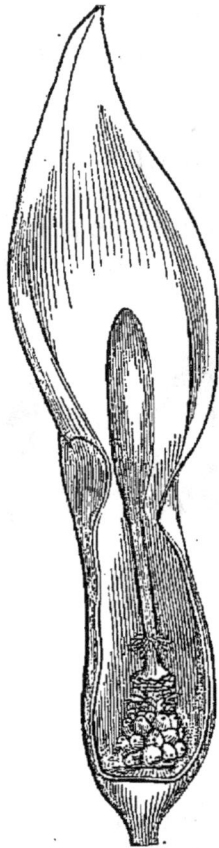

Fig. 120. — Spathe du Gouet, coupée en avant pour laisser voir l'épi qu'elle enveloppe.

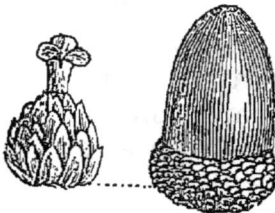

Fig. 121. — Cupule du Chêne : fleur et fruit.

D'autres bractées, situées plus bas sur le pédicelle et stériles, viennent s'ajouter souvent en plus ou moins grand nombre aux premières, et c'est l'ensemble de toutes ces bractées imbriquées, stériles et fertiles, qui constitue alors l'involucre (Centaurée, etc.). Sans être ramifié, le pédicelle peut porter, à une plus ou moins grande distance de la fleur qui le termine, un certain nombre de bractées stériles très développées, disposées à la même hauteur en verticille et qui enveloppent la fleur avant son épanouissement. C'est encore un involucre, mais qui n'entoure qu'une fleur, qui est *uniflore* (Anémone, Éranthe, Nigelle, OEillet, la plupart des Malvacées, Nyctagacées, etc.). Une spathe n'est après tout qu'un involucre formé d'une seule bractée. Les bractées de l'involucre peuvent aussi s'unir bord à bord par une croissance commune, et former un sac qui enferme soit un groupe de fleurs (Euphorbe, etc.), soit une fleur solitaire (Nyctage, etc.); on le dit alors *gamophylle*, appelant *dialyphylle* l'involucre qui a ses bractées libres.

Cupule. — Sous la fleur et après sa formation, on voit parfois se produire une excroissance de l'écorce du pédicelle, d'abord en forme de bourrelet annulaire, qui grandit plus tard, se relève en une sorte de coupe et produit à sa surface un grand nombre d'émergences écailleuses ou épineuses. On appelle *cupule* une semblable production directe du pédicelle, qu'il faut se garder de confondre avec un involucre gamophylle. La cupule est quelquefois uniflore et largement ouverte (fig. 121) (Chêne); ailleurs, elle enveloppe complètement un petit groupe de deux (Hêtre) ou de trois fleurs (Châtaignier).

Concrescences diverses du pédicelle. — Né à l'aisselle d'une feuille, le pédicelle floral peut se trouver entraîné avec l'entre-nœud de la tige situé au-dessus de cette feuille dans une croissance commune, de manière à ne s'en séparer que plus haut (diverses Morelles et Asclépiades). Ailleurs, il est concrescent avec la feuille ou la bractée à l'aisselle de laquelle il se développe, de manière à paraître inséré quelque part sur la nervure médiane de la feuille (Fragon, Helwingie) ou de la bractée (Tilleul). Enfin ces deux concrescences peuvent se produire à la fois dans toute la série des pédicelles disposés sur deux rangs le long d'une même branche ; on obtient alors un système aplati, un cladode (p. 252), portant des fleurs à l'aisselle de ses dents latérales (Xylophylle, Phylloclade).

Laissons maintenant de côté le pédicelle et les diverses bractées qu'il peut porter sur ses flancs, pour concentrer toute notre attention sur la fleur proprement dite qui le termine. Nous en étudierons d'abord la conformation générale, puis nous reprendrons avec détail chacune des parties qui la constituent.

§ 2

CONFORMATION GÉNÉRALE DE LA FLEUR

Les feuilles différenciées qui composent la fleur sont insérées autour du sommet du pédicelle, c'est-à-dire sur le réceptacle, suivant les règles bien connues de la disposition des feuilles ordinaires sur la tige (p. 253), c'est-à-dire tantôt en verticilles ordinairement alternes, tantôt isolément avec une divergence comme $\frac{2}{5}$, $\frac{3}{8}$, $\frac{5}{13}$, etc., formant alors des cycles superposés de 5, 8, 13 feuilles, etc. ; il peut arriver aussi que les deux dispositions, verticillée et cyclique, se rencontrent et se succèdent dans la même fleur, qui est alors mixte. Voyons quelles sont, dans ces trois cas, les parties constitutives de la fleur, en commençant par la disposition verticillée, qui est de beaucoup la plus fréquente.

Fleur verticillée complète. — Une fleur verticillée, complète mais sans complications, possède quatre verticilles différenciés entre eux et adaptés à tout autant de fonctions spéciales. A chacun d'eux et aux feuilles qui le composent on a donné un nom différent.

Le verticille le plus extérieur, qui forme l'enveloppe du bouton, est le *calice*; chacune de ses feuilles, ordinairement vertes, est un *sépale*. Le second verticille est la *corolle*; chacune de ses feuilles, ordinairement plus grande que les sépales et colorée autrement qu'en vert, est un *pétale*. Sépales et pétales ne sont le siège d'aucune production destinée à jouer un rôle direct dans la formation de l'œuf. Aussi le calice et la corolle n'ont-ils qu'une importance secondaire, subordonnée à celle des deux verticilles suivants. On les désigne souvent sous le nom collectif d'*enveloppes florales* ou de *périanthe*.

Le troisième verticille est l'*androcée*. Il est formé de feuilles plus profondément différenciées que les sépales et les pétales; chacune de ces feuilles est une *étamine*. L'étamine se compose d'un pétiole long et grêle appelé *filet*, et d'un petit limbe divisé en deux moitiés par une nervure médiane qui se prolonge quelquefois en pointe (fig. 122). Le long de chaque bord et habituellement sur sa face supérieure, ce petit limbe présente côte à côte deux proéminences allongées, parallèles à la nervure médiane. Ce sont des protubérances de l'écorce, de la nature des

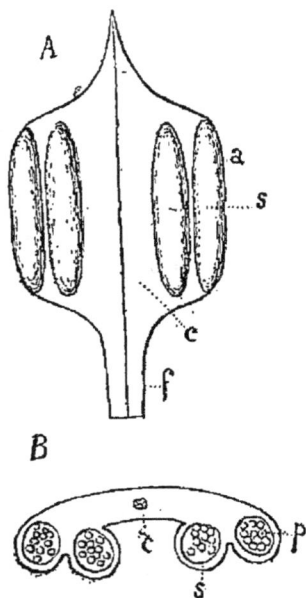

Fig. 122. — Étamine : *A*, vue de face; *f*, partie supérieure du filet; *a*, anthère; *s*, sacs polliniques; *c*, connectif. *B*, anthère coupée en travers; *p*, pollen.

émergences. Pleines dans le jeune âge, ces émergences sont l'objet d'un travail interne que nous étudierons plus tard, à la suite duquel elles se trouvent, au moment de l'épanouissement de la fleur, transformées chacune en un sac

contenant un plus ou moins grand nombre de cellules isolées en forme de grains arrondis. La paroi du sac se déchire alors et, par l'ouverture, les grains qu'il renfermait s'échappent au dehors. L'ensemble formé par le limbe et par ses quatre émergences en forme de sacs est l'*anthère*. La poussière de grains, ordinairement colorée en jaune, qui s'en échappe est le *pollen*. Chacune des quatre émergences où se produit le pollen est devenue, au moment de l'épanouissement, un *sac pollinique*. Enfin la partie médiane de l'anthère, comprenant la nervure et la partie libre du limbe, parce qu'elle réunit entre elles les deux paires de sacs polliniques, est désignée sous le nom de *connectif*.

L'étamine est donc, en résumé, une feuille pollinifère. Le pollen étant destiné, comme on le verra plus tard, à jouer le rôle mâle dans la formation de l'œuf, on donne déjà à l'étamine elle-même la qualification de feuille mâle, et au verticille des étamines celle de verticille mâle : d'où le nom d'*androcée*.

Le quatrième verticille, situé au centre de la fleur, et au-dessus duquel avorte le sommet du pédicelle, est le *pistil*. Il est formé de feuilles profondément différenciées aussi, mais tout autrement que les étamines; chacune de ces feuilles est un *carpelle*.

Un carpelle est formé d'un limbe sessile, élargi dans sa portion inférieure, se continuant par un prolongement grêle, et se terminant par une languette (fig. 123, *A* et *B*). La partie inférieure élargie, parcourue en son milieu par une nervure médiane, a ses deux bords épaissis et traversés chacun par une nervure marginale. Sur chaque bord épaissi s'attachent, par le moyen de petits cordons, un certain nombre de corps rrondis, disposés en une ou plusieurs séries longitudinales. es corps arrondis sont autant d'*ovules*. La cordelette qui sus-)end l'ovule est le *funicule*. Le bord épaissi du carpelle, où les vules s'attachent, est le *placente*. Enfin l'ensemble ainsi formé)ar la région élargie du carpelle est l'*ovaire*.

Le prolongement étroit du limbe, où pénètre la nervure nédiane, ne porte rien sur ses bords : c'est le *style*. Enfin la anguette, où se termine la nervure médiane, a sa surface iérissée de papilles et de poils qui sécrètent un liquide vis-[ueux : c'est le *stigmate*.

Le funicule de l'ovule est traversé par une petite nervure, ui est une branche de la nervure marginale ou placentaire u carpelle: le point où il s'attache à l'ovule est le *hile*. J'ovule lui-même est formé de deux parties (fig. 123, *C*). La)artie externe, en forme d'urne, est attachée sur le funicule u hile et se trouve ouverte en un autre point, de manière à lonner accès vers la partie interne : c'est le *tégument*. Son uverture est appelée *micropyle*. La partie interne est une nasse de forme ovale ou conique, attachée au tégument par a base, enveloppée par lui latéralement et tournant son ommet vers le micropyle : c'est le *nucelle*. Sa surface l'attache au tégument est appelée la *chalaze*.

22

Le tégument n'est pas autre chose qu'une expansion latérale du funicule, relevée en forme de sac. La nervure du funicule s'y répand d'ordinaire et même s'y ramifie, soit suivant le mode penné, soit suivant le mode palmé sous sa modification peltée. Il en résulte que la conformation du tégument n'est symétrique que par rapport à un plan. En résumé, le tégument est un petit limbe attaché par un petit

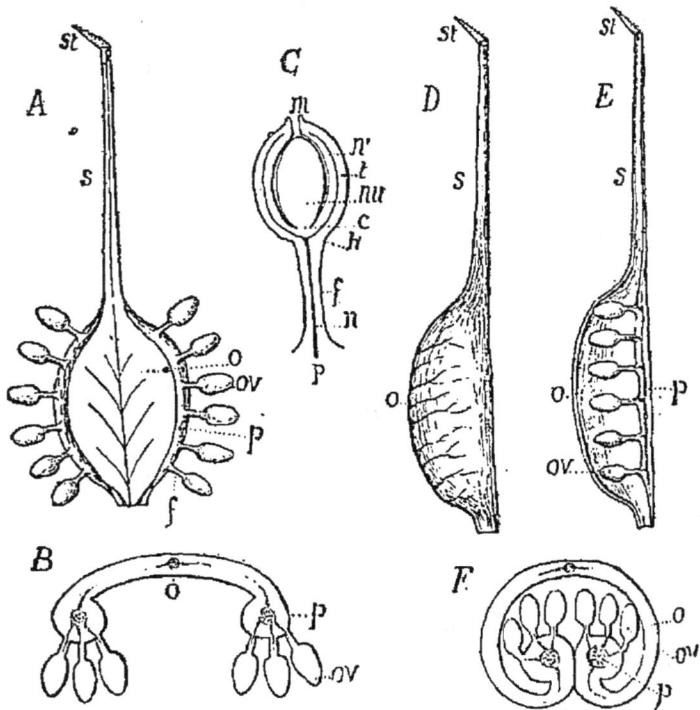

Fig. 123. — *A*, carpelle ouvert, vu de face : *o*, ovaire ; *p*, placente ; *f*, funicules ; *ov*, ovules ; *s*, style ; *st*, stigmate. *B*, ovaire en coupe transversale. *C*, ovule grossi, coupé en long ; *f*, funicule avec sa nervure *n* ; *h*, hile ; *t*, tégumen avec ses nervures *n'* ; *nu*, nucelle ; *m*, micropyle ; *c*, chalaze. *D*, carpelle fermé, vu de côté. *E*, le même coupé en long. *F*, son ovaire en coupe trans versale.

pétiole, le funicule, sur le bord renflé du carpelle, comme un lobe ou un segment de feuille simple sur le bord du limb général, ou comme une foliole de feuille composée sur l bord du pétiole général.

Le nucelle, toujours dépourvu de nervures, est une excrois sance de l'écorce, une émergence de ce segment ou de cett foliole, insérée sur sa ligne médiane et ordinairement sur s face supérieure, de manière que son axe soit compris dans le plan de symétrie du segment. Cette protubérance est le siège d'un travail intérieur que nous étudierons plus tard et par suite duquel, au moment de l'épanouissement de la fleur, le nucelle se trouve avoir formé en lui le corpuscule qui joue le rôle femelle dans la formation de l'œuf. Le nucelle du carpelle correspond donc au sac pollinique de l'étamine. Il y a cette différence pourtant, entre l'émergence mâle et l'émergence femelle, que la première est libre et nue, tandis que la seconde est ordinairement enveloppée par le segment capellaire qui la porte et qui se relève autour d'elle en ne laissant d'accès libre qu'à son sommet. Pour atteindre ce résultat, ce segment est obligé de se séparer à la fois de ses congénères et du carpelle commun qui les porte.

Le nucelle étant l'organe reproducteur femelle, cette dénomination peut être transportée d'abord à l'ovule, puis au carpelle tout entier, qui est ainsi la feuille femelle de la fleur au même titre que l'étamine en est la feuille mâle, enfin à l'ensemble du pistil, qui devient le verticille femelle, le *gynécée*, comme on dit aussi quelquefois.

On a supposé dans tout ce qui précède que le carpelle est une feuille étalée, ouverte, comme sont toujours les sépales, les pétales et les étamines. Il en est ainsi assez souvent, par exemple, dans le Résède, la Violette, le Groseillier, l'Orchide, etc. L'ovaire est alors plan ou plus fréquemment creusé en nacelle sur sa face supérieure, avec ses deux bords renflés ovulifères reployés un peu en dedans (fig. 123, *B*). Le style est plan ou creusé en gouttière, et le stigmate étalé en languette. Les placentes sont situés sur la paroi interne du pistil, et l'espace que le pistil enveloppe au centre de la fleur n'est pas subdivisé. On dit que les placentes du pistil sont *pariétaux*, que la *placentation* du pistil est *pariétale*.

Mais bien plus souvent il arrive que le carpelle, en se développant, se reploie et se ferme (fig. 123, *D*, *E*, *F*). La face supérieure devient alors de plus en plus concave, les deux bords renflés, reployés d'abord en dedans, puis en dehors, se rapprochent l'un de l'autre et s'unissent le long d'une bande qui appartient à leur face inférieure. L'ovaire forme désormais une cavité close et c'est à l'angle interne de cette cavité, du côté de l'axe de la fleur, que se trouvent les deux bords placentaires. Les placentes et la placentation du pistil sont dits *axiles*. Le style se reploie de même en un cylindre qui surmonte comme une cheminée la chambre ovarienne, mais le stigmate demeure étalé, et à sa base s'ouvre la cheminée du style. Il en est ainsi dans la Pivoine, la Spirée, le Butome, etc.

Le carpelle peut donc, avec la même constitution essentielle, présenter deux manières d'être différentes, être ouvert ou fermé. S'il est ouvert, la placentation des ovules dans le pistil est pariétale; s'il est fermé, elle est axile. Ces deux manières d'être se rencontrent quelquefois dans un seul et même carpelle. L'ovaire est alors fermé à la base, ouvert au sommet, et le même placente est axile dans sa partie inférieure, pariétal dans sa région supérieure. C'est ce qu'on voit, par exemple, dans certaines Saxifrages (S. grenue, etc.).

Toute fleur qui possède l'organisation que nous venons d'étudier, c'est-à-dire de dedans en dehors : un verticille femelle, un verticille mâle et une double enveloppe autour d'eux, est dite *hermaphrodite complète* ou *dipérianthée*. Mais on rencontre souvent des fleurs plus simples et d'autres plus compliquées, et il faut tracer les principaux degrés de cette simplification et de cette complication.

Fleurs verticillées plus simples. — C'est déjà une simplification quand les deux verticilles externes deviennent semblables l'un à l'autre, soit que le calice se colore comme la corolle (Liliacées, Amaryllidacées, Iridacées, etc.), soit qu'au contraire la corolle demeure verte comme le calice (Joncées, Rumice, etc.). Le périanthe est encore formé, il est vrai, de deux verticilles, mais il n'est plus différencié; il est tout entier pétaloïde dans le premier cas, tout entier sépaloïde dans le second. Avec quatre verticilles, la fleur n'a plus en réalité que trois formations distinctes : périanthe, androcée et pistil.

La simplification se marque davantage quand la fleur se réduit à trois verticilles, ce qui peut arriver de plusieurs manières différentes.

Si le périanthe ne comprend qu'un verticille enveloppant l'androcée et le pistil, ce verticille unique, quelle qu'en soit la couleur, est considéré comme étant le calice, et la corolle comme absente. La fleur est dite *hermaphrodite apétale* ou *monopérianthée* (Orme, Aristoloche, Nyctage, Anémone, Clématite, etc.).

Avec un calice et une corolle, la fleur peut n'avoir qu'un pistil, sans androcée. Mais alors la plante produit soit sur le même individu, soit sur des individus différents, une seconde espèce de fleur, complémentaire de la précédente, qui avec un calice et une corolle possède un androcée, sans pistil. La première fleur est dite femelle, la seconde mâle; les fleurs sont *unisexuées*. La plante est *monoïque*, si les fleurs des deux sortes sont réunies sur le même individu (Courge, etc.), *dioïque*, si elles se trouvent séparées sur deux individus différents (Phénice, etc.). L'individu qui ne produit que des fleurs mâles est dit lui-même mâle; celui qui ne porte que des fleurs femelles est désigné tout entier comme femelle.

La simplification fait un nouveau pas, si la fleur ne comprend que deux verticilles, ce qui peut avoir lieu encore de deux manières différentes.

Le périanthe peut manquer complètement, et la fleur, qui se compose d'un androcée et d'un pistil, est dite *hermaphrodite nue* ou *apérianthée*, comme dans le Frêne et le Calle. Le périanthe peut être formé d'un verticille, qui est un calice ; le second verticille est alors un androcée dans certaines fleurs (fig. 124), un pistil dans d'autres fleurs, complémentaires des premières. Les fleurs sont encore unisexuées,

Fig. 124. — Fleurs unisexuées nues du Saule : à droite, fleur mâle ; à gauche, fleur femelle.

les unes mâles, les autres femelles, mais en outre elles sont apétales. Il y a tantôt monœcie, comme dans le Chêne, le Châtaignier, le Figuier, etc., tantôt diœcie, comme dans le Chanvre, le Houblon, la Mercuriale, etc.

Enfin la fleur peut se réduire à un seul verticille. Ce verticille est l'androcée pour certaines fleurs, le pistil pour d'autres fleurs, complémentaires des premières. Les fleurs sont encore unisexuées, mâles ou femelles, mais en outre, elles sont nues. Il y a tantôt monœcie (Gouet, fig. 120, la plupart des Laîches, etc.), tantôt diœcie (Saule, fig. 124, etc.). Si, dans ce verticille unique, le nombre des parties se réduit à l'unité, on atteint le dernier degré de simplification. Une étamine d'un côté, un carpelle de l'autre : telle est la fleur réduite à sa plus simple expression, comme on la rencontre par exemple dans le Platane, la Naïade, etc.

Fleurs verticillées plus compliquées. — Souvent, au

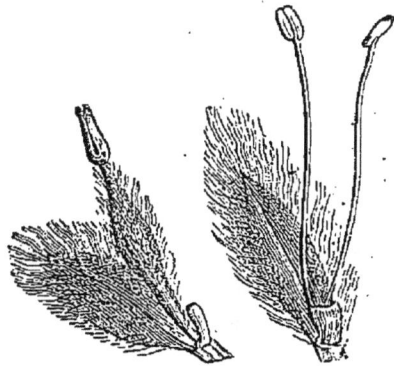

contraire, la fleur, déjà complète, se complique par l'adjonction de nouveaux verticilles à l'une ou à l'autre des quatre formations qu'elle présente.

Le calice et la corolle peuvent être formés de deux ou de plusieurs verticilles de sépales ou de pétales (Ménispermacées, Berbéridacées); mais surtout il est très fréquent de voir l'androcée comprendre deux ou un grand nombre de verticilles d'étamines semblables : deux dans les Liliacées, Amaryllidacées, Géraniacées, etc., où on le dit *diplostémone*; un plus grand nombre dans beaucoup de Rosacées, de Lauracées, dans l'Ancolie, etc. Le pistil multiplie aussi parfois ses verticilles, comme dans le Punice grenadier, où il offre deux rangs de carpelles.

Relations de nombre et de position des verticilles. — Que la fleur ait quatre verticilles ou un nombre plus petit ou plus grand, il peut arriver que le nombre des feuilles demeure le même dans tous les verticilles. Il est partout de 2 dans la Circée et le Maïanthème; partout de 3 dans les Liliacées, les Iridacées, etc.; partout de 4 dans l'Onagre, la Bruyère, etc.; partout de 5 dans le Géraine, la Crassule, etc. : la fleur est alors *isomère*. Ailleurs, le nombre des feuilles change d'un verticille à l'autre. Après 5 étamines à l'androcée, par exemple, il est fréquent de trouver 2 carpelles au pistil (Solanacées, etc.) : la fleur est alors *hétéromère*.

Dans la fleur isomère, la disposition habituelle des verticilles successifs est, comme on sait, l'alternance. Pourtant, on observe aussi quelquefois la superposition. Ainsi, dans la Vigne, la Primevère, le Nerprun, la Mauve, etc., les cinq étamines sont superposées aux cinq pétales, et non alternes avec eux; de même, dans l'Ansérine, la Protée, le Santal, le Gui, etc., où la corolle manque, les étamines sont superposées aux sépales. Ainsi encore, dans un grand nombre de fleurs diplostémones, les étamines du premier rang et par conséquent les carpelles sont superposés aux pétales (Géraniacées, Rutacées, Éricacées, etc.); on les dit *obdiplostémones*.

Dans la fleur hétéromère, la disposition relative des verticilles successifs ne peut plus se définir d'une manière aussi simple. Tout ce qu'on peut dire de plus général à cet égard, c'est qu'ils se rapprochent le plus possible de l'alternance, sans altérer la symétrie de la fleur.

Dans tous les cas, les verticilles apparaissent successivement sur le réceptacle, suivant la règle générale des feuilles verticillées, c'est-à-dire de bas en haut ou de dehors en dedans : le calice d'abord, puis la corolle, ensuite l'androcée et en dernier lieu le pistil. Si la corolle paraît quelquefois postérieure à l'androcée, c'est parce que les pétales demeurent d'abord très courts et sont de bonne heure dépassés par les étamines.

Fleurs cycliques. — Certaines fleurs, avons-nous dit, ont leurs sépales, leurs pétales, leurs étamines et leurs carpelles disposés isolément à chaque nœud ; les feuilles florales se succèdent alors, par cycles superposés, ordinairement en nombre considérable et indéterminé, le long d'une spire serrée qui fait de nombreux tours à la surface du réceptacle. Ces fleurs cycliques sont relativement rares et ne se rencontrent que dans certains groupes de Dicotylédones (Magnoliacées, Anonacées, Renonculacées, Nymphéacées, Cactacées, etc.).

Tantôt les quatre formations y sont aussi distinctes l'une de l'autre que dans les fleurs verticillées, parce que chacune d'elles comprend exactement un ou plusieurs cycles. Ceux-ci peuvent alors conserver dans toute la fleur la même divergence, par exemple $\frac{2}{5}$ (Dauphinelle consoude), ou changer brusquement de divergence à la limite de deux formations, passer par exemple de $\frac{2}{5}$ dans le calice et la corolle à $\frac{3}{8}$ dans l'androcée (Garidelle) ou de $\frac{2}{5}$ dans le calice à $\frac{3}{8}$ dans la corolle et à $\frac{8}{21}$ dans l'androcée (Aconit, etc.).

Tantôt, au contraire, on passe insensiblement, sur la spirale commune, des sépales aux pétales, comme dans la Camellie et les Calycanthacées, ou des pétales aux étamines, comme dans la Nymphée ; il est alors impossible de dire où le calice finit et où la corolle commence, où la corolle finit et où l'androcée commence. L'étude de ces sortes de fleurs est précisément très intéressante parce qu'il est facile d'y suivre la marche progressive de la différenciation florale.

Fleurs mixtes. — Dans les fleurs verticillées, le nombre des parties peut varier d'un verticille à l'autre ; dans les fleurs cycliques, la divergence, c'est-à-dire le nombre des parties du cycle, peut varier d'un cycle à l'autre. Il n'est donc pas surprenant de voir que la même fleur puisse renfermer à la fois des verticilles et des cycles. On a des exemples de ces fleurs mixtes dans beaucoup de Renonculacées, où le calice et la corolle forment deux verticilles alternes de cinq feuilles chacun, tandis que les étamines et les carpelles se suivent en grand nombre en une spirale continue.

Orientation de la fleur et de ses diverses parties. — Pour faciliter l'étude, il est nécessaire de rapporter la position de la fleur tout entière et celle de chacune de ses parties à une certaine direction fixe convenablement choisie. La fleur naissant, en général, sur une branche ou sur un pédicelle, à l'aisselle d'une feuille ou d'une bractée, on convient de placer toujours la branche ou le pédicelle en arrière ou en dessus, la feuille ou la bractée mère en avant ou en dessous. On nomme dès lors côté *postérieur* ou *supérieur* de la fleur le côté tourné vers la branche ou le pédicelle, côté *antérieur* ou *inférieur* le côté tourné vers la feuille ou la bractée. La fleur prend en même temps un côté droit et un côté gauche.

Puis, si l'on imagine un plan longitudinal mené d'avant en arrière à travers la fleur et comprenant à la fois l'axe de la branche mère, celui du rameau floral, et la ligne médiane de la feuille mère, ce sera le *plan médian* ou la *section médiane* de la fleur; il la partage en une moitié droite et en une moitié gauche. Les feuilles florales que ce plan coupe en deux sont dites *médianes*, médianes antérieures, ou médianes postérieures. Si l'on imagine un plan passant encore par l'axe du rameau floral, mais perpendiculaire au précédent, ce plan sera le *plan latéral* ou la *section latérale* de la fleur; il la partage en une moitié postérieure et en une moitié antérieure. Les feuilles florales qu'il coupe en deux sont dites *latérales*, latérales de droite, ou latérales de gauche. Les deux plans bissecteurs des précédents peuvent être appelés *plans diagonaux*, *sections diagonales* de la fleur; les feuilles qu'il coupe en deux sont dites *diagonales*.

Reprenons maintenant avec quelques détails l'étude des quatre formations différenciées qui constituent une fleur complète.

§ 3

CALICE

Forme des sépales. — Les sépales sont des feuilles ordinairement sessiles, dont le limbe, inséré par une large base, est le plus souvent entier et terminé en pointe. Il s'y fait parfois, en un point situé vers la base, une croissance exagérée : cette région proémine alors en dehors en forme d'une bosse creuse (Scutellaire, Crucifères, etc.) ou, si elle est plus déve-

loppée, d'un éperon (fig. 125) (Dauphinelle, Capucine, etc.).
Les sépales sont habituellement verts; quand ils sont dépourvus
de chlorophylle, on les dit colorés ou *pétaloïdes* (Tulipe, Clématite, Fuchsie, etc.). S'ils sont tous de même forme et
d'égale dimension, ou si, étant de formes
différentes et d'inégales dimensions, ils
alternent régulièrement, comme dans les
Crucifères, le calice est symétrique par
rapport à l'axe de la fleur : il est dit
actinomorphe. Si, au contraire, l'un des
sépales est plus développé que les autres,
qui vont décroissant de chaque côté, le
calice n'est plus symétrique que par
rapport au plan qui passe par l'axe de la
fleur et par la nervure médiane du grand
sépale; on le dit alors *zygomorphe* (Capucine, fig. 125, Aconit, etc.). Le plan de
symétrie est généralement médian et
divise le calice en deux moitiés gauche et
droite, qui sont l'image l'une de l'autre
dans un miroir.

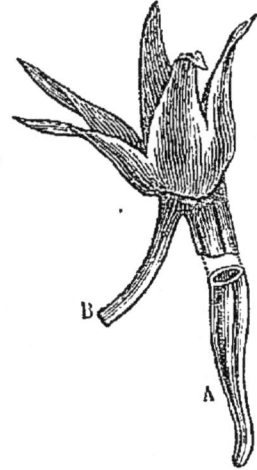

Fig. 125. — Calice de la
Capucine. *A*, éperon
coupé; *B*, pédicelle.

Croissance des sépales. — Nés côte à
côte et indépendamment sur le réceptacle, les sépales cessent
bientôt de croître au sommet et c'est par un allongement
intercalaire qu'ils grandissent ensuite pour atteindre leur
dimension définitive. Suivant la
hauteur où se localise cette croissance intercalaire, le calice prend
deux aspects différents. Si la zone
de croissance est située dans
chaque sépale à quelque distance
de sa base, tous les sépales s'allongent indépendamment et demeurent séparés : le calice est *dialysépale* (Tulipe, Renoncule, etc.).

Fig. 126.   Fig. 127.

Si, occupant la base même de chaque sépale, elle conflue avec
ses congénères de manière à former un anneau continu, il y a
concrescence, et les sépales se trouvent unis dans une plus
ou moins grande étendue de leur région inférieure : le calice
est *gamosépale* (Labiées, fig. 126, Silénées, fig. 127, etc.).
L'anneau de croissance produit, en effet, une pièce unique,
plus ou moins haute, en forme de tube ou de coupe, qui sou-

lève les parties déjà formées et au bord de laquelle ces parties proéminent, suivant leur dimension, comme autant de festons, de dents, de lobes ou de partitions; aussi le calice gamosépale est-il dit, suivant les cas, crénelé, denté (fig. 127), lobé (fig. 126) ou partit. Au nombre de ces dents ou lobes, on reconnaît facilement combien il entre de sépales dans la constitution d'un pareil calice. Déjà signalée entre les feuilles ordinaires (p. 251) et entre les bractées (p. 334), cette concrescence se montre plus fréquente entre les sépales, sans doute à cause de leur large insertion sur une circonférence relativement étroite.

Dialysépale ou gamosépale, le calice peut, comme il a été dit plus haut, être actinomorphe ou zygomorphe; il en résulte pour lui quatre manières d'être différentes. Le calice dialysépale est actinomorphe dans le Lis et la Renoncule, zygomorphe dans l'Aconit. Le calice gamosépale est actinomorphe dans la Primevère, les Silénées (fig. 127), beaucoup de Labiées (fig. 126), etc., zygomorphe dans la Capucine (fig. 125), les Papilionacées, etc.

Structure des sépales. — La structure des sépales diffère trop peu de celle des feuilles végétatives pour qu'il soit utile de s'y arrêter longtemps. L'épiderme y est ordinairement muni de stomates sur les deux faces et parfois de poils. L'écorce s'y rattache le plus souvent au type homogène. Les méristèles et leurs faisceaux libéroligneux s'y ramifient comme dans une feuille ordinaire. Si le calice est gamosépale, l'union peut n'avoir lieu que par l'épiderme et l'écorce, les méristèles demeurant indépendantes; mais souvent aussi les méristèles s'unissent latéralement d'un sépale à l'autre en un système unique, soit par de simples anastomoses transverses, soit parce que les méristèles marginales des sépales voisins demeurent confondues en une seule, depuis leur départ du pédicelle jusqu'à une hauteur plus ou moins grande, où elles se dédoublent (Labiées, fig. 126, etc.).

Ramification des sépales. Calicule. — Il est assez rare que les sépales se ramifient. Pourtant, il en est qui forment des stipules à leur base; les stipules de deux sépales voisins s'unissent alors par une croissance commune, comme on l'a vu pour celles des feuilles ordinaires dans le Houblon ou le Gaillet croisette. Il en résulte des folioles géminées, en même nombre que les sépales et alternes avec eux. On appelle *calicule* l'ensemble de ces dépendances stipulaires du calic

(Fraisier, Potentille, etc.). Il faut bien se garder de confondre le calicule avec l'involucre uniflore dont il a été question plus haut (p. 334).

Préfloraison du calice. — D'une façon générale, on appelle *préfloraison* la manière dont les diverses feuilles d'un verticille floral, notamment celles du calice et de la corolle, sont disposées dans le bouton avant l'épanouissement : c'est, en un mot, la préfoliation de la fleur. Qu'ils soient libres ou concrescents, égaux ou inégaux, les sépales peuvent affecter dans le bouton plusieurs dispositions relatives, plusieurs préfloraisons, que l'on distingue et dénomme comme il suit.

La préfloraison du calice est *valvaire*, quand les sépales rapprochent simplement leurs bords dans le bouton, sans se recouvrir d'aucune manière (Malvacées, etc.). Elle est *tordue*, quand chaque sépale recouvre en partie l'un de ses voisins et est recouvert en partie par l'autre (Ardisie, Cyclame). Elle est *spiralée*, quand les sépales se recouvrent comme s'ils appartenaient non à un verticille, mais à un cycle ; avec trois sépales, par exemple, il y en a un recouvrant, un recouvert et un mi-partie recouvert mi-partie recouvrant, comme dans un cycle $\frac{1}{3}$ (Tulipe, etc.) ; avec cinq sépales, il y en a deux recouvrants, deux recouverts et un mi-partie recouvrant mi-partie recouvert, comme dans un cycle $\frac{2}{5}$; ce dernier cas, assez fréquent, est souvent désigné sous le nom de préfloraison *quinconciale*. La préfloraison est *cochléaire*, quand l'un des sépales recouvre ses deux voisins, qui à leur tour recouvrent le quatrième s'il y en a quatre, e quatrième et le cinquième s'il y en a cinq. Enfin elle est *imbriquée*, quand l'un des sépales étant extérieur, l'un de ses voisins est intérieur et tous les autres mi-partie intérieurs et extérieurs ; elle diffère de la préfloraison cochléaire parce que les sépales externe et interne, au lieu d'être éloignés, sont contigus.

Épanouissement du calice. — A un moment donné, les sépales, appliqués l'un contre l'autre dans le bouton comme il vient d'être dit, se séparent et se rejettent en dehors ; fermé jusque-là, le calice s'ouvre, et c'est ainsi que commence l'épanouissement de la fleur. Comme pour les feuilles ordinaires, l'effet est dû à ce que chaque sépale, qui jusqu'alors s'était accru davantage sur sa face externe, s'allonge maintenant davantage sur sa face interne ; en un mot, c'est une nutation d'épanouissement. Il y a quelques fleurs où les sépales ne se séparent pas ainsi, où le calice ne s'épanouit pas. Il se détache alors circulairement à sa base et s'enlève tout d'une pièce, comme un bonnet ou un opercule ; après sa chute, les pétales et les parties internes s'épanouissent succes-sivement (Papavéracées, certaines Myrtacées : Eucalypte, Calyptranthe, etc.).

Avortement et absence des sépales. — Quand le calice est dialysépale et zygomorphe, certains sépales, avons-nous dit, demeurent plus petits que les autres. Il peut se faire qu'une fois nés ils ne croissent que très peu ou pas du tout, pen-dant que les autres atteignent une dimension considérable : ils avortent. Ainsi, dans la Balsamine, les deux sépales anté-rieurs avortent, les deux latéraux demeurent petits, le posté-rieur seul prend un grand développement. Quand le calice est actinomorphe, les sépales peuvent tous à la fois s'arrêter de bonne heure dans leur croissance, avorter tous ensemble comme dans la Vigne, où le calice se réduit à un petit rebord à cinq festons à peine indiqués.

Enfin, nous savons qu'il est des fleurs, hermaphrodites comme celles du Frêne et du Calle, unisexuées comme celles du Saule et du Gouet, où il n'apparaît sur le réceptacle aucune trace de sépales, qui sont absolument dépourvues de périanthe.

§ 4

COROLLE

Forme des pétales. — Les pétales sont des feuilles souvent sessiles (fig. 128, *A*), dont le limbe, inséré sur le réceptacle par une base étroite, s'élargit ordinaire-ment beaucoup dans sa région supé-rieure ; il n'est pas rare cependant d'y voir un pétiole bien développé, qu'on appelle l'*onglet* (fig. 128, *B*) (Œillet, Nérion, etc.).

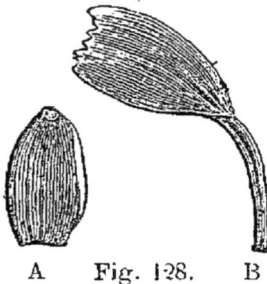

A   Fig. 128.   B

Le pétale prend quelquefois en un point une croissance exagérée et proémine à cet endroit en forme de bosse creuse ou d'éperon ; c'est généralement vers la base que s'opère cette localisation de croissance et vers l'exté-rieur que s'allonge la bosse (Fumeterre, Violette, Muflier, etc.) ou l'éperon (fig. 129) (Ancolie, Linaire, Dauphinelle, etc.) mais le phénomène peut se produire aussi vers le milieu

e la longueur et de manière à projeter vers l'intérieur la
bosse ou l'éperon (Bourrache, Consoude, etc.) ; il peut s'opérer
ussi vers le sommet du pétale, qui se renfle en casque ou

Fig. 129.   Fig. 130.   Fig. 131.

en capuchon (fig. 130) (Aconit, etc.) ; le pétale peut enfin se
creuser tout entier en cornet (fig. 131) (Hellébore).

Les pétales sont généralement dépourvus de chlorophylle,
blancs ou parés des couleurs les plus vives ; parfois cependant

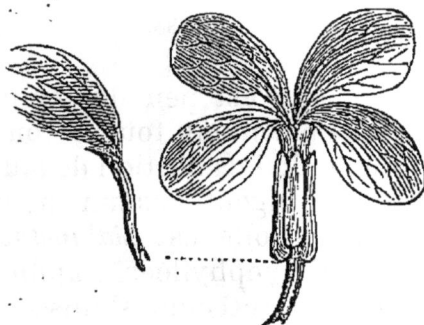
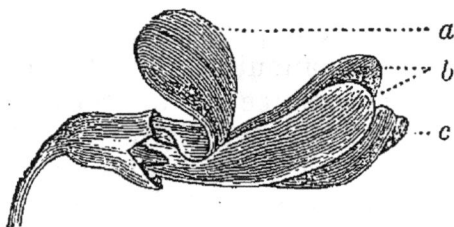

Fig. 132. — Fleur de Giroflée.

Fig. 133. — Fleur de Papilionacée :
a, étendard ; b, ailes ; c, carène.

s sont verts comme les sépales : la corolle est alors *sépaloïde*
Jonc, Rumice, Érable, etc.).

Si les pétales sont tous de même forme et de même dimen-
ion, ou si, de forme et de dimension différentes, ils alternent
égulièrement, la corolle est symétrique par rapport à l'axe de
fleur : elle est dite actinomorphe (fig. 132) (Giroflée, Ronce,
Œillet, Ancolie, etc.). Si, au contraire, il y en a un ou deux
lus développés que les autres, qui vont en décroissant pareil-

lement de chaque côté, la corolle n'est plus symétrique que par rapport à un plan : elle est zygomorphe (fig. 133) (Papilionacées, Capucine, Linaire, Lamier, Orchide, etc.). Le plan de symétrie est ordinairement médian et divise la corolle en deux moitiés droite et gauche, qui sont l'image l'une de l'autre dans un miroir.

Croissance des pétales. — Nés côte à côte et indépendamment sur le réceptacle, les pétales cessent bientôt de croître au sommet ; c'est par un allongement intercalaire qu'ils grandissent plus tard et atteignent leur dimension définitive. Le temps d'arrêt est souvent fort long ; les pétales sont encore très petits quand déjà les autres parties de la fleur ont achevé

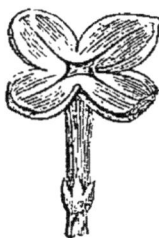
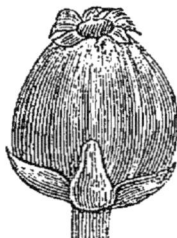

Fig. 134.   Fig. 135.   Fig. 136.

leur développement dans le bouton, et c'est peu de temp. avant l'épanouissement du calice qu'ils prennent tout à cou. une croissance rapide. Suivant le mode de localisation de leur croissance intercalaire, les pétales s'allongent chacun pour son compte et demeurent séparés : la corolle est *dialypétal* (fig. 132 et 133) (Crucifères, Rosacées, Caryophyllées, Papilio nacées, etc.) ; ou bien ils deviennent concrescents, s'unissen latéralement dans une pièce commune plus ou moins déve loppée, en forme de tube (Lilas, fig. 134, etc.), de cloche (Cam panule, etc.), d'entonnoir (Nicotiane, etc.), de grelot (Arbou sier, fig. 135, etc.) : la corolle est *gamopétale*. Les choses s passent ici comme il a été dit plus haut pour le calice. L nombre des dents (fig. 135) ou des lobes (fig. 134) plus o moins profonds qui surmontent la pièce commune perme d'estimer le nombre des pétales qui entrent dans la composi tion de la corolle gamopétale.

Dialypétale ou gamopétale, la corolle peut être actinomorph

ou zygomorphe : d'où résultent pour elle, comme pour le calice, quatre manières d'être différentes. La corolle dialypétale est actinomorphe dans les Crucifères (fig. 132), les Rosacées, les Caryophyllées, etc. ; elle est zygomorphe dans les Papilionacées (fig. 133), le Pélargone, la Capucine, le Résède, etc. La corolle gamopétale est actinomorphe dans le Lilas (fig. 134), la Campanule, l'Arbousier (fig. 135), les Solanacées, les Borragacées, etc. ; elle est zygomorphe dans les Labiées (fig. 136), où elle offre tantôt deux lèvres (Lamier, etc.), tantôt une seule (Bugle, etc.), dans les Scrofulariacées, etc. Chez les Composées, elle est tantôt actinomorphe (Chardon, etc.), tantôt zygomorphe (Chicorée, etc.). La même plante peut d'ailleurs porter à la fois des fleurs à corolle actinomorphe et d'autres à corolle zygomorphe, comme on le voit chez beaucoup de Composées, où le même capitule contient, au centre, des fleurs à corolle gamopétale actinomorphe, à la périphérie, des fleurs à corolle gamopétale zygomorphe (Centaurée, Hélianthe, Chrysanthème, etc.).

La présence dans la fleur d'une corolle dialypétale ou gamopétale est plus constante que la différence analogue constatée dans le calice et fournit, par conséquent, un caractère plus important pour la détermination des affinités des plantes. Aussi a-t-on pu s'en servir utilement pour distinguer, dans les Dicotylédones à fleurs pétalées, deux grandes divisions et pour les dénommer : les *Gamopétales* et les *Dialypétales*.

Concrescence de la corolle et du calice. — Quelquefois la corolle est séparée du calice par un long entre-nœud (Lychnide, etc.) ; mais ordinairement la distance qui, sur le réceptacle, sépare les jeunes pétales des jeunes sépales dans le sens de la hauteur ou du rayon n'est pas plus grande que celle qui sépare dans le sens de la circonférence les sépales entre eux dans le calice, les pétales entre eux dans la corolle. La communauté de croissance intercalaire qui unit les sépales dans le calice gamosépale, les pétales dans la corolle gamopétale, peut donc tout aussi bien unir entre eux ce calice et cette corolle en les soulevant sur une pièce commune, en forme de coupe ou de tube, au bord de laquelle seulement les deux verticilles se séparent. La corolle paraît alors insérée sur le calice (Capucine, fleurs mâles des Cucurbitacées, etc.).

Ramification des pétales. Couronne. — Les pétales se ramifient plus souvent que les sépales. Leur ramification peut s'opérer dans le plan du limbe et se manifester par la formation de dents, de lobes et de segments latéraux (grand pétale de certaines Orchidacées); dans la Stellaire, le Céraiste, etc., le pétale est profondément divisé en deux; il est découpé en franges dans le Réséda. Elle peut se produire aussi perpendiculairement au plan du limbe. Ainsi, quand le pétale est pétiolé, il porte parfois au point d'union de l'onglet et du limbe un certain nombre de franges où ses nervures envoient des ramifications et qui sont analogues à une ligule si elles sont concrescentes, à des stipules si elles sont libres; l'ensemble de ces productions ligulaires ou stipulaires forme dans la fleur ce qu'on appelle la *couronne* (Lychnide, Saponaire, Nérion, Hydrophylle, etc.).

La couronne est une dépendance interne de la corolle, à peu près comme le calicule est une dépendance externe du calice. Dans le Narcisse, où le calice est pétaloïde et concrescent avec la corolle, les sépales portent une ligule tout aussi bien que les pétales (fig. 119); toutes ces ligules, concrescentes comme les parties dont elles dépendent, forment encore une couronne, qui, dans certaines espèces (Narcisse faux-narcisse, etc.), atteint une très grande dimension et contribue à l'éclat de la fleur.

Structure des pétales. — Les pétales partagent la structure générale des feuilles végétatives. L'épiderme y a d'ordinaire des stomates sur les deux faces et ses cellules y sont parfois relevées en papilles, qui produisent l'effet du velouté. L'écorce y est homogène et la méristèle, ordinairement unique à la base, s'y ramifie de diverses façons. Quand la corolle est gamopétale, les méristèles des pétales peuvent être distinctes, mais souvent aussi elles s'unissent d'un pétale à l'autre soit par des anastomoses transverses (Campanule, etc.), soit parce que les deux méristèles marginales des pétales voisins demeurent confondues en une seule dans toute la région commune (Primulacées, etc.). Dans la corolle gamopétale d'un grand nombre de Composées, les pétales manquent de méristèles médianes et le tube ne possède que les cinq méristèles latérales ainsi géminées, qui correspondent aux sinus du bord; chacune d'elles, arrivée à l'un de ces sinus, se divise en deux branches qui longent les bords de chaque pétale désormais libre, pour se terminer simplement au sommet, ou pour s'y joindre en une méristèle unique qui descend le long de la ligne médiane.

Quand le calice et la corolle sont concrescents entre eux, l'union peut aussi n'atteindre que l'épiderme et l'écorce (Jacinthe, etc.); mais souvent elle s'étend aux méristèles et à leurs faisceaux libéroligneux, qui forment dans la partie commune un appareil conducteur unique, dans lequel les faisceaux marginaux des sépales se trouvent confondus avec les médians des pétales, et réciproquement s'il y a lieu (Cucurbitacées, etc.).

Quand la corolle, ou le périanthe tout entier, produit une couronne, les méristèles qui entrent dans les dépendances ligulaires proviennent du dédoublement radial des méristèles des pétales et ce dédoublement a lieu de manière que les deux branches aient une orientation inverse; les faisceaux libéroligneux de la couronne tournent donc leur bois en dehors, leur liber en dedans (Narcisse, Nérion, Saponaire, etc.).

Préfloraison de la corolle. — La préfloraison de la corolle se laisse rattacher aux cinq types que nous avons définis et dénommés plus haut pour le calice (p. 347); il suffira donc de citer ici quelques exemples pour chacun de ces types. Elle est valvaire dans la Vigne; tordue dans les Malvacées, les Apocynacées, le Lin, le Phloce, etc.; spiralée, sous la forme quinconciale, qui est la plus ordinaire, dans l'Atrope belladone; cochléaire dans les Papilionacées, les Césalpiniées, la Molène, la Pédiculaire; imbriquée dans la Malpighie, etc. Il arrive parfois que les pétales, croissant très vite un peu avant l'épanouissement du calice, devenant très larges et n'ayant pour se loger dans le bouton qu'un espace trop étroit, se plissent et se chiffonnent irrégulièrement : c'est ce qu'on appelle quelquefois la préfloraison *chiffonnée* (Pavot, etc.).

Il n'y a d'ailleurs aucun rapport nécessaire entre la préfloraison de la corolle et celle du calice. Ainsi, dans la Mauve, la préfloraison du calice est valvaire, celle de la corolle est tordue; dans la Malpighie, la préfloraison du calice est quinconciale, celle de la corolle est imbriquée; dans l'Ardisie, la préfloraison du calice est tordue; celle de la corolle est valvaire. La préfloraison est quinconciale à la fois dans le calice et dans la corolle chez le Céraiste; elle est tordue en même temps dans le calice et dans la corolle chez le Cyclame.

Épanouissement de la corolle. — Après l'ouverture du calice, la corolle continue souvent de grandir en demeurant fermée; plus tard, elle s'épanouit à son tour, en découvrant les deux verticilles internes. Cet épanouissement des pétales est provoqué par la croissance prédominante de leur face interne : c'est un phénomène de nutation. Parfois cependant les pétales ne se séparent pas au sommet. La corolle se détache alors tout d'une pièce par une déchirure circulaire à la base ; elle est soulevée ensuite par l'allongement des étamines et enfin rejetée pour les mettre à nu (Vigne, certaines Myrtacées : Syzyge, etc.).

Avortement et absence des pétales. — Quand la corolle est dialypétale et zygomorphe, certains pétales, on l'a vu, s'accroissent moins que les autres. Parfois même, ils s'arrêtent de bonne heure dans leur croissance et avortent. C'est ainsi que, dans le Pavier, les deux pétales postérieurs avortent, l'antérieur et les deux latéraux se développant seuls ; que, dans l'Amorphe et la Dauphinelle, le grand pétale postérieur se développe seul, les quatre autres avortant ; que, dans l'Aconit, sur les huit pétales de la corolle, les deux postérieurs seuls se développent, les six autres avortent. Quand la corolle est actinomorphe, si les pétales avortent, ils avortent tous également. C'est ainsi que dans l'Hellébore, la Nigelle, l'Éranthe, les pétales ne forment que leur partie basilaire et avortent au-dessus ; ces parties basilaires sont creusées en cornets et c'est là que se produit et s'accumule le nectar. Enfin dans d'autres plantes, appartenant comme les précédentes à la famille des Renonculacées, les pétales avortent tous et complètement ; la fleur est apétale, en effet, dans l'Anémone, la Clématite, le Populage. Cette absence de corolle dans certaines plantes d'une famille dont tous les autres membres en possèdent est un fait qui n'est pas rare et qui peut s'expliquer toujours par un avortement.

Il n'en est pas de même dans un certain nombre de familles dont tous les membres sans exception ont la fleur dépourvue de corolle, parce qu'il ne s'y forme qu'un seul verticille au périanthe ou parce qu'il ne s'y produit pas de périanthe du tout. Ici, il ne peut être question d'avortement. Il en est ainsi dans les fleurs apétales des Chénopodiacées, des Urticacées, des Santalacées, etc., dans les fleurs nues du Saule, des Conifères, etc.

§ 5

ANDROCÉE

Forme des étamines. — L'étamine est, comme on sait, une feuille à pétiole grêle (filet) dont le limbe peu développé (connectif) porte en général sur sa face supérieure, et de chaque côté, deux sacs polliniques (p. 336, fig. 122). Si toutes les étamines qui le composent ont même forme et même grandeur, ou si, de forme et de dimension différentes, elles alternent régulièrement, l'androcée est symétrique par rapport à l'axe de la fleur (fig. 137) : il est actinomorphe (Liliacées, Rosacées, Caryophyllées, Crucifères, etc.). Si, au contraire, une ou deux étamines sont plus grandes que les autres, qui vont décroissant régulièrement de chaque côté, l'androcée n'est symétrique que par rapport à un plan, qui est médian (fig. 138); il est zygomorphe (Labiées, Orchidacées, etc.). Examinons maintenant de plus près chacune des parties qui composent une étamine.

Filet. — Le filet est ordinairement cylindrique, souvent très allongé et filiforme, parfois noueux (Sparmannie) ou aplati en lame (Ornithogale, Ibéride, Nymphée). Par suite d'une croissance superficielle exagérée en un point, il forme quelquefois un éperon vers sa base (Corydalle). Il peut être très court, ou même nul, et l'étamine est dite *sessile* (Magnolier, Anone, etc.).

Connectif. — Le connectif, c'est-à-dire la partie médiane du limbe qui sépare les deux paires de sacs polliniques, est ordinairement fort étroit, de façon que les deux paires de sacs polliniques sont très rapprochées (Renoncule, fig. 139, Butome, fig. 140, etc.) ; quelquefois, au contraire, il s'élargit beaucoup en écartant les deux paires de sacs (Apocynacées, Asaret, etc.). Il peut être très court et les sacs le dépassent en haut et en bas ; en se desséchant, ils deviennent alors concaves vers l'extérieur et l'anthère prend la forme d'un X (Graminées). Si en même temps il s'élargit beau-

Fig. 137. — Androcée actinomorphe de Crucifère, composé de 4 grandes et de 2 petites étamines.

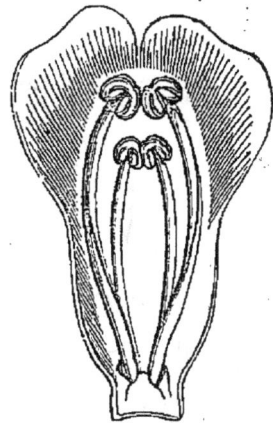

Fig. 138. — Androcée zygomorphe de Labiée, composé de 2 grandes et de 2 petites étamines, adossées à la lèvre supérieure de la corolle.

coup, il forme une sorte de fléau de balance et, avec le filet, figure un T (fig. 141) (Tilleul, Mercuriale, Sauge, Campélie, etc.). Ailleurs, au contraire, il s'allonge fortement au

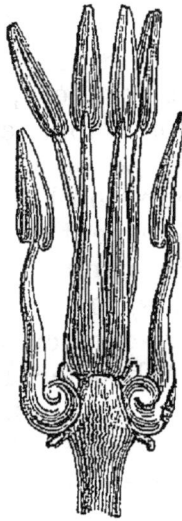

delà des sacs polliniques, en forme de pointe (Asaret) ou de filament grêle revêtu de poils (Nérion).

Si le connectif s'attache par sa base au filet, dont il continue la direction, l'anthère est dite *basifixe*; s'il s'y insère par

Fig. 139.   Fig. 140.   Fig. 141.

quelque point de sa face dorsale, à la manière d'un limbe pelté, l'anthère est dite *dorsifixe*. Dans ce dernier cas, l'extrémité du filet s'amincit souvent en pointe et l'anthère, attachée seulement par un point, tourne facilement et oscille autour de ce pivot : elle est dite *oscillante*. Le point où l'anthère s'articule ainsi sur le filet peut d'ailleurs être situé vers la base du connectif (Lopézie), en son milieu (Lis), ou vers son sommet (fig. 142); dans ce dernier cas, l'anthère est *pendante* (Arbousier, Pirole, etc.).

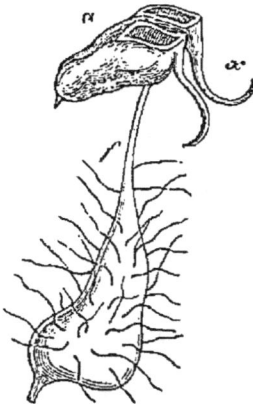

Fig. 142. — Étamine d'Arbousier. L'anthère *a* est pendante et a ses sacs polliniques ouverts munis de cornes *x*.

Sacs polliniques. — Les sacs polliniques sont généralement attachés au limbe qui les porte par toute leur longueur, et les deux paires sont alors parallèles. Si le connectif est très court, ils ne s'y attachent que par leur milieu et plus tard les deux paires divergent à la fois en haut et en bas, en forme d'X (Graminées); mais ils peuvent aussi n'être fixés que par leur base en divergeant vers le haut, ou par le sommet en divergeant vers le bas; dans ce dernier cas, les deux paires s'écartent parfois au point de venir se placer dans le prolongement l'une de l'autre (beaucoup de Labiées). Dans la Courge et d'autres Cucurbitacées, les sacs polliniques s'allongent beaucoup, se reploient sur eux-mêmes et décrivent à la surface du connectif une courbe en forme d'N. Dans les Angiospermes, les sacs polliniques sont situés d'ordinaire à la face supérieure du limbe; dans les Gymnospermes, ils appartiennent toujours à sa face inférieure.

Habituellement de quatre, le nombre des sacs polliniques est quelquefois plus petit ou plus grand : un seul médian (Dendrophthore, Arceuthobe, etc.), deux (Pin, Sapin, Épacracées, Polygalacées, Asclépiadacées, etc.), trois (Genévrier, Cyprès, etc.), six (Pachystème), huit (Cannellier et d'autres Lauracées, Acacie, etc.). Sur le large connectif du Gui et des Cycadacées, ils sont en nombre considérable et indéterminé, attachés à la face supérieure du limbe dans la première plante, à la face inférieure dans les autres.

Quand ils sont au nombre de quatre et très longs, les sacs polliniques sont parfois sub-divisés par des cloisons transversales en une série de logettes superposées, qui sont autant de sacs distincts. Les sacs polliniques sont alors, en réalité, très nombreux, mais quadrisériés (diverses Loranthacées, Anonacées, etc.).

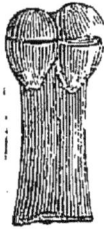
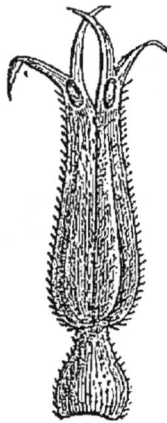
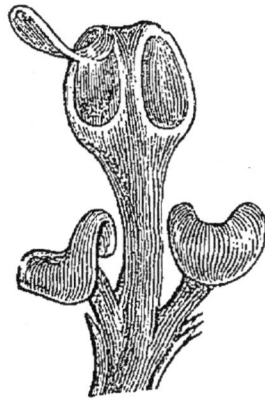

Fig. 143. Fig. 144. Fig. 145.

Déhiscence des sacs polliniques. — Quels qu'en soient le nombre et la disposition, les sacs polliniques parvenus à maturité s'ouvrent chacun pour son compte par une déchirure de la paroi externe. Cette déchirure est quelquefois un petit trou rond, un pore, la déhiscence est *poricide* (Morelle, Éricacées, fig. 142 et 144, Mélastomacées, Gui, etc.). Le plus souvent c'est une fente, ordinairement longitudinale, parfois transversale (Sapin, Pyxidanthère, fig. 143), ou circulaire (Arceuthobe, etc.), ou découpant une sorte de valve qui s'écarte de bas en haut (Berbéride et autres Berbéridacées, Laurier, fig. 145, et autres Lauracées, etc.), de haut en bas (Emmotacées, Aptandracées, etc.), ou latéralement (Grubbiacées,

Hamamèle, etc.). Quand il y a quatre sacs, rapprochés deux par deux, comme c'est le cas de beaucoup le plus fréquent chez les Angiospermes, s'ils s'ouvrent par des pores terminaux, ceux-ci confluent bientôt deux par deux (fig. 142 et 144); s'ils s'ouvrent par des fentes longitudinales, ce qui est le cas ordinaire, celles-ci étant rapprochées deux par deux de part et d'autre de la cloison qui les sépare ou au fond du sillon plus ou moins profond qu'ils laissent entre eux, simulent une fente unique, intéressant et ouvrant à la fois les deux sacs voisins. Il y a là une erreur à éviter.

Quand la déhiscence des sacs est longitudinale, les fentes sont ordinairement tournées en dedans et c'est vers l'intérieur de la fleur que le pollen est projeté : l'anthère est dite *introrse*. Mais il arrive aussi que le connectif, s'accroissant davantage sur sa face supérieure, se reploie de manière à rejeter en dehors les deux paires de sacs polliniques et par suite les deux sillons où se font les fentes, de manière que le pollen est émis vers l'extérieur de la fleur : l'anthère est dite *extrorse* (Iridacées, Calycanthacées, etc.). Ailleurs enfin, les fentes s'ouvrent sur les bords mêmes de l'anthère et le pollen est projeté latéralement à droite et à gauche : la déhiscence est *latérale* (Renonculacées, etc.).

Pollen. — Au moment où ils s'échappent, comme il vient d'être dit, du sac pollinique où ils ont pris naissance, les grains de pollen sont souvent recouverts d'un liquide visqueux ; lorsqu'ils sont alors expulsés par un pore terminal (Gouet, Richardie, etc.), ce liquide les tient unis en longs filaments, qui se pelotonnent sur eux-mêmes au sortir de cette espèce de filière. Ailleurs le pollen forme une poussière complètement sèche (Urticacées, Graminées, etc.).

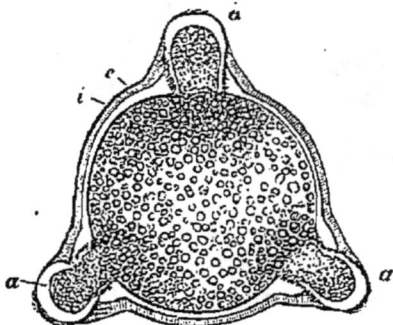

Fig. 146. — Pollen d'Épilobe, en coupe : *a*, pores saillants; *i*, intine; *e*, exine.

Le grain de pollen est une cellule, avec sa membrane, son protoplasme et son noyau; on reviendra plus loin sur sa structure. Sa forme est le plus souvent sphérique ou ovoïde, parfois tubuleuse (Zostère), triangulaire (Onothéracées, fig. 146) ou cubique (Baselle). Sa dimension est très diverse : atteignant à peine $0^{mm},008$ dans le Figuier élastique, elle mesure $0^{mm},040$ dans la Fumeterre et acquiert jusqu'à $0^{mm},200$ dans la Courge, la Cobée, le Nyctage, etc. Sa couleur est ordinairement jaune, quelquefois rouge (Lis de Chalcédoine), brune (Pavot), bleuâtre (Épilobe) ou blanche (Richardie, Actée, etc.). Sa surface est tantôt entièrement lisse et égale, tantôt inégale et marquée de deux sortes d'accidents, qui y dessinent une sorte de sculpture, les uns en relief, les autres en creux.

Les accidents en relief sont des pointes, des tubercules, des crêtes (fig. 147 et 149), parfois anastomosées en réseau et pectinées (fig. 147 et 148); ils sont dus à un épaississement local

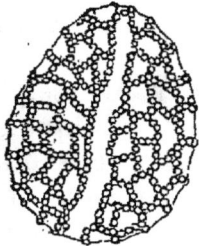

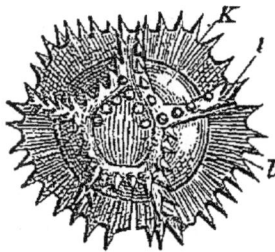

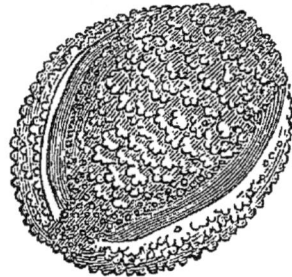

Fig. 147. — Pollen de Funkie, avec réseau d'épaississement et un pli.

Fig. 148. — Pollen de Chicorée, avec un réseau de crêtes épineuses *l*.

Fig. 149. — Pollen de Dentelaire, avec trois plis.

exagéré de la membrane sur sa face externe. Dans le Pin, le Sapin, le Cèdre, etc., le grain porte de chaque côté une ampoule pleine d'air, creusée dans l'épaisseur même de sa membrane; ces deux flotteurs l'allègent et facilitent son transport dans l'atmosphère.

Les accidents en creux sont des places incolores où la membrane s'est moins épaissie que partout ailleurs : arrondies, ce sont des *pores* (fig. 146 et 148); allongées en forme de demi-méridiens, ce sont des *plis* (fig. 147 et 149). Il y a tantôt un seul pore (Graminées, Cypéracées), tantôt deux (Colchique), trois (Onothéracées, fig. 146, Protéacées, Urticacées), quatre (Balsamine), ou un plus grand nombre, soit épars (Malvacées, Convolvulacées, Cucurbitacées, Cobée, etc.), soit localisés à l'équateur du grain (Aulne, Bouleau, Orme, etc.). La plupart des Monocotylédones n'ont qu'un seul pli (fig. 147); quelques-unes en ont deux (Dioscoréacées); beaucoup de Dicotylédones en ont trois (fig. 149), d'autres six (diverses Labiées et Passiflo racées), huit (Bourrache), ou un plus grand nombre (beaucoup de Rubiacées). Le grain peut présenter à la fois des pores et des plis, soit en nombre égal (beaucoup de Dicotylédones), soit en nombre différent, par exemple six plis avec trois pores (Mélastomacées, Lythracées). Parfois aussi, il n'y a ni pores, ni plis (beaucoup d'Aracées et d'Euphorbiacées, Balisier, Bananier, Renoncule, Phloce, etc.).

Le rôle des accidents en relief est de faciliter le transport des grains par l'air et leur fixation aux corps solides sur lesquels ils viennent à tomber. Celui des accidents en creux est de favoriser d'abord l'absorption des liquides extérieurs et ensuite le développement du grain, comme il sera dit plus loin.

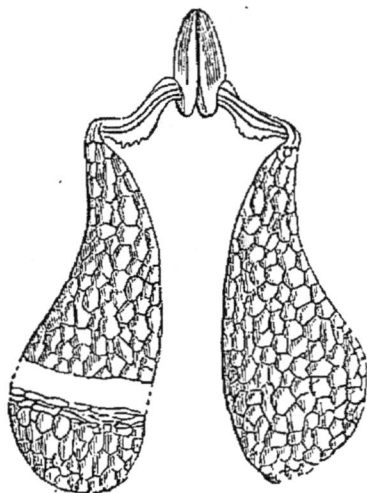

Fig. 150. — Pollinies d'une anthère à deux sacs d'une Asclépiade.

Après leur mise en liberté, les grains de pollen sont quelquefois et demeurent soudés ensemble quatre par quatre en formant des tétrades (Bruyère, Rosage, Butome, Massette, etc.). Ce sont déjà des *grains composés*. Dans certaines Acacies et Mimeuses, ils sont soudés par 4, 8, 12, 16, 32 ou 64, suivant l'espèce considérée. Chez beaucoup d'Orchidacées et d'Asclépiadacées, la complication est plus grande encore : tous les grains provenant d'un même sac pollinique sont soudés en une masse compacte d'aspect cireux, qu'on appelle une *pollinie* (fig. 150); ils ne peuvent alors se disséminer. Dans la même famille, on peut d'ailleurs, comme chez les Orchidacées, rencontrer tous les états, des grains simples (Cypripède), des tétrades (Néottie), des petites masses ou *mussules* contenant un grand nombre de grains (Orchide, etc.), et enfin des pollinies (Vande, Malaxide, etc.). La pollinie se réunit souvent par un petit prolongement grêle appelé *caudicule* à un petit corps glanduleux nommé *rétinacle* (fig. 150).

Croissance des étamines. — L'anthère apparaît d'abord, le filet un peu plus tard en soulevant l'anthère; c'est ensuite par une croissance intercalaire à la base, portant sur le filet, que l'étamine grandit et acquiert sa dimension définitive. Comme

le filet est habituellement étroit, les étamines s'allongent
d'ordinaire chacune pour son compte et demeurent séparées :
l'androcée est *dialystémone* (fig. 137 et 138). Mais si les filets
s'élargissent et se touchent, il peut y avoir confluence à la
base entre leurs zones de croissance et il en résulte la
formation d'une pièce commune en forme de tube (fig. 151),
qui soulève les anthères portées sur son bord : l'androcée est
gamostémone, ce que les botanistes descripteurs expriment
souvent en disant que les étamines sont *monadelphes*
(Citronnier, Surelle, fig. 151, Lysimaque, Passiflore, Cytise,
Tigridie, etc.). Quelquefois la concrescence ne porte que sur

 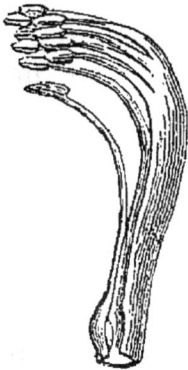 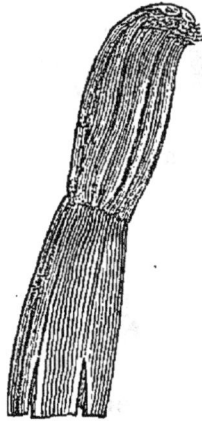 

Fig. 151.   Fig. 152.   Fig. 153.   Fig. 154.

une partie des étamines ; ainsi, chez beaucoup de Papilionacées
(Haricot, Pois, Trèfle, Robinier, fig. 152, etc.), l'étamine
postérieure demeure libre, pendant que les neuf autres
unissent leurs filets en un tube fendu en arrière ; les huit
étamines des Polygales s'unissent de même de chaque côté
de la fleur en deux groupes de quatre.

Il ne faut pas confondre la concrescence dont il vient
d'être question avec la simple adhérence que les étamines
contractent quelquefois bord à bord dans l'androcée ; ces
étamines adhérentes peuvent toujours se décoller facilement
sans déchirure. L'adhérence a lieu généralement par les
parties les plus larges, c'est-à-dire par les anthères (fig. 153) ;
les étamines sont dites alors *synanthérées* (Balsamine, Composées, etc.) ; toutefois, si l'anthère n'est pas plus large que
le filet, l'adhérence se produit en même temps dans toute la
longueur de l'étamine (Lobélie, fig. 154, etc.).

Concrescence de l'androcée avec la corolle et avec le calice. — Les jeunes étamines se trouvent ordinairement plus rapprochées des pétales ou des sépales qu'elles ne le sont entre elles; il en résulte que la communauté de croissance basilaire s'établit bien plus fréquemment entre l'androcée et la corolle, ou même entre l'androcée et le calice, qu'entre les étamines dans l'androcée.

Ainsi, dans l'Asperge et dans l'Endymion penché, vulgairement Jacinthe des bois, les six étamines sont concrescentes avec les trois pétales et avec les trois sépales auxquels elles sont superposées, sans que ces sépales et ces pétales soient unis entre eux. Mais le plus souvent la concrescence des sépales et des pétales s'ajoute à la précédente, de façon que le calice, la corolle et l'androcée sont unis dans leur région inférieure en une coupe ou en un tube plus ou moins profond, au bord duquel ces trois formations paraissent insérées et au fond duquel se dresse le pistil (fig. 155) (Jacinthe, Muguet, Rhamnacées, Rosacées, etc.).

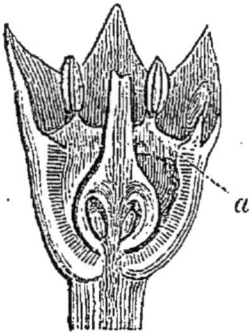

Fig. 155. — Fleur de Nerprun, coupée en long, montrant le pistil libre au fond d'une coupe formée par la concrescence des trois verticilles externes. *a*, nectaire.

Quand les pétales sont concrescents entre eux, la communauté de croissance envahit presque toujours en même temps les bases des étamines voisines et l'androcée est concrescent avec la corolle. En d'autres termes, quand la corolle est gamopétale, les étamines sont unies à la corolle, de manière à paraître insérées sur elles (fig. 138). Cette règle ne souffre qu'un petit nombre d'exceptions (Éricacées, Campanulacées, etc.). Si le périanthe est simple, c'est avec le calice seul que les étamines peuvent s'unir et qu'elles s'unissent en effet quelquefois, soit qu'elles alternent avec les sépales (Thyméléacées, Eléagnacées) ou qu'elles leur soient superposées (Protéacées, Santalacées, etc.).

Ramification des étamines. — L'étamine se ramifie souvent, et cela de deux manières différentes. Tantôt les branches émanées du filet sont stériles, c'est-à-dire ne portent pas de sacs polliniques : l'étamine est *appendiculée*. Tantôt chaque branche, se comportant comme le filet lui-même, se termine par un petit limbe portant tout autant de sacs polliniques que l'anthère principale : l'étamine est *composée*.

Dans le premier cas, les appendices peuvent se former latéralement dans le plan du filet, un de chaque côté, à la base en forme de stipules (Ornithogale, Ail), vers le milieu (Mélie, Alternanthère, etc.), vers le sommet sous l'anthère (Mahonie); ou bien d'un côté seulement, à la base (Romarin), au milieu (Crambe), vers le sommet (Brunelle); ils peuvent se former aussi dans le plan perpendiculaire, sur la face dorsale (Bourrache, Asclépiadacées, deux étamines postérieures de la Violette) ou sur la face ventrale en forme de ligule (Simarube, Alysse).

Dans le second cas, la ramification qui produit l'étamine

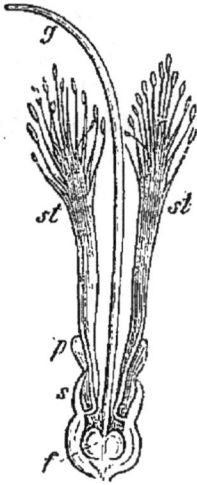

Fig. 156. — Fleur de Calothamne, coupée en long. *s*, calice; *p*, corolle; *st*, étamines ramifiées dans un plan; *f*, ovaire; *g*, style.

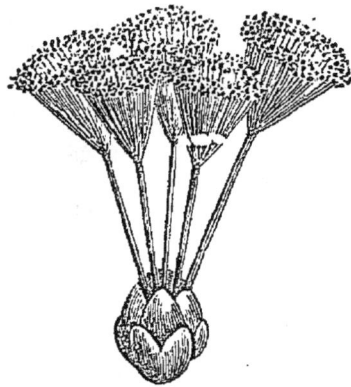

Fig. 157. — Fleur de Mélaleuce, avec 5 étamines ramifiées en ombelle.

composée est quelquefois latérale, comme dans une feuille composée pennée (Calothamne, fig. 156, etc.); ailleurs elle s'opère soit en dichotomie (Ricin, etc.), soit en une ombelle longuement pétiolée (Mélaleuce, fig. 157, etc.) ou sessile (Millepertuis, etc.). Dans les Malvacées, les filets principaux des cinq étamines rameuses sont concrescents en tube; en outre, chaque branche se bifurque au sommet (fig. 158) et chaque moitié ne porte que deux sacs polliniques; de sorte qu'on peut regarder chaque fourche comme une anthère à quatre sacs à connectif en forme de V. Dans ces divers cas, chaque étamine porte en réalité un nombre considérable et indéterminé de sacs polliniques, comme dans le Gui ou les Cycadacées; seulement, tous ces sacs sont groupés quatre par quatre (Ricin, Myrte, Tilleul, etc.), ou deux par deux (Mauve, Kelmie, etc.), sur chaque foliole de la feuille composée. Quelquefois la ramification est plus restreinte et s'arrête soit à la formation d'un nombre déterminé de branches latérales, deux par exemple (Fumariées), soit à une seule dichotomie (étamines antéro-postérieures des Crucifères).

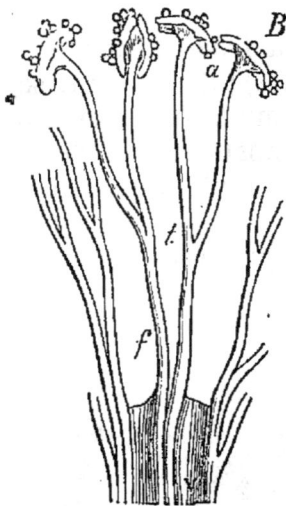

Fig. 158. — Portion de l'androcée tubuleux de la Guimauve; *f*, branche d'un filet, bifurquée en *t*, et portant sur chaque moitié deux sacs polliniques ouverts en *a*.

Épanouissement des étamines. — Après l'épanouissement successif du calice et de la corolle, les étamines sont mises à découvert. Alors, si elles s'étaient allongées davantage sur la face externe, de manière à se reployer vers l'intérieur dans le bouton, elles s'accroissent davantage sur la face interne et se déploient en se rejetant en dehors. C'est une nutation d'épanouissement, d'autant plus marquée que le filet est plus long. Quelquefois les étamines, ployées dans le bouton, se redressent brusquement et s'épanouissent avec élasticité en projetant leur pollen tout autour (Ortie, Pariétaire).

Avortement et absence des étamines. — Il arrive quelquefois que certaines étamines ne forment pas d'anthère et conservent leurs filets (Érode) ou les développent en autant d'écailles quelquefois petites et sans couleur, quelquefois grandes, pétaloïdes et venant s'ajouter à la corolle pour accroître l'éclat de la fleur. On donne le nom de *staminodes* à ces étamines stériles.

Tantôt cette modification ne porte que sur une seule étamine, les autres demeurant fertiles (Bananier, Lopézie, etc.); tantôt, au contraire, elle frappe toutes les étamines, moins une seule qui demeure fertile, tout entière (Zingibérées) ou seulement à moitié (Balisier); tantôt enfin elle frappe un verticille tout entier, le plus interne (Ancolie, Pivoine, etc.) ou le plus externe (Sparmannie, Ficoïde), en respectant les autres. Les choses peuvent aller plus loin ; un certain nombre d'étamines peuvent avorter complètement, ne laissant qu'une place vide pour témoigner de leur existence dans le plan idéal de la fleur. Sur cinq étamines, par exemple, il peut en avorter une (Labiées, Scrofulariacées) ou trois (Sauge, Romarin, Véronique) ; dans la Sauge, les deux étamines qui restent ne développent même, à l'une des extrémités de leur connectif en fléau de balance, qu'une moitié de leur anthère : l'autre moitié se dilate en une expansion stérile. Enfin l'androcée avorte quelquefois tout entier dans la fleur, en y laissant pourtant des traces reconnaissables de son existence ; la fleur evient alors femelle par avortement (Cucurbitacées, etc.).

Dans d'autres fleurs femelles, au contraire (Conifères, astanéacées, Viscacées, etc.), l'androcée n'apparaît réellement pas et rien n'autorise à y admettre l'hypothèse d'un avortement. Il est absent et la fleur est femelle par essence.

Structure de l'étamine. — Le filet de l'étamine est constitué par un épiderme ordinairement muni de stomates, une écorce terminée en dedans par l'endoderme et une méristèle n'ayant le plus souvent qu'un seul faisceau libéroligneux sous on péridesme. L'anthère est aussi traversée ordinairement dans toute sa longueur, suivant la ligne médiane du connectif, par une méristèle unique, prolongement de celle du filet ; elle est revêtue aussi d'un épiderme pourvu de stomates ; mais on écorce, située entre la méristèle et l'épiderme, est le siège de phénomènes particuliers dans lesquels se concentre out l'intérêt de son étude anatomique. Pour comprendre la tructure de cette écorce dans l'anthère adulte, il est nécesaire d'avoir suivi pas à pas, dans l'anthère jeune, la marche les cloisonnements cellulaires et des différenciations qui 'accomplissent au sein de chacune des émergences du limbe lestinées à devenir les sacs polliniques. Ces cloisonnements et ces différenciations produisent : 1° à l'intérieur, d'abord es cellules mères du pollen, puis les grains de pollen, enfin es cellules filles de ces grains ; 2° à l'extérieur, la paroi des acs polliniques mûrs. Examinons successivement ces divers oints.

Formation des cellules mères du pollen. — Considérons 'abord le cas le plus général, celui où le connectif produit quatre sacs polliniques.

L'écorce de la jeune anthère est homogène au début ; mais ientôt, le long de quatre lignes longitudinales situées deux par deux près de chaque bord, les cellules de la rangée sous-épidermique grandissent, se différencient et se dédoublent par une cloison tangentielle, tandis que dans les places intermédiaires elles gardent leur dimension, leur forme et leur simplicité premières. Ce sont les cellules du rang interne qui produisent les cellules mères du pollen. A cet effet, tout en épaississant leur membrane et se remplissant d'un protoplasm plus réfringen qui les fait aisé ment reconnaître elles commencen toujours par s cloisonner. Quel quefois le cloison nement ne s'opèr que dans les direc tions horizontal et radiale, de sort que toutes les cel lules mères d pollen sont et de meurent, en défi nitive, disposée en une seule assis en forme d'ar (fig. 159, *A* et (Datura, Menth Chrysanthèm Mauve, etc.). Mai

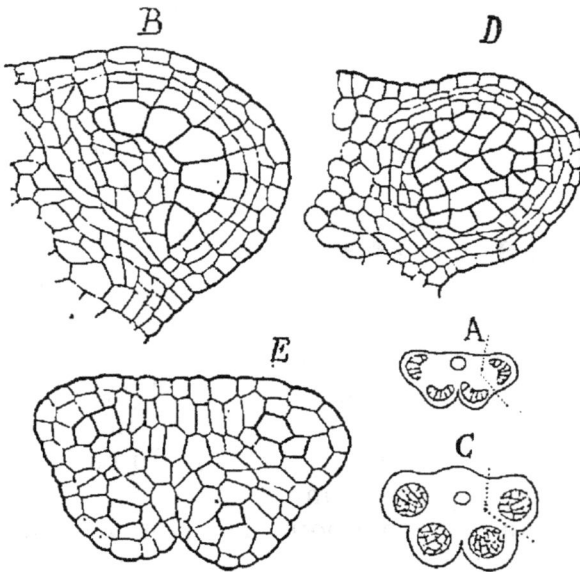

Fig. 159. — Sections transversales de l'anthère jeune : *A*, de la Menthe ; *B*, un quart grossi ; *C*, de la Consoude ; *D*, un quart grossi ; *E*, du Chrysanthème.

ailleurs la division s'accomplit suivant les trois direction rectangulaires, de manière que les cellules mères du polle forment un massif cylindrique plus ou moins épais (fi 159, *C* et *D*), terminé en fuseau aux deux bouts parce que l cloisonnement y est moins actif (Consoude, Scrofulaire, Cam panule, etc.).

En même temps, les cellules du rang externe se divisent plusieurs reprises par des cloisons tangentielles centrifuge. de manière à donner au moins trois assises de cellules supei posées, qui se segmentent à leur tour par des cloisoi horizontales et radiales. La plus interne des assises ain. formées, immédiatement en contact avec les cellules mère du pollen, prend des caractères tout particuliers (fig. 160, *n*) ses cellules se partagent plus fréquemment que les autres par des cloisons horizontales et radiales, de façon à devenir sensiblement cubiques ; puis elles grandissent en s'allongeant surtout suivant le rayon ; enfin leur protoplasme s'épaissit et prend d'ordinaire une couleur jaunâtre. Ces mêmes transformations s'opèrent sur toute la rangée de cellules appartenant à l'écorce du connectif qui borde latéralement et en dedans le groupe des cellules mères du pollen. Ce groupe est donc finalement enveloppé par une gaine complète de ces grandes cellules jaunes (fig. 160, n), gaine qui est destinée à disparaître un peu plus tard, comme on le verra tout à l'heure. L'assise moyenne (ou les assises moyennes, si le cloisonnement a été abondant) est d'abord comprimée et aplatie par l'accroissement radial de l'assise interne ; plus tard, elle se détruit comme elle, mais sans prendre d'abord aucun caractère particulier. Enfin l'assise la plus externe (ou les assises les plus externes, s'il y en a plus de trois), en contact immédiat avec l'épiderme,

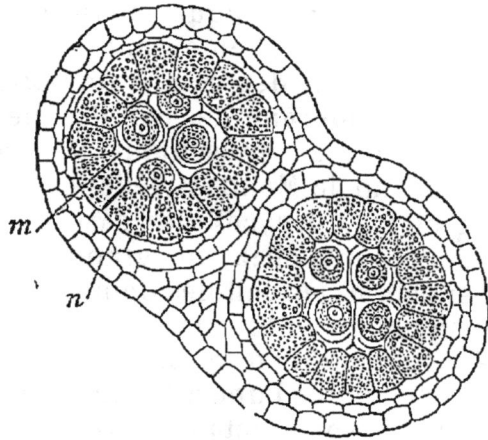

Fig. 160. — Section transversale d'une anthère de Guimauve, à deux sacs polliniques : n, assise nourricière ; les cellules mères m, disposées en une seule file, ont déjà formé leurs grains de pollen.

est persistante ; un peu plus tard ses cellules prennent des grains d'amidon, puis épaississent localement leur membrane en forme de bandes diversement disposées : on y reviendra plus loin. Quant à l'épiderme, pour suivre le développement de la protubérance issue des divers cloisonnements dont on vient de parler, il divise aussi ses cellules, mais seulement par des cloisons radiales.

Le plus souvent plusieurs cellules sous-épidermiques, disposées côte à côte, sur la section transversale, en un arc plus ou moins large, sont le siège du cloisonnement qu'on vient d'étudier. Quelquefois cependant elles se réduisent à deux ou à une seule sur la section transversale (fig. 159, E) ; dans ce dernier cas, les cellules mères du pollen ne forment aussi qu'une file longitudinale (Malvacées, fig. 160, m, Composées, etc.).

Quand l'anthère a moins ou plus de quatre sacs polliniques, les cellules mères du pollen prennent naissance de la même manière, en autant de groupes séparés qu'il y a de futurs sacs, en deux groupes, par exemple (Malvacées, fig. 160, etc.), en huit (Zannichellie, Calanthe, diverses Acacies, etc.), en un grand nombre (Gui, Cycadacées). Chaque groupe peut se réduire à une seule cellule mère (diverses Acacies et Mimeuses).

Chez certaines Orchidacées (Orchide, Ophryde, etc.), les cellules mères primordiales conservent leur autonomie et épaississent leur membrane pendant le cloisonnement ultérieur; il en résulte que chaque massif de cellules mères définitives se trouve subdivisé en autant de petits groupes distincts.

Formation des grains de pollen dans les cellules mères. — La membrane des cellules mères du pollen ne tarde pas à s'épaissir, en présentant des couches concentriques. Chez beaucoup de Monocotylédones, la lamelle moyenne se dissout ensuite et les cellules s'isolent en s'arrondissant; ailleurs, notamment chez un grand nombre de Dicotylédones, elle persiste et les cellules demeurent intimement unies et polyédriques. Dans tous les cas, le noyau de chaque cellule mère se divise bientôt en quatre par deux bipartitions successives perpendiculaires l'une à l'autre; puis il se fait dans le protoplasme deux cloisons rectangulaires, qui s'établissent tantôt successivement après chaque bipartition du noyau (la plupart des Monocotylédones), tantôt simultanément après la formation des quatre nouveaux noyaux (la plupart des Dicotylédones, Asphodèle, Orchidacées, etc.).

La cellule mère se trouve ainsi divisée en quatre cellules filles, disposées quelquefois dans le même plan (fig. 160, *m*), le plus souvent en tétraèdre. Celles-ci ne tardent pas à épaissir leur membrane, tant sur les cloisons qui les séparent que sur leur paroi externe. La dernière et la plus interne des couches d'épaississement diffère des autres par sa nature chimique et leur adhère moins fortement que celles-ci ne font entre elles; elle est formée de cellulose pure, tandis que celles-ci commencent en ce moment à se gélifier. Cette gélification se poursuit rapidement jusqu'à dissolution complète, ce qui met en liberté, dans un liquide gélatineux et granuleux, les quatre cellules filles avec leur protoplasme, leur noyau et leur mince membrane : ce sont les jeunes grains de pollen.

C'est peu de temps après, que se détruit la gaine des grandes cellules jaunes (*n*, fig. 160), qui enveloppait le groupe des cellules mères; leurs membranes se dissolvent, leurs noyaux préalablement fragmentés s'éparpillent, leurs protoplasmes se confondent et la masse granuleuse qui résulte de tout cela se répand entre les jeunes grains. En même temps disparaît aussi la rangée moyenne (ou les rangées moyennes) de la couche pariétale. Le liquide épais et très nutritif qui provient de toutes ces destructions, joint à celui qui procède déjà de la dissolution des lames moyennes des membranes des cellules mères et des cellules filles, remplit la cavité de ce qui est vraiment désormais un *sac* pollinique; c'est aux dépens de ce liquide, où ils nagent, que les grains de pollen vont grandir et se transformer, de manière à prendre leur forme et leur structure définitives. L'assise des cellules jaunes, qui a principalement contribué à former ce liquide, a donc pour rôle essentiel de nourrir le pollen pendant sa jeunesse.

D'abord mince, la membrane du grain ne tarde pas à s'épaissir par une apposition qui s'opère à la fois sur la face externe aux dépens du liquide nutritif ambiant et sur la face interne aux dépens du protoplasme. Quelquefois l'épaississement est faible, la membrane demeure mince et sans différenciation (Naïade, Orchide, etc.). Mais le plus souvent l'épaississement est considérable et la membrane épaissie se différencie en deux couches plus ou moins faciles à séparer : la couche externe se cutinise et se colore : c'est l'*exine* (fig. 146, *e*); la couche interne demeure cellulosique et incolore : c'est l'*intine* (fig. 146, *i*). Ordinairement la différenciation n'a pas lieu à l'endroit des pores ou des plis, le long desquels la membrane s'épaissit moins vers l'extérieur et demeure tout entière à l'état de cellulose pure. Quelquefois cependant l'exine se cutinise et se colore aussi à l'endroit des pores, soit complètement (Gouet), soit à l'exception d'un anneau circulaire, le long duquel elle se dissout (Courge, etc.); dans ce dernier cas, le pore est surmonté d'un couvercle, qui sera plus tard soulevé par l'intine. Dans le Pin, le Sapin, etc., l'exine se sépare de l'intine en deux points et se soulève pour former les deux ballonnets déjà signalés page 359. Dans d'autres Conifères (If, etc.), la membrane épaissie du grain se différencie en trois couches : une exine cutinisée, une intine cellulosique, et une couche moyenne qui dans l'eau se gonfle et se gélifie en déchirant l'exine et mettant l'intine à nu. En face des pores, l'intine s'épaissit quelquefois beaucoup vers l'intérieur en formant comme autant de bouchons de cellulose, qui sont utilisés dans le développement ultérieur (Malvacées, Onothéracées, etc.). Quant aux proéminences externes du grain : épines, crêtes, etc. (voir p. 359, fig. 147, 148 et 149), elles doivent leur formation à l'épaississement locale de la membrane sur sa face externe par une apposition dont le liquide nutritif extérieur, avec les granules qu'il tient en suspension, fournit tous les éléments ; elles se cutinisent ensuite et se colorent, comme l'exine à laquelle elles appartiennent.

En même temps que la membrane s'accroît comme il vient d'être dit, le protoplasme se charge de diverses matières de réserve, les unes azotées, les autres ternaires comme l'huile, l'amidon, le saccharose, etc., destinées à alimenter la croissance ultérieure du grain.

Les membranes des cellules mères et les cloisons des cellules filles ne se dissolvent pas toujours complètement ; dans la mesure où elles persistent, les grains de pollen sont *composés* (voir p. 360). Si toutes les cellules mères dissolvent leurs lames moyennes, mais en laissant autour de leurs cellules filles, dont les cloisons persistent tout entières, une mince couche qui se cutinise, le pollen forme des tétrades. Si les cellules mères primordiales seules épaississent leurs membranes et en dissolvent la lame moyenne, en gardant autour de chaque groupe de cellules mères définitives une mince couche cutinisée, le pollen forme des massules (Orchide, Ophryde, etc.). Enfin si aucune dissolution n'a lieu, tous les grains d'un même sac demeurent emprisonnés dans une pollinie, qui en compte un nombre tantôt petit et déterminé (certaines Mimosées), tantôt considérable et indéterminé (Orchidacées et la plupart des Asclépiadacées) (fig. 150).

Formation des cellules filles à l'intérieur des grains de pollen. — Une fois que le grain de pollen a acquis sa grandeur, sa forme et sa structure définitives, le noyau s'y divise en deux moitiés inégales ; puis, entre les deux nouveaux noyaux, il se fait à travers le protoplasme une mince cloison en forme de verre de montre, qui partage le grain en deux cellules filles inégales (fig. 161, *I*). Dans les Angiospermes, la petite cellule se sépare bientôt de la cellule mère, par gélification de la lamelle moyenne de la membrane sur toute la surface de contact, et devient libre dans la grande, où elle affecte la forme d'une lentille ou d'un fuseau.

Chez les Gymnospermes, elle reste en place, s'accroît en

faisant saillie dans la grande et, après avoir divisé son noyau dans le sens de la première division, se segmente par une cloison située dans la saillie. Après quoi, s'il s'agit d'une Conifère (If, Sapin, Pin, etc.), l'externe de ces deux petites cellules superposées se détruit, en mettant en liberté l'interne, qui flotte désormais dans la grande, comme chez les Angiospermes

Fig. 161. — *I*, grain de pollen de Monotrope, avec ses deux noyaux et sa cloison ; *II*, le même, émettant son tube pollinique aux dépens de la grande cellule et y faisant passer d'abord la petite cellule tout entière en avant, puis le noyau de la grande en arrière.

(fig. 162, *c*, *d*, *e*). S'il s'agit d'une Cycadacée (Zamie, Cératozamie, etc.), la petite cellule externe est persistante et la petite

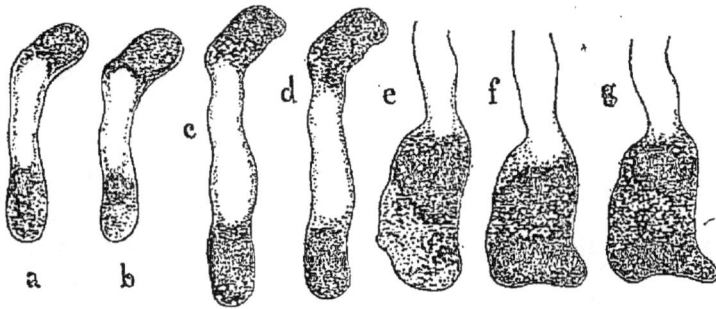

Fig. 162. — Grain de pollen d'If à divers états de germination : *a*, la grande cellule est allongée en tube, la petite est encore indivise ; *b*, la petite cellule s'est divisée en une cellule externe et une interne ; *c*, la cellule externe a résorbé sa membrane en mettant en liberté la cellule interne ; *d*, la cellule interne passe dans le tube, précédée par le noyau de la cellule externe ; *e*, extrémité dilatée du tube avec la cellule interne et les deux noyaux ; *f*, la cellule interne a grossi et s'est divisée en deux moitiés inégales, qui sont les anthérozoïdes ; *g*, les deux noyaux ont disparu et le plus grand des deux anthérozoïdes va traverser la membrane pour pénétrer dans l'oosphère.

cellule interne lui demeure adhérente, rattachée par elle à la paroi du grain de pollen primitif (fig. 163, *B*).

Libre ou adhérente, la petite cellule ainsi formée, et sur laquelle nous aurons à revenir bientôt, est donc, par rapport au grain de pollen primitif, de première génération chez les

Angiospermes, de seconde génération chez les Gymnospermes. Toutefois, chez quelques Gymnospermes, après la première division du grain de pollen, la grande cellule se cloisonne encore une ou deux fois en deux moitiés inégales, de manière à donner deux ou trois petites cellules superposées (Mélèze, Cératozamie, fig. 163, *A*, etc.). C'est alors la plus interne et la dernière formée de ces petites cellules qui s'accroît et se divise en deux comme il vient d'être dit; les autres demeurent inactives et s'aplatissent en se désorganisant.

Structure de la paroi de l'anthère. — On a vu que, dans le jeune âge, la paroi externe du sac pollinique comprend, sous l'épiderme, au moins trois assises de cellules. L'interne, nourricière, se détruit pour alimenter la croissance des grains de pollen; aussi sa couleur, habituellement jaune, est-elle toujours en rapport avec la couleur du pollen qu'elle nourrit. La moyenne, écrasée d'abord par le développement de la précédente, se détruit ensuite comme elle. L'externe, au contraire, à mesure qu'elle consomme l'amidon qu'elle avait emmagasiné à cet effet, épaissit localement ses membranes, en forme de bandes diversement disposées, qui se lignifient fortement (fig. 164). Souvent ces bandes, portées par les faces radiales,

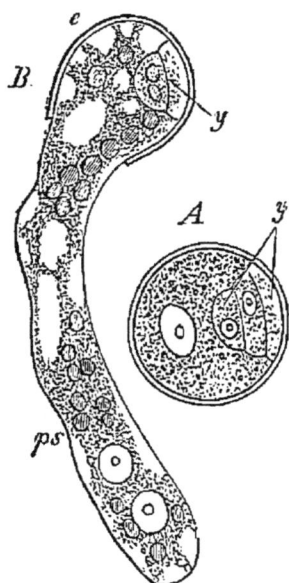

Fig. 163. — *A*, grain de pollen cloisonné de Cératozamie; la grande cellule a formé successivement deux petites cellules, dont l'interne s'est dédoublée. *B*, le même émettant son tube pollinique *ps*, aux dépens de sa grande cellule.

ne s'étendent pas sur la face externe, ou sur la face interne, qui demeure entièrement mince; elles se réunissent au contraire sur la face opposée soit deux par deux en forme d'U (Lychnide, Hélianthe et beaucoup d'autres Composées, etc.), soit toutes ensemble en manière d'étoile ou de griffe (Mauve, Géraine, Poirier, etc.); ailleurs, elles forment des anneaux complets (Dature, Orchide, etc.), ou une spirale continue (Ail, Bourrache, Onothéracées, etc.). C'est cette assise à bandes lignifiées qui, avec l'épiderme dont les cellules se relèvent souvent en papilles, constitue seule la paroi du sac pollinique mûr (fig. 164, *B*). Quand il se forme, entre l'épiderme et les cellules mères du pollen, plus de trois assises, les deux internes demeurent simples, mais il y a plusieurs assises externes à bandes lignifiées : deux (Passiflore, Jusquiame, Capucine, etc.), trois ou quatre (Courge, Dictame, etc.), cinq à dix (Iride, Agave, etc.).

Déhiscence de la paroi de l'anthère. — Ainsi conformée, la paroi de l'anthère s'ouvre à la maturité en correspondance avec chacun des sacs polliniques, comme il a été dit p. 357. Cette déhiscence s'opère en deux temps : il se fait d'abord une

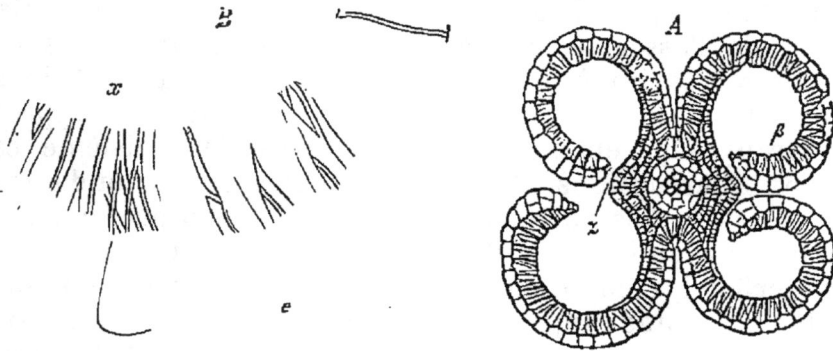

Fig. 164. — *A*, section transversale d'une anthère de Butome, mûre, vide, à valves reployées en dedans à droite; *z*, courte cloison, de laquelle les deux valves viennent de se séparer par deux fentes rapprochées au fond du sillon. — *B*, portion grossie de la paroi correspondant à β dans *A*; *e*, épiderme; *x*, cellules à bandes; *y*, ligne de déhiscence.

fente ou un pore pour chaque sac; puis, cette fente ou ce pore 'élargissent pour mettre les grains de pollen en liberté.

Pour expliquer ce double phénomène, il suffira de consiérer une anthère ordinaire, à quatre sacs polliniques collatéraux, rapprochés deux par deux sur chaque moitié du connectif et à déhiscence longitudinale. Les deux sacs de chaque aire y affectent, par rapport au connectif, trois dispositions ifférentes. Tantôt ils sont entièrement enfoncés dans l'épaiseur de l'écorce, sans faire saillie au dehors, sans offrir entre ux de sillon, par conséquent, et sont séparés dans toute leur rofondeur par une lame corticale formant une cloison plus u moins épaisse, cloison renflée des deux côtés quand les cellules mères du pollen demeurent disposées en une seule ssise courbe (Labiées, Scrofulariacées, etc.). Tantôt ils font 'hacun à la surface une saillie aussi forte ou même plus forte jue leur profondeur et ne sont séparés alors que par un sillon très profond, sans cloison (Passiflore, etc.). Tantôt, et c'est un cas très fréquent, ils sont en partie enfoncés, en partie saillants, séparés en dedans par une demi-cloison, en dehors par un demi-sillon (Butome, fig. 164, etc.). Dans le premier cas, l'assise sous-épidermique de cellules à bandes lignifiées est interrompue de chaque côté de la cloison par de petites cellules à parois minces et molles, qui se dissocient aisément, comme les cellules épidermiques qui les recouvrent; c'est là que se font les deux fentes, d'autant plus rapprochées que la cloison est plus mince, mais toujours bien distinctes et ne s'ouvrant parfois que l'une après l'autre. Dans le second cas, même interruption de l'assise à bandes lignifiées en deux points voisins, mais situés l'un à droite, l'autre à gauche au fond du sillon, avec formation correspondante de deux fentes rapprochées, ouvrant séparément chaque sac. Dans le troisième cas, les deux interruptions et les deux fentes correspondantes sont situées à la fois de chaque côté de la cloison profonde, comme dans le premier, et à droite et à gauche au fond du sillon superficiel, comme dans le second. On voit qu'il y a toujours, plus ou moins rapprochées, deux fentes, ouvrant séparément les deux sacs, et non pas une seule fente située entre les deux sacs et les ouvrant ensemble, après destruction préalable de la cloison, quand il y en a une, comme il est généralement admis.

Pour permettre aux grains de pollen de s'échapper dans l'air, il faut ensuite que ces deux fentes s'élargissent, ce qui a lieu sous l'influence de la dessiccation, grâce aux propriétés spéciales de l'assise à bandes lignifiées. En effet, dès que la corolle s'épanouit et que l'air accède aux étamines, la paroi de l'anthère se dessèche; par suite, les membranes de l'assise à bandes se rétractent fortement dans les endroits restés minces et cellulosiques, faiblement dans les places épaissies et lignifiées. Alors, de deux choses l'une. Ou bien les places épaissies et lignifiées dominent sur la face interne des cellules, tandis que la face externe en a moins ou en est dépourvue; c'est ce qui a lieu, par exemple, dans l'épaississement en U ou en griffe, lorsque l'U ou la griffe s'ouvrent en dehors (Lychnide, Mauve, Ancolie, Gesse, etc.); alors la paroi se rétracte davantage sur la face externe que sur la face interne et par suite, les deux valves se recourbent en dehors en ouvrant largement les deux sacs. Ou bien les places épaissies et lignifiées dominent sur la face externe des cellules, tandis que l

face interne en a moins ou en est dépourvue; c'est ce qui a
lieu, par exemple, dans l'épaississement en U ou en griffe, si
l'U ou la griffe s'ouvrent en dedans (Sainfoin, Butome, etc.);
alors la paroi se rétracte davantage sur la face interne que
sur la face externe, et, par suite, les deux valves se recourbent
en dedans (fig. 164, A); chaque fente se trouve encore élargie,
mais moins fortement que dans le premier cas. Ainsi mis à
nu, et même entraînés sur la face interne des valves quand
elles se déploient vers l'extérieur, les grains de pollen ne
tardent pas à être transportés et disséminés, comme il sera dit
plus loin. L'assise à bandes lignifiées joue donc un rôle mécanique important dans la seconde phase de la déhiscence longitudinale des sacs polliniques. Le rôle de l'épiderme dans ce
phénomène est purement passif; on peut l'enlever sans gêner
la déhiscence (Nicotiane, Digitale, etc.); dans bien des cas, il
disparaît spontanément avant la déhiscence et les valves,
réduites à l'assise à bandes, ne s'en recourbent pas moins
(Vigne, Aristoloche, Pin, Genévrier, etc.).

Quelquefois les cellules à bandes dépassent les valves et
envahissent soit la cloison (Onothéracées, Dipsacées, etc.),
soit le connectif (Souci, Capucine, Saxifrage, etc.), parfois
même dans toute son épaisseur (fig. 164, A) (Lis, Iride,
Butome, Lin, Chèvrefeuille, etc.); leur rôle est le même, mais
elles le remplissent avec une plus grande énergie. Ailleurs,
au contraire, elles n'occupent qu'une partie de la surface des
valves, soit le bord voisin de la ligne de déhiscence (Mélampyre, Rhinanthe, diverses Orobanches, etc.), soit le bord
voisin de l'attache au connectif (Chlore, etc.), soit divers
points çà et là disséminés (Ophryde, divers Orchides, etc.);
leur rôle est encore le même, mais leur action est beaucoup
affaiblie. Quand elles manquent tout à fait (Tomate, Cycade,
Calle, divers Orchides, etc.), les bords des valves ne se
recourbent pas, mais restent rapprochés sur la ligne de
déhiscence.

Quelquefois l'assise interne et l'assise moyenne de la paroi
ne se détruisent pas; alors l'assise sous-épidermique ne
prend pas non plus de bandes d'épaississement. La déhiscence
s'opère dans ce cas par la destruction de quelques cellules au
sommet des sacs (Ericacées, Mélastomacées, etc.): elle est
poricide. Il se fait parfois autour du pore quelques cellules à
bandes, qui en se rétractant plus en dehors qu'en dedans
élargissent l'ouverture (Morelle, Maïs, etc.). Il faut remarquer

pourtant que la déhiscence poricide peut se montrer aussi dans des anthères où il y a destruction des assises internes et formation de cellules à bandes; il suffit pour cela que celles-ci forment une assise non interrompue dans l'angle de la cloison, ce qui rend impossible la déhiscence longitudinale (Richardie, Alocase, Dianelle, etc.).

Germination et développement du grain de pollen. Tube pollinique. — Une fois mis en liberté, comme il vient d'être dit, avec son appareil protecteur, sa grande cellule munie d'une provision de réserves et sa petite cellule ordinairement libre, le grain de pollen est capable de développement. Dès qu'il rencontre dans le milieu extérieur les conditions favorables, il sort de l'état de vie latente, il germe. Sa grande cellule se gonfle, s'accroît et, poussant devant elle, à l'endroit d'un pore ou d'un pli, la membrane qui l'entoure, elle s'allonge en un tube grêle (fig. 161, 162 et 163). Celui-ci croît par le sommet et, sans se cloisonner, ni se ramifier le plus souvent, il atteint promptement plusieurs centaines et même plusieurs milliers de fois la longueur du grain primitif : c'est le *tube pollinique*. Dans les grains composés : tétrades, massules ou pollinies, chaque grain pousse son tube indépendamment de ses voisins, et l'ensemble produit en définitive un faisceau de filaments enchevêtrés.

Les conditions de milieu nécessaires et suffisantes pour que le grain de pollen germe et pour que sa grande cellule se développe ainsi en un tube se trouvent remplies normalement sur le stigmate de la fleur, comme on le verra plus loin; mais il est facile de les réunir artificiellement autour du grain. Puisqu'il possède des réserves, il suffit en général de lui donner de l'air, de l'humidité et de la chaleur, pour qu'il produise un tube pollinique; si l'on ajoute au liquide diverses substances nutritives, comme du sucre, de la gomme, etc., de manière à composer un milieu de culture, la croissance est plus intense et le tube parvient dans le même temps à une plus grande longueur. Il suffit donc de semer les grains de pollen dans une goutte d'eau sucrée ou gommée, pour voir les tubes polliniques se former et pour les suivre dans tout leur développement.

Au sommet du tube, le protoplasme est toujours homogène et plein; la membrane de cellulose qui le recouvre ne s'y distingue pas par un contour interne; ce contour ne devient apparent qu'après la contraction du protoplasme par les réactifs. Plus bas, le protoplasme se montre pourvu d'hydro-leucites de plus en plus volumineux contenant un suc cellu-laire de plus en plus abondant; dans cette région, il est en mouvement actif. Par la facilité avec laquelle on les obtient, ces cultures de tubes polliniques sont certainement l'un des objets qui se prêtent le mieux à l'étude et à la démonstration du mouvement protoplasmique (voir p. 15). Plus loin encore, si le tube est suffisamment âgé, la membrane est vide, remplie seulement d'un liquide hyalin. Le protoplasme voyage donc dans le tube, se retirant peu à peu de la région inférieure, pour se concentrer à l'extrémité. Çà et là, la partie pleine des tubes se sépare de la partie vide par un épaississement de cel-lulose formant bouchon.

Le noyau de la grande cellule se désagrège et disparaît tou-jours, plus ou moins tôt, quelquefois même avant la formation du tube pollinique, le plus souvent à l'intérieur du tube, dans lequel il pénètre et avance plus ou moins loin (fig. 161, II).

Chez les Angiospermes, la petite cellule libre du grain pénètre dans le tube pollinique, où elle devance même d'ordi-naire le noyau de la grande cellule (fig. 161, II), et, au fur et à mesure de son allongement, s'y maintient dans le proto-plasme au voisinage de son extrémité. A un moment donné, elle divise son gros noyau et se segmente elle-même en deux cellules égales qui se séparent aussitôt l'une de l'autre et qui sont, ou du moins paraissent immobiles. C'est l'une de ces deux cellules filles, la plus proche de l'extrémité du tube, qui joue un rôle essentiel dans la formation de l'œuf, comme on le verra plus loin.

Chez les Gymnospermes de la famille des Conifères, la petite cellule libre du grain pénètre aussi dans le tube pollinique en se maintenant vers son extrémité et, là, se divise aussi en deux cellules filles égales ou inégales (fig. 162, g). Celles-ci sont ou, du moins, paraissent d'ordinaire immobiles, comme chez les Angiospermes. Mais dans le Ginkgo, chacune d'elles est entourée d'une bande spiralée garnie dans toute sa longueur de nombreux cils vibratiles, à l'aide desquels elle se meut activement. Chez les Cryptogames, comme on le verra plus tard, de pareilles cellules ciliées et mobiles, qui jouent comme ici un rôle essentiel dans la formation de l'œuf, ont reçu le nom d'*anthérozoïdes* et la cellule mère qui les produit celui d'*anthéridie*. On doit leur donner le même nom dans le Ginkgo.

Chez les Cycadacées (Zamie, Cycade, etc.), l'interne des deux petites cellules, puisqu'elle demeure adhérente à l'externe, et par elle à la paroi du grain de pollen primitif, ne peut pas pénétrer dans le tube pollinique et à en gagner le sommet. Elle ne s'en divise pas moins, à un moment donné, en deux cellules égales, disposées transversalement par rapport à l'axe du tube et adossées l'une à l'autre. Chacune de ces cellules différencie à sa surface une bande spiralée, enroulée à partir du pôle externe qui est son sommet en cinq à six tours, dans le sens inverse des aiguilles d'une montre, et toute couverte d'innombrables cils vibratiles (fig. 165). Puis, elles se séparent l'une de l'autre, et toutes deux de la cellule externe, et nagent activement dans le liquide du tube, au voisinage de sa base très fortement élargie. Ce sont, ici aussi, des anthérozoïdes et leur cellule mère est une anthéridie; mais, dans cette famille, l'anthéridie est et demeure fixée par un pédicelle à la base du tube pollinique. De plus, les anthérozoïdes y sont

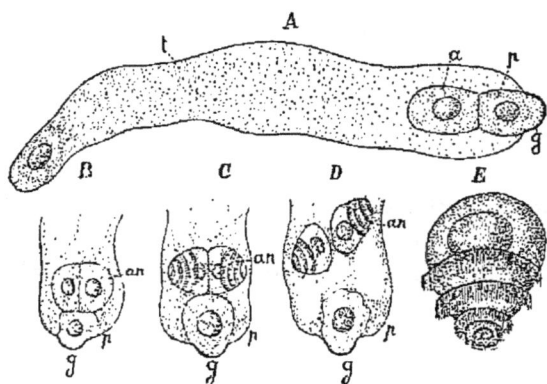

Fig. 165. — Développement du tube pollinique dans la Zamie intégrifoliée. *A*, la grande cellule a formé le tube *t*; la petite s'est allongée et divisée transversalement en deux; *a*, anthéridie; *p*, pédicelle; *g*, grain de pollen primitif, base du tube. *B*, l'anthéridie s'est divisée longitudinalement en deux cellules filles *an*. *C*, les deux cellules filles ont pris une bande spiralée de cils vibratiles et commencent à s'isoler du pédicelle *p*. *D*, les deux anthérozoïdes *an* sont séparés et libres dans la base du tube. *E*, un anthérozoïde plus fortement grossi.

très grands, mesurant 0^{mm},330 de long sur 0^{mm},300 de large, aisément visibles, par conséquent, à l'œil nu.

Chez les Conifères autres que le Ginkgo, et chez les Angiospermes, les deux cellules filles de la petite cellule du grain de pollen, quoique immobiles ou réputées telles jusqu'à présent, n'en sont pas moins les homologues des anthérozoïdes du Ginkgo et des Cycadacées; elles doivent donc aussi recevoir le même nom, et leur cellule mère celui d'anthéridie.

Chez toutes les Phanérogames, le grain de pollen produit donc, en germant, d'une part, une anthéridie à deux anthérozoïdes, de l'autre un tube qui en s'allongeant porte ces anthérozoïdes au lieu précis où ils doivent exercer leur action.

Quand il vient à tomber sur le stigmate des Angiospermes ou sur le nucelle des Gymnospermes, le grain de pollen se comporte précisément comme on vient de le voir dans les cultures artificielles sur porte-objet. On y reviendra plus loin.

§ 6

PISTIL

Forme des carpelles. — Le carpelle est ordinairement, comme on sait (p. 337, fig. 123), une feuille sessile formée de trois parties chez les Angiospermes. Son limbe élargi porte les ovules sur ses bords renflés : c'est l'ovaire. Il prolonge sa côte médiane en un filament, qui est le style, et le style à son tour se termine par une languette ou un renflement couvert de papilles, qui est le stigmate. Chez les Gymnospermes, il n'y a ni style, ni stigmate, et le carpelle se réduit à son ovaire. Quelquefois ouvert (Conifères, fig. 167, Violette, Résède, Orchide, etc.), le carpelle est le plus souvent fermé par le rapprochement et la soudure de ses bords recourbés vers l'intérieur. Cette fermeture a lieu à divers degrés : tantôt seulement dans la partie inférieure de l'ovaire, ordinairement dans toute sa longueur, parfois jusque dans le style et même jusqu'au sommet du style enroulé en cylindre. Quelquefois le carpelle est plus ou moins longuement pétiolé (Baguenaudier, Éranthe, etc.).

Si tous les carpelles du pistil ont même forme et même grandeur (Crassule, Butome, etc.), ou si, étant de forme et de dimension différentes, ils alternent régulièrement (Symphorine, etc.), le pistil est symétrique par rapport à l'axe de la fleur : il est actinomorphe. Si, au contraire, l'un des carpelles se développe plus que les autres, ou se développe seul, les autres avortant, le pistil n'est symétrique que par rapport à un plan, qui est généralement médian : il est zygomorphe. (Légumineuses, Berbéridacées, Graminées, Conifères, etc.).

Étudions maintenant de plus près chacune des trois parties qui composent le carpelle des Angiospermes, savoir : l'ovaire, le style et le stigmate.

Ovaire. — Le bord renflé qui forme le placente porte parfois une seule rangée d'ovules, qui correspondent à une série de dents ou de lobes de la feuille (Liliacées, Légumineuses, etc.) ; mais souvent il s'épaissit sur une plus grande largeur et produit des ovules plus nombreux, disposés sur plusieurs rangées ou sans ordre (Orchidacées, Cucurbitacées, Solanacées, Saxifrage, fig. 166, etc.).

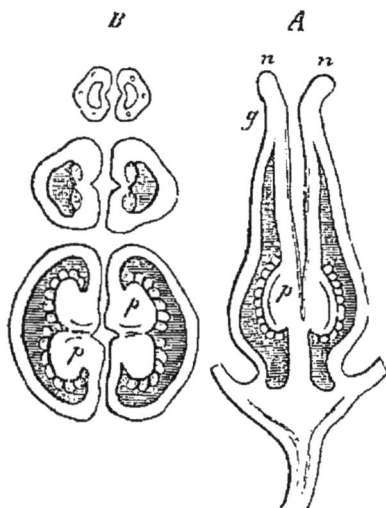

Fig. 166.— Pistil de Saxifrage. *A*, section longitudinale ; *p*, placente ; *g*, style ; *n*, stigmate. *B*, section transversale à diverses hauteurs.

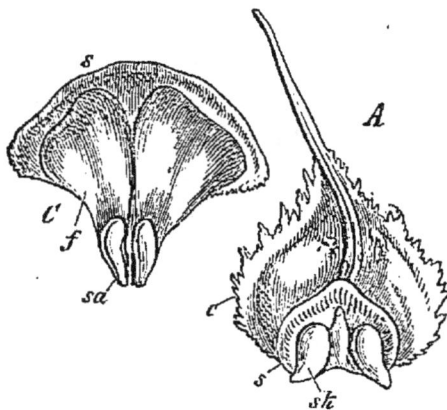

Fig. 167. — Fleur femelle de Sapin. *A*, à l'aisselle d'une bractée *c*, le carpelle ouvert porte vers son milieu deux ovules pendants *sk*. *C*, fruit ; *sa*, graines faussement ailées en *f*.

Toutes les fois que les ovules sont ainsi attachés au bord extrême, ou du moins concentrés près de ce bord, on peut dire que la placentation du carpelle est *marginale* ; c'est le cas ordinaire. Mais parfois ils envahissent une beaucoup plus grande étendue de la face supérieure du carpelle, dont la région médiane seule en demeure dépourvue (Pavot), ou bien ils s'attachent sur toute la face supérieure de la feuille, jusqu'au voisinage de la nervure médiane (Nymphée, Butome, Akébie, etc.) ; alors les bords du carpelle ne se renflent pas et sa placentation est *diffuse* ; on la dit aussi *réticulée*, parce que les ovules, tirant toujours leur origine des nervures du limbe, se disposent en réseau comme ces nervures elles-mêmes. Enfin il arrive que la nervure médiane seule porte les ovules, tout le reste de la feuille en étant dépourvu ; la placentation du carpelle est alors *médiane* (Cactacées, Ficoïde, etc.). Dans les Conifères, les ovules sont portés sur la face dorsale des carpelles largement ouverts : à la base (Cyprès, etc.), vers le milieu (Pin, Sapin, fig. 167, etc.), près du sommet (Araucarie, etc.), ou au sommet même (Ginkgo, Céphalotaxe, etc.).

Revenons à la placentation marginale. Le bord n'y est pas toujours chargé d'ovules dans toute la longueur de l'ovaire ; assez souvent, il n'en porte qu'un petit nombre à sa base, ou à son milieu, ou à son sommet. Les ovules sont nécessairement *dressés* dans le premier cas (Gouet, Tamaris, etc.), *renversés* dans le dernier (Acore, Hippure, etc.) ; dans le second, ils sont, suivant les plantes, *ascendants, horizontaux* ou *pendants*. Le bord du carpelle ne s'épaissit alors qu'au point même où il porte les ovules. Le nombre des ovules du carpelle peut se réduire ainsi à un seul pour chaque bord : le carpelle est *biovulé* (Poirier, Vigne, etc.). Il arrive aussi que l'un des bords ne produit pas d'ovule et que l'autre en porte un seul : le carpelle est *uniovulé* (Capucine, Euphorbe, Chalef, fig. 168, Ombellifères, Graminées, etc.).

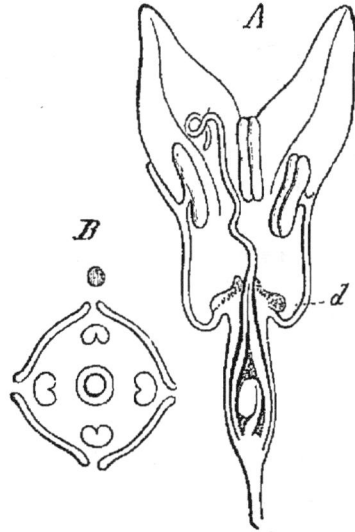

Fig. 168. — Fleur du Chalet. *A*, section longitudinale, montrant le carpelle muni d'un seul ovule dressé ; *d*, nectaire. *B*, diagramme.

Il entre quelquefois dans la composition du pistil des carpelles de deux sortes : il peut se faire que les uns soient pluriovulés, les autres uniovulés (Symphorine) ; mais le plus souvent les uns sont ovulifères, fertiles, les autres dépourvus d'ovules, stériles. Ainsi, des deux carpelles qui forment le pistil des Composées, l'un est stérile, l'autre ne porte qu'un ovule dressé à la base de l'un de ses bords ; le pistil tout entier est uniovulé. Avec trois carpelles, dont deux sont stériles, le pistil de la Bette, du Rumice, etc., est également uniovulé ; avec cinq carpelles, dont quatre demeurent stériles, le pistil des Plumbagacées ne contient aussi qu'un seul ovule.

Quand l'ovaire du carpelle est clos, il arrive parfois qu'il se subdivise, par des cloisons longitudinales ou transversales, en un certain nombre de logettes. Ainsi l'ovaire de l'Astragale, du Dature, du Lin, etc., se divise en deux par une cloison longitudinale qui part de la nervure médiane, se dirige en dedans vers la suture des deux bords placentaires et s'y unit; ainsi encore, l'ovaire des Cathartocarpes (subdivision des Casses) se divise, par un grand nombre de cloisons transversales, en logettes superposées contenant chacune un ovule.

Structure de l'ovaire. — Comme tout limbe de feuille, l'ovaire se compose d'un épiderme, pouvant porter sur ses deux faces des stomates et des poils, d'une écorce, ordinairement homogène, et pouvant renfermer de la chlorophylle, et de méristèles à un faisceau libéroligneux, diversement ramifiées et anastomosées. Il y a une méristèle médiane et, si la placentation est marginale, comme c'est le cas le plus fréquent, chaque bord placentaire est occupé d'ordinaire par une méristèle plus grosse que les autres, qui envoie des branches aux ovules. Si l'ovaire est ouvert, toutes les méristèles sont orientées de la même manière, liber en dehors, bois en dedans; mais s'il se ferme en reployant et rejoignant ses bords vers l'axe de la fleur, ses méristèles marginales tournent leur bois en dehors et se trouvent orientées en sens inverse de la méristèle médiane. Lorsque, après s'être unis, les bords, continuant à se reployer, se séparent de nouveau en se réfléchissant vers l'extérieur, leurs méristèles tournent peu à peu leur liber en dehors, leur bois en dedans et reprennent ainsi l'orientation de la méristèle médiane (voir plus loin, fig. 175, *a*). En un mot, l'orientation des méristèles et des faisceaux libéroligneux de l'ovaire est précisément telle qu'il convient à une feuille plus ou moins reployée.

Le long de chaque bord, la face interne de l'ovaire subit le plus souvent une modification spéciale, qui aboutit à la formation d'une bandette de *tissu conducteur*, ainsi nommé parce qu'il est, comme on le verra bientôt, la voie qui conduit les tubes polliniques aux ovules. Tantôt c'est l'épiderme seul qui se modifie : il prolonge simplement ses cellules en papilles (Mahonie, etc.), ou bien il les divise à plusieurs reprises par des cloisons tangentielles en formant une lame plus ou moins épaisse (Labiées, Borragacées, Composées, etc.). Tantôt plusieurs assises de l'écorce sous-jacente, provenant soit directement de la différenciation d'une portion de l'écorce ordinaire (Hellébore, Ronce, etc.), soit du cloisonnement tangentiel répété de l'assise sous-épidermique (Saxifrage, Groseillier, etc.), viennent renfoncer l'épiderme et contribuer avec lui à former le tissu conducteur. Quelle qu'en soit l'origine, le tissu conducteur se distingue par le contenu de ses cellules, qui est un protoplasme granuleux, dense et très réfringent, renfermant quelquefois de l'huile, de l'amidon, de la chlorophylle, mais surtout par la nature de leurs membranes, qui sont épaisses, brillantes, molles et en voie de gélification (fig. 169). Quand la gélification des lames moyennes est complète, les cellules se trouvent dissociées dans un mucilage. En un mot, le tissu conducteur n'est qu'une variété du tissu gélatineux (p. 35, fig. 15).

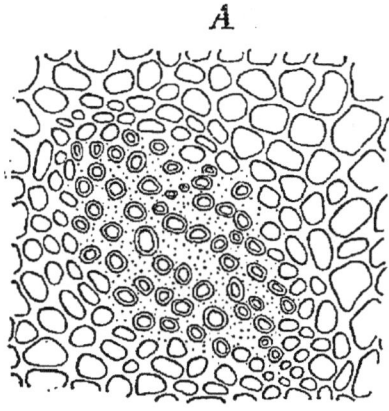

Fig. 169. — Coupe transversale de la région centrale du style de la Sauge, montrant le tissu conducteur avec ses membranes gélifiées.

Style. — Souvent très long, pouvant atteindre jusqu'à 20 centimètres de longueur (Colchique, Safran, Dature, etc.), le style est parfois très court, réduit à un simple étranglement entre le stigmate et l'ovaire (Crucifères, Résède, Pavot, Renoncule, fig. 170, Tulipe, etc.) ; le stigmate est dit alors *sessile* sur l'ovaire. Sa face externe porte quelquefois des poils, où viennent s'attacher les grains de pollen échappés des anthères ; on les nomme *poils collecteurs* (Campanulacées, Composées).

Si le carpelle est ouvert, le style est plan ou creusé en gouttière (Violette, Orchide, etc.). Si le carpelle est fermé, le style participe souvent au reploiement de l'ovaire et

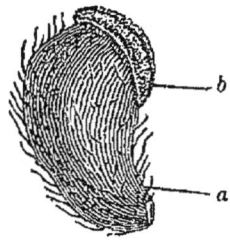

Fig. 170. — Carpelle de Renoncule : *a*, ovaire ; *b*, stigmate sessile.

devient un tube creux, dont le canal continue la cavité ovarienne pour s'ouvrir en haut à la base du stigmate (Papilionacées, Butome, etc.) ; mais, fréquemment aussi, il ne se reploie en tube que dans sa région inférieure et se creuse seulement en gouttière dans le reste (Renonculacées, etc.) ; ailleurs il ne se reploie même pas du tout et demeure plein depuis son insertion sur la cavité ovarienne (Maïs, Ronce, Protéacées, etc.).

Quand l'ovaire est fermé, le style, qui en est toujours le prolongement direct, peut cependant se trouver rejeté sur le côté axile de la cavité, de manière à paraître inséré latéralement en son milieu (Potentille, fig. 171, *A*), ou même à sa base (Fraisier, Alchimille, fig. 171, *B*, etc.). Cela tient à ce que le carpelle, ayant accru plus fortement la région dorsale de son ovaire, s'est considérablement bombé en dehors. Le style est dit alors *latéral* dans le premier cas, *gynobasique* dans le second.

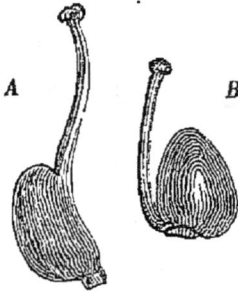

Fig. 171. — *A*, carpelle de Potentille, à style latéral. *B*, carpelle d'Alchimille, à style gynobasique.

Le style partage la structure de l'ovaire, dont il est le prolongement. La méristèle médiane s'y continue, seule le plus souvent, accompagnée parfois de chaque côté par une méristèle plus petite (Hellébore, etc.). Les deux bandes de tissu conducteur de l'ovaire convergent à son sommet et s'unissent en un ruban unique, qui parcourt le style dans toute sa longueur. Ce ruban tapisse le canal, quand le style est reployé en tube (Papilionacées, etc.), ou le sillon, quand il est creusé en gouttière (Renonculacées, Orchidacées, etc.). Il forme un cordon superposé au bois du faisceau libéroligneux de la méristèle, quand le style est plein (Ronce, Protéacées, etc.).

Stigmate. — En s'épanouissant sur la face interne de l'extrémité du style, le tissu conducteur forme le stigmate (Renonculacées, Butomées, etc.); ce dernier est donc toujours latéral; s'il paraît souvent terminal, c'est que le sommet du style s'est réfléchi en dehors (fig. 123, *st*). Le stigmate n'est donc en réalité qu'une surface. Cette surface affecte des formes très diverses, suivant que l'extrémité du style qui la porte est amincie en pointe, dilatée en plume (Lin, fig. 172, Graminées, etc.), renflée en tête (Rhubarbe, fig. 171, etc.), ou creusée en entonnoir (Safran, etc.).

L'épiderme du stigmate est quelquefois lisse (Pois, etc.), et formé de cellules prismatiques (Ombellifères, Euphorbe, Azalée, etc.); mais le plus souvent ses cellules se prolongent en papilles de forme très diverse : en cylindre, Sauge, Polémoine, etc.), en tête (Liseron, Primevère, etc.), en massue (Lilas, Muflier, etc.), en bouteille à col plus ou moins étiré (Spirée, Mahonie, etc.), en aiguille (Papilionacées, etc.), etc.

Ces papilles s'allongent quelquefois en poils, continus (Mille-pertuis, Glaucière, Philodendre, etc.) ou cloisonnés (Géraine, Lopézie, etc.); ailleurs elles sont composées, c'est-à-dire formées de plusieurs cellules épidermiques juxtaposées (Résède, Passiflore, etc.); parfois elles sont portées sur des émergences de l'extrémité du style (Ronce, Sanguisorbe, etc.). Quelle que soit leur forme, elles produisent et épanchent au dehors un liquide visqueux, acide et sucré, très propre à retenir les grains de pollen qui viennent à être transportés sur le stigmate et à les nourrir dans leur développement ultérieur. La viscosité du stigmate est augmentée quelquefois par la gélification des membranes des cellules épidermiques, qui se dissocient dans le mucilage (Groseillier, Morelle, Orchidacées, etc.). Sous l'épiderme, s'étend le tissu conducteur avec ses cellules gélifiées.

Dans les Gymnospermes, le style et le stigmate manquent à la fois, et le carpelle se réduit, comme on sait, à un ovaire (fig. 167, p. 380).

Croissance des carpelles. — Chaque carpelle apparaît d'abord sur le réceptacle comme un mamelon, bientôt élargi à la base en forme d'écaille; la partie inférieure élargie va produire l'ovaire, ouvert ou fermé; la partie supérieure donnera le style et le stigmate. En grandissant, tantôt la région inférieure demeure légèrement concave et les bords se renflent sur place pour produire les ovules : le carpelle est ouvert et la placentation du pistil est pariétale (Violette, Passiflore, etc.). Tantôt, au contraire, les bords se replient progressivement vers l'intérieur, se rencontrent, se soudent dans toute leur longueur, puis se gonflent pour porter les ovules : le carpelle est fermé et la placentation du pistil est axile (Haricot, Ancolie, Spirée, etc.).

Dans un carpelle clos, l'ovaire peut se former d'une façon ⌐n peu différente. Si les bords du mamelon, de très bonne ⌐eure repliés et soudés en forme de bourrelet, sont frappés ⌐une croissance intercalaire à la base, il y aura concrescence, ⌐ovaire apparaîtra comme un sac clos dès l'origine, surmonté ⌐ar le style et le stigmate (Berbéridacées, etc.). Ailleurs, les ⌐eux modes se combinent dans le même ovaire, qui est fermé ⌐ans sa région supérieure par soudure, dans sa région infé-⌐ieure par concrescence (Rutacées, etc.). Quand la fermeture ⌐ lieu par soudure, les deux méristèles marginales du car-⌐elle sont toujours distinctes et les épidermes eux-mêmes s'accolent d'ordinaire sans se confondre (fig. 175, *a*). Quand elle s'opère par concrescence, les méristèles marginales sont encore distinctes le plus souvent, l'union n'ayant lieu que par l'écorce (Berbéridacées, etc.); mais parfois aussi, elles se trouvent intimement unies en une méristèle impaire, qui fait face à la méristèle médiane de l'autre côté de la cavité, mais qui est orientée à rebours (Mercuriale, Géraine, Balsamine, etc.).

Quand la croissance intercalaire qui donne aux carpelles leur forme définitive, et qui s'y localise différemment suivant les cas, comme il vient d'être dit, s'opère séparément dans chacun d'eux, ils demeurent distincts : le pistil est *dialycarpelle*. Si chaque carpelle est ouvert, les ovules ne sont alors abrités dans aucune cavité close; après l'épanouissement de la fleur, ils sont exposés au contact direct de l'air extérieur (Conifères, Cycadacées). Si chaque carpelle est fermé, les ovules sont protégés par une cavité close, produite par la feuille même qui les porte (fig. 175, *a*) (Pivoine, Spirée, Haricot, Saxifrage, fig. 166, Butome, etc.). Mais si l'on réfléchit que les carpelles sont des feuilles à base élargie, insérées autour du sommet du réceptacle sur une circonférence très étroite, on comprend que cette grande proximité favorise singulièrement chez eux la communauté de croissance intercalaire. Aussi la concrescence des feuilles est-elle plus fréquente dans le pistil que dans n'importe quel autre verticille floral. Quand elle a lieu, le pistil est *gamocarpelle* (Liliacées, Solanacées, etc.). Il est nécessaire de passer en revue les divers degrés de cette concrescence et les divers aspects qui en résultent pour le pistil.

Suivant l'époque du développement où elle s'introduit, l'union des carpelles se manifeste à des degrés divers. Quelquefois c'est seulement dans la partie inférieure des régions ovariennes (Colchique, certaines Saxifrages, fig. 166, etc.); mais ordinairement c'est au moins dans toute l'étendue des ovaires. Il en résulte un ovaire composé, au sommet duquel se détachent autant de styles qu'il entre d'ovaires simples dans sa constitution (Caryophyllées, Ricin, Passiflore, Lin, fig. 172, Rhubarbe, etc.). Souvent l'union envahit aussi la partie inférieure des styles et l'ovaire composé se prolonge en un style également composé, qui se divise plus haut en autant de branches qu'il y a de carpelles au pistil (Iride, Capucine, Safran, etc.); dans l'Iride, les trois styles, une fois séparés, se dilatent en lames pétaloïdes. Ailleurs, l'union a lieu jusqu'à la base des stigmates et le style composé est terminé par autant de petites branches stigmatifères dans toute leur étendue qu'il y a de carpelles (Composées, Polémoine, fig. 173, etc.). Ailleurs, les stigmates eux-mêmes sont unis à leur base et forment un stigmate composé en forme d'étoile, ou bilobé, dont les lobes sont les extrémités libres d'autant de carpelles constitutifs. Enfin, si les stigmates sont complètement unis en un stigmate composé en forme de tête, de disque ou d'entonnoir, la concrescence des carpelles est aussi complète que possible, et c'est seulement à l'inspection des nervures médianes qui traversent la paroi de l'ovaire composé que l'on pourra du dehors déterminer le nombre des feuilles carpellaires qui composent le pistil (Primevère, Violette, fig. 174, etc.).

Fig. 172.   Fig. 173.

Les carpelles d'un pistil dialycarpelle rapprochent quelquefois assez intimement certaines de leurs parties pour y contracter adhérence et même pour s'y souder complètement. C'est ainsi que les deux carpelles distincts des Apocynacées se soudent par leurs stigmates renflés en tête, et que les cinq carpelles séparés· des Rutées se soudent dans toute la longueur des styles en gardant leurs ovaires distincts. Il ne faut pas confondre ce phénomène, d'ailleurs très rare, avec la concrescence dont il vient d'être question.

Concrescence entre carpelles ouverts. — Si les carpelles concrescents sont ouverts, l'union a lieu dans les ovaires par la face externe des bords ovulifères un peu recourbés vers 'intérieur. Les méristèles marginales des carpelles peuvent lors demeurer distinctes côte à côte, la concrescence n'atteignant que l'écorce (Violacées, etc.); mais plus souvent elles s'unissent en une méristèle unique, qui envoie de chaque côté des branches aux ovules des deux bords (Crucifères, apavéracées, etc.). L'ovaire ainsi composé circonscrit une seule loge, traversée en son milieu par l'axe de la fleur, et c'est sur la paroi commune de cette loge que s'étendent les placentes (fig. 174). Chaque placente est formé par l'union des deux bords rentrants de deux carpelles voisins et, par conséquent, les styles et les stigmates, qui correspondent normalement aux nervures médianes, alternent avec les placentes. Un pareil ovaire composé est dit *uniloculaire à placentation pariétale* (Résède, Violette, Passiflore, Chélidoine, etc.).

Chez les Crucifères, qui se rattachent au même type, chacun des deux placentes pariétaux produit entre ses deux rangées d'ovules et projette vers le centre une lame qui, en rejoignant sa congénère et se soudant avec elle, forme une cloison complète qui divise l'ovaire dans sa longueur en deux compartiments. L'union des styles a lieu, dans un pareil pistil, soit comme celle des ovaires qu'ils prolongent, par les bords seulement, en laissant au milieu un canal commun qui vient s'ouvrir au sommet entre les stigmates (Violette, fig. 174, etc.), soit à la fois par les bords et par les faces internes, de manière à former une colonne pleine, sans aucun canal stylaire (beaucoup de Composées).

Parmi ces ovaires composés uniloculaires à placentation pariétale, il en est qui méritent une mention spéciale. Il arrive parfois, en effet comme il a été dit plus haut, que chaque carpelle ouvert ne porte d'ovules que sur la base renflée de chacun de ses bords. Ces bases renflées et confluentes forment à chaque carpelle une sorte de talon, et d'un carpelle à l'autre ces talons s'unissent en une proéminence commune, qui forme au fond de l'ovaire une sorte de plancher bombé. C'est sur ce plancher que sont portés tous les ovules dressés, recevant leurs méristèles de la base des nervures carpellaires; le reste de la paroi interne de l'ovaire est lisse et stérile (Gouet, Tamaris, etc.). Il n'est même pas rare, comme on le voit dans

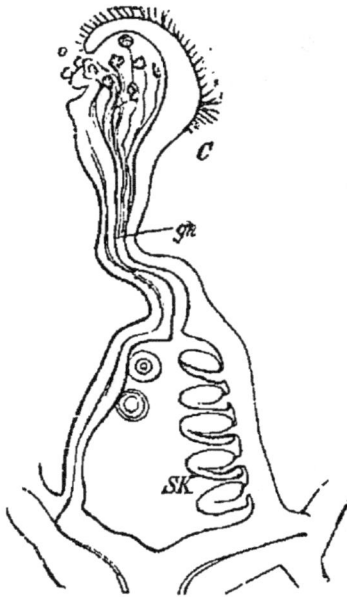

Fig. 174. — Section longitudinale du pistil de la Violette. *C*, stigmate composé, renflé en tête; *gn.* canal du style, ouvert en *o*; *SK*, ovules en placentation pariétale.

la Rhubarbe, le Rumice, l'Ortie, le Chanvre, les Composées, etc., qu'un seul des bords carpellaires porte à sa base un seul ovule dressé ; tous les autres bords confluents ne s'épaississent pas et demeurent stériles. L'ovule unique paraît alors continuer, entre les bases des carpelles, le pédicelle floral lui-même, ou du moins être attaché directement au sommet du réceptacle ; mais ce n'est là qu'une trompeuse apparence. Une étude attentive montre que l'ovule est en réalité latéral et non terminal, que son attache a lieu non sur le pédicelle, mais sur l'un des carpelles à sa base.

Reprenons le cas où la placentation est basilaire avec ovules nombreux et supposons que la proéminence issue de l'union des talons ovulifères des divers carpelles subisse à sa base rétrécie un notable allongement intercalaire. Il en résultera une sorte de colonne, terminée par un renflement en forme de chapeau qui portera les ovules à sa surface. Telle est précisément la disposition des choses dans les Primulacées, Myrsinacées, etc., disposition que l'on a qualifiée de *placentation centrale*. C'est une simple variété de la placentation basilaire et par conséquent aussi de la placentation pariétale. En d'autres termes, la production des ovules est ici localisée sur une dépendance de la base du limbe carpellaire, qui lui-même ne produit rien, dépendance comparable à celle du sépale et du pétale qui produit la couronne des Narcisses (p. 352). La concrescence qui unit latéralement les limbes unit aussi au centre ces dépendances basilaires en une colonne à tête renflée. Cette colonne placentaire est située dans la direction prolongée du pédicelle floral, dont elle semble, au premier bord, n'être que la continuation pure et simple entre les bases des carpelles. Mais ce n'est là qu'une illusion et la chose est tout autre en réalité. Cette colonne renferme un certain nombre de méristèles distinctes, disposées en cercle et orientées à rebours, c'est-à-dire où le faisceau libéroligneux tourne son bois en dehors, son liber en dedans (fig. 175, *e*). Sa structure est donc bien celle qui convient à une couronne concrescente (voir p. 353), tandis qu'elle diffère très profondément de celle du pédicelle floral ; bien mieux, elle est incompatible avec la structure générale de la tige, telle qu'elle a été exposée page 160.

Concrescence entre carpelles fermés. — Entre carpelles fermés, l'union des ovaires a lieu par les faces latérales et ordinairement par toute l'étendue de ces faces. Il en résulte un ovaire composé, où l'on distingue autant de cavités ou de loges qu'il y entre d'ovaires simples concrescents (fig. 175, *b*, *c*, *d*, *f*). Ces loges sont séparées par des cloisons rayonnantes issues de la concrescence des faces latérales des carpelles voisins. Le placente, formé des deux bords distincts ou concrescents du même carpelle, occupe l'angle interne de chaque loge, vis-à-vis de la nervure médiane; les styles et les

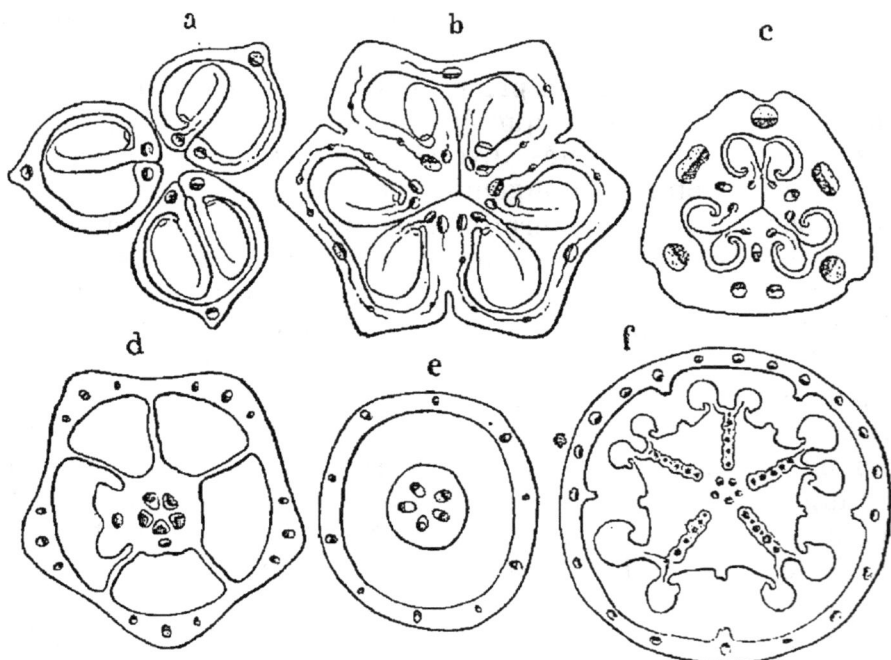

Fig. 175. — Section transversale du pistil, montrant l'orientation des méristèles et des faisceaux libéroligneux des carpelles : *a*, dans l'Éranthe; *b*, dans la Jacinthe; *c*, dans la Tulipe; *d*, dans l'Impatiente; *e*, dans le Mouron; *f*, dans le Lychnide.

stigmates correspondent donc ici aux placentes. Un pareil ovaire composé est dit *pluriloculaire à placentation axile*. Ce cloisons sont quelquefois traversées par deux systèmes indé pendants de méristèles latérales, la concrescence n'atteignan que l'écorce des ovaires (fig. 175, *b*) (beaucoup de Monocoty lédones, etc.); mais parfois aussi les méristèles des cloisons, tou au moins les plus grosses, s'unissent intimement sur la lign médiane en méristèles impaires, qui tournent leurs bois e1 dedans si elles sont situées dans la partie externe de la cloison en dehors si elles appartiennent à la partie interne (fig. 175, *c*

(Tulipe, Géraine, etc.). Dans la colonne parenchymateuse centrale qui résulte de la soudure ou de la concrescence des cloisons, suivant que les ovaires constitutifs se sont fermés par soudure ou par concrescence, les méristèles marginales disposées en cercle tournent leur bois en dehors, leur liber en dedans (fig. 175, *d*), comme il a été dit plus haut. Quand leur disposition est réticulée dans chaque carpelle, les ovules occupent toute l'étendue des cloisons et la placentation du pistil est dite *septale* (Nymphéacées, etc.).

Lorsque les styles sont reployés en tube dans toute leur longueur, leur union produit un style composé, creusé d'autant de canaux parallèles avec autant de bandes de tissu conducteur, qui viennent déboucher chacun à la base d'un stigmate (Philodendre, etc.). S'ils ne sont reployés que dans leur partie inférieure, le style composé a d'abord plusieurs canaux distincts, qui se réunissent plus haut en un canal unique, bordé par une bande unique de tissu conducteur (Liliacées diverses, Agave, Fourcroyer, etc.). Enfin s'ils ne sont pas reployés du tout, ils peuvent s'unir seulement par leurs bords, pour donner un style composé à canal unique, bordé de tissu conducteur (Iridacées, Borragacées, etc.), ou confluer à la fois latéralement et en dedans pour donner un style composé plein, dont l'axe est occupé par un cordon de tissu conducteur (Labiées, etc.).

Chez les Caryophyllées, le pistil est gamocarpelle à carpelles fermés et à placentation axile. Mais pendant qu'il se développe, les faces latérales unies des carpelles, que ne traverse aucune méristèle, se détruisent peu à peu, rompant toute continuité entre la face externe de l'ovaire et l'ensemble des bords placentaires réunis dans l'axe du pistil (fig. 175, *f*).

Chez les Monocotylédones, il arrive fréquemment que l'union des carpelles clos ne s'opère pas dans toute l'étendue des faces latérales en contact. Dans une certaine plage, variable de largeur et de position d'un genre à l'autre, la concrescence n'a pas lieu et les deux surfaces en regard y demeurent libres, recouvertes par leur épiderme propre. Dans l'intervalle qui les sépare, les cellules épidermiques déversent un liquide sucré, et ce liquide, qui est du nectar, vient perler au dehors en certains points à la surface de l'ovaire composé. On trouve de ces interstices nectarifères, nommés souvent *glandes septales*, dans les cloisons de l'ovaire composé chez un grand nombre de Liliacées, Amarylliadacées, Iridacées, Broméliacées, Scitaminées, etc.

Si la concrescence a lieu entre carpelles clos à styles gynobasiques (Ochnacées, Simarubacées, etc.), le style composé paraîtra implanté par sa base au fond d'une cavité creusée au centre de l'ovaire composé. Dans les Labiées et les Borragacées, il en est de même, à une différence près. Le pistil résulte ici de l'union de deux carpelles clos biovulés à style gynobasique. Mais les ovules, en grandissant plus vite que l'ovaire, y ont déterminé quatre bosses; en même temps, chaque loge s'est séparée en deux logettes par une fausse cloison. Il semble donc, au premier abord, qu'il ait ici quatre ovaires simples et uniovulés, verticillés autour de la base du style.

Ramification des carpelles. — Comme le sépale, le pétale et l'étamine, le carpelle peut se ramifier. La ramification peut porter sur le stigmate, sur le style, sur l'ovaire ou sur la totalité du carpelle. Le stigmate se divise quelquefois en trois branches (Bambou), dont la médiane avorte le plus souvent (la plupart des Graminées, Crucifères); de plus, dans les Crucifères, les deux branches stigmatiques des deux carpelles voisins s'unissent ensemble; il en résulte que les deux corps stigmatiques ainsi constitués sont superposés aux placentes pariétaux et non, comme c'est la règle, aux nervures médianes qui les séparent. Il en est de même dans les Aristoloches, et c'est pourquoi les lobes stigmatiques y alternent avec les loges de l'ovaire sous-jacent au lieu de leur être superposés (fig. 178). Ailleurs, chaque style se bifurque pour terminer chacune de ses branches par un stigmate (Euphorbe, Ricin, etc.).

Quant à l'ovaire, toutes les fois qu'il est fertile, à vrai dire il est ramifié. Les ovules qu'il produit et porte ne sont pas autre chose, en effet, que des dents, des lobes ou des segments du limbe carpellaire; s'ils ne forment qu'une seule rangée marginale, la ramification qui les produit a lieu dans le plan du limbe, comme pour former les lobes ou les folioles d'une feuille ordinaire; s'il y en a plusieurs rangées ou s'ils sont éparpillés sur toute la surface, la ramification a lieu perpendiculairement au plan du limbe, comme pour former les segments de la feuille du Rossolis, par exemple (p. 246 et p. 318, fig. 112), ou du Houx-hérisson. Quand la formation des ovules est localisée à la base de la feuille, l'excroissance

sessile (Gouet, etc.) ou pédicellée (Primulacées, Myrsinacées, etc.) qui les porte est déjà le résultat d'une première ramification du carpelle, analogue à celle du pétale qui produit une
couronne ; ce segment à son tour se ramifie au sommet pour
former les ovules. Enfin, le carpelle peut se ramifier dans sa
totalité. Chez certaines Malvacées, par exemple, le pistil gamocarpelle comprend cinq grands carpelles multiovulés (Ketmie,
etc.); chez d'autres (Mauve, Guimauve, Malope, etc.), chaque
grand carpelle est remplacé par un certain nombre de petits
carpelles uniovulés, disposés en arc ou en fer en cheval à
droite et à gauche d'un carpelle médian. Ces carpelles proviennent de la ramification du premier : tous ensemble ils
sont au premier ce qu'est une feuille composée palmée à une
feuille simple et il n'entre, en définitive, dans le plan de la
fleur que cinq carpelles composés.

**Concrescence du pistil avec l'androcée, le calice et la
corolle.** — Le pistil peut se trouver séparé de l'androcée par
un long entre-nœud, qui a reçu le nom de *gynophore* (Câprier,
Sterculie, etc.). Mais le plus souvent il en est très rapproché,
et la communauté de croissance intercalaire, qui unit si fréquemment les carpelles dans le pistil, peut unir aussi le
pistil à l'androcée, et par l'androcée à la corolle et au calice.

On a vu (p. 362, fig. 155) que dans la Spirée, dans le Prunier, le Nerprun, etc., le calice, la corolle et l'androcée sont
réunis dans leur partie inférieure en une coupe, au bord de
laquelle ils se séparent et paraissent insérés; le pistil seul est
libre au fond de cette coupe. Que cette union atteigne aussi
le pistil dans toute sa région ovarienne, et la fleur d'une
Spirée deviendra celle d'un Poirier ou d'un Cognassier. On
sait aussi que dans la Jacinthe, l'Hémérocalle, etc., le calice,
la corolle et l'androcée sont unis en un tube, au fond duquel
le pistil est libre. Que le pistil unisse son ovaire au tube qui
l'enveloppe, et la fleur de la Jacinthe deviendra celle du Narcisse ou de la Nivéole. Les choses se passent de même dans
un grand nombre de plantes; citons, parmi les Monocotylédones, les Amaryllidacées, Iridacées, Scitaminées, Orchidacées, etc.; parmi les Dicotylédones, les Ombellifères, Rubiacées, Campanulacées, Cucurbitacées, Composées, etc.

Quand la concrescence, atteignant son maximum, s'étend
ainsi à toutes les parties de la fleur, il en résulte la formation
d'un corps massif à l'intérieur duquel se trouve l'ovaire et
au-dessus duquel se détachent et se séparent les parties supé-

rieures des sépales, des pétales, des étamines et les parties supérieures des carpelles, c'est-à-dire les styles. Le calice, la corolle, l'androcée paraissent alors insérés au niveau où ils se séparent et qui semble être la base de la fleur (fig. 176, *ab*). L'ovaire, se trouvant situé tout entier au-dessous de l'insertion apparente des parties externes, au-dessous de la base apparente de la fleur, est dit *infère*; comme, en même temps,

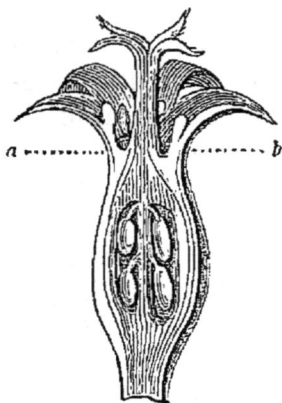

Fig. 176. — Fleur de Tamier, coupée en long : *ab*, base apparente de la fleur.

il fait corps avec l'ensemble des parties externes, y compris le calice, on le dit aussi *adhérent*. Nous le disons *supère* ou *libre* toutes les fois qu'il n'en est pas ainsi, c'est-à-dire toutes les fois que, dans la fleur complète, les quatre formations sont ou bien toutes séparées ou bien unies seulement deux par deux ou trois par trois.

Ce caractère d'avoir le pistil libre ou adhérent offre une constance assez grande pour qu'on ait pu l'appliquer utilement à la détermination des affinités et à la délimitation des groupes. C'est ainsi que, chez les Dicotylédones, on a subdivisé chacun des trois groupes principaux : Gamopétales, Dialypétales et Apétales en Supérovariées et Inférovariées. Il est pourtant sujet à exception. Deux familles très voisines peuvent avoir l'une l'ovaire supère, l'autre l'ovaire·infère : telles sont, par exemple, les Pittosporacées et les Araliacées, les Lythracées et les Onothéracées, les Liliacées et les Amaryllidacées, etc. Bien mieux, la même famille peut renfermer des genres à ovaire supère et des genres à ovaire infère, comme on le voit chez les Broméliacées, chez les Rosacées, etc. D'ailleurs, si l'on remarque combien est légère la modification de croissance d'où procède ce caractère, on s'étonnera bien moins de sa variabilité dans certains groupes que de sa constance dans la plupart des autres.

La concrescence du pistil avec les verticilles externes de la fleur, eux-mêmes concrescents, peut n'intéresser que les épidermes et les écorces des feuilles en question, les méristèles et les faisceaux libéroligneux des divers verticilles se trouvant indépendants dans la masse générale (Alstrémère, etc.). Mais le plus souvent les méristèles dorsales des

carpelles demeurent unies à celles des parties externes dans
toute la région inférieure et ne s'en
dégagent que plus haut (Galanthe,
Épilobe, Campanule, etc.).

Quand l'ovaire est infère, il peut
se faire que les quatre formations
se séparent toutes ensemble au-
dessus de la masse commune (Campanule, Galanthe, etc.); mais il arrive
souvent que la concrescence se prolonge ensuite entre les verticilles,
deux par deux ou trois par trois.
Ainsi, dans le Poirier, la Fuchsie,
l'Iride, le Narcisse, etc., une fois le
style devenu libre, le calice, la corolle et l'androcée demeurent unis

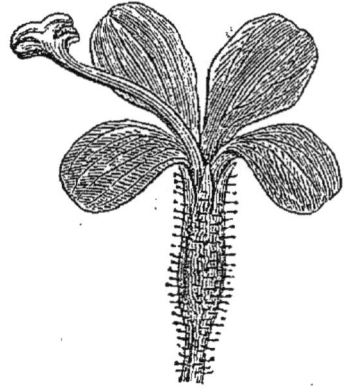

Fig. 177. — Fleur de Stylide,
avec son long gynostème.

dans un tube commun pendant une certaine longueur. De
même, dans les Composées, les Ru-
biacées, etc., après que la partie
supérieure des sépales en dehors et
le style en dedans sont devenus libres
en même temps, la corolle et l'androcée demeurent unis en un tube
commun. De même encore, dans les
Orchidacées, parmi les Monocotylédones, et les Stylidiacées, parmi les
Dicotylédones, après que les parties
supérieures des sépales et des pétales
sont devenues libres, l'androcée et
le style composé demeurent unis en
une colonne épaisse, appelée *gynostème* (fig. 177). Un tel gynostème se
trouve aussi constitué dans la fleur
apétale des Aristoloches, où, après
le départ du calice, les six étamines
demeurent concrescentes avec le
style jusqu'au sommet des anthères
(fig. 178).

**Concrescence du pistil avec le
pédicelle prolongé.** — Le pédicelle
cesse ordinairement de croître après

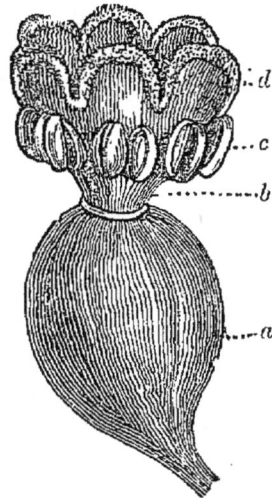

Fig. 178. — Fleur d'Aristoloche dont on a enlevé le
calice en *b*; *a*, ovaire infère;
c, anthères concrescentes
dans toute leur longueur
avec le gros style, qui se
divise au sommet en six
lobes stigmatiques superposés *d*.

avoir formé le pistil. Pourtant, dans certains cas, il se prolonge pour ainsi dire normalement au-dessus des carpelles clos et entre eux, pour se terminer, à une certaine hauteur au-dessous de la base des styles, par un petit bourgeon. Si le pistil est en outre gamocarpelle, les carpelles s'unissent aussi au centre avec ce prolongement du pédicelle, confondant son écorce avec celle des faces internes des ovaires. La colonne centrale ainsi formée, qui porte les ovules sur ses flancs, est traversée par deux systèmes libéroligneux indépendants : à l'intérieur, la stèle du pédicelle, avec ses faisceaux orientés normalement; à l'extérieur, un cercle de méristèles à faisceaux inverses, constitué par les méristèles marginales des carpelles (fig. 175, *f*). Il est facile de s'assurer que ces dernières seules envoient des branches aux funicules et que le pédicelle prolongé demeure totalement étranger à la production des ovules. On trouve des exemples de ce phénomène dans les Caryophyllées (Lychnide, etc.), dans les Éricacées (Rosage, etc.), dans les Primulacées, etc.

Avortement et absence des carpelles. — Les carpelles du pistil se développent tous d'ordinaire complètement et également. Pourtant, il arrive parfois que, dans certains carpelles du pistil, l'ovaire s'atrophie, le style demeurant seul pour représenter le carpelle. Ainsi, dans les Anacardiacées, la Viorne, la Valériane, etc., un seul carpelle développe son ovaire et y produit un ovule, les deux autres avortent en se réduisant au style et au stigmate. Ailleurs encore, les carpelles disparaissent sans laisser aucune trace de leur présence; bien plus, ils ne paraissent même pas s'être formés et la place vide qu'ils laissent dans le plan de la fleur permet seule d'admettre leur avortement, qui est complet. Ainsi, des cinq carpelles que comporte la fleur des Légumineuses et que possède en effet le genre Affonsée, l'antérieur se développe seul, les quatre autres avortent; de même, parmi les Rosacées, la tribu des Prunées ne développe qu'un carpelle sur cinq.

Dans d'autres plantes, l'avortement porte à la fois sur tout le pistil. Dans la fleur, complète à l'origine, tous les carpelles cessent de croître de bonne heure et avortent, en laissant d'eux quelque trace reconnaissable; la fleur devient mâle par avortement (Cucurbitacées, etc.). Enfin, il y a des végétaux où aucun carpelle n'a jamais apparu dans la fleur mâle, où, après avoir formé les étamines, le pédicelle a terminé sa croissance. Ces fleurs-là sont mâles par essence et rien n'autorise à y supposer un avortement du pistil (Pin, Chêne, Peuplier, Noyer, etc.).

Formes diverses de l'ovule. — Reprenons maintenant l'ovule, pour en étudier de plus près la forme, les divers degrés de complication et la structure. Rappelons-nous qu'un ovule complet se compose de trois parties : le funicule, qui l'attache au carpelle sur le placente, le tégument, inséré sur le funicule au hile et ouvert au micropyle, et le nucelle, attaché par sa base au tégument à la chalaze et présentant son sommet au micropyle (p. 338, fig. 123, C).

Quand le nucelle est droit et que le corps de l'ovule est situé dans le prolongement du funicule, le micropyle est opposé à la chalaze, qui elle-même est superposée au hile dont elle n'est séparée que par l'épaisseur du tégument. L'ovule est dit alors *droit* ou *orthotrope* (fig. 123, C). Au premier abord, il paraît être symétrique par rapport à son axe de figure, mais en réalité il n'est symétrique que par rapport à un plan, comme l'atteste notamment la disposition des méristèles dans le tégument. Cette forme droite est assez rare (Ortie, Rumice, Noyer, Sarrasin, Poivrier, Ciste, Salsepareille, Gymnospermes, etc.).

Ailleurs le corps de l'ovule, s'accroissant plus fortement d'un côté que de l'autre, se courbe tout entier, nucelle et tégument, en forme d'arc ou de fer à cheval, de façon que le micropyle se trouve rapproché du hile et de la chalaze. L'ovule est dit alors *courbé* ou *campylotrope*. Son plan de symétrie est indiqué immédiatement par le plan de courbure. Cette forme arquée n'est pas très fréquente (Crucifères, Caryophyllées, Chénopodiacées, Alismacées, etc.).

La forme la plus ordinaire est celle où le corps de l'ovule, demeurant droit, se réfléchit autour du hile comme charnière, pour venir s'appliquer contre le funicule et s'unir à lui dans toute sa longueur. Le point où cesse cette union et où la partie libre du funicule s'attache à l'ovule est encore le hile, et ce hile est voisin du micropyle ; mais ce n'est là qu'un hile apparent : le hile vrai, c'est-à-dire le point où la méristèle du funicule pénètre et s'épanouit dans le tégument, est demeuré à sa place, sous la chalaze et en opposition avec le micropyle. Du hile apparent au hile vrai, la portion concrescente du funicule dessine sur le flanc de l'ovule une côte saillante, qu'on appelle le *raphé*. Un pareil ovule est dit *réfléchi* ou *anatrope*; son plan de symétrie est donné immédiatement par la position du raphé. Cette forme réfléchie appartient à la très grande majorité des Angiospermes.

Entre ces trois formes typiques, il y a quelques intermédiaires. Ainsi, la courbure de l'ovule peut ne se faire qu'à un moindre degré : l'ovule n'est qu'à demi campylotrope. De même le funicule peut ne s'unir à l'ovule que sur une petite partie de sa longueur : l'ovule n'est qu'à demi anatrope. Enfin un ovule hémi-anatrope peut se courber de manière à devenir plus ou moins campylotrope, comme on le voit dans beaucoup de Papilionacées (Haricot, Fève, etc.).

La courbure ou la réflexion de l'ovule, supposé horizontal, peut s'opérer dans quatre directions différentes, vers le haut parce que c'est le côté inférieur qui se développe le plus, ou vers le bas parce que la face supérieure s'accroît davantage, vers l'intérieur parce que le côté externe se développe le plus, ou vers l'extérieur parce que la face interne s'accroît davantage. L'ovule est dit *hyponaste* dans le premier cas, *épinaste* dans le second, *exonaste* dans le troisième, *endonaste* dans le quatrième. Cette différence offre une assez grande constance et constitue un caractère dont on se sert fréquemment dans la détermination des affinités chez les Angiospermes.

On remarquera que cette courbure et surtout cette réflexion de l'ovule a pour résultat de rapprocher le micropyle le plus possible du placente, notamment du tissu conducteur qui en suit le contour. On verra plus tard que ce rapprochement est une condition des plus favorables à la formation de l'œuf. Aussi la forme anatrope doit-elle être regardée comme la plus perfectionnée et la forme orthotrope comme la plus imparfaite.

États divers de complication de l'ovule. — On a supposé jusqu'ici que l'ovule possède un tégument et un seul. Il en est ainsi chez toutes les Gymnospermes à l'exception des Gnètes et, parmi les Dicotylédones, chez presque toutes les Gamopétales, ainsi que chez certaines Dialypétales (Ombellifères, etc.). Ce tégument unique est ordinairement épais, dépasse de beaucoup le sommet du nucelle et constitue la masse principale de l'ovule (Ombellifères, Composées, etc.). Il est parfois concrescent avec le nucelle dans sa région inférieure, libre seulement autour du sommet (Gymnospermes, diverses Solanacées, Borragacées, Scrofulariacées, etc.). On peut réunir toutes les plantes dont l'ovule a ainsi un tégument unique sous le nom de *Unitegminées*.

Mais souvent l'ovule a deux téguments emboîtés l'un dans l'autre (presque toutes les Monocotylédones et, chez les Dicotylédones, la plupart des Dialypétales et des Apétales); le micropyle est alors plus profond et devient un canal. Ce canal est formé tantôt par la superposition de l'ouverture du tégument interne, appelée *endostome*, et de celle du tégument externe, appelée *exostome* (fig. 179) (beaucoup de Dicotylédones), tantôt par l'ouverture du tégument interne seule, qui se prolonge à travers l'exostome élargi (beaucoup de Monocotylédones). Les deux téguments peuvent être concrescents, confondus en un seul, dans leur région inférieure, sur les flancs du nucelle, et ne devenir libres et distincts qu'au sommet, autour du micropyle (Capucine, Impatiente, Dauphinelle, Figuier, etc.). On peut réunir toutes les plantes dont l'ovule a ainsi deux téguments sous le nom de *Bitegminées*.

Ailleurs, au contraire, l'ovule se simplifie. D'abord, le funicule peut devenir très court, presque nul; l'ovule est dit alors *sessile* (Noyer, Ortie, Graminées, etc.). Ensuite, il y a quelques plantes où l'ovule est dépourvu de tégument, où le funicule, sans s'épanouir tout autour, porte directement le nucelle à son sommet; le hile et la chalaze se confondent alors et il n'y a pas de micropyle : l'ovule a son nucelle nu (Anthobolacées). On peut former avec ces plantes à nucelle nu un groupe distinct, sous le nom de *Integminées*.

Chez d'autres, il n'y a pas de nucelle; l'ovule se réduit au funicule, ou mieux à la foliole ovulaire non différenciée en pétiole et limbe; il est *innucellé* (Santalacées, Olacacées, etc.). Ces plantes peuvent être réunies en un groupe, sous le nom de *Innucellées*.

Enfin, chez d'autres encore, il n'y a pas d'ovules et c'est directement dans la substance même du carpelle que s'accomplissent les phénomènes ordinairement localisés dans les ovules. Ces plantes seront réunies en un groupe distinct, sous le nom de *Inovulées* (Loranthacées, Elytranthacées, Viscacées, Balanophoracées, etc.).

Structure de l'ovule nucellé. — Pour étudier la structure de l'ovule dans ses diverses parties, il faut le considérer d'abord à son état le plus élevé de complication, celui où il a un nucelle bitegminé.

Le funicule est formé par une petite méristèle détachée de la méristèle placentaire et dont le plan médian est le plan de symétrie de l'ovule; cette méristèle est enveloppée par une couche d'écorce homogène, elle-même recouverte d'un épiderme (fig. 179). Tantôt la méristèle du funicule se termine en s'épanouissant au-dessous du nucelle, à la chalaze, sans se prolonger dans le tégument externe, qui demeure uniquement parenchymateux. Tantôt, au contraire, elle se prolonge dans le tégument externe, soit en demeurant simple (fig. 177), soit en se ramifiant suivant le mode penné ou plus souvent suivant le mode palmé, de manière à accuser nettement le plan de symétrie de l'ovule. Ces méristèles du tégument et leurs faisceaux libéroligneux se développent d'ailleurs davantage et deviennent plus faciles à étudier pendant que l'ovule se transforme en graine après la formation de l'œuf; nous aurons à y revenir en étudiant la graine. D'ordinaire le tégument externe seul contient les méristèles et constitue par conséquent le segment ou la foliole ovulaire (fig. 179); l'interne, souvent réduit à deux rangées de cellules, est de la nature des poils écailleux et ressemble à l'indusie qui recouvre, comme on le verra plus tard, le sporange de certaines Fougères.

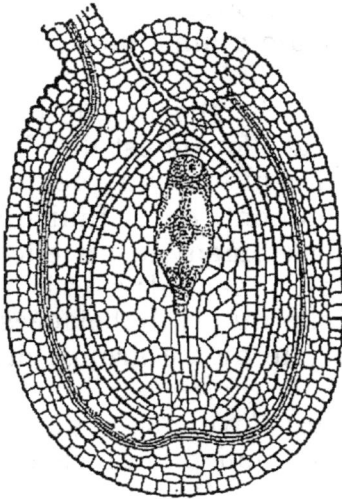

Fig. 179. — Section longitudinale de l'ovule anatrope d'une Mineuse.

Si le nucelle n'est recouvert que d'un seul tégument, ce tégument offre d'ordinaire la structure du tégument externe quand il y en a deux. C'est dans son épaisseur, notamment, que se répand et se ramifie la méristèle du funicule.

Qu'il soit bitegminé, unitegminé ou integminé, le nucelle est toujours entièrement dépourvu de méristèles et se compose d'une protubérance de l'écorce, recouverte par l'épiderme; il a donc la valeur d'une émergence de la foliole ovulaire (fig. 179). Pour connaître sa structure au moment où il acquiert son plein développement, pratiquons dans l'ovule une section longitudinale suivant le plan de symétrie, et considérons séparément les Angiospermes et les Gymnospermes.

1° **Nucelle des Angiospermes.** — Dans les Angiospermes, le nucelle contient toujours vers le haut, allongé suivant l'axe, un groupe de sept cellules nettement différenciées, pourvues chacune d'un protoplasme abondant et d'un noyau volumi-

neux; ce groupe est droit si l'ovule est orthotrope ou anatrope, courbé en arc s'il est campylotrope (fig. 179).

En haut, ce groupe renferme côte à côte trois cellules de
forme ovale allongée, pourvues chacune d'un protoplasme,
d'un noyau et d'une mince membrane azotée. Deux d'entre
elles occupent le sommet même et sont appliquées l'une contre
l'autre de chaque côté du plan de symétrie; elles n'ont à jouer
qu'un rôle éphémère et disparaîtront plus tard : ce sont les
synergides. La troisième est située latéralement un peu plus
bas et a son centre dans le plan de symétrie; elle est destinée
à recevoir le gamète mâle et à former avec lui l'œuf : c'est
l'*oosphère*.

En bas, on aperçoit côte à côte trois autres cellules ovales,
munies aussi d'un noyau et d'un protoplasme, mais dont la
membrane s'est recouverte d'une mince couche de cellulose;
elles sont disposées comme celles de la triade supérieure : une
dans le plan de symétrie, deux de part et d'autre de ce plan;
on les désigne ensemble sous le nom d'*antipodes*.

Au milieu, séparant les deux triades, est une cellule beaucoup plus grande, munie d'un gros noyau, d'un protoplasme
renfermant des hydroleucites et d'une membrane cellulosique.
L'ensemble des sept cellules ainsi conformées et disposées
forme dans l'écorce du nucelle un tissu fortement différencié,
doué d'une polarité nettement accusée, qui a reçu le nom
d'*endosperme*. Il prend naissance, comme on le verra bientôt,
dans une cellule corticale du nucelle, qui est la cellule mère
de l'endosperme.

Il arrive quelquefois que les cellules du sommet du nucelle,
épidermiques et sous-épidermiques, sont résorbées quand
l'ovule a acquis son plein développement; l'endosperme vient
alors appuyer directement sa triade supérieure contre le tégument, au fond du micropyle.

2° **Nucelle des Gymnospermes.** — Chez les Gymnospermes,
le nucelle offre une structure plus compliquée (fig. 180).

Il renferme bien aussi dans son épaisse écorce (*nu*) un groupe
de cellules nettement différenciées, qu'on nomme ici aussi
l'endosperme (*al*). Mais ce groupe, beaucoup plus volumineux,
se compose d'une masse compacte de nombreuses cellules
d'abord toutes semblables. Bientôt certaines cellules supérieures de cet endosperme grandissent beaucoup plus que les
autres, et s'étendent dans le sens de la longueur; elles se
trouvent séparées chacune de la périphérie de l'endosperme

par une rosette de quatre petites cellules, écartées l'une de
l'autre au centre de manière à laisser entre elles un étroit
canal. Chaque grande cellule, munie d'un noyau supérieur et
d'un hydroleucite médian, est une oosphère : avec sa rosette

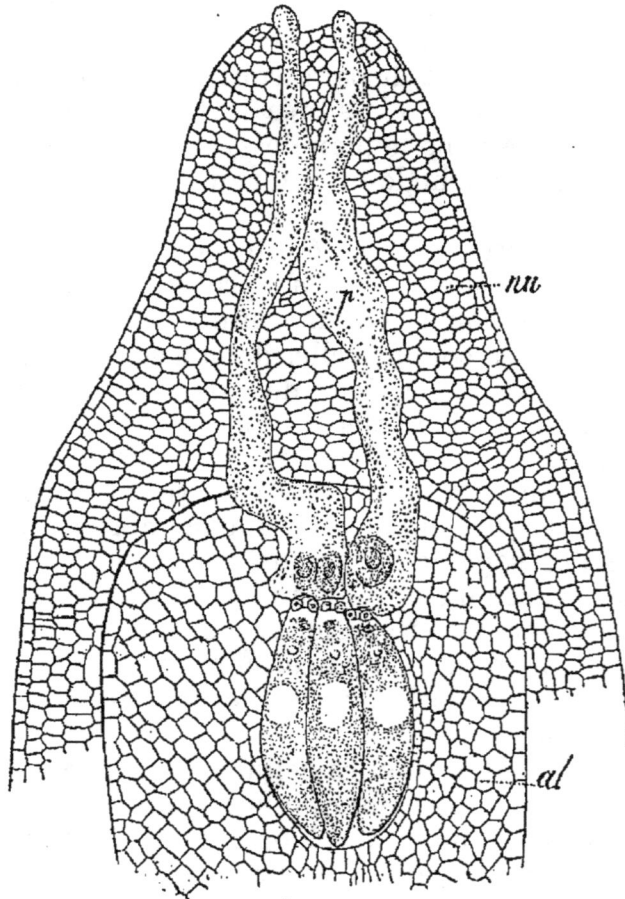

Fig. 180. — Section longitudinale du nucelle du Genévrier : *nu*, nucelle;
al, endosperme contenant trois archégones avec leurs rosettes et leurs
cellules de canal; *pp*, deux grains de pollen ayant envoyé leurs larges tubes
jusqu'au contact des rosettes; celui de droite n'a pas encore divisé son
anthéridie; celui de gauche l'a divisée et a formé ses deux anthérozoïdes.

superposée et son canal, elle constitue ce que, chez les Cryptogames vasculaires, on appellera plus tard un *archégone*; il
faut donc, dès à présent, lui donner ce nom. Le nombre des
archégones varie beaucoup : il y en a 3 à 5 dans les Abiétées,
3 à 15 et davantage dans les Cupressées, 5 à 8 dans l'If, etc.

Tantôt ils se touchent tous latéralement et prennent une forme prismatique (Cupressées, fig. 180); tantôt ils sont séparés par une ou plusieurs assises de petites cellules d'endosperme et prennent une forme ovoïde (Abiétées).

En s'accroissant dans sa région supérieure, l'endosperme se relève en bourrelet autour des archégones, dont les rosettes se trouvent de la sorte refoulées au fond de dépressions en forme d'entonnoir. Si les archégones sont isolés, chacun d'eux est surmonté d'un entonnoir étroit; s'ils sont groupés, leurs rosettes s'étalent au fond d'un large entonnoir commun (fig. 180). De son côté, le sommet du nucelle, en dissociant ses cellules, se creuse souvent d'une cavité plus ou moins irrégulière, destinée à recevoir le pollen et qu'on appelle *chambre pollinique*.

Structure de l'ovule innucellé. — On ne connaît jusqu'à présent d'ovules sans nucelle que chez onze familles de Dicotylédones (Santalacées, Arionacées, Schœpfiacées, Olacacées, Aptandracées, Harmandiacées, Hachettéacées, Sarcophytacées, Lophophytacées, Myzodendracées, Opiliacées). Souvent infère (Santalacées, etc.), parfois supère (Myzodendracées, etc.), l'ovaire y est toujours uniloculaire, au moins dans sa région supérieure, où un placente central porte à son sommet ordinairement autant d'ovules pendants qu'il y a de carpelles, superposés à ces carpelles, rarement un seul ovule (Opiliacées).

L'ovule y est toujours réduit à un cordon plus ou moins allongé, c'est-à-dire à un funicule ou mieux à une foliole ovulaire non différenciée. Cette foliole est formée d'un épiderme, d'une écorce et d'une méristèle qui la traverse dans toute sa longueur sur sa face supérieure ou externe, tournant en dehors le liber, en dedans le bois de son faisceau libéroligneux; elle dirige donc sa face dorsale en haut et en dehors, sa face ventrale en bas et en dedans. C'est directement dans l'écorce de la face ventrale, tantôt vers le sommet (Santalacées, etc.), tantôt vers le milieu de sa longueur (Olacacées, etc.), que se trouve situé, sous l'épiderme, un endosperme à sept cellules différenciées, tout pareil à celui qui a été signalé plus haut dans le nucelle des autres Angiospermes (p. 401).

Il y a toutefois une différence. Ici, la grande cellule de l'endosperme est douée d'une forte croissance intercalaire, par suite de laquelle elle se développe en un tube plus ou moins long. D'un côté, l'extrémité superficielle de ce tube, son

sommet, poussant devant elle la triade superposée, paraît au
dehors à travers l'épiderme qu'elle digère ; souvent même elle
rampe en remontant le long de l'ovule jusqu'à gagner l'extrémité du placente sous le style, portant ainsi l'oosphère
au-devant du tube pollinique qui descend par cette voie
(Santalacées, Olacacées, etc.). De l'autre côté, l'extrémité
profonde du tube, sa base, poussant devant elle la triade des
antipodes, s'enfonce dans l'écorce de l'ovule en la digérant
sur son passage ; parfois même elle y remonte jusque dans le
placente, dans l'axe duquel elle redescend ensuite jusque
vers la base. Ce double allongement du tube endospermique, à
la fois vers l'extérieur et vers l'intérieur, est évidemment
destiné à compenser l'inconvénient qui résulte pour ces
plantes, au point de vue de la rencontre nécessaire du tube
pollinique et de l'oosphère, de l'absence simultanée de nucelle
et de tégument.

Origine et croissance de l'ovule. — Il faut maintenant,
pour compléter cette étude, suivre pas à pas, à partir de
l'ovaire dont il dérive, la série des cloisonnements cellulaires
qui donnent naissance à l'ovule et qui l'amènent, dans les
divers cas, à la forme et à la structure définitive que nous lui
connaissons.

L'ovule apparaît sur le placente comme une excroissance
périphérique, qui s'allonge sans s'épaissir et forme le lobe ovulaire. Cette excroissance résulte du cloisonnement d'un certain
nombre de cellules situées au-dessous de l'épiderme, ce
dernier ne faisant que la revêtir en se divisant à mesure par
des cloisons perpendiculaires à sa surface. En un mot, le lobe
ovulaire prend naissance sur le carpelle comme une foliole
sur une feuille.

S'il s'agit d'un ovule anatrope, on voit poindre ensuite,
au-dessous du sommet du lobe ovulaire et latéralement, un
mamelon conique qui est le nucelle ; ce mamelon procède du
cloisonnement de quelques cellules sous-épidermiques et se
trouve recouvert par l'épiderme du lobe. En même temps,
le lobe se développe au-dessous du nucelle pour former le
tégument ; ce développement commence en haut et s'étend
latéralement de proche en proche, de manière à embrasser le
nucelle en forme de fer à cheval. En grandissant, le tégument s'accroît plus fortement du côté du sommet du lobe
et renverse par conséquent le nucelle, qu'il recouvre peu à
peu complètement en s'unissant latéralement au raphé. Si

l'ovule doit avoir deux téguments, l'interne apparaît ordinairement d'abord sous forme d'un bourrelet annulaire; l'externe se développe ensuite comme il vient d'être dit; quelquefois cependant, l'interne ne se forme qu'après l'externe (Aconit, Euphorbe, Résède, etc.). Enfin, la partie rétrécie du lobe située au-dessous du tégument s'il n'y en a qu'un, du tégument externe s'il y en a deux, constitue le funicule.

S'il s'agit d'un ovule orthotrope, les choses se passent de même, avec cette différence que le bourrelet en fer à cheval qui est l'origine du tégument se ferme promptement en anneau et s'accroît ensuite également de tous les côtés. Enfin, pour un ovule campylotrope, la croissance s'opère comme pour un ovule orthotrope; seulement le jeune ovule tout entier, nucelle et tégument, s'accroît davantage d'un côté et se recourbe, par conséquent, vers son milieu en forme d'arc ou de fer à cheval.

Si l'ovule est integminé, le développement s'arrête après la seconde phase, c'est-à-dire après l'apparition du nucelle. S'il est innucellé, il s'arrête après la première phase, c'est-à-dire après la formation de la foliole ovulaire primordiale, qui s'accroît sans se différencier.

Formation de la cellule mère de l'endosperme. — La formation de la cellule mère de l'endosperme, au sein du nucelle quand il y en a un, au sein de la foliole ovulaire quand il n'y a pas de nucelle, offre une grande uniformité dans les Phanérogames; elle se retrouve, en effet, avec les mêmes caractères chez les Gymnospermes et chez les Angiospermes.

Une cellule sous-épidermique du nucelle, qui termine généralement la série axile, se différencie de bonne heure (fig. 181, 1). Elle se partage bientôt, par une cloison tangentielle ou transversale, en deux cellules superposées (2). L'interne ou l'inférieure *m* est la cellule mère primordiale, allongée, ovoïde, plus grande que ses voisines, pourvue d'un protoplasme plus abondant et d'un noyau plus volumineux. L'externe ou la supérieure demeure quelquefois simple (fig. 182, A) ou ne prend que quelques cloisons radiales (3), mais le plus souvent elle se divise par des cloisons d'abord tangentielles, puis radiales, et forme, entre l'épiderme et la cellule mère, une couche plus ou moins épaisse qu'on appelle la *calotte*. La cellule mère (*m*) peut ne pas se cloisonner de nouveau et produire directement l'endosperme (Tulipe, Lis), mais la chose est très rare. Presque toujours elle se divise

encore une ou deux fois par des cloisons tangentielles en
donnant deux (Ail, Narcisse, Comméline, Clématite, fig. 181,
3, etc.) ou quatre cellules superposées, qui sont les cellules
mères secondaires (Élodée, Dauphinelle, Mauve, la plupart
des Gamopétales, etc.).

De ces cellules mères secondaires, une seule ordinairement
développe un endosperme. C'est le plus souvent la plus inférieure ou la plus interne; comprimées vers le haut et de plus
en plus aplaties par elle, les autres s'atrophient et enfin
disparaissent (fig. 182, *A*, *B*, *C*). Cependant il n'est pas rare de
voir plusieurs de ces cellules superposées grandir en même

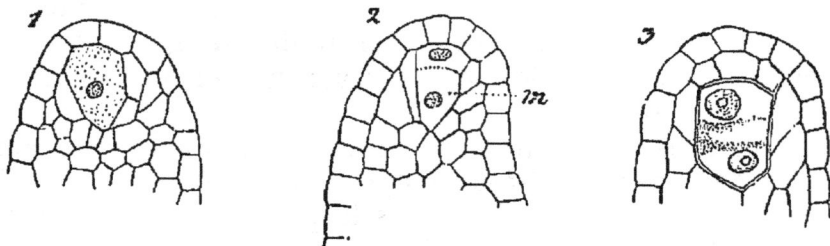

Fig. 181. — Formation et bipartition de la cellule mère de l'endosperme dans
la Clématite.

temps et tendre à devenir autant d'endospermes (Narcisse,
Mélique, Muguet, Rosacées, etc.); mais l'une d'elles finit toujours par l'emporter sur ses voisines et par les détruire. Cette
tendance à la pluralité des endospermes se manifeste encore
d'une autre manière. Il n'est pas rare, en effet, de voir plusieurs cellules, disposées côte à côte sous l'épiderme du
nucelle, se comporter comme il vient d'être dit; elles donnent
naissance à une calotte plus large, qui recouvre tout autant
de rangées de cellules mères secondaires; après quoi, les
plus internes de celles-ci produisent en grandissant tout
autant d'endospermes (Hélianthème, Rosacées, Conifères, etc.).
Un seul de ces endospermes arrive généralement à terme, les
autres s'arrêtent à divers états.

Le refoulement et la résorption, exercés par la cellule mère
en voie de développement sur ses cellules sœurs superposées,
s'étendent plus tard en haut à la calotte et même à l'épiderme,
et sur les côtés aux cellules latérales du nucelle; cette destruction est le résultat de la nutrition par voie de digestion de
la cellule mère, qui se remplit à mesure de protoplasme,

d'amidon, de matières grasses et se prépare ainsi à produire ses cellules filles.

Quand il n'y a pas de nucelle, c'est une cellule corticale sous-épidermique, appartenant à la face ventrale du lobe ovulaire et située tantôt vers son extrémité (Santalacées, etc.), tantôt quelque part vers le milieu de sa longueur (Schœpfiacées, Olacacées, etc.), qui devient, en grandissant plus que les autres, la cellule mère de l'endosperme. Sans se cloisonner au préalable, pour former soit une calotte, soit des cellules mères secondaires, elle produit également l'endosperme.

Homologie du nucelle et du sac pollinique. — Avant d'aller plus loin, il est nécessaire de remarquer que la marche des cloisonnements qui s'opèrent dans le nucelle pour former la cellule mère de l'endosperme est exactement la même que celle qui a lieu dans le sac pollinique pour produire les cellules mères du pollen. La calotte correspond à la jeune paroi du sac pollinique et se résorbe comme elle pour nourrir les cellules mères. Comme pour le pollen, la cellule mère primordiale peut rester entière, mais le plus souvent elle se cloisonne en produisant des cellules mères secondaires. La différence la plus frappante est dans l'unité de la cellule mère définitive, résultant de l'unité de la cellule mère primordiale et de la résorption consécutive de toutes les cellules mères secondaires moins une. Mais ce n'est là qu'une différence de quantité, qui n'est pas de nature à troubler l'homologie. D'ailleurs on sait que dans certains nucelles il existe en réalité sous l'épiderme toute une rangée de cellules mères primordiales, tandis que par contre dans certains sacs polliniques il n'y en a qu'une seule. L'avortement de certaines cellules mères secondaires parmi celles qui se développent est aussi un fait dont les sacs polliniques nous offrent des exemples, comme on le voit notamment chez les Cycadacées. On en conclut qu'au point de vue de la formation des cellules mères, le nucelle est l'homologue du sac pollinique.

Étudions maintenant les phénomènes qui se passent dans la cellule mère de l'endosperme. Ils sont très différents chez les Angiospermes et les Gymnospermes ; il est donc nécessaire de considérer séparément ces deux groupes.

Formation de l'endosperme et de l'oosphère chez les Angiospermes. — Le noyau de la cellule mère se divise au centre en deux nouveaux noyaux, qui se rendent aux deux extrémités, ou plutôt s'y trouvent portés par l'allongement rapide de la cavité (fig. 182, *A*, *B*, *C*); souvent une large

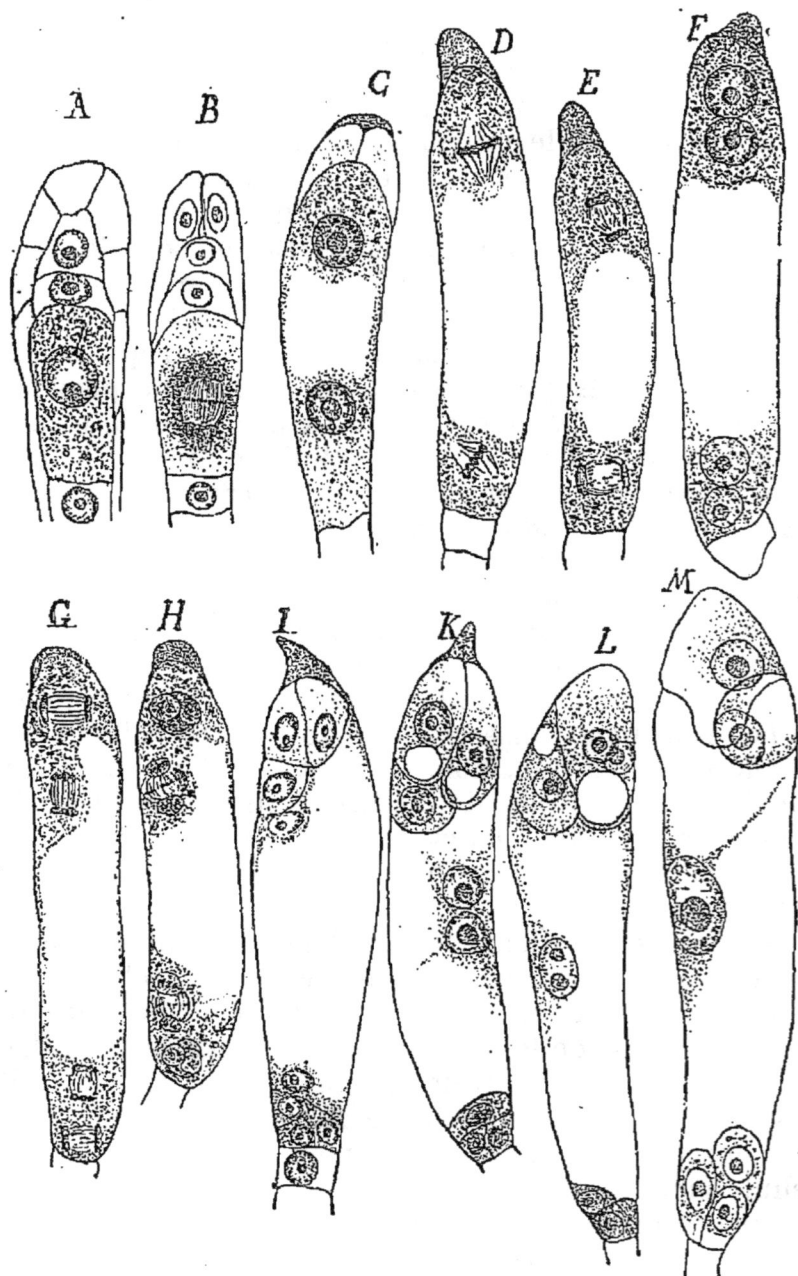

Fig. 182. — Phases successives de la formation de l'endosperme et de l'oosphère
dans le Monotrope. Il n'y a pas de calotte; la cellule sous-épidermique du
nucelle se divise en trois, dont l'inférieure devient la cellule mère de
l'endosperme. *L* et *M* sont vues dans le plan de symétrie de l'ovule, toutes
les autres figures dans le plan perpendiculaire.

vacuole les sépare et occupe la partie centrale de la cellule (C). L'un et l'autre noyau se divisent de nouveau et simultanément suivant l'axe du nucelle (D, E, F). Puis, chacun des quatre noyaux se partage encore une fois; pour le plus proche du sommet et pour le plus rapproché de la base, la partition s'opère dans une direction perpendiculaire à la fois à l'axe du nucelle et au plan de symétrie de l'ovule (G); pour les deux autres, au contraire, elle a lieu parallèlement à l'axe et dans le plan de symétrie. La cellule mère contient donc finalement huit noyaux en deux tétrades, disposées de la même manière l'une dans la région micropylaire, l'autre dans la région chalazienne. Autour de chacun des trois noyaux les plus élevés, se condense une couche de protoplasme revêtue d'une mince membrane albuminoïde, ce qui produit trois cellules en contact. Les deux qui sont situées côte à côte au sommet même, de part et d'autre du plan de symétrie, sont les synergides; elles sont allongées, avec un hydroleucite en bas et un noyau médian ou même refoulé vers le haut (K, L). La troisième, placée un peu plus bas et latéralement, avec son point d'attache et son centre dans le plan de symétrie, est l'oosphère; elle est plus arrondie, avec un hydroleucite en haut et un noyau, plus gros que celui des synergides, refoulé vers le bas (I à M). Autour de chacun des trois noyaux les plus inférieurs se condense aussi une couche de protoplasme, avec une membrane dont la couche externe ne tarde pas à devenir cellulosique, ce qui produit trois cellules en contact et disposées comme celles d'en haut par rapport au plan de symétrie : ce sont les antipodes. Le quatrième noyau d'en haut et le quatrième d'en bas demeurent d'abord libres dans le protoplasme général; puis, ils se rapprochent l'un de l'autre et se fusionnent enfin en un noyau unique, qui est le noyau de la septième et grande cellule de l'endosperme (I à M). Le nucelle se trouve de la sorte avoir acquis sa structure définitive étudiée plus haut (p. 401, fig. 179).

Lorsque l'ovule n'a pas de nucelle, la cellule mère de l'endosperme, qui est et demeure plongée dans l'écorce générale de la foliole ovulaire, se comporte comme lorsqu'elle est enfermée dans un nucelle et produit un endosperme tout pareil, avec cette différence que la grande cellule médiane s'allonge ici en un tube endospermique, comme il a été dit plus haut (p. 404).

Comparaison de l'oosphère et de l'anthérozoïde chez les

Angiospermes. — La cellule mère de l'endosperme étant, comme on l'a vu, l'homologue de la cellule mère du pollen chez les Angiospermes, on est conduit à comparer aussi, au point de vue de l'homologie, les produits définitifs de ces deux cellules mères, c'est-à-dire l'oosphère et l'anthérozoïde de ces plantes. Pour produire celui de l'oosphère, le noyau de la cellule mère de l'endosperme subit trois bipartitions successives; l'oosphère est donc une cellule de quatrième génération par rapport à la cellule mère. Pour produire celui de l'anthérozoïde, le noyau de la cellule mère du pollen subit quatre bipartitions successives; l'anthérozoïde est donc une cellule de cinquième génération par rapport à la cellule mère. Entre les deux gamètes, mâle et femelle, il n'y a pas, on le voit, homologie parfaite : le gamète mâle est d'une génération supérieure à celle du gamète femelle.

Formation de l'endosperme, de l'archégone et de l'oosphère chez les Gymnospermes. — Toutes les Gymnospermes actuellement connues ont un ovule nucellé. Le noyau de la cellule mère de l'endosperme, renfermée dans ce nucelle, y subit aussi d'abord trois bipartitions successives et produit de la sorte huit nouveaux noyaux. Mais, au lieu d'en rester là pour le moment et de constituer tout de suite l'oosphère autour d'un de ces huit noyaux, comme chez les Angiospermes, le phénomène de bipartition continue ici sans aucune interruption, et c'est beaucoup plus tard seulement que l'oosphère prend naissance. Les huit noyaux en donnent seize, puis trente-deux et ainsi de suite, jusqu'à ce que les nouveaux noyaux soient assez nombreux pour former, à petite distance les uns des autres, une double assise dans l'épaisse couche protoplasmique qui revêt la paroi de la cellule mère. Perpendiculairement à la ligne des centres des noyaux, il se forme alors simultanément autant de cloisons d'abord albuminoïdes, plus tard cellulosiques; il en résulte une double assise de cellules polyédriques tapissant la paroi de la cellule mère. Ces cellules s'accroissent ensuite vers l'intérieur, se cloisonnent en séries rayonnantes, se rencontrent au centre et remplissent ainsi la cellule mère d'un parenchyme compact, qui est l'endosperme (fig. 180, *al*).

Toutefois, certaines des cellules périphériques primitives, situées vers le sommet du sac, ne se cloisonnent pas comme leurs voisines, dont elles se distinguent par leur volume plus grand; ce sont les cellules mères des archégones. Chacune d'elles se partage par une cloison tangentielle en une petite cellule externe et une grande cellule interne. La première se divise, par deux cloisons en croix, en quatre cellules disposées en rosette dans le même plan. La seconde ne tarde pas à se partager vers le haut, par une petite cloison en verre de montre, en deux cellules très inégales : l'inférieure, très grande, à noyau médian, est l'oosphère; la supérieure, très petite, s'insinue entre les cellules de la rosette, les écarte, puis se détruit, laissant à sa place au centre de la rosette un petit canal par où l'oosphère est directement accessible; on la nomme *cellule de canal*. Le nucelle est parvenu de la sorte à la structure adulte étudiée plus haut (fig. 180, p. 402).

Comparaison de l'oosphère et de l'anthérozoïde chez les Gymnospermes. — La cellule mère de l'endosperme étant, ici comme chez les Angiospermes, homologue à la cellule mère du pollen, il est intéressant de comparer aussi, au point de vue de l'homologie, l'oosphère et l'anthérozoïde des Gymnospermes.

Par suite de la formation d'un archégone, l'oosphère est ici une cellule de troisième ordre par rapport à la cellule d'endosperme qui lui a donné naissance, tandis que chez les Angiospermes elle est constituée directement par une cellule d'endosperme. De son côté, l'anthérozoïde est ici une cellule de quatrième ordre par rapport au grain de pollen qui l'a produit, tandis qu'il n'est que de troisième ordre chez les Angiospermes. Il en résulte qu'entre les deux gamètes, mâle et femelle, il y a chez ces plantes homologie parfaite.

Par rapport aux Angiospermes, l'anthérozoïde est supérieur d'un degré, l'oosphère de deux degrés de génération chez les Gymnospermes. En d'autres termes, par rapport aux Gymnospermes, les Angiospermes ont raccourci la marche du développement de leurs gamètes, mais inégalement, de deux degrés pour l'oosphère, d'un seul degré pour l'anthérozoïde.

Formation de l'endosperme et de l'oosphère chez les Angiospermes inovulées. — Comme on l'a vu plus haut (p. 399), il existe tout un groupe d'Angiospermes, comprenant jusqu'ici onze familles, les unes à fleur gamopétale (Élytranthacées, Dendrophthoacées), d'autres à fleur dialypétale (Nuytsiacées, Gaïadendracées, Treubaniacées, Loranthacées), d'autres encore à fleur apétale (Hélosacées, Arceuthobiacées, Ginalloacées, Viscacées, Balanophoracées), où le pistil est et demeure entièrement dépourvu d'ovules. Aussi ce groupe a-t-il reçu le nom de *Inovulées*. Il reste à savoir où et comment les Inovulées produisent les cellules mères de l'endosperme et de l'oosphère.

C'est toujours ici une cellule corticale, située quelque part sous l'épiderme de la face supérieure ou ventrale d'un carpelle, qui se différencie et, grandissant plus que les autres, devient la cellule mère de l'endosperme et de l'oosphère. Quand l'ovaire est pluriloculaire, les cellules mères d'endosperme sont situées à la base de l'angle interne de chaque loge bientôt oblitérée, et il n'y en a qu'une seule par carpelle ; on peut dire que la placentation des cellules mères est axile (Elytranthacées, Gaïadendracées, Treubaniacées). Quand l'ovaire est uniloculaire et renferme une colonne fixée à la base, libre au sommet et remplissant toute la loge, les cellules mères d'endosperme sont situées soit vers le sommet de la colonne (Ginalloacées, Hélosacées), soit plus ou moins bas sur ses flancs (Arceuthobiacées), soit vers sa base (Nuytsiacées), et il n'y en a également qu'une par carpelle, superposée à ce carpelle ; on peut dire alors que la placentation des cellules mères est centrale. Enfin, lorsque l'ovaire est uniloculaire sans aucune saillie au fond de la loge, qui est de bonne heure oblitérée, les cellules mères d'endosperme sont situées dans la base même de chaque carpelle et il y en a tantôt une seule par carpelle (Balanophoracées), tantôt plusieurs et en nombre indéterminé (Loranthacées, Dendrophthoacées, Viscacées).

Quels qu'en soient le nombre et la disposition, les cellules mères se comportent dans la suite exactement comme il a été dit pour les autres Angiospermes, tant innucellées que nucellées, et produisent, en conséquence, tout autant d'endospermes à sept cellules différenciées, dont une est l'oosphère. Mais ici, comme on l'a vu déjà chez les Angiospermes innucellées, la grande cellule médiane de chacun de ces endospermes, plongée directement sous l'épiderme dans l'écorce du carpelle, est douée d'une croissance intercalaire souvent très intense et se développe par conséquent en un tube souvent très long. Dans le mode d'allongement de ce tube endospermique, il y a deux cas principaux à distinguer.

Si la placentation est basilaire (Loranthacées, Dendrophthoacées, Viscacées), les jeunes endospermes plus ou moins nombreux tournent en haut leur extrémité périphérique, leur sommet, en bas leur extrémité profonde, leur base. Ils s'allongent d'abord dans les deux sens à la fois. Vers le bas, ils sont bientôt arrêtés par une cupule de cellules lignifiées qui occupe le fond du pistil. Vers le haut, ils poursuivent leur croissance, pénètrent dans l'écorce des carpelles et s'y élèvent en la digérant jusque plus ou moins haut dans le style, à la rencontre des tubes polliniques. C'est donc la triade apicale de l'endosperme qui renferme l'oosphère, reçoit l'action du tube pollinique et produit l'œuf. En un mot, l'endosperme est *acrogame*, il y a *acrogamie*, comme c'est le cas général toutes les fois qu'il y a un ovule, avec ou sans nucelle.

Si la placentation est axile (Elytranthacées, Gaïadendracées, Treubaniacées), les endospermes, en même nombre que les carpelles, tournent en bas leur sommet, en haut leur base. Ils s'allongent aussi tout d'abord dans les deux sens. Vers le bas, leur sommet est bientôt arrêté par une cupule lignifiée. Vers le haut, leur base continue à s'accroître à travers l'écorce des carpelles qu'elle digère et s'élève jusqu'à la base du style audevant du tube pollinique. Ici, c'est donc la triade basilaire de l'endosperme, ordinairement formée par les antipodes, qui renferme l'oosphère, reçoit l'action du tube pollinique et produit l'œuf, tandis que la triade apicale joue le rôle d'antipodes; il y a renversement des pôles. En un mot, l'endosperme est *basigame*, il y a *basigamie*.

Si la placentation est centrale il y a tantôt acrogamie (Hélosacées), tantôt basigamie. Dans le second cas, tantôt l'endosperme situé sur le flanc du placente (Arceuthobiacées) ou à sa base (Nuytsiacées), tourne son extrémité profonde vers le haut et l'allonge dans cette direction, parfois jusqu'au sommet de la colonne placentaire, sous la base du style (Nuytsiacées). Tantôt, situé vers le sommet du placente, il tourne vers le bas son extrémité profonde et l'allonge d'abord dans cette direction; puis, arrivé sous la base de la colonne placentaire, il s'incurve en dehors, entre dans l'écorce du carpelle et y remonte, en la digérant, plus ou moins haut audevant du tube pollinique (Ginalloacées).

Entre ces deux modes d'allongement du tube endospermique, conduisant l'un à l'acrogamie, l'autre à la basigamie, on observe parfois un cas intermédiaire. Dans les Balanophores, par exemple, où le très petit pistil, réduit à un seul carpelle, ne renferme aussi qu'un seul endosperme situé à la base de la loge oblitérée, la grande cellule, en s'allongeant en tube, se reploie vers le haut en forme de fer à cheval à branches presque égales. Elle offre ainsi au tube pollinique, côte à côte sous la base du style, ses deux triades à la fois, semblablement constituées, avec des chances presque égales d'en recevoir l'action et de produire l'œuf. L'endosperme semble donc ici indifféremment acrogame ou basigame; on peut dire qu'il est *homœogame*, qu'il y a *homœogamie*.

Par ces quelques exemples, on voit combien la manière d'être de l'endosperme est plus variée et plus instructive chez les Angiospermes inovulées que chez les ovulées, et surtout que chez les nucellées, où la présence d'un nucelle imprime aux phénomènes une très grande uniformité. C'est ce qui donne, au point de vue de la Science générale, un très grand intérêt au groupe récemment découvert des Inovulées.

§ 7

NECTAIRES FLORAUX

On a vu (p. 314) que les feuilles ordinaires accumulent quelquefois en certains points des réserves de saccharose, constituant ainsi des nectaires dont la surface exsude le plus souvent, sous l'influence d'une chlorovaporisation ralentie, un liquide sucré, le nectar. Les diverses feuilles florales et, entre elles, le réceptacle même de la fleur, sont très fréquemment le siège de pareilles accumulations locales de sucres, de pareils nectaires. Rien n'est plus variable d'ailleurs que la place occupée dans la fleur par les nectaires. On peut cependant les grouper en deux catégories, suivant qu'ils appartiennent aux diverses feuilles florales ou qu'ils procèdent directement du réceptacle.

Nectaires dépendant des feuilles florales. — Dans un grand nombre de plantes, on trouve des nectaires sur les feuilles de l'une et de l'autre des quatre formations florales :

1° Sur les sépales : à la face externe (Ketmie, Técome), à la face interne (Genêt, Coronille, Trèfle et autres Papilionacées, Tilleul), ou dans un éperon au fond duquel s'accumule le nectar (Capucine);

2° Sur les pétales : à la base, dans la fossette située entre la languette et le limbe chez la Renoncule, au fond du cornet qui constitue le pétale rudimentaire chez l'Hellébore, au fond de l'éperon chez l'Ancolie et l'Aconit;

3° A la fois sur les sépales et les pétales, à leur base, dans une large fossette incolore, chez la Fritillaire ;

4° Sur les étamines : dans un appendice spécial provenant de la ramification externe du filet, soit à sa base (Xanthocère), soit à son sommet, à l'insertion du connectif (Violette), dans un éperon du filet (Corydalle), dans le filet lui-même épaissi à sa base (Nyctage), ou dans toute sa longueur, auquel cas l'anthère avorte (étamine postérieure de la Collinsie);

5° Sur les carpelles : à la base même de l'ovaire (Oroban-chées, la plupart des Solanacées); dans un appendice renflé qui provient d'une ramification du carpelle à sa base (Pulmonaire et autres Borragacées), ou dans une sorte d'éperon basi-laire du carpelle (Muflier); dans la partie supérieure des carpelles, formant un bourrelet plus ou moins proéminent autour de la base du style, chez un grand nombre de plantes à ovaire infère (Rubiacées, Ombellifères, Campanulacées, Cornacées, etc.); dans la partie latérale des carpelles concres-cents, le long de l'espace où la concrescence n'a pas eu lieu, espace qui vient s'ouvrir à l'extérieur, par en bas, par le milieu ou par en haut, pour faire sortir le trop-plein du nectar (beaucoup de Monocotylédones, voir p. 391). Enfin le stigmate lui-même peut contenir des sucres en abondance, devenir un vrai nectaire (Peuplier, Gouet, etc.).

Nectaires dépendant du réceptacle floral. Disque. — Entre les insertions du calice, de la corolle, de l'androcée et du pistil, le réceptacle de la fleur développe quelquefois certaines parties accessoires de forme variée, qui sont des nectaires. Ces pièces ne sont pas des feuilles, mais seulement des protubérances, des émergences du réceptacle, qui n'apparaissent que peu de temps avant l'épanouissement; leur nature morphologique est la même que celle de la cupule (p. 334). Pour les distinguer des nectaires de la première catégorie, qui sont foliaires, on en désigne l'ensemble sous le nom de *disque.*

Le plus souvent c'est entre l'androcée et le pistil que le disque est situé. Tantôt il est composé d'un certain nombre de tubercules indépendants, disposés en verticille autour de la base du pistil, en même nombre que les sépales et les pétales et superposés ici aux pétales (Orpin, Joubarbe, Cobée, Apocyn), là aux sépales (Vigne), ou bien en même nombre que les carpelles et alternes avec eux (Pervenche). Tantôt ces tubercules sont concrescents en un bourrelet à bord uni (Rue)

ou en une coupe à bord festonné qui entoure la base du pistil
(Tamaris, Diosme). Dans les fleurs zygomorphes, le disque
aussi est zygomorphe, développant davantage et prolongeant
en forme d'écaille, tantôt son côté postérieur (Résède), tantôt
son côté antérieur (Labiées, Papilionacées).

Le disque est parfois situé entre la corolle et l'androcée
(Astrocarpe, Hippocratée), ou bien entre le calice et la corolle
(Chironie). Ailleurs il s'étend dans toute la partie du réceptacle comprise entre le calice et le pistil, et y forme un renflement épais dans lequel sont enchâssées les bases des pétales
et des étamines (Cléome, Cardiosperme).

Ailleurs encore, sans produire d'émergences spéciales, le
réceptacle accumule des sucres dans toute l'étendue de sa
couche superficielle et exsude du nectar par toute sa surface ;
il n'y a pas alors de nectaires localisés, mais seulement un
nectaire diffus (Anémone, Populage). Enfin, dans les fleurs
dites sans nectaires et sans nectar, on n'en constate pas
moins une accumulation de sucres plus ou moins marquée à
la base de toutes les feuilles florales et à la périphérie du
réceptacle ; il y a encore un nectaire diffus, mais sans exsudation (Millepertuis, Pavot, Morelle, Tulipe, Blé, Avoine, etc.).

Si diverses qu'en soient l'origine et la nature morphologique, le nectaire floral existe donc toujours et possède partout la même valeur physiologique. C'est toujours une réserve
sucrée, destinée à alimenter la croissance des organes voisins et surtout, comme il sera dit plus tard, le développement
de l'ovaire en fruit.

Structure des nectaires. — Partout aussi les nectaires
offrent une structure analogue, mais avec de nombreuses
variations secondaires. C'est toujours un parenchyme à parois
minces, dont les cellules, plus petites que celles du parenchyme ambiant, renferment en dissolution dans leur suc un
mélange de saccharose, de sucre inverti et d'invertine. Quand
le nectaire émet un liquide, le parenchyme sucré est le plus
souvent recouvert de stomates aquifères, par les pores desquels perle le nectar ; sinon, la cuticule y est nulle ou presque
nulle. Quand il n'émet pas de liquide, l'épiderme est ordinairement dépourvu de stomates et cutinisé ; de plus, les assises
sous-épidermiques ont généralement leurs membranes épaissies.

§ 8

SYMÉTRIE ET PLAN DE LA FLEUR

Symétrie de la fleur. — Quand elle est verticillée, si tous les verticilles qui la composent sont actinomorphes, la fleur tout entière est symétrique par rapport à son axe : elle est *actinomorphe* (Lychnide, Tulipe, etc.). Mais il suffit déjà qu'un seul verticille floral soit zygomorphe, pour que la fleur tout entière ne soit plus symétrique que par rapport au plan de symétrie de ce verticille, pour qu'elle soit *zygomorphe*. Ainsi la fleur de la Berce est zygomorphe parce que sa corolle est zygomorphe, bien qu'elle ait un calice, une corolle et un androcée actinomorphes ; de même la fleur du Prunier est zygomorphe parce que, avec un calice, une corolle et un androcée actinomorphes, elle a un pistil zygomorphe.

Si deux des verticilles sont zygomorphes, leurs plans de symétrie se confondent et ce plan unique partage la fleur en deux moitiés symétriques. Avec un calice et un pistil actinomorphes, les Labiées et les Orchidacées, par exemple, ont la corolle et l'androcée zygomorphes et symétriques par rapport au plan médian.

S'il y a trois verticilles zygomorphes, leur plan commun de symétrie est aussi celui de la fleur tout entière, comme dans les Scrofulariacées, qui ont les trois verticilles externes zygomorphes avec un pistil actinomorphe, comme dans certaines Papilionacées (Cytise, Genêt, Lupin, Sophore, etc.), qui ont le calice, la corolle et le pistil zygomorphes, avec un androcée actinomorphe.

Enfin la zygomorphie atteint son plus haut degré quand les verticilles floraux sont tous zygomorphes et symétriques par rapport au même plan. Il en est ainsi, par exemple, dans un grand nombre de Papilionacées (Haricot, Pois, Trèfle, etc.).

Le plus souvent, comme dans tous les exemples qui viennent d'être cités, le plan de symétrie est médian ; il partage la fleur en une moitié droite et une moitié gauche, qui sont l'image l'une de l'autre dans un miroir. Quelquefois cependant il affecte une position différente. Il est transversal dans le Corydalle et partage la fleur en une moitié antérieure et une moitié postérieure symétriques, parce que la corolle, seul verticille zygomorphe, prolonge en éperon l'un de ses pétales

latéraux. Il est oblique dans le Marronnier, le Sumac, etc.
Enfin il y a des fleurs qui sont dépourvues de plan de symétrie; on les dit *asymétriques* (Valériane, Balisier, etc.).

Dans ce qui précède, il s'agit à la fois d'une symétrie de
position et d'une symétrie de forme. Quand la fleur est cyclique
ou mixte, il ne peut plus être question d'une pareille symétrie
de position, puisque les feuilles y sont, en tout ou en partie,
insérées à des hauteurs diverses. Mais la symétrie de forme
peut encore s'y manifester de deux manières différentes. Si
toutes les feuilles d'un même cycle ou d'une même formation
sont égales entre elles dans toutes les formations, tous les
cycles qui la constituent étant actinomorphes, la fleur elle-
même sera actinomorphe. Si, au contraire, les feuilles de certains cycles sont inégales et de telle manière que le cycle,
considéré comme un verticille, soit symétrique par rapport à
un plan, qui est commun à tous les cycles zygomorphes, la
fleur tout entière sera zygomorphe et pourra être regardée
comme symétrique par rapport à ce même plan. C'est ainsi,
par exemple, que les fleurs cycliques de l'Aconit et de la Dauphinelle, qui ont un calice et une corolle zygomorphes, sont
zygomorphes, partagées en deux moitiés symétriques par le
plan médian, qui est le plan commun de symétrie du calice et
de la corolle.

Plan de la fleur. — Ceci posé, il est nécessaire, pour faciliter l'étude de la fleur, pour se représenter à chaque instant
les rapports de nombre, de position et de symétrie des diverses
parties qui la constituent, et surtout pour rendre possible la
comparaison de l'organisation florale dans les plantes les plus
différentes, d'en tracer le plan au moyen de signes conventionnels. Ce plan peut être dessiné : c'est un *diagramme floral*;
il peut être écrit : c'est alors une *formule florale*.

1° **Diagrammes floraux.** — La fleur étant un ensemble de
feuilles insérées sur le même rameau, son diagramme s'éta-
blira conformément aux principes posés plus haut pour la
disposition des feuilles (p. 261), et on l'orientera toujours,
comme il a été dit à la page 344, entre la bractée ou la feuille
mère en bas et la branche mère en haut.

Pour en simplifier le tracé, on se bornera à marquer dans
le diagramme le nombre et la position des diverses parties, en
négligeant à dessein les caractères secondaires de grandeur,
de forme, de préfloraison, de concrescence, etc. De cette
manière, on pourra comparer facilement entre elles un grand

nombre d'organisations florales différentes, en y saisissant d'un coup d'œil les ressemblances et les différences de nombre et de position.

Un petit rond placé au-dessus du diagramme marque toujours la situation de la branche mère; la feuille ou la bractée mère étant au-dessous du diagramme, il peut être inutile de la représenter. La partie inférieure du diagramme corres-

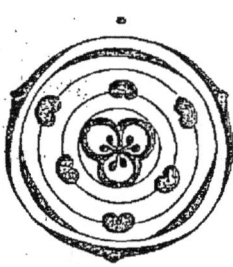

Fig. 183. — Diagramme de la fleur des Liliacées.

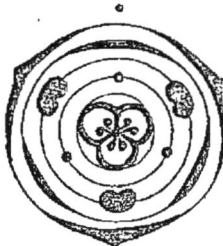

Fig. 184. — Diagramme de la fleur des Iridacées.

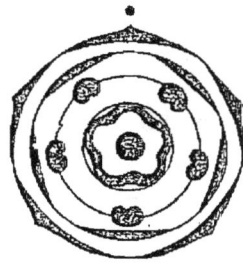

Fig. 185. — Diagramme de la fleur des Primulacées.

Fig. 186. — Diagramme de la fleur des Hypéricacées.

Fig. 187. — Diagramme de la fleur des Célastracées.

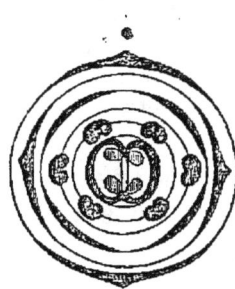

Fig. 188. — Diagramme de la fleur des Crucifères.

pond donc au côté antérieur de la fleur. Pour indiquer le nombre et la disposition des feuilles florales de chaque sorte, on fait choix de signes conventionnels différents. Les feuilles du périanthe sont représentées par des arcs de cercle et, pour distinguer à première vue les sépales des pétales, on marque, par exemple, les premiers d'une petite proéminence dorsale figurant une côte médiane. Le signe employé pour les étamines ressemble à une coupe transversale simplifiée de l'anthère; on peut n'y pas tenir compte du nombre et de la disposition des sacs polliniques, ni de leur déhiscence introrse, extrorse ou latérale ; on peut aussi en tourner la concavité en dedans si l'anthère est introrse, en dehors si elle est extrorse. Si les étamines sont ramifiées, on l'indique en massant les signes staminaux en autant de groupes serrés, comme le montre la figure 186, où les cinq groupes de signes correspondent à cinq étamines composées. Le pistil est figuré par une section transversale simplifiée de l'ovaire ; les ovules y sont marqués par autant de petits ronds, qui indiquent leur situation et par conséquent celle des placentes.

S'il y a, dans l'une ou l'autre des formations florales, quelques feuilles avortées, on les marque par de petits ronds si elles sont nettement représentées, par de simples points si l'avortement en est complet (fig. 184 et 189). Quand les étamines sont réduites à des staminodes pétaloïdes, on les marque par des arcs de cercle (fig. 189).

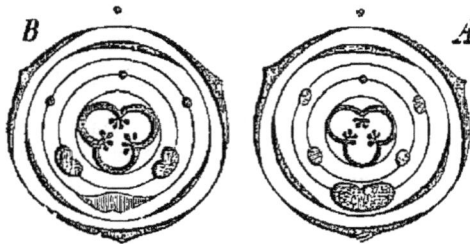

Fig. 189. — Diagramme de la fleur des Orchidacées. *A*, dans les Orchidacées ordinaires; *B*, dans le Cypripède.

C'est ainsi qu'ont été construits les sept diagrammes ci-joints, qui représentent l'organisation florale d'autant de familles, prises tant parmi les Monocotylédones (fig. 183, 184 et 189) que parmi les Dicotylédones (fig. 185 à 188). Dans la figure 184, on n'a pas tenu compte de la direction extrorse des anthères chez les Iridacées.

La séparation ou la concrescence des carpelles se trouve déjà indiquée. Si l'on veut marquer aussi, quand elle a lieu, la concrescence des autres parties, soit dans le verticille qu'elles forment, soit d'un verticille à l'autre, il suffit de relier les signes latéralement ou radialement par des traits minces ou ponctués.

2° **Formules florales.** — La composition de la fleur peut être résumée aussi dans une expression formée de lettres et de chiffres, c'est-à-dire dans une formule. Une pareille formule a sur un diagramme l'avantage de se prêter à la généralisation ; il suffit d'y remplacer les coefficients numériques par des lettres.

Dans l'établissement d'une formule florale, on part de ce fait, préalablement démontré, que la fleur ne renferme pas autre chose que des feuilles, simples ou ramifiées, et que le pédicelle borne toujours son rôle à être la commune origine et le support commun de ces feuilles. Dès lors, il est permis de faire abstraction du pédicelle, de ne considérer que les feuilles, et d'écrire que la fleur F se compose de l'ensemble, de la somme de toutes ces feuilles f, en posant $F = \Sigma f$. On développe ensuite cette somme de feuilles Σf, en autant de termes que la fleur contient de verticilles différents, en quatre termes par exemple, si la fleur est complète et si chaque formation différenciée ne compte qu'un seul verticille. Ces termes se trouvant séparés par le signe $+$, la formule est très facile à lire. Chaque verticille ou formation s'écrit en fonction des feuilles qui le composent; il suffit pour cela d'affecter la lettre capitale qui désigne une de ces feuilles : S un sépale, P un pétale, E une étamine, C un carpelle, d'un coefficient numérique déterminé indiquant leur nombre, ou d'un coefficient indéterminé m, n, p, q, si l'on veut obtenir une formule générale. Quand une formation a plus d'un verticille, on répète l'expression du verticille autant de fois qu'il est nécessaire, en marquant d'un accent les éléments du second verticille, de deux accents ceux du troisième, etc.

Lorsque plusieurs feuilles sont concrescentes soit dans le verticille, soit d'un verticille à l'autre, on les met entre crochets []. Si l'ovaire est infère, la formule est tout entière entre crochets. La lettre C désigne un carpelle fermé, cas le plus ordinaire; pour indiquer un carpelle ouvert, on l'affecte de la lettre o en indice C^o.

Si les verticilles successifs alternent, comme c'est la règle, le fait n'a pas besoin d'indication spéciale. Si deux verticilles successifs ont leurs éléments superposés, comme il arrive quelquefois, on en fait mention en mettant la lettre du premier verticille en indice au bas de la lettre du second; ainsi, par exemple, E_p désigne une étamine superposée au pétale, ou épipétale.

Citons quelques exemples de ces formules florales :

MONOCOTYLÉDONES

Colchique	$F = 3S + 3P + 3E + 3E' + 3C$
Butome	$F = 3S + 3P + 3.2E + 3E' + 3.2C$
Tulipe	$F = 3S + 3P + 3E + 3E' + [3C]$
Endymion	$F = 3[S + E] + 3[P + E'] + [3C]$
Jacinthe	$F = [3S + 3P + 3E + 3E'] + [3C]$
Amaryllide	$F = [3S + 3P + 3E + 3E' + 3C]$
Iride	$F = [3S + 3P + 3E + 3C]$
Eriocaule	$\begin{cases} Fm = 2S + 2P + 2E + 2E' \\ Ff = 2S + 2P + {}^r 2C] \end{cases}$

DICOTYLÉDONES

Orpin.	$F = 5S + 5P + 5E + 5E' + 5C$
Lychnide.	$F = [5S] + 5P + 5E + 5E' + [5C]$
Bruyère	$F = 4S + [4P] + 4E + 4E' + [4C]$
Morelle	$F = [5S] + [5P + 5E] + [2C]$
Primevère	$F = [5S] + [5P + 5E_p] + [5C^o]$
Spirée	$F = [5S + 5P + 5E + 5E' + 5.2E_p] + 5C$
Poirier.	$F = [5S + 5P + 5E + 5E' + 5.2E_p + 5C]$
Noyer	$Fm = [2S + 2S' + (6\text{-}20) E]$ $Ff = [2S + 2S' + 2C^o]$

On voit déjà, par ces quelques exemples pris au hasard, que
la formule générale : $F = mS + nP + pE + p'E' + qC$, avec
des concrescences diverses, exprime une organisation florale
très fréquente.

§ 9

ANOMALIES DE LA FLEUR

On observe quelquefois dans la nature, et beaucoup plus
souvent dans les plantes cultivées, des fleurs déviées de quelque
façon de leur organisation normale. Les anomalies qu'elles
présentent peuvent être utiles à l'homme, qui a intérêt à les
fixer, ce qu'il fait par les moyens habituels de conservation
que nous avons déjà indiqués sommairement : marcotte, bouture, greffe, et sur lesquels nous reviendrons plus tard. Elles
ont parfois aussi une grande valeur scientifique, parce qu'elles
viennent mettre en pleine évidence la véritable nature des
feuilles florales les plus différenciées, comme les étamines et
les carpelles, en les ramenant par d'insensibles transitions à
l'état de feuilles ordinaires. C'est à ce dernier point de vue
seulement que nous considérons ici ces anomalies, nous bornant à signaler les principales et surtout celles qui ont un
intérêt direct au point de vue de la démonstration de la vraie
nature de la fleur.

Anomalies de l'inflorescence. Inflorescences doubles. —
Dans les inflorescences groupées à fleurs nombreuses, on
trouve parfois certaines fleurs plus grandes et plus éclatantes
que les autres, mais aussi frappées d'un avortement plus ou
moins complet. Ainsi, dans l'inflorescence de l'Hydrangée hor-
tensie, vulgairement Hortensia, les fleurs de la circonférence

ont un calice très grand, dans lequel toutes les autres parties ont
avorté; celles du centre ont un calice très court et une organisation normale. Par la culture, on est arrivé à rendre toutes
les fleurs du centre pareilles à celles de la circonférence, c'est-
à-dire à y exagérer le développement du calice coloré aux
dépens des trois autres verticilles, qui avortent. On a transformé ainsi, comme disent les jardiniers, l'Hortensia *simple* en
un Hortensia *double*. En faisant de même pour la Viorne obier,
on a obtenu cette variété stérile appelée vulgairement Boule-
de-Neige.

Dans la Dahlie variable, dans l'Astre de Chine, vulgairement
Reine-Marguerite, et en général dans les Composées dont le
capitule a deux sortes de fleurs, les fleurs du centre sont
tubuleuses régulières, à corolle petite, mais à organisation
complète; celles de la périphérie sont irrégulières à corolle
grande, mais à pistil avorté. La culture arrive à rendre les
fleurs du centre pareilles à celles de la périphérie, c'est-à-dire
à y exagérer le développement de la corolle aux dépens du
pistil, qui avorte. L'inflorescence acquiert ainsi plus d'éclat,
plus de durée et l'on a transformé la Dahlie simple, la Reine-
Marguerite simple, etc., en Dahlie double, en Reine-Marguerite
double, etc.

La fleur avorte parfois, en se réduisant à un petit bouton
terminant le pédicelle. Ainsi, dans la grappe du Muscare, les
fleurs supérieures se réduisent à leurs pédicelles colorés, qui
forment une touffe terminale. De même, dans la variété du
Chou potager qu'on appelle Chou-fleur, la culture a exagéré
la ramification des pédicelles de l'inflorescence, mais au
sommet de chaque pédicelle la fleur avorte.

Anomalies de la fleur. Fleurs doubles, fleurs vertes, etc.
— Dans la fleur elle-même, il arrive souvent que les feuilles
d'un verticille revêtent en tout ou en partie les caractères des
feuilles du verticille qui suit ou de celui qui précède : il y a
métamorphose, comme on dit, et la métamorphose est *ascendante* ou *progressive* dans le premier cas, *descendante* ou *régressive* dans le second. Citons quelques exemples de ces deux
manières d'être.

1° **Métamorphose progressive.** — On voit les bractées de
l'involucre devenir pétaloïdes dans l'Anémone; des sépales se
transformer en pétales dans la Primevère, la Ronce, la Renoncule; des sépales et souvent des pétales se métamorphoser en
étamines, en développant des sacs polliniques à leur surface;

fréquemment aussi des sépales, des pétales et surtout des étamines passer à l'état de carpelles, en produisant des ovules sur leurs bords. Ce dernier cas, particulièrement instructif, se présente notamment dans le Pavot, le Rosier, la Joubarbe, etc. Souvent on y voit les étamines intérieures de l'androcée transformées soit en carpelles tout semblables aux carpelles normaux et qui s'ajoutent à ceux du pistil, soit en feuilles mixtes qui portent des ovules sans cesser de produire du pollen, qui sont déjà devenues des carpelles sans avoir perdu encore leur caractère d'étamines, qui sont des stamino-carpelles.

Dans ces feuilles mixtes (fig. 190), tantôt l'anthère n'a subi aucune altération et porte, comme à l'ordinaire, quatre sacs polliniques ; seul, le filet s'est élargi, s'est creusé en gouttière et a produit sur chaque bord un rang d'ovules (*a*). Tantôt un des sacs polliniques externes a disparu et, à sa place, le bord correspondant porte un rang d'ovules (*b* et *d*). Tantôt les deux sacs externes ont été remplacés par deux rangs d'ovules et la feuille est étamine en dedans, carpelle en dehors (*c* et *e*).

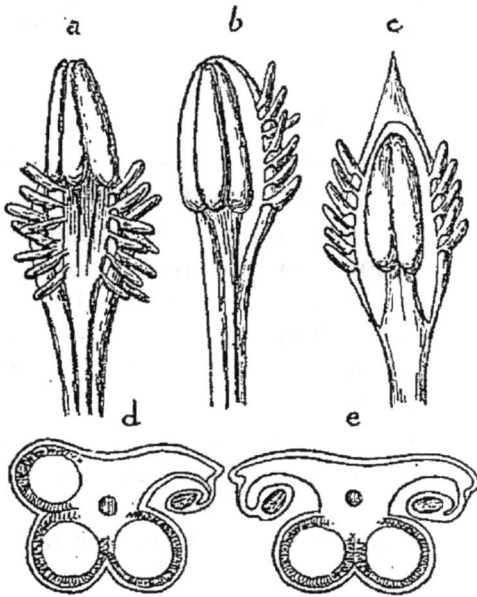

Fig. 190. — Stamino-carpelles pris dans une feuille anormale de Joubarbe. *d* est la coupe transversale de *b*, *e* la coupe de *c*.

2° **Métamorphose régressive.** — On a observé un retour à l'état de feuilles ordinaires dans la spathe du Gouet, dans les bractées de l'involucre du Pyrèthre, de la Centaurée, etc., dans les bractées isolées de l'épi du Plantain, du Bugle, de la Valériane, etc. On voit souvent les sépales et les pétales redevenir feuilles ordinaires (Crucifères, Renonculacées, Caryophyllées, Primulacées, Composées, etc.). S'il est rare que les étamines se transforment en feuilles vertes, il est très fréquent de leur voir prendre le caractère de pétales. On sait, en effet, que dans certaines plantes (Lopézie, Alpinie, Balisier, etc.),

quelques-unes des étamines, sans développer de sacs polliniques, s'élargissent en autant de staminodes pétaloïdes, parfois
vivement colorés, et dont l'éclat s'ajoute à celui de la corolle
(p. 364). Ce qui se produit constamment chez ces plantes a
lieu accidentellement chez beaucoup d'autres. Il y a des Anémones, par exemple, des Cerisiers, etc., dont les fleurs ont
une partie de leurs étamines ainsi transformées en lames pétaloïdes; ce sont, comme on dit, des Anémones *doubles*, des
Cerisiers *doubles*, etc.

On est arrivé par la culture à faire *doubler* de la sorte un
grand nombre de
plantes en pétalisant
leurs étamines. Le
nombre des pétales
surnuméraires ainsi
ajoutés aux pétales
normaux est d'au-
tant plus considé-
rable que la fleur
renferme un plus
grand nombre d'éta-
mines; il atteint son
maximum dans le
Rosier, la Renoncule,
la Pivoine, le Pavot,
etc. Par les nom-

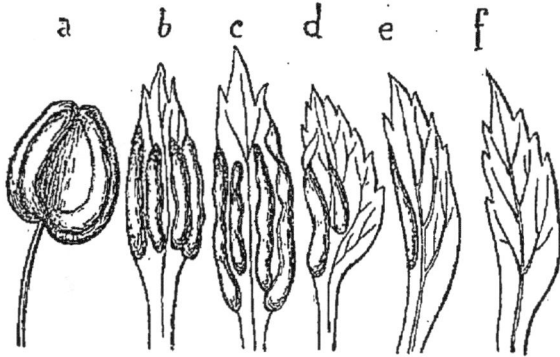

Fig. 191. — Transformation régressive de l'étamine *a* en pétale *f* dans une fleur double de
Rosier.

breuses transitions qu'on y observe entre les étamines
normales et les pétales, transitions dont la figure 191 montre
un exemple, ces fleurs doubles sont instructives pour la Morphologie.

Enfin, dans les fleurs doubles, les carpelles se transforment
souvent en étamines, en pétales ou en feuilles vertes. Cette
transformation a été étudiée avec beaucoup de soin dans un
grand nombre de plantes, notamment dans les Renonculacées, Crucifères, Rosacées, Onothéracées, Composées, etc.
Elle offre, en effet, un grand intérêt, parce qu'elle entraîne à
des degrés divers celle des ovules et qu'elle nous éclaire sur
la véritable constitution de ces corps. Ainsi, quand la carpelle
du Trèfle décolle ses bords et s'étale en une feuille, chaque
ovule déploie en même temps son tégument en un segment de
feuille, sur lequel le nucelle proémine comme une simple
émergence. Quand le pistil est gamocarpelle, ses diverses

feuilles se séparent en même temps qu'elles s'ouvrent; s'il est, en outre, concrescent avec les parties externes, il s'en dégage et d'infère redevient supère, comme on le voit quelquefois dans la Dauce carotte.

C'est encore une anomalie, mais d'une nature différente, quand la fleur, normalement unisexuée, développe à la fois un androcée et un pistil en devenant hermaphrodite, fait dont le Charme, le Saule, le Peuplier, etc., offrent des exemples; ou quand, normalement zygomorphe, elle devient actinomorphe, par un retour qu'on appelle une *pélorie*; ou quand le pédicelle continue à croître au-dessus du pistil, en formant un rameau qui traverse la fleur de part en part; ou quand, à l'aisselle des sépales ou des pétales, se développent des bourgeons qui s'allongent en rameaux floraux en rendant la fleur *prolifère*. Il suffit de signaler ces divers cas, sans y insister.

SECTION II

PHYSIOLOGIE DE LA FLEUR

La fleur, on l'a vu, est une pousse ou une portion de pousse différenciée en vue de la formation des œufs. Aussi est-elle douée de deux sortes de fonctions. Comme pousse ou portion de pousse, elle participe aux fonctions générales dévolues à la tige et surtout aux feuilles dans tout le reste du corps. Comme organe de la formation des œufs, elle est le siège d'une série de phénomènes particuliers dont le dernier terme produit l'œuf. Nous avons donc à signaler rapidement ces fonctions générales dont la fleur jouit comme partie constitutive du corps vivant, puis à étudier avec soin les fonctions spéciales qu'elle accomplit comme fleur.

§ 10

FONCTIONS GÉNÉRALES DE LA FLEUR

Comme la tige et la feuille, la fleur est dirigée par la pesanteur et par la lumière; comme elles, elle respire et dégage de la chaleur, elle transpire et laisse écouler du liquide, elle assimile le carbone et chlorovaporise par toutes ses parties vertes, elle conduit la sève ascendante et la sève élaborée, elle constitue des réserves pour les développements ultérieurs, enfin elle exécute diverses sortes de mouvements. Un mot sur chacun de ces points.

Géotropisme et phototropisme de la fleur. — Les pédicelles qui portent les fleurs ou les groupes de fleurs se montrent doués, à des degrés divers, de géotropisme négatif et tendent à se placer verticalement (Aconit, Muflier, Marronnier, etc.). Les feuilles du périanthe sont aussi parfois fortement géotropiques et le tube qu'elles forment se redresse sous l'influence de la pesanteur (Colchique, Safran, etc.).

La fleur naît et se développe à l'obscurité comme en pleine lumière. Elle y prend la même forme, la même couleur, la même dimension : elle y produit du pollen et des ovules bien conformés. La seule différence, et elle est sans importance, c'est que les sépales et les carpelles, s'ils sont normalement verts, demeurent alors incolores ou jaunâtres. Mais si la lumière n'est pas nécessaire au développement des fleurs, elle agit cependant sur la croissance du pédicelle et des feuilles qu'il porte. Comme partout ailleurs, son action est retardatrice ; si l'éclairage est unilatéral et si l'intensité ne dépasse pas l'optimum, il en résulte une flexion vers la source. Cette tendance des fleurs vers la lumière est connue depuis longtemps ; c'est même dans la fleur qu'a été aperçue pour la première fois l'action générale que la lumière exerce sur la croissance du corps de la plante.

En se courbant vers la source, le pédicelle se comporte de deux manières différentes, tantôt prenant une situation invariable, tantôt au contraire se déplaçant continuellement avec le soleil. Le premier cas est celui de la grande majorité des fleurs ; mais, suivant les plantes, la flexion exige pour se produire une plus ou moins grande intensité lumineuse. Les unes courbent leurs fleurs en plein soleil (Hélianthe) ; les autres les conservent verticales dans les lieux ensoleillés et les penchent au contraire dans les endroits ombragés (Chrysanthème, Achillée, Géraine, etc.). Les fleurs de Scabieuse s'inclinent vers une lumière d'intensité moyenne, où les fleurs de Centaurée demeurent verticales. Il est à remarquer que l'Hélianthe annuel, vulgairement Grand-Soleil, regardé par tout le monde comme le type des fleurs qui se déplacent avec le soleil, appartient au contraire à la catégorie des fleurs à position fixe.

Les capitules du Salsifis et de plusieurs autres Composées (Laiteron, Épervière, etc.), les fleurs du Pavot et de la Renoncule, s'inclinent vers la lumière et suivent plus ou moins complètement la marche du soleil. Dressées verticalement pendant la nuit sous l'influence de leur géotropisme négatif, ces fleurs se penchent le matin vers l'orient, passent au sud à midi, à l'ouest le soir et se relèvent de nouveau la nuit.

Respiration de la fleur et dégagement de chaleur. — La fleur absorbe énergiquement l'oxygène de l'air et en même temps dégage de l'acide carbonique; en un mot elle respire activement. C'est aussitôt après l'épanouissement, que la respiration est le plus intense; elle est plus forte dans les étamines et les carpelles que dans le calice et la corolle, dans les fleurs mâles que dans les femelles. Dans la corolle même, elle est plus forte que dans une feuille de la même plante, à égalité de surface. Elle est plus active à l'obscurité qu'à la lumière; ici encore, la lumière retarde la respiration. Le rapport $\frac{CO^2}{O}$ est plus petit que l'unité et peut s'abaisser jusqu'à 0, 5; il y a donc, en définitive, fixation d'oxygène, oxydation pendant la respiration de la fleur.

En même temps, la fleur dégage de la chaleur. Avec une seule fleur, la chaleur dégagée est déjà fort appréciable au thermomètre; une fleur mâle de Courge, par exemple, donne un excès de température de 4° à 5°, pouvant s'élever jusqu'à 8° à 10°; une fleur de Victoire donne vers midi, dans la région des étamines, un excès de température de 10° à 15°. Mais l'émission de chaleur est plus considérable et plus facile à constater quand un grand nombre de petites fleurs sont serrées côte à côte en épi, surtout si l'épi est enveloppé d'une spathe. Ces diverses conditions sont réalisées chez plusieurs Aracées (Gouet, Colocase, Calade, etc.); aussi est-ce chez elles que la production de chaleur a été observée pour la première fois dans les plantes, il y a déjà plus d'un siècle, et qu'on l'a bien souvent étudiée depuis. En groupant, par exemple, 12 inflorescenses de Colocase autour de la boule d'un thermomètre, on a obtenu une différence de température de 30°.

Transpiration de la fleur. Émission de liquide : nectar. — La fleur exhale continuellement dans l'atmosphère une grande quantité de vapeur d'eau, en un mot, transpire activement. Si la fleur ne renferme de chlorophylle dans aucune de ses parties, le phénomène peut être étudié aussi bien en pleine lumière qu'à l'obscurité. On voit alors que la transpiration est beaucoup plus active à la lumière qu'à l'obscurité, comme il a été déjà dit pour les feuilles (p. 296). A égalité de surface, la transpiration de la fleur, notamment de la corolle, est plus forte que celle des feuilles de la même plante.

Le soir la transpiration diminue donc brusquement, et comme en même temps la chlorovaporisation de la plante est supprimée, il en résulte, comme on l'a vu pour la feuille (p. 312), une émission d'eau liquide en certains points. C'est à la surface de ces réserves sucrées décrites plus haut sous le nom de nectaires floraux (p. 414), que l'exsudation se produit; le liquide est donc sucré, c'est du nectar. Si le nectaire a des stomates aquifères, c'est par ces stomates que le liquide s'écoule (Pêcher, Fenouil, Vesce); s'il en est dépourvu, c'est simplement à travers les membranes amincies des cellules épidermiques (Hellébore, Fritillaire, etc.), le plus souvent au sommet des papilles ou des poils qui hérissent la surface (Violette, Potentille, Mauve, etc.). Le

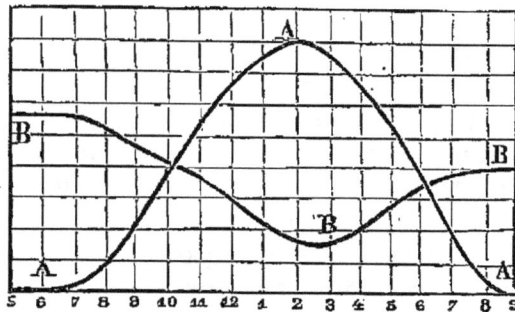

Fig. 192. — A, courbe des poids d'eau chlorovaporisée par les feuilles d'une Lavande : B, courbe des poids de nectar émis par les fleurs de cette plante. Les nombres indiquent les heures de la journée (27 juin), du matin au soir.

nectar émis se rassemble ordinairement au fond même de la fleur; mais il est quelquefois recueilli dans des réservoirs spéciaux, où il s'accumule, par exemple dans l'éperon d'un pétale (diverses Orchidacées, Dauphinelle, Violette, etc.). Les insectes en sont très friands et le recherchent avidement; quand il leur échappe, il est fréquemment réabsorbé sur place, après la formation des œufs, pour alimenter les développements ultérieurs.

Toutes les circonstances extérieures qui influent sur la transpiration et sur la chlorovaporisation de la plante influent de même, mais en sens inverse, sur la production du nectar des fleurs. Si l'on mesure d'heure en heure, du matin au soir, la quantité du nectar émis par les fleurs d'une plante et la quantité de l'eau chlorovaporisée par ses feuilles, on voit que les deux phénomènes suivent une marche inverse. Les courbes qui les expriment ont exactement la même forme, mais en sens contraire (fig. 192). Tout ce qui ralentit la chlorovaporisation active la production du nectar ; tout ce qui augmente la première diminue la seconde. En modifiant ainsi la chlorovaporisation, on a pu rendre nectarifères les plantes qui ne le sont pas dans les conditions ordinaires (Jacinthe, Tulipe, Muguet, Rue, etc.) et empêcher la production du nectar dans les plantes habituellement nectarifères.

La production du nectar dans la fleur n'est donc qu'un cas particulier, fort intéressant il est vrai, du phénomène général de l'exsudation de liquide à la surface du corps de la plante, par suite d'une transpiration ralentie et surtout d'une chlorovaporisation supprimée.

Assimilation du carbone et chlorovaporisation par la fleur. — Les sépales et les carpelles contiennent souvent de la chlorophylle ; les pétales eux-mêmes en sont quelquefois pourvus. Sous l'influence de la lumière, ces feuilles décomposent de l'acide carbonique, dégagent de l'oxygène et assimilent du carbone. Cette assimilation peut s'opérer jusque dans les stigmates, quand ils renferment de la chlorophylle (Pétunie, etc.).

Ces mêmes parties vertes de la fleur, sous l'influence de la lumière, chlorovaporisent, et la vapeur d'eau ainsi produite s'ajoute à celle qui provient de la transpiration.

De l'extrémité de la racine au sommet du stigmate, on voit qu'il n'y a pas un point du corps de la plante où la chlorophylle ne puisse se développer et qui, à la lumière, ne puisse devenir le siège d'une assimilation de carbone et d'une chlorovaporisation correspondante.

Transport des liquides dans la fleur. — Comme dans la tige et la feuille, le transport des liquides s'opère dans la fleur par les faisceaux libéroligneux. Par les vaisseaux du bois ceux-ci amènent dans toutes les régions et jusqu'aux ovules l'eau nécessaire à la croissance et à la transpiration ; par les tubes criblés du liber, ils apportent les substances plastiques indispensables au développement. Dans la fleur, le courant libérien et le courant ligneux sont donc de même sens, tous les deux ascendants.

Mouvements des diverses feuilles florales. — Après leur épanouissement, dû, comme on sait, à des mouvements de nutation, les diverses parties de la fleur se montrent souvent douées de mouvements divers : les uns spontanés, dus à des causes internes, les autres provoqués par des causes externes, comme la lumière, la chaleur ou l'ébranlement.

Les sépales et les pétales offrent quelquefois des mouvements périodiques spontanés, c'est-à-dire tout à fait indépendants des variations de lumière et de température. Ces mouvements n'affectent parfois que certains pétales; ainsi, dans la fleur zygomorphe du Mégacline, une Orchidacée, le grand pétale seul, ou labelle, exécute des oscillations continues. Mais le plus souvent ils intéressent tout le calice, toute la corolle, ou même à la fois le calice et la corolle; les sépales et les pétales s'élèvent et s'abaissent tour à tour, ce qui ferme et ouvre alternativement le calice et la corolle. Ainsi le Nyctage, vulgairement Belle-de-Nuit, ouvre chaque jour son calice vers cinq heures du soir pour le fermer vers dix heures. Le Pourpier ouvre sa corolle à midi pour la refermer à une heure; le Pissenlit ouvre ses corolles le soir et les ferme le matin. L'Ornithogale, nommée pour cela Dame d'onze heures, ouvre en même temps son calice et sa corolle chaque matin à onze heures et les referme chaque soir. Ces mouvements sont dus au raccourcissement et à l'allongement alternatifs de la face interne des sépales et des pétales dans leur région inférieure; la face externe conserve sa dimension. Le raccourcissement détermine une flexion en dedans et une fermeture, l'allongement une flexion en dehors et un nouvel épanouissement.

Pour mettre en évidence les mouvements dus à la lumière et à la chaleur, on fait choix de fleurs dont le mouvement périodique spontané est très faible (Tulipe, Safran, etc.) et on les soumet tour à tour, à température constante, à des variations d'intensité lumineuse, et à lumière constante, à des variations de température. A température constante, on voit la fleur se fermer à l'obscurité et se rouvrir en pleine lumière; toute diminution dans l'intensité lumineuse tend à fermer la fleur, toute augmentation à la rouvrir. A lumière constante, à l'obscurité complète, par exemple, on voit que toute élévation de température ouvre la fleur, que tout abaissement la ferme; une variation de 0°,5 se fait déjà sentir nettement sur le Safran. L'action de la chaleur est bien plus énergique que celle de la lumière, dont elle triomphe aisément; ainsi, dans le Safran et la Tulipe, il suffit d'une élévation de température de quelques degrés pour rouvrir une fleur que l'obscurité a fermée. Le mécanisme de ces mouvements est le même que pour les mouvements spontanés; ils sont dus, en effet, à un raccourcissement et à un allongement alternatifs de la face interne des sépales et des pétales à leur base; la face externe ne change pas de dimension.

De leur côté, les étamines et les carpelles sont quelquefois capables d'accomplir une quatrième sorte de mouvements, excités par le contact d'un corps étranger ou par un ébranlement quelconque. Ainsi, les étamines de Berbéride et de Mahonie, rabattues en dehors à l'état de repos, s'infléchissent vers l'intérieur jusqu'à venir poser l'anthère sur le stigmate, si l'on touche légèrement la base de la face interne du filet. Les étamines de plusieurs Composées (Chardon, Centaurée, Chicorée, etc.) jouissent d'une propriété analogue. De même, les deux lobes stigmatiques du Mimule, touchés légèrement, rapprochent aussitôt leurs faces internes jusqu'au contact.

§ 11

FONCTION SPÉCIALE DE LA FLEUR
FORMATION DES ŒUFS

La fonction spéciale de la fleur, le but commun auquel tendent les quatre verticilles différenciés qui la composent, c'est la formation des œufs, points de départ d'autant de plantes nouvelles.

Rôle des diverses feuilles florales. — Bractées, sépales, pétales, étamines, carpelles, chaque groupe de feuilles différenciées prend sa part, plus ou moins grande, dans ce résultat définitif. Le rôle des bractées, surtout quand elles se développent en spathe ou se rassemblent en involucre, est de protéger les fleurs ou les groupes de fleurs qu'elles entourent. Le rôle du calice est de protéger la formation des parties internes dans le bouton. Celui de la corolle, dont les pétales ont d'ordinaire une croissance tardive et n'acquièrent leur dimension définitive qu'après l'épanouissement du calice, est de protéger l'androcée et le pistil dans la dernière phase de leur développement. Le rôle des étamines est de produire le pollen et habituellement de le mettre en liberté. Celui des carpelles est d'abord de produire et de porter les endospermes, qu'ils soient ou non renfermés dans autant d'ovules, ensuite de réaliser les conditions nécessaires pour que le pollen puisse entrer en contact avec eux. C'est, en effet, entre le grain de pollen et l'endosperme, que se passe l'acte essentiel qui donne naissance à l'œuf, acte dont il nous reste à suivre pas à pas l'accomplissement, d'abord chez les Angiospermes, puis chez les Gymnospermes.

Action du grain de pollen sur l'endosperme chez les Angiospermes. — Il y a, comme on sait, deux sortes d'Angiospermes; les unes, et c'est le plus grand nombre, enferment chacun de leurs endospermes dans un ovule, avec ou sans nucelle, et dans le premier cas avec ou sans tégument : ce sont les Ovulées; les autres produisent leurs endospermes directement dans l'écorce des carpelles : ce sont les Inovulées. Considérons d'abord le premier groupe et, dans ce groupe, étudions en premier lieu les plantes qui ont l'ovule pourvu d'un nucelle avec un tégument simple ou double, et qui sont aussi de beaucoup les plus nombreuses. Il suffira ensuite de quelques mots pour dire comment les choses se passent lorsque le nucelle est nu, lorsque l'ovule n'a pas de nucelle, enfin lorsque le carpelle n'a pas d'ovules.

L'action du pollen sur l'endosperme, chez les Angiospermes qui ont un ovule à nucelle tégumenté, comprend quatre temps successifs, qui sont : 1° le transport du pollen, du sac pollinique ouvert, sur le stigmate; 2° la germination des grains de pollen sur le stigmate; 3° le développement du tube pollinique à travers le style, la cavité ovarienne et le micropyle de l'ovule, jusqu'à la rencontre de son sommet avec l'oosphère; 4° enfin le passage dans l'oosphère de l'un des anthérozoïdes qui occupent l'extrémité du tube et, par suite, la constitution de l'œuf. Étudions séparément chacune de ces phases.

1° Transport du pollen sur le stigmate. Pollinisation. — Le transport des grains de pollen sur le stigmate est la *pollinisation*; le stigmate saupoudré de pollen est dit *pollinisé*. Suivant la nature des fleurs, la pollinisation s'accomplit de manières différentes.

Quand la fleur est hermaphrodite, si, au moment où le pollen s'échappe de l'anthère, le stigmate complètement développé se trouve apte à le recevoir, la pollinisation s'opère aisément à l'intérieur de la fleur; elle est directe. Tantôt, au moment où ils s'ouvrent, les sacs polliniques se trouvent en contact même avec le stigmate, et les grains de pollen passent directement de l'un à l'autre (Pois, etc.). Tantôt les éta-

28

mines en s'allongeant viennent frotter leurs anthères ouvertes
contre le stigmate, qui en retient le pollen (Ipomée, etc.).
Tantôt chaque étamine s'infléchit vers le pistil et vient poser
son anthère sur le stigmate, où elle abandonne son pollen
(Berbéride, etc.). Mais le plus souvent les anthères et le stigmate demeurent écartés et c'est en tombant que le pollen
dépose quelques-uns de ses grains sur la surface stigmatique.

Les choses ne se passent pas toujours ainsi; la pollinisation
est loin d'être toujours directe. On observe fréquemment dans
les fleurs hermaphrodites un défaut de simultanéité entre le
développement de l'androcée et celui du pistil; la plante est
dite alors *dichogame*. Tantôt les étamines devancent les carpelles, la fleur est *protandre*; tantôt c'est le contraire, la fleur
est *protogyne*.

Dans les fleurs protandres, qui sont aussi les plus nombreuses, les sacs polliniques s'ouvent à une époque où les
stigmates ne sont pas encore développés, ou du moins sont
encore inaptes à recevoir utilement le pollen. Plus tard, quand
s'épanouiront les surfaces stigmatiques, les anthères auront
déjà perdu et disséminé leur pollen. La pollinisation ne
pourra donc plus s'opérer ici à l'intérieur de la fleur. Le
pollen de la fleur devra porter son action en dehors d'elle sur
le stigmate d'une fleur plus âgée, et, par contre, son stigmate
devra recevoir du dehors le pollen d'une fleur plus jeune
(Ombellifères, Composées, Campanulacées, Labiées, Digitale,
Épilobe, Géraine, Mauve, etc.).

Dans les fleurs protogynes, au contraire, le stigmate s'épanouit à une époque où les anthères voisines ne sont pas encore
mûres. Plus tard, quand elles s'ouvriront pour émettre leur
pollen, le stigmate aura déjà accompli sa fonction, ou se sera
flétri. La pollinisation ne pourra donc pas s'opérer non plus
à l'intérieur de la fleur. Le stigmate devra recevoir du dehors
le pollen d'une fleur plus âgée, et, par contre, le pollen devra
porter son action au dehors sur le pistil d'une fleur plus jeune
(Plantain, Hellébore, Mandragore, Scrofulaire, Globulaire,
diverses Graminées, etc.).

Protandre ou protogyne, une plante dichogame n'est donc
hermaphrodite qu'en apparence et seulement au point de vue
morphologique; en réalité, au point de vue physiologique, ses
fleurs sont unisexuées et elle est monoïque. La pollinisation
s'y opère d'une fleur à l'autre; elle y est indirecte. Dans les
végétaux monoïques, la pollinisation a lieu nécessairement

d'une fleur à l'autre; elle est forcément indirecte. Elle l'est plus encore dans les espèces dioïques, où elle s'opère d'une plante à l'autre.

Quand la pollinisation est indirecte, le transport du pollen entre deux fleurs, séparées souvent par de grandes distances, a lieu par l'atmosphère et souvent uniquement par cette voie. Projetés dans l'air, quelquefois avec force par la brusque détente des filets staminaux repliés dans le bouton (Ortie, Pariétaire, Mûrier, etc.), les grains de pollen sont charriés par l'atmosphère, portés par le vent à des distances souvent considérables, puis déposés çà et là à la surface des corps environnants, notamment sur les stigmates des fleurs. La majeure partie se perd en route; aussi les plantes à fleurs unisexuées produisent-elles du pollen en bien plus grande abondance que les plantes à fleurs hermaphrodites. Le sol des campagnes, ou les champs de neige des Alpes, se montrent quelquefois sur de grands espaces tout couverts du pollen enlevé aux arbres de forêts lointaines, et comme saupoudrés d'une couche de soufre. La pluie qui balaye ces nuages de pollen est connue sous le nom de *pluie de soufre*.

Les chances de pollinisation sont parfois augmentées dans les plantes monoïques par certaines dispositions spéciales, comme le rapprochement des fleurs mâles et femelles dans le même groupe (beaucoup d'Aracées), ou la situation sur la plante des fleurs mâles au-dessus des fleurs femelles (Maïs, Laiche, etc.). Parmi les plantes dioïques, la Vallisnérie mérite sous ce rapport une mention spéciale. La plante est submergée et forme ses fleurs mâles et femelles sur des individus différents au fond de l'eau. Quand elles sont mûres, les premières rompent leurs courts pédicelles, et, allégées par une bulle d'air au centre du bouton, elles montent comme de petits ballons à la surface de l'eau, où elles s'épanouissent. En même temps, les fleurs femelles allongent leur pédicelle jusqu'à venir au-dessus de la surface, où elles s'ouvrent au milieu des fleurs mâles qui flottent librement tout autour. Une fois la pollinisation opérée dans l'air, la fleur femelle contracte son pédicelle en une spirale à tours serrés et se trouve ainsi ramenée au fond de l'eau, où elle mûrira son fruit.

Rôle des insectes dans la pollinisation. — Le vent est souvent le seul moyen de transport du pollen, comme on le voit dans les arbres de nos forêts (Chêne, Bouleau, Hêtre, etc.) et dans les herbes de nos prairies (Graminées, Cypéracées, Joncées, etc.). Mais fréquemment aussi les insectes viennent jouer un rôle actif dans la pollinisation. Un grand nombre d'insectes, surtout les Abeilles, les Bourdons et les Guêpes, se nourrissent, en effet, du nectar et du pollen des fleurs, et y font de fréquentes et rapides visites. En une minute, par exemple, un Bourdon peut visiter 24 fleurs de Linaire, une Abeille 22 fleurs de Lobélie ou 17 fleurs de Dauphinelle. En se posant sur la fleur pour en sucer le nectar, ces insectes provoquent de diverses manières la pollinisation du stigmate, soit directement dans la même fleur, soit indirectement de fleur à fleur.

Dans les fleurs hermaphrodites et non dichogames, tantôt l'insecte en se posant sur la fleur y détermine une agitation des parties, qui à son tour projette le pollen sur le stigmate, comme on le voit dans le Haricot multiflore, par exemple; tantôt, en entrant dans la fleur, il frotte les anthères par une certaine partie de son corps qui se charge de pollen, puis en sortant, il touche le stigmate par la même partie de son corps et y laisse adhérer les grains. L'insecte est donc, dans certains cas, un agent de pollinisation directe.

Mais bien plus souvent c'est la pollinisation indirecte, de fleur à fleur, qui se trouve provoquée par la visite de l'insecte. Il en est naturellement ainsi dans les fleurs dichogames et unisexuées. En entrant dans la fleur mâle, l'insecte touche par une certaine partie de son corps les anthères ouvertes et s'y charge de pollen; en pénétrant ensuite dans la fleur femelle, il touche les stigmates par cette même partie et y abandonne le pollen.

2º **Germination du grain de pollen sur le stigmate.** — Déposé ainsi sur le stigmate soit de la même fleur, soit d'une autre fleur de la même plante, soit d'une fleur d'une plante différente de même espèce, et retenu à la fois par ses aspérités superficielles et par le liquide gommeux sécrété par les papilles stigmatiques, le grain de pollen germe aussitôt, comme nous avons vu qu'il germe quand on le place sur une surface humide ou dans un liquide convenablement choisi (p. 376) (fig. 161 et 162).

Absorbant de l'oxygène et dégageant de l'acide carbonique, puisant dans le liquide stigmatique l'eau et les aliments dont il a besoin pour compléter ceux qu'il tient en réserve dans son protoplasme, il pousse un tube, qui va s'allongeant rapidement. La poussée du tube pollinique a lieu en quelqu'une de ces places où la membrane du grain est demeurée le plus molle et le plus extensible, c'est-à-dire à l'endroit d'un pore ou d'un pli (fig. 193). En ce point, la membrane est parfois épaissie vers l'intérieur. Quelquefois, comme dans la Courge, vis-à-vis de chacun de ces épaississements internes, la zone externe de la membrane forme un couvercle arrondi, qui est soulevé par la poussée du tube.

En s'allongeant, le tube tantôt s'enfonce directement dans le stigmate, tantôt rampe d'abord à la surface des papilles ou des poils (fig. 193), en se moulant sur leurs inégalités et parfois en en perforant la membrane. A mesure qu'il s'allonge,

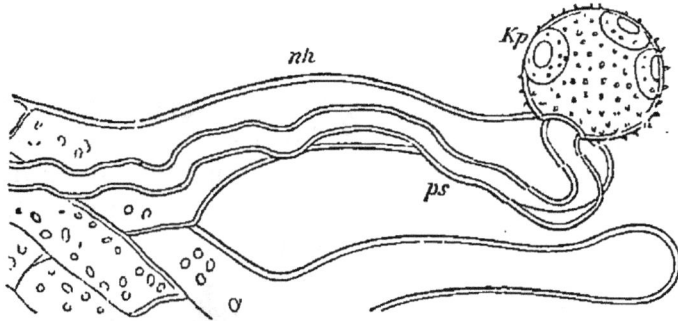

Fig. 193. — Grain de pollen de Campanule, en voie de germination sur le stigmate. Sorti par un des pores *kp* de l'exine, le tube pollinique *ps* s'applique étroitement sur le poil stigmatique *nh*.

son protoplasme renferme des hydroleucites de plus en plus volumineux dont les vacuoles sont occupées par le suc cellulaire et il se montre animé de mouvements de plus en plus actifs. Le stigmate n'est donc pas seulement un appareil récepteur pour le pollen, c'est surtout un sol nutritif, approprié à son développement parasitaire.

Quelquefois les grains de pollen germent à l'intérieur du sac pollinique et projettent leurs tubes au dehors tout autour de l'anthère. En s'allongeant, quelques-uns de ces tubes onduleux viennent à rencontrer le stigmate; désormais abondamment nourris, ils s'y enfoncent, et se comportent ensuite comme s'ils avaient pris naissance à sa surface : certaines Orchidacées (Céphalanthère, etc.).

3° **Développement du tube pollinique depuis le stigmate jusqu'à l'endosperme.** — Si le style est creusé d'un canal, le tube pollinique y pénètre et s'allonge en rampant à la surface ou à l'intérieur du tissu conducteur qui en revêt la paroi (fig. 194). Si le style est plein, le tube pollinique s'allonge directement entre les cellules du tissu conducteur, dans l'épaisseur même des membranes gélifiées qui les séparent (fig. 169); il en dissout la substance et s'en nourrit. En même temps, il se remplit quelquefois de grains d'amidon, et en conséquence bleuit fortement par l'iode, ce qui permet d'en suivre aisément le cours sinueux à travers le style (Ketmie, etc.). Son extrémité inférieure parvient ainsi dans la cavité ovarienne.

Il arrive quelquefois que le micropyle de l'ovule est appliqué assez étroitement contre la base du style pour que le tube pollinique, en continuant sa marche descendante, y pénètre directement (Ortie, Rumice, etc.). Mais ordinairement les tubes polliniques continuent à s'accroître dans la cavité ovarienne en suivant, dans chaque cas particulier, un chemin déterminé, nettement tracé par les bandes du tissu conducteur, souvent hérissées de papilles ou de poils, chemin qui les conduit fatalement et par la voie la plus courte aux micropyles des ovules (fig. 194). Le plus souvent c'est à la surface des placentes, toute couverte de papilles, qu'ils s'allongent ainsi en rampant. Chez les Composées, l'ovaire uniloculaire offre sur sa face interne, de chaque côté du plan de symétrie de son unique ovule, un cordon de tissu conducteur, qui conduit le tube pollinique jusqu'au fond de la cavité, où se trouve le micropyle de l'ovule. Dans nos Euphorbes indigènes, un pinceau de poils les conduit depuis la base du style jusqu'au micropyle voisin; dans les Plombagacées, le tissu conducteur du style forme une excroissance conique descendante, qui introduit le tube pollinique jusque dans le micropyle. Rien n'est plus variable que ces dispositions, mais aussi rien n'est plus instructif que d'en suivre le mécanisme dans un certain nombre de cas particuliers.

Parvenu au micropyle d'un ovule, le tube pollinique s'y engage (fig. 194). Si, à ce moment, le sommet du nucelle existe encore, en tout ou en partie, le tube le traverse en s'insinuant entre ses cellules et vient appliquer fortement son extrémité contre celle de l'endosperme, au point où sont fixées les deux synergides (fig. 194) (Liliacées, diverses Légumineuses, fig. 179, Violette, Renouée, etc.). Mais le plus souvent l'endosperme, en s'agrandissant vers le haut, a résorbé tout le nucelle; son sommet se présente alors à nu au fond du canal micropylaire, dans lequel il s'allonge souvent plus ou moins (Orchidacées, Composées, Labiées, Borragacées, Viciées, Scabieuse, Monotrope, fig. 182), parfois même jusqu'à en dépasser l'orifice

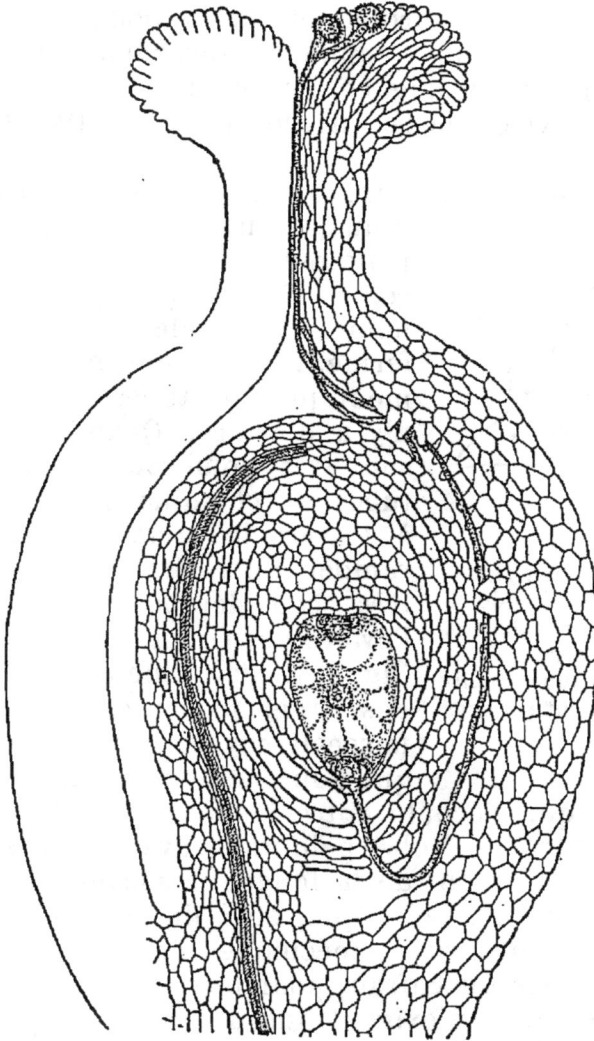

Fig. 194. — Section longitudinale d'un pistil uniovulé à placentation basilaire, montrant la course du tube pollinique depuis le stigmate jusqu'au sommet de l'endosperme au-dessus de l'oosphère. L'ovule anatrope à deux téguments y est inséré comme dans les Composées.

externe pour s'avancer librement dans la cavité ovarienne (Torénie, etc.). Tantôt la membrane de la cellule mère d'endosperme persiste au-dessus des synergides, mais ramollie, très réfringente, comme grumeuse, et c'est contre elle que vient s'appuyer l'extrémité du tube pollinique (Orchide, Ornithogale, Dauphinelle, Monotrope, etc.). Tantôt elle est complètement résorbée au sommet par les synergides qui font saillie au dehors, à travers l'orifice, et sur la pointe desquelles le tube pollinique vient s'appliquer directement (Crucifères, Safran, Ricin, etc.); dans ce dernier cas, les synergides ont souvent leur extrémité recouverte d'une calotte de cellulose (Safran, etc.).

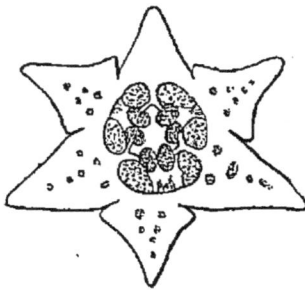

Fig. 195. — Section transversale de l'ovaire de la Vande (une Orchidacée), sept mois après la pollinisation; les tubes polliniques y forment six gros faisceaux.

Comme chaque ovule s'approprie de la sorte un tube pollinique, le nombre de ces tubes qui pénètrent dans un ovaire donné se règle, d'une façon générale, sur le nombre des ovules que cet ovaire renferme. Il s'introduit même ordinairement plus de tubes polliniques qu'il n'y a d'ovules. Quand ces derniers sont très nombreux, le nombre des tubes qui cheminent en même temps à travers le style et qui viennent ramper ainsi dans l'ovaire est donc très considérable (fig. 174). Dans l'ovaire des Orchidacées, par exemple (fig. 195), ils forment, de chaque côté des trois placentes pariétaux, un faisceau soyeux d'un blanc brillant que l'on distingue à l'œil nu.

Le temps qui s'écoule entre la pollinisation du stigmate et la rencontre du tube pollinique avec l'endosperme ne dépend pas seulement de la longueur souvent très considérable (Maïs, Safran, Colchique, etc.) du chemin à parcourir, mais aussi des propriétés spécifiques de la plante. Ainsi, les tubes polliniques du Safran, pour traverser un style long de 5 à 10 centimètres, n'exigent que de un à trois jours, tandis qu'il faut cinq jours à ceux du Gouet pour fournir une course de 2 à 3 millimètres seulement. Les tubes polliniques des Orchidacées mettent quelquefois dix jours, souvent des semaines et des mois entiers (fig. 195), pour arriver à l'ovaire.

4° **Formation de l'œuf.** — Une fois le contact opéré et la soudure faite entre le sommet du tube pollinique et le sommet de l'endosperme, au-dessus des synergides, on est parvenu à la phase décisive du phénomène.

L'extrémité du tube renferme, comme on le sait, dans un protoplasme dense, les deux cellules issues de la bipartition de la petite cellule du grain primitif (fig. 196, *a*), cellules qui ont reçu et méritent le nom d'anthérozoïdes (p. 378). A ce moment, l'anthérozoïde le plus proche de l'extrémité traverse la membrane ramollie du tube, passe entre les synergides et pénètre dans l'oosphère. En même temps, les synergides se

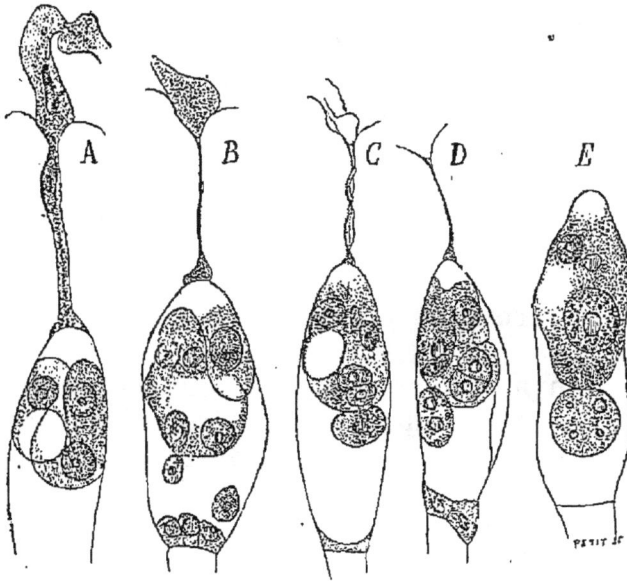

Fig. 196. — Formation de l'œuf des Angiospermes, d'après l'Orchide. *A*, le tube pollinique est en contact avec le sommet de l'endosperme; l'anthérozoïde le plus voisin de l'extrémité glisse en s'allongeant vers l'endosperme. *B*, il a pénétré dans l'oosphère et son noyau se voit à gauche, à côté du noyau de l'oosphère. *C*, les deux noyaux sont en contact. *D*, ils se pressent et vont se confondre. *E*, ils se sont fusionnés et ont produit le gros noyau de l'œuf. En même temps, les synergides ont progressivement disparu, ainsi que les antipodes.

désorganisent et diffluent pour faciliter le passage. Une fois la pénétration faite, le protoplasme de l'anthérozoïde se fusionne avec celui de l'oosphère et son noyau se dirige vers le noyau de l'oosphère (fig. 196, *b*), auquel il s'accole (fig. 196, *c*). Avant de se fusionner avec lui, s'il est plus petit (Monotrope, etc.), il grossit de manière à acquérir la même dimension que lui. La ligne de contact des deux noyaux s'efface peu à peu (fig. 196, *d*), puis disparaît et les deux noyaux sont fusionnés en un seul (fig. 196, *e*), comme le sont déjà les deux protoplasmes. La cellule nouvelle ainsi constituée aux lieu et place de l'anthérozoïde et de l'oosphère, est l'œuf, qui s'entoure aussitôt d'une membrane de cellulose.

Le noyau de l'anthérozoïde et le noyau de l'oosphère possèdent toujours le même nombre de bâtonnets de nucléine, nombre qui est la moitié de celui que renferme le noyau des cellules ordinaires du corps de la plante considérée (p. 44). Ils en ont l'un et l'autre 8, par exemple, dans l'Ail, l'Alstrémère, l'Endymion, l'Iride, etc., 12 dans le Lis, la Tulipe, la Fritillaire, l'Hellébore, etc., 16 dans le Muguet, les Orchidacées, etc., 24 dans le Muscare, etc. Après la fusion, dans le noyau de l'œuf, ces bâtonnets demeurent côte à côte sans s'unir, de sorte que l'œuf compte dans son noyau un nombre de bâtonnets double de celui de chacun de ses gamètes constitutifs, nombre qui se maintient dans toute la suite du développement, jusqu'à la formation nouvelle des anthérozoïdes et des oosphères. En résumé, l'anthérozoïde et l'oosphère prennent à la formation de l'œuf une part rigoureusement égale.

A défaut d'un mouvement propre, qui n'a pas encore été constaté jusqu'à présent dans les anthérozoïdes de ces plantes, il faut admettre que leur passage à travers la membrane close, mais ramollie du tube est dû vraisemblablement à la même force qui, peu d'instants auparavant, faisait progresser le protoplasme dans le tube en voie de croissance. Cette croissance se trouve brusquement arrêtée, mais la poussée qui la provoquait continue et fait franchir l'obstacle.

Si l'on voulait conserver l'expression ancienne, devenue aujourd'hui très impropre et tout à fait inutile, de *fécondation*, c'est à ce passage de l'anthérozoïde dans l'oosphère, suivi d'une pénétration et d'une combinaison de ces deux corps, protoplasme à protoplasme et noyau à noyau, qu'il conviendrait de l'appliquer et de le limiter désormais.

Une fois l'œuf constitué, le micropyle se resserre, et s'oblitère ; comprimé par lui, le tube pollinique se vide et se résorbe (fig. 196). Enfin la membrane de la cellule mère de l'endosperme, quand elle n'a pas été résorbée, se raffermit au-dessus de l'œuf ; quand elle a été perforée, elle se referme à l'aide des calottes de cellulose qui subsistent après la destruction des synergides et qui bouchent exactement l'ouverture.

Lorsque l'ovule a son nucelle nu, ce qui est très rare (Anthobolacées), l'endosperme fait saillie hors du nucelle sous la base du style, où il reçoit le contact du tube pollinique; après quoi, les choses se passent comme il vient d'être dit.

Lorsque l'ovule n'a pas de nucelle, l'endosperme fait aussi saillie hors du lobe ovulaire et souvent même se développe en un long tube qui remonte jusque sous la base du style, comme on l'a vu page 403. C'est là que s'opère la rencontre et l'abouchement du tube endospermique et du tube pollinique et que l'œuf se forme, comme dans le cas ordinaire.

Enfin, lorsque le carpelle n'a pas d'ovules, l'endosperme se développe, dans l'écorce même du carpelle où il est né et qu'il digère sur son passage, en un tube souvent très long qui se comporte de diverses manières, comme il a été expliqué page 412. Le tube pollinique, qui descend toujours à travers l'écorce du style, s'abouche avec le tube endospermique, qui remonte toujours vers lui, et envoie l'un de ses deux anthérozoïdes dans la cellule médiane de la triade correspondante, qui est toujours l'oosphère. Mais tantôt l'oosphère appartient à la triade apicale de l'endosperme : il y a acrogamie. Tantôt elle appartient à la triade profonde : il y a basigamie. Tantôt elle appartient indifféremment à l'une ou à l'autre : il y a homœogamie. On voit que, chez les Angiospermes inovulées, les deux triades polaires de l'endosperme sont moins fortement différenciées que chez les ovulées, puisque c'est tantôt l'une, tantôt l'autre, tantôt indifféremment l'une ou l'autre, qui, par sa cellule médiane, fournit l'oosphère et, par combinaison avec l'anthérozoïde, produit l'œuf.

En somme, qu'elles aient ou non un ovule, que l'ovule y ait ou non un nucelle, que le nucelle y ait ou non un tégument, que le tégument y soit simple ou double, toutes les Angiospermes forment leur œuf de la même manière, par l'union et l'abouchement de l'extrémité du tube pollinique avec l'une des deux triades polaires de l'endosperme, par la pénétration de l'un des deux anthérozoïdes apportés par cette extrémité dans la cellule médiane de la triade correspondante, qui est l'oosphère, enfin par la combinaison de ces deux cellules protoplasme à protoplasme et noyau à noyau.

Action du pollen sur l'endosperme chez les Gymnospermes. — Les fleurs des Gymnospermes sont unisexuées. Réduites chacune à un pistil ouvert, dépourvu à la fois de style et de stigmate (fig. 167), mais toujours muni d'ovules à nucelle tegminé, les fleurs femelles y exposent directement à l'air les micropyles de leurs ovules, dont le tégument se prolonge en tube au delà du nucelle (fig. 197). Projetés dans l'air au moment de la déhiscence des sacs polliniques, les grains de pollen de ces plantes sont déposés directement par l'atmosphère sur le micropyle des ovules, où les retient une gouttelette liquide. Ils parviennent ensuite facilement, à travers le large canal micropylaire, sur le sommet du nucelle dans la chambre pollinique.

Là, ils germent, comme il a été dit page 377. Leur grande cellule s'allonge en un tube pollinique (fig. 162, p. 371), qui ne s'enfonce d'abord que d'une petite longueur dans le tissu du nucelle; il se fait ensuite un temps d'arrêt plus ou moins long,

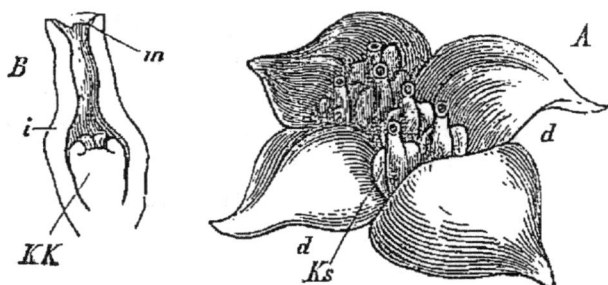

Fig. 197. — A, rameau femelle de Callitre, portant quatre bractées en deux paires croisées, dont l'inférieure seule est fertile. Chaque bractée inférieure porte à son aisselle un pistil ouvert concrescent avec elle et qui produit à sa base trois ovules orthotropes dressés *ks*. B, un ovule coupé en long; *k*, nucelle, creusé au sommet d'une chambre pollinique; *i*, tégument allongé en tube, terminé par le micropyle, *m*.

pendant lequel l'ovule achève son développement. Dans les Conifères qui mûrissent leur fruit en une année, cette interruption dans la croissance du tube pollinique ne dure que quelques semaines ou quelques mois; mais dans celles où la graine exige deux ans pour mûrir (Genévrier commun, Pin silvestre, etc.), elle se prolonge jusqu'au mois de juin de la seconde année. A ce moment, les tubes polliniques recommencent à s'allonger à travers le nucelle, en élargissant de plus en plus leur extrémité inférieure (p. 402, fig. 180). Ils atteignent enfin l'entonnoir de l'endosperme, le traversent et appliquent fortement leurs sommets élargis contre les rosettes des archégones. Avant ce moment, la petite cellule de canal qui surmonte l'oosphère s'est désorganisée, ouvrant ainsi l'accès de l'oosphère vers le bas et dissociant vers le haut les cellules de la rosette, ce qui donne naissance au canal.

Chez les Pinées, chaque archégone, isolé de ses voisins au fond de son entonnoir spécial, exige un tube pollinique et par conséquent plusieurs tubes polliniques pénètrent à la fois dans l'endosperme. L'extrémité du tube s'introduit dans le canal de la rosette, qui comprend parfois trois étages de cellules superposées (Pin, Pesse, etc.), le traverse et pénètre un

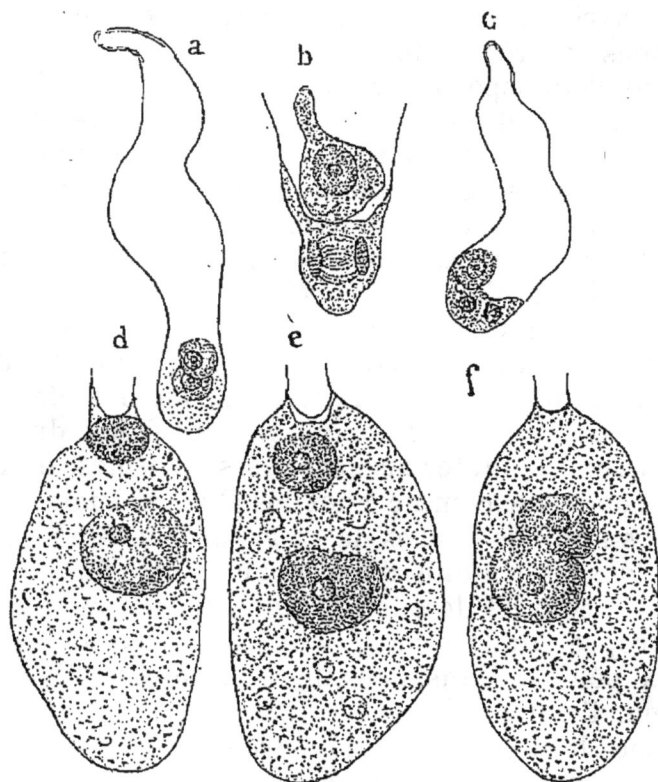

Fig. 198. — Formation de l'œuf des Gymnospermes : a, tube pollinique du Genévrier, avec ses deux cellules mères d'anthérozoïdes dans son extrémité dilatée. b, c, bipartition de la cellule mère inférieure; d, oosphère de la Pesse au moment où l'anthérozoïde vient de traverser le sommet du tube pollinique; e, l'anthérozoïde descend dans l'oosphère; f, son noyau se fusionne avec le noyau de l'oosphère, pour former le noyau de l'œuf.

peu dans l'oosphère. C'est alors que l'un des deux anthérozoïdes, le plus rapproché de l'extrémité du tube (p. 371), bien que paraissant dépourvu de mouvement propre, comme chez les Angiospermes, passe à travers la membrane ramollie et pénètre dans l'oosphère (fig. 198, d, e). Son protoplasme s'unit au protoplasme de l'oosphère; son noyau se rapproche de celui de l'oosphère, s'y accole et enfin se fusionne avec lui (fig. 198, f). L'œuf est constitué. L'anthérozoïde le plus éloigné de l'extrémité du tube ne prend aucune part à la formation de l'œuf. Aussitôt l'œuf formé, le tube pollinique, comprimé par les cellules environnantes, se vide et se résorbe complètement.

Chez les Cupressées, un seul tube pollinique suffit d'ordinaire à couvrir, en dilatant son extrémité, tout le faisceau d'archégones serrés côte à côte sous le large entonnoir commun de l'endosperme; cependant il peut aussi s'en introduire deux dans cet entonnoir (fig. 180). L'extrémité du tube projette alors dans le canal central de chacune des rosettes un mince prolongement, qui pénètre jusque dans l'oosphère. Dans ces plantes, les deux cellules issues de la bipartition de la petite cellule libre du grain de pollen ne constituent pas directement les anthérozoïdes; elles ont à se diviser encore une fois, tout au moins la plus proche de l'extrémité (fig. 198, a, b', c), pour leur donner naissance. L'anthéridie produit donc ici normalement quatre anthérozoïdes au lieu de deux. Les choses s'y passent ensuite comme il vient d'être dit.

Chez les Taxées, où les archégones sont isolés, le tube pollinique se comporte comme chez les Pinées; mais ici, tout au moins dans l'un des genres de ce groupe, le Ginkgo, les deux anthérozoïdes sont munis d'un ruban spiralé faisant plusieurs tours et tout couvert de cils vibratiles. C'est donc par un mouvement propre qu'ils s'échappent du tube pollinique et que l'un d'eux pénètre dans l'oosphère, à laquelle il se combine pour former l'œuf.

Enfin, chez les Cycadacées, la marche des phénomènes subit une modification très intéressante. Dans les Zamiées (fig. 199), par exemple, le tube pollinique, issu comme d'ordinaire de la grande cellule du grain de pollen, enfonce d'abord son sommet dans le nucelle, puis dévie latéralement, s'accroît dans l'épaisseur du flanc du nucelle en s'éloignant des archégones, et enfin cesse de s'allonger (t). Après quoi, sa base (p) qui renferme, comme on sait, l'anthéridie pédicellée (ap), s'incurve vers le bas et descend verticalement jusqu'à venir au contact de la rosette d'un archégone. Là, elle se rompt et laisse échapper les deux anthérozoïdes, qui sont doués de mouvement propre et très gros, comme il a été dit page 378. L'un d'eux pénètre par le canal du col dans l'oosphère, avec laquelle il se combine pour former l'œuf. Ici donc, ce n'est plus le sommet du tube pollinique qui s'établit en contact avec l'endosperme, comme chez les Angiospermes et comme chez les Conifères, mais sa base. Le tube pollinique est *basi-game* et non *acrogame*, comme d'ordinaire. Il y a basigamie pour le gamète mâle, comme on a vu plus haut que, chez bon nombre d'Angiospermes inovulées, il y a basigamie pour le gamète femelle.

La formation de l'œuf s'opère donc essentielle-ment chez les Gymno-spermes comme chez les Angiospermes. Seulement, le chemin y est plus long qui met en regard les deux corps à combiner. Il se fait une et parfois deux divi-sions de plus dans le grain de pollen pour produire les anthérozoïdes; il se fait deux divisions de plus dans les cellules d'endosperme pour produire les oo-sphères. Ces divisions sont supprimées chez les An-

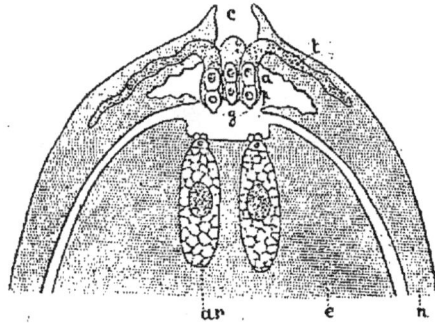

Fig. 199. — Section longitudinale axile de la région supérieure de l'ovule de la Zamie intégrifoliée; *n*, nucelle; *e*, en-dosperme; *r*, archégones avec leur cel-lule de canal et leur rosette terminale; *c*, chambre pollinique; *t*, portion ter-minale du tube pollinique allongée tangentiellement sous la surface du nucelle; *p*, portion basilaire du tube, dirigée verticalement vers le bas, mon-trant en *g* l'exine du grain de pollen primitif et renfermant l'anthéridie pédi-cellée *a*; de chaque côté des bases des tubes polliniques (la figure en montre trois), le nucelle se trouve résorbé et digéré par la croissance de ces bases.

giospermes; il en résulte chez ces plantes un raccourcisse-ment et une simplification des phénomènes.

Caractères généraux de la formation de l'œuf chez les Phanérogames. — Chez toutes les Phanérogames, l'œuf résulte donc, en définitive, de l'union et de la combinaison de deux cellules dépourvues de membrane de cellulose et munies d'un noyau où le nombre des bâtonnets de nucléine se trouve réduit de moitié, combinaison qui porte séparément sur le protoplasme et sur le noyau. Ces deux cellules, ou gamètes, diffèrent à la fois par leur origine et par la manière dont elles s'unissent; il y a donc *hétérogamie* ou *sexualité* (p. 45). Celle qui, douée ou non de motilité propre, fait tout le chemin pour s'unir à l'autre, est dite *mâle* : c'est l'anthéro-zoïde. Celle qui, toujours immobile, reste en place, est dite *femelle* : c'est l'oosphère. En remontant de proche en proche, on dit aussi mâle : le tube pollinique, le grain de pollen, le sac pollinique, l'étamine, l'androcée, la fleur staminée, enfin la plante tout entière quand elle ne porte que des fleurs staminées. De même on dit femelle : l'endosperme, l'ovule, le carpelle, le pistil, la fleur pistillée et enfin la plante tout entière quand elle ne porte que des fleurs pistillées.

Aux caractères de la plante ancienne, qui lui sont transmis puisqu'ils sont déposés à la fois dans le protoplasme et le noyau de l'oosphère, dans le protoplasme et le noyau de l'anthérozoïde, s'ajoutent dans l'œuf des caractères nouveaux, acquis à l'instant même de sa formation et par le fait seul de la combinaison des deux protoplasmes et des deux noyaux différents. Virtuellement présents, ces caractères nouveaux se manifesteront plus tard peu à peu pendant le développement de l'œuf. Pleinement épanouis dans la plante adulte, ils constitueront la personnalité de cette plante, par où elle diffère de celle qui lui a donné naissance, ce qu'on appelle sa *variation* (p. 43).

Conséquences de la formation de l'œuf. — Les œufs formés, le rôle de la fleur est rempli. Aussi les diverses parties qui la composent, en dehors du pistil, n'attendent-elles pas l'entier accomplissement du phénomène pour se détacher ou se flétrir. Déjà la pollinisation du stigmate entraîne de grands changements dans la fleur. Le calice et la corolle tombent le plus souvent avec les étamines, et le pistil demeure seul. Dans les Orchidacées, c'est même seulement à la suite et comme conséquence de la pollinisation du stigmate, que les ovules se forment à la surface des placentes, ou du moins qu'ils y acquièrent leur développement complet.

Une fois les tubes polliniques parvenus dans la cavité ovarienne, le stigmate et le style, qu'ils ont épuisés sur leur parcours pour se nourrir, se flétrissent, se dessèchent et bientôt, de la fleur tout entière, il ne reste plus que l'ovaire. Quand, plus tard, les œufs se développeront en embryons et les ovules, s'il y en a, en graines, l'ovaire deviendra le fruit.

CHAPITRE SIXIÈME

DÉVELOPPEMENT DES PHANÉROGAMES

Sachant comment la plante phanérogame forme son œuf, nous devons maintenant parcourir la série des phases par lesquelles elle passe depuis cet œuf jusqu'à l'état adulte, c'est-à-dire jusqu'à la formation des œufs nouveaux, et depuis l'état adulte jusqu'à la mort, en un mot étudier son développement.

Aussitôt formé, l'œuf se développe sur place, en puisant sa nourriture dans la plante mère ; en d'autres termes, les Phanérogames sont vivipares. En même temps, l'ovule, quand il y en a un, se transforme et, s'il ne disparaît pas comme tel dans cette transformation, devient la *graine*, tandis que le pistil se modifie et devient le *fruit*. Puis, l'embryon dans la graine, quand il y en a une, dans le fruit quand il n'y a pas de graine, *germe* et produit une *plantule*. Tantôt cette plantule devient directement en grandissant l'individu adulte ; tantôt elle produit, par fractionnement de son corps, une série d'individus distincts de plus en plus vigoureux, dont le dernier se montre enfin capable de fleurir.

Étudions successivement les diverses phases que nous venons d'indiquer.

§ 1

DÉVELOPPEMENT DE L'ŒUF EN EMBRYON

Le développement de l'œuf à l'intérieur de l'endosperme dont l'oosphère faisait partie, aboutit toujours à la formation d'un corps pluricellulaire plus ou moins différencié, qu'on appelle l'*embryon*. Mais en raison de la constitution différente de l'endosperme chez les Angiospermes et les Gymnospermes (p. 401), il est nécessaire d'étudier la question séparément dans ces deux groupes de plantes.

Développement de l'œuf en embryon chez les Angiospermes. — Situé, comme on l'a vu, au sommet de l'endo-

sperme, l'œuf entre d'ordinaire en développement aussitôt
après sa formation. Pourtant, chez bon nombre de plantes, il
traverse d'abord une phase de repos plus ou moins longue,
qui dure souvent plusieurs semaines (Orme, Chêne, Hêtre,
Noyer, Citronnier, Érable, Marronnier, Robinier, Cornouillier, etc.) et qui peut s'élever à cinq ou six mois (Colchique)
ou même à une année entière, comme dans les Chênes amé-
ricains qui mettent deux ans à mûrir leurs graines.

Dans tous les cas, il grandit d'abord en s'allongeant plus ou
moins suivant l'axe de l'endosperme; puis il se divise, par une
cloison perpendiculaire à l'axe, en deux cellules superposées. Il
arrive quelquefois que ces deux cellules se cloisonnent ensuite
de la même manière et contribuent toutes deux au même titre
à former le corps de l'embryon; l'œuf devient alors tout entier
l'embryon (Mimosées, quelques Hédysarées, quelques Orchidacées, etc.). Mais le plus souvent elles ont un sort très différent. L'inférieure seule produit l'embryon; la supérieure se
divise, tantôt seulement par des cloisons transversales en formant une simple file de cellules (Crucifères, etc.), tantôt à la
fois par des cloisons transversales et longitudinales en produisant un cordon cellulaire plus ou moins épais (Viciées,
Lupin, Haricot, Géraine, Capucine, etc.); ce filament ou ce
cordon enfonce plus ou moins profondément l'embryon dans
l'endosperme, au sommet duquel il le tient suspendu : c'est
le *suspenseur*. Outre sa fonction mécanique, le suspenseur
joue aussi parfois le rôle de réserve nutritive; ses cellules se
remplissent alors de matières albuminoïdes, d'amidon, de
sucre, etc., que plus tard elles cèdent à l'embryon en
s'épuisant.

Portée par le suspenseur, la cellule mère de l'embryon
s'arrondit d'abord en sphère, puis se divise en deux par une
cloison longitudinale dirigée tantôt dans le plan de symétrie
de l'ovule (Légumineuses, Cucurbitacées, etc.), tantôt perpendiculairement à ce plan (Ombellifères, Caryophyllées, etc.).
Chaque moitié se segmente ensuite par une cloison transversale; après quoi chaque quart se divise par une cloison tangentielle, qui isole l'épiderme. Les quatre cellules internes se
partagent ensuite par une nouvelle cloison tangentielle, qui
sépare l'écorce de la stèle. Après quoi, les cellules de ces
deux régions se divisent dans les trois directions, tandis que
celles de l'épiderme ne prennent que des cloisons perpendiculaires à la surface. En même temps, le corps de plus en

plus volumineux ainsi formé, s'allonge et devient la tige de l'embryon, ce qu'on appelle la *tigelle*.

À l'extrémité inférieure de la tige, l'écorce s'accroissant davantage en deux points opposés, qui correspondent aux deux cellules issues du premier cloisonnement longitudinal, forme deux mamelons recouverts par l'épiderme; ceux-ci grandissent vers le bas, se pressent l'un contre l'autre et constituent enfin les deux premières feuilles, les *cotylédons* de l'embryon; ceux-ci sont donc tantôt situés de part et d'autre du plan de symétrie de l'ovule, tantôt coupés en deux par ce plan. Entre les deux, dans le prolongement de l'axe, apparaît plus tard un petit mamelon, qui est le cône terminal de la tige.

À l'extrémité supérieure, contre le suspenseur, la tige s'amincit en pointe obtuse; à une petite distance du sommet, l'épiderme divise ses cellules par des cloisons tangentielles centripètes; la partie conique située au-dessus de la première division constitue la racine terminale, la *radicule* de l'embryon; ce premier cloisonnement tangentiel de l'épiderme fixe, comme on sait (p. 190), à la rhizelle près, la position du collet.

Telle est, chez les Dicotylédones, la marche ordinaire du cloisonnement de l'œuf et de la différenciation de l'embryon. Chez les Monocotylédones, où la première cloison longitudinale de la cellule mère de l'embryon est toujours perpendiculaire au plan de symétrie de l'ovule, l'unique différence est que l'écorce ne forme au sommet de la tige qu'une seule protubérance latérale, laquelle se dilate tout autour du cône terminal pour former l'unique cotylédon engainant; celui-ci est donc toujours coupé en deux par le plan de symétrie de l'ovule.

État définitif de l'embryon. — Arrivé au terme de son développement, l'embryon des Angiospermes atteint, suivant les plantes, des dimensions très différentes. Sa différenciation externe se réduit souvent, comme il vient d'être dit, à la formation sur sa tige d'une radicule et d'un ou de deux cotylédons, entre lesquels se trouve un cône terminal nu (Courge, Hélianthe, Ail, etc.). Mais il n'est pas rare que ce dernier poursuive tout de suite sa croissance et produise sur ses flancs plusieurs feuilles nouvelles, étroitement appliquées les unes contre les autres; l'embryon possède alors un véritable bourgeon terminal, qu'on appelle la *gemmule* (Graminées,

Haricot, Fève, Chêne, Amandier, etc.). Ce bourgeon terminal peut même avoir épanoui déjà ses feuilles inférieures et allongé les entre-nœuds correspondants, comme on le voit notamment dans le Cornifle. Il n'est pas très rare non plus de voir se développer sur la tigelle, outre la racine terminale, un plus ou moins grand nombre de racines latérales, naissant du péricycle comme sur la tige adulte (Graminées, Pistie, Courge, Balsamine, etc.).

La différenciation interne de l'embryon, notamment dans la tigelle, ne s'arrête pas d'ordinaire à la distinction entre l'épiderme, l'écorce et le stèle. Dans cette dernière, les cordons qui doivent devenir les faisceaux libéroligneux de la tige sont différenciés au sein du conjonctif, lequel est séparé par eux en trois régions distinctes : péricycle, rayons et moelle. Mais c'est seulement dans quelques gros embryons que l'on trouve des vaisseaux dans la région ligneuse et des tubes criblés dans la région libérienne (Noyer, Chêne, Gui, Pentadesme, etc.); le plus souvent les tissus ne passent à l'état définitif que plus tard, à la germination.

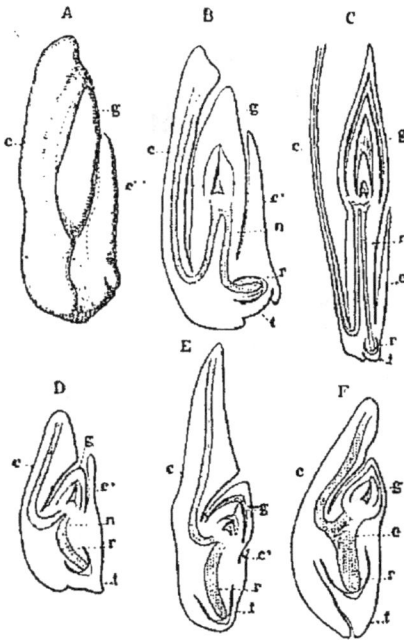

Fig. 200. — Embryons de quelques Graminées. A, de la Leersie ; B, le même coupé en long; C, de la Zizanie, coupé en long; D, du Piptathère, coupé en long; E, de l'Avoine, coupé en long; F, de la Canne, coupé en long; c, grand cotylédon; c', petit cotylédon; t, base de la tigelle renfermant la radicule r; n, nœud cotylédonaire allongé; e, entre-nœud épicotylé; g, gemmule.

D'autre part, chez quelques plantes, tant Monocotylédones (Palmiers, etc.) que Dicotylédones (Mâcre, Cornifle, Gui, Loranthe, Nuytsie, etc.), où l'embryon est pourtant volumineux et possède des cotylédons bien différenciés, la tigelle ne produit pas de radicule à sa base. Enfin, chez diverses plantes parasites ou humicoles dépourvues de chlorophylle (Cuscute, Orobanche, Hydnore, Rafflésie, Monotrope, etc.), chez les Orchidacées, la Ficaire, etc., l'embryon s'arrête à une phase très précoce de son développement.

Il demeure alors formé d'un simple corpuscule arrondi, n'offrant à l'extérieur aucune division en radicule, tigelle et cotylédons, à l'intérieur aucune différenciation entre ses cellules. Celles-ci se réduisent même quelquefois à un petit nombre, à cinq, par exemple, dans le Monotrope, une pour le suspenseur et quatre pour l'embryon.

Chez quelques Dicotylédones, l'embryon a ses deux cotylédons très inégaux (Mâcre, etc.). Il en est toujours ainsi chez les Graminées (fig. 200), où le grand cotylédon s'applique en dedans contre l'albumen, le petit en dehors contre le péricarpe. Le petit cotylédon est parfois assez grand (Leersie, Zizanie, Stipe, etc.) (fig. 200, A, B, C) ; dans la Leersie, il offre même, comme le grand, un talon descendant (A et B, c.). Ordinairement il est plus réduit (Avoine, Blé, etc.) (fig. 200, D, E). Enfin, assez souvent il avorte complètement (Orge, Seigle, Maïs, etc.) (fig. 200, F). Cette dernière circonstance a fait croire que l'embryon de ces plantes ne possède qu'un seul cotylédon, et a conduit, en conséquence, à les classer jusqu'à présent parmi les Monocotylédones.

Orientation de l'embryon. — Normalement développé, l'embryon affecte dans l'endosperme, par rapport au plan de symétrie du tégument et de l'ovule tout entier, une orientation fixe, déterminée par les deux conditions suivantes : 1° La ligne de symétrie de la tige et de la racine coïncide avec l'axe, droit ou courbe, de l'endosperme et demeure contenue dans le plan de symétrie de l'ovule, tournant son pôle gemmulaire vers le limbe de la foliole ovulaire et son pôle radiculaire en sens opposé ; 2° Si l'on appelle plan médian de l'embryon, le plan médian de sa première feuille ou le plan médian commun de ses deux premières feuilles opposées, ce plan médian tantôt coïncide avec le plan de symétrie de l'ovule (Monocotylédones, Graminées, Ombellifères, Labiées, Composées, Caryophyllées, etc.), tantôt lui est perpendiculaire (Rosacées, Légumineuses, Cucurbitacées, Castanéacées, etc.). Les deux cas peuvent d'ailleurs se rencontrer dans la même famille (Crucifères) ou dans le même genre (Renouée). Il y a donc, comme on voit, des rapports fixes de position entre l'embryon et le tégument de l'ovule, c'est-à-dire entre la plante fille et la plante mère.

Embryons adventifs. — Dans quelques plantes, l'embryon se trouve accompagné, ou même remplacé, par des productions analogues, mais d'une origine et d'une valeur morphologique bien différentes. Ainsi, chez divers Citronniers, le Fusain d'Europe, la Clusie rose, la Funkie ovale, le Nothoscorde odorant, etc., on voit, après la formation de l'œuf, certaines cellules épidermiques de la région supérieure persistante du nucelle s'accroître vers l'intérieur, en refoulant devant elles la membrane de la grande cellule endospermique, se diviser par des cloisons obliques et former de petits mamelons qui se différencient et deviennent finalement autant de corps tout semblables en apparence à l'embryon normal qu'ils entourent. Ce sont de faux embryons, des embryons adventifs, de même valeur que ceux qui procèdent, comme on sait, des cellules épidermiques des feuilles chez les Bégonies et certaines Fougères. De ces nombreux embryons surnuméraires, quelques-uns seulement arrivent à développement complet, les autres avortent à divers états.

Le même phénomène a lieu dans la Célébogyne ilicifoliée, Euphorbiacée dioïque d'Australie, dont on ne possède dans les jardins d'Europe que les individus femelles. Seulement, la formation de l'œuf ne pouvant avoir lieu, l'oosphère se résorbe ici avec les synergides, et tous les embryons, dont il ne subsiste en définitive qu'un seul, sont d'origine adventive. Aussi les graines obtenues en Europe reproduisent-elles, non des plantes nouvelles, mais seulement des individus tout pareils à l'individu primitif, c'est-à-dire femelles comme lui.

Dans l'Ail odorant, on observe, à côté de l'embryon normal, un ou plusieurs embryons adventifs provenant du développement, soit de l'une des synergides, soit de l'une ou de deux des antipodes, soit de certaines cellules de l'assise périphérique persistante du tégument interne de l'ovule ; le même ovule peut même produire à la fois ces diverses sortes d'embryons adventifs.

Formation de l'albumen chez les Angiospermes. — Sitôt l'œuf formé, le noyau et le protoplasme de la grande cellule de l'endosperme sont le siège de phénomènes particuliers, qui aboutissent à la formation d'un tissu spécial, nommé l'*albumen*. Suivant que cette grande cellule est large ou étroite, la chose a lieu de deux manières différentes.

Dans le premier cas, qui est le plus fréquent (Monocotylédones, majorité de Dicotylédones), le noyau de la grande cellule subit d'abord un plus ou moins grand nombre de bipartitions et les nouveaux noyaux se répartissent à égale distance les uns des autres dans la couche pariétale du protoplasme. Celle-ci se découpe ensuite, par des cloisons simultanées, en autant de cellules polygonales qu'elle contient de noyaux. Puis, les cellules de l'assise ainsi formée s'accroissent vers l'intérieur en se cloisonnant à mesure et viennent enfin se rencontrer au centre de la cavité, qui se trouve complètement remplie par l'albumen dès l'époque où l'œuf subit ses premiers cloisonnements. Si la grande cellule endospermique devient très volumineuse, comme chez les Papilionacées à grosses graines, le Ricin, etc., elle n'arrive qu'assez tard à se remplir d'albumen et l'on voit longtemps sa région centrale occupée par un liquide clair, creusé de vacuoles. Dans l'énorme cellule endospermique du Cocotier, le remplissage n'a même jamais lieu ; l'albumen tapisse seulement la paroi d'une couche d'environ un centimètre d'épaisseur, tandis que la cavité demeure remplie de ce liquide albumineux qu'on appelle *lait de coco*. Cette cavité, qui a fait partie d'une cellule et qui est devenue maintenant un espace intercellulaire, offre un caractère unique, qu'on ne retrouve nulle part ailleurs dans le corps des Phanérogames.

Quand la grande cellule endospermique est étroite et allongée en tube, comme chez un grand nombre de Gamopétales (Scrofulariacées, Orobanchées, Labiées, Verbénacées, Éricacées, Campanulacées, etc.), la première division du noyau est suivie aussitôt d'un cloisonnement transversal de la cellule, qui se trouve partagée en deux cellules superposées, et il en est de même après chacune des bipartitions successives des nouveaux noyaux.

Ces deux modes de cloisonnement, l'un tardif et simultané, l'autre précoce et successif, peuvent d'ailleurs se rencontrer dans des familles très voisines. Les Solanacées et les Borragacées, par exemple, offrent le premier, tandis que les Scrofulariacées et les Labiées se rattachent au second. Parmi les plantes qui suivent le premier mode, il en est quelques-unes où, après la bipartition répétée des noyaux, il ne se fait aucun cloisonnement dans le protoplasme ; la grande cellule de l'endosperme demeure alors, jusqu'au moment où l'embryon la remplit complètement, ce que nous avons appelé un article (p. 23) : à vrai dire, il ne s'y constitue pas d'albumen (Viciées, Haricot, Capucine, Limnanthe, Mâcre, Alismacées, etc.). Quelquefois même le noyau de la grande cellule disparaît de bonne heure sans se diviser ; toute trace de la formation d'un albumen est par là supprimée (Balisier, Orchidacées).

A part ces quelques exceptions, la grande cellule de l'endosperme a donc pour fonction de produire l'albumen. Pendant cette formation, à laquelle elles ne concourent pas, les trois cellules antipodes, si elles ne se sont pas déjà détruites (Labiées, etc.), se résorbent et disparaissent. En sorte que, des sept cellules de l'endosperme primitif, deux seulement sont durables : l'oophère, qui devient l'œuf, développé en embryon, et la grande cellule, qui produit l'albumen. Les cinq autres sont éphémères et disparaissent, les deux synergides d'abord, les trois antipodes un peu plus tard.

Digestion de l'albumen par l'embryon en voie de formation. — Dès ses premiers développements, l'embryon se trouve donc amené en contact avec l'albumen. Il le traverse, non pas en le refoulant devant lui, mais en le trouant, c'est-à-dire en dissolvant sur son passage les membranes et les contenus des cellules, et en en absorbant les produits solubles pour sa propre nutrition. En un mot, l'embryon, à mesure qu'il se développe, digère l'albumen et en prend la place. Suivant la dimension où l'embryon arrête sa croissance, cette digestion est tantôt incomplète, tantôt complète.

Si l'embryon demeure petit, il ne digère qu'une portion de l'albumen, à laquelle il se substitue, et l'on retrouve dans la graine ou dans le fruit une plus ou moins grande partie de l'albumen primitif (la plupart des Monocotylédones et beaucoup de Dicotylédones : Renonculacées, Euphorbiacées, Papavéracées, etc.). Enveloppant l'embryon de toutes parts (Euphorbiacées, etc.) ou appliqué sur lui d'un côté seulement (Graminées, fig. 206, etc.), cet albumen permanent renferme dans ses cellules, toujours fortement unies entre elles sans laisser de méats, des matériaux de réserve de diverses natures. Sous ce rapport, on y distingue cinq types principaux.

Si les cellules ont des membranes minces et contiennent dans leur masse albuminoïde une grande quantité de grains d'amidon, l'albumen est dit *amylacé* ou *farineux* (fig. 201) (Graminées, Polygonacées, Nyctagacées, etc.); c'est l'albumen amylacé des céréales qui nous donne le pain (fig. 206).

Si, avec des membranes minces, les cellules renferment beaucoup de matière grasse, l'albumen est dit *oléagineux* ou *charnu* (fig. 202) (Papavéracées, Ricin, etc.); l'huile de Pavot, dite d'œillette, l'huile de Ricin, etc., provient de pareils albumens. C'est surtout dans l'albumen oléagineux que l'on rencontre en abondance ces grains de substance albuminoïde que l'on nomme des grains d'*aleurone*, grains tantôt homogènes (Pivoine, etc.), tantôt munis d'enclaves qui sont, soit des cristaux de matière albuminoïde (Scorsomère, etc)., soit de petites sphères de glycérophosphate de chaux et de magnésie (Coriandre et autres Ombellifères, etc.), soit à la fois ces cristaux et ces sphérules (Ricin, fig. 202).

L'amidon et l'huile grasse ne s'excluent pas toujours dans l'albumen. Bon nombre de plantes ont, en effet, un albumen à membranes minces renfermant à la fois, dans le protoplasme de ses cellules, de l'amidon et de l'huile grasse en proportions diverses (Coulacées, Cathédracées, Strombosiacées, Harmandiacées, etc.). L'albumen est dit alors *oléo-amylacé*.

Si les membranes

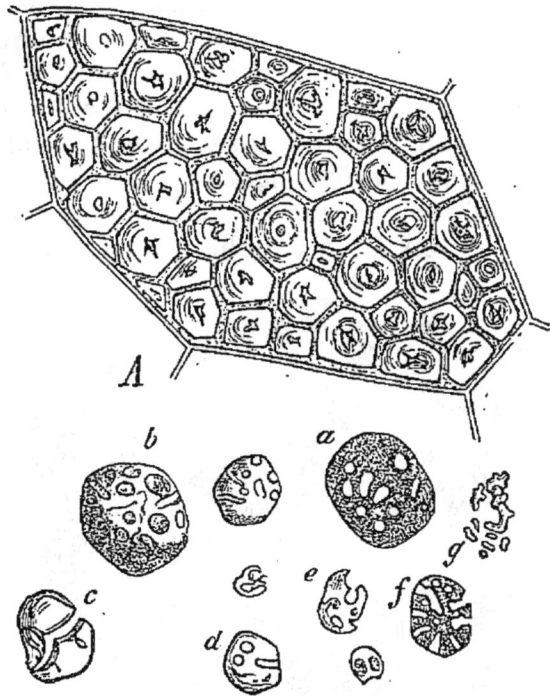

Fig. 201. — Une cellule de l'albumen amylacé du Maïs. La matière albuminoïde forme un réseau dont les mailles sont occupées par des grains d'amidon polyédriques, où la dessiccation a produit des cavités et des fissures : *a-g*, grains d'amidon isolés, en voie de corrosion par l'amylase dans une graine en germination.

cellulaires s'épaississent beaucoup et se creusent de canali-

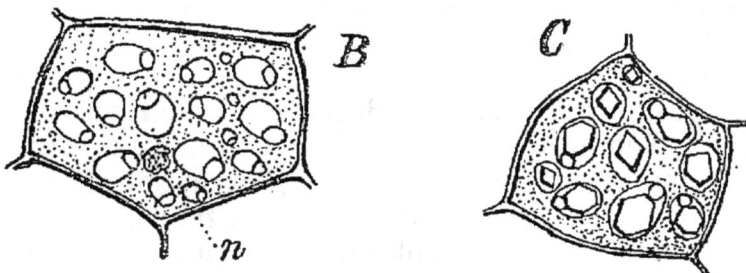

Fig. 202. — Une cellule de l'albumen oléagineux du Ricin : *B*, vue dans l'huile, montrant les grains d'aleurone et le noyau *n*. *C*, vue dans l'eau, après l'action du bichlorure de mercure; le cristal et la sphérule sont visibles dans la vacuole de chaque hydroleucite.

cules, l'albumen devient dur, il est dit *corné* (Phénice dattier et autres Palmiers, Ombellifères, Caféier, etc.). Le plus souvent ses membranes ainsi épaissies demeurent à l'état de cellulose pure; il arrive alors quelquefois à prendre la consistance et l'aspect de l'ivoire, et à se prêter aux mêmes usages, comme dans le Phytéléphant, de la famille des Palmiers, où il constitue ce que l'on appelle l'*ivoire végétal*; on le dit corné *cellulosique*.

Quelquefois, au contraire, ses membranes se gélifient, à l'exception de la couche interne, et dans l'eau se ramollissent, se gonflent et forment mucilage (Caroubier, fig. 203, etc.); on le dit alors corné *gélifié*.

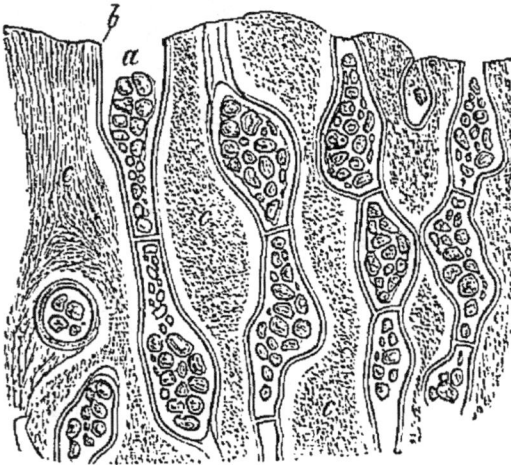

Fig. 203. — Section de l'albumen corné du Caroubier. *a*, protoplasme avec grains d'amidon; *b*, couche cellulosique des membranes; *c*, lame moyenne gélifiée.

Quand l'albumen corné est cellulosique, ses cellules contiennent des matières grasses et non de l'amidon; il se rapproche donc plus de l'albumen oléagineux que de l'albumen amylacé (Phénice, Ombellifères, etc.). Il existe d'ailleurs une foule de transitions entre les albumens charnu et corné cellulosique. Quand l'albumen corné est gélifié, au contraire, ses cellules contiennent de l'amidon, non de l'huile; il se rapproche donc de l'albumen amylacé (Caroubier, fig. 203, etc.).

Dans un très grand nombre de Dicotylédones (Composées, Borragacées, Cucurbitacées, Rosacées, Crucifères, Castanéacées, etc.), l'embryon devient très volumineux et, digérant et faisant disparaître tout l'albumen, à l'exception de son assise périphérique sur laquelle on reviendra tout à l'heure, il en occupe finalement toute la place. C'est principalement sur les cotylédons que porte ce grand accroissement; la tigelle, la radicule et la gemmule demeurent petites; c'est en eux aussi, dans leur écorce, que s'accumulent et se mettent en réserve les matériaux nutritifs, qui demeurent ailleurs dans l'albumen permanent. Aussi deviennent-ils tantôt amylacés (beaucoup de Papilionacées, etc.), tantôt oléagineux (Crucifères, etc.); dans l'une et l'autre forme, ils renferment en outre des grains d'aleurone.

Extérieure dans le premier cas, la réserve nutritive devient intérieure dans le second : c'est toute la différence. Aussi n'est-il pas surprenant que ces deux manières d'être se rencontrent parfois côte à côte dans la même famille et parfois dans le même genre. Certaines Papilionacées, par exemple, ont un albumen permanent (Trèfle, Lotier, Baguenaudier, Robinier, Astragale, etc.), tandis que d'autres en sont dépourvues (Viciées, Haricot, etc.); parmi les Gesses, les Bugranes, les Lupins, etc., certains ont un albumen permanent qui manque aux autres. De même, certaines Labiées ont un albumen permanent (Stachyées, Ajugées, Prasiées), tandis que d'autres n'en ont pas (Ocimées, Satureiées, Népétées, Monardées).

Développement de l'œuf en embryon chez les Gymnospermes. — Dans les Gymnospermes, le noyau de l'œuf descend jusque dans sa région inférieure, et, là, se divise deux fois transversalement, en formant quatre nouveaux noyaux situés dans le même plan. Ceux-ci se divisent ensuite suivant l'axe, ce qui donne deux étages de quatre noyaux. Puis il se fait simultanément une cloison de cellulose entre les deux étages et deux cloisons longitudinales en croix entre les quatre paires de noyaux superposés. Il en résulte que les quatre noyaux d'en bas sont renfermés dans autant de cellules complètes et ceux d'en haut dans de simples alvéoles. Les quatre cellules inférieures se cloisonnent ensuite à deux reprises transversalement, pour donner trois étages superposés. Ce sont ces trois étages de quatre cellules qui vont seuls se développer; tout le protoplasme supérieur de l'œuf, avec les quatre noyaux des alvéoles, est frappé de résorption.

L'étage supérieur et l'étage moyen produisent ensemble le suspenseur. Dans les Pinées, les cellules du premier restent courtes et en place, tandis que celles du second s'allongent énormément, subissent de nombreuses divisions transversales et forment un filament qui pénètre dans la région supérieure de l'endosperme, où il se tortille en tous sens. Dans les Cupressées, ce sont, au contraire, les cellules de l'étage supérieur qui s'allongent et se tortillent de la sorte, tandis que celles de l'étage moyen demeurent courtes. Enfoncées dans l'endosperme par ce long suspenseur, les quatre cellules de l'étage inférieur produisent l'embryon. Le plus

souvent elles restent unies, se divisent par des cloisons transversales, longitudinales et obliques, et constituent toutes
ensemble un seul embryon ; la tigelle de celui-ci s'allonge et
se termine en haut par une radicule, en bas par deux cotylédons opposés (Cyprès, etc.), ou par un plus grand nombre de
cotylédons verticillés (Sapin, Pesse, etc.). Quelquefois les
quatre cellules se séparent complètement et isolent de bas
en haut leurs suspenseurs ; chacune d'elles se divise ensuite
en quatre par deux cloisons en croix et produit en définitive
un embryon distinct ; l'œuf donne alors naissance à quatre
embryons (Pin, Genévrier).

On voit que normalement l'ovule des Gymnospermes peut
produire plusieurs embryons, d'abord parce que dans le même
nucelle il y a plusieurs archégones fécondés, plusieurs œufs
formés, ensuite parce que chaque œuf peut donner naissance
à plusieurs embryons. Mais de tous ces embryons nés dans le
même nucelle, un seul habituellement l'emporte sur les
autres, qui avortent à divers états. Aussi la graine n'a-t-elle d'ordinaire, comme chez les Angiospermes, qu'un seul embryon
bien conformé, à l'extrémité radiculaire duquel les divers
suspenseurs de plus en plus refoulés finissent par ne plus
former qu'un peloton irrégulier et serré.

Formation de l'albumen chez les Gymnospermes. — L'endosperme primitif, à l'intérieur et aux dépens duquel les
embryons grandissent en le résorbant, s'accroît à mesure,
cloisonne ses cellules en divers sens, les remplit de substances
de réserve et devient directement ainsi, et dans sa totalité,
l'albumen de ces plantes. En augmentant de volume, l'embryon digère cet albumen, dont il prend la place ; mais il ne le
digère qu'en partie. Il en reste finalement une couche épaisse,
enveloppant l'embryon dans la graine mûre et constituant,
comme l'albumen permanent des Angiospermes, une réserve
nutritive pour les développements ultérieurs. Cette réserve est
ici principalement albuminoïde et oléagineuse.

§ 2

DÉVELOPPEMENT DE L'OVULE EN GRAINE

Connaissant ce qui passe dans l'endosperme, voyons ce que
deviennent pendant ce temps le nucelle, le tégument et le
funicule de l'ovule, quand il y en a un.

Modification du nucelle. Périsperme. — On sait que, dès avant la formation de l'œuf, le nucelle a souvent disparu tout entier, résorbé par la croissance de l'endosperme (p. 406). Ailleurs, la résorption en est incomplète et laisse subsister, tout autour de l'endosperme ou seulement à son sommet, une couche de tissu plus ou moins épaisse. Au cours de son développement, l'albumen grandit beaucoup d'ordinaire et détruit cette couche en venant s'appliquer contre le tégument. A cet effet, les cellules de son assise périphérique se différencient fortement par rapport aux autres, à la fois dans leur forme et dans leur contenu; elles sont, par exemple, dépourvues d'amidon quand l'albumen est amylacé, et renferment par contre beaucoup d'huile (Graminées, Cypéracées, etc.). Ces cellules sécrètent des diastases, qui attaquent et dissolvent progressivement toutes les cellules du nucelle; après quoi, elles absorbent pour les transmettre à l'albumen sous-jacent les produits solubles ainsi formés. En un mot, cette assise périphérique de l'albumen digère le nucelle et mérite ainsi le nom d'*assise digestive* qu'on lui a donné. Mais si elle est digestive, elle n'est pas digestible. On a vu, en effet (p. 458), que l'embryon, lorsqu'il a digéré une à une toutes les autres assises de l'albumen, arrivé en contact avec elle, la respecte.

Quelquefois cependant le nucelle, au lieu de se résorber tout de suite, s'accroît, au contraire, multiplie ses cellules, puis les remplit de matériaux nutritifs; il produit ce qu'on appelle un *périsperme*.

Tantôt ce périsperme n'a qu'une existence transitoire et se trouve, en définitive, digéré complètement par l'assise digestive, pendant la dernière période de la croissance de l'albumen (Prunées, etc.). Tantôt, au contraire, il est permanent et la graine mûre contient, sous le tégument, un périsperme plus ou moins volumineux, ordinairement amylacé, parfois corné. Quelquefois il y a en même temps un albumen permanent (fig. 204); la graine renferme alors, autour de son embryon, deux réserves nutritives emboîtées, l'interne ordinairement oléagineux, l'externe amylacée (Pipéracées, fig. 204, Nymphéacées, Cabombacées, Zingibérées, etc.), parfois oléagineuses et cornées toutes les deux

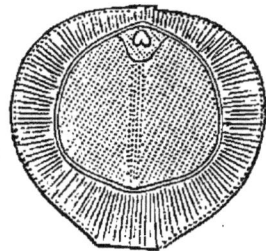

Fig. 204. — Fruit du Poivrier coupé en long, montrant la graine avec son embryon, son albumen et son périsperme.

(Hydnoracée, etc.). Ailleurs il ne se fait pas, ou il ne subsiste pas d'albumen, et le périsperme amylacé est la seule réserve nutritive de l'embryon (Balisier, etc.).

C'est aussi d'un développement particulier de certaines cellules du sommet du nucelle que résultent, comme il a été dit plus haut, les embryons adventifs de quelques Angiospermes.

Chez les Gymnospermes, le nucelle est toujours entièrement digéré par l'assise périphérique de l'albumen, qui vient se mettre en contact avec le tégument; on n'y a pas observé jusqu'ici de périsperme.

Modification du tégument. — Lorsque l'ovule a son nucelle recouvert par deux téguments, il arrive que l'action digestive de l'albumen se borne au nucelle; les deux téguments persistent alors dans leur totalité, comme lorsqu'il ,y a un périsperme, et s'accroissent ensemble de manière à suivre la croissance de l'albumen (Euphorbiacées, Rosacées, Rutacées, etc.). Mais bien plus souvent, l'assise digestive de l'albumen, après avoir fait disparaître le nucelle, attaque le tégument interne et le digère, tantôt à l'exception de ses deux assises externes (Malvacées, etc.), ou seulement de son assise périphérique (Hypéricacées, etc.), tantôt dans toute son épaisseur, ne laissant subsister que le tégument externe (Légumineuses, Renonculacées, Crucifères, Liliacées, Amaryllidacées, etc.). Ailleurs, après avoir résorbé le tégument interne, l'albumen corrode à son tour le tégument externe et le digère dans une partie plus ou moins grande de son épaisseur; la couche externe persiste seule et s'accroît autour de l'albumen.

Lorsque l'ovule n'a qu'un seul tégument, il arrive aussi que l'action digestive de l'albumen se borne au nucelle; le tégument persiste alors dans toute son épaisseur, comme lorsqu'il y a un périsperme, et s'accroît autour de l'albumen (Conifères, etc.). Mais bien plus fréquemment, après avoir résorbé le nucelle, l'assise digestive de l'albumen attaque à son tour le tégument et le digère en en laissant subsister soit une couche assez épaisse (Borragacées, etc.), soit seulement les deux ou trois assises externes (Composées, etc.), ou même uniquement l'assise externe, c'est-à-dire l'épiderme (Labiées, Valérianacées, Asclépiadacées, etc.).

Ainsi diversement composée et pouvant se réduire, comme on voit, à une seule assise cellulaire, la couche persistante du tégument simple ou double de l'ovule s'accroît autour de l'albumen et se retrouve à la maturité en dehors de l'albumen permanent quand il y en a un, en dehors de l'embryon quand il n'y a pas d'albumen permanent. Dans ce dernier cas, elle est doublée en dedans par l'assise périphérique de l'albumen, qui persiste toujours, comme on l'a vu plus haut. En même temps, si elle est suffisamment épaisse, les méristèles du tégument ovulaire s'y accusent de plus en plus nettement et se multiplient, tandis que l'écorce et les épidermes se différencient en assises de propriétés diverses, notamment en assises scléreuses.

L'ensemble formé par l'embryon, l'albumen permanent, ou tout au moins l'assise périphérique de l'albumen transitoire, et le tégument ainsi modifié constitue dans le fruit un corps aussi distinct et facilement séparable que l'était dans le pistil l'ovule dont il provient : ce corps est ce qu'on appelle la *graine*.

Modification du funicule. Arille. — Quant au funicule de l'ovule, il persiste en s'accroissant proportionnellement et devient le funicule de la graine; le hile de l'ovule devient aussi le hile de la graine.

Au voisinage du hile, le funicule est parfois le siège d'un développement particulier. Son parenchyme se relève tout autour en formant une cupule, grandit peu à peu, s'applique sur le tégument, sans contracter adhérence avec lui, et finit souvent par envelopper com-

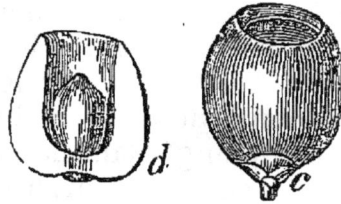

Fig. 205. — Graine d'If entourée d'un arille charnu : entière *c*, et coupée en long *d*.

plètement la graine (fig. 205); ce tégument accessoire porte le nom d'*arille*. Si l'ovule est orthotrope, l'arille monte de la chalaze au micropyle (If); s'il est anatrope, l'arille couvre aussitôt le micropyle et descend ensuite vers la chalaze (Nymphée). L'arille est généralement un sac charnu, parfois vivement coloré. Dans l'If, dans la Passiflore, ce sac est largement ouvert au sommet (fig. 205); dans la Nymphée, il enveloppe complètement la graine. Dans les Dilléniacées, il atteint des proportions très diverses selon les genres, formant une simple cupule à la base de la graine (Pachynème), une coupe plus profonde (Hibbertie), ou un sac complet (Tétracère). Les graines de Rocouyer, de Cytinet, de diverses Sapindacées, etc., offrent aussi des arilles plus ou moins étendus.

Phanérogames sans graines ou Inséminées. — D'après tout ce qui précède, en se transformant au cours du développement de l'embryon et de l'albumen, les ovules conservent jusqu'au bout leur autonomie et produisent en définitive autant de graines, aussi indépendantes les unes des autres et du fruit qu'ils l'étaient eux-mêmes les uns des autres et du pistil. Il en est ainsi chez toutes les Gymnospermes, chez toutes les Monocotylédones, à l'exception des Graminées rangées à tort dans cette classe, comme on l'a vu plus haut (p. 453), et chez la plupart des Dicotylédones. Toutes ces plantes forment dans les Phanérogames un vaste groupe, caractérisé par la permanence des ovules et la formation de graines, que l'on peut nommer *Pérovulées* ou *Séminées*.

Mais chez d'autres Phanérogames, notamment chez bon nombre de Dicotylédones et chez les Graminées, les choses se passent autrement.

D'abord, toutes les plantes qui ont, comme on sait (p. 399), le pistil dépourvu d'ovules, toutes les Inovulées, ont aussi et nécessairement le fruit dépourvu de graines (Loranthacées, Viscacées, etc.). De même que l'endosperme y était immergé directement dans le placente ou même plus directement encore dans l'écorce générale du carpelle, de même l'embryon, accompagné ou non d'un albumen permanent, y est directement plongé dans la substance du fruit, dont il a digéré une partie pour se nourrir et avec laquelle il fait corps.

Puis, chez toutes les plantes qui ont un ovule sans nucelle (p. 399), l'albumen en se développant digère toute la substance de l'ovule, et vient s'accoler à la paroi interne du fruit, qu'il attaque à son tour et résorbe sur une plus ou moins grande épaisseur, et se soude finalement avec ce qui reste (Santalacées, Olacacées, etc.). Ici, bien qu'il y ait un ovule, comme il est transitoire, il n'y a pas de graine.

Il en est de même chez les plantes qui ont un ovule à nucelle nu (Anthobolacées). L'albumen y résorbe complètement le nucelle, puis fait corps avec le fruit.

Dans un certain nombre de familles où l'ovule est unitegminé, l'albumen, après avoir résorbé le nucelle, attaque le tégument, le fait disparaître complètement, et vient s'accoler à la paroi du fruit (Icacinacées, Phytocrénacées, Ximéniacées, etc.). Ici aussi, l'ovule est transitoire et il n'y a pas de graine.

Enfin, dans plusieurs familles où l'ovule est bitegminé, l'assise digestive de l'albumen, après avoir fait disparaître le nucelle et le tégument interne, digère le tégument externe dans toute son épaisseur, et vient s'appliquer contre la paroi interne du fruit, qu'elle résorbe en partie en se soudant finalement avec le reste (Coulacées, Heistériacées, Cathédracées, Érythropalacées, Graminées, etc.). Ici encore, l'ovule étant transitoire, il n'y a pas de graine.

Ensemble, toutes ces plantes pourvues d'ovules, mais qui tout de même ne forment pas de graines parce que les ovules y sont transitoires, peuvent être réunies en un groupe sous le nom de *Transovulées*. Ce groupe comprend jusqu'ici vingt-neuf familles, réparties en quatre subdivisions : les Innucellées (onze familles), les Integminées (une famille), les Unitegminées (dix familles) et les Bitegminées (sept familles).

En le joignant au groupe des Inovulées, qui renferme onze familles, on obtient un total de quarante familles ayant en commun ce caractère de n'avoir pas de graines et constituant dans les Phanérogames la division des *Inséminées*.

D'après la conformation de l'ovule, suivant qu'il a un ou deux téguments, le groupe des Séminées ne comprend que deux subdivisions : les Unitegminées, renfermant presque toutes les Gymnospermes et la plupart des Dicotylédones gamopétales, et les Bitegminées renfermant quelques Gymnospermes, toutes les Monocotylédones à l'exception des Graminées, ainsi que la plupart des Dicotylédones dialypétales et apétales.

Moins étendu, mais plus varié, puisqu'il comprend, au point de vue de la conformation de l'ovule, cinq subdivisions, le groupe des Inséminées offre aussi, pour la Science générale, une importance plus grande.

Par sa seule existence, il montre déjà combien est inexacte la dénomination générale de Spermaphytes, Plantes à graines, que l'on donne assez souvent à l'embranchement des Phanérogames. Il prouve aussi que, pour développer ses œufs en embryons et même en embryons très différenciés, pour conserver ensuite ces embryons à l'état de vie latente et pour les développer enfin à la germination en autant de plantes nouvelles, la plante phanérogame n'a pas nécessairement besoin de produire des graines dans son fruit.

Par la diversité de son organisation, il nous offre ensuite, réunies et graduellement échelonnées, toutes les modifications que peut subir le carpelle des Phanérogames pour passer de l'état inovulé, le plus simple, à l'état ovulé bitegminé, le plus compliqué, modifications dont les Séminées, pourtant si nombreuses, ne réalisent que les deux degrés supérieurs. On ignorerait sans lui que, pour préparer leurs oosphères et former leurs œufs, les Phanérogames n'ont nullement besoin de produire, au préalable, autant d'ovules dans leur pistil, ce dont témoignent les Inovulées. Sans lui, on ne saurait pas davantage que ces plantes, une fois l'ovule acquis, peuvent se passer de nucelle, comme on l'apprend par les Innucellées, une fois le nucelle développé, peuvent se passer de tégument, comme on le voit par les Integminées.

La connaissance de ce groupe est donc nécessaire à la pleine intelligence des Phanérogames.

Revenons maintenant à la graine, telle que nous l'offrent les Séminées, pour en étudier l'organisation définitive.

Organisation de la graine mûre chez les Séminées. — Quand tous les développements dont il est le siège sont arrivés à leur terme, l'ovule des Séminées est devenu la graine, et celle-ci n'a plus qu'à mûrir avant de se détacher.

La maturation de la graine s'accuse principalement par une diminution de volume et de poids, due à la perte graduelle de la plus grande partie de l'eau qu'elle renfermait en abondance. Cette dessiccation détermine en elle une foule de changements internes. La surface perd sa transparence et son éclat spécial, elle devient opaque, pendant que le tégument revêt sa couleur définitive. Les substances plastiques de réserve, notamment l'amidon et l'aleurone, se condensent à l'état solide dans les cellules de l'albumen et de l'embryon. Finalement il ne reste plus dans la graine, arrivée à cet état où elle se sépare du fruit et où l'on dit qu'elle est *mûre*, que 4 0/0 d'eau en moyenne, proportion qui peut s'élever à 8 0/0 (Ricin) et descendre à 1 0/0 (Passerage) et même à 0,50 0/0 (Vélar).

Arrivée ainsi à maturité, la graine ne tarde pas ordinairement à se séparer de l'ovaire, devenu le fruit, pour se disséminer dans le milieu extérieur. Cette séparation a lieu au point où le funicule s'attache sur le corps de la graine, c'est-à-dire au hile, le funicule restant tout entier attaché au fruit. S'il y a un arille, c'est au-dessous de lui que la rupture a lieu. Une graine, ainsi mise en liberté, se compose donc, arille à part, de deux choses : le tégument et un ensemble de pièces, dont il peut y avoir jusqu'à trois, incluses dans ce tégument, ensemble qu'on appelle l'*amande.* Étudions de plus près ce tégument et cette amande.

Tégument de la graine. — A la surface du tégument de

la graine, on aperçoit la cicatrice laissée par la rupture du funicule ; c'est le hile, à l'intérieur duquel on distingue les orifices béants des vaisseaux du faisceau libéroligneux de la méristèle. Souvent peu étendu, il s'allonge parfois en une bande, comme dans la Fève, ou se dilate en un large cercle, comme dans le Marronnier. Fréquemment on y reconnaît aussi le micropyle qui, dans les graines anatropes ou campylotropes, est situé tout à côté du hile et offre l'aspect d'une petite verrue creusée au centre (Haricot, Fève, etc.).

L'épiderme extérieur du tégument est toujours nettement différencié ; ses cellules s'allongent quelquefois beaucoup perpendiculairement à la surface et en même temps s'épaississent fortement (Fève, Pois et autres Légumineuses, etc.). Suivant la conformation des cellules épidermiques, la surface du tégument est tantôt lisse et même luisante (Haricot, Fève, etc.), tantôt relevée de verrues (Corydalle, etc.), de crêtes ondulées (Nicotiane, etc.) ou d'aréoles polygonales (Pavot, Glaucière, Muflier, etc.). Il n'est pas rare de voir ces cellules se prolonger en poils, tantôt répartis uniformément sur toute la surface, comme dans le Cotonnier, où ils fournissent le coton, tantôt localisés en certains points où ils se dressent en forme d'aigrette. L'aigrette peut prendre naissance au sommet de la graine anatrope, près du hile, comme dans les Asclépiadacées, ou à sa base, près de la chalaze, comme dans l'Épilobe, le Saule et le Peuplier. Quelquefois, c'est toute une rangée de cellules épidermiques, disposées en forme de méridien, qui se développe de la sorte vers l'extérieur en entourant la graine d'une aile délicate (Bignoniacées, etc.). Poils et ailes sont évidemment des organes de dissémination. Chez quelques plantes (Lin, Crucifères, Coignassier, certains Plantains, etc.), les cellules épidermiques du tégument gélifient leurs membranes sur la face externe ; en se gonflant dans l'eau, ces membranes enveloppent la graine d'une couche gélatineuse, qui la colle au support.

L'écorce, quand elle subsiste, demeure quelquefois homogène, et alors de deux choses l'une : ou bien elle est épaisse, ses cellules se remplissent de liquide et le tégument est *charnu*, comme dans le Punice grenadier, la Passiflore et l'Oponce, où il est comestible ; ou bien elle demeure mince, ces cellules se dessèchent en épaississant et durcissant plus ou moins leurs membranes, et le tégument prend la consistance du papier ou du bois : il est *papyracé* (Chêne, Noyer, Amandier, etc.) ou *ligneux* (Vigne, Pin, etc.). Ailleurs, l'écorce se différencie en deux couches, faciles à séparer. Quelquefois la couche externe est molle et charnue, l'interne dure et ligneuse (Ginkgo, Cycadacées); mais le plus souvent c'est au contraire la couche externe qui est dure et ligneuse, tandis que l'interne est plus molle et papyracée (Ricin, etc.). La différenciation de l'écorce en couches ou assises de propriétés différentes peut être poussée beaucoup plus loin. Rien n'est plus variable que la structure définitive du parenchyme du tégument, laquelle est d'ailleurs en corrélation étroite avec la structure du fruit qui enveloppe les graines, comme on le verra plus tard.

L'écorce du tégument s'accroît quelquefois davantage en certains points où elle développe des expansions diverses. Tantôt c'est au pourtour du micropyle que se forme une excroissance en forme de bourrelet, nommée *caroncule* (Euphorbe, etc.); cette expansion descend quelquefois en s'appliquant sur le tégument et forme de haut en bas un sac, qui finit par envelopper toute la graine à la façon d'un arille : c'est ce qu'on appelle un *arillode* (Polygale, Fusain, etc.). C'est un arillode de ce genre qui forme sur la graine du Muscadier l'enveloppe irrégulière et déchirée, charnue, de couleur orangée, très parfumée, qu'on appelle vulgairement le *macis* de la muscade. Tantôt c'est le long du raphé que l'écorce du tégument se prolonge en forme d'aile, en formant ce qu'en langage descriptif on appelle une *crête* ou une *strophiole* (Chélidoine, etc.).

Nervation du tégument. — Les méristèles se ramifient de diverses manières dans le tégument de la graine, comme il a déjà été dit pour l'ovule (p. 400). Considérons d'abord et surtout les graines anatropes.

Tantôt la méristèle du funicule se prolonge dans le raphé, passe sous la chalaze et remonte du côté opposé jusque vers le micropyle, sans se ramifier en aucun point, enveloppant la graine d'une boucle plus ou moins complète; le tégument est uninerve (Acacie, Lilas, Cardère, diverses Cucurbitacées, etc.). Tantôt la méristèle, simple dans le raphé, se divise à la chalaze, suivant le mode palmé, en un plus ou moins grand nombre de branches, qui remontent ensuite jusqu'au pourtour du micropyle, en demeurant simples ou en se divisant et s'anastomosant (Chêne, Hêtre, Châtaignier, Prunier, Théobrome cacaoyer, etc.) : c'est le mode le plus fréquent; il arrive alors assez souvent que ces branches palmées demeurent courtes et se bornent à former sous la chalaze une griffe ou une cupule vasculaire (Citronnier, Poirier, Pivoine, Géraine, Lin, etc.). Tantôt la méristèle produit, le long du raphé, des branches pennées, et plus tard à la chalaze des rameaux palmés (Laurier, Caféier, Cocotier, etc.), ou bien elle se prolonge en boucle du côté opposé en donnant des branches pennées dans toute sa longueur (Momordique, Cyclanthère, etc.). Tantôt enfin la méristèle se ramifie tout de suite, au hile même, en un certain nombre de branches palmées, dont la médiane descend dans la direction du raphé (Cynoglosse, Capucine, Balisier, Phytéléphant, etc.).

Quand la graine est campylotrope, sa nervation est palmée autour du hile (Marronnier, Liseron, Érable, etc.). Il en est de même quand elle est orthotrope, avec moins d'inégalité entre les diverses branches, ce qui rappelle la disposition peltée (Noyer, Caryote, Gnète, Torreyer, Cycadacées, etc.).

En résumé, quel qu'en soit le caractère particulier, la ramification des méristèles dans le tégument s'opère toujours comme il convient à une foliole, c'est-à-dire symétriquement par rapport à un plan, qui est le plan de symétrie du tégument.

Amande. — L'amande est tantôt simple, formée par l'embryon seul, enveloppé seulement par l'assise périphérique de l'albumen ou assise digestive, tantôt double, constituée par l'embryon et l'albumen permanent, tantôt enfin triple, comprenant à la fois un embryon, un albumen permanent et un périsperme. Dans tous les cas, sa partie essentielle est l'embryon, qu'il faut maintenant étudier de plus près, en le considérant aussi bien chez les Inséminées que chez les Séminées, puisqu'il offre partout les mêmes caractères.

Embryon. — C'est quand il constitue à lui seul toute l'amande que l'embryon est le plus volumineux. On y distingue un cylindre court terminé, d'un côté par un petit cône, de l'autre par une masse ovoïde ou aplatie, relativement considérable. Le cylindre est la tigelle, le cône la radicule. Celle-ci est ordinairement exogène, sa surface continuant directement celle de la tigelle; quelquefois pourtant, elle est endogène, renfermée dans l'extrémité de la tigelle, qui l'enveloppe comme d'une poche (Graminées, fig. 200 et fig. 206, Commélinacées, etc.). Quant à la masse ovoïde, chez les Dicotylédones, elle se laisse facilement séparer en deux moitiés appliquées l'une contre l'autre par leur face plane : ce sont les cotylédons. Entre les deux, mais invisible au dehors tant qu'ils sont accolés,

se trouve le cône végétatif de la tige, tantôt nu (Courge, etc.),
tantôt développé en gemmule (Haricot, Fève, Chêne, etc.).
Les cotylédons se prolongent quelquefois au-dessous de leur
insertion sur la tigelle, qui se trouve alors enveloppée comme
d'un manteau par ces deux prolongements descendants, et
ne laisse poindre au
dehors que le sommet
de la radicule (Chêne,
Châtaignier, etc.).

Chez les Monocotylé-
dones, la masse ovoïde
est formée d'une seule
pièce en forme de capu-
chon, épaisse d'un côté,
où elle est fermée, mince
du côté opposé, où elle
présente une petite
fente : c'est l'unique cotylédon engainant. Dans
la cavité, au niveau de
la fente et de son côté,
se trouve niché le cône
végétatif de la tige, nu
(Liliacées, etc.), ou dé-
veloppé en gemmule
(Cypéracées, etc.).

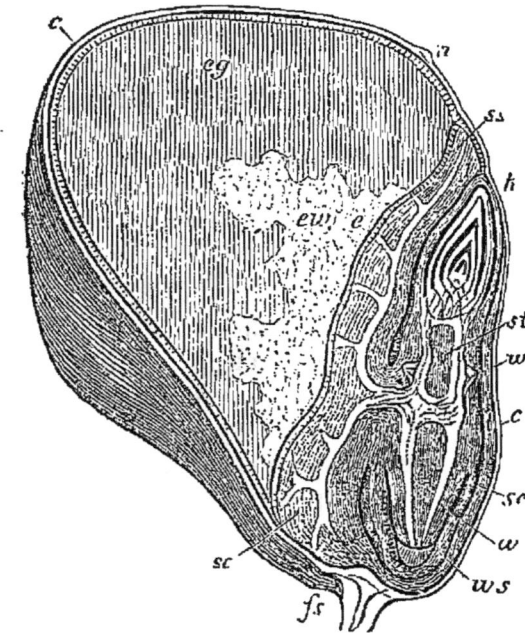

Fig. 206. — Section longitudinale du fruit du
Maïs. *c*, péricarpe ; *n*, cicatrice du style ;
fs, pédicelle ; *eg*, portion externe, jaunâtre
et dure de l'albumen, enveloppée par l'assise
digestive ; *ew*, portion interne, blanche et
molle, du même ; *ss*, *sc*, grand cotylédon
enveloppant tout l'embryon ; *e*, son épiderme
en contact avec l'albumen ; *st*, tige ; *w*, radicule endogène ; *k*, gemmule ; *w'*, premières
racines latérales. Les cordons blancs sont
les futures méristèles. Le fruit est dépourvu
de graine.

Chez les Graminées,
classées jusqu'ici parmi
les Monocotylédones, et
qui sont des Inséminées,
l'embryon a, en réalité,
comme on l'a vu (p. 452,
fig. 200), deux cotylé-
dons opposés, non engai-
nants et très inégaux :
un grand, inséré sur la
face interne de la tigelle, appliqué par toute sa face dorsale
contre l'albumen et se prolongeant parfois librement au-dessous
de son insertion, en forme d'écusson, de manière à envelopper
la tigelle (fig. 200, *F*, et fig. 206) ; et un petit, inséré sur la face
externe de la tigelle, étroitement appliqué contre la paroi
du fruit, dont la pression a gêné sa croissance. Ce petit coty-

lédon avorte même parfois complètement (Canne, fig. 200, *F*,
Maïs, fig. 206, etc.).

Chez les Gymnospermes, la masse ovoïde comprend un
nombre de cotylédons variable d'un genre à l'autre, et qui est
loin d'être toujours constant dans la même plante. Il y en a
2 dans un grand nombre de Conifères (Cupressées, Taxées);
on en trouve de 3 à 14, verticillés autour de la gemmule dans
d'autres Conifères (Abiétées), et leur nombre varie alors dans
la même plante suivant les embryons con-
sidérés (fig. 207). Dans certaines Cycadacées,
il y en a deux (Cycade); chez d'autres, il y
en a un, deux ou trois, suivant les graines
(Cératozamie, Zamie); quand il n'y en a
qu'un, il est engainant comme chez les
Monocotylédones.

Chez certaines Dicotylédones, les deux
cotylédons contractent sur leur face de contact une soudure partielle (Marronnier, etc.)
ou totale (certaines Cactacées). Chez d'autres,
ils s'échancrent au milieu et se séparent en
deux lobes plus ou moins profonds (Tilleul, etc.). Chez d'autres encore, ils s'accroissent très inégalement : l'un d'eux de-

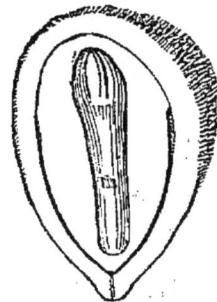

Fig. 207. — Graine
de Mélèze coupée
en long; l'embryon
a six cotylédons.

vient très grand, l'autre demeure très petit (Mâcre, Graminées, etc.). Chez d'autres, enfin, ils sont en nombre supérieur
à deux, quatre, par exemple (Nuytsie, Psittacanthe, etc.).

Par rapport à la tigelle, les cotylédons sont le plus souvent
très développés; quelquefois, au contraire, la tigelle est longue
et les cotylédons sont courts (Saxifrage, Molène, etc.). Quand
l'embryon est dépourvu d'albumen permanent, les cotylédons
sont épais et renflés; quand il est accompagné d'un albumen,
ils sont minces et foliacés, différence qui s'explique aisément
par ce qui a été dit plus haut (p. 456 et p. 459).

Pendant qu'il se développe, l'embryon est souvent vert; plus
tard, il se décolore ordinairement, mais quelquefois la chlorophylle y subsiste à l'état de maturité (Gui, Violette, Érable,
Géraine, diverses Crucifères, etc.).

L'embryon est le plus souvent droit; mais il n'est pas rare
qu'il se courbe en arc (Garance, Gypsophile, etc.), en cercle
(fig. 208, *a*) (Ansérine, Amarante, Phytolaque, etc.), ou même
en spirale (fig. 208, *b*, et 209, *i*) (Cuscute, Soude, etc.) dans le
plan de symétrie de l'ovule, qui est alors courbé lui-même et

campylotrope. Ailleurs, une brusque flexion a lieu au-dessous de l'insertion des cotylédons, et la tigelle avec la radicule vient s'appliquer le long de la face dorsale de l'un d'eux, si le plan médian de l'embryon coïncide avec le plan de symétrie de l'ovule et de la graine (fig. 209, *g*, *h*, *i*), le long de leurs bords si ce plan médian est perpendiculaire au plan de symétrie (fig. 209, *e*). Dans le premier cas, les cotylédons sont dits, dans le langage descriptif, *incombants* sur la tigelle, dans le second, *accombants*. Les deux sortes de flexion se rencontrent dans la famille des Crucifères (fig. 209), où ce caractère est utilisé pour la classification.

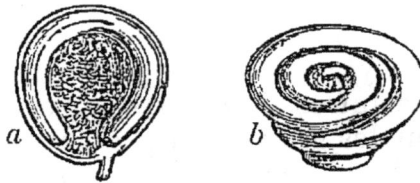

Fig. 208. — Embryon courbé :
a, de l'Amarante ; *b*, de la Soude.

Que l'embryon soit droit ou courbe, ses cotylédons peuvent être plans ou au contraire se plisser, s'enrouler de diverses manières pour occuper moins de place dans la graine (fig. 209, *h*, *i*) (Nyctage, Érable, Mauve, Géraine, Chou, etc.).

Comme on l'a vu plus haut (p. 452), l'embryon peut n'avoir pas de radicule (Palmiers, Mâcre, Cornifle, Nuytsie, Gui, Loranthe, etc.) ; il peut aussi n'avoir pas de cotylédons (Berthollétie, etc.) ; enfin il peut être dépourvu à la fois de radicule et de cotylédons, réduit à une tigelle,

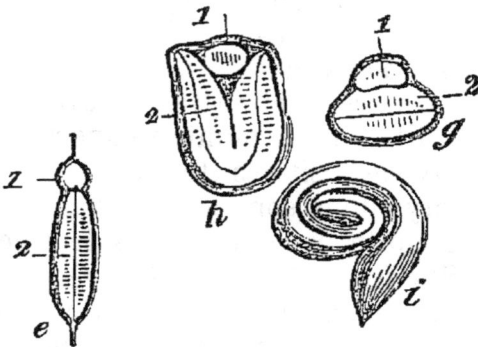

Fig. 209. — Coupe transversale de la graine : *e*, de la Giroflée ; *g*, du Sisymbre ; *h*, du Chou ; *i*, embryon du Buniade.

souvent alors très petite et pouvant ne compter qu'un petit nombre de cellules (Orchidacées, Monotropées, etc.).

Direction de l'embryon. — On sait que l'embryon dirige sa radicule contre le tégument sous le micropyle, c'est-à-dire près du hile quand la graine provient d'un ovule anatrope ou campylotrope, à l'opposite du hile quand elle est issue d'un ovule orthotrope. On sait aussi que son axe, droit ou courbe, est toujours compris dans le plan de symétrie du tégument, c'est-à-dire dans le plan qui passe par le micropyle et la méristèle médiane. Enfin, on a vu que si, chez les Monocotylédones, le plan médian de l'embryon coïncide toujours avec le plan de symétrie du tégument, chez les Dicotylédones, tantôt il coïncide avec ce plan de symétrie, tantôt il lui est perpendiculaire ; ce qu'on peut exprimer en disant, dans le premier cas, que les cotylédons sont *incombants* à la nervure médiane du tégument, ou au raphé si l'ovule est anatrope, dans le second, qu'ils sont *accombants* à cette nervure ou au raphé.

Dans quelques cas, l'embryon subit, au cours de son développement, un déplacement qui éloigne sa radicule du micropyle, quelquefois jusqu'à la placer transversalement (Mouron, etc.).

Albumen et périsperme. — On connaît l'origine de l'albumen permanent, tant chez les Angiospermes que chez les Gymnospermes, tant chez les Inséminées que chez les Séminées. On sait aussi la diversité de nature des principes nutritifs que ce tissu met en réserve. Ajoutons seulement que si la paroi du corps, graine ou fruit, où il s'est développé, a offert à son action digestive une résistance inégale suivant les points, la surface de l'albumen présente des enfoncements vis-à-vis des lignes de plus grande résistance, et des saillies dans les intervalles. Quand il est ainsi creusé de sillons plus ou moins profonds, occupé par autant de saillies internes du tégument (fig. 210) s'il s'agit d'une

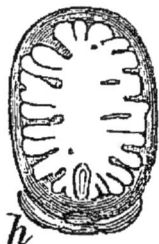

Fig. 210. — Graine de Xylopie, coupée en long, montrant l'arille *h* et l'albumen ruminé.

Séminée, du péricarpe s'il s'agit d'une Inséminée, l'albumen est dit *ruminé* (Anonacées, fig. 210, Muscadier, Arec, Gaïadendre, etc.).

Quand il est accompagné d'un albumen, l'embryon, beaucoup moins volumineux que lorsqu'il est seul, est habituellement plongé dans la masse de l'albumen au voisinage du micropyle. Mais parfois aussi il est situé extérieurement à ce tissu, contre lequel il applique la face externe de son grand cotylédon, comme dans les Graminées (fig. 206), ou autour duquel il s'enroule (fig. 208), pour l'envelopper complètement dans un de ses cotylédons, comme dans le Nyctage, vulgairement Belle-de-nuit. Ailleurs la radicule, ou la base de la tigelle s'il n'y a pas de radicule, se montre seule en dehors de l'albumen (Gui, etc.).

On a vu plus haut l'origine du périsperme, qui n'existe que chez les Angiospermes de la division des Séminées. Il est habituellement amylacé, rarement corné (Hydnoracées). Dans les Cannées, où il est seul, il tient lieu à l'embryon d'un albumen farineux : c'est une substitution physiologique. Dans les Zingibérées, Pipéracées, Nymphéacées et Cabombacées, il ajoute une réserve amylacée à la réserve oléagineuse déjà fournie par l'albumen.

§ 3

DÉVELOPPEMENT DU PISTIL EN FRUIT

Pendant que les œufs se développent en embryons, avec ou sans albumen permanent, qu'il y ait ou non des ovules, que ceux-ci soient permanents ou transitoires, en un mot qu'il s'agisse de Séminées ou d'Inséminées, le pistil qui les renferme s'accroît, mûrit en même temps que les embryons et devient le *fruit*. Le fruit est donc le pistil de la fleur, accru et mûri à la suite de la formation des œufs. Aussi y retrouve-t-on la conformation et la structure étudiées plus haut (p. 379), avec des modifications plus ou moins profondes introduites après la formation des œufs et dont il faut d'abord signaler les principales.

Différences entre le fruit et le pistil dont il provient. — Ces modifications consistent, soit dans la suppression de certaines parties du pistil, soit au contraire dans la formation de parties nouvelles; dans le premier cas, le fruit est plus simple, dans le second, il est plus compliqué que le pistil dont il provient.

Le stigmate se dessèche toujours, et souvent le style tombe après la formation des œufs chez les Angiospermes, de sorte que c'est la région ovarienne du pistil qui habituellement forme seule le fruit chez ces plantes, comme chez les Gymnospermes. Pourtant le style persiste dans certains cas et s'accroît beaucoup en forme de queue plumeuse (Clématite, Anémone, etc.), ou de bec crochu (Benoîte, etc.). Quelquefois les carpelles du pistil avortent avec les ovules qu'ils renferment, à l'exception d'un seul qui devient le fruit. Cette simplification a lieu notamment dans les Bétulacées, les Corylacées, les Castanéacées, les Palmiers, etc. Ainsi l'Aulne et le Bouleau, le Charme et le Coudrier ont deux loges à l'ovaire, le Chêne et le Hêtre en ont trois, le Châtaignier en a six, et pourtant le fruit de tous ces arbres est uniloculaire. De même, le pistil du Phénice dattier a trois carpelles libres et ne donne qu'une datte; le fruit du Cocotier à noix, la *noix de coco*, n'a qu'une loge, quoique provenant d'un ovaire triloculaire, etc.

Ailleurs, au contraire, le nombre des loges de l'ovaire se trouve augmenté dans le fruit, parce qu'il s'y développe des cloisons surnuméraires après la formation des œufs. Ces cloisons sont tantôt longitudinales, tantôt transversales. Ainsi, par exemple, l'ovaire uniloculaire à deux placentes pariétaux de la Glaucière relie ses deux placentes par une épaisse cloison longitudinale et donne un fruit biloculaire. L'ovaire uniloculaire des Hédysarées et des Mimosées parmi les Légumineuses, du Radis parmi les Crucifères, se subdivise par de nombreuses cloisons transversales en autant de petits compartiments que de graines, et donne un fruit multiloculaire

Quand le pistil est dialycarpelle à plusieurs carpelles, le fruit se compose d'autant de pièces qu'il y avait de carpelles (Renoncule, Pivoine, etc.), abstraction faite des avortements dont il a été question plus haut. Quand le pistil est gamocarpelle, ou dialycarpelle à un seul carpelle (Légumineuses, Prunées, etc.), le fruit est au contraire habituellement d'une seule pièce. Mais, dans ce dernier cas, il arrive pourtant quelquefois que le fruit se sépare avant la maturité en plusieurs pièces distinctes. Ainsi, bien que provenant d'un ovaire à deux loges, le fruit des Labiées se compose de quatre parties distinctes, celui des Ombellifères et celui de l'Érable se séparent en deux fragments; de même, le fruit à trois loges de la Capucine, le fruit à cinq loges du Limnanthe, se divisent en autant de coques que de loges, etc.

Structure du péricarpe. — La paroi de l'ovaire est devenue la paroi du fruit, qu'on nomme le *péricarpe*. Son épiderme externe est tantôt lisse et parfois recouvert de cet enduit cireux qu'on appelle la *pruine* ou la *fleur* (Prunier, Vigne, etc.), tantôt hérissé de poils (Argémone, etc.); quelquefois il prend des émergences épineuses (Marronnier), ou des prolongements aplatis en forme d'ailes (Orme, Frêne, Érable, etc.). Son épiderme interne est souvent garni de poils qui prennent parfois un grand développement et remplissent toute la cavité ovarienne en s'insinuant entre les graines. Tantôt ces poils sont très longs, secs, laineux et enveloppent les graines d'une sorte de bourre de coton (Bombacées, Crassulacées, Rhinanthées, etc.). Tantôt ils sont épais, succulents, et les graines se trouvent plongées dans une pulpe charnue (Citronnier, diverses Aracées, etc.); c'est cette pulpe, production accessoire du péricarpe, qui est la partie comestible des oranges et des citrons.

L'écorce du péricarpe demeure souvent homogène dans toute son épaisseur. Il est alors tout entier sec et résistant, ou tout entier charnu et mou. Dans le premier cas, l'écorce peut se réduire à une (Salicorne) ou deux (Ansérine, Ortie) assises cellulaires, mais d'ordinaire elle en compte un plus grand nombre. Ses cellules sont quelquefois scléreuses (Pantagacées, Caricées); le plus souvent elles gardent leur membrane mince et c'est l'épiderme externe qui se sclérifie pour protéger le fruit (Joncées, Caryophyllées, Polygonacées, Borragacées, etc.).

Ailleurs l'écorce se différencie en deux couches : l'externe garde ses membranes minces et renferme les méristèles; l'interne se sclérifie et forme une zone dure (Labiées, Asclépiadacées, Papilionacées, Euphorbiacées, Crucifères, Fumariacées, Alismacées, etc.). La distinction de ces deux couches atteint son plus haut degré quand l'externe est charnue et quand l'interne, ligneuse, enveloppe une seule graine dans un noyau dur (Prunier, etc.). Quelquefois on distingue trois couches dans l'écorce différenciée, soit parce que la couche molle externe s'est divisée en deux par la forme des cellules (certaines Crucifères et Papavéracées), soit parce que la couche dure interne se trouve séparée de l'épiderme intérieur par une zone à parois minces (Composées). En comptant les deux épidermes, le péricarpe comprend alors cinq couches différentes.

Maturation du fruit. — Quand il a achevé sa croissance, le péricarpe passe à cet état particulier où l'on dit que le fruit est *mûr*, en un mot, il mûrit.

Si le péricarpe est sec, les cellules achèvent simplement de se vider, meurent, se dessèchent et se remplissent d'air. S'il est charnu, ses cellules renferment un certain nombre de composés ternaires, notamment de l'amidon, du tannin, des acides organiques, etc., qui sont l'objet de transformations remarquables pendant la maturation. L'amidon et le tannin disparaissent ; les acides diminuent en subissant une combustion lente. En même temps, du sucre de Canne apparaît et va croissant ; puis il se fait de l'invertine, qui dédouble ce sucre en un mélange de glucose et de lévulose. Le dédoublement est quelquefois complet et le fruit mûr ne renferme que du sucre inverti (raisin, cerise, groseille, figue) ; le plus souvent il est incomplet et le fruit contient à la fois du sucre de Canne et du sucre inverti (ananas, pêche, abricot, prune, pomme, poire, fraise, orange, citron, banane). La banane non mûre renferme surtout de l'amidon et se prête alors aux mêmes usages alimentaires que la pomme de terre ; pendant la maturation, cet amidon est remplacé par du sucre de Canne, dont il se forme jusqu'à 22 p. 100, et c'est seulement au moment de la maturité que celui-ci est transformé en sucre inverti.

Après la maturation, le péricarpe des fruits charnus s'altère, il devient *blet*, comme on dit, et enfin se détruit complètement pour mettre en liberté soit directement les graines ou les embryons s'il est tout entier charnu, soit seulement le noyau qui renferme la graine ou l'embryon, s'il n'est charnu qu'à l'extérieur.

Déhiscence du péricarpe. — Chez la plupart des Gymnospermes, notamment chez les Conifères et les Cycadacées, le péricarpe est, comme on sait, ouvert à toute époque. Chez les Angiospermes inséminées, au contraire, il ne s'ouvre jamais, et l'embryon, ordinairement unique, qui fait corps avec lui y demeure inclus. Chez les Angiospermes séminées, il arrive aussi quelquefois qu'il ne s'ouvre pas à la maturité, et que les graines y demeurent incluses ; mais le plus souvent il s'ouvre pour disséminer les graines. Sa déhiscence a lieu par dissociation du tissu le long de certaines lignes qui deviennent des fentes, soit longitudinales, soit transversales, ou dans certaines places arrondies qui deviennent des pores. Les lignes de déhiscence sont marquées de très bonne heure par des bandes d'un tissu spécial traversant le péricarpe de part en part et dont la formation est contemporaine de la différenciation même du carpelle.

Relativement au nombre et à la position des fentes, la déhiscence longitudinale peut s'opérer de quatre manières différentes :

1º Le long de la ligne de soudure des bords carpellaires. Si les ovaires sont libres et clos, ils s'ouvrent en dedans en forme de nacelle ou même s'étalent en forme de feuille (Pivoine, Spirée, Sterculie, etc.); s'ils sont concrescents et ouverts, ils se séparent simplement (Gentiane, etc.); s'ils sont concrescents et fermés, ils se séparent par le dédoublement de la cloison en deux feuillets, puis s'ouvrent en dedans, comme dans le premier cas, et l'on dit que la déhiscence est *septicide* (Colchique, Nicotiane, Scrofulaire, etc.).

2° Le long de la nervure médiane du carpelle. Si les ovaires sont libres et clos, ils s'ouvrent en dehors (Magnolier, etc.); s'ils sont concrescents et ouverts, l'ovaire composé se divise en autant de valves en forme de nacelle, portant au milieu un placente chargé de graines (Violette, etc.); s'ils sont concrescents et clos, l'ovaire composé s'ouvre au dos de chaque loge et l'on dit que la déhiscence est *loculicide* (Liliacées, Amaryllidacées, Joncées, Polémoniacées, diverses Scrofulariacées et Éricacées, etc.).

3° A la fois des deux manières précédentes. Si les ovaires sont libres et clos, chacun se sépare en deux valves portant des graines sur un seul des deux bords (Légumineuses, etc.); s'ils sont concrescents et ouverts, l'ovaire composé se sépare en deux fois autant de valves qu'il a de carpelles; s'ils sont concrescents et clos, ils se séparent d'abord par le dédoublement des cloisons et s'ouvrent ensuite chacun en deux valves, comme dans le premier cas (Hure, etc.).

4° Le long de deux lignes latérales situées non loin des bords, séparant chaque carpelle en deux parties, une valve médiane et deux bords séminifères, unis ou séparés. Si les ovaires sont libres et clos, les deux bords de chaque carpelle, chargés de graines, demeurent unis au centre; s'ils sont concrescents et ouverts, les bords placentaires des carpelles voisins demeurent également unis entre eux (Crucifères, Papavéracées, la plupart des Orchidacées, etc.); s'ils sont concrescents et clos, les fentes se font de chaque côté des cloisons, et les valves en se séparant laissent à nu les bords placentaires unis au centre et les cloisons qui les séparent (Géraniacées, Hydrolée, etc.), ou ces bords placentaires seuls si les cloisons ont disparu (Caryophyllées); on dit alors que la déhiscence est *septifrage*.

La déhiscence longitudinale peut d'ailleurs être incomplète et ne porter que sur la partie supérieure du fruit (Lychnide, Céraiste, etc.).

La déhiscence transversale a toujours lieu par une seule

fente circulaire, intéressant à la fois la paroi externe de tous les carpelles; l'ovaire composé s'ouvre en deux parties, comme une boîte (Mouron, Plantain, Jusquiame, etc.).

Dans la déhiscence poricide, les pores se forment soit sous le sommet (Pavot, Muflier, etc.), soit vers la base (Campanule, etc.).

La déhiscence longitudinale s'opère quelquefois avec élasticité en projetant les graines à une certaine distance (Impatiente, Lathrée, Euphorbiacées, Diosmées, etc.); le Hure crépitant, Euphorbiacée d'Amérique, est ainsi nommé parce que son fruit éclate avec fracas. Cette brusque rupture est due, quand le péricarpe est charnu, à la croissance et à la réplétion prédominantes, quand il est sec, à la contraction et à la dessiccation prédominantes de l'une de ses couches. Le péricarpe charnu de l'Ecballe, une Cucurbitacée, est, à vrai dire, indéhiscent, mais à la maturité il se détache brusquement de son pédicelle et, par l'ouverture ainsi formée, il projette ensuite ses graines, mélangées à une pulpe liquide. Celui de l'Arceuthobe, qui est une Inséminée, fait de même et projette au dehors, entourés d'une matière visqueuse, l'embryon et l'albumen, qui forment la partie interne du fruit.

Classification et dénomination des principales sortes de fruits. — Suivant que le péricarpe est tout entier sec, tout entier charnu, ou mi-partie sec et charnu, et sans tenir compte de ce fait qu'il renferme ou non des graines, on distingue trois catégories principales de fruits. Chacune de ces catégories se subdivise ensuite, selon que le péricarpe s'ouvre ou ne s'ouvre pas. Un fruit sec qui ne s'ouvre pas est un *achaine*; s'il s'ouvre, c'est une *capsule*. Un fruit charnu qui ne s'ouvre pas est une *baie*; s'il s'ouvre, c'est une *capsule charnue*. Un fruit mi-partie sec et charnu, en d'autres termes un fruit charnu à noyau, qui ne s'ouvre pas, est une *drupe*; s'il s'ouvre, tout au moins dans la couche charnue qui enveloppe le noyau, c'est une *capsule drupacée*.

L'achaine peut affecter plusieurs modifications, la capsule surtout peut s'ouvrir de bien des manières. Il est d'usage, dans le langage descriptif, de désigner les plus fréquentes de ces modifications par des dénominations spéciales. Ainsi, un achaine dépourvu de graine, dont le péricarpe est soudé avec l'assise digestive de l'albumen permanent, de manière à ne pouvoir s'en séparer, est un *caryopse* (fig. 206) (Graminées); un achaine ailé est une *samare* (Frêne, Orme).

L'achaine ne renferme qu'une graine. Un fruit sec indéhiscent qui contient plusieurs graines se sépare habituellement en autant de compartiments clos qu'il y a de graines, et chacun de ces compartiments est aussi un achaine; le fruit est alors, suivant le nombre de ces compartiments, un *diachaine* (Ombellifères, Rubiacées) ou une *disamare* (Érable), un *triachaine* (Capucine), un *tétrachaine* (Borragacées, Labiées), un *pentachaine* (Quassie, Limnanthe), un *polyachaine* (Mimosées, Hédysarées, Radis, etc.).

Fruits
- secs
  - indéhiscents (achaine).
    - Achaine proprement dit (Composées, Châtaignier, Coudrier).
    - Diachaine (Ombellifères), triachaine (Capucine), tétrachaine (Borragacées, Labiées, etc.).
    - Caryopse (Graminées).
    - Samare (Orme).
    - Disamare (Érable).
  - déhiscents (capsule).
    - longitudinalement.
      - Capsule proprement dite.
      - Follicule (Pivoine, Aconit).
      - Légume (Légumineuses).
      - Silique (Crucifères, Papavéracées).
    - transversalement. Pyxide (Jusquiame, Plantain).
    - par pores . . . . . Capsule poricide (Muflier, Pavot).
- charnus
  - indéhiscents. Baie (Vigne, Groseillier, Courge, Asperge, Phénice, Gui).
  - déhiscents. Capsule charnue (Balsamine, Marronnier, Nénuphar).
- mi-partie secs et charnus
  - indéhiscents. Drupe (Prunier, Cerisier, Amandier).
  - déhiscents. Capsule drupacée (Noyer).

Quand la capsule s'ouvre par une déhiscence longitudinale, si elle est formée d'un carpelle unique séparant ses bords soudés pour reprendre la forme foliaire, c'est un *follicule* (Pivoine, Ancolie, Sterculie, etc.); si elle est formée d'un carpelle unique s'ouvrant à la fois le long de la soudure et le long de la nervure dorsale, en deux valves, c'est un *légume* (la plupart des Légumineuses). Si elle comprend deux carpelles ouverts, et s'ouvre par quatre fentes voisines des deux placentes, en détachant deux valves et laissant en place un cadre portant les graines, c'est une *silique* (Crucifères, Papavéracées, etc.). C'est encore une silique s'il y a trois carpelles et six fentes, comme chez la plupart des Orchidacées. De toute autre façon, c'est une capsule tout court, dont la déhiscence est dite, suivant les cas, loculicide, septicide ou septifrage, comme il a été expliqué plus haut.

Quand la capsule s'ouvre transversalement, on la nomme *pyxide*. Enfin, quand elle s'ouvre par des pores, c'est une *capsule poricide*.

Le tableau ci-contre résume cette classification et rapproche ces dénominations.

Il va sans dire qu'entre ces diverses formes principales il existe beaucoup d'intermédiaires, et que nombre de fruits ne rentrent exactement dans aucune de ces catégories.

Relation entre la structure du péricarpe et celle du tégument de la graine. — Entre la structure du péricarpe et celle du tégument de la graine, qui s'y trouve enfermée chez les Séminées, on observe une certaine relation, un certain rapport inverse. En général, plus le tégument est épais, dur et solide, plus le péricarpe est mince, mou et charnu. Ce balancement est particulièrement évident quand le péricarpe est indéhiscent. S'il est tout entier charnu, le tégument de la graine est dur et ligneux (Vigne, etc.); si, au contraire, il est ligneux, tout entier ou seulement dans sa couche interne, le tégument de la graine est mou (Punice grenadier), ou du moins très mince (Coudrier, Prunier, etc.). Ces deux enveloppes se suppléent, pour ainsi dire, l'une l'autre vis-à-vis de l'amande, qu'il s'agit dans tous les cas de protéger. Quand le péricarpe est ouvert, le tégument seul protège l'amande; il est dur et ligneux (Pin, Sapin, etc.). Inversement, quand il n'y a pas de tégument, partant pas de graine, c'est le péricarpe seul qui protège l'albumen et l'embryon. Les achaines et surtout les caryopses revêtent tout à fait le même aspect extérieur que les graines, quand elles sont mises en liberté; aussi, dans le langage vulgaire, ces fruits sont-ils appelés des « graines ». Les aigrettes de poils qui se dressent sur certaines graines se retrouvent sur certains achaines, comme on le voit chez beaucoup de Composées; de même, la saillie du tégument des graines ailées a son analogue dans l'aile des samares. Il n'est pas jusqu'à la faculté qu'ont certaines graines de gélifier l'épiderme de leur tégument, qui ne se retrouve dans l'épiderme du péricarpe de certains achaines (Sauge et d'autres Labiées).

Le même but, qui est ici la dissémination des graines, ou des embryons à défaut de graines, se trouve atteint, comme on voit, par des procédés différents suivant les cas; c'est une nouvelle preuve, ajoutée à tant d'autres, de cette vérité, que la Physiologie domine la Morphologie.

Annexes du fruit. — Le pistil n'est pas toujours la seule partie de la fleur qui se développe après la fécondation. D'autres organes floraux persistent quelquefois et s'accroissent beaucoup, de manière à former plus tard autour du fruit des annexes souvent plus volumineuses que lui.

C'est souvent le calice qui se développe de la sorte. Il persiste quelquefois simplement au-dessous du fruit (Fraisier, Benoîte, etc.) ou grandit jusqu'à l'entourer d'un sac clos (Coqueret, etc.). Parfois il s'applique intimement à sa surface, sans toutefois se souder au péricarpe. Ainsi, dans le Mûrier le calice des fleurs femelles, s'épaissit beaucoup, devient pulpeux, comestible, et forme au fruit une enveloppe épaisse. De même, le fruit du Blite, qui est un achaine, se trouve enveloppé par le calice devenu charnu. Dans le Nyctage, la base du calice forme autour de l'achaine une tunique sèche et dure.

Ailleurs, c'est la coupe ou la bouteille formée par la concrescence basilaire de toutes les parties extérieures au pistil : calice, corolle et androcée, qui se développe autour du fruit. Dans le Rosier, par exemple, cette bouteille devient épaisse, charnue et comestible. Il en est de même dans les Pirées (Coignassier, Poirier, Néflier, etc.), avec cette différence que, l'ovaire étant infère, la substance charnue de la coupe est intimement unie à la substance charnue du fruit, qui est une drupe. Dans ces plantes, la partie comestible du fruit est donc due à la fois à la coupe externe et au vrai péricarpe ; mais, par la place qu'y occupent les méristèles dorsales des carpelles, on peut juger que c'est la coupe qui y prend la plus grande part. Dans d'autres ovaires infères, c'est au contraire le péricarpe qui forme la plus grande partie de l'épaisseur totale (Groseillier, Cucurbitacées, etc.). Mais il n'est ni possible, ni utile de faire la part exacte du péricarpe dans la constitution de la paroi des ovaires infères. Il suffit de savoir que, dans tous ces ovaires, cette paroi est composée des bases réunies de toutes les feuilles florales. Aussi les fruits provenant d'ovaires infères se distinguent-ils des fruits analogues issus d'ovaires supères par la présence, à leur sommet, d'une couronne plus ou moins large, marquant le niveau de séparation du calice (Poirier, Néflier, Groseillier, etc.).

Ailleurs, c'est l'extrémité intra-florale du pédicelle, en un mot le réceptacle, qui s'accroît beaucoup, se renfle et porte,

les fruits à sa surface, comme dans le Fraisier, où ce réceptacle renflé, tout couvert de nombreux petits achaines, constitue la partie comestible de la fraise.

Quelquefois, c'est la partie du pédicelle située au-dessous
de la fleur qui se développe en un gros
corps charnu, ayant la forme et la
grosseur d'une poire, dont il partage
aussi la consistance et la saveur (Anacarde, fig. 211, Sémécarpe, Hovénie).
Dans le Figuier (fig. 212), c'est le réceptacle commun du capitule, creusé en
forme de bouteille et tout couvert
d'achaines, qui devient charnu, pulpeux
et comestible. De même, dans l'Ananas,
l'axe de l'épi devient charnu et comestible, en même temps que les bractées
mères des fleurs.

Fruit composé. — Quand les divers
fruits qui proviennent des fleurs d'une
inflorescence condensée, d'un épi par
exemple ou d'un capitule, se soudent pendant leur croissance, ils forment tous ensemble une masse unique, qu'on
peut appeler un *fruit composé*. Mais il
faut remarquer que tout fruit composé
est nécessairement hétérogène. Il entre,
en effet, dans sa constitution, non seulement les fruits simples, mais encore
les pédicelles des fleurs, leurs bractées
mères et le pédicelle commun de l'inflorescence. Ainsi, par exemple, tous
les fruits ouverts provenant de l'épi
femelle des Conifères forment ensemble,
joints à leurs bractées mères et au
pédicelle commun, le fruit composé ou
cône (voir p. 263, fig. 96), auquel ces
plantes doivent leur nom. La figue
(fig. 212) est aussi un fruit composé.
L'ananas est dans le même cas, et com-
prend à la fois les fruits, les calices, les bractées mères
et le pédicelle commun, le tout confondu en une masse
charnue et comestible.

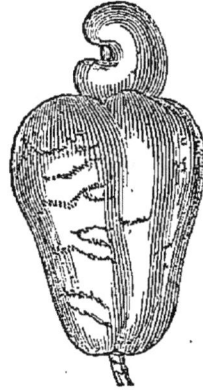

Fig. 211. — Fruit (drupe) à pédicelle charnu de l'Anacarde.

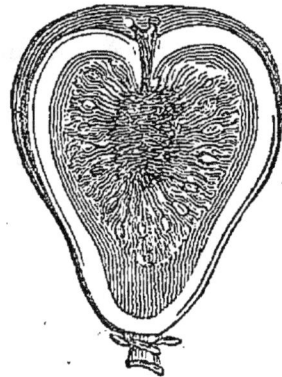

Fig. 212. — Fruit composé du Figuier, coupé en long.

§ 4

GERMINATION DE LA GRAINE OU DU FRUIT
ET DÉVELOPPEMENT DE L'EMBRYON EN PLANTULE

L'embryon sommeille dans la graine des Séminées ou dans le fruit des Inséminées; il respire pourtant, absorbant à travers le tégument ou le péricarpe l'oxygène de l'air et dégageant de l'acide carbonique, mais sa respiration est très faible. Pour sortir de cet état de vie très ralentie, qu'on appelle souvent la *vie latente*, pour *germer*, comme on dit, la graine des Séminées ou le fruit des Inséminées doit remplir certaines conditions et doit trouver réunies dans le milieu extérieur certaines autres conditions. Les conditions nécessaires et suffisantes à la germination sont donc de deux sortes : les unes intrinsèques ou de graine, les autres extrinsèques ou de milieu.

Conditions intrinsèques de la germination. — Il faut d'abord que la graine soit bonne, c'est-à-dire bien conformée dans toutes ses parties. Il y a des graines, en effet, de forme et de grandeur normales, dont le tégument régulièrement développé ne renferme qu'une ébauche d'amande; le reste de l'espace intérieur est occupé par de l'air. Il est nécessaire de savoir séparer ces mauvaises graines d'avec les bonnes. On y réussit d'ordinaire par un procédé très simple. Les graines bien conformées étant en général plus denses que l'eau, il suffit de jeter le lot de graines à trier dans un vase plein d'eau, en ayant soin d'agiter jusqu'à ce que l'air adhérent au tégument ait entièrement disparu : les bonnes graines vont au fond, les mauvaises surnagent et le triage est fait. Cet *essai par l'eau* n'est pas cependant d'une application générale. Certaines graines, en effet, quoique pleines, flottent sur l'eau, soit parce qu'elles renferment dans l'albumen ou dans l'embryon une très grande proportion d'huile (Ricin, etc.), soit parce que le parenchyme des cotylédons est lacuneux, creusé de méats aérifères (Erythrine, Ape, Glycine, etc.), soit parce que le tégument renferme une grande quantité d'air (Iride, Concombre, Pin, etc.). Il ne faut donc employer ce procédé qu'après s'être assuré qu'il est réellement applicable à l'espèce de graines que l'on considère.

La graine étant bonne, il faut encore qu'elle soit intérieurement mûre, c'est-à-dire que les cellules constitutives de l'embryon et de l'albumen y soient à un état tel que leurs substances de réserve puissent être digérées et assimilées aussitôt que les conditions du milieu extérieur se trouveront remplies. Cette maturité intérieure coïncide quelquefois avec la maturité extérieure et se confond alors avec la maturité du fruit; mais chez beaucoup de plantes, elle la précède, tandis que chez d'autres, au contraire, elle la suit. Le premier cas se présente, par exemple, chez beaucoup de Légumineuses (Haricot, Fève, Pois, Lentille, Cytise, Sophore, etc.) et de Graminées (Blé, Seigle, Orge, etc.), dans le Frêne, etc.; les graines de ces plantes germent déjà lorsqu'elles n'ont encore atteint que la moitié de leur dimension normale, et les plantes qu'elles produisent sont aussi vigoureuses que les autres. Le second cas est offert par les graines de Rosier, d'Aubépine, de Pêcher, etc., qui, placées dans les conditions de milieu les plus favorables, attendent deux années et plus avant d'entrer en germination.

La graine ayant acquis sa maturité interne, il faut encore qu'elle ne l'ait pas perdue. Le même travail intérieur qui donne à la graine sa maturité, en se continuant la lui enlève. La durée de la maturité interne, ou, comme on dit souvent en jugeant de la cause par l'effet, la durée du pouvoir germinatif, varie beaucoup suivant la nature des réserves renfermées dans la graine. Les graines qui ont un albumen corné (Caféier, Ombellifères, etc.) perdent leur maturité par le seul fait de la dessiccation. Pour les conserver quelque temps, il faut les maintenir dans un milieu humide en les *stratifiant*, c'est-à-dire en les disposant dans des pots par couches minces, qu'on fait alterner avec des couches de terre ou de sable légèrement imbibées d'eau. Les graines oléagineuses, soit par leur embryon, soit par leur albumen, conservent plus longtemps leur faculté germinative, mais on sait qu'à la longue l'huile s'oxyde à l'air et rancit. Pour y être retardée par le tégument, cette oxydation lente ne s'en produit pas moins dans ces graines, et, après quelques années d'exposition à l'air, elles cessent de pouvoir germer. L'amidon, le sucre, les substances albuminoïdes, au contraire, sont moins altérables à l'air. Aussi les graines amylacées sont-elles celles qui conservent le plus longtemps leur pouvoir germinatif; les Légumineuses et les Malvacées se montrent sous ce rapport plus résistantes encore que les Graminées.

En leur interdisant l'accès facile de l'air, de manière à empêcher les oxydations, en les enfouissant par exemple à une grande profondeur dans le sol, on prolonge beaucoup la durée de la maturité des graines. C'est ainsi qu'on a pu faire germer des graines extraites des tombeaux gallo-romains et celtiques (Mercuriale, Centaurée, Héliotrope, Romarin, Camomille, Framboisier, etc.).

Quand elles sont bien sèches, le froid le plus intense que l'on sache produire, — 80°, est sans action sur les graines. Mais la chaleur les tue à un certain degré; il faut distinguer pourtant entre la chaleur sèche et la chaleur humide. Ainsi, dans l'air sec, on peut porter des fruits de Blé, de Maïs, etc.; à 100° pendant un quart d'heure, à 65° pendant une heure, sans leur faire perdre leur faculté germinative, tandis que dans l'eau un séjour d'une heure à 53° ou 54° suffit à les tuer.

Conditions extrinsèques de la germination. — A une graine bien conformée, ayant acquis sa maturité interne et ne l'ayant pas perdue, il faut et il suffit que le milieu extérieur apporte de l'eau, de l'oxygène et de la chaleur pour qu'aussitôt elle germe. A l'exception de l'eau et de l'oxygène, elle renferme, en effet, à l'état de réserve directement assimilable, tout l'aliment dont l'embryon a besoin pour reprendre et poursuivre sa croissance; l'apport de ces deux corps complète donc l'aliment. Quant à la chaleur, elle est nécessaire à la germination, qui est une phase particulière de la croissance, comme à la croissance en général (p. 49). C'est-à-dire qu'il y a une limite inférieure de température au-dessous de laquelle la germination n'a pas lieu, une limite supérieure au-dessus de laquelle elle ne se produit plus et, quelque part entre les deux, un optimum où elle s'opère le plus rapidement possible, et dont il faut toujours se rapprocher dans la pratique. A cet effet, voici, pour quelques plantes cultivées, la valeur des trois températures critiques :

	LIMITE INFÉRIEURE.	OPTIMUM.	LIMITE SUPÉRIEURE.
Moutarde.	0°	27°,4	37°,2
Passerage et Lin.	1,8	21	28
Orge.	5	28,7	37,7
Blé.	5	28,7	42,5
Trèfle.	5,7	21,25	28
Haricot et Maïs.	9,5	33,7	46,2
Courge.	13,7	33,7	46,2

On voit qu'elles varient beaucoup suivant la nature du végétal et que telles plantes, comme l'Orge, le Blé, et mieux encore le Haricot, le Maïs et la Courge, germent le mieux possible à une température à laquelle telles autres plantes, comme le Passerage, le Lin et le Trèfle, ne germent plus du tout.

La lumière n'est donc pas nécessaire, en général, à la germination de la graine ou du fruit, qui s'opère tout aussi bien à l'obscurité. Pourtant, on commence à connaître quelques exceptions à cette règle. Ainsi, par exemple, le fruit inséminé du Gui ne germe pas à l'obscurité; il lui faut de la lumière.

Toutes les conditions intrinsèques et extrinsèques étant remplies, la graine germe, et si toutes ces conditions sont remplies le mieux possible, si la température, par exemple, est à son optimum pour la plante considérée, elle germe le plus rapidement possible. Il en est de même pour le fruit des Inséminées.

Nous avons à étudier maintenant les phénomènes, tant morphologiques que physiologiques, qui caractérisent la germination.

Phénomènes morphologiques de la germination. Développement de l'embryon en plantule. — Considérons donc une graine couchée sur un sol humide et chaud. Gonflée par l'eau, l'amande distend d'abord le tégument et, comme en même temps la radicule cherche à s'allonger, c'est au micropyle que la tension est la plus forte et que se fait la déchirure.

Par la fente, la radicule s'allonge au dehors, en se courbant en bas sous l'influence de son géotropisme positif (p. 116, fig. 44); elle croît désormais suivant la verticale, en devenant la racine terminale de la plante, avec tous les caractères de forme et de structure qu'on lui connaît. Pour faciliter la sortie de la radicule, la tigelle développe quelquefois à sa base une excroissance, soit sur tout son pourtour (Eucalypte), soit d'un côté seulement en forme de talon (Cucurbitacées).

Quand la racine a atteint une certaine longueur, la tigelle à son tour s'allonge par croissance intercalaire et, se courbant vers le haut sous l'influence de son géotropisme négatif (p. 229), forme d'abord une sorte d'anse, puis enfin se place tout entière verticalement dans le prolongement de la racine. Elle continue pendant quelque temps de croître dans cette direction, en soulevant de plus en plus la graine à son sommet, et devient enfin le premier entre-nœud de la tige, ou, comme on dit souvent, la tige hypocotylée (Ricin, Haricot, etc.). Quelquefois la partie basilaire de la racine, où l'épiderme est simple et qu'on nomme la rhizelle (p. 190), s'allonge vers le haut, en même temps que la tigelle, et la région hypocotylée se trouve constituée mi-partie par les bases accrues des deux membres (Érable, etc.). Souvent c'est la rhizelle seule qui s'allonge vers le haut, soulevant la tigelle qui ne s'accroît pas; la région hypocotylée est alors formée presque tout entière par la base accrue de la racine (Crucifères, Caryophyllées, Conifères, etc.). Il faut éviter de confondre, comme on le fait souvent, ces trois dispositions.

Plus tard, les cotylédons à leur tour se développent, se séparent l'un de l'autre en élargissant la déchirure du tégument et en le rejetant sur le sol, et enfin s'épanouissent horizontalement en autant de feuilles vertes au sommet de la tige hypocotylée.

Plus tard encore, le cône terminal de la tige, nu ou déjà développé en une gemmule, s'allonge au-dessus des cotylédons, forme sur ses flancs et épanouit progressivement des feuilles nouvelles, constitue enfin toute la tige épicotylée. Dès lors, la plantule est complète. Son développement comprend, comme on voit, quatre temps : la radicule, la tigelle, les cotylédons et la gemmule entrant successivement en croissance.

Quand la graine est albuminée, c'est pendant les deux premières phases que les cotylédons, enfermés avec l'albumen dans le tégument, en absorbent peu à peu la substance; le peu qui en reste est rejeté sous forme d'une mince pellicule avec le tégument pendant la troisième phase.

Telle est la marche, pour ainsi dire régulière et normale, du développement de l'embryon en plantule. Elle se retrouve avec tous ses caractères pendant la germination du fruit des Inséminées (Nuytsie, etc.), avec cette différence qu'ici c'est le péricarpe qui s'ouvre d'abord et qui est ensuite rejeté. Mais cette marche se raccourcit souvent, par suppression d'une ou de deux des quatre étapes dont elle se compose.

Ainsi la tigelle et la rhizelle peuvent ne s'allonger ni l'une, ni l'autre ; le cotylédon (Ail, etc.), ou les deux cotylédons (Anémone, Éranthe, Dauphinelle, etc.), ne s'en développent pas moins, sortent du tégument et s'épanouissent dans l'air en feuilles vertes. Il y a simplement alors suppression de la seconde des quatre phases ordinaires. Mais le plus souvent la seconde et la troisième phases se trouvent supprimées à la fois. Après le développement de la radicule, ni la rhizelle, ni la tigelle ne s'accroissent; les cotylédons ne s'épanouissent pas non plus et demeurent enfermés dans le tégument; la gemmule seule s'allonge verticalement, après avoir été poussée dehors à travers l'orifice de sortie de la radicule par un allongement plus ou moins considérable des pétioles cotylédonaires, ou de la gaine du cotylédon unique. Au premier temps succède alors immédiatement le quatrième. Jointe à la racine, la tige épicotylée, dont le développement est beaucoup plus précoce que dans le premier cas, forme alors un cylindre vertical tangent à la graine.

Pour distinguer l'un de l'autre les deux modes extrêmes de germination et les deux formes très différentes qu'ils donnent à des plantules de même âge, on dit que les cotylédons sont *épigés*, portés au-dessus de la terre, dans le premier cas, *hypogés*, demeurant sous la terre, dans le second. La germination est épigée chez un grand nombre de Dicotylédones (Crucifères, Convolvulacées, Euphorbiacées, Cucurbitacées, Érable, Hêtre, Prunier, etc.) et chez la plupart des Conifères (Pin, Thuier, If, etc.). Elle est hypogée chez bon nombre de Dicotylédones (Graminées, Viciées, Chêne, Noyer, Marronnier, etc.), chez la plupart des Monocotylédones (Liliacées, Palmiers, Scitaminées, etc.), dans quelques Conifères (Ginkgo) et dans les Cycadacées.

Si l'embryon n'a pas de radicule, de deux choses l'une. Ou bien il ne s'en fait pas non plus à la germination et la tigelle, après s'être allongée, se termine comme telle à la base; c'est ce qui s'observe avec cotylédons hypogés dans la Mâcre, etc., avec cotylédons épigés dans le Cornifle, le Gui, le Loranthe, etc. La première phase de la germination est alors supprimée. Ou bien il se fait, au début de la germination, une radicule à l'intérieur de la base de la tigelle, endogène par conséquent, qui paraît bientôt au dehors et s'y allonge vers le bas, comme dans le cas ordinaire; c'est ce qu'on remarque, avec cotylédons épigés dans la Nuytsie, etc., avec cotylédon hypogé chez les Palmiers, etc. Dans les Palmiers, le pétiole et la gaine du cotylédon s'allongent tout d'abord beaucoup vers le bas et enfoncent profondément dans le sol la base de la tigelle, pendant que s'y forme la radicule. La gemmule a donc à remonter une épaisseur considérable de terre avant de pointer au dehors, d'où il résulte que la tige de ces arbres est profondément enterrée. Cet allongement du pétiole cotylédonaire peut se réduire à quelques centimètres (Phénice, Chamérope, Arenge, etc.), mais elle atteint quelquefois 65 centimètres (Copernicier, Phyléléphant, Hyphène, etc.).

Phénomènes physiologiques de la germination. — Pour étudier la physiologie propre de la période germinative, il est nécessaire de fixer la fin de cette période à la première apparition de la chlorophylle dans les cotylédons ou dans les feuilles de la gemmule, de manière à éviter la complication qui résulte du fait de l'assimilation du carbone. On prolonge d'ailleurs autant qu'on veut la période germinative ainsi définie, en maintenant la plante à l'obscurité. On peut de la sorte faire durer les expériences pendant un laps de temps qui atteint : pour le Haricot 26 jours, pour le Blé 50 jours, pour le Pois 55 jours.

Parmi les phénomènes physiologiques de la germination, les uns s'accomplissent entre la graine et le milieu extérieur, les autres ont leur siège à l'intérieur même de la graine. Étudions-les séparément.

1° Phénomènes physiologiques externes. — Dès le début et pendant toute la durée de la période germinative, la plantule absorbe de l'oxygène et dégage de l'acide carbonique, en un mot respire activement; elle émet aussi de la vapeur d'eau, c'est-à-dire transpire; en même temps, sa substance sèche va diminuant de poids. Il est facile de s'assurer de ce triple phénomène, en faisant germer un poids connu de graines sous cloche sur le mercure; on analyse le gaz avant et après l'expérience, on recueille l'eau qui s'est condensée sur les parois de la cloche, et l'on pèse les plantules, après les avoir desséchées au même degré que les graines.

Pour obtenir des résultats quantitatifs plus précis, on fait l'analyse élémentaire d'un poids P de graines qui, desséché à 110°, donne un poids p de substance sèche; ce dernier renferme c de carbone, h d'hydrogène, o d'oxygène, a d'azote, m de matières minérales. Cela connu, on prend un second poids P de ces mêmes graines, que l'on met à germer dans l'obscurité. Quand les plantules ont acquis tout leur développement, on les réunit, on les dessèche à 110°, elles donnent un poids p' de substance sèche. On en fait l'analyse élémentaire; il renferme c' de carbone, h' d'hydrogène, o' d'oxygène, a' d'azote, m' de matières minérales. On fait les différences : $p-p'$ est la perte de poids subie par les graines en passant à l'état de plantules; elle se compose : de la perte $c—c'$ de carbone, de la perte $h—h'$ d'hydrogène et de la perte $o—o'$ d'oxygène; a' et a, m' et m sont égaux, en d'autres termes, il n'y a eu perte ni d'azote, ni de matières minérales. Or, si l'on considère l'oxygène perdu, on voit que son poids est exactement égal à huit fois celui de l'hydrogène perdu; l'hydrogène et l'oxygène ayant été éliminés dans le rapport qui constitue l'eau, on peut dire qu'il y a eu perte d'eau. En résumé, la perte totale peut s'exprimer par du carbone plus de l'eau : $C + H^2O$.

Le carbone perdu a été rejeté à l'état d'acide carbonique, et tout l'oxygène absorbé doit se retrouver en définitive dans l'acide carbonique dégagé; en d'autres termes, le volume d'acide carbonique dégagé doit être égal au volume d'oxygène absorbé. C'est, en effet, ce que montre l'analyse des atmosphères confinées où l'on a fait germer les graines. De là un contrôle réciproque des deux méthodes, celle des poids et celle des volumes.

Telle est la marche générale et résultante du phénomène, envisagé dans sa totalité. Mais, suivant la période considérée pour la même plante, et suivant les plantes pour une même période, il y a aussi des variations secondaires. Ainsi, dans les graines oléagineuses (Lin, Chanvre, Ricin, etc.), pendant les premiers temps de la germination, après la sortie de la radicule, il y a plus d'oxygène absorbé que d'acide carbonique dégagé; le rapport $\frac{CO^2}{O}$ s'abaisse à 0,6. En d'autres termes, il y a de l'oxygène fixé définitivement dans les tissus de la plante, sans doute combiné à l'huile qui s'oxyde en produisant des hydrates de carbone.

En même temps que perte de matière, il y a perte de chaleur; toute graine germante, en effet, dégage de la chaleur. Pour s'en convaincre, il suffit de plonger le réservoir d'un thermomètre dans un lot de graines en voie de germination et d'en comparer les indications à celles d'un thermomètre témoin. Avec le Maïs, par exemple, l'élévation de température a atteint 6^0-7^0, avec le Blé 10^0-12^0, avec le Trèfle 17^0, avec le Chou 20^0.

2° **Phénomènes physiologiques internes. Digestion des réserves.** — Aussitôt que les cellules de l'embryon, et celles de l'albumen quand il est oléagineux à parois minces, sont imprégnées d'eau, chacun des grains d'aleurone qu'elles renferment absorbe de l'eau, se gonfle et dissout dans cette eau toute sa substance interne s'il est homogène, seulement la

partie de cette substance qui enveloppe le cristal et la sphérule s'il a des enclaves (p. 457); il en résulte, au centre de
chaque grain, une vacuole liquide, vide dans le premier cas,
occupée par le cristal et la sphérule dans le second (p. 457,
fig. 202, C). En un mot, chaque grain d'aleurone devient un
hydroleucite et ce passage des grains d'aleurone à l'état
d'hydroleucites est la première des transformations qui s'opèrent à l'intérieur de la graine en voie de germination. Ce
n'est là, d'ailleurs, qu'un retour à l'état antérieur et normal.
Avant la dessiccation qui s'opère pendant la maturation de
la graine (p. 466), en effet, chaque cellule de l'embryon, et
aussi chaque cellule de l'albumen quand il demeure vivant,
contenait un plus ou moins grand nombre d'hydroleucites,
tenant en dissolution des matières albuminoïdes dans le
liquide de leur vacuole. Pendant le dessèchement, ces hydroleucites albuminifères ont perdu leur eau et solidifié en se
contractant leurs substances albuminoïdes dissoutes, en un
mot, sont devenus autant de grains d'aleurone. Les grains
d'aleurone ne sont donc qu'un état particulier des hydroleucites des cellules vivantes, provoqué par l'extrême dessiccation de la graine. Au retour de l'eau, dès le début de la
germination, ces hydroleucites desséchés reprennent leur
caractère normal et les grains d'aleurone disparaissent
comme tels.

On sait peu de chose encore sur les transformations chimiques que les matériaux de réserve, ternaires ou quaternaires, accumulés dans la graine, éprouvent pendant la germination et qui les rendent assimilables. Il paraît certain que la
plupart de ces transformations sont des dédoublements avec
hydratation, accomplis sous l'influence de diastases appropriées, en un mot, des digestions (p. 54 et p. 60).

1° **Digestion interne.** — Considérons d'abord le cas le plus
simple, celui où toutes les réserves sont renfermées déjà dans
le corps de l'embryon. Si la réserve est amylacée, le suc des
cellules devient acide, en même temps qu'une partie des
substances albuminoïdes y passe à l'état d'amylase; dans ce
milieu acide, l'amylase attaque, comme on sait, les grains
d'amidon, les corrode (fig. 201, a-g), les dissout et les dédouble
en définitive en dextrine et maltose; on ignore le mécanisme
par lequel cette dextrine et ce maltose sont à leur tour dédoublés en glucose. Si la réserve est du sucre de Canne (Lupin, etc.)
ou du synanthrose (Composées), il s'y fait de l'invertine, qui

dédouble ces saccharoses en glucose et lévulose. Le glucose, produit définitif de ces diverses transformations, est ensuite transporté de cellule en cellule jusqu'au lieu d'emploi et enfin directement assimilé au protoplasme.

Quand la réserve est composée de corps gras, ceux-ci sont saponifiés par la saponase, c'est-à-dire hydratés et dédoublés en acide gras et glycérine. La glycérine est assimilée directement et disparaît à mesure ; les corps gras subissent des transformations ultérieures. Ils s'oxydent et paraissent se convertir en hydrates de carbone, dont une partie se dépose dans les cellules sous forme de grains d'amidon. Plus tard, ceux-ci subissent les dédoublements connus et disparaissent à leur tour.

Les corps albuminoïdes mis en réserve à l'état amorphe ou à l'état cristallisé, soit dans le protoplasme, soit dans les hydroleucites ou grains d'aleurone, sont hydratés et dissous par des pepsines qui les dédoublent en peptones correspondantes (Lupin, Vesce, Lin, Chanvre, etc.). Celles-ci s'hydratent et se dédoublent de nouveau, sous l'influence de diastases encore inconnues, et certains de leurs produits définitifs vont s'accumulant dans les cellules sous forme d'amides diverses : asparagine, glutamine, leucine, tyrosine, dont la plus répandue est l'asparagine. L'accumulation d'asparagine est d'autant plus considérable que l'embryon renferme moins d'hydrates de carbone ; le Lupin, par exemple, qui ne contient pas d'amidon, renferme jusqu'à 30 p. 100 d'asparagine après douze jours de germination. Dès que la chlorophylle apparaît, la synthèse des hydrates de carbone a lieu et l'asparagine disparaît peu à peu en s'y combinant ; mais, suivant la définition posée au début, on n'est plus alors dans la période germinative. On peut comparer la formation de l'asparagine dans ces conditions à la production de l'urée chez les animaux.

En second lieu, considérons le cas où une grande partie de la réserve est demeurée en dehors de l'embryon, dans l'albumen et dans le périsperme. Quand l'albumen est oléagineux, la transformation des divers matériaux de réserve s'y opère, comme il vient d'être dit de l'embryon, par l'activité propre de ses cellules, qui sont demeurées vivantes et possèdent, comme on sait, beaucoup de grains d'aleurone, c'est-à-dire d'hydroleucites ; en un mot, l'albumen digère lui-même ses réserves (Ricin, etc.). L'embryon n'a qu'à absorber ensuite les produits solubles ainsi formés. Cette absorption se fait par l'épiderme de la face inférieure des cotylédons, intimement appliqué contre l'albumen.

2° **Digestion externe.** — Il en est tout autrement quand l'albumen est à un haut degré amylacé ou corné ; ses cellules étant mortes, dépourvues à la fois de noyau et de grains d'aleurone, c'est-à-dire d'hydroleucites, il ne peut que demeurer passif pendant la germination. C'est alors l'embryon qui l'attaque, le dissout et le digère.

Les agents d'hydratation et de dédoublement : amylase, invertine, pepsines, etc., sont formés dans le cotylédon et épanchés à la surface de son épiderme inférieur, dont les cellules s'allongent parfois perpendiculairement (fig. 206, c). De là, ils pénètrent l'albumen et le dissolvent de proche en proche, pendant que la même surface épidermique absorbe à mesure les substances dissoutes. Tantôt l'action n'a lieu qu'au contact immédiat de l'épiderme ; pour qu'elle puisse se continuer jusqu'à la fin, il faut que le cotylédon s'accroisse à mesure, de manière à se substituer au tissu qu'il a détruit et à se maintenir appliqué contre celui qui reste : c'est le cas ordinaire (Palmiers, etc.). Tantôt l'action, commencée au contact, se continue à distance et le cotylédon ne s'accroît pas (Graminées, fig. 206, etc.). Dans l'un et l'autre cas, l'assise périphérique de l'albumen, que l'on a distinguée plus haut sous le nom d'assise digestive (p. 461), résiste à l'action de l'embryon et se trouve rejetée avec le tégument ou avec le péricarpe.

Quand l'action digestive de l'embryon porte sur des substances aussi dures et aussi résistantes que les membranes cellulosiques de l'albumen corné du Caféier, du Phénice dattier ou du Phytéléphant, son énergie est telle que les animaux les mieux doués sous ce rapport, les Rongeurs par exemple, ne sauraient lui être comparés.

Comme les phénomènes morphologiques, les phénomènes physiologiques de la germination, tant externes qu'internes, se retrouvent tous avec les mêmes caractères dans le fruit des Inséminées aussi bien que dans la graine des Séminées.

§ 5

DÉVELOPPEMENT DE LA PLANTULE EN PLANTE ADULTE

Développement associé. — Arrivée au point où nous l'avons laissée, la plantule n'a très souvent qu'à poursuivre la croissance et la multiplication des diverses parties qui la constituent, pour parvenir avec le temps à l'état adulte, état où elle fleurit en produisant de nouveaux œufs et de nouvelles graines. Pendant leur croissance et leur multiplication, toutes les parties du corps demeurent alors liées, associées en un tout continu, de façon qu'un embryon devient en définitive un individu adulte ; en d'autres termes, la plante ne se compose, à tout âge, que d'un seul et même individu. Ce mode de développement peut être dit *associé*. On le rencontre chez toutes les Gymnospermes, et chez un très grand nombre d'Angiospermes, non seulement parmi les arbres et les arbustes, mais encore dans les plantes annuelles ou bisannuelles et chez bon nombre de végétaux herbacés vivaces (Polygonate, Millepertuis, Potentille, Luzerne, Panicaut, Centaurée, Scorsonère, Sauge, Plantain, etc., etc.).

On y observe plusieurs modifications. La racine terminale et ses ramifications persistent et s'accroissent indéfiniment dans les Gymnospermes et les Dicotylédones ligneuses ; elles cessent de croître, au contraire, disparaissent de bonne heure et sont remplacées par des racines latérales chez les Monocotylédones et beaucoup de Dicotylédones herbacées. Aérienne où souterraine, la tige et ses branches de divers ordres persistent tout entières dans les végétaux ligneux et certaines herbes vivaces ; les entre-nœuds inférieurs subsistent seuls dans beaucoup d'autres herbes vivaces, pendant que toutes les parties aériennes se détruisent.

Développement dissocié. — Ailleurs, les choses se passent autrement. La plantule devient un individu de petite taille, incapable de fleurir, qui cesse de croître et périt dès la première année, en ne laissant subsister que certaines petites parties de son corps. Celles-ci croissent la seconde année, se complètent s'il y a lieu par des formations adventives, et deviennent autant d'individus nouveaux, plus vigoureux que le premier, mais le plus souvent trop faibles encore pour fleurir, et périssent bientôt à leur tour. Les parties subsis-

tantes se développent la troisième année, et les choses continuent ainsi, jusqu'à ce que, après un certain nombre de ces
étapes annuelles, on arrive enfin à des individus assez vigoureux pour fleurir et porter graines. La plante se compose,
dans ce cas, d'une succession d'individus distincts de plus en
plus nombreux et de plus en plus forts, issus les uns des
autres et tous de la plantule primitive par fractionnement du
corps végétatif. Un embryon y produit, en définitive, un grand
nombre d'individus adultes. Pourtant, ce nombre peut se
réduire à l'unité, si chaque individu transitoire ne laisse,
après sa mort partielle, qu'un seul fragment pour le continuer
(Orchide, etc.). Ce mode de développement peut être nommé
dissocié. On en trouve des exemples chez un grand nombre
d'herbes vivaces, à tige rampante ou souterraine.

La dissociation peut s'y produire de deux manières différentes. Tantôt les rameaux ou bourgeons ont déjà, avant de
se séparer, acquis des racines adventives absorbantes; ils ne
se renflent pas alors en réservoirs nutritifs. Au moment
de leur dissociation, les individus sont complets (Fraisier,
Cresson, Épilobe, Samole, etc.). Tantôt, au contraire, les parties séparées sont dépourvues de racines absorbantes et doivent d'abord, à la reprise de végétation, en former pour
compléter l'individu; avant de s'isoler, elles se renflent alors,
dans l'une ou l'autre de leurs régions, en une réserve alimen-
taire que l'on nomme un tubercule. Dans le fragment détaché,
c'est tantôt la tige qui se tuberculise (p. 151) (Morelle tubéreuse, vulgairement Pomme de terre, etc.), tantôt la racine
(p. 79) (Ficaire, etc.), tantôt les feuilles (p. 226) (Lis, etc.).

Durée du développement. — Que le développement soit
associé ou dissocié, sa durée varie beaucoup suivant les végétaux. Tantôt la plante fleurit dès la première année, quelques
semaines ou quelques mois après la germination. Mais, même
alors, il est rare que la tige primaire, issue de la gemmule de
l'embryon, se termine par une fleur, de manière que les
étamines et les carpelles soient des feuilles de même degré
que les cotylédons (Pavot, etc.). Le plus souvent ce sont des
branches d'ordre plus ou moins élevé qui forment les fleurs à
leur sommet.

Tantôt la plante ne fleurit que la seconde année (Bette
vulgaire, Dauce carotte, etc.). Tantôt enfin elle croît pendant
plusieurs années avant de fleurir, comme on le voit dans les
arbres et en général dans les végétaux ligneux. Le Pin et le

Mélèze, par exemple, mettent quinze ans à fleurir, la Pesse quarante ans, le Hêtre et le Sapin cinquante ans.

Quand la plante ne développe chaque année qu'une génération de branches et que les fleurs n'apparaissent que sur les branches d'un certain ordre, on peut hâter la floraison en forçant le végétal à produire par an deux générations de branches. On y arrive en effeuillant les branches, ou mieux en les coupant à une petite distance de leur base; les bourgeons de la portion qui reste, au lieu de ne se développer que l'année suivante, s'épanouissent aussitôt. On parvient de la sorte à faire fleurir un Pommier dès sa seconde année.

Applications : Marcottage, Bouturage, Greffe. — L'étude du développement dissocié nous a montré la plante se multipliant d'ordinaire en même temps qu'elle se développe, et cela de plusieurs manières différentes : soit par affranchissement de portions du corps déjà complètes et se suffisant à elles-mêmes dès avant leur séparation (Fraisier, etc.), soit par mise en liberté de parties qui ont à se compléter plus tard pour régénérer un individu entier (Ficaire, Morelle tubéreuse, etc.). L'homme applique ces procédés de la nature à la multiplication des végétaux qu'il juge utiles et il en généralise même l'emploi en les étendant aux plantes à développement associé.

Une portion du corps végétal, complète en soi, c'est-à-dire ayant tiges, racines et feuilles, séparée artificiellement de l'ensemble et autonomisée, est ce qu'on appelle une marcotte et son affranchissement un marcottage, comme il a été dit p. 78. La multiplication du Fraisier pendant son développement n'est en somme qu'un marcottage naturel.

Une portion du corps végétal, incomplète à divers degrés et qui doit, après sa séparation, se compléter par conséquent à divers degrés pour donner un individu nouveau, est une bouture et l'opération qui la transforme en un individu complet un bouturage, comme il a été dit p. 78. Le développement dissocié de la Morelle tubéreuse, de la Ficaire et de tant d'autres plantes vivaces n'est qu'un bouturage naturel.

Si la branche ou le bourgeon, une fois séparés, refusent de former des racines, on les porte sur une racine toute faite ou sur une tige munie d'une pareille racine, de manière que la soudure ait lieu et que les deux parties ne fassent qu'un individu. La partie détachée et rapprochée est le *greffon*, la partie fixe est le *sujet*, et l'opération qui les unit est la *greffe*.

Pour greffer, la condition générale est d'établir entre le greffon et le sujet le contact le plus intime et le plus étendu, et surtout de disposer les choses de manière que la juxtaposition ait lieu par les tissus les plus vivants, notamment par les méristèmes. Suivant les cas, cette condition pourra être satisfaite de bien des manières différentes. Bornons-nous ici à caractériser les types autour desquels se groupent tous les procédés particuliers. Il y en a trois : la *greffe par approche*, la *greffe de rameaux* et la *greffe de bourgeons*.

La greffe par approche se fait entre tiges de plantes voisines ou entre branches encore attachées à la tige. On les juxtapose après avoir pratiqué aux points de contact des incisions ou des entailles de diverses formes qui mettent à nu les tissus vivants, et on les maintient accolées par une ligature. Cette greffe est fréquente dans la nature : on l'observe souvent dans les forêts, entre branches du même arbre ou entre arbres différents de même espèce, plus rarement entre arbres d'espèces ou même de genres différents. Une fois la greffe réalisée, on peut couper l'une des branches au-dessous du point d'union, elle demeurera nourrie par l'autre; elle sera devenue par là un greffon et l'autre un sujet. La greffe par approche ressemble donc au marcottage.

La greffe de rameaux consiste à détacher d'une plante un rameau encore herbacé ou déjà ligneux et à le porter sur un sujet, avec les précautions nécessaires pour qu'il reste vivant pendant le temps exigé pour la formation du tissu de soudure et l'établissement à travers ce tissu des communications libéroligneuses. La greffe de rameaux ressemble, on le voit, au bouturage de branches. Pour établir les contacts, on taille en biseau la partie inférieure du greffon et on l'introduit dans une fente pratiquée dans l'écorce du sujet et pénétrant jusqu'au bois, ou dans une fente obtenue en écartant du bois toute la couche de tissus extérieure à l'assise génératrice du pachyte ; dans l'un et l'autre cas, les assises génératrices pachytiques du greffon et du sujet sont mises en contact intime : c'est la *greffe en fente*. Si l'on fait une section transversale de la tige du sujet, et si l'on fixe de la sorte tout autour du bois un certain nombre de greffons, la greffe en fente devient une *greffe en couronne*. La greffe de rameaux peut se faire aussi bien sur racine que sur tige. La base du greffon se trouvant alors près de la terre, ou même enterrée, produit quelquefois tardivement des racines adventives qui nourrissent en partie le greffon par lui-même ; si la racine du sujet s'atrophie plus tard, le greffon, désormais nourri uniquement par ses propres racines, *affranchi*, comme on dit, devient une marcotte.

La greffe de bourgeons se fait en transportant sur le sujet un simple bourgeon, avec une plaque plus ou moins large contenant tous les tissus extérieurs à l'assise génératrice du pachyte de la branche qui le porte. On applique cette plaque contre la surface externe du bois du sujet, préalablement mise à nu. Les deux assises génératrices pachytiques, accolées ainsi l'une à l'autre par toute la surface, se soudent facilement, et quand le bourgeon s'épanouit, il tire sa nourriture directement du sujet. Si la plaque est détachée en forme d'anneau sur toute la périphérie de la branche, on dénude également sur toute la périphérie et sur la même longueur le bois du sujet et l'on applique le cylindre creux du greffon sur le cylindre plein du sujet : c'est la *greffe en flûte*. Si la plaque détachée est rectangulaire ou en forme d'écusson, on pratique sur le sujet deux incisions en T, on décolle les deux lèvres d'avec le bois, on insinue l'écusson dans l'entaille en l'appliquant contre le bois, on renferme les lèvres au-dessus de lui et on les maintient par une ligature : c'est la *greffe en écusson*, celle de toutes qui est le plus fréquemment appliquée.

De quelque manière qu'on la réalise, la greffe réussit, non seulement entre parties de la même plante ou entre plantes de la même espèce, mais aussi entre espèces du même genre (Rosiers, etc.) et assez souvent entre genres différents d'une même famille, par exemple entre le Poirier et le Coignassier, le Prunier et l'Amandier, le Poirier et le Néflier, le Poirier et l'Aubépine, etc. Comme on peut appliquer sur le même sujet et nourrir par la même racine autant de greffons différents qu'on voudra, comme ensuite on peut, sur chaque branche de ces greffons, appliquer de nombreux greffons qui à leur tour peuvent en porter d'autres, on arrive à réaliser de la sorte les associations les plus compliquées et les plus singulières.

Le marcottage, le bouturage et la greffe ne font en somme que séparer une partie du corps vivant d'une plante pour la nourrir soit indépendamment (marcottage et bouturage), soit en parasite sur une autre (greffe). Par là, cette partie n'acquiert, ni ne perd aucun caractère ; elle garde toutes les propriétés qu'elle possédait quand elle faisait partie de l'ensemble d'où on l'a séparée, c'est-à-dire tous les caractères de la plante que cet ensemble représente. En multipliant ainsi la plante, on la conserve donc simplement avec toutes ses propriétés, même les plus délicates, telle en un mot qu'elle a été formée dans l'œuf. On fait des individus nouveaux et on les multiplie à l'infini, mais c'est toujours la même plante. Ce sont des moyens précieux de fixer et de conserver toutes les variations introduites une fois dans l'œuf, précisément parce qu'ils sont hors d'état de produire la moindre variation nouvelle.

Durée de la plante adulte. — Parvenue à l'état adulte, la plante a, suivant les cas, un sort très différent. Tantôt les réserves accumulées dans son corps pendant son développement émigrent en totalité dans ses graines ou dans ses fruits inséminés; en même temps qu'elle mûrit ses fruits, elle meurt donc d'épuisement. Les plantes qui ne fleurissent et ne fructifient ainsi qu'une seule fois sont dites, comme on sait (p. 151), *monocarpiques*; suivant que leur développement exige une, deux, ou un plus grand nombre d'années, elles sont *annuelles, bisannuelles, pluriannuelles.*

Tantôt une partie seulement des réserves émigrent dans les graines ou les fruits inséminés, le reste demeure dans le corps, qui persiste après la dissémination des graines ou des fruits, pour fleurir de nouveau plus tard et se conserver de même après chaque floraison. La plante est alors *polycarpique* ou *vivace* (p. 151). La persistance est totale si les réserves demeurent distribuées dans toute l'étendue du corps, comme dans les végétaux ligneux; les pédicelles floraux périssent seuls après la maturation des graines ou des fruits. Elle n'est que partielle, si les réserves s'accumulent dans certaines parties du corps, tout le reste disparaissant alors après chaque floraison.

Suivant la nature et la disposition des parties qui meurent et de celles qui persistent, la plante ne fait que se conserver, sans se multiplier, ou bien au contraire se multiplie en même temps qu'elle se conserve. Dans la Tulipe, par exemple, il ne subsiste de la plante, après la première floraison comme après toutes les floraisons suivantes, qu'un seul bourgeon situé à l'aisselle de l'écaille supérieure du bulbe. L'année suivante, ce bourgeon, qui est une bouture, devenu bulbe à son tour, fleurit au sommet et périt en ne laissant de même qu'un seul bourgeon. Il n'y a jamais de la plante vivace qu'un individu à la fois. Dans la Morelle tubéreuse, au contraire, il subsiste de la plante, après chaque floraison, un plus ou moins grand nombre de bourgeons terminaux isolés, boutures qui se développent au printemps prochain en autant d'individus nouveaux. La plante vivace est représentée par un nombre d'individus d'autant plus considérable qu'elle est plus âgée. Dans tous les cas, la plante vivace se maintient à l'état adulte exactement par le même procédé qu'elle a employé pour y parvenir.

Si la plante vivace végète horizontalement à la surface ou à l'intérieur du sol, ou si ses parties dressées dans l'air meurent à chaque saison, en un mot, si elle conserve à toute époque ses mêmes relations avec le sol où elle puise sa nourriture, elle ne meurt jamais (Fraisier, Morelle tubéreuse, etc.). Si au contraire, comme dans les arbres, elle élève de plus en plus ses branches dans l'air et plonge de plus en plus ses racines dans le sol, la distance entre les poils radicaux et les feuilles croît indéfiniment, le trajet des sucs nourriciers dans les deux sens devient de plus en plus long et difficile. De là, d'abord un ralentissement progressif de l'énergie végétative et finalement la mort. A moins que, naturellement ou par l'action de l'homme, quelque branche, ramenée à la surface du sol, n'y prenne racine et ne devienne ainsi l'origine d'une nouvelle série de développements ascensionnels.

Cette mort naturelle des arbres est quelquefois devancée dans la nature par une mort accidentelle, due à des causes mécaniques. A partir d'un certain âge, il arrive souvent que le *cœur* du bois se détruit progressivement du centre à la périphérie (p. 218); la tige, de plus en plus évidée, devient de moins en moins capable de résister au poids toujours croissant de son branchage. Elle se rompt enfin, et l'édifice tombe en ruines. S'il n'arrive pas alors que quelque branche prenne racine sur le sol, ou que le tronc brisé produise des bourgeons adventifs, la plante meurt. Mais souvent quelqu'un de ces débris se complète, la plante continue de vivre et même se multiplie. On voit, en somme, que la mort d'une plante polycarpique est un accident assez rare dans la nature.

CHAPITRE SEPTIÈME

FORMATION DE L'ŒUF
ET
DÉVELOPPEMENT DES CRYPTOGAMES
VASCULAIRES

Sachant, par le chapitre V comment l'œuf se forme chez les Phanérogames, et par le chapitre VI comment il s'y développe d'abord en un embryon dans la graine ou dans le fruit, puis en une plante adulte à la suite de la germination de cette graine ou de ce fruit, nous devons maintenant refaire cette double étude pour les Cryptogames vasculaires. A cet effet, nous prendrons pour type la division la plus nombreuse et la plus répandue de ce groupe, celle des Fougères; il suffira de quelques mots ensuite pour indiquer comment les choses se passent dans les autres divisions et en même temps pour rattacher les Cryptogames vasculaires aux Phanérogames.

§ 1

FORMATION DE L'ŒUF CHEZ LES FOUGÈRES

La formation de l'œuf des Fougères comprend deux phases successives, séparées souvent par un long temps de repos. La plante adulte produit d'abord et met en liberté des cellules spéciales que, pour nous conformer à l'usage, nous nommerons des *spores*. Puis, ces spores germent et donnent naissance chacune à un petit corps lamelliforme ou *prothalle*. C'est sur ce prothalle enfin que l'œuf se forme et qu'il se développe un embryon[1].

---

1. C'est très improprement que les cellules profondément différenciées qui engendrent les prothalles sont désignées sous le nom de *spores*. En germant, elles produisent, en effet, non pas un individu pareil à celui qui les a formées, comme les vraies spores (p. 43), mais seulement un corps rudimentaire très différent du premier, dont il est le complément indispensable puisqu'il est

Formation des spores. — Les spores des Fougères sont renfermées en grand nombre dans des sacs pédiculés ou *spo-ranges*, ordinairement groupés à la face inférieure des feuilles et sur les nervures. Chaque groupe de sporanges est un *sore*. Quelquefois nu (Polypode, Osmonde, etc.), le sore est le plus souvent protégé par une excroissance membraneuse de l'épiderme, sorte de poil écailleux, qu'on nomme *indusie* (fig. 213 et 214).

La paroi du sporange mûr ne comprend qu'une seule assise de cellules, dont une rangée, ordinairement située dans le plan méridien où elle s'étend sur la plus grande partie de la circonférence, se déve-loppe autrement que les autres (fig. 214). Elles sont plus grandes et proéminent en dehors ; leur membrane s'apaissit, se lignifie et se colore fortement sur la face interne et sur les faces latérales en contact, mais demeure mince sur la face extérieure convexe :

Fig. 213. — Face infé-rieure d'un segment du limbe de l'Aspide fougère-mâle, avec huit sores indusiés *i*.

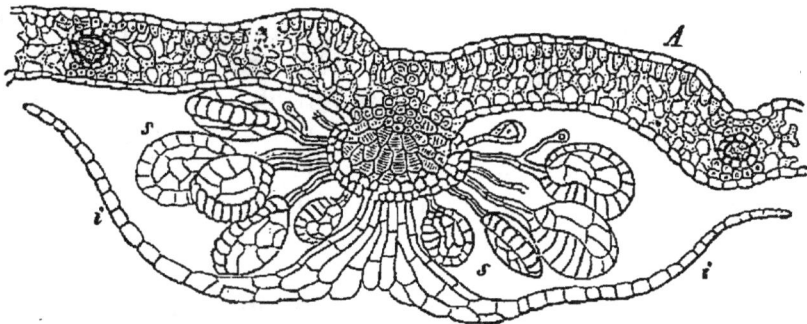

Fig. 214. — Section transversale de la feuille de l'Aspide fougère-mâle, passant par un sore, avec ses sporanges *s* et son indusie *i*.

elles constituent ce qu'on appelle l'*anneau*. En se desséchant, ces cellules se contractent davantage sur la face externe ; l'an-

destiné à produire les œufs et à alimenter leurs premiers développements. Dans sa totalité, la plante est donc coupée ici en deux tronçons, un grand tronçon végétatif et un petit tronçon reproducteur ; les cellules en question établissent simplement le passage entre les deux tronçons : ce sont, si l'on veut, des spores de passage. On leur a, d'après ce caractère, donné le nom de *diodes* ; le sac qui les renferme est alors un *diodange*.

neau cherche par conséquent à se redresser et par là déchire la paroi du sporange, d'abord entre ses bords, puis de chaque côté, perpendiculairement à sa propre direction. Les spores se trouvent de la sorte projetées vers le bas et tombent sur le sol. Ce sont de simples cellules. Leur membrane cellulosique, tout entière cutinisée, est partagée en deux couches dont l'externe, diversement colorée, est souvent munie d'épaississements variés; leur protoplasme contient autour du noyau diverses matières de réserve et quelquefois des chloroleucites (Osmondacées, Hyménophyllacées).

Le sporange naît du développement particulier d'une cellule de l'épiderme; il a donc la valeur morphologique d'un poil. Des cellules voisines se développent d'ailleurs souvent en poils ordinaires, qui entrent avec les sporanges dans la composition du sore et qu'on nomme des *paraphyses*. Pour produire un sporange, la cellule épidermique se prolonge d'abord au dehors en formant une papille, dont la partie saillante se sépare de la base par une cloison transversale. Puis, elle se divise par une nouvelle cloison transversale en deux cellules, dont l'inférieure, prenant des cloisons à la fois transversales et longitudinales, donne naissance au pédicelle, formé le plus souvent de trois rangées cellulaires, tandis que la supérieure est la cellule mère du sporange.

Par quatre cloisons obliques successives, celle-ci produit d'abord quatre cellules externes aplaties et une cellule centrale tétraédrique. Les premières se divisent par des cloisons perpendiculaires à la surface et forment la paroi du sporange, dans laquelle l'anneau se différencie plus tard. La cellule tétraédrique se cloisonne de nouveau une ou deux fois parallèlement à ses quatre faces, pour donner une ou deux rangées de cellules doublant la paroi externe et qui se détruisent plus tard dans un liquide granuleux. Après quoi, elle se divise en deux à plusieurs reprises et produit les cellules mères des spores, ordinairement au nombre de seize. Chacune de celles-ci divise deux fois de suite son noyau, puis se cloisonne simultanément en quatre. Les cloisons s'épaississent, leurs lames mitoyennes se gélifient, ainsi que la couche externe des cellules mères, et par là les cellules filles se trouvent isolées dans un liquide mucilagineux, auquel s'ajoute la substance granuleuse provenant de la destruction des assises internes de la paroi. Aux dépens de ce liquide, les cellules filles grandissent, épaississent leur membrane, la dédoublent en deux couches différenciées comme il a été dit plus haut, et constituent enfin les spores mûres, bientôt disséminées par la rupture de la paroi du sac qui les renferme.

Remarquons la profonde analogie qui existe entre la formation des spores des Fougères et celle des grains de pollen des Phanérogames. La seule différence est que le sac pollinique a la valeur d'une émergence, tandis que le sporange des Fougères n'est qu'un poil; mais cette différence est sans importance; elle s'efface d'ailleurs chez d'autres Cryptogames vasculaires (Lycopode, Isoète, Sélaginelle), où le sporange a également la valeur d'une émergence.

Germination des spores et formation du prothalle. — Sur le sol, la spore germe après un temps de repos plus ou moins long. Tout d'abord sa membrane albuminoïde produit une nouvelle couche de cellulose, qui tapisse la couche ancienne complètement cutinisée. Puis celle-ci se déchire et, à travers la fente, le protoplasme, revêtu par la nouvelle membrane cellulosique, se développe en un tube court, bientôt pourvu de chloroleucites et cloisonné transversalement (fig. 215). A mesure qu'elle s'allonge, l'extrémité de ce tube s'élargit de plus en plus, se divise par des cloisons longitudinales et obliques, et forme enfin une lame verte d'abord triangulaire, plus tard échancrée en avant en forme de cœur ou de rein : c'est le *prothalle* (fig. 213, *A*, et fig. 217). Il est étroitement appliqué contre la terre humide, dans laquelle ses cellules se prolongent en un grand nombre de poils absorbants. En arrière de l'échancrure, on voit un coussinet formé de plusieurs épaisseurs de cellules; partout ailleurs, le prothalle n'a qu'un seul plan de cellules. Le coussinet se prolonge quelquefois d'un bout à l'autre du prothalle, en y formant une sorte de nervure médiane (Osmonde).

C'est aussi sur cette face inférieure qu'on voit naître des proéminences de deux sortes, dont le concours est nécessaire à la formation de l'œuf; les unes, plus précoces, situées en grand nombre dans toute la région postérieure et latérale, jouent le rôle mâle et sont appelées *anthéridies*; les autres, plus tardives, disposées en petit nombre sur le coussinet voisin de l'échancrure antérieure, jouent le rôle femelle et sont nommées *archégones*. Quand le prothalle est insuffisamment nourri, il demeure plus petit, ne prend ni échancrure, ni bourrelet, et ne forme que des anthéridies (fig. 215, *A*).

Formation et déhiscence de l'anthéridie; anthérozoïdes.

— L'anthéridie naît, comme un poil, de la proéminence d'une cellule du prothalle sur sa face inférieure. La partie saillante se sépare par une cloison transversale et s'arrondit en hémisphère. Puis il s'y fait une cloison en forme de dôme, qui la divise en une cellule interne hémisphérique et en une cellule

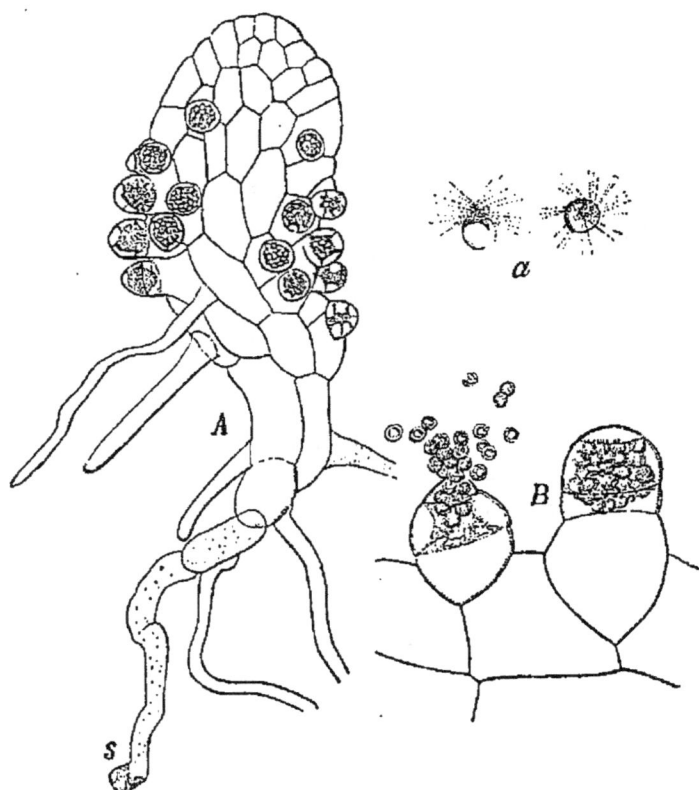

Fig. 215. — *A*, prothalle de la Ptéride aquiline, encore dépourvu de coussinet et ne portant que des anthéridies, vu par sa face inférieure; *s*, spore primitive. *B*, anthéridie, encore fermée à droite, ouverte à gauche; *a*, anthérozoïdes libres.

externe en forme de cloche; cette dernière se partage ensuite, par une cloison transversale annulaire, en une cellule supérieure en forme de couvercle et une cellule inférieure en forme de tore (Ptéride, Cératoptéride, Aneimie, etc.). Ce couvercle et ce tore, pourvus tous deux de chloroleucites appliqués contre leur face interne, constituent ensemble la paroi de l'anthéridie (fig. 215, *B*). La cellule centrale se divise, par des cloisons transversales et longitudinales, en petites cellules munies d'un gros noyau et dont chacune produit un *anthé-rozoïde*. A cet effet, le noyau se courbe d'abord en arc, puis s'allonge en hélice et en même temps s'amincit en une bandelette spiralée. Le protoplasme central, entouré par cette bandelette, s'épuise et se réduit à quelques granules amylacés; le protoplasme pariétal, qui enveloppe le noyau spiralé et le dépasse à ses deux extrémités, se prolonge au voisinage de l'une de ses extrémités en un certain nombre de minces filaments attachés par un bout à sa périphérie.

Arrivée à maturité, l'anthéridie absorbe l'eau, qui la gonfle et soulève le couvercle (fig. 215, *B*). Les cellules mères des anthérozoïdes se dissocient, s'arrondissent et s'échappent par l'ouverture; aussitôt, leur membrane se dissout dans l'eau et chacune d'elles met en liberté son anthérozoïde, qui se déploie dans le liquide ambiant, y prend sa forme définitive et s'y meut rapidement. C'est un ruban spiralé, enroulé deux ou trois fois en tire-bouchon; son extrémité antérieure amincie porte de nombreux cils vibratiles; son extrémité postérieure plus épaisse traîne d'abord après elle une vésicule contenant des granules amylacés (fig. 215, *a*); mais cette vésicule ne tarde pas à se détacher et le filament spiralé continue seul sa course. Sa translation est accompagnée d'une rotation autour de l'axe; il se visse, pour ainsi dire, dans le liquide. La vésicule n'est autre chose que le protoplasme central de la cellule mère, dont le noyau est devenu le ruban spiralé et dont le protoplasme pariétal a formé à la fois la couche protoplasmique qui enveloppe le noyau et les cils vibratiles qui la prolongent en avant.

Formation et déhiscence de l'archégone; oosphère. — Comme l'anthéridie, l'archégone procède d'une cellule de la face inférieure du prothalle, mais sa formation est toujours localisée à la surface du coussinet. Cette cellule proémine au dehors et se divise en trois par deux cloisons transversales (fig. 216). La cellule inférieure demeure stérile et correspond à la cellule basilaire de l'anthéridie; la moyenne est la cellule centrale de l'archégone; la supérieure se divise par deux cloisons longitudinales en croix, puis par des cloisons transversales et produit enfin le *col* de l'archégone, qui consiste en quatre séries de cellules, se touchant suivant l'axe (fig. 216, *B*). La cellule centrale se divise ensuite par une cloison transversale en deux portions inégales : l'inférieure, plus grande, d'abord discoïde, s'arrondit plus tard et constitue l'*oosphère*;

la supérieure, plus petite, s'accroît vers le haut entre les quatre rangées de cellules du col, qu'elle dissocie (fig. 216, A), et en même temps son noyau se divise une ou deux fois de manière à produire deux ou quatre noyaux superposés (fig. 216, B). Finalement, cette cellule se détruit en gélifiant sa membrane ; la substance mucilagineuse ainsi formée se gonfle, écarte les cellules terminales du col, s'échappe brusquement au dehors et s'arrondit en une gouttelette qui demeure en face de l'ouverture, prolongée à travers le col et jusqu'à l'oosphère par un filet gélatineux. Du même coup, l'oosphère se trouve dénudée par en haut, où elle présente une tache claire, et devient en ce point accessible du dehors. La petite cellule qui surmonte l'oosphère, ayant pour rôle de creuser le col d'un canal ouvert au dehors et conduisant en dedans jusqu'à l'oosphère, est appelée *cellule de canal.*

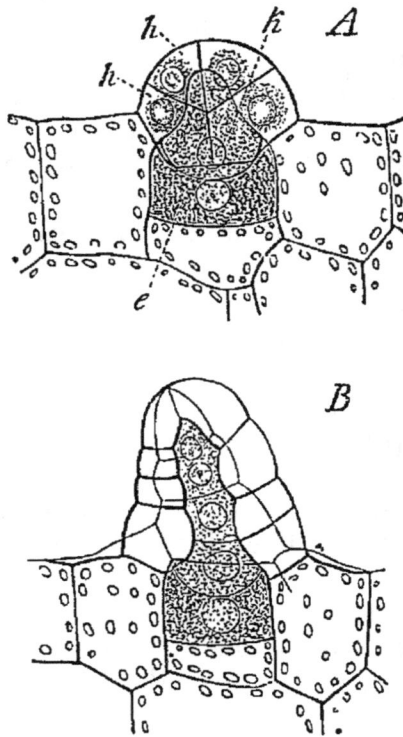

Fig. 216. — Formation de l'archégone sur le prothalle de la Ptéride dentelée; *e*, oosphère ; *hh*, col ; *k*, cellule de canal.

Formation de l'œuf. — Dans la couche d'eau qui baigne la surface du sol, sous le prothalle, nagent déjà en tous sens de nombreux anthérozoïdes, au moment où les cols des archégones viennent s'y ouvrir et y suspendre comme des bouées leurs gouttes de mucilage. Attirés vers ces gouttelettes par les courants diffusifs des substances solubles, notamment du sucre, qui en émanent, puis retenus par elles, pris au piège en quelque sorte en face du col, quelques-uns d'entre eux suivent le chemin tracé par le filet gélatineux, traversent le canal et arrivent à l'oosphère. L'un d'eux au moins y pénètre à l'endroit de la tache claire et tout d'abord reprend, en se contractant sur lui-même, la forme d'une cellule ovale qu'il avait au début. Puis, il s'y perd en confondant, noyau à noyau et protoplasme à protoplasme, sa substance avec celle de l'oosphère. L'œuf ainsi formé s'enveloppe aussitôt d'une membrane propre de cellulose, pendant que s'oblitère le col de l'archégone.

Formation de l'œuf chez les autres Cryptogames vasculaires. — Chez beaucoup d'autres Cryptogames vasculaires, l'œuf se forme, à de très légères différences près, comme chez les Fougères, c'est-à-dire sur un prothalle qui produit à la fois les anthéridies et les archégones, qui est *monoïque* (Marattie, Ophioglosse, Prêle, Lycopode, etc.). Cependant, quelques-unes de ces plantes ont deux sortes de prothalles : les uns plus petits ne portent que des anthéridies, sont mâles; les autres plus grands ne portent que des archégones, sont femelles; en un mot, il y a *diœcie*, sans que les spores qui produisent les uns et les autres cessent pourtant d'être de tout point semblables (la plupart des Prêles, etc.). Toutes ensemble, ces Cryptogames vasculaires peuvent donc être nommées *isosporées*.

Chez d'autres, non seulement cette différenciation des prothalles s'accuse davantage, mais encore elle retentit jusque sur les spores dont ils dérivent. La plante adulte produit alors deux sortes de spores : les unes plus petites, ou *microspores*, forment les prothalles mâles; les autres plus grandes, ou *macrospores*, engendrent les prothalles femelles (Pilulaire, Marsilie, Salvinie, Azolle, Sélaginelle, Isoète). Toutes ces Cryptogames vasculaires peuvent être dites *hétérosporées*. En même temps, les prothalles des deux sortes se réduisent beaucoup, demeurent rudimentaires et sortent à peine, ou même ne sortent pas du tout de la spore qui les a formés.

Dans les Isoètes, par exemple, la microspore en germant se partage par une cloison en deux cellules très inégales; la petite reste stérile et représente à elle seule la portion végétative du prothalle mâle; la grande se cloisonne et produit l'anthéridie, avec sa paroi et ses cellules mères, dont les anthérozoïdes s'échappent par une déchirure de la membrane. Dans les Salvinies, la microspore se partage aussi en deux cellules inégales; mais c'est la grande qui, s'allongeant en tube, forme la partie végétative du prothalle mâle; la petite, située à l'extrémité de ce tube, se divise en deux cellules mères d'anthérozoïdes.

De même, la macrospore des Isoètes, en germant, se cloisonne dans les trois sens, et produit un tissu incolore qui la remplit complètement : c'est le prothalle femelle, qui se gonfle et fait éclater la membrane en un point; sur cette place, mise à nu, se forme bientôt un archégone aux dépens d'une cellule périphérique, comme il a été expliqué chez les Fougères.

Comparaison de la formation de l'œuf chez les Cryptogames vasculaires et chez les Phanérogames. — Ces Cryptogames vasculaires hétérosporées à prothalles rudimentaires nous mènent directement aux Phanérogames.

Considérons d'abord les Gymnospermes. Leurs grains de pollen sont en réalité des microspores. Ils naissent, en effet, dans le sac pollinique, qui est une émergence foliaire, comme les microspores dans le microsporange d'un Isoète ou d'une Sélaginelle, qui est également une émergence foliaire. En germant, ils se comportent aussi, tout d'abord, comme les microspores d'Isoète ou mieux de Salvinie, se divisent en deux cellules inégales, dont une, qui est ici la plus grande et s'allonge en tube comme dans les Salvinies, est la portion végétative du prothalle mâle, tandis que l'autre, qui est ici la plus petite, se cloisonne de nouveau pour former une anthéridie pédicellée produisant deux anthérozoïdes. La différence est qu'ici les anthérozoïdes ne sont pas mis aussitôt en liberté dans le milieu extérieur, mais conduits jusqu'à l'oosphère par la cellule végétative, qui est douée d'une forte croissance et s'allonge en un tube, le tube pollinique. Du même coup, la formation de l'œuf, qui exigeait l'intervention de l'eau, qui était aquatique chez les Cryptogames vasculaires, devient aérienne chez les Phanérogames.

D'autre part, dans le nucelle des Gymnospernes, qui est une émergence foliaire, tout se passe comme dans le macrosporange d'un Isoète ou d'une Sélaginelle, qui est aussi une émergence foliaire. Les cellules mères des endospermes y prennent naissance, en effet, comme les cellules mères des macrospores; et, si l'une d'elles étouffe les autres et parvient seule à maturité, c'est là un fait qui se présente aussi dans les macrosporanges (Isoète, Sélaginelle, etc.). La cellule mère de l'endosperme se comporte comme une macrospore d'Isoète, car l'endosperme qui la remplit n'est pas autre chose qu'un prothalle femelle, produisant des archégones, avec leur col en rosette, leur cellule de canal et leur oosphère. Il y a seulement cette différence que la cellule mère de l'endosperme, au lieu de se diviser en quatre cellules filles, dont une seule parfois se développe, il est vrai, en une macrospore (Pilulaire,

Salvinie, etc.), ne se cloisonne pas et produit directement l'endosperme. C'est un raccourcissement, qui a pour effet, en supprimant les macrospores, de maintenir le prothalle femelle en place dans le tissu de la plante mère.

Au point de vue de la formation de l'œuf, les Gymnospermes sont donc des Cryptogames vasculaires hétérosporées, dont le prothalle mâle se développe en un tube, renfermant et transportant les anthérozoïdes, et dont la macrospore est supprimée, de manière que le prothalle femelle reste inclus dans le macrosporange.

Le passage des Cryptogames vasculaires aux Gymnospermes une fois bien compris, il suffit de se rappeler que les Angiospermes dérivent des Gymnospermes par deux raccourcissements, l'un dans le prothalle mâle, dont l'anthéridie n'est pas pédicellée (p. 370), l'autre dans le prothalle femelle, dont une cellule devient directement l'oosphère, sans formation d'archégone (p. 401), pour comprendre comment à leur tour elles se rattachent aux Cryptogames vasculaires. C'est ainsi que, par une suite ininterrompue de transitions, on passe des Fougères aux Cryptogames vasculaires hétérosporées, de celles-ci aux Gymnospermes, enfin des Gymnospermes aux Angiospermes.

L'étude des Cryptogames vasculaires jette donc une lumière nouvelle sur les caractères des Phanérogames; elle permet, malgré la différence des termes employés pour les désigner, de restituer aux diverses parties de la fleur et aux diverses phases de la formation de l'œuf leur véritable signification. Elle fait comprendre aussi comment les Phanérogames ont pu dériver des Cryptogames vasculaires. En un mot, la connaissance des Cryptogames vasculaires est nécessaire à la pleine intelligence des Phanérogames.

§ 2

DÉVELOPPEMENT DE L'ŒUF CHEZ LES FOUGÈRES

Formé comme il vient d'être dit, l'œuf des Fougères se développe tout de suite sur le prothalle et aux dépens des matériaux nutritifs qu'il contient. Les Cryptogames vasculaires sont donc vivipares, comme les Phanérogames.

Développement de l'œuf en plantule. — Par deux cloisons

successives, transversales par rapport à la ligne médiane du prothalle et perpendiculaires l'une à l'autre, l'œuf se divise d'abord en quatre cellules, disposées comme les quartiers

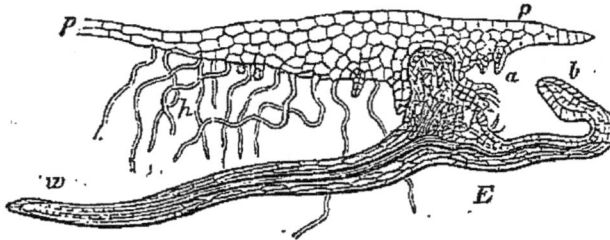

Fig. 217. — Section ongitudinale médiane d un prothalle de Capillaire, avec sa plantule *E*. *p*, prothalle ; *a*, archégones stériles ; *h*, poils absorbants; *b*, première feuille ; *w*, première racine.

d'une pomme. Ces quatre cellules ont un sort très différent. La supérieure d'arrière forme par ses cloisonnements une masse conique qui s'enfonce dans le tissu du prothalle et qui a pour fonction de servir de suçoir pour nourrir les trois autres : c'est ce qu'on appelle le *pied* (fig. 217). La supérieure d'avant produit la tige, l'inférieure d'avant la première feuille, l'inférieure d'arrière la première racine ou radicule.

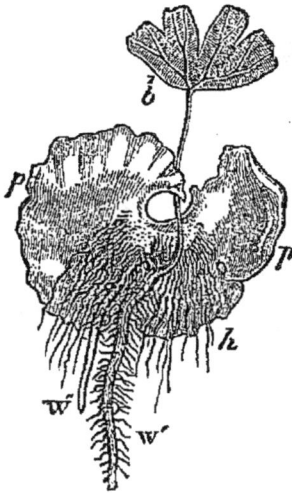

Fig. 218. — État plus avancé de la plantule de Capillaire, avec sa première feuille épanouie *b* et ses deux premières racines *w'*, *w''*. Le prothalle *p* est vu d'en dessous, avec ses poils absorbants *h*.

Développement de la plantule en plante adulte. — A mesure que ces trois dernières cellules continuent de se cloisonner pour accroître les trois membres correspondants, le corps différencié pousse hors de l'archégone, d'abord sa radicule qui s'enfonce verticalement dans le sol, en devenant la racine terminale de la plante, puis sa première feuille qui s'allonge en se dressant vers le ciel (fig. 217 et 218). Après quoi, la tige, qui demeure courte, donne naissance à une seconde feuille, puis à une troisième, et ainsi de suite. En même temps, elle produit vers le bas de nouvelles racines (fig. 218). Plus tard, le prothalle et le pied se dessèchent et la plantule est affranchie.

D'abord très petites et très simples, les feuilles se succèdent de plus en plus grandes et de plus en plus compliquées. Les entre-nœuds qui les séparent se superposent de plus en plus gros et de plus en plus complexes dans leur structure. Les racines latérales que ces entre-nœuds produisent sont aussi de plus en plus vigoureuses. En un mot, la Fougère s'accroît et se fortifie peu à peu, jusqu'à ce que toutes ses parties aient acquis leur dimension, leur forme et leur structure définitives; après quoi, les nouveaux membres formés sont sensiblement égaux aux précédents et l'état adulte est atteint. A cet état, la plante peut, comme une Phanérogame, se multiplier, soit par marcottage naturel sur les feuilles (Doradille, Cératoptéride, etc.), soit par boutures ou marcottes artificielles.

Chez toutes les autres Cryptogames vasculaires, le développement de l'œuf en plante adulte se retrouve tel qu'on vient de l'exposer chez les Fougères.

On n'observe donc pas, chez les Cryptogames vasculaires, entre le développement de l'œuf en embryon et le développement de l'embryon en plantule, ce passage à l'état de vie latente et cette dissémination qui caractérisent les Phanérogames. Le développement de l'œuf en plante adulte y est continu. Cette continuité compense en quelque sorte l'interruption de leur développement par les spores, un peu avant la formation des œufs, interruption qui est supprimée chez les Phanérogames pour l'appareil femelle et ne subsiste que pour l'appareil mâle, comme on l'a vu plus haut.

CHAPITRE HUITIÈME

FORMATION DE L'ŒUF ET DÉVELOPPEMENT DES MUSCINÉES

Pour étudier comment l'œuf se forme chez les Muscinées et comment il se développe en plante adulte, il convient de prendre pour type la division la plus nombreuse et la plus répandue de ce groupe, celle des Mousses.

§ 1

FORMATION DE L'ŒUF CHEZ LES MOUSSES

Contrairement à ce qui a lieu chez les Cryptogames vasculaires, l'œuf des Mousses se forme directement sur la plante adulte. Les deux organes qui concourent à sa formation sont d'ailleurs encore des anthéridies et des archégones, ayant la valeur morphologique de poils. Ils sont portés au sommet soit de la tige principale, soit d'un rameau de second ou de troisième ordre, entremêlés de poils stériles, nommés aussi *paraphyses*; le tout est entouré d'un involucre, constitué par plusieurs tours de feuilles spiralées, semblables aux feuilles végétatives et qui diminuent progressivement de grandeur vers l'intérieur. Quelquefois l'involucre renferme à la fois des anthéridies et des archégones : il est *hermaphrodite* (diverses Bryes, etc.); le plus souvent il ne contient que l'un ou l'autre de ces organes : il est *mâle* ou *femelle* (Polytric, Funaire, etc.).

Formation et déhiscence de l'anthéridie; anthérozoïdes. — L'anthéridie est un sac ovoïde pédicellé, dont la paroi est formée d'une seule assise de cellules, renfermant des chloroleucites qui se colorent en jaune ou en rouge à la maturité. L'intérieur est rempli de petites cellules cubiques contenant chacune un anthérozoïde (fig. 219).

L'anthéridie naît, comme un poil, d'une cellule périphérique de la tige. Cette cellule proémine en forme de papille, dont la partie saillante se sépare par une cloison transversale Elle se divise ensuite par une nouvelle cloison

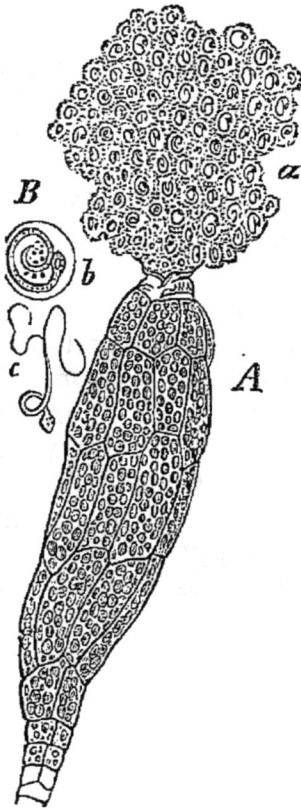

Fig. 219. — Anthéridie de Funaire hygrométrique, ouverte au sommet et laissant échapper les anthérozoïdes *a*; *b*, anthérozoïde plus fortement grossi, encore dans sa cellule mère; *c*, le même, libre.

transversale en deux cellules, dont l'inférieure en se cloisonnant donne le pédicelle, la supérieure l'anthéridie. A cet effet,
celle-ci se divise d'abord par deux
séries de cloisons obliques alternes,
puis par des cloisons tangentielles;
l'assise externe ainsi formée se segmente suivant le rayon et se différencie pour former la paroi, pendant
que les cellules internes se cloisonnent dans les trois directions pour
donner un très grand nombre de
petites cellules mères d'anthérozoïdes.
A l'intérieur de chacune de celles-ci,
l'anthérozoïde naît comme il a été dit
plus haut pour les Fougères (p. 507).

A la maturité, sous l'influence de
l'eau qui remplit alors l'involucre, la
paroi se fend au sommet et, par
l'ouverture, les anthérozoïdes s'é-
chappent, encore renfermés dans
leurs cellules mères, comme une
épaisse bouillie mucilagineuse
(fig. 219, a). Les membranes des cellules mères se dissolvent dans l'eau et
mettent en liberté les anthérozoïdes,
qui se déploient, prennent leur forme
et nagent dans le liquide (fig. 219, b, c).
Ce sont de minces filaments enroulés
en spirale; leur extrémité postérieure
est renflée; leur extrémité antérieure,
au contraire, est effilée et porte deux
longs cils grêles, dont les battements
provoquent la translation de la spirale
et en même temps sa rotation autour
de l'axe.

**Formation et déhiscence de l'ar-
chégone; oosphère.** — L'archégone
a la forme d'une bouteille pédicellée,
dont le col est mince, allongé et ordinairement tordu autour de son axe

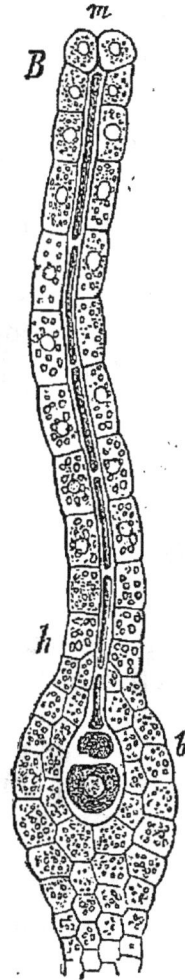

Fig 220. — Archégone de
Funaire hygrométrique :
b, ventre avec l'oosphère
et la première cellule de
canal; h, col encore fermé
au sommet m, avec les
autres cellules de canal,
commençant à se trans-
former en mucilage.

(fig. 220). La paroi du ventre comprend deux épaisseurs de
cellules; celle du col ne contient qu'une assise, formée de

quatre à six rangs. Ventre et col renferment une rangée axile de cellules dont l'inférieure devient l'oosphère arrondie, tandis que toutes les autres se détruisent et se transforment en mucilage. Ce mucilage disjoint les quatre cellules terminales, ouvre le canal du col et se répand en partie au dehors, en une gouttelette qui demeure en face de l'orifice, retenue par un filet gélatineux.

Comme l'anthéridie, l'archégone procède d'une cellule superficielle de la tige et a la valeur d'un poil. Cette cellule proémine au dehors et sa partie saillante se sépare par une cloison transversale. Puis elle se divise, par une nouvelle cloison transversale, en deux cellules dont l'inférieure en se cloisonnant donne le pédicelle, la supérieure l'archégone. A cet effet, celle-ci prend d'abord quatre cloisons tangentielles, trois sur les côtés, une en haut; il en résulte une cellule centrale, entourée de quatre cellules périphériques. De ces dernières, les trois latérales, en se cloisonnant ultérieurement, donnent la paroi du ventre et du col, tandis que la supérieure, en se partageant par deux cloisons en croix, produit les quatre cellules terminales du col. La cellule centrale se divise par une cloison transversale en deux moitiés inégales : l'inférieure, plus grande, est l'oosphère ; la supérieure, plus petite, est la cellule de canal. Celle-ci s'accroît dans le col et se divise en plusieurs cellules superposées, qui se détruisent plus tard en ouvrant le canal du col et mettant à nu l'oosphère, comme il a été dit plus haut.

Formation de l'œuf. — Quand la pluie ou la rosée ont rempli d'eau l'involucre, les anthéridies s'ouvrent et les anthérozoïdes nagent en grand nombre dans le liquide. Alléchés par les courants diffusifs émanés de la boulette gélatineuse retenue en face du col d'un archégone, ils se dirigent vers elle et s'y trouvent pris. Suivant alors le filet de mucilage qui les conduit à travers le canal, ils pénètrent dans l'oosphère. En se rétractant, l'anthérozoïde perd tout d'abord sa forme spiralée et devient une cellule ovale, comme au début. Puis cette cellule disparaît comme telle en se combinant à l'oosphère, noyau à noyau, protoplasme à protoplasme, et des deux se forme un œuf, qui s'entoure aussitôt d'une membrane de cellulose.

§ 2

DÉVELOPPEMENT DE L'ŒUF CHEZ LES MOUSSES

L'œuf des Mousses se développe immédiatement sur la plante mère et à ses dépens; comme les Phanérogames et les Cryptogames vasculaires, les Muscinées sont donc vivipares. Mais ce développement comprend deux phases très inégales, séparées par une formation de cellules spéciales qui se disséminent ; comme chez les Crypto-games vasculaires, et tout aussi impro-prement, ces cellules spéciales sont nommées des *spores* [1]. L'œuf devient d'abord un corps rudimentaire qui pro-duit les spores dans un sporange et que, dans son ensemble, on nomme *sporo-gone*. Ces spores germent ensuite et donnent naissance à la plante adulte.

Développement de l'œuf en sporo-gone. — L'œuf se divise d'abord par une cloison horizontale, puis par des cloisons obliques alternes, enfin par des cloisons radiales et tangentielles, de manière à former un corps fusiforme; celui-ci con-tinue de croître par son sommet, tandis que son extrémité inférieure s'enfonce, à travers la base de l'archégone, dans le tissu de la tige et s'y greffe en quelque sorte pour y puiser sa nourriture (fig. 221). Le ventre de l'archégone suit d'abord, en se dilatant, la croissance longitudi-nale du corps fusiforme (fig. 221, *c*); mais plus tard il se déchire circulaire-ment à sa base et se trouve soulevé par l'allongement de ce corps, au sommet duquel il forme une sorte de capuchon, qu'on appelle la *coiffe*. En même temps,

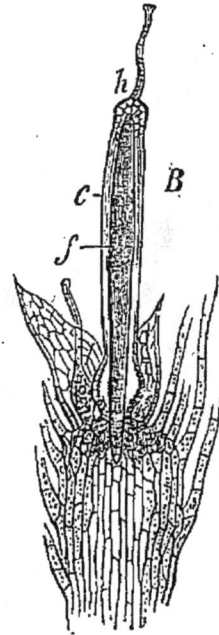

Fig. 221. — Jeune spo-rogone de Funaire hygrométrique, encore fusiforme, *f*, et enfoncé par sa base dans la tige; *c*, ventre dilaté de l'archégone, dont le col *h* est oblitéré.

1. Ce sont, ici aussi, des spores de passage, des *diodes*; le renflement où elles se forment est un *diodange* et le corps tout entier que ce renflement termine est un *diodogone*.

le tissu de la tige proémine tout autour de la base du corps fusiforme, en formant une petite gaine, qu'on nomme la *vaginule*.

Plus tard, le jeune sporogone cesse de croître au sommet; sa partie supérieure s'élargit en un renflement sphérique ou ovoïde, souvent dissymétrique, qui est le futur sporange, ou, comme on dit communément, la *capsule* (fig. 222, B) ; tout le reste forme un long pédicelle cylindrique, ou *soie*, renflé au-dessous du sporange en une sorte de nœud qu'on nomme l'*apophyse*, parfois très saillante (Polytric, Splachne, etc.). Les quatre parties constitutives du sporogone : suçoir, pédicelle, apophyse et sporange, une fois séparées, tout le travail ultérieur porte sur le sporange.

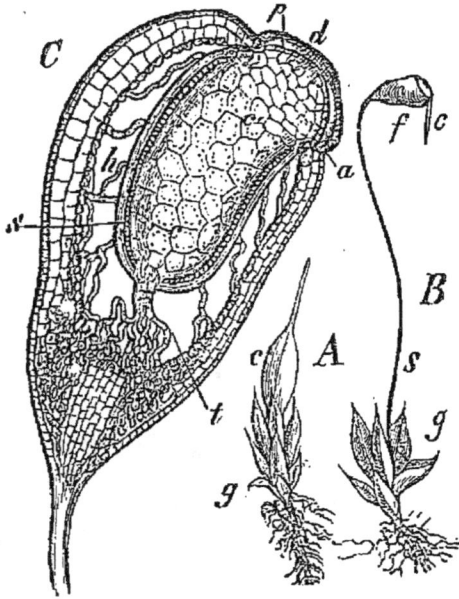

Fig. 222. — Funaire hygrométrique. *A*, tige feuillée *g*. avec un sporogone encore enfermé dans la coiffe *c*. *B*, tige feuillée *g*, portant un sporogone presque mûr, avec son pédicelle *s*, son sporange *f* et sa coiffe *c*. *C*, section longitudinale du sporange : *d*, opercule ; *a*, anneau ; *p*, péristome ; *c c'*, columelle ; *h*, lacune aérifère ; *s*, cellules mères des spores.

Le sporogone est une tige sans feuilles; il a aussi la structure de la tige et, comme elle, il possède un épiderme, une écorce et une stèle (p. 181). L'épiderme y est même plus différencié que dans la tige feuillée, car on y observe des stomates, particulièrement abondants sur l'apophyse.

Formation et dissémination des spores. — D'abord homogène, le tissu du sporange ne tarde pas à se différencier. L'assise externe devient un épiderme nettement caractérisé, muni de stomates dans sa région inférieure, notamment sur l'apophyse, et fortement cutinisé en dehors (fig. 222, C). Au-dessous de cet épiderme et séparée de lui ordinairement par trois assises de parenchyme, se trouve une lacune annulaire pleine d'air, traversée par des séries de cellules à chlorophylle tendues entre la couche externe et le tissu intérieur (*h*). C'est la troisième ou la quatrième assise à partir de cette lacune qui produit les spores (*s*). A cet effet, ses cellules, qui renferment un protoplasme plus dense et un noyau plus grand que les autres, se divisent d'abord deux ou trois fois; puis elles ne tardent pas à s'isoler par la gélification des lames moyennes de leurs membranes et à nager librement dans l'espace circulaire qu'elles occupent. Ensuite, comme il a été dit pour les Fougères (p. 504), chacune d'elles se segmente en quatre cellules filles, bientôt séparées, qui sont les spores.

L'assise sporigène est la continuation de l'assise la plus externe de la stèle du pédicelle; en un mot, c'est le péricycle. Tout le tissu interne, dont les larges cellules sont pourvues de chlorophylle, constitue dans l'axe de la capsule une colonne pleine, qu'on nomme la *columelle* (*c*, *c'*). Les assises externes de la columelle, jointes à celles qui séparent les cellules mères des spores de la lacune annulaire, et dont la plus interne est l'endoderme, forment la paroi souvent plissée d'un sac

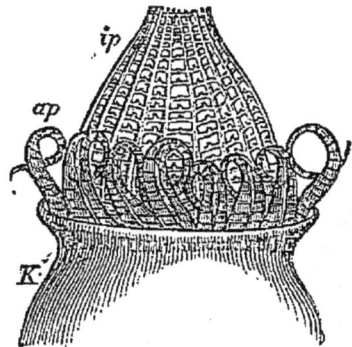

Fig. 223. — Ouverture de l'urne de la Fontinale : *ap*, péristome externe; *ip*, péristome interne,

circulaire, qui renferme les spores et qu'on nomme *sac sporifère*.

Ni la lacune annulaire, ni le sac sporifère ne se prolongent d'ordinaire jusqu'au sommet du sporange, dont la partie supérieure demeure pleine. A la maturité, la coiffe tombe et la partie pleine se détache circulairement, en formant une sorte de couvercle, nommé *opercule* (*d*). Une fois l'opercule tombé, la partie inférieure du sporange, appelée désormais l'*urne*, n'est pas encore ouverte. On y voit, en effet, fixées au bord en *a* et rabattues vers le centre au-dessus du sac sporifère et de la columelle, un ou deux cercles de dents (*p*) dont le nombre, toujours multiple de 4, est ordinairement de 16 ou de 32 : l'ensemble de ces dents constitue le *péristome*, simple ou double. Par la dessiccation, ces dents se relèvent en se rejetant au dehors, ou même en se tortillant en spirale (fig. 223). C'est seulement alors que le sac sporifère est ouvert et que les spores mûres s'en échappent pour se disséminer.

Elles sont arrondies ou tétraédriques, recouvertes d'une mince couche cutinisée, jaune ou brune, et pourvues de chloroleucites.

Germination des spores; protonème. — Après un temps de repos plus ou moins long, la spore germe sur la terre humide (fig. 224, *A*). La couche cutinisée de sa membrane se déchire (*s*) et la couche interne s'allonge au dehors en un tube, qui croît indéfiniment à son sommet, en se divisant à mesure par des cloisons transversales. Au-dessous de ces

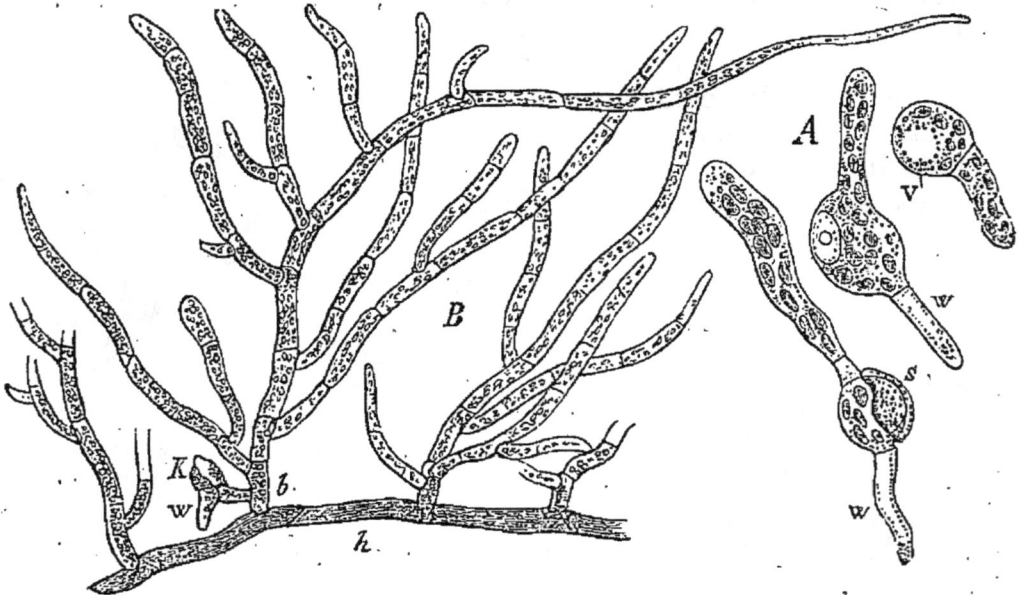

Fig. 224. — Funaire hygrométrique. *A*, spores germant; *s*, couche cutinisée de la membrane; *w*, poil absorbant. *B*, portion du protonème, trois semaines après la germination; *h*, branche rampante, d'où partent les branches dressées *b*; *k*, début d'un bourgeon adventif, avec un poil absorbant *w*.

cloisons, les cellules poussent des branches également cloisonnées, qui à leur tour portent des rameaux. Il en résulte bientôt un lacis de filaments verts, qui se nourrissent directement et acquièrent souvent une assez grande dimension, recouvrant plusieurs pouces carrés de leurs rameaux enchevêtrés et gazonnants; à ce lacis, on donne le nom de *protonème* (fig. 224, *B*).

Une fois le protonème bien développé, on voit se former çà et là, sur la cellule inférieure de ses branches, un tube court, qui se sépare par une cloison basilaire et prend encore une ou deux cloisons transversales. Après quoi, sa cellule terminale se divise rapidement par un grand nombre de cloisons obliques et produit un petit tubercule, qui continue de croître verticalement par son sommet (fig. 224, *k*). Vers sa base, ce tubercule produit des poils qui se dirigent aussitôt vers le bas et s'enfoncent dans le sol pour le nourrir directement (*w*). Vers le sommet, il forme des feuilles, d'abord réunies en bourgeon et qui s'épanouissent à mesure qu'il s'allonge. En un mot, chacun de ces petits tubercules se développe en une tige feuillée d'origine adventive. Toutes les tiges issues du même protonème forment, serrées les unes contre les autres, une petite forêt qui dérive en définitive d'une seule spore. Plus tard, le protonème qui relie leurs bases à la surface du sol disparaît et toutes ces tiges se trouvent affranchies par une sorte de marcottage naturel. En continuant de croître et de se ramifier, chacune d'elles parvient enfin à l'état d'individu adulte, qui nous a servi de point de départ.

On voit que, grâce aux deux modes de multiplication interposés successivement pendant le cours du développement entre l'œuf et la plante adulte, multiplication par les spores, multiplication par le protonème, un seul œuf de Mousse donne naissance en définitive à un très grand nombre d'individus.

Arrivée à l'état adulte, la Mousse peut se multiplier, soit en formant des filaments protonémiques sur ses poils absorbants, sur sa tige ou sur ses feuilles, soit en produisant au sommet de sa tige des corps pluricellulaires pédicellés, fusiformes ou lenticulaires, qu'on nomme des *propagules*; une fois tombés sur le sol, ces propagules émettent des filaments protonémiques.

Chez les Hépatiques, qui, avec les Mousses, composent le groupe des Muscinées, la formation de l'œuf s'opère exactement comme dans les Mousses. Quant au développement de l'œuf en plante adulte, il n'offre avec celui des Mousses que quatre différences : 1° le protonème y est rudimentaire ou nul; 2° le sporogone demeure jusqu'à la maturité inclus dans l'archégone : il n'y a donc pas de coiffe; 3° le sporange s'ouvre ordinairement par deux fentes longitudinales en quatre valves; 4° les spores y sont habituellement mélangées de cellules stériles, allongées, à membrane munie d'une bande d'épaississement spiralée, qui jouent un rôle actif dans la dissémination et qu'on nomme des *élatères*.

Comparaison du développement des Muscinées avec

celui des Cryptogames vasculaires. — Chez les Muscinées et chez les Cryptogames vasculaires, l'œuf se forme par un mécanisme analogue. Dans l'un et l'autre groupe aussi, le développement de la plante, de l'œuf primitif aux œufs nouveaux, est discontinu, coupé en deux tronçons, séparés par des spores de passage, qui se disséminent et passent à l'état de vie latente. Mais la rupture a lieu en des points très différents, et pour ainsi dire complémentaires, de la série totale, dans les Cryptogames vasculaires avant l'œuf, dans les Muscinées après l'œuf.

En d'autres termes, si l'on part de l'œuf, on rencontre : chez les Muscinées, d'abord le petit tronçon, puis les spores de passage, enfin le grand tronçon ou individu adulte ; chez les Cryptogames vasculaires, d'abord le grand tronçon ou individu adulte, puis les spores de passage, enfin le petit tronçon. On voit par là que la différence est beaucoup plus profonde entre le développement des Muscinées et celui des Cryptogames vasculaires, qu'entre le développement des Cryptogames vasculaires et celui des Phanérogames.

CHAPITRE NEUVIÈME

FORMATION DE L'ŒUF
ET DÉVELOPPEMENT DES THALLOPHYTES

La structure du thalle des Thallophytes est quelquefois continue (Algues Siphonées, Champignons Oomycètes, etc.), le plus souvent cloisonné, rarement en articles (Cladophore, Sphéroplée, etc.), presque toujours en cellules. Dans ce dernier cas, le cloisonnement peut s'opérer dans une seule direction et le thalle est filamenteux (la plupart des Champignons, Spirogyre, etc.), dans deux directions et le thalle est membraneux (Monostrome, Porphyre, etc.), ou dans trois directions et le thalle est massif (Varec, Laminaire, etc.).

Que l'on ait affaire à l'une ou à l'autre de ces structures, qu'il s'agisse des Algues, qui sont pourvues de chlorophylle, ou des Champignons, qui n'en possèdent pas, la formation et le développement de l'œuf chez les Thallophytes sont loin de présenter l'uniformité qu'on y observe dans chacun des trois autres groupes. Il est donc nécessaire de distinguer ici plusieurs types pour la formation de l'œuf, et plusieurs types aussi pour son développement.

§ 1

FORMATION DE L'ŒUF CHEZ LES THALLOPHYTES

Pour former leur œuf, les Thallophytes emploient trois procédés différents : 1° il y a combinaison d'un anthérozoïde libre avec une oosphère, comme chez les Cryptogames vasculaires et les Muscinées ; 2° il y a pénétration dans l'oosphère d'une portion non différenciée et immobile du protoplasme renfermé dans une anthéridie ; 3° il y a combinaison de deux gamètes semblables, sans différenciation sexuelle appréciable au dehors, procédé qui se trouve exclusivement localisé dans ce groupe.

Il faut maintenant, sur quelques exemples particuliers, étudier de plus près chacun de ces trois modes, les deux premiers hétérogames, le troisième isogame, qui se trouvent d'ailleurs reliés par un grand nombre d'intermédiaires.

Formation de l'œuf par anthérozoïde et oosphère. — **1° Dans l'Œdogone. —** Considérons d'abord un Œdogone, Algue verte vivant dans les eaux douces stagnantes, dont le thalle se compose d'un filament simple, transversalement cloisonné, fixé à la base par un crampon rameux et souvent terminé au sommet par un poil hyalin.

Certaines cellules du filament, plus courtes et moins riches en chlorophylle que les autres, tantôt isolées, tantôt superposées jusqu'à dix et douze, deviennent d'ordinaire autant d'anthéridies (fig. 225, *A*, *a*). A cet effet, chacune d'elles se partage, par une cloison longitudinale, en deux cellules mères, qui produisent chacune un anthérozoïde ; ces deux anthérozoïdes sont ensuite mis en liberté par une fente circulaire pratiquée dans la membrane de la cellule mère, qui s'ouvre à la façon d'une boîte (fig. 225, *A*, *an*). Emportant avec eux tout le protoplasme de la cellule condensé autour de son noyau, ils ont une forme ovoïde et se meuvent dans l'eau à l'aide d'une couronne de cils vibratiles qui borde leur extrémité antérieure. Le noyau y est refoulé en arrière et la région centrale y est occupée par un hydroleucite (fig. 225, *B*). Dans leurs cellules mères, ils sont disposés transversalement, l'extrémité ciliée en dehors, l'extrémité opposée, occupée par le noyau, en dedans contre la cloison (fig. 225, A).

Pour former l'oosphère, une des cellules du filament se renfle, devient sphérique ou ovoïde, et se remplit d'un contenu plus abondant que les autres. Puis, le protoplasme se condense dans la partie inférieure autour du noyau, et devient l'oosphère, à l'intérieur de laquelle les chloroleucites sont étroitement serrés. La cellule mère de l'oosphère est un *oogone* (fig. 225, A, og). Le plus souvent la membrane de l'oogone se perce latéralement d'un trou ovale; la partie de l'oosphère tournée vers cet orifice est constituée par une substance gélatineuse hyaline, qui fait hernie au dehors dans le liquide extérieur (fig. 225, A, t).

A ce moment, quelqu'un des anthérozoïdes verts qui nagent dans le liquide, alléché par les courants diffusifs qui rayonnent de cette hernie mucilagineuse, se dirige vers elle et vient à la toucher; elle le retient et, en se rétractant, l'entraîne dans l'oosphère (fig. 225, A, an). Une fois entré dans l'oosphère, l'anthérozoïde s'y combine, protoplasme à protoplasme, noyau à noyau; des deux corps confondus et fortement contractés, résulte l'œuf. Celui-ci s'entoure aussitôt d'une membrane de cellulose, qui plus tard se cutinise et se colore; à cause de la forte contraction qu'il a subie pendant sa formation et qui est le signe extérieur de la combinaison dont il est le

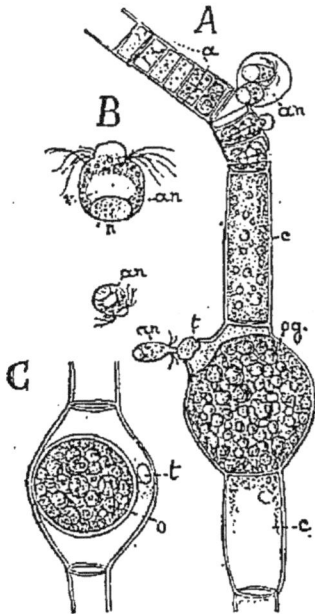

Fig. 225. — Formation de l'œuf dans un Œdogone. *A*, formation et sortie deux par deux des anthérozoïdes *an*, des cellules de l'anthéridie *a*; pénétration d'un anthérozoïde *an* dans le bouchon mucilagineux sorti par l'orifice *t* de l'oogone *og*; *c*, cellules végétatives. *B*, un anthérozoïde plus fortement grossi; *n*, noyau; *v*, hydroleucite. *C*, œuf contracté *o*, avec sa membrane de cellulose, à l'intérieur de l'oogone troué en *t*.

résultat, son volume est beaucoup moindre que celui de l'oosphère (fig. 225, C, o). Il demeure enfermé dans la membrane perforée de l'oogone, qui se sépare des cellules voisines du filament et tombe au fond de l'eau, où l'œuf traverse une assez longue période de vie latente.

C'est de la même manière que se forme l'œuf dans la Sphéroplée, comme il a été dit p. 44 (fig. 18, *B*), avec cette différence que l'anthérozoïde n'y porte que deux cils à son extrémité.

2° **Dans le Varec.** — Comme second exemple, prenons ces grandes Algues marines de couleur brune, qu'on nomme des Varecs. Attaché aux rochers par un crampon rameux, leur thalle, cloisonné dans les trois directions, massif et de consistance cartilagineuse, se ramifie par dichotomie dans un seul et même plan et atteint plusieurs pieds de longueur. Il est creusé dans toute son étendue de cryptes pilifères (p. 278, fig. 280), par l'ostiole desquelles les poils supérieurs s'échappent quelquefois en forme de pinceau (Varec platycarpe). C'est dans certaines de ces cryptes, rapprochées en grand nombre à l'extrémité renflée des branches, que se forment, par différenciation de certains poils, ici les anthéridies, là les oogones; on appelle *conceptacles* les cryptes ainsi modifiées. Quelquefois le même conceptacle renferme, à côté de poils stériles, nommés ici aussi paraphyses, des anthéridies et des oogones, et la plante est monoïque (Varec platycarpe); mais le plus souvent certains thalles ne portent que des conceptacles à anthéridies, d'autres que des conceptacles à oogones, et la plante est dioïque (Varec vésiculeux, V. denté, etc.).

Les anthéridies naissent sur des poils rameux, dont elles ne sont que des branches transformées (fig. 226, *A*). Chacune d'elles est une cellule à paroi mince, qui produit d'abord, par une bipartition six fois répétée de son noyau, 64 nouveaux noyaux; ensuite elle se cloisonne entre tous ces noyaux, puis dédouble les cloisons albuminoïdes et isole les cellules filles, qui s'arrondissent et constituent 64 petits anthérozoïdes. Ceux-ci sont pointus à une extrémité, renflés à l'autre qui renferme le noyau, incolores, mais munis latéralement d'un chromoleucite orangé, au voisinage duquel sont attachés deux cils vibratiles dirigés l'un, plus court, en avant, l'autre, plus long, en arrière; le premier fait fonction de rame, le second de gouvernail (fig. 226, *B*). Les anthéridies mûres se détachent et se rassemblent en une masse orangée autour de l'ouverture du conceptacle, pendant que le thalle est exposé à l'air humide à marée basse; dès que l'eau de mer revient les toucher, elles s'ouvrent et laissent échapper les anthérozoïdes, qui se meuvent aussitôt dans le liquide en tournant autour de leur axe.

Pour former un oogone, une cellule de la paroi du conceptacle se développe en forme de papille, qui se sépare par une
cloison basilaire et se divise ensuite en deux : la cellule inférieure est le pédicelle ; la cellule supérieure se renfle en sphère
ou en ellipsoïde, se remplit d'un protoplasme brun sombre

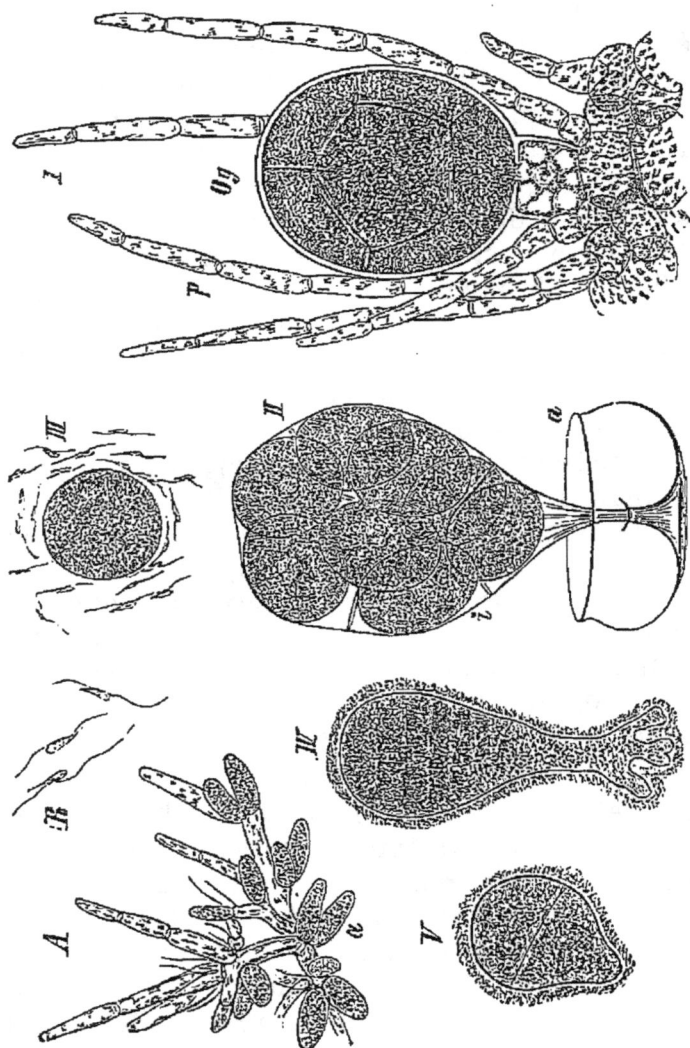

Fig. 226. — Formation de l'œuf du Varec vésiculeux. A, poil rameux couvert d'anthéridies a. B, anthérozoïdes libres. I, oogone, après son cloisonnement en huit cellules
filles ; p, paraphyses. II, après la mise en liberté des huit oosphères arrondies, la
couche interne de la membrane de l'oogone, qui les enveloppe, se sépare en deux
couches dont l'externe a se rompt d'abord en forme de cupule, l'interne i se déchirant
plus tard à son tour. III, oosphère libre, entourée d'anthérozoïdes qui la font tourner.
IV et V, germination de l'œuf.

et devient finalement l'oogone. Celui-ci divise trois fois de
suite son noyau, se cloisonne entre les huit noyaux ainsi
formés (226, I), puis dédouble les cloisons albuminoïdes et
isole les huit cellules filles, qui s'arrondissent et constituent
autant de grosses oosphères ; elles ne tardent pas à s'échapper

de l'oogone par une ouverture au sommet, en demeurant toutefois enveloppées par la couche interne de la membrane. Elles viennent ainsi, par groupes de huit, se rassembler à marée basse autour de l'orifice du conceptacle en une masse olivâtre; au retour de l'eau, elles brisent en deux fois leur mince enveloppe (fig. 226, *II*) et se dispersent dans le liquide où déjà nagent, comme on sait, les anthérozoïdes.

Ceux-ci se rassemblent en grand nombre autour des oosphères (fig. 226, *III*), s'attachent solidement à leur surface et, s'ils sont assez nombreux et assez vifs, leur communiquent un mouvement de rotation qui dure environ une demi-heure. Pendant ce mouvement, un anthérozoïde pénètre dans la masse brune de l'oosphère et s'y combine protoplasme à protoplasme, noyau à noyau. Devenue ainsi un œuf, la sphère s'entoure d'une membrane de cellulose et tombe au fond de l'eau à la surface de quelque corps solide.

En lavant dans un bocal plein d'eau de mer des thalles mâles d'un Varec dioïque, après qu'ils ont séjourné quelque temps à l'air humide, on obtient un liquide orangé dont chaque goutte contient un grand nombre d'anthérozoïdes. En lavant de même des thalles femelles dans un autre bocal, on prépare un liquide olivâtre dont chaque goutte renferme quelques oosphères. On peut alors procéder à des expériences et, mélangeant sur le porte-objet une goutte d'eau mâle avec une goutte d'eau femelle, assister à toutes les phases de la formation des œufs.

On voit que la formation de l'œuf des Varecs diffère surtout de celle de l'œuf des Œdogones parce que l'oosphère y est mise en liberté et parce que sa rencontre avec l'antérozoïde a lieu quelque part dans le liquide ambiant.

3° **Dans les Floridées.** — Notre troisième exemple sera tiré du vaste groupe des Algues rouges, connues sous le nom de Floridées (fig. 227, *A*). Là, les anthéridies, cellules terminales d'un système de ramifications très serrées, sont très petites et rapprochées en grand nombre; chacune d'elles condense son protoplasme autour de son noyau et forme un anthérozoïde arrondi, qui s'échappe par une ouverture de la membrane au sommet. Mais avant de sortir, l'anthérozoïde consolide sa membrane propre et la revêt d'une couche de cellulose; aussi manque-t-il de cils vibratiles et est-il immobile (*a*). D'autre part, l'oogone, qui est aussi la cellule terminale d'un filament, développe son sommet en un long appen-

dice grêle, nommé *trichogyne* (*t*), et en même temps condense
à sa base son protoplasme autour de son noyau pour former
l'oosphère. Ceux des anthérozoïdes qui, portés par les courants de l'eau, viennent à heurter le trichogyne, y adhèrent

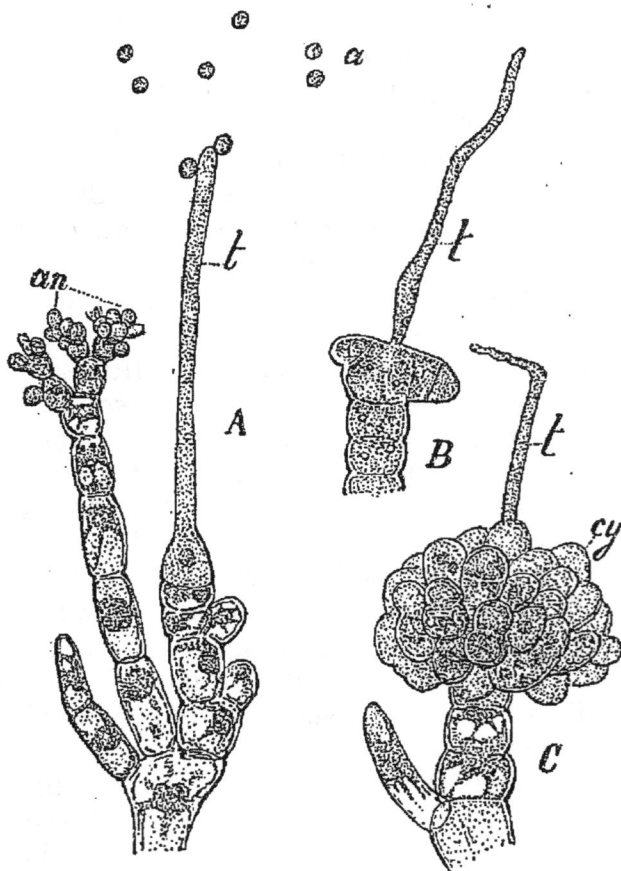

Fig. 227. — Némale multifide. *A*, formation de l'œuf ; *an*, anthéridies ; *a*, anthérozoïdes immobiles ; *t*, oogone allongé en trichogyne, au sommet duquel
adhèrent deux anthérozoïdes. *B*, premiers cloisonnements de l'œuf. *C*, sporogone en forme de buisson, issu de l'œuf, et dont chaque cellule externe
est une spore de passage.

fortement ; au point de contact, l'un d'eux résorbe sa membrane de cellulose, ainsi que celle du trichogyne, et, par l'ouverture, déverse son protoplasme et son noyau d'abord dans
le trichogyne, puis dans l'oosphère ; dès lors celle-ci, devenue
un œuf, s'entoure d'une membrane de cellulose qui tapisse la
paroi interne de l'oogone, excepté en haut où elle isole le
trichogyne.

La formation de l'œuf des Floridées diffère donc de celle des Fucacées et des Œdogoniées, d'abord parce que l'anthérozoïde est muni d'une membrane de cellulose et immobile, ensuite parce que l'oogone, prolongé en trichogyne, ne s'ouvre pas spontanément; l'anthérozoïde est obligé de le percer au point de rencontre, pour y pénétrer.

Formation de l'œuf par oosphère sans anthérozoïde. — La formation de l'œuf par déversement dans une oosphère d'une portion de protoplame, pourvue d'un noyau, mais sans forme déterminée et immobile, est réalisée chez les Thallophytes par les Péronosporacées et les Saprolégniacées, deux familles de Champignons Oomycètes, dont le thalle, doué d'une structure continue (p. 10), est formé de filaments rameux enchevêtrés. Considérons en particulier un Péronospore ou un Pythe (fig. 228).

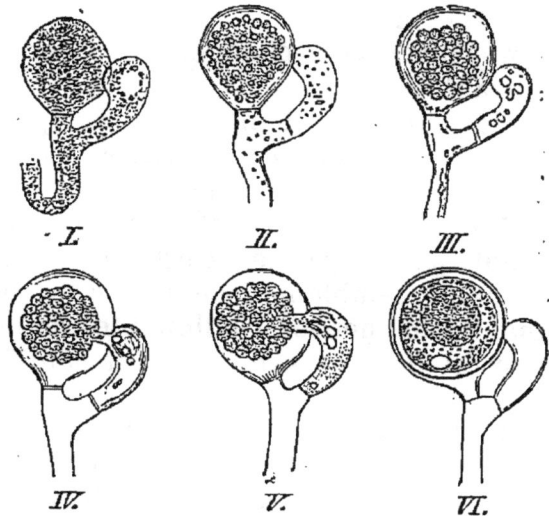

Fig. 228. — Formation de l'œuf du Pythe grêle. *I* à *VI*, états successifs. *V*, l'anthéridie déverse une partie de son protoplasme dans l'oosphère. *VI*, l'œuf est formé.

Une branche du thalle se renfle en sphère à son extrémité, qui se sépare par une cloison basilaire du reste du filament et devient un oogone (*I*). A l'intérieur de celui-ci, la masse centrale du protoplasme se condense en une oosphère, pendant que sa couche périphérique se transforme en une substance nutritive (*II*).

En même temps, un rameau émané soit de la même branche au-dessous de l'oogone (fig. 228), soit d'une branche voisine, se renfle en massue à son extrémité, qui se sépare par une cloison (*II*) et forme l'anthéridie. Ce rameau se recourbe vers l'oogone et vient y appliquer étroitement l'anthéridie. Celle-ci pousse alors vers l'intérieur un fin ramuscule, qui perce la membrane de l'oogone, traverse la couche de substance nutritive, rencontre l'oosphère et s'y soude (*IV*); aussitôt le ramuscule s'ouvre au sommet et, par l'orifice, l'anthéridie déverse

dans l'oosphère une partie du protoplasme qu'elle renferme
(*V*). Cette partie, sans affecter pourtant de forme déterminée,
est quelquefois nettement séparée du reste, qui demeure
adhérent à la membrane de l'anthéridie (Pythe); il se fait
alors dans l'anthéridie une différenciation de protoplasme,
analogue à celle qui s'opère dans l'oogone.

De la fusion de ces deux protoplasmes et de leurs noyaux
résulte l'œuf, qui s'entoure aussitôt d'une membrane de cellulose (*VI*). Celle-ci s'épaissit progressivement et se différencie
bientôt en plusieurs couches. Les œufs ainsi constitués passent l'hiver sans changement et ne germent qu'au printemps
suivant.

On voit qu'ici l'anthéridie ne produit pas d'anthérozoïdes
nettement différenciés, mais vient elle-même s'établir directement en contact avec l'oosphère.

Formation de l'œuf par isogamie. — La formation de
l'œuf par isogamie, c'est-à-dire par combinaison de deux
gamètes semblables de forme et de dimension (p. 45), se
manifeste chez les Thallophytes de deux manières différentes,
suivant que les gamètes sont captifs et immobiles, ou libres
et mobiles.

1° Dans le Zygogone et la Spirogyre. — Comme exemple
du premier mode, prenons un Zygogone, Algue verte vivant
sur la terre humide et dont le thalle, constitué par un filament simple et cloisonné transversalement, renferme dans
chaque cellule deux grands choroleucites étoilés. Deux de ces
filaments s'approchent et se disposent parallèlement; les cellules en regard poussent l'une vers l'autre des protubérances
latérales, qui s'allongent jusqu'à se rencontrer. Puis, le protoplasme de chacune des deux cellules se contracte, se détache
de la membrane de cellulose, s'arrondit en ellipsoïde et se
rassemble autour du noyau en une masse de plus en plus
compacte, en expulsant progressivement tout le suc cellulaire
qu'il renfermait : les deux gamètes sont constitués. La membrane de cellulose se résorbe ensuite et se perce au sommet
des deux proéminences en contact; après quoi, les deux
gamètes s'engagent ensemble dans le canal de communication ainsi établi, se rencontrent au milieu du canal, qui se
dilate à mesure, s'y pénètrent et s'y combinent protoplasme
à protoplasme, noyau à noyau. L'œuf ainsi constitué s'entoure aussitôt d'une membrane de cellulose; son volume est à
peine plus grand que celui de l'un des deux gamètes (fig. 229).

Il s'est donc fait, au cours même de la fusion, une nouvelle et forte contraction, preuve évidente qu'il s'agit ici, non d'un simple mélange, mais d'une véritable combinaison.

Les Spirogyres, Algues vertes aquatiques voisines de la précédente, qui doivent leur nom à la forme spiralée de leurs chloroleucites, nous offrent une transition vers l'hétérogamie (fig. 229). L'un des deux gamètes en regard y est, en effet, en avance sur l'autre, s'engage seul dans le canal, le traverse en entier et se rend dans la cellule opposée, où il se fusionne avec l'autre demeuré en place et où l'œuf se trouve également situé. Celui des deux gamètes qui est en avance et fait ainsi tout le chemin pour s'unir à l'autre peut déjà être dit mâle, l'autre femelle.

2° **Dans le Monostrome.** — Comme exemple du second mode, prenons un Schizogone, Algue verte dont le thalle est formé par un filament simple cloisonné transversalement, ou un Monostrome, Algue verte dont le thalle est constitué par un plan de cellules.

Une cellule du filament ou de la lame divise plusieurs fois son noyau de manière à en produire 16 ou 32, se cloisonne entre les nouveaux noyaux, dédouble les cloisons albuminoïdes et isole enfin autant de petites cellules filles, dépourvues de membrane de cellulose, qui s'échappent par un orifice latéral pratiqué dans la membrane primitive : ce sont les gamètes. Ils sont piriformes, pourvus en avant d'un point rouge et de deux cils vibratiles (fig. 230, a).

Isolés, ces corpuscules périssent sans se développer ; réunis, ils se rapprochent (fig. 230, b), se touchent, se pressent (fig. 230, c) et enfin se fusionnent deux par deux, se combinent protoplasme à protoplasme et noyau à noyau, et pro-

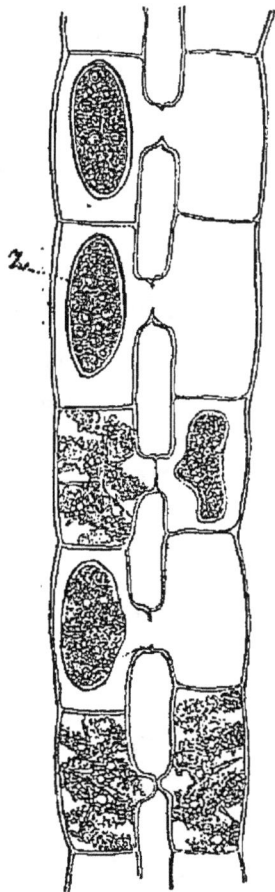

Fig. 229. — Formation de l'œuf par isogamie à gamètes captifs dans une Spirogyre. Pour former l'œuf z, l'un des gamètes fait tout le chemin vers l'autre.

'dúisent des corps à deux points rouges et à quatre cils (fig. 230, *d*). Ceux-ci se meuvent encore pendant quelque temps, puis perdent leurs cils, s'entourent d'une membrane de cellulose et passent à l'état de vie latente : ce sont les œufs (*e*).

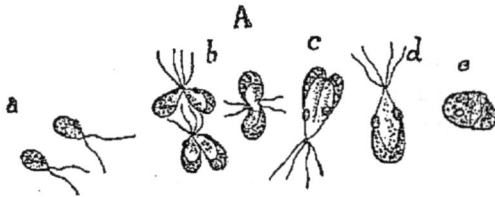

Fig. 230. — Formation de l'œuf par isogamie à gamètes libres dans le Monostromo bulleux.

L'isogamie à gamètes mobiles est le mode le plus simple de formation de l'œuf; il n'en est pas moins très fréquent. On l'a rencontré chez les Algues les plus diverses, aussi bien dans la structure continue (Botryde, p. 44, fig. 18, *A*, Acétabulaire, Bryopse, etc.) que dans la structure articulaire (Cladophore, etc.) et dans la structure cellulaire (Ulve, Laminaire, etc.), aussi bien chez les Algues brunes (Ectocarpe, Laminaire, etc.) que chez les Algues vertes.

§ 2

DÉVELOPPEMENT DE L'ŒUF CHEZ LES THALLOPHYTES

Aussitôt formé suivant l'un des trois modes que l'on vient d'étudier, l'œuf des Thallophytes tantôt se développe immédiatement sur la plante mère et à ses dépens, tantôt est mis en liberté et ne se développe que plus tard dans le milieu extérieur, sans aucun lien avec la plante mère. Les Thallophytes de la première catégorie sont vivipares, comme les Phanérogames, les Cryptogames vasculaires et les Muscinées; celles de la seconde catégorie, qui sont aussi de beaucoup les plus nombreuses, sont au contraire ovipares. L'oviparité est donc un phénomène localisé dans le groupe des Thallophytes, mais qui est loin d'appartenir à tous ses représentants.

Développement de l'œuf sur la plante mère. — Le développement de l'œuf sur la plante mère se rencontre à la fois parmi les Algues, chez les Floridées, et parmi les Champignons, chez les Mucoracées.

Chez les Floridées, l'œuf pousse aussitôt, en divers points de sa surface, des proéminences en forme de papilles, qui se séparent par des cloisons (fig. 227, *B*). Ces papilles poussent latéralement des branches qui se cloisonnent, se ramifient à leur tour, et ainsi de suite ; le tout forme bientôt une sorte de buisson plus ou moins serré, qui cesse de croître au bout d'un certain temps. Les cellules terminales des rameaux se renflent alors, se remplissent d'un protoplasme plus dense, se

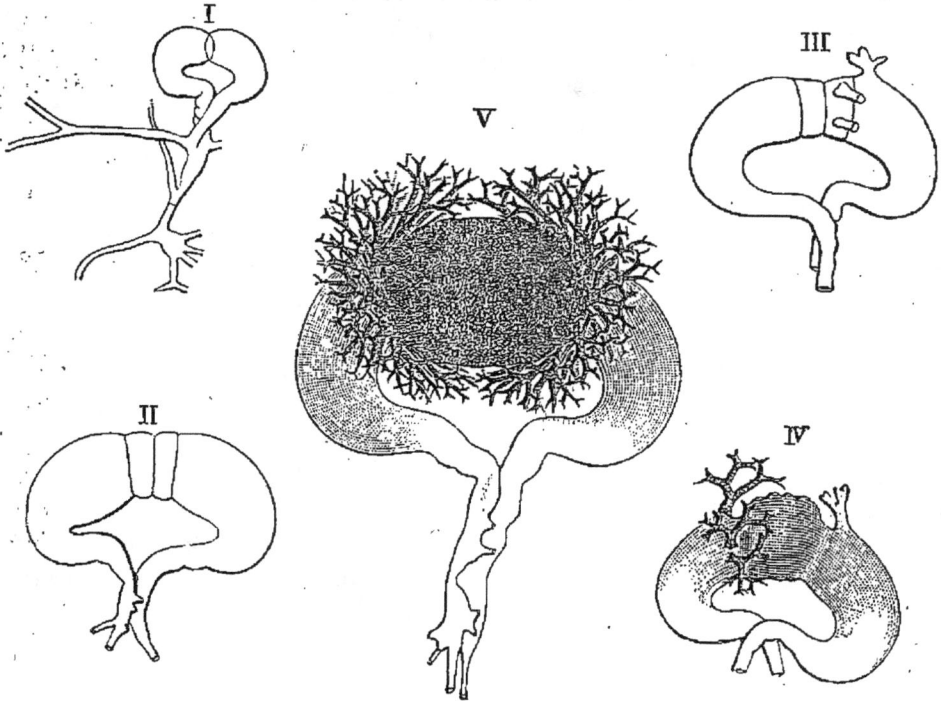

Fig. 231. — Formation et développement de l'œuf du Phycomyce brillant.

I, rapprochement au contact des deux rameaux renflés. *II*, chacun d'eux découpe une cellule discoïde. *III*, ces deux cellules fusionnent leurs proto- plasmes, et l'œuf est constitué. *IV*, aussitôt il grossit et parvient enfin à l'état *V*. L'œuf formé, des poils dichotomes naissent d'abord d'un côté *III*, puis de l'autre *IV* ; ces poils s'enchevêtrent ensuite autour de l'embryon plus complètement encore que ne le montre la figure *V*.

séparent du buisson et les unes des autres, et passent à l'état de vie latente (fig. 227, *C*). Plus tard, chacune de ces cellules se développe et donne soit directement le thalle adulte, soit d'abord un corps rudimentaire, filamenteux ou lamelliforme, sur lequel le thalle adulte prend naissance par voie de bour- geonnement adventif

Le développement de l'œuf en plante adulte suit donc, chez les Floridées, la même marche que chez les Muscinées. Il s fait d'abord un corps rudimentaire, produisant des cellules spéciales, en un mot, un sporogone avec des spores de passage ; puis, ces spores germent et développent soit directement le thalle adulte, comme chez les Hépatiques, soit d'abord un protonème sur lequel le thalle adulte bourgeonne plus tard, comme chez les Mousses. La seule différence est que les spores de passage naissent ici à l'extérieur du sporogone, et non à l'intérieur d'un sporange, comme chez les Muscinées. C'est donc par les Floridées que le groupe des Thallophytes se relie à celui des Muscinées.

Chez les Mucoracées, l'œuf naît par isogamie à gamètes captifs (fig. 231). Deux courts rameaux du thalle, doué, comme on sait, d'une structure continue (p. 10), se renflent au sommet, croissent l'un vers l'autre en demeurant droits (Mucor, etc.) ou en se courbant en forme de tenaille (Phycomyce, etc.), jusqu'à venir se toucher et se presser en aplatissant leurs extrémités l'une contre l'autre (I). En même temps, le bout de chaque rameau se sépare du reste par une cloison transversale (II) ; puis, la double membrane en contact se résorbe et les deux cellules discoïdes se fusionnent en une seule, qui dès ce moment est l'œuf (III).

Mais aussitôt celui-ci s'accroît rapidement, absorbant à cet effet, à travers les cloisons latérales, le contenu des rameaux renflés et des branches du thalle qui les supportent. Il devient ainsi un corps volumineux, mesurant parfois jusqu'à $\frac{1}{4}$ de millimètre de diamètre, qui s'enveloppe d'une épaisse membrane cartilagineuse, souvent hérissée de verrues et passe à l'état de vie latente (fig. 231, V). Il est recouvert par la membrane des deux cellules fusionnées, qui a suivi le développement de l'œuf et forme à sa surface une mince pellicule, ordinairement brun foncé ou noir. Ce corps est un embryon à structure continue, pourvu de nombreux noyaux et de substances de réserve où dominent les matières grasses. Souvent nu (Mucor, Rhizope, etc.), il est quelquefois recouvert par des poils colorés et cutinisés, produits en verticille par les deux rameaux, au-dessous des cloisons qui en ont séparé les gamètes ; ces poils sont tantôt simples et arqués (Absidie), tantôt dichotomes et droits (Phycomyce, fig. 231), tantôt ramifiés et enchevêtrés en une épaisse capsule qui enveloppe complètement l'embryon (Mortiérelle). Toujours ils constituent un appareil de protection et de dissémination, rappelant les aigrettes et le duvet des graines des Phanérogames.

Placé dans des conditions favorables, c'est-à-dire dans un air humide et chaud, l'embryon des Mucoracées germe et produit directement, aux dépens de ses réserves, un sporogone, formé d'un pédicelle terminé par un sporange. Les spores produites dans ce sporange se disséminent et germent en produisant autant de thalles nouveaux ; ce sont donc, comme dans les Floridées, des spores de passage.

Développement de l'œuf en dehors de la plante mère. — Quand l'œuf est mis en liberté, son développement s'opère quelquefois tout de suite, sans avoir à traverser une période de repos. C'est ainsi que chez les Varecs, aussitôt formé, comme il a été dit plus haut, il se cloisonne dans les trois directions et peu à peu produit le thalle (fig. 226, *IV* et *V*).

Mais le plus souvent l'œuf passe d'abord à l'état de vie latente et ne germe qu'après un temps plus ou moins long, au retour des circonstances favorables. Alors, le plus souvent il déchire la couche cutinisée de sa membrane et, par l'ouverture, s'accroît au dehors en devenant peu à peu et directement le thalle adulte de la plante (Spirogyre, Vauchérie, etc.). Mais quelquefois il se divise d'abord en un certain nombre de cellules libres, parfois ciliées et mobiles, qui s'échappent par une ouverture de sa membrane et plus tard seulement germent à leur tour en produisant autant de thalles nouveaux (Œdogone, Cystope, etc.). Ces cellules sont des spores de passage plus précoces que celles des Floridées et des Mucoracées.

Multiplication des Thallophytes. Spores et zoospores. — Parvenues à l'état adulte, les Thallophytes se multiplient par fractionnement du thalle, c'est-à-dire par boutures et marcottes, comme les plantes des trois autres groupes. Il en est même qui n'ont pas d'autre mode de multiplication et qui, sous ce rapport, ressemblent aux Phanérogames, aux Cryptogames vasculaires et aux Muscinées, si l'on fait abstraction des propagules de ces dernières plantes : telles sont, par exemple, les Conjuguées et les Characées parmi les Algues vertes, les Diatomacées et les Fucacées parmi les Algues brunes, etc. Mais le plus souvent le thalle produit des cellules spéciales, qui se disséminent et plus tard germent en produisant autant de thalles nouveaux, pareils de tout point au premier, en un mot des *spores* (p. 43). La multiplication par spores est donc localisée dans le groupe des Thallophytes, mais elle est loin d'appartenir à tous ses représentants.

Les spores se forment, suivant les plantes, par deux procédés différents. Ce sont quelquefois des cellules externes, qui se différencient et se détachent tout entières avec leur

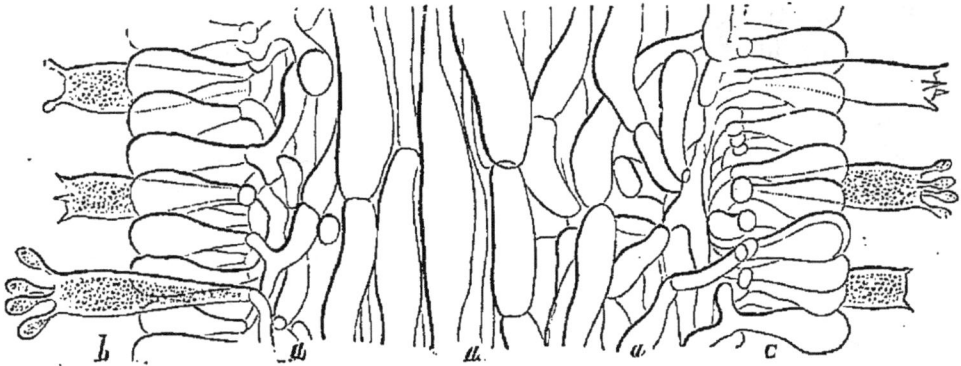

Fig. 232. — Formation exogène des spores dans un Agaric. Coupe transversale d'une lamelle sporifère ; *a*, filaments internes ; *b*, basides, portant les quatre spores à divers états de développement ; *c*, paraphyses.

membrane de cellulose ; les spores sont alors exogènes et immobiles, comme on le voit, parmi les Champignons, chez les Basidiomycètes (fig. 232), etc. Bien plus fréquemment, les spores naissent dans une cellule mère, qui multiplie ses noyaux et tantôt se cloisonne, dédouble les cloisons et isole les cellules filles (fig. 233), tantôt condense autour de chaque noyau une portion seulement du protoplasme, qui se revêt d'une membrane propre et se sépare du protoplasme non employé (fig. 234) ; elles sont alors endogènes et la cellule mère porte le nom de *sporange* dans le premier cas (fig. 233), où les spores sont en nombre variable et indéterminé, d'*asque* dans le second (fig. 234), où elles sont en nombre constant et déterminé.

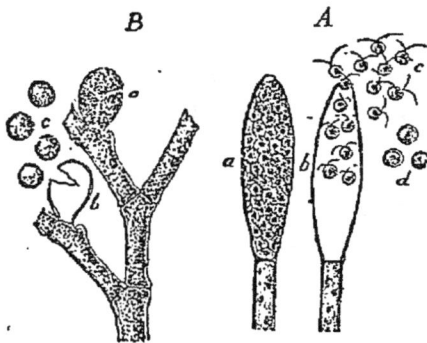

Fig. 233. — Formation endogène des spores dans un sporange. *A*, chez un Saprolègne ; les spores sont mobiles. *B*, chez un Callithamne ; les spores sont immobiles.

Si les cellules filles, avant de sortir du sporange ou de l'asque, se sont revêtues d'une couche cellulosique, les spores sont immobiles (Mucoracées et Ascomycètes parmi les Cham-

pignons, Floridées parmi les Algues) (fig. 232, 233, *B* et 234).
Mais si elles ne possèdent que leur mince membrane albuminoïde, prolongée çà et là en cils vibratiles, elles nagent dans
l'eau : ce sont des *zoospores* (Saprolégniacées et Chytridiacées
parmi les Champignons, Siphonées, Confervacées, Phéozoosporées parmi les Algues) (fig. 233, *A*). Suivant les plantes, les
zoospores ont un seul cil postérieur (Chytridiacées) ou antérieur (Botryde), deux cils, un en avant et l'autre en arrière

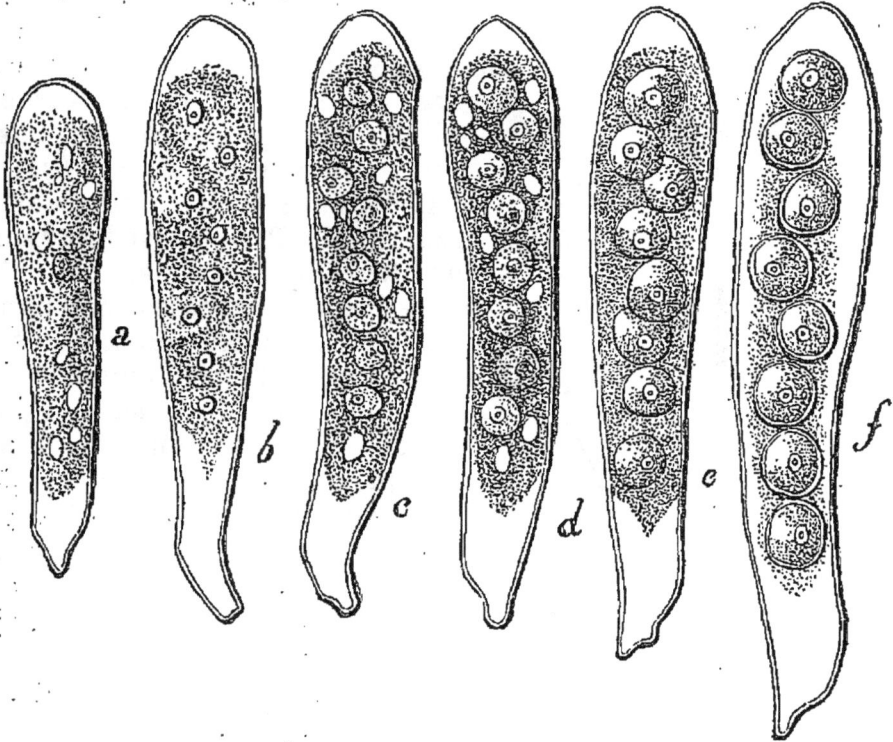

Fig. 234. — Formation endogène des spores dans un asque, chez une Pézize.

(Phéozoosporées) ou tous les deux en avant (fig. 233, *A*) (Protocoque, Coléochète, etc.), ou quatre cils en avant (Cladophore,
Ulve, etc.). Quelquefois la cellule mère, sans diviser son
noyau, consacre tout son protoplasme à la formation d'une
seule grosse zoospore, qui porte alors une couronne de cils
en avant (Œdogone, etc.). Ailleurs, c'est un article, pourvu
de nombreux noyaux, qui consacre tout son protoplasme et
tous ses noyaux, à former une seule zoospore, très grande et
toute couverte de cils, qui est elle-même un article et non
une cellule (Vauchérie). Dans tous les cas, la zoospore, après

avoir nagé quelque temps, perd ses cils, s'entoure d'une membrane de cellulose et repasse ainsi à l'état de spore immobile '(fig. 233, *d*).

Ces deux modes de formation, exogène et endogène, peuvent d'ailleurs se rencontrer dans des plantes assez voisines : ainsi, par exemple, les Péronosporacées ont leurs spores exogènes, tandis que les Saprolégniacées les ont endogènes (fig. 233; *A*).

Polymorphisme de l'appareil sporifère. Conidies. — Beaucoup de Thallophytes n'ont qu'une sorte de spores ; il en est ainsi par exemple de toutes ; les Algues, car il faut bien se garder de confondre les spores de passage des Floridées (fig. 227, *C*) ou des OEdogones avec leurs vraies spores (fig. 233, *B*) ; il en est de même, parmi les Champignons, dans la division des Myxomycètes. Mais dans les autres divisions de ce vaste groupe, on voit fréquemment le thalle adulte produire, suivant les conditions de nutrition où il se trouve placé, plusieurs sortes de spores, souvent très différentes les unes des autres, appropriées respectivement à la multiplication de la plante dans ces conditions; il y a alors différenciation ou, comme on dit aussi, *polymorphisme* dans l'appareil sporifère.

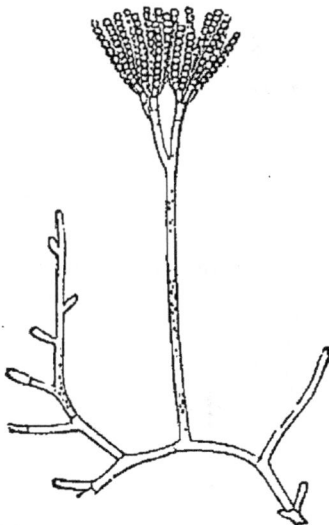

Fig. 235. — Appareil conidien du Pénicille; les conidies forment un pinceau de chapelets.

Parmi ces diverses sortes de spores, il en est une qui ne manque jamais et qui conserve ses caractères dans toute l'étendue de chaque division considérée ; c'est à elle seule que l'on réserve le nom de spores. Aux autres, qui manquent souvent, et dont les caractères varient beaucoup dans des plantes très voisines, on donne collectivement le nom de *conidies*. C'est ainsi qu'outre les spores endogènes, qui appartiennent à toute la famille, plusieurs Mucoracées ont des conidies exogènes, plus grosses que les premières, portées au sommet de petits rameaux du thalle (Mortiérelle, Syncéphale). C'est ainsi encore qu'à côté des spores nées par huit à l'intérieur d'un asque (fig. 234), qui caractérisent la grande division des Ascomycètes, le Pénicille, l'Aspergille, le Stérigmatocyste, l'Érysiphe forment, bien plus fréquemment que les premières, des conidies exogènes disposées en chapelet (fig. 235). De même, outre les spores nées par quatre au sommet d'une cellule mère nommée *baside*, qui caractérise la grande division des Basidiomycètes (fig. 232), plusieurs Agarics, Coprins, etc., produisent sur leur thalle des conidies en bâtonnets, beaucoup plus petites et plus délicates que les premières.

Souvent même le thalle produit plusieurs sortes de conidies, appropriées à tout autant de conditions différentes. Ainsi la Puccinie du gramen, Basidiomycète parasite qui envahit au printemps le Berbéride vulgaire ou Épine-vinette, en été le Blé cultivé, outre ses spores, qui naissent au printemps sur la terre humide, produites par quatre sur une baside transversalement cloisonnée, forme trois sortes de conidies. Les spores tombent tout d'abord sur les feuilles du Berbéride et y établissent la plante. Celle-ci ne tarde pas à produire sur le Berbéride deux sortes de conidies : les unes qui progagent la plante sur le Berbéride, les autres qui tombent sur le Blé et y inoculent le parasite. Sur ce nouvel hôte, celui-ci forme ensuite une troisième sorte de conidies, qui le multiplie sur le Blé pendant tout l'été. Finalement il produit sur le Blé une quatrième sorte de cellules, qui le conservent pendant l'hiver et qui germent au printemps en produisant chacune directement une baside à quatre spores. Celles-ci ne sont donc pas des conidies, mais bien des spores de passage, ou mieux des *probasides*. Ce parasite a donc cinq sortes de cellules reproductrices : des spores, trois catégories de conidies et des probasides.

Pour bien comprendre maintenant le caractère accessoire et tout adaptif des conidies, il suffit de comparer à la Puccinie du gramen, qui est si richement dotée parce qu'elle habite deux hôtes différents, la Puccinie des Malvacées, qui passe toute l'année sur la même plante. Celle-ci ne possède, outre ses spores, nées sur le sol au premier printemps et qui lui sont nécessaires pour monter à la plante hospitalière et s'y établir, que des probasides, qui passent l'hiver et donnent chacune au printemps une baside à quatre spores. Les conidies y font défaut.

CHAPITRE DIXIÈME

DÉVELOPPEMENT DE LA RACE

On a défini la race, et l'on sait que dans la race pure, comme dans la race mélangée, à chaque passage de plante à plante, il y a variation (p. 48). Il faut maintenant rechercher comment, dans la race pure, la variation est influencée par le mode même de formation de l'œuf, par le temps, c'est-à-dire par l'âge de la race ou par le numéro d'ordre de la plante considérée, et par le lieu, c'est-à-dire par l'ensemble des conditions du milieu auquel cette plante est soumise. Il faut ensuite considérer la race mélangée et rechercher comment la variation y est modifiée par la manière dont s'opère la formation croisée de l'œuf et par le degré du croisement. En un mot, il faut étudier le développement de la race, ce qui fera l'objet du dernier chapitre de la Botanique générale.

§ 1

RACE PURE

Toutes les fois que l'œuf résulte de la combinaison des gamètes de la même plante, condition que nous avons toujours supposée réalisée dans les chapitres précédents, en un mot toutes les fois que sa formation est autonome, la descendance est directe et la race est pure (p. 48).

La diverse parenté des gamètes est sans influence sur la variation. — Les gamètes peuvent être deux cellules sœurs, qui s'unissent peu de temps après s'être séparées au sein de la cellule mère, ces quelques instants ayant suffi à établir la différence interne qui les rend stériles séparément et qui rend possible leur combinaison dans l'œuf (Cladophore, Ulo-triche, etc.). Ils peuvent provenir de deux cellules sœurs, ce qui les éloigne déjà un peu plus, comme on le voit dans les Conjuguées quand l'isogamie s'exerce entre deux cellules contiguës du même filament. La parenté des gamètes est encore très étroite dans les Vauchéries, dans les Péronosporacées

(fig. 228), etc., où ils procèdent de deux rameaux issus du même
tube en des points voisins, dans les OEdogoniées (fig. 225), où
ils sont produits par des cellules voisines du filament, etc.

Mais le plus souvent, les cellules mères des gamètes sont
séparées par un grand nombre de divisions cellulaires et
même appartiennent à des membres différents, quoique rapprochés, comme on le voit pour l'étamine et le carpelle chez
les Phanérogames à fleurs hermaphrodites. Chez ces plantes,
il arrive même souvent, comme on sait, par suite de diverses
dispositions : dichogamie (p. 434), pollinisation par les insectes
(p. 345), etc., que les gamètes qui s'unissent pour former
l'œuf proviennent non de la même fleur, mais de fleurs différentes, fort espacées sur le corps de la plante ou sur des individus différents de la même plante, ce qui éloigne d'autant
plus leur parenté. Cette pollinisation indirecte devient même
nécessaire quand les fleurs sont unisexuées avec monœcie.

Ces différences de parenté des gamètes ont-elles de l'influence sur le produit de leur combinaison dans l'œuf, c'est-
à-dire sur la variation de la plante nouvelle? Les quelques
expériences que l'on possède sur ce sujet portent à répondre
négativement à cette question. Dans cinq plantes phanérogames à fleurs hermaphrodites, appartenant à autant de genres
pris dans quatre familles différentes, on a comparé, toutes
choses égales d'ailleurs, un certain nombre de plantes issues
de pollinisation directe au même nombre de plantes produites
par pollinisation indirecte entre fleurs distinctes du même
individu ou d'individus différents de la même plante. Pour
trois de ces plantes (Mimule jaune, Pélargone zoné, Origan
vulgaire), les deux lots se sont montrés de tous points équivalents. Dans la quatrième (Ipomée pourpre), le lot direct a
été légèrement supérieur au lot indirect; dans la cinquième
(Digitale pourpre), c'est au contraire le lot indirect qui a pris
une légère avance sur le lot direct. En somme, la pollinisation
directe s'est montrée sans avantage, comme sans inconvénient.

Tant qu'on ne sort pas de la plante, la différence de parenté
des gamètes paraît donc sans influence sur la variation.

Influence de l'âge de la race sur la variation. — Au moment
où la plante nouvelle forme à son tour des œufs, la variation
particulière qui la caractérise est soumise, au même titre que
toutes ses autres propriétés, d'une part à l'hérédité, d'autre
part à la variation. Le plus souvent elle est atteinte par la

variation et disparaît sans laisser de traces; quelquefois elle est prise par l'hérédité et se conserve à tous les degrés dans la descendance. Dans le premier cas, la propriété acquise se trouve localisée dans un seul des anneaux de la chaîne; pour la maintenir ou la répandre, on est réduit à user des divers moyens qu'on a de conserver et de multiplier la plante. Il en est ainsi, par exemple, dans les Tulipes, les Calcéolaires, les Pélargones, les Poiriers, les Pommiers, les Pruniers, les Pêchers, etc., dont aucune des nombreuses variations ne se propage par les œufs, c'est-à-dire par le semis des graines. Dans le second cas, la propriété nouvelle est fixée et se retrouve désormais dans tous les anneaux de la chaîne, caractérisant ainsi dans la race générale un rameau différencié, une race particulière, qu'on nomme une *variété*.

Ordinairement le caractère nouveau ne se fixe pas complètement dès le début, mais progressivement. A la première génération, il se perd chez certaines plantes, et il en est de même dans plusieurs générations suivantes; mais comme le nombre des plantes où il se perd va chaque fois diminuant, sa transmissibilité augmente de plus en plus et il finit enfin par avoir la même fixité que les autres caractères de la plante primitive. Cette perte des caractères acquis, que l'on observe chez certains descendants pendant les premières générations, ce retour à la forme ancestrale, est désigné d'une façon générale sous le nom d'*atavisme*.

La même plante peut produire, en même temps ou successivement, un nombre plus ou moins grand, parfois même des centaines de variétés. On en voit de nombreux exemples dans les plantes sauvages (Rosier, Ronce, Épervière, etc.), et surtout dans les végétaux cultivés (Dahlie variable, Violette tricolore, Courge pépon, Concombre melon, Chou potager, etc.). Sous ce rapport, on constate quelquefois de grandes différences entre plantes d'une même famille. Ainsi le Seigle céréale, malgré une longue culture, n'a encore fourni aucune variété, tandis que le Blé cultivé et le Maïs cultivé ont produit un grand nombre de variétés déjà anciennes et ne cessent pas d'en former de nouvelles.

A l'origine, la différence qui existe entre deux variétés issues de la même plante est le plus souvent assez faible et n'intéresse que quelques caractères. Mais ces variétés varient à leur tour et leurs variations, héréditaires comme les premières, donnent lieu à des variétés de second ordre, qui se comportent, par rapport aux variétés de premier ordre, comme celles-ci vis-à-vis de la plante d'origine. Ces variétés de second ordre varient de même, donnent des variétés de troisième ordre, et ainsi de suite. Les effets s'ajoutant chaque fois, la différence va s'accusant de plus en plus et par conséquent les variétés divergent de plus en plus dans le cours des générations. En un mot, la variation croît avec le temps, non pas d'une manière continue, mais par saccades. Aussi, après un certain nombre de ces variations successives, les variétés finales se trouvent-elles si éloignées l'une de l'autre, que leur communauté d'origine ne peut être démontrée qu'en remontant dans l'histoire ou en étudiant les formes de transition qu'elles peuvent présenter. Si les documents historiques font défaut, si en même temps les transitions manquent par suite de causes que nous chercherons tout à l'heure, les variétés paraîtront désormais isolées et sans lien.

Influence des conditions extérieures sur la variation. Lutte pour l'existence. — La cause de la variation en général, de la variation héréditaire en particulier, étant tout entière dans le mode même de formation de l'œuf, les conditions extérieures n'ont aucune influence sur la production des variations. On en trouve une preuve directe dans ce fait, que les graines formées dans le même fruit produisent souvent plusieurs variétés différentes, en même temps que la forme primitive. Le milieu extérieur agit, il est vrai, sur le corps de la plante pour en modifier les diverses parties, comme on l'a constaté bien souvent au cours de cet Ouvrage ; mais ces modifications ne sont pas héréditaires ; replacés dans les conditions premières, les descendants reprennent bientôt les caractères primitifs.

Une variation étant produite, ce sont au contraire les conditions de milieu qui décident si la plante qui la présente vivra et sera fertile, si elle périra ou demeurera stérile, en d'autres termes, à supposer qu'il s'agisse d'une variation héréditaire, s'il y aura ou non variété. Quand donc une variété ne se rencontre que dans une station déterminée, ce n'est pas parce que sa variation originelle a été provoquée ou favorisée par cette station, mais bien parce que, cette station lui offrant seule les conditions de milieu qui lui sont nécessaires, elle s'y conserve et périt partout ailleurs. Quand une variété vient à varier à son tour, ce sont encore les conditions de milieu qui décident, parmi les nouvelles variations, lesquelles vont se conserver, en s'ajoutant à la variation ancienne pour caractériser une variété de second ordre plus éloignée du type primitif, lesquelles vont au contraire disparaître, en entraînant dans leur chute la variété ancienne.

Dans cette action des conditions de milieu sur la conservation et le développement des variétés, il faut distinguer deux parts : celle du milieu non vivant, c'est-à-dire de l'aliment, de la chaleur, de la lumière, etc., et celle du milieu vivant, c'est-à-dire de la totalité des animaux et de l'ensemble des végétaux autres que la plante considérée. Ces derniers ayant besoin, comme la plante, des diverses conditions du milieu non vivant, entrent en lutte avec elle pour ces conditions et, dans cette lutte, c'est le plus apte qui survit. Or, comme c'est la conformité des besoins qui la provoque, cette *lutte pour l'existence*, comme on l'appelle, sera d'autant plus âpre que la conformité des besoins sera plus complète. C'est donc entre plantes de la même variété que la concurrence est la plus active ; elle l'est déjà un peu moins entre variétés voisines, moins encore entre variétés plus éloignées, etc. Il en résulte que deux plantes pourront prospérer côte à côte, si elles sont de variétés très éloignées, tandis que l'une étouffera l'autre, si elles appartiennent à des variétés très voisines.

De là une conséquence très importante au point de vue de la divergence et de l'isolement progressif des variétés, dont il a été question plus haut. De toutes les variétés produites par une même plante, ce sont celles qui diffèrent le plus qui doivent se conserver le mieux, tandis que les formes intermédiaires, qui se ressemblent davantage, doivent disparaître peu à peu. C'est ce qui explique l'absence si fréquente de transitions entre des variétés éloignées, qui paraissent complètement isolées, bien qu'elles dérivent d'une même origine et ne soient que des rameaux différenciés d'une même race.

§ 2

RACE MÉLANGÉE

Quand les gamètes qui se combinent pour former l'œuf appartiennent à des plantes différentes, c'est-à-dire proviennent en définitive d'œufs différents, la race est mélangée (p. 48). La parenté diverse des gamètes influe alors beaucoup sur la variation, de sorte que la plante nouvelle diffère beaucoup de la postérité directe de ses générateurs. Quand il a lieu entre plantes différentes de même espèce, ce croisement sexuel est un *métissage* et la plante qui en provient est un *métis*. Quand il s'opère entre plantes d'espèces différentes, c'est une *hybridation* et la plante qui en procède est un *hybride*.

Métissage. — Déjà toutes les plantes dioïques ne produisent que des métis et ne sont elles-mêmes que des métis; seulement, comme elles n'ont pas de postérité directe qui puisse servir de terme de comparaison, l'influence propre du croisement ne saurait y être appréciée. Mais le métissage se manifeste aussi très fréquemment dans la nature entre plantes monoïques et hermaphrodites, c'est-à-dire dans des conditions où la comparaison avec la postérité directe permet de mettre en évidence les caractères propres des métis.

Chez les Phanérogames, par exemple, diverses dispositions étudiées plus haut : dichogamie (p. 434), pollinisation par les insectes (p. 435), etc., tendent à amener ce résultat; aussi beaucoup de ces plantes fonctionnent-elles habituellement comme dioïques, en ne produisant que des métis. Il en est même qui se montrent tout à fait incapables de former des œufs à l'aide de leurs propres gamètes, qui sont stériles par elles-mêmes et, hermaphrodites au point de vue physiologique, sont nécessairement dioïques au point de vue morphologique (Corydalle creux, Hypécon grandiflore, Pavot somnifère, Molène noire, Passiflore ailée, etc.).

L'homme s'applique aussi à produire des métis par voie de pollinisation artificielle, en vue de certaines qualités avantageuses qu'ils possèdent, comme on va voir, et dont la postérité directe des générateurs est dépourvue. Quelle que soit l'espèce que l'on considère, les essais dans ce sens sont presque toujours couronnés de succès, même quand les deux plantes croisées présentent le maximum des différences que comporte leur espèce, en d'autres termes, quand elles appartiennent aux variétés les plus éloignées.

Le métissage est aussi toujours réciproque, c'est-à-dire qu'entre deux plantes monoïques ou hermaphrodites A et B, il s'opère tout aussi bien si A donne le gamète mâle et B le gamète femelle pour former le métis AB, que si A fonctionne comme mâle et B comme femelle pour produire le métis BA.

Caractères propres des métis. — La différence entre les métis et la postérité directe des générateurs s'accuse à la fois dans le nombre des plantes, dans la dimension, le poids et la force de résistance du corps végétatif, dans l'époque et l'abondance de la floraison, enfin dans la fécondité, appréciée par le nombre des fruits et des graines. Sous tous ces rapports, les métis ont une supériorité marquée sur les descendants directs des deux générateurs.

Pour fixer les idées, prenons, par exemple, l'Ipomée pourpre, vulgairement Volubilis. Toutes choses égales d'ailleurs, les métis y sont supérieurs aux descendants directs dans les rapports suivants : pour la hauteur des tiges, 100 à 76 ; pour le poids du corps végétatif aérien, 100 à 44 ; pour la fécondité, appréciée par le nombre des capsules produites et le nombre des graines par capsule, 100 à 35 ; enfin pour le poids du même nombre de graines, 100 à 83. Ils fleurissent plus tôt et plus abondamment. Ils sont plus robustes ; par exemple, ils résistent mieux à un hiver long et rigoureux, et vivent plus longtemps. Ils varient aussi beaucoup plus, comme le prouvent notamment les couleurs différentes de la corolle.

Tous ces avantages se conservent ensuite dans la descendance directe des métis. Ils persistent encore, sans changement, si l'on croise les métis de la première génération entre eux, ceux de la seconde génération entre eux, et ainsi de suite ; en d'autres termes, les croisements entre métis sont sans effet.

Métis dérivés. Métis combinés. — Il n'en est pas de même si l'on croise un métis avec une autre plante de la même espèce, mais différente des deux générateurs, pour produire ce qu'on appelle un *métis dérivé*. Comme on devait s'y attendre, l'effet de ce nouveau croisement est semblable à celui du premier et s'y ajoute en le doublant ; en d'autres termes, le métis dérivé a, sur les descendants directs de premier ordre du métis primitif, la même supériorité que celui-ci sur les descendants directs de second ordre de ses deux générateurs. Ainsi, l'effet d'un croisement est indépendant des croisements antérieurs.

En croisant un métis provenant de deux plantes A et B avec un autre métis issu de deux plantes C et D de la même espèce, on obtient un métis de métis, ou un *métis combiné*, qui réunit en lui en les mélangeant, en les fusionnant plus ou moins, les caractères propres de ses quatre générateurs.

Hybridation. — L'hybridation est beaucoup moins facile que le métissage. On n'en connaît que quelques exemples chez les Cryptogames; ainsi, on a obtenu un hybride en mêlant dans le même liquide les oosphères du Varec vésiculeux aux anthérozoïdes du Varec denté. Chez les Phanérogames, au contraire, on a produit un grand nombre d'hybrides, par voie de pollinisation artificielle; ainsi, par exemple, les Œillets, les Nicotianes, les Pétunies, les Molènes, les Digitales, etc., s'hybrident facilement.

L'hybridation est ordinairement réciproque, c'est-à-dire qu'entre deux espèces A et B, si l'oosphère de B donne avec l'anthérozoïde de A un œuf produisant un hybride AB, l'oosphère de A donne également bien avec l'anthérozoïde de B un œuf produisant un hybride BA. Pourtant, il y a des exceptions. Ainsi, par exemple, les oosphères du Varec denté ne donnent pas d'œufs avec les anthérozoïdes du Varec vésiculeux.

Caractères propres des hybrides. — Par l'ensemble de ses caractères, l'hybride se montre intermédiaire aux deux formes spécifiques qui l'ont produit; le plus souvent il réalise même assez bien une sorte de moyenne entre les deux, de manière que les hybrides réciproques AB et BA des espèces A et B se montrent identiques.

Outre les propriétés qu'ils héritent ainsi de leurs générateurs, les hybrides possèdent aussi des caractères nouveaux, par où ils se distinguent à la fois des deux formes originelles. Ceux qui proviennent d'espèces voisines ont souvent une croissance plus vigoureuse que leurs parents; ils participent en cela des caractères des métis. Ce surcroît de vigueur se traduit, en général, par la formation de feuilles plus nombreuses et plus grandes, de tiges plus grosses et plus hautes, de branches plus touffues et de racines plus abondamment ramifiées. Ils ont une tendance à vivre plus longtemps : de plantes annuelles, par exemple, naissent des hybrides bisannuels, de plantes bisannuelles des hybrides vivaces. Leur floraison est plus précoce, plus longue et plus abondante ; parfois même ils fournissent une quantité extraordinaire de fleurs et ces fleurs sont, en outre, plus grandes, plus vivement colorées, plus odorantes et de plus longue durée ; elles ont aussi une tendance marquée à doubler, c'est-à-dire à multiplier leurs étamines en les pétalisant (p. 425). On comprend par là tout l'intérêt que l'horticulteur attache à la production de nouveaux hybrides, qu'il sait ensuite conserver indéfiniment par bouture, marcotte ou greffe.

Contrastant avec cette croissance luxuriante, la sexualité et par suite la fécondité des hybrides est en général affaiblie, mais à des degrés très différents. Il en est qui se montrent presque aussi féconds que leurs générateurs (hybrides de Datures, de Pétunies, etc.); d'autres sont, au contraire, entièrement stériles (hybrides de Molènes, de Digitales, etc.); entre ces deux extrêmes, on trouve tous les intermédiaires. Dans la proportion où elle a lieu, la stérilité paraît due beaucoup plus à l'affaiblissement des étamines qu'à celui des carpelles.

Les hybrides d'espèces très éloignées, et qui se croisent très difficilement, non seulement sont complètement stériles, mais encore se montrent affaiblis dans leur croissance et plus ou moins rabougris.

Cette diminution de fécondité, allant jusqu'à la stérilité absolue, établit une différence très nette entre les hybrides et les métis qui sont, au contraire, comme on sait, plus féconds que leurs générateurs.

Postérité directe des hybrides. — Les hybrides de même origine se ressemblent tous, naturellement, à de très légères différences près, et forment, quel qu'en soit le nombre, une collection tout aussi homogène que peut l'être la descendance directe de leurs générateurs. Quand ils sont féconds, cette uniformité de caractères se maintient-elle, comme chez les métis, dans leurs générations directes successives? L'expérience a montré qu'il n'en est rien.

La première génération issue d'un hybride se partage ordinairement en trois lots : le premier, homogène, est composé de plantes que rien ne distingue de l'un des générateurs; le second, non moins uniforme, est constitué par des plantes qui ressemblent en tout point à l'autre générateur; le troisième, plus large que les deux autres, offre, au contraire, une excessive variabilité en tous sens, tellement irrégulière qu'on l'a qualifiée de *désordonnée*; on n'y rencontre pas deux plantes qui se ressemblent exactement. En semant les graines obtenues de l'un des hybrides du lot variable, on obtient une seconde génération d'hybrides, qui se comporte comme la précédente, se décomposant en trois lots, deux qui font retour aux parents, le troisième livré à la variation désordonnée. Il en est de même dans les générations suivantes.

Il résulte de là que la race des hybrides semble impuissante à fixer ses caractères, à moins de faire retour aux

générateurs. Par contre, on trouve en elle une source iné-
puisable de variations.

Hybrides dérivés. Hybrides combinés. — Si l'on croise
un hybride, ou l'un quelconque de ses descendants directs,
avec l'un de ses générateurs, on obtient un *hybride dérivé*,
que l'on peut unir à son tour avec le même générateur, et
ainsi de suite. On voit alors les hybrides successifs devenir de
plus en plus féconds et reprendre de plus en plus les caractères de la forme qui a servi à la dérivation ; finalement,
l'hybride dérivé revient complètement à ce type primitif et à la
fécondité normale.

Si l'on croise un hybride fécond AB avec un autre hybride
fécond CD, on obtient un hybride d'hybrides ou un *hybride
combiné*, qui réunit, combine en lui les caractères de ses
quatre générateurs. En croisant un pareil hybride avec un
hybride simple, issu de deux espèces différentes des quatre
premières, ou avec un autre hybride combiné, on réunira dans
un hybride combiné de second ordre les caractères de six
ou de huit espèces distinctes, ce qui a été fait avec succès
notamment pour les Saules. Ces hybrides combinés suivent,
en général, dans leur forme et leur manière d'être, les règles
données plus haut pour les hybrides simples. Ils sont d'autant plus stériles qu'il entre en eux un plus grand nombre de
formes spécifiques différentes.

Hybrides de genres. — En croisant deux espèces appartenant à des genres différents, on obtient un hybride de
genres.

Ces hybrides sont beaucoup plus rares que les hybrides
d'espèces. On en connaît chez les Mousses entre Funaire et
Physcomitre, chez les Phanérogames entre Lychnide et
Silène, entre Rosage et Kalmie, entre Echinocacte et Phyl-
lanthe, entre Blé et Égylope. Ils sont plus souvent et plus
complètement stériles que les hybrides d'espèces. Mais on
peut en extraire des hybrides dérivés, parfaitement et indéfiniment féconds. L'hybride du Blé et de l'Égylope, par
exemple, est stérile ; mais soumis à l'action du pollen du Blé,
il donne un hybride dérivé parfaitement fécond et dont les
générations successives offrent, chose remarquable, un degré
de constance et de fixité comparable à celui d'une espèce
ordinaire.

Conclusion. — Par tout ce qui précède, on voit qu'il n'y
a aucune différence essentielle entre la formation de l'œuf

par les gamètes d'une plante et sa production par les gamètes de deux plantes différentes de même espèce, d'espèces différentes et de genres différents. Mais on voit aussi qu'en général, une fois qu'on est sorti de la plante, plus la parenté des gamètes s'éloigne, plus leur union est avantageuse, jusqu'à une certaine limite, où l'avantage obtenu est maximum. Au delà de cette limite, la parenté des gamètes continuant à s'éloigner, le produit de leur union s'affaiblit de plus en plus, jusqu'à devenir nul.

Cette valeur moyenne de la différence d'origine des gamètes qui correspond à la meilleure qualité de leur produit, est atteinte dans le métissage, c'est-à-dire quand les gamètes proviennent de plantes différentes dans la même espèce. En deçà, dans la race pure, au delà dans l'hybridation, le produit s'affaiblit également et des deux parts il arrive à s'annuler, comme on le voit d'un côté par les plantes qui sont impuissantes à former elles-mêmes leur œuf, de l'autre par celles qui refusent de s'hybrider.

FIN DE LA BOTANIQUE GÉNÉRALE

TABLE ALPHABÉTIQUE

DES MATIÈRES

V

Vacuole, 13.
Vaginule, 518.
Vaisseau, 7, 36, 86.
Variation, 48, 259, 448, 540, 541, 543.
Variété, 542.
Verticillées (feuilles), 254, 258.
— (fleurs), 335.
Vivace (plante), 500.

Vivace (tige), 151.
Vitesse de croissance, 47.
Voile, 67, 89.
Vrille (feuille-), 267.
— (racine-), 81.
— (rameau-), 149.

Z

Zoospore, 535, 537.
Zygomorphe (fleur), 417.

Coulommiers. — Imp. PAUL BRODARD. — 884-97.

www.ingramcontent.com/pod-product-compliance
Lightning Source LLC
Chambersburg PA
CBHW061954220326
41599CB00019BA/2638